Buchenwald 10 min.

WOLFGANG OFENMACHER,

BUCHENWALD 10 MIN.

BAND 2

Bibliografische Information der Deutschen Nationalbibliothek
Die Deutsche Nationalbibliothek verzeichnet diese Publikation in der Deutschen Nationalbibliografie; detaillierte bibliografische Daten sind im Internet über http://dnb.d-nb.de abrufbar.

Umschlagdesign, Satz, Herstellung und Verlag:
BoD – Books on Demand, Norderstedt

ISBN 978-3-7578-5606-9

INHALT

VORWORT

Du hast das Buch zur Hand
So bist Du groß, wirst Du erkennen
Dein Ich!
Von meiner Zeit in Deine
Dein Denken beschreibend
Raum und Zeit fassend
Deine Gegenwart, Dein Ich,
passend
zu wissen, Du Ich bist!
Dein Schicksal
zu erkennen meine Größe
Dein Ich wird sein
sich zu umgeben, Dein Werden
der Weg in meine Zeit
so alt, so jung
wer wie ich bestätigt Dich?
So lass es liegen und erkenne
mehr zu sein
Dein Weg!
Es ist!

Gespräch mit Goethe
oder
an Werdende und
Nachfolger.

DIE MATERIE – DAS GANZE – SEINE MASSE

Der Zeitfaktor und auch der Ort der Anhaftung blieben während seines Aufsteigens unberücksichtigt. Es kommt mir vor, als zöge man eine Uhr auf. Es spannte sich eine Feder um das Objekt im Anhang. Der Datenkörper erhielte durch unser tägliches Interesse eine höhere Wertigkeit. Der tägliche Gebrauch führte zu einer ständigen Verbundenheit des elektromagnetischen Phänomens mit der zugehörigen Materiemasse. Das Objekt und sein Umfeld im Zentrum der Feder zeigten sich wie kleine Windrädchen an einem elastischen Stäbchen oder einer biegsamen Feder. Das Objekt ragte an ihnen aus dem organisch diktierten oder den technischen Architekturen der Gesellschaft heraus.

Der induzierte Datenkörper verlässt die Bereiche der Quantentheorie nicht wirklich. Auf seiner Reise in den Realraum begegnen ihm immer wieder äquivalente Teile des Status Quo. ICH nehme an, dass man weite Teile des Datenkörpers dann als zugeordnet begreifen kann. Der Datenkörper positioniert sich dann in einer Form, wie es dem bezeichneten Teil des Materieraums entspricht. In dieser Position wartet er dann auf das Eintreten weiterer Identitäten. Es träten spontane Entladungen auf. Diese zeigten sich, wenn die umgebende Masse der Materie, der Status Quo aus physikalischer Sicht ein Potential erreicht, dass sich die einzelnen Kriterien den Grundgesetzen der Materie unterordnen und aus dem Datenkonstrukt herauslösen.

Wie beschrieben, erklärte sich das Entstehen kleiner und größerer Wirbel Die Relativitätstheorie und die Quantentheorie zeigen sich in der beschriebenen Weise verwoben. Überblicken wir die Bereiche ihrer Gültigkeit, so zeigt sich der programmierende Charakter. Die Programmierung ist das Ergebnis eines wechselseitigen Wirkens. Der Status Quo ist das Ergebnis, aber auch der Ausgang neuer Induktionen. Die Datenebene unterliegt nicht nur einer Pragung durch die Materie. Die Daten treten auch untereinander in Beziehung und bilden gemeinsame Ordnungen. Es zeigen sich kleinere Ladungen und auch Wirkungen auf die Materie.

Man könnte ein größeres System einer Verwirbelung auch wie folgt darstellen. Es sieht immer etwas mechanisch aus, wenn man die übertragenden Felder sieht und die Rotation als ihr gemeinsames Ergebnis betrachtet. Ist es das, was Sie mechanistisches Weltbild nennen? Hat das Wort dieser ..., einer meiner Vordenker geprägt? Ist es mir möglich, den wahren Gehalt des Wortes ›mechanistisch‹ hier korrekt zu verwenden? Ein System größerer Verwirbelung könnte als Ergebnis zweier aktiver Geistfelder auftreten, wenn diese über einen längeren Zeitraum nebeneinander fortbestehen.

Die Kategorie ›globale Involvierung‹ ist nahezu prädestiniert dafür, im globalen Kontext konkurrierender Interessen und Betrachtungen in einer rotierenden Form in das Klima- und das Materiesystem zu entladen, sofern die Anordnung der Kriterien die Rotation begünstigt. Es braucht hierfür keine konkurrierenden Ansichten. Es kann allein die Kriterienanordnung verschiedener Geistsysteme in einer Verwirbelung zum Ausdruck kommen.

Welche Daten werden dem Materieraum entnommen? Wie gehen sie in die wissenden Architekturen ein? Welche Kriterien werden zum Aufbau elektromagnetischer Felder herangezogen? Welcher Mensch fasst die einzelnen Bereiche zu einem Geist zusammen? Zu welchem Wissen werden die Kriterien angeordnet? Welcher Nutzen ist damit verbunden? Einige Worte hierzu: Zwei Weltarchitekturen, zwei Weltbetrachtungen, zwei Interessensarchitekturen, zwei Architekturen menschlicher Geister, zwei Architekturen des Wissens, Analysearchitekturen, Analysierende und die zu analysierenden wissenden Architekturen, Materie, Daten, Felder, große Geister, Materie, Feldaufbau, geistige Überbauten, Materie, Einheit, geeinter Geist, Geist des Einen. Wir gestehen dem formulierenden Geist eine regionale Ausdehnung zu.

ICH für mich spreche in der augenblicklichen Lage von der Destabilisierung der Ränder Europas. Die Erarbeitung neuen Wissens steht hierbei im Vordergrund.

Der formulierende Geist scheint sich hierfür nur aus der angesprochenen Region zu speisen. Seine Betrachtung des Erdsystems beruht auf einer persönlichen Sammlung von Daten. Betrachten wir hier seine räumliche Ausdehnung, so sind die Gesetzesmäßigkeiten der wissenden Architekturen bestimmend. Wenn man die Daten seines präfrontalen Kortex betrachtet, blickt man nicht auf Indien, Brasilien oder China. Man bleibt Mensch. Man hat seine genetischen Wurzeln, man hat seinen Organismus an den augenblicklichen Status des Materieraums adaptiert. Von diesem Bereich aus beginnen wir die Welt zu erobern. Eine Minderheit nur, behaupte ICH, schafft es, ihren Geist wirklich so weit zu entwickeln, dass ihre genetische und organische Basis darin aufgeht.

Das ist aber die reinste aller Lebensarchitekturen. Die geistige Entwicklung geht so weit, dass wir den natürlichen Datenhintergrund unseres Körpers mit der erarbeiteten Geistesmasse abgleichen können. Beides sind Beschreibungen des Materieraums. Hier im Raum sind beide Eins.

Wem es also gelingt, sich den Raum geistig zu erschließen, hat sich damit ein natürliches Potential geschaffen, seine Körperprogramme zu formulieren und zu verstehen. Den Raum als sein Eigenes zu begreifen, ist der Schlüssel zum Organismus, wird zur wissenden Architektur. Wir sehen die Positionen des Raums dann zunehmend in den Programmen und der Organisation unseres Organismus verwirklicht. Die Ergebnisse des Geistes, was soll ICH sagen, haben je nach Zusammensetzung unterschiedliche Wirkungen auf den Organismus. Nicht alle Ergebnisse des Geistes taugen, um den Materieraum in seiner Vielfalt zu erhalten.

Der Großteil der Menschen wird diese Erkenntnis nie für sich verbuchen können. Sie trainieren und trainieren. Sie trainieren das Geforderte. Sie trainieren ihr Persönlichstes, um dem Geforderten zu entsprechen. Sie wandeln ihr persönliches Sein in ein Gefordertes. Der Großteil der Menschen begibt sich in lebenslange Abhängigkeiten ohne Geist und Körper jemals in Einklang gebracht zu haben. Viele werden sich, ohne die Gesetze der geistigen Architekturen jemals erkannt zu haben, ein Leben lang auf ihren Bahnen bewegen und wieder vergehen.

Man kann an dieser Stelle sehr viele verschiedene Dinge beobachten. Ein

Phänomen jagt das Nächste. Die geistigen Architekturen werden immer großartiger. Wo Worte nicht mehr ausreichend Substanz haben und neue Begriffe auch nur in das Gebilde einschneiden, sollten wir über die reine Betrachtung hinaus vor allem auch ein gefühltes Wissen mit in diese Welt herüberretten. Noch einmal ganz einfach, ohne Unterscheidungen in den Qualitäten der Geistkörper zu treffen: Wir stellen hier das wirkliche Sein der Konstrukteure und die Zusammensetzung der auftretenden Felder zurück, weil wir die Unterschiede in der Involvierung der Weltarchitektur nicht erläutern möchten.

Es stehen sich zwei geistige Gebilde unterschiedlicher Kriterienanordnungen gegenüber. Die Datenkörper ruhen auf der Datenebene. Sie generieren sich aus den involvierten Bereichen des Materieraums. Sie stehen sich hier gegenüber und wollen heute in diesem Punkt zu einer Vereinbarung gelangen. Das kann auf dem Fußballplatz, im Gemeinderat, auf dem Tennisplatz, vor dem Europaparlament oder unter den Augen der Weltöffentlichkeit ausgetragen werden. Beispiele für etablierte Ordnungen gibt es viele.

Sie streben heute zu Gemeinsamkeiten ihrer Kernarchitektur, welches sich natürlich auch im überbauenden Materieraum widerspiegelt. Sie versuchen, sich den anderen anzupassen oder werden selbst angepasst. In dieser Zeit können sich vermehrt Entladungen in die Rotation zeigen. Diese zeigen sich jetzt auch bei psychisch Aktiven. Wir schreiben ihren Seinsbereichen eine partiell erhöhte Aktivität der bestehenden Geistkörper zu. Sie konzentriert sich durch Gerede, Wertungen, Zuschreibungen, und auch die bewegte Masse zum Aufbau von wissenden Feldern tut hier sein Übriges. So werden manche Personen zu Ventilen der Gesellschaftsdaten und ihrer Machtkonzentrationen. Es gibt genug etablierte Konstruktionen, die sich regelmäßig auf engstem Raum einfinden, um die maximalen Entsprechungen des Regelwerks herauszufinden, zu erweitern und zu favorisieren. Anschließend gehen sie auseinander und nehmen ein erholsames Bad in ihrem gewohnten Status Quo. Sie reinigen sich von den Anhaftungen der gelebten Situation.

DIE GEFÜHLE

Die Qualia der Felder sind zum Beispiel anziehend, abstoßend, konzentrierend, erweiternd, beschleunigend, dehnend, bremsend, stauchend, auf Bahnen haltend, aufklärend bahnend und so weiter. Diese Qualia gehen mit den Kräften des Elektromagnetismus und den allgemeinen Gesetzen der Datenverarbeitung in den Feldern einher. Wir schreiben den Kräfteverhältnissen und den damit verbundenen Wirkungen die Gefühlsebene zu. Die Verhältnisse der Daten in den Feldern, die Kräfte und Wirkungen, die wir als Summe der Einzelinteressen betrachten, empfindet nicht nur das Schaf der Herde. Die Variationen sind weitreichend und umfassend. Wir schneiden das Thema der gefühlten Qualia nur an und geben uns mit einigen wenigen Beispielen zufrieden.

Es reicht bis zum Stress, der scheinbar im Hauptstrome empfunden wird. ICH gehe so weit, auch die Positionierung des Individuums zu nennen. Obwohl es sich um echte Leistungsträger der Systeme handelt und sie sich im Hauptstrom bewegen, können sie so weit entwurzelt sein, dass sie nur noch die bewegte Datenmasse des Systems um sich herum empfinden. Sie halten sich sozusagen für das Feld. Diese Datenmasse lässt den individuellen Beitrag unberücksichtigt. Das Einsetzen einer Feldkraft eint alle aktiven Einzelleistungen. Es macht die einzelnen Beiträge zum Es, die wir heute das Ich des Individuums nennen. Uns treibt also nicht mehr der Hunger aus dem Bett, und auch Durst ist zuweilen sekundär. Wir trinken nach Regeln. Es dürfen gern zwei Liter von diesem köstlichen Nass täglich sein.

Es wird ersichtlich, dass das überbauende Feld in erster Linie aus aktiven Kriterien besteht. Es sind Handlungsoptionen. Das Feld hat die Eigenschaft, den Weg von der Idee bis zum Ziel zu beleuchten. Das Feld offeriert ihnen den aktuell gelebten Stand der Mehrheit. In dieser Architektur sind Zaudern und Zögern eines Entscheidungsträgers den Qualia des Datenstroms zuzuschreiben, wie wir zum Beispiel auch klare Wege durch die verschiedenen Instanzen gehen. Diese

Weisheit des richtigen Moments kann auch von alternativen Arten der Flora und Fauna bereitgestellt sein.

Der anonyme Überbau eines Feldes ist, was wir heute das Ich des Individuums nennen. Die speziellen Architekturen übertragen dann die Wirkungen des Feldes. Das allgemeine Feld wirkt auf seine Bausteine. Es wird auch von seinen Bausteinen als allgemein anonymisierend gelebt. Übertragen wir die Eigenschaften und Charaktere wirkender Felder in die Gefühlskunde, so finden wir Worte wie Ablehnung, Ignoranz, Beschränkung auf den aktuellen Tätigkeitsbereich, Antrieb zur Gleichschaltung, gehetzt sein, Destabilisierung des eigenen Weges, Zweifel am eigenen Weg, Aufgabe des eigenen Standpunkts, Aufgabe der Freiheit, gelöst sein in der Herde, Motivation, fordernd, Erkenntnis, Freude, Liebe und Hass sind auch zu nennen. Aber was hilft es zu wissen, dass mein Betrieb seinen Schraubendreher liebt, aber den Menschen, der ihn handhabt, gar nicht wahrnimmt. Was hilft es mir, dass diese Liebe das Resultat der Gravitation ist. Auf der Quantenebene ist mein Betrieb nicht viel mehr als ein größeres elektromagnetisches Phänomen. Es zeigen sich ein Materiestrom zum Kern hin und ein Produktstrom vom Kern weg. Hinzu kommt ein gleichmäßiges Pulsieren des Datenkörpers im Rhythmus des Schichtwechsels. Hunderte von Menschen steuern ihre PKW´s heran und fließen nach getaner Arbeit wieder ab.

Die Gefühle bringen die Verhältnisse der Datenströme in den gelebten Feldern zum Ausdruck. Die auftretende Gravitation der vorherrschenden Datenkörper ist für die Errichtung einer ökonomischen Architektur verantwortlich. Die Abweichungen des Individuums werden justiert, es wir auf Betriebstemperatur gebracht. Die privaten Interessen treten hinter den mächtigeren Datenkörper zurück. Dann fühlt man sich beschnitten, ausgegrenzt, gedemütigt, machtlos, gezwungen, die fremde Ordnung zu verkörpern. Und dann sind da noch die freundlichen Kollegen, die mit ihren Lästereien Negatives von sich ableiten wollen. Den Überbau eines Feldes als sein Ich zu begreifen, ermöglicht uns erst, die Verhältnisse des eigenen Seins und des eigenen Weges in Abhängigkeit zu diesen Überbauten zu empfinden. So entstehen die Gefühle.

Die Gefühle beschreiben einzig und allein die Verhältnisse der Daten zueinander. Dabei sind es natürlich auftretende Kräfte, die wir interpretieren. Wir fühlen die Felder, ihre Institutionen und Instanzen und natürlich auch die Phänomene gegenseitiger Konkurrenz. Wir schwanken dann um die angebotenen Wege. Die mächtigste Entscheidungshilfe ist wohl die Gewinnsucht der Labels, oder besser gesagt das Wirken einer Architektur, der wir bereits angehören. Es dürften auch unterschwellige Reize aus der Gesellschaft in unser Unterbewusstes eindringen. Dann verursacht oft auch der Neid unserer Mitbürger Störungen der täglichen Architektur, oder ihr übermäßiges Streben, sich über uns zu stellen, resultiert in entsprechenden Wirkungen. Sicherlich kommt vieles mehr zum Tragen. Bezeichnete ICH mich als überbauender Geist, so kann ICH euch sagen: »ICH liebe diese Welt!«

Die Betrachtung der Felder gehört in den Bereich des Denkens. Der Wandel innerhalb der entsprechenden Architekturen gehört zu den Aktivitäten unseres Gehirns. Das Gehirn ist in erster Linie ein passives Instrument. Erst in jüngster Zeit konnten wir die reine Adaption an das Materiesystem überwinden, und rein menschliche Architekturen des Geistes schaffen. Wir sind heute in der Lage, Bereiche unseres Interesses festzulegen, wir wabern durch den Datenäther und generieren Aspekte für unser Bewusstsein. Dann kehren wir in den gewohnten Alltag zurück und wenden an.

Wenn wir einen Datenkörper auf der Steuerebene einführen, nehmen wir automatisch eine Involvierung des Klimas und auch des Wetters vor. Erst die wirkliche Ausprägung des Materieraums, als adaptive Leistung, wenn also der Datenkörper von der Steuerebene aus zu einer Ordnung des Materieraums aufsteigt, bezeichnen wir als Äquivalenz. Für diesen Moment hinterlagert der induzierte Datenkörper das Materiesystem. Der Datenkörper und der Status Quo sind einander gegenseitig Abbild. In diesem Augenblick liefern die Relativitätstheorie und die Quantentheorie die gleichen Ergebnisse. Sie haben den gleichen Gültigkeitsbereich. In dieser Form ist die Verbindung beider Gedankensysteme durchführbar. So sind beide Welten zu verbinden und gleichzeitig zu betrachten.

Und haben wir den gesamten Raum bis in den menschlichen Status Quo erst einmal durchlaufen, so zeigt sich uns auch das chaotische System des Klimas an das scheinbare Zusammenwirken der besprochenen Komponenten auf der programmierenden Ebene gebunden. Das Wetter verhält sich also nicht wie der Elefant im Porzellanladen, sondern verhält sich, wie es auf der darstellenden Ebene programmiert wird. Das Klima reagiert auf die unglaubliche Masse an feinsten Einstellungen der Datenebene. Nicht zuletzt deswegen bezeichnen wir dieses System als Chaossystem, denn wir hätten viel zu viele Daten zu bewältigen, wollten wir seine Ordnung ernsthaft verstehen.

Das Klima gleicht aus. Bei der Übertragung der induzierten Größen in den Realraum ist es die letzte Komponente der Involvierung, entfernt man sich von der Erde. Die energetischen Spitzen, die sich auf der Datenebene als Ergebnis eines Auftretens sehr vieler unterschiedlicher Gesellschaftspositionen ergeben, finden ihren Ausklang in diesem Chaossystem. Die energetischen Spitzen erfahren hier ihre Harmonisierung. Zur Vereinfachung ist hinzuzufügen, dass der Erdkörper als solcher auf der steuernden Ebene bereits verzeichnet ist. Die Quanten sind in ihrem Verhalten also bereits in ihrer Weise determiniert. Im Mittelpunkt unserer Betrachtungen stehen also etablierte Systeme innerhalb des Erdschwerefeldes.

Wie verhalten sich Lebewesen, funktionelle Systeme der Menschen, Labels und ihre Ziele auf der Quantenebene zueinander? Das ist unsere Frage. Damit lassen sich funktionelle Systeme abhängig zur Erdnähe beschreiben. Die Stärke des Erdmagnetfeldes flösse bei der Betrachtung der steuernden Ebene in die Betrachtung der Architektur mit ein. Das Klima und das Wetter zeigten sich von wenigen energetischen Spitzenwerten, die mit den massereichen Gesellschaftspositionen einhergehen und sich zu den induzierten Interferenzen hin aufschaukeln, in schwankenden Harmonien gleich dahinfließend.

Vor nicht allzu langer Zeit entwickelte sich zwischen den Elementen das Leben. Die Wiederkehr spezifischer Verhältnisse erlaubt die Entnahme von Daten. Immer und immer wieder entwickelte sich daraus die Architektur eines Datenspeichers. Heute ist das Leben in all seinen Spielarten dieser Speicher. Das gewachsene Ökosystem mit all seiner Komplexität ist sein eigener Stabilisator. In dieser Komplexität haben sich Sinnzusammenhänge herausgebildet. Die Felder dieser funktionellen Größen gehören in Teilen den umgebenden Arten an. Aus dem Miteinander der Arten entstanden Wirkungen und gerichtete Kräfte. Diese gelten wiederum als Impulse für den Materieraum. Die induzierten Größen auf der Steuerebene verleihen dem Klimasystem einen Charakter, dem Wetter ein Gesicht.

Die Wetter und das Klima zeigen sich der gegenwärtigen Ordnung angepasst. Sie sind Ausdruck der programmierten Datenebene. Der Schwerpunkt der Induktion geht vom Menschen selbst aus. Die Erdoberfläche ist ihre Lokalisation. Sie ist auch der Ort der natürlichen Komplexität allen Lebens eines Ökosystems, der der Mensch selbst entstammt.

Nicht das Erdschwerefeld selbst ist in Gefahr, sondern der Komplex, in welchem die Bedingungen für die verschiedenen Lebensformen heranreiften. Die Komplexität bricht durch die Entnahme von Arten stufenweise zusammen. Auf der Datenebene zeigen sich Schwächungen des Datengefüges. Es zeigen sich Zonen einer verminderten Gravitationslast. Es reduziert sich zonenweise die Datenkonzentration. Wenn ICH den Datenarchitekturen der Quanten- und Steuerebene eine Masse zuschreibe, dann handelt es sich um einen nachweisbaren Verlust dieser Bereiche an Masse, der mit der Umwandlung von Energie gleichzusetzen ist.

Die Felder zerreißen, Energie wird frei, Kriterien gruppieren sich um, Materieströme verändern sich. Hier brechen Konzentrationen organisierter Daten auseinander. Die Stabilisatoren verfallen. Sie treten in anderen Zusammensetzungen auf. Die klimatischen Materieströme und die Wetterarchitektur nehmen eine andere Gestalt an. Die gespeicherte Energie wird freigesetzt. Dies zeigt sich in der Zunahme der bewegten Volumina. ICH darf Ihnen an dieser Stelle aber nicht sagen, dass sich die Wirkungen in einer Verschiebung von Regengebieten zeigen oder wie sich mit dem Verlust der verschränkenden Komplexität auch Klimagrenzen auflösen, die sich parallel zu gewissen Erdströmen oder

Biotoparchitekturen entwickelt haben. Diese Fallbeispiele sollen uns ausschließlich Wege des Denkens aufzeigen.

Die Gesetze der Datenverschränkung gehören nicht nur in den Bereich der Evolution, wir beobachten sie als Folge des Urknalls schon sehr viel früher. Wir sprechen dann von einer Verschränkung des Urfelds zu höheren Dichten. Sind es also unsere biologischen Komponenten, die Eigenschaften der Materie und die aufgetretenen Grundkräfte, die übergeordnete Funktionen unseres Geistes verhindern? Ist es die Prägung durch kleinere Objekte und auch größere Objekte wie das Erdmagnetfeld, die es uns nicht gerade einfach macht, den nächsten Schritt zu denken? Wir sollten uns längst mit der Stabilität von künstlichen Teilchen beschäftigen, der Substanz Form geben oder der Form Substanz, so dass der Reaktor endlich seinen Betrieb aufnimmt.

Die Organisation in fremden Architekturen kann sie selbst sehr viel Licht kosten. Sie sitzen dabei nicht selbst an der Sonne, und ihre Daten bemühen sich zunächst einmal, der fremden Ordnung zu entsprechen. In einem fremden Wesenskern laufen die Daten zu deren Optimum und das Licht auf deren Bahnen. Schwierig ist es im Lichte anderer zu baden. Ihre Erfolge sind oft überschaubar und auch unsere Beiträge. Wer weiß schon, wie sinnvoll beides wirklich war? Selten erfasst die Organisation eines Ereignisses den ganzen Menschen. Selten erzielen sie höhere Wahrheiten, so dass der Einzelne als notwendiger Teil des Ergebnisses in diesem Lichte erstrahlt.

Es könnte unter Umständen sein, dass es durch eine plötzliche Sonneneinstrahlung zu einer Auffrischung der Kernlagen kommt. Das einfallende Licht klärte den Raum auf. Die Sonne beschiene unseren Handlungsraum und auch unsere Werkzeuge, aber vor allem den allgemeinen Raum, welchen wir für die Matrix unserer Körperprogramme halten. Der allgemeine Materieraum ist im Grunde der stabile Hintergrund. Er erlaubt es uns, pränatal Kriterien auszulesen und zu Summenarchitekturen zu verarbeiten. Nichts anderes sind unsere Organsysteme. Es sind Kriteriensummen, die in Architekturen ungeheurer Harmonie ineinander abbildbar sind. Die Architekturen lassen sich in der Matrix, noch einfacher im

Schwerefeld der Erde wie funktionelle Einheiten betrachten. Die Kriterien der einzelnen Organsysteme haben gemeinsame Wurzeln. Alle Organsysteme des Körpers lassen sich auf die Kriterien in der Matrix reduzieren. Anhand des Materieraums können wir die Organsysteme erklären.

Die Materiebewegungen extern und die Materieereignisse intern entsprechen einander weitgehend. Hinzu kommt noch das eigene Denken, das sich aber an den Datenstrukturen, dem Materieraum und der Gesellschaft orientiert. Im kontinuierlichen Auftreten immer derselben Datenarrangements liegt auch der Schlüssel zum Verständnis von vielerlei Erkrankungen. ICH möchte sagen, dass wir die Leistungen der Kriterienverschränkung zu lebbaren Strukturen, wie wir sie pränatal erleben, im späteren Leben durch die Veränderungen des Materieraums, aber auch durch die Gesellschaftsmuster und durch das eigene Denken und Verhalten oft über ein angebrachtes Maß hinaus belasten. Wir beobachten natürlich auch mehr oder weniger günstige Kriterienverschränkungen, die den Belastungen einfach standhalten.

Verfolgt man die höheren Funktionen in die Matrix zurück, so liegen die Organe oft nebeneinander und gleichzeitig organisiert vor. Aus den gemeinsamen, aber funktionell nicht notwendigen Daten könnten sich zum Beispiel zusammenfassende Hüllen gebildet haben. Mit der aufgehenden Sonne erfahren wir eine Anregung dieses Datenkörpers. Der Wesenskern der Zellsubstanz, eine Architektur von Kriterien tritt im Sonnenschein als harmonisierter Raum deutlicher hervor. Auch die Arbeiten, die wir täglich darin ausführen, erlauben wir uns vor diesem angeregten Zustand, als komplexer organisiert zu betrachten. ICH für mich sehe in der maximalen Übereinstimmung der beteiligten Datenvolumina vor dem Hintergrund eines angeregten Materieraums den größten Gravitationseffekt

Dann belasten wir zufällig einstrahlende fremde Positionen und Anhaftungen des Korrelierenden Systems mit der eigenen Architektur. Das einfallende Licht führte zu einer allgemeinen Anregung der Substanz, dem Wesenskern unseres Seins und damit zu einer höheren Wertigkeit des eigenen Plans. Fremde Eigenschaften träten hinter diese Einheit zurück. Die anhaftende Kontaktinformation verlagerte sich wieder in den Raum, dem sie ursprünglich entstammt. Das Kontaktelement, das seine Eigenheiten ebenfalls in Zuständen eines Konstrukts abspeichert, ist ebenfalls ein elektromagnetisches Phänomen und auf der Steuerebene zugegen. Sie lägen ebenfalls im Materieraum verankert vor. Ihre elektromagnetischen Qualia konkurrierten um Anteile am Materieraum.

Es ginge dem Gehirn nur darum, sich weite Teile des Materieraums zur Organisation seines Geistes zu erschließen. Natürlich beinhaltet dieser Vorgang auch das Erkennen der Organlagen im externen Raum. Die Biodiversität steht hier für eine generierbare Datenvielfalt, welcher wir verschiedene funktionelle Aspekte zum Beispiel des Immunsystems gleichsetzen. Wir hätten die Körperprotokolle hier mit einem genügend komplexen Materieraum hinterlagert. Kehrten wir von der Quantenebene zurück und blickten auf einen in dieser Weise organisierten Materieraum, sähen wir, dass sich sehr viele auf unserer Spielwiese tummeln, ohne es in ihrem Raum zu bemerken. Die Berechnungen auf der Quantenebene liefen bereits vorher ab. Und hier dürfen wir uns getrost als stabilen Organismus begreifen. Jeder ist auf der Steuerebene der Quanten in seiner Weise präsent. Wir haben uns ihnen vorgestellt nun stellen sie sich bitte auch uns vor. Nur auf diese Weise gelingt es uns, den Materieraum störungsfrei zu programmieren.

Sie können sich natürlich auch als Schnittmenge begreifen. Ihre Daten lauteten zum Beispiel Arbeitsplatz, Fußballverein, Stammtisch, Sportclub und Supermarkt. Sie wären von den gravitationsreichen Betriebsstrukturen wie von geistigen Überbauten in ihren Eigenschaften und ihrem Verhalten definiert. Sie bewegten sich wie ein elektromagnetisches Partikel durch den Raum. Sie glichen einem generierten Teilchen und bewegten sich in dieser Form durch den Raum. ICH bezeichnete ihr Sein als eine Energieanhäufung dieser fünf zusammenwirkenden Gravitationskörper. Gleichzeitig steigt die Masse dieser fünf, oben erwähnten Gravitationskörper an. Der Masseanstieg ist der Mitorganisation ihrer Quanteneigenschaften zuzurechnen. Auch Ihr Anteil am Ganzen lässt die Masse der fünf Gravitationsgrößen anwachsen. Die fünf Konstrukte wirken in Ihrem Ich zusammen. Die fünf Konstrukte generieren sich in Ihrem Ich, nehmen sich Raumanteile und organisieren diese unter ihrem Namen. So wird Ihr Sein zu einem Datenkern, der von den Konstrukten Arbeitsplatz, Fußballverein, Stammtisch, Sportklub und anderen Labels gespeist wird.

Betrachte ICH mein Sein, so gelange ICH zu einem Datensatz der Quantenebene. ICH gleiche einem Partikel des Raumaufbaus. Ein jeder trägt Verantwortung. Das Leben programmiert den Makrokosmos. Der Lebendgürtel erzeugt eine Astralmatrize. Die Astralmatrize sitzt den Quantenfeldern auf. Die Ordnungen der Matrize gleichen Partikeln des Raumaufbaus. Nicht so sehr der kleinen Materie. Diese existierte bereits vor dem Leben. Aber die Phänomene wirken von der Quantenebene in die kleine Materie hinein. Grundsätzlich neigen die Phänomene dazu, sich in größere Räume einzuschwingen. Der geringere Datenwert wird von den gewichtigeren Phänomenen angesprochen, adaptiert und mitorganisiert. Wir münden alle in den Status Quo. Die Gesamtheit der generierten Datenwerte gleicht einer Beschreibung des Status Quo. Das Datenmaterial generiert sich auf der Quantenebene und reicht weit in den subatomaren Raum hinein. Wir adaptieren das Verhalten dieser Bereiche. Wir erhalten aber auch eine Prägung unserer bewussten Geistesmasse. Wir jonglieren tagtäglich mit allerlei Formen von Feldern und hochwertigster Information. Wir verursachen nicht die Eigenschaften der Materie. Aber wir entscheiden uns für eine gewisse Zusammensetzung unseres Datenhintergrunds. Jedes Kriterium fügt sich auf seine Art in die Architektur ein. Es besitzt spezifische Bindungseigenschaften. Die Bindungseigenschaften favorisieren eine gewisse Struktur des Raums. Als Folge der Datenvernetzung entwickelt sich allmählich der Status Quo, so wie er in unseren Köpfen existiert.

ICH betrachtete das Immunsystem gern als komplexe Datenmenge, der eine funktionelle Konstellation von Materie aufsitzt. Man suchte als Sammler und Jäger verschiedenste Biotope auf. Entnähme man diesen komplexen Ordnungen ein Kriterium, spannte man immer auch den Raum um das Kriterium auf. Die Sphäre um ein Kriterium, der Status Quo, ist in Biotopen von wiederkehrenden Verhältnissen geprägt und stabil. Der Informationswert der Sphäre mit einem wiederkehrenden Wert unseres Interesses in seinem Zentrum, das Kriterium bliebe intakt.

Der gesamte Aufbau des Immunsystems liegt folglich einem komplexen Datenhintergrund von verschiedensten Biotopen auf. Addiert man die Datenräume, die die verschiedenen Kriterien aufspannen, dürften sie um das Kriterium, welchem wir am menschlichen Gewebe einen evolutionären Anteil zuschreiben, wiederum Datenräume aufspannen, die wir zur Steuerung der Immunabläufe heranziehen. Zunächst müssen sich das Verhalten der Materie einstellen und die Abläufe des Immunsystems sich entwickeln. Aber dann kann man sagen, dass dem Immunsystem funktionelle Datenräume hinterlegt sind. Die Intelligenz des Biotops hat sich in den Organismus hineinkopiert. Das Kriterium ist in der Architektur der Gewebe archiviert, und die Umgebung des Kriteriums, der Raum an sich, gilt als Datenhintergrund für das Immunsystem. Die Kriterien exakt adaptierter Gewebearchitekturen reinigen sich anhand der stabilen Biotope von selbst.

Es bleibt schwierig, wenn man als Sehender entsprechende Datenmengen verschränkt. Man spricht eben noch von Gewebe und den umgebenden Raum, und plötzlich beginnt sich die gesamte Architektur des Organismus einzustellen. Diese geistige Position ist vollkommen. ICH aber möchte nur das Immunsystem aufbauen und entwickeln. Darum sage ICH, dass auch das Immunsystem einen funktionellen Datenhintergrund besitzt. Es gelten auch hier die Gesetze der Evolution. Der Aufbau der Gewebe orientiert sich an einem Datengerüst. Darwin ist 400 Jahre alt. Eine Auslese durch die Natur ist unbestritten. Aber Evolution ist etwas anderes. Der Gang durch das Biotop ist auch ein Motor. Die eingehende Datenlast scheint die notwendige Dynamik zu begünstigen. Das Immunsystem und seine Vorgänge ruhen auf den Sinneseingängen und den anhaftenden Räumen. Man lebte seine täglichen Zyklen. Vor dem begleitenden Datenhintergrund organisierte sich die organische Masse ebenfalls in Kreisläufen.

Warum drängen Sie mich wieder, von den Nachteilen einer veränderten Umwelt zu sprechen. Ach so, die Flugzeuggeräusche. Jetzt ab halb sechs rauschen sie wieder alle 10 Minuten über uns hinweg in Richtung München. Dieser

Einfluss, auf die negativen Folgen zu drängen, wird von den Verkehrsmaschinen verursacht. Vielleicht ist es nur eine Meinung, die ICH mir zurechtgelegt habe. Es wäre schon gigantisch anzunehmen, mein Geist hätte eine Beschaffenheit erreicht, dass der Flugzeuglärm negative Eindrücke erzeugte. Meine Bezugsmasse ist bereits so global und komplex, dass sich die Wirkungen des Flugverkehrs schadhaft zeigen. Es könnte schon sein, dass sich die technischen Positionen innerhalb meines geistigen Gefüges unangebracht verhalten. Allein die Überwindung der Distanz und eine Flugdauer von mehreren Stunden scheinen mit den Sequenzen der Natur nicht kompatibel zu sein und Missverhältnisse in der natürlichen Matrix zu schüren. Im natürlichen Gefüge stößt man sich an den technischen Konzepten. Die Technik fügt sich nicht harmonisch ein.

Evolution ist etwas anderes. Die Technik bestätigt nicht, sie unterstützt nicht, sie fügt sich den gegebenen Materieströmen nicht hinzu. Die Technik ist ein Quertreiber in dem gewachsenen System aus Daten. Die Wirtschaft steht für die Entwurzelung des Individuums. Sie vergrößert die Materieströme. Die bewegte Masse nimmt zu, wird beschleunigt und sehr viel weiter transportiert. Das hat nichts mehr mit einem gewachsenen Gefüge zu tun, welchem die Wetter und die Klimata aufsitzen. Die technischen Positionen stellen wichtige Zusammenhänge falsch dar. Daraus resultieren, identifiziert man sich wie ICH mit dem natürlichen Sein des Menschen, diese negativen Bewertungen. Die Beschaffenheit meines Geistes ist das Problem. Der klare Aufbau eines Datenhintergrunds und das großartige Verständnis der Zusammenhänge stellt die krassen Unterschiede zu dem technischen Gefüge heraus. Die Wechselwirkung eines natürlichen Datenhintergrunds mit dem geschaffenen Gefüge der Wirtschaftskreisläufe lässt die geistigen Phänomene des entsprechenden Schalts sichtbar und bewusst werden.

Es gelten die oben angeführten Bausteine und ihre Darstellbarkeit innerhalb der natürlich gewachsenen Gefüge. Zusätzlich fühlt man sich von dem Lärm angegriffen und von dem herabrieselnden Kerosin in Frage gestellt. So verstehe ICH das Drängen meines Geistes zu negativen Bewertungen. Allein die Architektur meines Geistes erlaubt mir, so zu empfinden. Wäre ICH eine Zigarettenpackung mit Feuerzeug, ein Autoschlüssel, ein PS-starker Materiekörper ... wenn man das Gaspedal durchdrückt, laufen Sie schneller, entnehmen Ihre Ziele dem Radio, und wenn Sie dann auch noch Mitglied beim FC Bayern sind, kaufen Sie gern einen Neuwagen mit etwas mehr Leistung. Ihr Gehirn strotzt nur so von Autobahnen, Zapfsäulen, Öltankern, Flugzeugen, Starts und Landungen, global gesehen und unterbewusst. Im Kern des Konstrukts bewegt sich ein Smartphone mit Autoschlüssel, betankt sein Fahrzeug und fliegt zum nächsten Spiel.

Vielleicht ist es im Kleinen auch umgekehrt zum Erdkörper organisiert. Dann lägen die großen Massen wie Flugzeuge, Öltanker und der FC Bayern im Kern des Konstrukts und die Verbraucherdaten lägen dem freundlichen Gravitationsmonsters peripher auf. Das gesamte System beruht auf individuellen Daten, die sich in Feldern zu mächtigen Feldstärken aufschaukeln, ein Label oder Gesicht als Adresse erhalten, und ab diesem Zeitpunkt dem Raum sein Verhalten diktieren. Das Gehirn macht seine Arbeit, und wir nennen es den freien Willen, von mächtigen Architekturen einen Verhaltensstupser zu bekommen.

ICH kenne ein paar dieser Menschen, die für ein paar Wochen im Jahr ihren Kaffee in Thailand trinken. Die sich schon verteidigen und ihre Motive darlegen, bevor man ihr Handeln abmahnt. Das Allgemeinwohl produziert die unterschiedlichsten Motive. Das Gehirn leistet ganze Arbeit. Wir wollten uns doch nur ein schönes Leben machen. ICH wollte mir ein schönes Leben machen. Stattdessen habe ich Tag für Tag mit den Folgen des Allgemeinwohls zu kämpfen.

Die geistigen Phänomene programmieren das Gesicht des Status Quo. Allein die Zusammensetzung des Korpuskels ist zielführend. Autos oder Schmetterlinge, Waschanlagen oder Blüten, Salz oder Schnee, Hitze oder Regen? ICH erinnere hier an die genetischen Mengen. Mächtige Informationsvolumina schalten unsere Gene und dienen dem Heranwachsenden als Bauplan. Es geht auch um die Stabilität der Organe, um die Gesundheit, um das Glück. Diese Dinge zu erreichen und zu erhalten, fordert von uns, eine genügend komplexe Datenmenge einer gewissen Zusammensetzung zu verkörpern. Die richtige Zusammensetzung lautete Schmetterlinge, Blüten, Schnee und Regen.

Es gibt eine Form der Datenverschränkung, die dem Licht sehr nahekommt. Diese bedeutet das höchste Glück und die reinste Freude. Die lebende Biomasse generiert eine komplexe Datenmatrize. Begreift man seinen Körper als eine Kopie des externen Raums, so gelangen wir zur Einheit. Wir sind das Alles und indem wir dieses Ganze lieben und fördern, tun wir Gutes für den eigenen Körper. Das Sonnenlicht ist ein wiederkehrender Quell höchster Reinheit. Vermutlich haben die Materieäquivalente vom Licht angeregt eine höhere Wertigkeit für den Organismus. Die eingehenden Sinnesreize ... tatsächlich fühlt man sich an sonnigen Tagen besser. Bringt auch der Hörsinn Sonne in den Körper? Vielleich über das Gezwitscher der Vögel. Was teilen sie eigentlich mit?

Der Körper ist ein Datenspeicher. Die Evolutionsdatenmenge beruht hauptsächlich auf Lebendwerten. Die Kriterien wurden intakten Biotopbeziehungen entnommen. Mehren und erhalten Sie die Kriterien der Evolutionsmasse. Erhalten Sie den Status Quo. Irgendwann darf man auch die Beine hochlegen und sich auf seinen Lorbeeren ausruhen. Ist es wirklich so schlimm, wenn man Freizeit hat und sein Leben selbst gestalten darf? Fortschritt ist Rückschritt. Der Erhalt des Systems ist von Bedeutung. Mehren und erhalten Sie die Daten der Evolution, und Sie haben kein Geist-Körper-Problem. Das mit der Verknüpfung der Restdaten auftretende Licht gliche einer Hülle. Man sähe hier die zufällige Übereinstimmung einer Datenlage des wirklichen Materieraums, dem Licht der Sonne, und der Hülle aus Licht, die wir als Phänomen besonderer Datendichten, als die Summe der Restdaten unserer Zellarchitektur begreifen.

Ginge man davon aus, dass sich das Korrelierende System zu einem Einheitsgeist entwickelte bzw. wir uns mit einer Führungsordnung der Gesellschaft bekleiden, dieser Geist also permanent vorläge und auch unseren Organismus involvierte, so beschrieben wir hier eine lichtdurchlässige Eigenschaft bis in die Architektur des Zellhintergrunds hinein. Regte ein Sonnenstrahl nun die herausragenden Datenkörper an, und es setzte sich die Wirkung als Information auf das Innere fort, so hätten wir die verarbeiteten Kriterien in einem höheren Maße dargestellt. Man empfände den individuellen Anteil, das Objekt, dem wir unser tägliches Interesse widmen, aber – zum allgemeinen Raum erweitert – aufgrund der Gebundenheit in einer Funktion bei Sonneneinstrahlung auch die Funktion bewusster.

Die Architektur der Kriterien führte uns zur Zelle. Zu den Ereignissen in ihrem Inneren, aber auch den höheren Funktionen für den Körper. Die eingehenden Lichtreize regten den Datenkörper an. Man kann von einem sehr viel höheren Wissen oder einer in seinem Volumen sehr viel mächtigeren Informationsmenge sprechen, leitet man das Licht als Wirkung in die Zellarchitektur und ihre höheren Vorgänge ein. Wir gelangen zu einer sehr viel komplexeren Informationsmenge. Das Aufprallen der Sonne oder das eindringende Licht hat einen Oberflächeneffekt. Er zeigt sich in einer energetischen Umwandlung. Während Teile des Lichts reflektiert werden, werden andere Teile von der Substanz absorbiert. Absorbieren heißt aber auch transportieren. Wir erhalten also auch hier eine gewisse Erhellung lokaler Zusammenhänge.

Denkbar ist an dieser Stelle, dass die Gefügekomplexität mit dem einreisenden Licht ein Training seiner unzähligen Verbindungen auf elektromagnetischer Ebene erfährt. ICH denke an die vielen Wege, die das Leben geht. ICH denke an all die vielfach verschränkte Information. Vom Einzeller bis zum Säugetier, alle generieren sich gegenseitig Daten. Die Daten unterschiedlichster Bereiche liegen hier in elektromagnetischen Strukturen verschränkt vor. In einer spezifisch menschlichen Form hinterlagern sie unseren Organismus. Das Medium kann sich auch weniger dicht zeigen, so dass es Eigenschaften eines Lichtleiters zeigt. Das Licht ist dann Transportgut. Das Licht hält sich an die Leiterbahnen. Die Substanz ist selbst Grundlage seines Seins. Das Licht erzeugt Bewusstheit durch Anregung und durch den Gebrauch des Mediums in seiner Funktion als Leiter.

Damit erregte man alle Teile seiner Architektur bis hinein in scheinbar unwichtige Größen wie Einzeller, Insekten und Unkräuter. Obwohl sie vermutlich alle Kriterien der Evolution darstellen, und einen wichtigen Beitrag zur Komplexität der Hintergrunddaten unseres Organismus leisten, werden sie längst chemisch bekämpft und verlieren in der augenblicklich menschlichen Gestaltung des Materieraums zusehends an Boden.

Vermutlich liegt die Ausbildung von Resistenzen einiger Mikroorganismen an der Vereinheitlichung des Materieraums, die der Mensch zu verantworten hat. Tatsächlich haben manche Viren Daten zur Verkehrsinfrastruktur in ihr Erbgut hereinkopiert. ICH durfte die Parkreihen sehen, wie sie sich in städtischen Siedlungen um die Wohnblocks ziehen. Aber vor allem Parkplätze an größere Straßen durfte ICH erkennen. Die Viren und Bakterien haben sich die bewegten Massen erschlossen. Da parken die Autos der Anwohner. Die fahren dann zur Arbeit und am Abend kreisen sie um die Häuserblocks. Dagegen hilft nicht jedes Antibiotikum. Das ist zutiefst menschlich. Diese Bereiche der Infrastruktur packten sie in ihr Erbgut. In diesen Bereichen überleben sie. Mit diesen Qualia sichern sie sich beste Bedingungen. Sie breiten sich mit Schmier- und Tröpfcheninfektion aus. Die Viren fahren heute oft 50 Kilometer und mehr. Sie treffen sich am gemeinsamen Arbeitsplatz, wo sie sich neue Wirte suchen, und dann fahren sie mit dem neuen Wirt nach Hause.

Vermutlich ruft die Anpassung des Erbguts an die reduzierte menschliche Lage die Resistenzen hervor. Vermutlich ist es die reduzierte Komplexität des Materieraums, die wir durch den Artenverlust erfahren, der es den Viren ermöglicht, sich mit einfachsten Anpassungsleistungen stabile Architekturen des Materieraums zu sichern. Die natürliche Komplexität gesunder Biotope wird vor allem am Straßenrand nicht mehr erreicht. Und wenn sie den Lehrstoff stark vereinfachen, dann kommen sogar die Dümmsten in Fahrt, und wir schämen uns, darauf auch nur zu antworten. Materiemoves, wie das Reiten auf dem Wind oder einem Lufthauch kann eine Pflanze schon begrenzen. Die Beziehungen auf der Quantenebene zur Programmierung des Materieraums sind dabei noch nicht berücksichtigt. Hier zeigt die Vernetzung von Arten in einem Biotop seine Wirkung. Große Materieereignisse sind auf Grund der vorgegebenen Datenmuster nicht programmierbar.

Immer mehr Organismen entzieht man ihre gesunde Umgebung. Der Kampf ums Überleben erfordert heute von allen, sich an den gelebten Status Quo anzupassen. Und konnte man die einfachen Überlebensstrategien eines Mikroorganismus vor hochkomplexen Hintergrund noch sehr schnell zusammenbrechen lassen, so kommt man neuerdings bei einer genetischen Adaption an den gelebten menschlichen Status Quo immer mehr an seine Grenzen. Die Zerlegungsschlüssel sind so stupide einfach. Die Übertragungswege von Wirt zu Wirt beruhen auf nur sehr wenigen und ganz einfachen Materiemoves. Diese Datenlagen sind auch Bestandteil der Giftmischer. Wir können davon ausgehen, dass sich Resistenzen aus äquivalenten Datenlagen herleiten. Autobahnen, Parkplätze, Arbeitsplätze, Produktions- und Vertriebswege hat der Mensch bereits selbst vielfach in seine Hintergrundprogramme installiert. Das Virus beruft sich vor allem bei seinen Wirtswechseln auf diese Komponenten. Auf ihre Stabilität und gleichbleibende Qualität kann man sich verlassen. Die Hersteller der Antibiotika und der Gifte enthalten ähnliche Datenbestandteile in ihren Architekturen. Die Organismen, welche ihre Interna an derlei Externa koppeln, sind rein chemisch kaum mehr zu gefährden.

ICH könnte auch schreiben, dass sich das Virus an sehr einfache Materiebewegungen des Materieraums adaptiert. Darüber hinaus könnte ICH sagen, dass der Mensch die ursprüngliche Komplexität seines Biotops so weit heruntergeschraubt hat, dass er mittlerweile neben dem Virus auf gleichem Datenniveau dahinvegetiert. Der Artenverlust führt zu einer reduzierten Biodiversität. Damit sind qualitative Einbußen des menschlichen Immunsystems verbunden.

Der Mangel an Komplexität erlaubt es dem Virus, sich große Bereiche des Materieraums ungestört einzuverleiben, die noch dazu den Status seines Lieblingswirts verringern. ›Ungestört‹ entspricht einer Erbgutstörung. Es könnte zum Beispiel durch ein Wildkraut am Straßenrand, einen Mariekäfer oder einen Schmetterling ausgelöst sein, der die Software in diesem Bereich verändert. So käme uns die Sichtweise anderer Lebewesen als allgemein verändernde Datenlage zugute. Die doch sehr stupiden Materiemoves, auf welche das Virus setzt, wären hier durchkreuzt. Jetzt laufen geistige Phänomene auf, die meinen Gedanken als viel zu gering einschätzen, da doch die Manipulation oder die

Leitung des Einzelnen durch das geschaffene Konstrukt schon so vollkommen ist, dass sie mit Spritzmitteln anrücken und Käfer unbemerkt zertreten.

Da stehen wir. Die Viren scheinen den Sprung zu schaffen. Sie stellen ihr Erbgut auf die neuen Datenlagen des Materieraums ein. Ihr Leben und Überleben hängt dann an den oben erwähnten Daten. An den Parkplätzen der größeren Straßen, an den Parkplätzen der Industrien. Auch die Giftmischer sind in dieser Form organisiert. Und so kann ein einfaches Virus sein Überleben an Produktions- und Vertriebsdaten hängen. Der Einfachheit halber zeigt sich eine Mutation zur wirklichen genetischen Abspeicherung. Das heißt, die speichernde Hardware wird von der aktuellen Software zu einer Umstellung angeregt.

ICH falle hier in die Alzheimerforschung, immer wenn es um das Training von Strukturen zu ihrem Erhalt oder der Pflege von Informationskanälen geht. Vermutlich geht es nur um den Gebrauch von eigenen Datenvolumina. ICH könnte mir vorstellen, dass man sich über eine sehr lange Zeit in Fremdsystemen bewegt hat, sich sozusagen hat treiben lassen vom System als Ideengeber und Motivator. Wenn der eigene Körper und seine Zustände nicht mehr selbst der Antrieb sind und alles nur noch von außen kommt, dürfte dies bereits den Niedergang der Zellsubstanz bedeuten? Auch Familienmitglieder können für uns eine Menge Daten generieren, die das System elektromagnetischer Felder am Laufen halten. Wer hat Dritten noch keine Gedanken in das Hirn gelegt oder hat selbst von den Inhalten überragender Geister profitiert oder ist nach dem Kontakt mit inspirierenden Felddichten doch wieder zu seinem Selbst zurückgekehrt?

Aber wenn Sie das System aus Evolution, Daten der pränatalen Entwicklung, externen Errungenschaften und den eigenen Möglichkeiten nicht permanent in seinen Zusammenhängen trainieren, kann eine totale Abhängigkeit vom System zum Nachteil werden. Das passiert immer dann, wenn Sie vom System aus irgendwelchen Gründen nicht mehr mitgenommen werden. Sei es, sie können sich die voranschreitende Entwicklung nicht leisten, oder das Marketing richtet seine Schablone neu aus und das neue Raster spricht sie nicht mehr an. Auch Familienangehörige wenden sich manchmal neuen Interessen zu. Dann bauen sie alte Zustandsfelder ab und schaffen sich neue Werte. Und wenn alles zusammenkommt, ist das der Super-GAU: Die organisierenden Felder fallen plötzlich weg und mangels intakter Nervenzellen bauen die Menschen keine eigenen Felder mehr auf. Die wissenden Zustandsfelder vergangener Tage reduzieren sich auf Kernerinnerungen. Sie korrelieren mit den heutigen Gesellschaftsfeldern, wie der Wirtschaftsarchitektur oder den familiären Beziehungen dann nur noch mit erinnerbaren Kernlagen.

Führt man den Gedanken fort, so erkennt man, dass der Körper schon sehr lange vom Geist abgekoppelt war. Der Geist wurde mit all seinen Ressourcen, persönlichen Beziehungen und Positionen von einer künstlichen Wirtschaftsarchitektur über eine sehr lange Zeit nur verwaltet. Diese Wirtschaftsarchitektur nimmt natürlich keine Rücksicht auf feine Ausläufer und Spuren, die älteren Lebensweisheiten anhaften. Die feinen Wurzeln der Inhalte unseres Arbeitsspeichers reduzieren sich als erstes, taucht man in das Wirtschaftsgebilde ein. Die generierten Datendichten, diese Transportlasten und Flussgeschwindigkeiten lassen nicht viel über von den tiefen und feinen Wurzeln der Felder und ihrer verarbeitenden Architektur. Der Materieraum unterliegt auch einem natürlichen Wandel. So fallen viele Komponenten auch durch Verdrängung und Tod aus dem großen Spiel des Werdens und Gehens heraus. Diese Wirtschaftskonstrukte organisieren sich selbst. Die filigranen Datenspuren der Wurzeln unseres Arbeitspeichers im Raum fallen diesen Wirtschaftssystemen als erstes zu.

Für ein Verständnis ist es notwendig, sich mit den Kriterien der Evolution zu beschäftigen. Welche Daten gelangten durch unsere Gewohnheiten in unsere bewussten Arbeitsspeicher, so dass der Körper allmählich seine Organe darauf abstimmte? Dann versteht man sicherlich, dass Unterschiede in der Lichtzufuhr bestehen – zum Beispiel zwischen Laub rechen und Computerarbeitsplatz. Allein der Plan, dieses oder jenes zu tun, ruft in Ihrem Gehirn die dafür notwendigen Daten auf und positioniert Sie damit im Korrelierenden System. Der Materieraum gliche unserem Körper. Wir haben ihm vielfach Daten äquivalent entnommen. Der Materieraum ist in unserem Organismus mehrfach abgebildet.

Der menschliche Organismus ist das Abbild wiederkehrender Ereignisse des Materieraums.

Zwischen Fernbedienung und Apple i-mac dürften keine großen Unterschiede sein, aber macht man das Gemüse draußen im Garten zum täglichen Baustein seines Bewusstseins, so erhält der Körper mehr Licht. Gleichzeitig sitzen in den Wurzeln Milliarden Mikroorganismen. Dieses ist das größte Softwareunternehmen der Welt. Diese Bitdichte ist technisch unerreicht. Der Salat ist damit sehr einfach in das Korrelierende System zu integrieren. Über diese hohe Anzahl an bewegten Teilen lassen sich natürlich auch andere Datenbestandteile aus der Natur – wie Beerensträucher oder Apfelbäume – sehr gut untereinander vernetzen. Das heißt für unseren Arbeitsspeicher, dass sich die antizipierten Inhalte vor diesem äußerst flexiblen biologischen Hintergrund, der hier aus Milliarden von Mikroorganismen besteht, sehr gut darstellen lassen. Auch die Flexibilität des Mediums dürfte so gewährleistet sein. Wir benötigen dies, um den einen Inhalt sehr schnell in einen anderen überführen zu können.

In einem gewissen Sinne dürften sich die verschiedenen Inhalte auch gleichzeitig abbilden lassen. Wir hätten mit dem Edaphon eine genügend abstrahierende Datenmasse. In das milliardenfache Bodenwesen eingeklinkt, wäre es möglich, gewisse Inhalte gleichzeitig abzubilden. Vor einem stabilen Hintergrund, wie es das Edaphon darstellt, ließen sich zum Beispiel die Gemeinsamkeiten mehrerer Inhalte herausarbeiten. Denkbar wäre es auch, sein eigenes Bewusstsein in das Edaphon einzuklinken, um damit im Biotop oder im Gemüse selbst zu surfen. Wichtigste Bestandteile einer Pflanze oder eines Schadens wären damit schnell aufzuklären und damit zu bezeichnen.

Die geistigen Konstrukte unserer Handlungsoptionen sind unterschiedlich und damit auch der tägliche Lichteinfall. Wie verhalten sich die Daten des gelebten Alltags im Korrelierenden System? Wie hat man sich selbst ein Leben lang in diese Gesellschaftsarchitektur eingebracht? Hinzu kommt immer auch der evolutionsspezifische Charakter der Daten. Wie nahe liegt man mit seinen Gewohnheitsdaten an dem natürlichen Wesenskern? Wie lauten die Daten, die die

Evolution dem Materieraum entnahm? Welches ist der exakte Befruchtungszeitpunkt? Mit welchen Kriteriensummen startet die Auslese und beginnt das orientierte Wachstum? Schwindet mit dem Artenverlust die Möglichkeit zur ursprünglichen Komplexität? Wie exakt lassen sich die Programme und Hintergrunddaten unseres Organismus auch heute noch erarbeiten? Wie tief und großräumig strahlt die Sonne in die komplexen Hintergrunddaten ein, wenn wir das verbindende Edaphon verlieren?

ICH schaffe mir einen Garten und nenne ihn Arche OFI. Für viele heimische Pflanzen und Tiere soll er ein Rückzugsgebiet und Zuhause sein. ICH werde auch Obstbäume, Beerensträucher und Gemüse haben. ICH strebe für das Wohl all meiner Mitbewohner. Mein Garten soll der Quell meines Körpers sein. Dies erkläre ICH zu meinem Sein.

Die Sonne verändert die Sicht auf die Welt. Es ist die Macht der Gewohnheit. Welche Daten hat die Evolution zusammengetragen und abgespeichert? Ist mein Wesenskern eine Auslese des Materieraums, zufällig, aber notwendig? Welche Daten habe ICH mir in der Reife zum Embryo, vom Embryo zum Fötus und zum fertigen Baby erworben? Was bin ICH von Natur aus? Welches sind meine Alltagsdaten? Wenn diese Positionen einen hohen Grad an Übereinstimmung aufweisen, so kann es gut sein, flutet man den allgemeinen Materieraum mit Sonnenlicht, dass unsere Interessensgebiete angeregt werden und sich die Wirkungen bis hinein in die ureigensten Aspekte unserer Zellsubstanz zeigen. Vor einem sonnigen Hintergrund dürfte somit die Effizienz und Harmonie der Körperfunktionen steigen. Als Folge eines solchen Seins reduzierte sich unangebrachtes Verhalten mehr und mehr. Vieles erschiene uns vor dem doch sehr gesunden Wesenskern nicht richtig.

Es gibt heute viele Möglichkeiten sein Geld abzugeben. Man entscheidet sich für ein gewisses Produkt und bekommt damit auch gleich das passende Verhaltenskostüm angezogen. Geht man tiefer, sind es schwere Materieströme der Rohstoffgewinnung, der Produktfertigung und der Vertriebslogistik. Ja, als kleines Menschlein mit einer Produktidentifikation und Objektfixiertheit treiben

Sie in einem ungeheuren Datenstrom des Wissens. Schwere sicht- und fühlbare Datenfelder generierten wir einst, um für die Menschheit höheres Wissen herzuleiten. Heute sehen wir davon nur noch die Rohstoffe und die Produktströme. Sie nennen es Macht, die ungeheuren Informationsdichten des Materieflusses mit nachweisbaren Effekten auf den Materieraum zu verkörpern.

Das Individuum wird von den Materieströmen fortgerissen. Entwurzelt und ohne ein eigenes Sein sind sie Getriebene des Systems. Die beste Lösung scheint für viele die Unterwerfung und die Annahme dieser Intelligenz zu sein. Natürlich hat es seine angenehmen Seiten ein Getriebener zu sein. Jeder Motor hat ein Getriebe. Hat man Rückenwind, spart uns das doch sehr viel Kraft. Man braucht nicht mehr zu denken, die Impulse kommen von außen. Die Medien und all die Reizflut kochen die Informationen immer und immer wieder auf. Niemand fragt mich, ob ich nicht lieber meine Ruhe hätte. Und die Menschen sind die blinden Hühner. Sie sind anfällig für die Gravitationseffekte aus den Konstrukten. Sie treiben in ihrer Involvierung durch das Netz und bekommen hin und wieder ein paar Körner.

Die Sonne verändert den Datenkörper. Die Sonne verändert die Sicht auf die Welt. So ist auch der männliche Körper, der sich die Reize vielleicht direkt geladen hat, oder auch nur als Kortexdaten eines Dritten geliefert bekam, selbst auch nur Körper und kann bei den Darstellungen der Frauenteile deshalb mit ähnlichen Korrelatsbedingungen argumentieren. Die eingelagerten Körperdaten der Frau haben jedoch eine andere Zusammensetzung. Sie unterscheiden sich vor allem in den Kriterien. Die Organe stehen als übergeordnete Mengen nicht in Frage. Man denke an ihre Transplantationsmöglichkeiten. Die Kriterien bewegen sich vor allem auf ihr Zentrum zu. Die Funktion eines Organs als etablierte Größe steht im Vordergrund. Der Rest kommt und geht und dient in erster Linie der Stabilität des Organismus.

So haben wir zwei Datenkörper, Mann und Frau, die einander mittels zentrierender Kriterien anziehen. Die Gravitation unseres Erdkörpers muss man sich auch als einen Effekt vorstellen. Die Gravitation wird nur sichtbar, wenn wir einen anderen Datenkörper in den Bereich des gegenseitigen Wechselwirkens bringen. In unserem Fall handelt es sich jedoch um eine Ebene des darstellenden Elektromagnetismus, mit welchem das Gehirn an den Materiedaten des Status Quo hängt. Das Gehirn verarbeitet auf der Ebene des Elektromagnetismus externe Materiedaten zu Feldgrößen, die sich wiederum als Quanteneffekte, als realer Materiebezug oder reale Datenmenge, auf dieser Ebene adaptiert gewachsen, anführen und auch beweisen lassen.

ICH sehe daher die Anziehung der Frauen zunächst als Datenphänomen. Man darf es sich auf Quantenebene angesiedelt vorstellen. Das Korrelierende System, durch den Mann repräsentiert, enthält jetzt auch höhere Datendichten der Frau. Auf diese Weise stellt sich das Datenphänomene auf der Quantenebene wirkend dar. Das Datenphänomen führt zu einer gegenseitigen Anziehung von Mann und Frau. Die starke Ausbreitung der weiblichen Reize im Korrelierenden System fragt nach dem Wert als allgemeinen Gefügerepräsentanten. Es erlaubt den Mädchen wohl, derlei große Dichten zu erzeugen, dass sie sich mit ihren Brüsten und Jeansrundungen sehr wohl als Mittelpunkt begreifen dürfen.

Derlei Daten, die, wie wir beobachten, durch vielfältigste Hereinnahmen der Körperreize in das Korrelierende System entstehen, erreichen Wirkungsdichten. Die Daten des Korrelierenden Systems mittels geeigneter Reize zu repräsentieren, wirft natürlich die Möglichkeit auf nach Übereinstimmungen zu suchen. Wir suchen nach Gemeinsamkeiten der internen genetischen Körperdaten und den Daten des Korrelierenden Systems, das wir als extern am aktuellen Status Quo ausgerichtet begreifen dürfen. Das Korrelierende System bezeichnet die Interessen und Sinnesdaten, ganz allgemein alle geistigen Aktiva, die wir in Form von Kriterien in Feldern verrechnet sehen.

Bestünden diese Gemeinsamkeiten, fänden wir tatsächlich Übereinstimmungen zwischen der geschaffenen externen Welt und dem Evolutionspaket an Daten, die die Körperfunktionen hinterlagern, dann sollten wir uns die Frage stellen, wie weit wir uns von der genetischen Ausgangslage entfernen dürfen, dass noch genügend große Überschneidungen zwischen dem Körper und dem externen Prinzip vorliegen. Ein eingelagerter sexueller Reiz braucht genügend Überschneidungen zwischen den elterlichen Körperdaten und dem Korrelierendem System, um einen sexuellen Reiz zu binden. Der sexuelle Reiz, als Gefügerepräsentant, liefert nach der Befruchtung innerhalb des Korrelierenden Systems die Ausgangslage der embryonalen Entwicklung. Wir sehen die befruchtete Eizelle damit innerhalb des Materieraums, dem aktuellen Status Quo verankert.

Trotz des täglichen Eintrags künstlicher Objekte in das menschliche Biotop und der damit verbundenen Schwächung der Basis der Evolutionsdatenpyramide, deren Spitze wir bilden, hoffen wir, manche beten auch zu Gott, dass auch in Zukunft der gelebte Status Quo eine noch ausreichende komplexe Datenlage darstellt, um die Differenzierung der Organe und ihren Verbund im Organismus zu gewährleisten. ICH wünsche mir, dass es den Wunsch nach Kindern auch in ferner Zukunft noch gibt. Der sexuelle Reiz wird somit als ein Repräsentant des Status Quo verstanden. Hauptsächlich menschliche Interessen fließen heute als Kriterien in das Korrelierende System ein. Ein sexueller Reiz ist ein Repräsentant vielfältigster Positionen des geschaffenen Status Quo.

Den Kriterien folgend stellte sich embryonales Wachstum ein, wobei der Datenkörper, das embryonale Wachstum begleitend, immer wieder moduliert. Der Status Quo diente auf diese Weise der modulierenden Datenmasse immer wieder neu als Vorlage. Stabile wiederkehrende Materieverhältnisse bedienten den Keim. Der Keim hielte die wiederkehrenden Datenlagen organisch fest.

Es werden auch Datenmengen von außen hereingetragen. Der Datenkörper wird auf eine andere Person übertragen. Durch die Betrachtung des neuen Repräsentanten kann der übertragene Geistkörper einer Richtung unterworfen werden, zumindest aber wirken weitere Materiepositionen an der Steuerung der organischen Substanz mit. Die eingehenden Sinnesreize wirken im Rahmen des Möglichen auf die vorliegende Datenmasse. In diesem Sinne ist das Lernen eine Prägung des Geistkörpers mit Materiedaten. Der entstandene Datenkörper dient der Analyse der Umwelt. Der Geistkörper erzeugt ihr Wissen von der Welt.

Das vorliegende Konstrukt aus Daten, der Geist, ob es nun der ihre ist oder ein anderer, ob sie eigene Interessen verfolgen oder fremde Interessen bedienen, das Konstrukt aus Daten bedingt ihre Weltsicht. Das Konstrukt vermittelt ihnen Gefühle. So befinden sich viele auf der Straße der Verlierer und bekommen aus dem Konstrukt doch den Eindruck des richtigen Wegs vermittelt.

Die weiblichen Möglichkeiten, die Organe und Funktionen des menschlichen Körpers werden inmitten des Korrelierenden Systems dargestellt. Es ist die gebundene Vielfalt an Kriterien, die dem Reiz zur Wirkung gereicht. Die Daten des Korrelierenden Systems, die darstellenden Kriterien, die den Weibskörper mittels spezifischer Datenarchitektur abbilden, arbeiten dem Zentrum zu. Sie bedingen die Attraktivität dieses Mädchens. Von der Schaltung der Gene zu sprechen, ist Humbug. Es handelt sich um Kriteriensummen des Korrelierenden Systems, welche wir durch weibliche Reize repräsentiert sehen. Inwieweit gelingt es also, diese Attraktoren zu einem späteren Zeitpunkt erneut zu starten und den repräsentierten Status Quo zum Beispiel zur embryonalen Entwicklung heranzuziehen? Es sollte dem Eros auch zu einem späteren Zeitpunkt gelingen, derlei körperliche Sensationen innerhalb des Korrelierenden Systems hervorzurufen, dass ein Zugang für mögliche Schaltungen der elektromagnetischen Felder offenbleibt.

Schreitet der Rückbau der Basis, auf welcher wir als Spitze der Evolution sitzen, weiter voran, zeigt sich vermutlich ein Rückgang der menschlichen Fruchtbarkeit. Die Zahl der Treffer lebensfähiger Befruchtungsdaten ginge zurück. Es gelänge immer weniger, den Status Quo in einer Form zu binden, dass sich die Entwicklung der Gewebe in brauchbarer Weise vollzieht. Die notwendigen Zusammenhänge der Daten in Feldern kann bereits innerhalb des Status Quo nicht mehr gefunden werden. Das Ergebnis des adaptierenden Wachstums wäre mangelhaft. Zum Beispiel platzten Bandscheiben auf Grund fehlender Komplexität der hinterlagerten Datenmasse schneller auf. Verstehen Sie, dass wir von Datenlagen sprechen, die wir auf der Quantenebene angesiedelt sehen dürfen. Die Kriterien und Faktoren verstünden wir selbst als Summationseffekte des

Dunklen Feldes. Wir sähen sie zu Masse verschränkt und beobachteten sie als Materie. Natürlich ist dem Dunklen Feld selbst Masse zuzuschreiben.

ICH möchte im Vorfeld der Materie von Faktoren sprechen. Das Wort bezeichnete erste Felddichten. Das Ergebnis einer Addition von Feldern, bzw. der Transport einer Information, so dass wir eine Wirkung oder eine Richtung hätten und weitere Elemente dieser Form in Summen zusammenführten, drückte das Wort Faktor aus. ICH presste diese Faktoren letztlich in Ordnungen, wobei es sich vermutlich um einen Zufall der Ökonomie handelt, bei welchem sich gewisse Anteile der Faktoren in einem stabilen Kerngebiet organisieren. Der energetische Aufwand derlei Ereignisse zu gestalten läge in der Generierung der benötigten Summanden.

Den Körper betreffend ist die hinterlagernde Datenarchitektur auf Quantenebene angesiedelt zu sehen, wobei dunkle Feldlasten als Abstraktum unerwähnt bleiben. So gesehen ist das Fehlen von Daten durch die ausbleibende Reaktion Gefangener der Teilhaber, Anteiligen und Mitwirkenden, wobei das Wort Mitwirkende den Vorgang zutreffend beschreibt, bereits als quantenmechanischer Effekt nachweisbar, und programmiert auf dieser Ebene den späteren Schaden am menschlichen Organ.

Die ausbleibende Information führte zu einem Gravitationsloch in der hinterlagernden Datenmatrix. Eine geringfügige Verminderung der Datendichte, durch das Ausfallen von Kriterien, toleriert der Organismus ganz sicher. Problematisch stelle man sich das Entfallen funktioneller Überbauten vor. Eine Installation eines übergeordneten Zusammenhangs, der nur durch die Existenz dieser einen speziellen Art erbracht wird, entfällt plötzlich. Man denke an eine individuelle Datenfassung, die die belastete Struktur im Allgemeinen mit einem höheren Sinn hinterlagert, der nicht widerlegt werden kann. Inwieweit das Bereitgestellte während der Stabilisation des Fremden selbst leidet, dürfen Sie gerne selbst erörtern. Es ist dann sicher zwischen einer gewünschten Notwendigkeit, einem Normalmaß und einem geforderten Übermaß, einer Überschreitung von natürlichen Grenzen zu unterscheiden.

Gliche das eine dem natürlichen Miteinander, förderte ein gefordertes Übermaß an manchen Stellen den Wahnsinn zu Tage. Diese funktionellen Überbauten brächten den fremden Sinn in den bereitstellenden Organismus. Doch stabilisieren wir einen fremden Sinn, der noch dazu ein sinnloses Übermaß darstellt, wie wirkt dieser auf die erbrachten funktionellen Überbauten? Halten die Strukturen des Erbringers in Anbetracht der aktiven Daten des Korrelierenden Systems noch stand? Lässt sich der erbringende Organismus in dieser Konstellation der Paralleldaten noch lebensfähig gestalten? Wir gehen zum Physiotherapeuten, aber betrachten Sie die Alleingelassenen des Tier- und Pflanzenreichs.

ICH sehe aktuelle Kriteriensummen den weiblichen Organismus abbilden. ICH sehe die geistigen Aktiva, die Kriterien und Faktoren dem Materieraum entsprechen. Der Materieraum bleibt die Hintergrundmatrize des Heranwachsenden. Und auch das spätere Denken beruht nur auf spezifischen Fassungen desselben. Bewegte Materie generiert in gewissen Feldarchitekturen Strömungen, baut Felder auf, regt störende Objekte an und weist damit auf bestehende Ordnungen hin.

Dürfen wir die Kriterienvielfalt der Felder und auch die gelebte Biodiversität als gesunde Eigenschaft eines leistenden Gehirns bezeichnen? Sähe man die Gefühlsebene und die Instanzen wie Ethik und Moral von derlei Zusammensetzungen abhängig, beginnt die Verbesserung der menschlichen Moralvorstellungen nicht erst bei der Abschaffung von Tierversuchen – wo manche immer noch blind in Affengehirnen herumstochern – sondern bereits beim Verbraucher, der sich seine Hühnchenschenkel beim Discounter holt. Sie lieben belastete und geschwächte Ordnungen – die Keime auch. Zunehmend werden resistente Keime auch auf Nahrungsmitteln gefunden. Höhere Manipulationsgrade werden damit schon erreicht. Ist es das, was wir wollen? Ethik und Moralvorstellungen, die sich aus derlei Bedingungen ableiten?

Ist eine Reduzierung des materieabhängigen Gehirns auf ausschließlich eine Art von Materie ratsam? Ist die Reduktion der Komplexität für eine Gesellschaft vielleicht sogar gefährlich? Sollte es uns nicht zu denken geben, wenn sich die

Kriteriensummen unserer Gehirne, die einst eine reiche Biodiversität verkörperten, zu Gunsten des Schwerlastverkehrs und einer gesteuerten Arbeiterschaft verlagert haben? Wenn sich die gravitative Masse der elektromagnetischen Felder unserer Leistungsträger nur noch aus dem gesteuerten Konsumentenpack errechnet? Wenn sich die Entscheidungslast nur noch aus dem Schwerlastverkehr, dem Produkthandling und den Materieströmen der Produktionsverhältnisse aufbaut, sind die Ergebnisse ihres geistigen Mühens dann nicht bereits bekannt.

Wenn sich das Gehirn zum Aufbau von Lösungsfeldern des Schwerlastverkehrs bedient, lohnt es sich denn noch für diese Leute zu denken? Das Ergebnis dieses Denkens steht doch bereits fest. Hier zwei Lastkraftwagen und dort vier Lastkraftwagen und die Querverbindungen mit weiteren drei Lastkraftwagen. Das sind exakt neun Lastkraftwagen. Das lehrt uns die höhere Mathematik. Und jetzt stellen sie sich diese Gehirne einmal bei der Arbeit vor. Sie sollen jetzt Lösungsfelder für die wichtigsten Probleme der Menschheit aufbauen. Die totgefahrene Kröte, der tote Fuchs am Straßenrand und der verletzte Feldhase, die den Teich bei der Quelle zum Ziel hatten, bleiben unerwähnt.

Was bedeutet es für mich zu sondieren? Wenn ICH die Felder der Verfechter der Lastkraftwagenarchitektur bis hinein in die letzten involvierten Winkel ausschlachte, dann finde ICH mich im Umfeld des Verbrauchers wieder. Das Verbraucherverhalten mit seinem Restmüll und die damit verbundenen, nicht selten ungewollten Organlagen der Verbraucher hat man dem entwickelten Status Quo unterworfen. Obwohl sie sich nur einer Wirkung von oben her anzupassen versuchen, nennt man sie die Basis der Felder. ICH spreche gern von einem Wurzeln der Felder in der Basis, dem Auslaufen ihrer Wirkung oder dem Übergang der Wirtschaftsstrukturen in ein natürliches Urfeld. Die Produkte, der Müll, dieser Dreck der Verbraucher, und die täglichen körperlichen Sensationen der Verbraucher, welche mit den großen Feldstärken einhergehen, betrachten wir als einen Nachteil unseres Fortschritts.

Wir sehen die Felder des größten Materieumsatzes, der Mächtigen Feldstärken, um sie nicht tiefergehend zu beschreiben, in die Zonen der

Endverbraucher auslaufen. Im Verlauf ihres Wirkens beobachten wir das Auftreten der Rotation als Eigenschaft der Materie. Wir haben Materieinformation in Form von Feldäquivalenten in wissende höhere Architekturen gefasst. Bei der Verrechnung von Materieinformation in Feldern tritt ein Grundproblem auf. Die übergeordneten Felder des menschlichen Materietransports beschreiben dabei eine ausgeklügelte Transportlogistik. Ihre Wurzeln addieren sich zu rotierenden Momenten. Das allgemeine Verbraucherverhalten und der involvierte Raum im Allgemeinen nehmen die Wirkung der übergeordneten Felder auf. In ihrem Auslaufen im Verbraucherraum erkennen wir den Einzelnen und das rotierende Moment darin.

Sehen wir nun parallel zum Wirtschaftskonstrukt die einzelnen Verbraucher selbst in ökonomische Ordnungen gepackt, so kann davon ausgegangen werden, dass unter bestimmten Vorraussetzungen drehende Datendichten entstehen, die der Kapazität eines Wirbelsturms entsprechen. Man könnte folglich von einem Wirbelsturm, der Materie einer gewissen Masse bewegt hat, auf die Anzahl der verursachenden Verbraucher schließen. Vermutlich passen die Relationen der bewegten Materiemassen. Es sollte noch überprüft werden, ob im Datengefüge Übersetzungen, einem Getriebe gleich, vorliegen, so dass die Verbraucherdaten in ihrer Rotation von gewissen Konstellationen der Überfelder beschleunigt sein können. Die Wurzeln der Wirtschaftsarchitektur verrechnen sich zu rotierenden Momenten. Aufgrund der Sinnzusammenhänge innerhalb des Verbraucherraums, dürften sich auch Systemkonforme nicht menschliche Materiemassen an der Drehung beteiligen.

Das Ergebnis sind die zerstörerischen Wirbelstürme. Wobei wir wieder bei der Kröte sind, die sich den notwendigen Sauerstoff sowohl aus der Luft wie auch aus dem Teichwasser zu generieren weiß. Tatsächlich lässt uns die Häufigkeit von Sturmereignissen unbeeindruckt. Gesagt werden kann jedoch, dass sich mit der Anzahl der involvierten Bürger größere Wahrscheinlichkeiten für Summenereignisse größerer Masse und unter Umständen stärker beschleunigte Drehmomente ergeben. Warum sie sich ausgerechnet an diesem Ort ausprägen? Nun, wir hinterlassen alle Spuren im Raum. Jedes Gespräch bildet den Raum ab. Man vernetzt, man liebt, man hasst. Man wird angegriffen und schlägt zurück. Man gliedert an und unterwirft sich.

Wie sollte ICH mein Ich beschreiben? Die Zusammensetzung meiner Felder. ICH spreche von wissenden Architekturen und Bausteinen meines Geistes. Die Information ›rotierende Äthermasse‹ – sollte ICH sie nun darstellen –, wo werden dann die Hauptwirkungen niedergehen? Zirkelt der Schweinsteiger einen Ball um die Mauer herum ins Kreuzeck oder sollte es der Zufall wollen, dass sich kein Äquivalent wie dieses findet. Vielleicht stellt sich ein kleinerer Tornado ein, der einem Naturschauspiel gleich mit einem Element spielt. Sollte etwas mehr Aggressivität im System liegen, dann können sie davon ausgehen, und ICH bin kein Selbstmörder, dass ICH die Steine aus dem Weg räume, die mein Leben belasten.

Genauer wollen Sie das sicher nicht wissen! Das Lösungsfeld unseres Leistungsträgers ist jetzt fertig aufgebaut. Die neun Lastkraftwagen stellen die bewegten Hauptmassen in unserem individuellen Konstrukt dar. Der Rest des Gefüges besteht aus der Körperarchitektur, die das Gehirn zu verwalten hat, welche sicherlich als täglicher Themenbezug ihre Position hat. Hinzu kommen dann natürlich vor allem die externen Datenlagen, welche sich der Mensch beizutragen erlaubt und aus wirtschaftlichen Gründen beiträgt, weil sie sich um die Lastkraftwagen aufspannen.

Wir haben hier also ein Konstrukt aus Daten einer gewissen Feldstärke, das als aufklärende Software in seiner Architektur vor allem Lastkraftwagen benutzt. Das Denken wollen wir hier als eine zeitweise Betrachtung der Felder begreifen. Den Geringeren lassen wir während dieses Innehaltens einen Feldstatus aufbauen und einen direkten Materiebezug erstellen. Wohin führt uns eine Betrachtung dieser Felder? Doch allenfalls an die Tankstelle, in die Wartungshallen, die Containerterminals usw.

Wir sehen hier, es ist für offene Probleme gar kein Bewusstsein möglich. Es ist kein bewusstes Sein des Problems möglich. Der Geringere erwirbt nur einen

Objektstatus oder gerät auf die Ebene elektronischer Impulse. Und die Mächtigen generieren nur Felder, die vom Rohstoffvorkommen, über den Schwerlastverkehr zur Produktion und von dort über den Verbraucher zum Müll am Straßenrand reichen. Der ganze Dreck wird Ihnen allenfalls bewusst, wenn Ihre Wellnessdampfer durch eine ozeanische Müllhalde tuckern, auf der sich Afrikaner tummeln. Wie könnte durch diese Brille anderes hindurchscheinen? Diese analytische Instanz lässt nichts mehr anderes zu. Und selbst das mathematische Gehirn dürfte seine präzisen Effekte auf Feldordnungen abstellen, die längst nicht mehr diese Vielfalt an Daten beherrschten, sondern mehr in Kategorien der Transportlogistik und der additiven Verschränkung zu Effekten derselben in Feldern der Ergebnisbildung zu Hause sein.

Die Kröte und der Hase sind tot. Die Fleischwunde des Hasen wird jetzt, nach seinem Ableben, die vorherrschenden Gesellschaftspositionen nicht mehr hinterlagern und besonders klar und geistreich hervorheben können. Das ist der Blutzoll, den der Fortschritt sich nimmt, um die Leistungsfähigkeit seiner Architektur zu gewährleisten. Wie wollen sie die Welt des Hasen sondieren, wenn er erst einmal ausgestorben ist? Eine Fleischwunde zu setzen, um seine Evolutionskriterien aufzuwerfen, wird dann nicht mehr möglich sein. Diese Möglichkeit besteht nur noch mit Genbanken. Aber welche Möglichkeiten bleiben, einer verlorenen Komplexität nachzutrauern? Sollten Sie tatsächlich einen Schraubendreher finden, welche Größe hat er denn? Wo wollen Sie Ihre Hebel ansetzen? Die Architekturen und Wirkungen systemübergreifender Zusammenhänge sind doch längst zerschlagen.

Warum sollte ICH von beschleunigenden Summationseffekten sprechen, wenn manche nicht einmal eins und eins zusammenzählen können, nicht über fünf hinauszählen, wo Kräfte und Kraftübertragung ins Gewicht fallen. Wie könnte ICH von Summationseffekten wie Bremsen, Beschleunigen, Ausrichten, wie von Kühlen oder Erhitzen, von natürlichen Gegebenheiten und Qualia des verarbeitenden Datensystems sprechen, wenn man nicht weiter denken darf, als ein fettes Schwein springt. Mir gefällt nur der Spruch so gut, dass ICH ihn hier hab einfließen lassen. Es dauert sehr lange, Geister zu erarbeiten, die mit neuen Formulierungen einhergehen und erweiterte Einblicke erlauben. Es ist ja unsere Aufgabe, dieses zu tun. So beschäftigen wir uns mit der Kraftübertragung innerhalb des Gefüges, während sich andere allenfalls in einem schonenden Umgang mit den täglichen Dingen üben. Ihr Verhalten resultiert in einer langen Haltbarkeit und Lebensdauer des Gekauften.

Die Komplexität des Systems, welche ja auch seine Stabilität bedingt, lässt sich nicht mit Genbanken erhalten. Es wird kaum möglich sein, mit einem Mitarbeiter in einem Labor mit einer genbasierten Feuchtigkeitsliebe in einer Petrischale eine Region wie Kaliforniern zu bewässern. Dazu ist die wiederkehrende Aktivität des Datenkörpers zum Zeitpunkt der Notwendigkeit einzuführen. Die Aktivierung und Hereinnahme eines Datenkörpers dieser Art in das organisierende System beruht in der Regel auf einem gewachsenen Miteinander. Aber auch dem Gewachsenen selbst, das sich in Zyklen am Bestehenden orientiert, entwickelt, schreiben wir Aspekte des Bewusstseins zu. Vielerlei Daten korrelieren hier. Auf der Grundlage von Quantengravitation und Feldaktivität bilden sich Ordnungen mit stabilem Gerüst heraus. Das sind Vorgänger des späteren Lebens, aber als beliebige Vielfalt technischer Kriterien in einem Konstrukt formiert, so dass wir maximale Feldstärken und erhöhte Gravitation errechnen, der Tod für jegliche Selbstorganisation. Der Untergang der Notwendigkeit als Feldform der quantengravitation und natürlicher Baustein der Selbstorganisation ist in Konkurrenz zu den Formen der Wirtschaft beispielhaft. Die Selbstorganisation des natürlichen Bedarfs wird von dem gewachsenen Datengefüge der Evolution nicht mehr geleistet. Die Gravitationsmonster unseres Gesellschaftskörpers verhalten sich wie Mahlsteine. Wir Menschen vermahlen das gewachsene Gefüge zu menschlichem Einheitsbrei und setzen der Ordnung noch das Ziel des Wachstums auf

Das gewachsene Evolutionsgefüge ist aus verschiedensten elektromagnetischen Positionen aufgebaut. Der Lebendgürtel erzeugt eine Feldebene. Die Feldebene gehört in den Bereich der Quantenebene. Die Feldaktivität gehört der Selbstorganisation an. Die vielen Kriterien organisieren den Raum. Das

Verhalten der Interna ist für eine gewisse Feldaktivität verantwortlich. Die Betonung der Kriterien in den Feldern sichert ihre Existenz. Die Daten bilden Felder. Die Felder, bzw. die Daten darin spannen übergeordnete Räume auf. Der Zusammenschluss von Kriterien führt zu flächigen Zusammenhängen. Wir münden, denselben organisierend, in den Materieraum. Der Status Quo ist das Ergebnis einer Programmierung auf der Quantenebene. Die bewegte Materie in den Feldern erzeugt gerichtete Wirkungen. Die Physik erlaubt uns, alles Mögliche zu denken. In den Bereich der Feldaktivität gehören die verschiedenen Formen des Äthers. Die Kriterien bilden Summenfelder. Wir archivieren die Daten in Feldern. Das System strebt einer höchstmöglichen Harmonie und Ökonomie zu. Die entstehende Architektur ist ein Datenspeicher. Die Umwelt ist darin vielfach auf verschiedene Weise abgebildet. Die Additionsphysik der verschiedenen Ätherformen resultiert in Phasenübergängen der Zeit. Die Modi liegen harmonisch beieinander. Das Material hinterlegt die lebenden Ordnungen.

Aber nicht nur der einzelne Organismus ist ein fließendes System aus Kreisläufen, sondern auch das Biotop. Auch hier zeigt sich eine abwechselnde Aktivität der Lebewesen getragen von der hinterlegten Software. Die Aktivitäten der lebenden Ordnungen fließen ineinander, ergänzen sich und wechseln sich ab. Hierzu brauchen wir Argumente der Zeit, wie Abwarten und Beschleunigung. Wir benötigen die Krümmung, das Umfallen der Felder in hochwertigere Kategorien, eine Umpolung auf Kreisläufe, die sich in der Umgebung von Inhalten und Bedingungen als Überschneidungen und Teilschnittmengen herausbilden. Der Bewusstseinsstoff, aus dem die Träume sind, in Feldern organisiert, führte zu dem ersten Leben. Der gesamte Materiehaushalt ist Ausdruck einer gegebenen Feldaktivität. Eine Programmierung der Quantenebene durch die lebenden Architekturen regelt das gesamte Verhalten des Makrokosmos.

Diese bildungsfernen Schichten, ohne eigene Größe und eigene Interessen. Ihr Sein, verwaltet nur von dem entwickelten Gesellschaftssystem, am Rande, aber doch voll ansprechbar für die herausragenden Ergebnisse unserer Wissenschaft, mit einem Intelligenzquotienten unter 100 sind sie die gefährlichste der

Volksgruppen. Die analytische Instanz ihres Gehirns unterliegt einer Voreinstellung. Sie sehen, was ihnen das analytische Gefüge vorhält, zu sehen. Sie urteilen, wie die Masse es tut und der nächsthöhere Betreiber voraussetzt. ICH beobachtete diese Überlegenheit, die in ihm aufstieg, als er das Gift auf die Wespennester sprühte. Der technische Hintergrund macht ihn in dem Moment der Anwendung zu einem intelligenten Mitglied eines hochentwickelten Gesellschaftskörpers. Er war so klug, das Produkt zu kaufen und jetzt anwenden zu können. Dieser kindliche Spieltrieb führt ihn geistig in die Kategorien dieser sensationell wirkenden Gifte. Meine Geistesgattung stößt sich an dem Gezappel der Tiere und an dem Verlust wichtigster Bestandteile des Geistes. Der Tod dieser Tiere ist für mich wie ein Löschen von Positionen aus meiner Hintergrundarchitektur. Ein ungutes Gefühl.

Aber dieser Mensch stößt beim Ausbringen dieser Gifte in die Erkenntnisräume unserer Wissenschaft vor. Er gelangt an das Licht dieser sensationellen Erfindungen. Das Licht fällt ihm über den Objektstatus des Verbrauchers zu. Ein gutes, befreiendes Gefühl, wenn sich ihm diese Räume öffnen, eben noch von Wespendaten belastet, ein von Insekten zurückgesetzter menschlicher Geist, und im Nu ein überlegener menschlicher Geist, der sich mit einer Spraydose die Produktionsgüterräume und Forschungsabteilungen der chemischen Industrie aufschließt. Ein Hochgefühl für diese Geringen unter uns, ihr Insektensein in ein menschlich geprägtes zu wandeln. Das ist wie Urlaub für diese Kleingeister. Sie entfernen sich von den täglichen Anhaftungen des Arbeitslebens und erschließen sich die Räume der Touristik. Dieser fühlbare Unterschied geistiger Qualia. Auf der Jagd nach dem geistigen Phänomen des Wandels? Eben noch die belastende geistige Anhaftung der Produktionsabläufe und plötzlich geräumige Ordnungen und das Gefühl von Freiheit. Der Tourismus wirkt wie das Wespengift. Den Belasteten wird die Welt der Wespen in die Welt der Chemiker, Hersteller und Verbraucher überführt. Ein einfacher Wandel geistiger Belange, wie man ihn auch mit Gartenarbeit oder geistiger Nahrung erreicht. Eine Form von geistigem High. Ein Rauschzustand? Eine Sucht?

Der Hase und die Kröte haben jegliche Mitwirkung am Feldaufbau aufgegeben. Blicken Sie einmal durch ihre Brille. Wo sind denn die Probleme? Sie haben keine Probleme. Nein, der technische Korpus hat keine Probleme, und der geistige Konsens wird sie die nächsten Jahrzehnte noch weiter von ihrem Leben entfernen. Es ist, wie es ist, und die Mathematik es uns lehrt. Diese Art des Denkens führt zur Mehrung bereits bekannter Komponenten. Die bezeichnenden Felder Ihres Gehirns und die damit verbundenen Lösungskapazitäten werden nicht Informationsreicher, Sie erweitern die Feldstärken durch die Hereinnahme weiterer Materietransporte, wie Sie das mit dem Freihandelsabkommen TTIP mit den USA zu tun beabsichtigen.

Interessant wäre es auch zu verstehen, welchen Stellenwert der Transport der Ware von Amerika nach Europa hat? Was verursacht ein Kriterium dieser Kategorie im Korrelierenden System? Wo siedeln diese Kriterien im Körper? Wenn wir tausende Registertonnen auf dem Meer hin- und herschippern, welche Position nimmt dieses Kriterium an der Architektur der Felder der notwendigen Körperfunktionen ein? Wirkt es verdichtend und nimmt an der Verengung des Mediums teil? Oder wirkt das Kriterium entspannend und liegt als Teil der Software im Endbereich einer Erweiterung eines Gewebes vor?

Ist dieses der Fall, stellt man sich natürlich die Frage nach den anderen Eigenschaften und möglichen Qualitätsverlusten im Hinblick auf die notwendige Funktion für den Organismus. Wie verhält es sich mit Elastizität, Reversibilität und Festigkeit? In welcher Qualität wächst das menschliche Gewebe heran und erfüllt es seine Funktion in einem ausreichenden Maß? Reicht das angrenzende Datenmaterial aus, um auch die restlichen Gefügeeigenschaften aufrechtzuerhalten? Fehlt der hüpfende Hase oder sein Datenäquivalent. Wie ist es mit den Daten, die er aufwirft? Sind seine Schnuppernase und seine Art die Gräserwelt zu betrachten, wichtigste Bausteine einer eugenischen Feldmasse? Wie verhält es sich mit der Kröte? Generiert sie uns wichtigste Aspekte, die aus der Basis unserer Körperfunktionen nicht wegzudenken sind?

Treffen sich zufällig beide Arten in der Feldflur, wie verrechnen sich dann beide Daten-Ichs? Das Gesamte, die Körperoberfläche? ICH schreibe dies nieder für den Fall der Fälle! Sollten es jemals notwendig werden, die Hintergrundprogramme unseres Organismus eugenisch wertvoller zu gestalten, so müsste man das Plastik und das andere tote Material durch lebende Organismen ersetzen. Eine breite Basis aus vielfältigstem Leben vervollständigte die menschlichen Hintergrundprogramme. Eine lebende Basis speiste in die menschliche Feldarchitektur ein. Wie die Elementarteilchen in der Summe das Schwerefeld der Erde bedingen, so sind diese die Grundbedingung höherer Funktionen.

Der Fachbereich Eugenik wiese wieder eine korrekte Schaltung der Gene nach. Die Basis generierte wieder eine Datenmenge, die wir ›eugenisch‹ nennen dürfen. Die eugenische Datenmasse gilt als das Leitmedium für das spezifische Wachstum. Das orientierte Wachstum ist eine Interpretation des Datengemenges und damit eine Adaption an den aktuellen Materieraum statischer wie dynamischer Art. Die Pflege des Status Quo bedeutet die Pflege unserer Grundroutinen.

Was bedeutet es für die Zelle, wenn sich ihre Substanz und die internen Ereignisse in Abhängigkeit zu derlei Datenlagen gestalten sollen? Wir sehen diese Datenlagen auch auf der Quantenebene an der Selbstorganisation mitwirkend angesiedelt. Diese Daten treten in Wechselwirkung mit der Datenarchitektur unserer Körperprogramme. Beliefert Europa erst einmal Amerika, dann werden diese Langstreckendaten auch embryonal veranlagt und zu unseren Körperdaten.

Da fällt mir dieser Hai ein. Der Hai schwamm von Afrika nach Australien und wieder zurück. Will er uns damit sagen, dass man auch ohne Navi ganz gut zurechtkommen kann? Ist es vielleicht nur die natürliche Antwort auf den Ruf nach Wirtschaftswachstum, dass wir den Autofahrern jetzt auch noch Appetit auf technisch aufgeklärte ferne Welten machen. Sind es dies technischen Summenkonstrukte, die den Einzelnen diese Wege zu gehen veranlassen? Lösen wir damit alle Ängste des Einzelnen auf? Als Folge sehen wir die Überwindung aller Hindernisse. Regionale Schranken wie Dialekt, Tracht, Lebensgewohnheiten und Mittagstisch fallen.

Hindernisse wie Flüsse, Seen und dichte Wälder werden überwunden, ja sogar Meere und Gebirge durchbrochen. Wandert eine geflügelte Blattlaus aus dem Revier des Fuchses aus, ist das für den Fuchs bereits die Einladung, diesen Standort ebenfalls hin und wieder aufzusuchen? Bringt die Spur im Raum, in diesem Fall die Spur der Blattlaus, dem Gehirn des Fuchses die Möglichkeit, sich mit einem elektronischen Impuls, die Spur der ausgewanderten Datenlaus in das Unterbewusstsein zu holen? Dies setzt voraus, dass der Nerv eine gewisse Feldadaption hervorruft. Damit wären auch die Blattlaus und ihre Art, der Welt zu begegnen, in der Architektur der Felder gefasst. In dem elektromagnetischen Spektrum wären nun auch Daten um die Blattlaus gegeben. Die generierten Daten ergänzten die Welt des Fuchses. Im Korrelierenden System verdichten die hereinkommenden Daten Oberflächen, sie bestätigen Verhältnisse und zeigen gangbare Wege auf. Sie dienen dem Fuchs. Wenn wir den Tieren die sichtbaren Lagen – auch wenn es nur Sinnbilder (also Ergebnisse der Analyse der Sinnesdaten) sind – absprechen und es auch selbst nicht mehr in einer sichtbaren Weise zu tun verstehen, so räumen WIR ihnen auch einen unterbewussten Status der aufgeworfenen Informationen zur Beurteilung der Lage an zukünftigen Orten ein.

Kann man sich diesen Raum in einer Weise aufgeklärt vorstellen, dass wir auch die Nutznießer der neuen Blattlauskolonie, wie Ameisen, Marienkäfer und Raubwanzen, um einige zu nennen, zu den Aufklärern zählen dürfen? Begünstigt ein auf diese Weise aufgeklärter Raum, die Entscheidung des Fuchses zu einem Streifzug in dieses Gebiet? Doch nur, wenn er dort vorfindet wonach er sucht? Hat der Fuchs Hunger und es liefe ein Elektron am Nerv entlang, so regte es die adaptierten Felder und die Daten darin ihrer Architektur entsprechend an. Vermutlich trifft es die dichteren Datenfelder vermehrt. Ein Hervortreten von körpereigenen Analogien ist ebenfalls denkbar. Die Schleusung von Fetten und Eiweißen in die Zelle wäre für den Fuchs dann Motivation genug, den neuen Standort der Blattlaus aufzusuchen. Die Schleusung von Nährstoffen durch die Membrantunnel in die Zelle entspräche dem Auffinden einer Nahrungsquelle. Wir sähen hierin ein Beispiel für instinktives Handeln. Ein Handeln, das von unterzuckerten Körperzellen motiviert ist.

Agieren wir nun aber im Sinne eines möglichen Beutetieres, so wäre es doch das Größte, anzunehmen, dass wir die lokal gegebenen Daten selbst verschränkten und ein so hochwertiges Konstrukt schüfen, dass es den Fuchs an unserem Nest vorbeileitete. Das Konstrukt beruhte gewissermaßen auf bekannten Daten, wie sie auch der Fuchs gebraucht. Unsere Daten unterschieden sich nur in ihrem Ursprung. Wir sehen die Kriterien der Felder unseres Konstrukts von sehr viel niedrigeren Organismen erbracht, die sich nicht mehr im Nahrungsspektrum des Fuchses befinden. Erst im Summenfeld aller neuronalen Leistungen träte der Status Quo hervor, in welchem sich auch der Fuchs orientierte.

Ein Hervortreten des natürlichen Ganzen auf der Grundlage zusammengetragener partieller Sichtweisen anzunehmen, ist natürlich ein Geniestreich. Doch bleibt uns nichts anderes übrig als diese feinen Lagen des Gehirns, auch Phänomene der Parapsychologie, auf die Ebene der Quantentheorie und seine Felder zu verbannen und das wirkliche Werden der Konstrukte im Raum als ein Ergebnis zusammenwirkender physikalischer Grundlagen zu begreifen. An dieser Stelle werfen wir wieder einen Blick auf den Bereich der Quantentheorie, wo unsere geistigen Konstrukte siedeln. Wir stellen uns ein Wechselwirken der Konstrukte vor. Aufgrund der Kriterienstämme und der bezeichneten Materie werden die Feldkonstruktionen verschiedene Wirkungen aufeinander entfalten. Sie werden sich wie geladenen Teilchen verhalten, an manchen Stellen sympathisch finden und an anderen Stellen abstoßen.

Das sehr viel präzisere Moment dürften jedoch identische Kriterienstämme sein. Ein Zusammenlegen identischer Feldabschnitte, so dass sie sich in ihrer Information entsprechen, um weitere Details erweitern und an Länge und Volumen zunehmen, ist eventuell exakt der Punkt, an welchem wir das Entstehen von Masse und den Aufbau der verschiedenen Elemente beobachten sollten. Vermutlich finden sich die identischen Kriterien so zusammen, dass sie einen Einheitskörper der gleichen Information bilden. Die Wertigkeit der Information steigt mit der Feldstärke und der Masse des Datenkörpers. Wie bereits erwähnt, ist der begleitende Datenmantel einem Theoriegebilde unterworfen. Man konnte feststellen, dass sich mehr oder weniger stark gebundenen Elektronen um den Kern drängen. Man spricht von einer Elektronenhülle.

Nun dürfen wir aber beim Entstehen von Geist einen Unterschied zu den gängigen Kernargumenten annehmen. Auch wir sehen um die Kernlagen so genannte Sattelitenordnungen entstehen. In unserem Fall unterläge die Ausbildung eines Kerns und seiner Umgebung einer Ansammlung elektromagnetischer Phänomene. Wir nennen diese Daten Kriterien und fassen sie in Hologrammen zusammen. Wir leiten aus den gesammelten Daten das Wissen ab, um welches wir uns bemühen. Wir sprechen von einer wissenden Architektur. Die Summenfelder nennen wir auch Geist.

Dabei schließe ICH nicht aus, dass sich unterschiedliche Kriterien einfinden, die sich mit ihrem Sein und der bewegten Materie am Aufbau der Felder und den Effekten darin beteiligen. Nun dürfen wir aber in der Frühphase dieses Universums sehr wohl diese Vielfalt an Datenmaterial, vor allem in Bezug auf Dichte, Form und Volumen ausschließen. Aber dennoch ist anzunehmen, dass die Verschränkung und Ausbildung von Sattelitenordnungen der Fall war. Wir sehen die Sattelitenordnungen daher eher als eine Folge der Summierung von Kriterien. Die Lage der Satellitenordnungen bzw. ihre Abstände zum Kern hingen von der Beschaffenheit der Kriterienstämme ab.

ICH kann mir sehr gut vorstellen, dass Satellitenordnungen selbst eine Anziehung ausüben. Das bedeutete, das Elektron hat die Tendenz, sich zu vervollständigen. Das kann man sich auch aus den Eigenschaften des Elektrons herleiten. Es entrisse dem Konstrukt die Kriterienanteile, die es zum Aufbau seiner Eigenschaften benötigte. Das Kriterium teilte sich oder fügte sich als Ganzes der anziehenden Ordnung hinzu. In günstigen Lagen der bindenden Ordnungen zueinander vervollständigte sich das geteilte Kriterium für einen Moment und es liefe ein elektromagnetischer Impuls dieser Information in beide Ordnungen ein.

Manche energetischen Niveaus zeigten ein Bestreben sich zu vervollständigen. Das ist immer dann der Fall, wenn sich auf dem Rücken des Überflusses eine eigene Ordnung etabliert. Diese entwickelt sich dann eigenständig und benötigt entsprechendes Material. Man könnte auch von Ladungen sprechen. Da wir immer auch den bahnenden Sinn der zielgerichteten Materie und ihre aufklärende Wirkung im Auge behalten sollten, sprechen wir hier, anstatt von Ladungen, besser von Effekten, die von den Kriteriensummen und ihrer Beziehung zu den Kerngebieten herrühren.

An dieser Stelle lässt es sich für die Gehirnforschung noch einmal präzisieren. ICH schickte gerne anstatt des Elektrons einen Geistkörper den Nerv entlang. Eine energetische Dichte, eine stabile Ordnung aus Kriterien. Gibt es ein Feldäquivalent zum Elektron? Und wie verhält sich das Kriteriengebilde im Restfeld?

Obwohl diese Gedanken aus der Luft gegriffen erscheinen, stellt sich bei mir doch die Vermutung einer strukturellen Verwandtschaft ein. Es hingen diese vielleicht sogar funktionell zusammen. Das einfachste aller Schaltungen innerhalb der Felder nimmt der täglich Handelnden vor. Er ist es doch, der mit seinen täglichen Daten und Sinnzusammenhängen die großen Felder bedient. Die täglichen Kriterien und Raumvorstellungen werden somit zu den wichtigsten verbindenden Positionen. Es ist schade, dass wir die lenkende und fordernde Datenkulisse nicht alle sehen und unser Handeln in den Sinn des Ganzen einzuordnen vermögen. Aber vielleicht ist es auch gut so.

ICH habe immer wieder erlebt, dass sich Menschen gegen die Ziele der anderen positionierten. Es möge die Neugier der eigenen Wirkung sein. Diese Menschen definieren ihre Position als eine Größe des Widerspruchs. Sie begeben sich in eine lebenslange Mühle, wie das Korn in der Mühle. Aus ihrem Mehl backen wir unsere Brötchen. Wie weit reicht aber die Macht der Felder? Wie weit geht der Einzelne, um dem Größten Existenz zu verleihen? Mit welchen Kriterien gelingt es, den Raum für sich als Ganzes abzubilden? Wir sind alle nur Träger geistiger Konstrukte, die sich zuwenden, wechselwirken, die Inhalte in größeren Feldern harmonisieren und als globale Wahrheit in den Materieraum einmünden.

Das allmähliche Aufsteigen bzw. der Eintritt der Gleichbedeutung des geistigen Konstrukts mit dem Status Quo, gleicht einem Verlust seines elektromagnetischen

Feldpotentials. ICH kann nicht sicher sagen, dass bei einer Kernspaltung diese Phänomene frei werden, obwohl sich in der Behandlung des Themas die betrachteten geistigen Phänomene ähnlich gestalten. Es ist aber auch anzumerken, dass die Sinneslagen und das Gedachte, sähen wir sie extern auf Quantenebene verankert, nur als zeitweilige Stabilität existieren, weil sie mit dem Sein unseres Organismus einhergehen. Die Energie, die Position eines Feldpotentials zu schaffen, stellt das Leben selbst zur Verfügung. Wir sehen den Status Quo mit unseren Overlays hinterlagert, wobei der Status Quo, die Hardware, das Erd-, Sonnen- und Weltensystem, das eigentliche Overlay bleibt.

Der Grashalm ist ein wirklicher Bestand des Materieraums. Seine gewachsene Struktur und die interne Motorik seiner Funktionen sollten genügen, um sich die partiellen Sichtweisen und Wertigkeiten neuronaler Netze zu unterwerfen. Der Grashalm zeigte sich dann als das Ergebnis des natürlichen Verhaltens elektromagnetischer Phänomene, wie sie die Sinne der interagierenden Organismen hervorbringen und das Gehirn sie zu fassen imstande ist. Aus derlei Beziehungen leiten sich natürlich auch die elektromagnetischen Momente her, die wir zum Aufbau der Funktionen des Grashalms intern wie extern benötigen. Hierin liegt also auch der Schlüssel zur wahren Gesundheit verborgen.

Im Grunde entsprechen die einzelnen Komponenten der Hardware. Zumindest zeigt sich die Summe der Komponenten strukturgebend bzw. der Struktur entsprechend. In dieser Form entsprächen die Summenfelder der gewachsenen Hardware. Die elektromagnetischen Momente partieller Sichtweisen wären dem Feldaggregat ›Grashalm‹ unterworfen. Diese Gesetzmäßigkeit erklärt sich auch mit dem Orientierten Wachstum der neuen Evolutionstheorie. Wie aus dem Nichts tritt auch an dieser Stelle wieder das Bewusstsein einer möglichen Schadwirkung menschlicher geschaffener Größen hervor.

Wer von euch oder von uns hat je daran gedacht, die menschlichen Größen so zu formulieren, dass sie zu einem übergeordneten Sinn verschmelzen. Einem Sinn, der dem von der Evolution geschaffenen Menschen gleicht? Ich meine, anstatt für den Geldbeutel zu arbeiten, etwas für die Biene zu tun, einen Nistkasten aufzuhängen, statt sich die Arbeitszeit für eine Internetsitzung einzusparen. Einen Holunderstrauch zu pflanzen anstatt einer chinesischen Konifere. Müssen Sie denn diese Stunde des Laubrechens auch noch Ihren Wirtschaftsinteressen opfern? Fehlt denn dieser erfrischenden Hollerblütentrunk, den wir an ein paar heißen Tagen genießen, wirklich den Limonadenherstellern? Beginnen Sie, sich endlich freizumachen! Tun sie Etwas für den Menschen! Werden Sie ein Individuum! Pflanzen sie einen Sinn in die Welt! Nur aus dem begleitenden Sinn unseres Handelns organisiert sich das verbindende Hintergrundmoment. Nur die Bienen, die Meisen, der Holunderstrauch und die Insekten generieren Datenlagen, aus welchen der begleitende Zusammenhang entsteht, der alle Funktionen in einem Ganzen, unserem Organismus, harmonisiert. Das Qualitätsmanagement spricht von Güteklasse A, und nimmt doch eine permanente Verschlechterung der Lage hin. Die Partikularinteressen, elektromagnetische Phänomene des fassenden Gehirns, bleiben strukturgebend. Der Einzelne ist mit seinen Interessen am Aufbau des Organismus und seinen Funktionen beteiligt. Am Ende ist der menschliche Organismus das Produkt des gelebten Status Quo.

Unser Konstrukt ankert folglich sehr viel komplexer im Materieraum. Unser potentielles Beutetier verschränkte die Daten einer Vielzahl niedrigerer Organismen. Das Konstrukt generierte sich damit aus sehr viel tieferen Schichten des Mikrokosmos. Es gelänge, den beabsichtigten Sinn auf den Ebenen niederer Organismen an den Materieraum zu adaptieren. Damit wäre das Konstrukt in seiner Architektur, den Sinn, dem Fuchs seinen Weg vorzugeben, berechnend, in der Präzision des Ergebnisses weit überlegen. Es gelänge, noch bevor der

Nahrungskettensinn des Fuchses erwacht, uns in die Welt des Fuchses einzulocken. Wir generierten ein Overlay, das tiefer im Mikrokosmos wurzelte und vielleicht auch noch in anderen Bereichen entspringt.

Der generierte Sinn ist somit ein Overlay. Wir begreifen ihn als Kernaussage. Wir sehen die Kernbotschaft über die erbrachten Daten aller Beteiligten auf den Materieraum reduziert. Die Beschreibung der Massebahn des Fuchses erfolgt mittels dritter Organismen. Die Beschreibung beginnt in tiefen Schichten des Mikrokosmos. Wir sehen unser Konstrukt im Mikroorganismus verankert. Wir haben die Entscheidungsebene des Fuchses nun mit unserem Sinn hinterlegt. Der Überträger, der Wandler oder der Übersetzer ist der beschriebene Materieraum. Der Materieraum ist die für alle gleichbleibende Matrix.

Das Konstrukt ist in seinen Wurzeln so komplex und doch so einfach, dass es dem Fuchs nicht gelingt, seinen Eintritt in unseren Sinn zu bemerken. Er wandert über die Feldflur, und kommt er in unseren Einflussbereich, so wandelt sich sein Verhalten in unserem Sinne ab. Verlässt er unsere Einflusssphäre, treten andere Größen in sein Unterbewusstsein. Das potentielle Beutetier wird es darauf anlegen, verborgen zu bleiben und nicht in das Bewusstsein des Fuchses zu gelangen. Der Reviernachbar hingegen profitiert von einer klaren Bewusstseinslage. Der klare Informationsaustausch der zwischen den Füchsen stattfindet, beruht auf den Identitäten der Geistkörper. (Kasten Ende.)

Ein fremder Sinn liegt in der Luft. Dies betrifft vor allem auch die Gehirnforschung der Menschen. Denn auch der Mensch trägt seine Umweltdaten zusammen. Die Gesellschaft verschränkt diese in hochwertigen Konstrukten. Die spezielle Architektur, in welcher unser eigenes Sein verzeichnet ist, dient uns in den vielfältigsten Lagen zur Orientierung. Vermutlich zeigen sich hohe Grade an Übereinstimmung mit dem menschlichen Organismus, so dass diese, auf das Individuum bezogene, Allgemeingültigkeit möglich wird. Wir weisen hier noch einmal ausdrücklich darauf hin, dass es eine übergeordnete natürliche Steuerfunktion gibt. Wir sehen hier die Verantwortung beim Gesetzgeber.

Es gilt den Missbrauch dieser geistigen Ordnungen zu begreifen und die Fehlentwicklungen des Systems zu beschränken.

Die gesetzten Ziele verpuffen nicht im Äther. Die Struktur des Konzerns innerviert das Individuum. Die Übertretung wird zum Lebensstil des Einzelnen. Die enge Verwandtschaft mit der Architektur des menschlichen Organismus lässt natürlich die Vermutung zu, dass nicht nur der Mensch als Ganzes der Steuerung unterliegt, sonder auch interne Größen bis hin zur Zelle einer Steuerung durch einen körperähnlichen Übersinn erliegen. Und was passiert, wenn wir Ähnliches in Ähnlichem lösen?

Das Gravitationskonstrukt das die Tiefdruckgebiete über den Ozean ziehen lässt, unterliegt es nicht den Gesetzen der Notwendigkeit? Eine Urordnung, auf Notwendigkeit beruhend, wo ein Rädchen in das andere greift, hat zuletzt auf der Spitze des Datenreichtums den Menschen entwickelt. Der Mensch erzeugt jetzt selbst mächtige Datenkörper, die er von der Selbstorganisation auf der Quantenebene berücksichtigt haben will. Nun wissen wir alle, dass eine Notwendigkeit, die wir als Feldstärke auf Datenebene messen können, von alternativen Massebahnen substituiert, entkräftet, ja, sogar gelöscht werden kann.

Bezeichnen wir einmal den Zustand eines Feldes als Notwendigkeit, so dass nur das Auftreten eines spezifischen Materieereignisses den Zusammenbruch der bestehenden Ordnung verhindert. Was passiert nun, wenn wir alternative Materieströme einführen? Sie veränderten die Feldarchitektur, die sie ursprünglich als Notwendigkeit bezeichneten. Künstliche Materieströme verändern auf der Ebene der Selbstorganisation die wirkenden Kräfte. Sie schwächen die Eigenschaft ›notwendig‹. Die organisierenden Wirkungen ergeben sich aus der Summe spezifischer Materieverhältnisse. Nun gelangen auch noch menschliche Werte auf die Datenebene. Die gesamten Materieströme der Wirtschaftsinteressen sollen ebenfalls verrechnet werden.

Wohin führt uns das? ICH nehme an, dass ein System, das auf der permanenten Anwesenheit und dem Miteinander seiner Komponenten beruht, sehr anfällig wird, wenn man die originalen Bausteine durch menschliche Technik und

Konstrukte menschlicher Sinnzusammenhänge ersetzt. Das entstandene Leben ist in seinen Funktionen auf spezifische elektromagnetische Zusammenhänge der Daten angewiesen. Nur in dieser Komplexität der Verschränkung entstehen die Felder mit den wirkenden Effekten darin, so dass sie der bewegten Materie entsprechen bzw. ein Wechselwirken von Materie und Substanz die wirklich essentiellen Lebensbedingungen der Selbstorganisation der verhafteten Materie unterwerfen.

Wir nennen einen auftretenden lebensbedrohlichen Mangel und den Zustand einer Verletzung einen laut werdenden Schrei. Die bedrohliche Datenlage wird auf der Feldebene zu einem Attraktor. Der Zustand des Mangels geht mit einer Feldäquivalenz einher. Die verschränkten Komponenten des Lebens, welche der organischen Substanz hinterlegt sind, werden durch eine Störung herausgefordert. Die gegebenen Bestandteile der Feldäquivalenz der gesunden Funktion werden aktiv. Es stellt sich ein Zustand des Werdens ein. Die verzeichneten Daten, an den Materieraum adaptiert, wirken auf den gestörten Feldzustand ein. Die bewegte Materie, die Daten Dritter auch anderer Arten, die Ernährung, der Status Quo im Allgemeinen, erlaubt es, uns auf Teile des Raums zu beziehen und Daten hereinzunehmen, so dass sich die hinterlegte Datenmenge der gesunden Funktion wieder herstellt.

Der Bezug auf die gestörte Funktion ist gleichzeitig ein Bezug auf den Status Quo. Der allgemeine Raum ist in der Regel frei von Störungen. Die bewegten Massen bewegen sich zyklisch auf festen Bahnen. Die stete Wiederkehr von Information ist eine Grundbedingung der Existenz des Overlays. Hier wird der Bezug auf den Raum zur Instandsetzung der Gewebefunktion herangezogen. Dem stehen jedoch der Wertewandel und der allgemeine Umbau des Status Quo entgegen. Mancher zeigt sich überrascht, wenn alte Häuser plötzlich verschwunden sind und durch moderne Neubauten ersetzt wurden. Hier wäre dann auch die Umkehrung der Sicht zu erwähnen. Der gestörte Status Quo kann zu körperlichen Sensationen führen.

Einer Pflanze – wirksamer noch die Gemeinschaft der Lebewesen – sollte es gelingen, einen zu trockenen Zustand in einen normal feuchten Zustand zu überführen. Im Einfluss mancher Zustände verschränkten sich die Architekturen der Lebewesen zu höheren Feldern. Die Großwetterlage beginnt sich auf der Grundlage der lebenden Architekturen darzustellen, so wie die Evolution des Lebens mit den Niederschlägen verschränkt ist. Wenn es zu trocken wird, verschränken sich die Daten der Betrachter zu hochwertigeren Feldern. Auf der Quantenebene zeigen sich zusammenhängende Phänomene, die einen gemeinsamen Sinn transportieren.

ICH sehe auch in der Struktur des Organs die Möglichkeit, ein Zeitfenster zu installieren. Für die Organisation vom Mikroorganismus zu einem Muskel des Menschen erscheint mir ein vielfaches Einweben von Information über die Jahrtausende hinweg notwendig gewesen zu sein. Der allgemeine Transport entlang der Struktur des Muskels im Sinne des Stoffwechsels zum Beispiel erlaubt mir, den Weg eines Ereignisses im Ablauf der Jahrtausende auf den Sekundenbereich der anatomischen Arbeitsweise reduziert zu sehen.

Im Allgemeinen erscheint mir der Sinn selbst für ausreichend Feuchtigkeit zu sorgen. Der Sinn erstreckt sich von den Bewusstseinsaspekten der Mikroorganismen über die Pflanzen, Tiere und Insekten und sollte bis in die geistigen Lagen der Menschen hineinreichen. Stellt sich auf der Grundlage aller beteiligten Lebewesen, die wir als Betrachter des Systems und als die Erbringer der Daten für die Selbstorganisation nennen dürfen, ein Attraktor ein, so scheint mir die Zeitkomponente einer Entwicklung in die Richtung des ablaufenden Ereignisses bereits enthalten zu sein. Ein Attraktor dieser Art, betrachten wir die unterschiedlichen Ätherdichten der eingetragenen Daten sollte eine Zeitverlaufskomponente enthalten. Die Richtung auf der Zeitschiene hieße für seine Bestandteile: ›Man bewegt sich darauf zu.‹ Dann befindet sich das Ereignis im Entstehen. ›Das Ereignis läuft ab.‹ Dann wandelt sich der übergeordnete Sinn und die Lebewesen agieren und interagieren in völlig neuen Kontexten.

Die Evolution hat das Korrelieren der verschiedenen Zustände hervorgebracht. Für uns gilt zusätzlich die Programmierung der Substanz als Grundlage der

Selbstorganisation. Die bewegte Materie und die Eigenbewegung der Lebewesen sind eine Grundbedingung der Selbstorganisation. Wir brauchen einen Motor und verbrauchen Energie, um die Ziele zu verwirklichen. Es besteht, wie uns die Erfahrung lehrt, die Notwendigkeit, dass auch der Mensch, die einflussreichste Komponente in dem Gefüge, seine tiefe Verwurzelung im Zusammenhang erkennt und seine Komponenten dem gemeinsamen Streben hinzufügt.

Wir schieben die Partymeilen, die Festivals, die Bier- und Weinfeste, den Tourismusverband und all die anderen Wetterklimatiker beiseite und beziehen uns auf unsere Wurzeln. Wir beziehen uns auf den Urzusammenhang der Evolution und zeigen unsere Anteilnahme, noch besser: wir agieren mit dem Willen zur Macht und installieren dem Leben die notwendigen Bedingungen. Nicht die Schönwetterzone für die Feierwütigen, sondern der Früh- und der Spätregen bedeuten Leben. Tief verwurzelt sehen wir in der molekularen Betrachtung, auch die Mineralien Ziel führend angeordnet. Der installierte Sinn weist uns den Blick der korrekten Wahrnehmung.

In einem Biotop kommt es zu Entscheidungslagen auf Grund von Datenkörpern. Das wechselseitige Miteinander der Datenkörper betont gemeinsame Kriterien. Das interne Zusammenspiel der Kriterien erzeugt Räume von Bedeutung. Diese Raumeinheiten werden existent. Diese Feldeinheiten und ihr Innenleben transportieren einen gemeinsamen Sinn. Das Leben reagiert auf den auferlegten und selbst auferlegten Sinn. Und auch der Mensch, sofern er dem Wandel seiner Datenlagen zustimmt, kann sich einem gemeinsamen Sein und einer Involvierung durch die notwendige Architektur öffnen. Sein Denken und Handeln wird dann von diesen Datenlagen geprägt sein. Die verschiedenen Arten sind in ihren Formen und ihrer Art die Welt zu betrachten bereits unglaubliche Wunderwerke. Wer seinen Körper in so eleganter Form in die Umwelt einpasste, ist natürlich von Grund auf an dieser speziellen Architektur und am ›Erhalte!‹ seiner Bedingungen interessiert. Wir sagen die Architektur der Lebewesen gleicht seinem speziellen Biotop.

Nur der Mensch ist dem Sündenfall der Erkenntnis erlegen. Der Mensch begann vor dem Hintergrund seiner biologischen Daten, das Externe zu erkennen. Hier startet die Entwicklung menschlicher Funktions- und Sinnzusammenhänge. Die entwickelten Felder heben sich von der Geist-Körper-Einheit ab. Der rückwirkende Weg der Erkenntnis entspricht nicht dem gewachsenen Gefüge. Der Sinn der fassbaren Menge ist im Vergleich zu der gewachsenen Evolutionsmenge nur ein oberflächlicher Wert. Die Menge beschneidet und grenzt aus. Obwohl sich die Bedingungen für den Menschen stetig verbessert haben, ist doch viel nutzloses und nicht notwendiges Zeug entstanden – eine Parallelwelt zum lebenden System. Man betont den menschlichen Sinn. Man stellt das allgemeine Treiben der Menschen in den Vordergrund. Die Menschheit verschleudert eine Menge Energie und Rohstoffe, um die Materie auf ihre Bahnen zu zwingen.

Die koordinierte Materie und bewegte Masse sind die Bestandteile einer Feldaktivität, die wir als den menschlichen Sinn begreifen. Dieses Konstrukt aus Daten transportiert den Sinn unseres Lebens. Es ist ein Identifikationsmoment, das mehr oder weniger allen Menschen eigen ist. Vermutlich hinterlegt das Konstrukt aus bewegter Materie auch die anderen lebenden Architekturen. Sollte jeglichem Leben dienen, besteht aber aus totem anorganischem Material. Die bewegte Materie in dem hoch entwickelten Technikgefüge dient letztlich nur der Gehirnfunktion des Menschen. Es entstehen gerichtete Effekte zum Feldaufbau und Strömungen, um Positionen zu betonen. Jegliche Inhalte und Positionen sind menschlicher Art. Man bewegt Materie mit Motoren. Man erhält ein System bewegter Materie. Die Dynamik ist notwendig, um der Gehirnfunktion die notwendige Datenlast bereitzustellen. Früher basierte die Gehirnfunktion auf dem lebenden System. Die Arten schweiften durch ihr Biotop und generierten Daten. Das Wechselwirken der Positionen, aber auch der reine Übertrag von Information innerhalb des Artensystems reichte zum Funktionieren.

Begrenzt, geregelt, vermessen, geformt, verarbeitet und verpackt spannen diese Massebahnen den Raum auf, den wir bewohnen. Bedenken Sie aber: Den Raum aufzuspannen, bedeutet auch, in die Weltlinie einzublicken. In unserem Fall spricht man besser von dem Diktat einer Weltlinie. Wir diktieren die Weltlinie. Dieses Konstrukt transportiert den Sinn unseres Lebens. Die Zusammensetzung von Materieäquivalenten generiert die Felder unseres Gehirns. Der Lebenssinn, Lebensziele, das Verständnis von Glück, sind Dinge, die wir machen. Das große Summenfeld ist ein Echtzeitgenerator für die installierten Eigenschaften. Selbst der Dümmste bekommt noch klare Anweisungen aus dem Gefüge und weiß, was er kaufen muss, um als volles Mitglied der Gesellschaft gelten zu dürfen. Das Treiben der Menschen wird mit einem entsprechenden Feldüberbau in ein freundliches Licht getaucht. Die Felder vermitteln Gefühle. Die Feldaktivität, der Elektromagnetismus, die umgebende Datenlast. Sie führen uns. Die transportierte Materie bildet die Grundlage der Felder. Der Feldüberbau transportiert den geschaffenen Sinn. Es ist ein Irrsinn, welcher mit dem Verbrauch von Ressourcen befeuert wird.

Die entwickelte Technologie hat die Ebene einer Körper-Geist-Einheit längst verlassen. Die Äquivalenz zwischen Lebensraum und biologischer Struktur ist längst gefallen. Wir sind nicht mehr Teil der Biosphäre und die Biosphäre ist nicht mehr Teil von uns. Unsere Umgebung teilt uns nicht mehr. Der technische Korpus hebt sich von dem gewachsenen Sinn- und Funktionszusammenhängen des Lebendsystems und den Körperprotokollen ab. Das System des Lebens ist in Schieflage. Der entwickelte technische Gesellschaftskörper bedingt seinen eigenen Materiehaushalt. Es ist ein Haushalt ohne Leben. Die Weltlinie zeigt sich. Die entwickelten Datensätze stellen die Einheit aus Geist und Körper in Frage. Im Grunde ist der menschliche Körper der Geist. In die Datensammlung haben sich nur Partikel eingeordnet und entsprechend verhalten. Der menschliche Organismus, vergisst man die gesamte organische Hardware, ist eine Architektur aus Feldern.

Natürlich braucht ein Datenspeicher ein Skelett. Der Körper unserer Geist-Körper-Einheit ist die Erde, ein lebender Organismus. Statten sie ihre Gottesteilchen zum Materieaufbau deshalb unbedingt mit den erforderlichen Positionen zur Darstellung von Leben aus. Das beutet, dass das Biotop, welches der Mensch belebt bzw. welches ihn belebt, die Daten für die Existenz des Menschen liefert. Die Daten, welche dem Materiehaushalt äquivalent entnommen und in Jahrmillionen zum menschlichen Organismus gereift sind, sind der wirkliche Geist, der mit dem Körper eine Einheit bildet. Hier ist auch die Quelle zu suchen, welche manchen als das reinste Licht erscheint, wenn er in diese reaktive Datenmenge einblickt. Hier ist das Köper-Geist-Problem noch nicht existent. Die nachfolgende Entwicklung der Erkenntniswerte wirft dann das Körper-Geist-Problem auf.

Heute unterliegen wir den Entwicklungen, die der Geist genommen hat. Die geistigen Entwicklungen gestalten heute das Biotop. Früher war das umgekehrt. Damals gestaltete der allgemeine Raum den Organismus. Adaption des Organismus durch die Hereinnahme von Daten. Evolution ist die Wirkung von externem Datenmaterial dem Materierum äquivalent entnommen, auf den Organismus. Heute frisst sich ein geistiges Gravitationsmonster aus leblosem Material in die Matrix des Lebendigen. Das menschliche Denken und das Handeln unterliegen unbewusst geistigen Lagen und Prozessen. Wir dürfen von psychotischen Mengen und einer Entartung des Geistes sprechen. Das Gesellschaftskonstrukt des Menschen ist an bewegter Masse und Kraft allem anderen überlegen. All die lärmenden Abgasmonster erzeugen eine Feldstärke, die jegliches Leben ausschließt. Auf diesen Feldstärken tanzt der geschaffene Sinn, ein Produkt von Designern. Schön verpackt mit bunten Bildchen und vielversprechenden Schlagzeilen.

ICH wünschte mir, dass das Überwinden der geistigen Abhängigkeit von den Biotoplagen kein wirklicher Sündenfall ist und wir das Gehirn gebrauchen, das man uns gab. ICH wünsche mir sehr, dass die Programmierung der geistigen Substanz, der eingeschlagene Weg, diese scheinbare Unabhängigkeit des Menschen gegenüber den gewohnten Biotopdaten durch neue Formulierungen unserer G7-Freunde und Regierenden zu vertiefen keine Sackgasse ist. ICH wünsche mir, dass SIE die notwendigen Lebensbedingungen erhalten, nicht dass uns irgendwann die Körperarchitektur des Menschen in weiten Teilen der Erde wegbricht, die Biodiversität, ein grauenvolles Wort, das mit einem grauenvollen

Zustand einhergeht. Wir sprechen hier nicht von einem funktionierenden Biotop, das sich selbst erhält oder bei ausreichender Komplexität den Versuch der nächsten Evolutionsstufe unternimmt. Dieses Wort fasst, um die geistigen Grundlagen zu nennen, die gegenwärtigen Technologien und zählt die Arten, welche sich in diesen Totraum noch vorwagen.

Einige Kritiker sind zu entkräften. Anscheinend ist es ihnen nicht möglich, gedanklich zu folgen. Dazu ist zu sagen, dass viele mit dem Tod wie ein Funke in das Nirwana eintauchen und der Menschheit dort verloren gehen. Eine wirkliche Teilnahme an der Zukunft erfordert einen etwas komplexer organisierten Geist. Wer die Zukunft gestaltet, wird über seinen Tod hinaus präsent sein müssen. Wir benötigen eine andere Beschaffenheit des Geistes. Weniger oberflächlichen Materialismus und mehr funktionelle Reinheit im Hinblick auf unsere Körper-Geist-Einheit. Wir wollen Wissen aus der Zukunft herleiten bzw. im Hier und Jetzt installieren und seine Entwicklung als einen Weg in die Zukunft definieren. ICH möchte den Materieraum nicht entwickeln, sondern wickeln, nicht entschärfen, sondern schärfen, nicht entmachten, sondern machten, nicht entkernen, sondern kernen.

Anstatt große Motoren zu befeuern und eine nie da gewesene Freiheit des Individuums zu propagieren, sollten wir uns fragen, was die Party kosten wird. Wir sollten auf die Folgen blicken und sehen, was bleibt, wenn die Gäste gegangen sind. Die geringen Werte verglühen im Nichts, und ihre Nachkommen warten schon in den Startlöchern. Die großen Werte aber, die ihre Existenz auf eine Schar von Anhängern stützen, fordere ICH zum Handeln auf. Sie werden ebenfalls ins Nichts zurückfallen. Sie aber haben die Möglichkeit, über die Kinder und Kindes-Kinder zumindest ein paar Generationen zu überblicken. Für das Zeitfenster sind hier die Verbraucherkinder und die Kinder ihrer Fans und Anhänger zu wählen. Sie allein spannen den Raum auf, der auch in Zukunft präsent sein wird. ICH wünsche mir für Sie, die Jahrhunderte hindurch existent zu sein.

Ebenso verhält es sich mit der embryonalen Entwicklung. Man braucht eine korrekte Streckenplanung. Die notwendige Flexibilität des Datenhintergrunds, dass ein Overlay wie der menschliche Organismus heranreifen kann, erreichen wir nur durch eine hohe Artenvielfalt. Wir brauchen keine Komplexität, die den nächsten Sprung provoziert, aber ausreichend vernetztes Material, dass wir die eigenen Systeme auslesen können. Wir brauchen eine Komplexität der Lebendmatrix, die es strukturell identischen Kernen erlaubt, anschließend in die verschiedenen Bereiche des Materieraums einzuwachsen. ICH spreche von der Differenzierung der Zelle. Wir machen aus einer neutralen Stammzelle einen Spezialisten. Wir sprechen von einer Datenmenge, die bei dem Vorliegen eines Overlays, wie sie der Vater und die Mutter darstellen, eine genetische Menge zu einem Organismus vervollständigt.

Wir landen, terminieren wir den aktuellen Status Quo mit den Befruchtungsdaten, in einem Gefüge aus Daten einer lebenden Komplexität. Wir landen in den Verhältnissen der Evolution. Die Einzeller wurden zu Mehrzellern, die Pflanzen, die Tiere, der Mensch. Ein einfacher Weg zunehmender Komplexität. Die zunehmende Einpassung von Individualisten in den Materieraum splitterte das Weltganze in verschiedenste Sichten und Sichtweisen auf. Wir erhalten von dem Datenhintergrund des Organismus und seinen Sinnesorganen abhängige elektromagnetische Sichten auf den Raum. Die elektromagnetische Substanz verdichtete sich. Wir fügen dem Materieaufbau eine Datenmatrix des Lebens hinzu. Diese ist die Eugenikmenge der Evolution. In diese Evolutionsmatrix legen wir den Start des Lebens. Der Punkt der Befruchtung ist eine Echtzeitlage des Status Quo. Ab jetzt beginnt die begleitende Hintergrundmatrix zu arbeiten, und das Overlay Status Quo liefert die Echtzeitdaten für ein fließendes und zusammenhängendes Overlay, wie er selbst eines ist. Das ist der ideale Hintergrund. Der Status Quo beginnt zu wirken. Wie auf Schienen bewegen wir uns entlang der Materiebereiche des Status Quo, die wir im Hintergrund vernetzt vorfinden.

Wir lesen den Status Quo aus und entwickeln die Lebendmatrix zu dem bekannten Overlay. So, wie es sich darstellt, ist der Weg der Entwicklung festgeschrieben, und beginnt mit dem Zustand des Status Quo während der Befruchtung. Wir werden von der Hintergrundmatrix, so wie die Evolution die Daten eingewoben hat, entlang des bestehenden Status Quo zum Ziel getragen. Die

Evolution betrifft nicht nur ein Lebewesen. Die Evolution ist vor allem das Ergebnis der Hintergrundmatrix. In dieser Hintergrundmatrix sind die verschiedensten Arten und ihre Daten aktiv. Zu erwähnen sind die Feldbeziehungen der Arten untereinander. Die gemeinsamen Kriterien der verschiedenen Arten greifen ineinander. Miteinander verwoben und vernetzt erzeugen sie diese Felder. Die Kriterien verschränken sich zu existenten Räumen, falls ein bestehendes Interesse oder ein auferlegter Sinn den Raum erfordern. Die Lebendmatrix scheint ein wichtiger Teil der bestehenden Substanz zu sein. Der Status Quo zum Zeitpunkt der Befruchtung ist hingegen nur eine Zeitaufnahme.

Die befruchtete Eizelle ist eine Momentaufnahme des Status Quo. Der Motor aber ist die Datenmatrix selbst. Die interne Dynamik, aber auch die Feldbeziehungen selbst, das elektromagnetische Wirken der Ladungen und das Wirken der unterschiedlich dichten Felder treibt die Ausgangslagen des Status Quo zur Vervollständigung. Die zwei Raumhälften, der weibliche und der männliche Datensatz entwickeln sich in einem gewissen Grad getrennt voneinander. Sie arbeiteten bei der Differenzierung der Kernlagen zusammen, entwickelten sich aber grundsätzlich in unterschiedliche Räume. Die anwachsenden Datensätze von Mann und Frau wichen in der Peripherie immer stärker voneinander ab, so dass sich die Zelle auf Grund eines sich einstellenden Ladungsgegensatzes zu teilen beginnt. Ein Gedanke mit einem Funken in sich, der eines Tages die Wahrheit entzündet. Heute sehe ICH, wie sehr sich meine Geisteslagen von den gelehrten und damals geforderten Tatsachen meiner Schulzeit, die sich heute ganz anders darstellen lassen, unterscheiden. Ein Lehrer sagte einst zu mir: »Wolfgang, das tut mir sehr leid für Sie, aber wenn ich die Aufgaben so stelle, dass sie eine Eins erhalten, bekomme ich nur noch Fünfen und Sechsen.«

Der Geistkörper und die theoretischen Teilchen, die wir aus dem technisch organisierten Raum unserer Großindustrie ableiten, sind in ihrem Kern sehr viel dichter, gehen mit mehr Masse einher und wirken äußerst aggressiv auf das Leben in einem natürlichen Umfeld. Je größer der Unterschied ist, welcher sich auf die Beschaffenheit und die Zusammensetzung der Kriterien der aufgespannten

Welten bezieht, umso ungünstiger für den schwächeren Teil. Das gilt natürlich auch von Mensch zu Mensch, von Nachbar zu Nachbar. Die verschiedenen Architekturen schließen einander oft aus, so dass mancher durch psychische Belastungen, Fehlentscheidungen und Erkrankung seine Existenz verliert.

Die Teilchen sind reich an Gravitation. Im Zentrum der industriellen Geistkörper bewegt sich sehr viel mehr Materie, mit hohem Energieverbrauch, schneller und über weite Entfernungen. Die weltweit dominierende Ordnung, die Gehirnphysik als Identifikationsmoment betreffend, aber auch als Partikel der Quantenebene den realen Raum verursachend, überführt jegliche Diskussion in ein notwendiges Tolerieren der mächtigen Überbauten.

Notwendig, weil natürlich. Natürlich, weil Denken, Meinen und Handeln von den Materieströmen geprägt sind, die unser Sein ausmachen. Der natürliche Materiebezug, das Produkt, bestimmt Ihr Sein und Handeln, Ihre Gefühlswelten und Ihr Meinen sind Datenräume, die mit dem Produkt einhergehen. Daran haften Sie mit ihrer bewussten Substanz und vertreten, was die formulierte Existenz sichert.

Die Masse unseres Gesellschaftskörpers nimmt mit den TTIP-Strömen weiter zu. Diese bedeutet eine weitere Verdichtung der Kernströme. Die Erweiterung der Sphären erfordert eine Anpassung der Kernordnung. Die peripheren TTIP-Ströme diktieren dem Kern eine neue Ordnung. Zusätzliche Massebahnen in der Peripherie der Sphäre zu definieren, verlangt dem Kern eine neue Ökonomie ab. Das Gebilde wird im Zentrum noch massereicher. Je mehr wir die Existenz dieser Teilchen weltweit forcieren, umso gleichförmiger wird der Festkörper. Das System gleicht dem Atom, das einen Festkörper aufbaut. Das Element ist ein Identifikationsmoment. Das Gebilde entwickelt sich augenblicklich zum Sein des Menschen. Es wird zur geistigen Grundlage der Menschen. Das Teilchen nimmt ihr Denken, Handeln und Meinen vorweg. Das Konstrukt positioniert sie gegenüber dem Rest der Welt, der darin nicht existent ist. Sein Gehalt umfasst Ethik und Moral. Die Feldwirkungen gehen mit Gefühlslagen, wie Liebe und Hass einher. Die verschiedenen Feldwerte werden auf den verzeichneten Ebenen angewandt ohne das Ganze in seinem Sinn und seinem Wirken verstanden zu haben.

Siedelt man diese elektromagnetischen Gebilde der Datenwelt auf der Quantenebene an, so organisieren sie uns den Status Quo. Es gleicht dem Atom, das einen Festkörper aufbaut. Das Gehirn ist dieser Ebene funktionell verhaftet. Wir erfassen und beschreiben den Raum mit der bewussten Substanz. Eine Ausrichtung auf Objekte und Zustände ist möglich. Funktionelle Zusammenhänge übertragen sich auf unseren unbewussten Anteil. Die Information aus den Überbauten ist durchaus erfahrbar. Besondere Gehalte an Information gehen nicht selten mit besonderen Dichten einher. Diese Dichten sind sehr wohl bewusst erfahrbar.

Hier zeigt es sich mir erneut. Die Entwicklung, die wir genommen haben, scheint von dem Weltbild der Physik abzuhängen. Ein Modell der Quantenebene, das Atom, das wir stabil und unzerstörbar nennen, ohne eine tiefere Zusammensetzung zu diskutieren oder ein Wissen davon zu haben, nicht einmal an die Möglichkeit denken, ein Wissen davon zu entwickeln. Diese definierten geistigen Lagen irgendwo im Bereich der Selbstorganisation, Kriterien und Strukturen, die wir Vorstufen des Raums, so wie wir ihn kennen, nennen, irgendwo dort im Nichts gelebter Unwissenheit, wo wir uns vor jeglicher Verantwortung davon leugnen, besteht der Schlüssel zu einer neuen Welt. Daran zu denken und ein Wissen davon haben zu wollen ist menschlich. Es gibt eine Prägung der bewussten Substanz durch die vorliegenden Verhältnisse. Wir haben hier die Möglichkeit, unser Wissen auf diese Bereiche auszudehnen und den Status Quo in dieser Weise zu begreifen.

ICH fordere den leeren Raum der Teilchenforscher, die bloße und leblose Materie durch eine Theorie des Lebens zu erweitern. Der allgemeine Raum ist in erster Linie ein biologischer Raum der selbstverständlich auf den Feldfunktionen der Urenergie beruht. Das Leben ist heute nicht mehr wegzudenken. Das sollten wir auch nicht tun, um uns nicht weiter in diese Richtung zu bewegen. Folglich ist die Einheit aus Quantentheorie und Relativitätstheorie so breit aufzustellen, dass sie erklärt, wie sich neuronale Leistungen, Interferenzen funktionaler Felder oder allgemeine Feldbeziehungen im menschlichen Organismus zum Beispiel zu benötigten Ereignissen im Raum organisieren. Die Theorien von den Teilchen sind ein Faktor des Raums. Es gelänge mit einem entsprechenden Wissen oder einer entsprechenden Theorie vom Materiehaushalt, welche das Leben in ihre Partikellehren miteinschließt, das Gehirn zu überlisten, wie es manche gerne formulieren. Es geht hier aber nicht darum jemanden zu überlisten. Wir suchen hier nach einer allgemeinen Theorie für den Materiehaushalt, die die bestehenden Theorien, das entstandene Leben eingeschlossen, in einen funktionellen Raum fasst. Dieses Wissen vom Aufbau der Welt, nennen wir es eine Theorie, läge den leistenden Gehirnen ebenso zu Grunde, wie es ein rein physikalischer Ansatz tut.

Vor ein paar Tagen versuchte mich ein Physikstudent zu überzeugen, dass wir davon noch nichts wüssten. Nachdem ICH ihm klargemacht hatte, dass ICH seinem WIR nicht angehöre, argumentierte er etwas anders. ICH müsste dieses erst einmal beweisen. Diese wird mir nicht gelingen, weil dafür ein Interagieren der Messinstrumente mit dem zu fassenden Raum anzunehmen sei, welcher durch das Messinstrument selbst gestört werde. Er hielt mir noch ein paar ausgemalte Kreise unter die Nase, wie sie meine Jüngste nicht besser hätte gestalten können, die mir ihr Wissen von den kleinsten Teilen des Raums darboten. »Da haben Sie es ja«, rief ICH, »Interaktion!«

ICH arbeite in meinem präfrontalen Kortex mit bildlichen Qualitäten, habe mich zwanzig Jahre in die vorliegenden Verhältnisse vertieft. ICH denke, dass die elektromagnetisch generierte Feldsubstanz meines Gehirns so schwach ist, dass sie diese Bereiche noch strukturell laden kann. Die dort vorherrschenden Gesetze wirken auf mein geistiges ICH organisierend. Die Struktur der dort vorliegenden Verhältnisse organisiert meine bewusste elektromagnetische Substanz. Auf diese Weise gelange ICH zu Information dortiger Verhältnisse. ICH betrachte diese Verhältnisse als Variationen der elektromagnetischen Substanz in meinem Vorderhirn. ›Ja, mein Freund. Interaktion ist die Vorraussetzung!‹

Wir entfernen alle Messinstrumente und belassen es bei einem natürlichen Interagieren von Quanten- und Relativitätsraum. Das Gehirn wird vor dem neuen geistigen Hintergrund ebenso effektiv sein. Man musste niemanden überlisten und das Individuum berechnet seine Massebahn jetzt vor einem neuen Datenhintergrund. Das Leben ist schön und es geht wie gewohnt weiter. Verändert hat man nur die berechnende Software. Der doch so wichtige Lebensraum mit all dem Leben wurde den Teilchentheorien aufgesetzt und der berechnenden Software hinzugefügt.

Bedeutet dieses nicht eine noch größere Abhängigkeit der Kernströme von fernen Bereichen? Die zunehmende Dichte und die ansteigende Gravitationslast schaffen weitere Distanz zu den natürlich vorkommenden Arten. Die verschiedenen Arten diktieren dem Datenhaushalt ebenfalls ihr Sein. Das Wichtigste scheint aber in ihrem Fall der eigene Organismus zu sein. Wie sich die Arten in die verschiedenen Lebensräume einpassten, sich mit dem orientierten Wachstum die Strukturen des Korrelierenden Systems unterwarfen, sind sie die Hauptstabilisatoren der gewachsenen Bedingungen. Die täglichen Sinnesemissionen sind nur Lichtblitze, welche den Körper in seiner gewachsenen Datenlage bestätigen. Erneut und erneut ist es eine einbindende Erinnerung, wobei der Organismus als funktioneller Überbau, seine komplexe Datenarchitektur bzw. die Eigenschaft seiner Kriterienansammlung nutzt, um die Bedingungen des Status Quo zu erinnern. Dabei sehen wir den Organismus noch einmal an die Kriterien des Korrelierenden Systems gebunden. Der funktionelle Überbau ist ein funktioneller Überbau und kann nicht so einfach auf veränderten Säulen positioniert werden. Wer das Gefüge im Allgemeinen verändert, mag die großen Effekte der Blutzirkulation noch korrekt zu hinterlegen wissen, aber die Gewebeeigenschaften zeigen sich bereits verändert. Wichtigste Gefügeparameter werden geschwächt, stehen Parasiten offen oder kommen scheinbar ohne Grund zum Erliegen. Das gelebte Sein ist's. Die besondere Zusammensetzung des Gefüges aus Alltagsdaten bedeutet Wille, Wissen und Macht. Die Macht auch über einen gesunden Organismus zu herrschen.

Der Gravitationskörper Organismus induziert mit seiner erworbenen

Datenarchitektur und über die hereingenommenen Sinnesreize die gewohnten bzw. die notwendigen Bedingungen. Dabei ist der Zustand des Körpers entscheidend. Er diktiert über die Schnittstelle ›eingehender Sinnesreiz‹ mittels Datenarchitektur und den die Kriteriensammlung überbauenden Funktionen des Organismus dem Status Quo die lebensnotwendigen Bedingungen. Der Organismus als funktioneller Überbau kann somit auch als geistiges Phänomen höherer Dichte gesehen werden. Siedeln wir das Element auf der Quantenebene an, entspräche es einem Attraktor für die, im Organismus gebundenen Kriterien eines essentiellen Status Quo. Hier meinen wir die Evolutionskriterien der jeweiligen Art, welche, dem gelebten Status Quo äquivalent entnommen, die spezifische Form und Gestalt des Organismus bedingen. Wir zählen diese elektromagnetischen Phänomene zu den wichtigsten Bausteinen der Betreibersoftware eines Organismus. Es sind die Summanden der funktionellen Überbauten. Wandeln wir die Bausteine in technische um, führt das zu einer veränderten Hintergrundarchitektur unseres Organismus.

Der allgemeine Niedergang der Komplexität des Systems, wir denken hierbei an den Artenverlust, erlaubt es uns nicht zu sagen, ob die Summenfunktion weiterhin zu einer brauchbaren Architektur führt. Die Summe der neuen Kriterien, weil sie kein Leben besitzen, dürfte in ihren Reaktionsmöglichkeiten und Verschränkungsleistungen reduziert sein. Wie lange der Status Quo uns das notwendige Datenmaterial für einen funktionierenden Organismus bereitstellen wird, steht in den Sternen und gute Astrologen sind schwer zu finden.

Eine Veränderung der anteiligen Kriterien gefährdet den gesunden Betrieb des Organismus. Die gewohnte Form des Organismus, lässt sich nicht nach dem Kommutativgesetz zerlegen. Wenn wir hier drei plus sieben plus acht gleich 18 benötigen, so ist diese 18 aus evolutionsspezifischer Sicht nicht mit einer 18 zu vergleichen, die sich aus sechs Dreien zusammensetzt. Während die Datenlage der ersten 18 vielleicht einen Knorpel darstellt, der eine wichtige Funktion für die Beweglichkeit hat, entspräche die zweite 18 vielleicht einem Gefäßstück, das

Flüssigkeiten transportiert. Sollten die unterschiedlichen Summanden tatsächlich Datenlagen des Korrelierenden Systems entsprechen, so wird verständlich, dass die Zusammensetzung der verschiedenen Zahlenwerte zu unterschiedlichen Eigenschaften der Gewebe führen muss. Selbst die Bewegung des Blutstroms dürfte einen Datenhintergrund haben, welcher die Dynamik des Materieraums im Sinne des Blutstroms entsprechend interpretiert. Die Verrechnung der Daten in Feldern und Strukturen führt zu Effekten, die in eine Richtung weisen.

Vor allem wissen wir nicht ob mit der Reduktion der Komplexität vorangegangene Evolutionsstufen zum Vorschein kommen. Wir wissen nicht wie giftig der Planet einst war und welche Bedingungen exakt für das Auftreten der Vorstufen herrschen müssten.

Ganz allgemein darf gesagt werden, dass der Organismus ein lebender Datenspeicher ist. Seine Wurzeln reichen dabei weit zurück und zeigen Gemeinsamkeiten mit anderen Arten. Auf der Spitze einer Komplexitätshierarchie sind wir an die aktuellen Materieverhältnisse dieser Komplexitätsstufe gebunden.

In diesem Augenblick sehe ICH die zentralen Kernströme einer Ordnung unterworfen.

ICH möchte sagen mit der Hereinnahme von Daten steigt die Gravitation an. Sicher gehört es zu dem Gesetz der Natur, dass sich die Kerndaten in harmonischen Ordnungen zusammenfinden. Nehmen wir also Daten der

TTIP-Klasse herein, dürfen wir von einer Wirkung auf die Kernlagen ausgehen. Dieses ist ein natürlicher Vorgang. Die Datenlagen erreichen vermutlich die Gene. Wir programmieren die Kerndaten um. Die TTIP- Daten führen folglich zu Mutationen des Erbguts, wobei das Neue vermutlich alte Datenlagen entkräftet. Wir sehen hier also Genschalter von komplexen Datenlagen bedient oder die Evolution Mutationen schaffen.

Ja, sie verstehen richtig. Ich gehe von der Teilchenphysik, zu Ordnungen des Geistes, welche ebenfalls dichtere Kerne mit einer weniger dichten Sphäre bezeichnen und spreche dann die Wirkung der gesammelten Daten auf genetische Schalter an. Damit stelle ICH die Universalität des Prinzips heraus.

Vor allem die oberflächlichen TTIP-Werte halte ICH für besonders wirksam. Die Erweiterung der Sphärendaten und Anbindung dieser Werte dürften weit in die Kernlagen hereinwirken und sie stark verändern. Die Kernlagen sind in erster Linie von den normalen Menschen geprägt. Wir sprechen auch von der Basis. Natürlich, generiert und definiert man Sphärendaten neu, betrifft das auch den Artenhaushalt. Das Kerngebilde erlaubt uns, den Raum zu beschreiben. Die Summe der Kerndaten liefert das Gesicht des Materiehaushalts. Gelangen Ihre Datensätze zur Darstellung? Stehen Sie schon unter Druck oder sogar am Rande ihrer Existenz? (20. Februar 2021.)

ICH glaube etwas von der Münchener Sicherheitskonferenz gehört zu haben, die am 19. Februar 2021 angesichts der Corina-Pandemie nur virtuell tagte. ICH fordere, die Unterwerfung der Kernlagen durch eine Erweiterung der Sphäre mit oberflächlichen, den Globus umspannenden globalen Datenwerten zu beenden. Es ist eine Unverschämtheit, die Basisdaten noch stärker mit globalen Architekturen eines vermeintlich fördernden Sinns zu belasten. Stattdessen fordere ICH die Herangehensweise umzukehren. ICH fordere die Quantentheorie und die Relativitätstheorie zu einer Darstellung des gemeinsamen Raums zusammenzuführen. Dazu ist es notwendig, dass sich die Kriterien zu Feldern schließen dürfen und wir die Felder zu Entsprechungen des Raums verschmelzen lassen.

Manche Werte werden individuell generiert. Das Glas Wein am Abend zum Beispiel. Diese geringen individuellen Feldwerte haben wir in höhere Kontexte zu überführen. Der Mitarbeiter ist bei Linde im Anlagenbau tätig. Die Firmenkonzepte als maximale Wahrheit und Beschreibung des Raums darzustellen, erlaube ICH mir. Die großen Systeme werden letztlich die führenden Felder bleiben. Eine maximale Adaption an den Materieraum, die exakte Abfolge der

Arbeitsschritte, eine durchsichtige Größe des Materieraums mit hoher Verlässlichkeit, eine exakte Darstellung von Teilen des Status Quo. Eine Flasche Wein am Abend beschreibt also nicht nur die Peripherie der Sphäre einer Winzergenossenschaft, sondern ist auch in der Peripherie der Linde AG zu finden. Diese Flasche Wein ist Bestandteil beider Großfelder. Damit steigt die Dichte der Information an, und der Wert ihrer Existenz innerhalb des Raums nimmt zu.

Ganz allgemein sprechen wir von Datenwerten, die sich zu Entsprechungen des Raums entwickeln und auf irgendeine Weise in den Status Quo münden. Das ganze System ist mit einer Lebendmatrix zu erweitern. Auf der Quantenebene herrschen Bedingungen lebender Organismen. Das sind elektromagnetische Momente, die zu stabilen Formulierungen herangereift sind. Elektromagnetische Momente, wie sie die Materiekörper als Wechselwirkung induzieren. Die Architektur der Sinne generiert laufend elektromagnetisches Material, das sich in die Felder zu integrieren hat. ICH fordere alle auf, sich auf den Bereich der erweiterten Quantentheorie zu beziehen, und die Momente, die den Materieaufbau beschreiben und auch die Grundlage entstehenden Lebens sind, anzuerkennen.

Dieses Wissen von der Substanz und seinem Verhalten verändert die Wahrnehmung des Status Quo. Die Kriterien, dem Status Quo äquivalent entnommen, sind ein Argument der Evolution und ein Baustein der lebenden Architektur. Das Materieäquivalent, das der Dynamik des Makrokosmos eigen ist und damit ein funktionelles Feld des Materieraums mit allen Gesetzen, Wirkungen, Kräften und Richtungen, repräsentiert ist ein Baustein des lebenden Organismus. Wir wollen keine weiteren Fehlentwicklungen der inneren Kerndynamik erzwingen, welche Folgen für den Arten- und Materiehaushalt haben. Die Erweiterung des Gesellschaftskörpers in die Peripherie und ihre Überbauung mit Sphären bildenden Interessen und Hüllenbildung muss aufhören.

Dazu muss man wissen, dass der innere Kern die Ausgangslagen für die Felder stellt. Hier liegen die Momente des Urfeldes, geprägt von der Materie, mit einem Lebendgürtel erweitert, als quantenmechanische Formen der Materiegestalten vor. Die Grundgesetze gelten als Overlays unserer Geringsten. Die Grundgesetze sind Feldfunktionen. Die Funktionsfelder sind das Ergebnis der Addition von Feldwerten. Die geringsten Feldwerte fallen in eine ökonomische Ordnung. Wir sehen gerichtete Wirkungen entstehen. Hier in den Kernlagen wird entschieden, welche Größen sich vereinigen und in welcher Weise sich die Großfelder verhalten, bis sie als Entsprechung des Status Quo ... ICH schreibe hier der Einfachheit halber: bis sich der Kreislauf schließt. Wir erzeugen zusätzlich eine Wirkung in Richtung der Materie, die man als vertikale Zeitachse bezeichnen könnte. Wir legen die vertikale Zeitachse in den Raum und tauchen mehr oder weniger gekrümmt, gedehnt und gestaucht als Entsprechung des Raums in die Horizontale des Status Quo ein. Hier legen wir uns dem Gravitationsfeld der Erde an.

Die Art der Kernlagen bestimmt das Gesicht des Status Quo, so wie die Eigenschaften des Festkörpers von seinen Atomen abhängen. Die existenten Kriterien der Kernlagen, das sind die Feldmomente, die regelmäßig entstehen, haben die Möglichkeit, sich zu Formen des Status Quo zu entwickeln. Wir wollen dem Kern nichts aufzwingen, wir wollen im Kern die Existenzen fördern, die dem Status Quo das gewollte Gesicht geben. Ganz bewusst lebensnotwendige Größen instandzusetzen, scheint mir ein gangbarer Weg zu sein. Warum sollten wir die Kerne peripher überbauen und in den Kernen Bedingungen erzwingen, deren Weg in den Raum und Status Quo nicht gewollt ist?

Der Umweg einer künstlichen Diktatur peripherer Institutionen über die Kernlagen entkräftete die wirklichen Zusammenhänge. Die nachfolgende Entwicklung des Status Quo entzieht sich unserer bewussten Kontrolle. Wir arbeiten mit Fernwirkungen an einer Sache, die es uns erlaubte, vor Ort zu sein. Wir wollen im Kern essentielle Bedingungen schaffen und arbeiten aus weiter Entfernung, wo wir doch alle wissen, dass der Kern seine Peripherie gestaltet und nicht die Peripherie den Kern. Sollten sie damit fortfahren, Oberflächenwerte zu installieren, die die Kernlagen dynamisieren, haben wir nichts gewonnen. Es existiert ein Oberflächenwert mehr, dessen Schein die Bits and Bytes der Basis Rechnung tragen.

Nur ein Interesse an der Region vor Ort stärkt die Grundlagen ihrer Leistungsfähigkeit und schützt sie vor Wirkungen fremder Überbauten. Der Umweg über periphere Instrumente, die sich wieder nur auf dem Rücken der Basis existent zeigen, ist nutzlos. Die Basis ist wieder einmal nur Projektionsfläche. Der Bürger wird in seinem Sein nicht angesprochen. Die Bürger bilden einen Teppich aus Feldern, auf den Sie Ihre Interessen betten, wie sich der Normalbürger auf seine Federkernmatratze bettet. Wo bleibt Ihre Existenz vor Ort? Wann beziehen Sie sich endlich auf die Lebendmatrix, räumen Pflanzen und Tieren Existenz ein? ICH möchte reale, lebende Datenwerte sehen. Wenn Sie schon dabei sind, die innere Kerndynamik mit peripheren Lösungen zu überbauen, dann schaffen Sie doch bitte brauchbare Werte für die Region. Wir brauchen Wälder, Regen, frische Luft zum Atmen und einen gesunden Boden. Wo ist der Wert, der Leben generiert. Sie müssen doch irgendwann zur Besinnung kommen. Ihre Kanonade von da oben muss doch irgendwo auf der Welt in einem Gänseblümchen, in einer Mohnblume mit Hummel oder einem kühlen Waldweg münden.

Wir sollten eine Politik ausschließen, die sich die Installation peripherer Größen erlaubt, ohne eine Inhaltsangabe der Basiselemente anzugeben, die sie damit in einen gehobenen Status erhebt. Noch besser wird es sein, diesen Umweg ganz auszuschließen. Wie wir wissen, geht die natürliche Organisation des Raums von der Quantenebene aus. Die Materie geht mit Feldern einher, ebenso ist das entstandene Leben eine Architektur aus Daten und Feldern. Die Bewusstseinswerte und Zustände der Organismen vor Ort haben einen höheren Stellenwert. Die Feldwerte der Sinnesorgane und neuronalen Leistungen sind ebenfalls Größen des Quantenraums. Die Felder schließen sich zusammen und entwickeln sich zu entsprechenden Formen des Status Quo.

Wenn wir diese Theorie zulassen, wird sie das Individuum schützen. Unser Handeln und Denken nehmen direkt Einfluss auf die Gestalt des Status Quo. Der Mensch kann sich zum Besseren wandeln. Der Mensch kann sich zu einem besseren Verständnis des Raums bekennen. Gemeint ist hier, den Zuständigkeitsbereich der Quantentheorie mit einem gegebenen Mechanismus in die Welt der

Relativitätstheorie zu überführen. Erweitert um eine Matrix des Lebens, genügte es, die notwendigen Bedingungen des Lebens durch unser tägliches Denken und Handeln regelmäßig zu erinnern, um die Wahrung des Status Quo zu gewährleisten. Daten! Daten! Daten! Daten die vorhanden sein müssen, um gelebt werden zu können. Daten, die vorhanden sein müssen, um existente Größen unseres Denkens und Handelns zu sein. Diese Werte sind auf der Quantenebene zu verzeichnen, dass sie in die Organisation des Status Quo eingehen.

Vielleicht hilft das Wissen, dass unsere täglichen Daten wichtigste Größen der Selbstorganisation sind. Die Lebensgrundlagen werden von den Daten der Lebendmatrix generiert. Als wichtigste und einflussreichste Größe ist der Mensch zu nennen. Vielleicht reicht dieses Wissen, um dem Verbraucher Selbstwirksamkeit und Bewusstsein zurückzugeben. Könnte sich der Verbraucher aus dem Diktat der peripheren Existenzen lösen, sein Handeln und Denken wieder regional und bewusst vor Ort verankern, so ließen sich Daten generieren, die das Gemeinwohl fördern. Dann muss aber auch allen klar sein: Ein Gänseblümchen oder eine Hummel auf der Mohnblume hat nichts mit den peripheren Gebilden der Wirtschaft zu tun. Wer alles an Seinskraft verliert, geht das Gänseblümchen nichts an. Es interessiert sich auch nicht für die Zukunft dieser Organisationen. Uns reicht die reine Existenz. Das neue daran ist, dass die Verantwortlichen genannt sind.

Ab jetzt darf sich jeder einen Wissenden nennen, und was richtig und falsch ist, ist eindeutig festgelegt. Bewusstes Handeln vor Ort ist die Devise. Der Rest der Lebewesen kann sich nur beteiligen, wenn sie verstehen, was wir für die Zukunft fordern. Wir benötigen eine gemeinsame Basis. Die Selbstorganisation von lebenswichtigen Zuständen benötigt die Basiswerte einer entsprechenden Artenvielfalt. Die Größen und Beziehungsfelder sind die Parameter der Selbstorganisation. Die täglichen Daten wirken in gemeinsamen Funktionen zusammen. Die Funktion ist eine Feldbeziehung. Man verspürt die Feldstärke des gewachsenen Gefüges. Das ist die Liebe. Wenn wir uns um die Kernlagen bemühen, die im Status Quo Gestalt annehmen sollen, können wir Versuche unterlassen, aus großer Distanz irgendwelche Gebrauchsgüterhandhabungen vorzuschreiben. Es soll von den

Produktionsgütern und dem toten Material auf das wirkliche Leben überspringen. Die geistigen Überbauten sollen in den lebenswichtigen Grundlagen münden. Der Boden, die Luft, das Wasser. Wenn Sie es schaffen, diesen Größen, mit dem, was Sie glauben zu sein, eine höhere Wertigkeit zuzugestehen, werden sie die heraufziehenden Probleme nicht weiter verstärken.

Das Bewusstsein aus der Peripherie eines Festkörpers mit technischen Oberflächenwerten in das subatomare Wesen zu verlagern und hier vor Ort für Kriterien des Raums einzutreten, die sich nachweislich zu den Oberflächenwerten und Eigenschaften des Erdkörpers entwickeln, ist im Entstehen begriffen. Es gilt also, es nicht über irgendwelche Entscheidungsebenen, die in den Produktionsgütern wurzeln, verpuffen zu lassen, sondern tatsächlich am Lebensumfeld des Individuums zu arbeiten. Das sind nämlich nicht nur Arbeitssklaven, die Ihnen Ihre teure Haltung bezahlen, sondern in erster Linie Menschen, die korrekte Haltungsbedingungen und eine Zukunft verdienen. Außerdem sollten Sie von dem Gedanken abrücken, die Menschen in eine Katastrophe führen zu wollen, der sie selbst mit viel Geld entschlüpfen könnten. Es handelt sich um eine Feldäquivalenz der Peripherie, die gebrochen werden muss. Es ist ihre Aufgabe vom Inneren des Kerns heraus zu agieren und die Strukturen der Peripherie abzusprengen. Wir wollen Materieäquivalente des Lebendigen in den Kernen verankern, die wieder zueinander finden. Liebe innerhalb der Funktion. Nur so bleiben uns die lebenswichtigen Eigenschaften auch an der Oberfläche im Status Quo erhalten.

Der innere Aufbau der Teilchen prägt das äußere Erscheinungsbild. Der Zusammenschluss der Atome führt zu den Eigenschaften des Erdkörpers. Leben nennt man die Flexibilität an seiner Oberfläche. Bedingungen des Lebens sind subatomar zu erörtern. Die Daten des Artenhaushalts sind zu stärken. Tatsächlich liegt der folgende Zusammenhang an dieser Stelle in voller Klarheit vor. Der menschliche Körper ist eine Datensammlung über viele Jahrtausende hinweg. Man hat dem Status Quo die Daten äquivalent entnommen. Die Materieäquivalente sind Architekturen unserer Sinne. Nach der Hereinnahme in den Organismus werden die natürlichen Beziehungen und funktionellen Zusammenhänge, wie sie im externen Raum vorherrschten, fortbestehen. Es regnet, wird bewässert, abgewaschen, bestäubt oder abgefressen. Finden Sie selbst weitere Beispiele für eine externe Dynamik, die über das reine Materieäquivalent unseres Interesses hinausreicht. Wir nennen Daten, welche den Raum um den Wert unseres Interesses aufspannen, Sattelitendaten. ICH bedenke, wie eine interne wiederkehrende Information auf die Ordnung des Organismus wirken kann. Die das Materieäquivalent in den Raum einfügenden Sattelitendaten werden in der Architektur der Lebewesen ebenfalls Berücksichtigung finden.

ICH denke, dass externe Information, wenn sie sich sinnvoll dem internen Gefüge an Daten hinzufügt, adaptive Veränderungen bedingt. Die Satteliteninformation wird sich ebenfalls in bestehendes organisches Gewebe kleiden. Der bestehende Korpus wird die externen Materieäquivalente im Inneren organisieren und koordinieren und sich selbst anpassen. Diese Sattelitendaten könnten zum Beispiel zu Funktionen des Immunsystems verschmolzen sein. ICH kann mir gut vorstellen, dass Schädlings-Nützlings-Beziehungen aus unserer Tier- und Pflanzenvielfalt geeignete Daten liefern, um zum Beispiel das Immunsystem zu hinterlegen.

ICH denke, dass ein Fressen und Gefressenwerden im Sinne des gesunden Fortbestehens der Gemeinschaft der Auslese und der Instandhaltung von gewachsenen Beziehungen im externen Raum dient, gerade dann, wenn man die Daten intern vernetzt, das Informationskorpuskel mit Molekülen auskleidet und daraus ein Funktionsfähiges Eiweiß macht. Gerade dann könnte ein Organismus mit einem entsprechenden Eiweiß eine Information in den Körper ergießen, die sich auf ein externes Gefressen werden im Sinne der Auslese, der Entfernung von Parasiten usw. bezieht. Dieses funktionelle Gebilde könnte nach Abschluss der Entwicklung auch intern als voll funktionsfähiges Sattelitenmodell zu den groben Organfunktionen vorliegen. Die Daten, welche dem Raum extern entstammen und die Struktur und Funktion der Organe bedingen, könnten durch das Immunsystem welches sich ebenfalls auf externe Prozesse des Überlebens bezieht, gereinigt und erhalten werden.

Ist der Organismus fertig entwickelt, ist die Datendichte intern so stark angewachsen, dass man sich anhand der vorliegenden Daten extern orientieren und gegebenenfalls Erkenntnisse von Zusammenhängen erfassen kann. Die Erkenntnis externer Zusammenhänge leitete das Anwachsen des menschlichen Geistes ein. Jeder darf hinzubuttern, was er will. Das Gemenge wird zentral vom Gehirn verwaltet. Das Gehirn hat jetzt auch noch das externe Material, welches in Anlehnung an die Struktur des Organismus in zufällige Ordnungen fällt, zu verwalten. Auch die Partygeister und unnützes Material sind in dem Gefüge existent. Die entwickelte Ordnung reicht in jedes Individuum hinein. Hineinreichen heißt, dass der Geistkörper das Individuum involviert. Der Geistkörper projiziert seine Größen auf das Individuum. Die Objekte und die zugehörigen Verhaltensregeln werden zum Sein des Individuums. Schriebe ICH, dass die geistigen Ordnungen hereinreichten, so schilderte ICH meinen Blick auf das Individuum und bezeichnete die Teile der auferlegten Ordnung, welche das Individuum nach außen präsentierte.

Mein physikalischer Ansatz erlaubt mir, eine Induktion des Quantenfeldes anzunehmen. Interferierende Feldstärken größerer Körper, allgemeine Wechselwirkungen und neuronale Belange zum Beispiel reichen mir aus, um auf der Quantenebene Beziehungen zu ähnlichen Faktoren aufzubauen, Identisches zu bestätigen und Abweichendes zu entkoppeln. ICH lasse eine Induktion der Quantenebene mit dem menschlichen Geist zu. Der geschaffene Gesellschaftskörper ist auf der Quantenebene aktiv. Jedes Individuum ist mit seinem Sein auf irgendeine Weise dem Raum verhaftet und damit mit einem großen Teil seines Seins Repräsentant der geschaffenen Werte. Der Organismus selbst ist ein gewachsener Datenspeicher. Wir nehmen mit den Befruchtungsdaten den Start der Auslese des Materieraums an. Wir sprechen von einem orientierten Wachstum.

Der Mensch ist der Evolution zufolge eine abgeschlossene Datenmenge. Die Haut ist ein globaler Oberflächenwert. Der Organismus ist ein Datenspeicher. Die Organisation von Strukturen in einem Zentrum erhöht die Wahrscheinlichkeit für die Bildung peripherer Sattelitenwerte. Periphere Strukturen organisieren sich und begleiten die Kernlagen. Wiederkehrende Oberflächenwerte hin zur Bildung einer Hülle sind vorstellbar. Damit steigt die Kerndichte. Die bestehende Beziehung zwischen Kern und Hülle stabilisiert das Gefüge. Eine interne Dynamik harmonisiert sich. ICH spreche von einer lebenden Ordnung. Dieses gleicht dem Aufbau eines Atoms.

Wir bewegten uns geistig sehr lange in unserem organischen Datenspeicher. Die vorkommenden Daten interner Funktionen waren den extern vorkommenden natürlichen Gegebenheiten gleich. Es genügte, sich mit den gesammelten Daten der Natur zu nähern und seinen Lebensraum in dieser Weise auszuloten. Der Datenspeicher lehrte uns mit bekannten Daten in einer bekannten Umgebung zu verweilen. Der Organismus war eine zentrale Datenlage für die Auswertung der Sinneseingänge.

Die Daten aus den bekannten Bereichen des externen Raums sind vielfältig und in unzähligen Varianten verschränkt. Das verschränkte Datenmaterial erreichte eine ungeheure Komplexität. Das vielfache Einweben von Daten und die Art der Verschränkung machten die Menge zu einem undurchdringlichen Nebel. Ein, so scheint es zumindest, abstrakter Datenäther liegt in unserem Gehirn vor. Aber der Schein trügt. Der externe Raum liegt in dem Datenäther vielfach und in unterschiedlichsten Weisen verschränkt vor. Das Gefüge mündet in der Infrastruktur der zentralen Organfunktionen und ist dem Organismus hinterlegt. Die Datenmenge ist eine funktionelle Beschreibung des externen Raums. Im Vergleich zur internen Datendichte sind die Eingänge unserer Sensorik nur Spuren und Betrachtungsweisen. Die Eingänge aus der Sensorik haben im Vergleich zu der Datenmanege des Organismus kaum Gewicht. Die Analyse und Einschätzung des Materiehaushalts extern ist nur ein Abgleich der Sinneseingänge mit dem internen Datenmaterial. Wir bewegten uns bei dem Blick auf die Welt in einer organischen Ordnung. Wir konnten nur wahrnehmen was als Organismus bereits vorlag.

Bis zu dem Tag der Erkenntnis eines externen Geschehens war alles nur ein abstrakter Datenäther, der uns sagte, was Organismus ist und was nicht, was richtig ist und was nicht. Dieser Überhang einer Datenmenge geht natürlich mit entsprechenden Gefühlen einher. Die Einordnung von Sinneswerten wird den Gesetzen der Physik gehorchen. Die wirkenden Feldmassen sind fühlbar. Es blieb uns nur, ihr Wirken zuzulassen, das bezeichnende Volumen zu erleben und die Phänomene zu genießen. Wir bewegten und bewegen uns im Betriebssystem unseres Organismus. Dieses System erhielte die verzeichneten Bedingungen und somit auch den Organismus. Wir aber haben externe Daten anhand interner Dichten erkannt, bezeichnet und entwickelt. Das hereingenommene Materieäquivalent wirkt auf den Körper. Der entwickelte Geist wirkt auf den Körper. Das ist ein Gesetz der Evolution.

Das geschaffene Wissen von der Welt, nennen wir es ein wissendes Konstrukt, hat die Eigenschaft, sich seinen Teilen, Fachbereichen, Zuständigkeiten und den Werten der Endverbraucher in Echtzeit mitzuteilen. Der Wert der Verbraucher ist am geringsten und ist im Grunde nurmehr eine Spur des massereichen Konzernkorpuskels. Wir sprechen hier von einem externen Oberflächenwert. Es ist ein geistiges Overlay. Das Verhalten der Materie wird mit dem Einsatz von Ressourcen und hohem Energieverbrauch erzwungen. Der entwickelte Geist ist ein entwickeltes Äußeres. So hebt er sich zunehmend von dem gewachsenen Datenspeicher und internen Beziehungen des Organismus ab. Die Wirkung auf den Organismus entspricht einer Wirkung auf den Datensatz, entspricht einer Wirkung auf unsere Umwelt, der die Daten entnommen sind.

Das entwickelte Konstrukt induziert den Quantenraum. Jeder Gebrauch, jeder Echtzeitstatus, jegliches Korrelat aus Daten induziert den Quantenraum. Die Konzernströme mögen sich auf niedrigem Niveau strukturell einfügen. Die groben Funktionen und Materieereignisse mögen sich mit den Materieströmen unserer Erfindungen assoziieren lassen. In der Tiefe der Struktur ist das Datenmaterial unseres Organismus quantitativ und qualitativ hochwertig verschränkt und mit dem technischen Overlay nicht zu vergleichen. Wir stellten die technische Entwicklung der erworbenen Komplexität aus vielen Jahren Evolution gegenüber. Die Plastizität, wie sie die Gewebe, auf Grund der Komplexität der Datenlagen aus dem Lebendgürtel, erreichten, sehe ICH gefährdet. Die lebende Einheit ist meiner Ansicht nach zu stabil, als dass sie durch ein technisches Gebilde ersetzt werden könnte. Der entwickelte Geist ist so gesehen nur ein Fuhre Plastikmüll, die auf dem Meer dahinschaukelt. Unser aller Kind schaukelt auf einer natürlich gewachsenen Evolutionsmatrix dahin. Das Evolutionsgefüge soll in eine technische Software für den Materiehaushalt gewandelt werden, aber dennoch einen voll funktionsfähigen Körper garantieren. Daran glaube ICH nicht.

Mir erscheint heute sicher, dass der aktuelle Materieraum nach der Befruchtung für das orientierte Wachstums unseres Organismus ausgelesen wird. Sollte sich tatsächlich entwicklungsgeschichtlich so etwas wie eine Barriere zwischen dem externen künstlichen Menschenwerk und der internen Software des Organismus eingestellt haben, so bleibt immer noch die Gefahr, dass der Organismus in Anlehnung an den aktuellen Status Quo nicht mehr ausreichend komplex heranreift. Sollten die Daten der aussterbenden Arten und ihre Beziehungsgeflechte tatsächlich einen Wert für den Aufbau der Gewebe haben, ist der Weg des Menschen, die Welt in einen Totraum zu verwandeln, ein Irrweg und ein Wahnsinn.

Die technische Entwicklung schreitet voran. Sie greift der gewachsenen Körpersoftware immer etwas voraus. Ist der Status Quo ausgelesen und der menschliche Körper ausgereift, so beginnt das Rennen. Die technische Entwicklung geht voran, aber der menschliche Leib bleibt auf dem Stand seiner Geburtsdaten und dem mit Reife Erworbenen stehen. Man könnte also davon ausgehen, dass das Körpergefüge, einmal abgeschlossen, von dem neu Entwickelten bedrängt wird. Sollte tatsächlich eine biologische Schranke zwischen der körpereigenen Software und dem Entwicklungsprogramm vorliegen, kann sie immer auch durchbrochen werden. ICH nehme einfach an, dass die Barriere einer Kernsättigung entspricht. Die Ordnung der Kernlagen wäre so gewichtig und die Struktur der Hülle von Innen heraus verwaltet, dass keinerlei Reaktionen mit dem Außen denkbar sind. Die Software der Hülle interagierte nach innen, mit den Werten der inneren Organe. Die Hülle wäre nach außen neutral. Es verhielte sich wie ein Magnet, der mit maximaler Anlagerung von Körpern seine Wirkung einbüßte.

Bedeutend ist auch der Zusammenschluss von Atomen zu Molekülen. Die Atome sättigen sich gegenseitig. Das Molekül zeigt nur noch schwache Möglichkeiten, mit dem Außen zu interagieren. Sind diese Kräfte für die Aggregatzustände fest, gasförmig und flüssig verantwortlich? Der Datenspeicher Mensch schließt sich mit der Haut nach innen ein. Die Hintergrundmenge, die Datenlast, welche den Organismus hinterlegt, zeigt nach außen keine Reaktionsmöglichkeiten. Sie kennen das Schlüssel-Schloss-Prinzip. Ein Eiweißkörper passt genau zu seinem Rezeptor. Der Eiweißkörper öffnet das Tor, wie ein Schlüssel nur das ihm zugehörige Schloss öffnet. Damit kann nur die hierfür notwendige Information übertragen werden.

Docken an der Hintergrundsoftware unseres Organismus externe Datenlagen fremder Interessen an, kann dies der Anfang einer Erkrankung sein. Die zentralen Systeme ruhen in sich. Zusätzlich bindet eine Hülle die freie Information und rundet das Gebilde. Es mag ein Sonderfall sein und nicht alle Möglichkeiten fassen, aber ICH greife das externe Datenmaterial als Beispiel heraus, um negative Wirkungen auf den gesunden Organismus darzustellen. Wann hat das externe Material die Möglichkeit, auf den Körper durchzuschlagen? Wem gelingt es, wann und wo sich mit der körpereigenen Software gleichzuschalten und als Schadware zu fungieren? Identische Informationen begünstigen, dass Felder Felder lieben. Die Datenfelder legen sich ineinander. Ähnliches löst sich in Ähnlichem.

Das Hereinbrechen fremder Interessen wird von identischen Positionen begünstigt. Findet der fremde Datenkörper in der menschlichen Software gleiche Positionen, dockt er an und versucht, die Information seiner Existenz zu übertragen. Dockte ein Industriekörper an, übertrüge er die motorenstabilisierte Information seines Seins auf den menschlichen Organismus. Der entwickelte und gewandelte Materiehaushalt übertrüge seine Information auf den menschlichen Organismus. Der fertige menschliche Organismus hinkte der Entwicklung des

Raums hinterher. Die fortschreitende Entwicklung kreiert immer wieder Neues. Die Zusammensetzung der Kriterien, dem Materieraum äquivalent entnommen, hat veränderte Produkte zur Folge. Der Bezug auf den Materieraum ist somit immer ein anderer. Das bedeutet auch stetig veränderte Qualitäten des Geistes. Zu der veränderten Zusammensetzung des Geistes gesellt sich der Wandel des Materieraums.

Es kommt zu veränderten Strömungen innerhalb des Materiehaushalts. Die veränderten Strömungen können die Ordnung des Organismus in Frage stellen. Die Hintergrundsoftware des Organismus kann geentert werden. Veränderte Sichten auf den Raum reichen in den Organismus hinein. Die Interessen beziehen sich auf den Raum. Damit beziehen sie sich auch auf Teile des Organismus. Ein fremder Sinn reicht entlang der verbauten Kriterien in den Organismus herein. Es zeigt sich mir das Altern hier auch als ein Versagen der Hintergrunddaten, sich auf den Raum als Ganzes zu beziehen. Das Altern scheint mir auch davon abzuhängen, mit welchem Ausgangsvolumen an Daten man auf den Raum blickt.

Der Urmensch, der sich ausschließlich von seinem Körper belehren ließ, wird schneller von der übermächtigen Umwelt aufgerieben als ein Mensch, der über sein Revier und Biotop hinausblickt. ICH habe hier immer die Datenkörper vor Augen. Der Datenkörper Erdsystem wird einen Datenkörper Urmensch schneller aufgelöst haben, als einen Ackerbauern mit festem Wohnsitz, der auf den Handel mit den Nachbarn setzt. Die Kapazität und Orientierungsleistung im Raum scheinen mir für die Stabilität des Geistes, der Ausbildung einer Ackerbauernseele und die Haltbarkeit des Organismus von Bedeutung zu sein. Vielleicht sollte die Krebsforschung nach Eiweißen im Gehirn suchen, die eine gewisse Information begünstigen. ICH nehme an, wenn die Software fremder Interessen erst einmal strukturell Fuß gefasst hat, dass sich die Felder im Gehirn mit der Anlagerung oder Verlagerung von Eiweißen Entlastung verschaffen. Man substituierte das elektromagnetische Feld mit einem Eiweiß, und die ansetzende Information wäre gespeichert. Fremder Aktivität wäre der Zugang gesichert. Vielleicht lassen sich die Angreifer mit zentralnervös wirkenden Substanzen draußenhalten.

Die Komplexität und die Qualität der Verschränkung, die der ausgereifte Organismus erreicht, ist von großer Bedeutung. Die Vielfalt an Daten und ihre variantenreichen Beziehungen in den Feldern geben dem Organismus die nötige Stabilität. Die Feldfunktion behauptet sich der Umwelt gegenüber, je mehr sie sich von der angreifenden Datenmenge substantiell unterscheidet. Alles, was die Parameter zusammenrücken lässt, erhöht die Wahrscheinlichkeit, dass eine externe Software die interne Software des Organismus als identisch erkennt und als sein eigen zu verwalten beginnt. Dieses nennen wir eine Schnittstelle in den Organismus, und die Schadware externer Interessensfelder kann sich auswirken.

Ein anderer Weg wäre, in die Matrix einzugreifen. Veränderte man den Status Quo, dem man die Daten für die Architektur des Organismus entnommen hat, könnte das auch einen negativen Effekt auf den Organismus haben. Als einfache Beispiele wären der Raubbau an der Natur, der Schadstoffeintrag in die Umwelt und die Vermüllung zu nennen. Es ist anzunehmen, dass sich zumindest die Datenlagen des Gehirns verändern. Vermüllte Strände laden nicht zur Erholung ein; ausgedörrte Landschaften sind keine geeigneten Lebensräume. Ein ansteigender Meeresspiegel rät zu Investitionen in höher gelegenen Landesteilen.

Dieses zu denken, wirkt auf den Organismus. Einst sinnvolle Daten zur Hinterlagerung unserer Zellereignisse rückt unser Gehirn heute in ein negatives Licht. Wir haben eine Hintergrundmenge an Daten zur Hinterlagerung der Zellarchitektur und der Hardware Organismus im Allgemeinen, aber gleichzeitig haben wir eine Erkenntnismenge erworben, die uns den externen Raum erklärt und einschätzen lässt. Beide Volumina, die interne Menge und die externe Menge, sind parallel zueinander zu verwalten. Fällt die Grenze zwischen den beiden Bereichen, nähert sich die externe Menge der internen Menge an. Die zunehmende Gleichschaltung ist eine Pathologie, vielleicht auch ein natürliches Geschehen unter den gegebenen Bedingungen. Das Ich wandelt sich. Vermutlich nimmt mit zunehmendem Alter die Quantität und Qualität der verschränkten Datenkomplexität in der Tiefe der Gewebe ab.

Die hohe Datendichte und die starke Vernetzung in der Tiefe der Struktur halten uns auf Distanz zum externen Geschehen. Man könnte hier das Entstehen eines dichteren Bewusstseinsstoffs annehmen. Dieser Bewusstseinsstoff hebt sich von dem stark vernetzten Gefüge an Daten in der Tiefe ab. Der Bewusstseinsstoff wäre den Kriterien und Materieäquivalenten nicht mehr verpflichtet. Er begleitete die Herausstellung der Funktionen und betonte diese für ein günstigeres Ablaufen. Der Bewusstseinsstoff ist ein Bindeglied zwischen den Materieäquivalenten in der Tiefe und dem materiellen Zellereignis. Der Bewusstseinsstoff verbindet die Zellereignisse mit den angesammelten Daten in der Tiefe in einer Weise, dass sich die Materiedaten, dass sich das Materieverhalten direkt assoziativ zu den entwickelten Zellereignissen verschaltet zeigt. Wir hinterlegen die Zellereignisse mit einem Bewusstseinsstoff. Der Bewusstseinsstoff verkörpert die Materieströme extern. Die Materiedaten organisierten sich in Feldern. Die Summenfelder gehen mit gerichteten Wirkungen einher. Wirkungen des Gebildes zeigen sich auch auf der Quantenebene. Sie gestalten den Raum.

ICH erlaube mir, mit dieser Architektur an Daten durch meinen Körper zu reisen und in beliebigen Bereichen zu verweilen. ICH erlaube mir auch, extern im Status Quo zu verweilen. Wir sollten davon ausgehen, dass wir dem Datensatz Organismus, während wir uns extern orientieren, verhaftet bleiben. Externe Orientierungen führten uns in Bereiche unseres Datenspeichers, welchen wir nur noch sehr schwach verhaftet sind. Das bewusste Gebilde, das wir in den Status Quo ausschickten, trüge die Kapazität unserer Körpersoftware und die Sinnestechnik mit sich. Das geistige Gefüge wäre extern nachweisbar. Ruhen wir, während der Meditation zum Beispiel, zu 100 % auf unserem Körper, kann bei einem externen Engagement der Anteil der bewussten Masse an unserem Organismus verschwindend gering werden. Das ist der Fall, wenn unsere Interessen weit von dem ausgelesenen Material unserer Hintergrundprotokolle abweichen.

Die Vernetzung des Datenmaterials zeigt sich reich an Varianten. Man erzielt eine unglaubliche Dichte an Information. Dies ist die Grenzschicht. Die organisch gebundene Datenmenge generiert einen Bewusstseinsstoff. Die Existenz des Bewusstseinstoffs ist physikalisch von seiner Basis abhängig. Wir sprechen ihm daher eine gewisse Qualität und Quantität zu. Die Beschaffenheit des Bewusstseinsstoffs beruht auf den Teilen seines Ursprungs. Das ist die Grenzschicht in unser Ich. Das externe Material wird erkannt, bleibt aber draußen. Nähme die Komplexität und Dichte in der Tiefe der Gewebe zu, so vereinfachte es dem externen Datenmaterial, welches in seiner Entwicklung doch sehr oberflächlich bleibt, auf die groben Materieereignisse unseres Organismus zu beziehen. Das Ich wandelte sich. Die externe Menge ist für das Individuum nicht mehr von der internen Menge zu unterscheiden. Der Geistkörper einer entwickelten Gesellschaftsstruktur legt sich auf die oberflächlichen einfachen Materieereignisse unseres Organismus.

Das Ich wandelt sich. Der externe Geistkörper betont die ihm gleichgestellte Architektur an der Oberfläche unseres Organismus. In seiner Beschaffenheit unterscheidet sich der Gesellschafts- und Verbraucherkorpus von dem Overlay der biologischen Struktur. Die Kriterien und Materieäquivalente, die bei der Entwicklung des Embryos und Fötus aus dem Materieraum ausgelesen werden, unterscheiden sich von dem entwickelten Wirtschaftskorpus. Erinnert der Gebrauch des Bewusstseinstoffs seine Bausteine und erhebt die Positionen in den Zustand einer Existenz, so dient der interne und körpereigene Bewusstseinsstoff der biologischen Struktur. Er dient damit der Existenz seiner Positionen im Status Quo. Der entwickelte, von extern kommende, Wirtschaftskorpus, der unsere Struktur als Verbraucher kennt, befördert im Gegensatz hierzu die eigenen Werte. Der Wirtschaftskorpus ist eine externe Struktur. Seine materielle Ordnung ist auf Gewinn ausgerichtet. Seine Existenz zu sichern oder gar zu globalisieren hat einen anderen Anspruch.

Der menschliche Organismus atmet Sauerstoff ein und Kohlendioxid aus. Er nimmt organische Substanz auf und scheidet organischen Dünger aus. Das Leben befindet sich mit seiner Umgebung in einem Kreislauf des Seins. Der Bewusstseinsstoff verlässt die Komplexität in der Tiefe und erklärt sich als Betonung an der Oberfläche. Das Ich der Person hält den dichteren Gesellschaftskörper, welchem sie als Konsument bereits über Jahrzehnte angehört, für den eigenen

Bewusstseinsstoff. Die Person identifiziert sich mit den dichteren, von extern kommenden Datenwerten. Das Individuum entscheidet sich für fremde Interessen und fehlerhafte Entwicklungen, es entscheidet sich für ein Gesellschaftskonstrukt und geistiges Gefüge, in welchem ein ungünstiges Korrelieren der Bausteine mit negativen Phänomenen, wie Schadstoffausstoß usw. vorliegt.

Wird das eigene Bewusstsein einer in der Tiefe liegenden Komplexität aufgegeben, oder anders gesagt: wird das eigene Bewusstsein von einem fremden Bewusstsein abgelöst, ist das ein natürlicher Vorgang, der sich an der Mächtigkeit der Felder orientiert. Ein komplex organisiertes Gesellschaftskonstrukt erobert einen alten Körper. Plötzlich hält der alte Mensch seine Verbraucherstruktur für das eigene Ich und tritt damit die Hölle los. Losgelöst von allen internen Belangen führt das Ich nun ein Krieg gegen sich selbst. Das falsche Bewusstsein mit fremden Interessen, fehlerhaft im Korrelieren seiner Bausteine, soll nun den geenterten Organismus verwalten.

Die wundervolle Welt, die wir uns geschaffen haben, hat Informationsdichten erreicht, die an die natürlichen Bewusstseinswerte unseres Organismus heranreichen. Kommt es zu einer Vereinigung des intern verankerten Bewusstseins mit dem Gesellschaftskörper aus Technik-, Wirtschafts- und Verbraucherströmenm, wandelt sich das Ich. Die Schranke zum eigenen Organismus fällt, wenn das Ich die Betonung innerhalb des Organismus nicht mehr selbst vornimmt, sondern den ansetzenden Gesellschaftskörper als seinen Bewusstseinsstoff akzeptiert. Sie verlieren erstens den Bezug zu ihrem Organismus (Morbus Alzheimer) und dürfen sich zweitens mit widrigen Bedingungen und negativen Aspekten herumschlagen, die mit der Architektur ihres Organismus nicht übereinstimmen (Erkrankungen).

Jetzt wird die wunderschöne Welt zur Hölle. Der Bewusstseinsstoff verändert die Beziehung zu den Hintergrunddaten seines Organismus. Die Betonung der Konsumentendaten führt uns von dem biologischen Körper weg. Die Konsumentendaten täglich zu betonen, bedeutet, seine Fühler entlang der Spuren im Raum in Richtung der Fertigungsprozesse voranzutreiben. Das Bewusstseinsfeld öffnet sich in Richtung der Spur des Produkts. Die Entwicklung des Bewusstseins verläuft rückwärts. Das Bewusstseinsfeld verfolgt das Produkt zu seinem Ursprung zurück.[1]

Sollte tatsächlich die Entwicklungsstufe unseres Geistes ursächlich sein, so sind die Ursachen für Erkrankungen äußerst vielfältig. Die Entwicklung des Bewusstseinsstoffes von dem täglichen Gebrauch der Produkte in Richtung der Konzerne ist individuell und verläuft bei jedem anders. Bereits die Produktwahl und die Art der Präsentation nach außen könnten von Bedeutung sein. Der Charakter des Menschen, was er denkt und sagt, wie er von der Gesellschaft wahrgenommen wird, wird die Architektur der Schnittstelle beeinflussen. Dieses ist der Kontakt zu den Konzerndaten. Die entwickelte Bewusstseinsstruktur ist der Filter für die vernetzte Konzernmasse. In der Regel beruhen die Konzerninteressen auf totem Material. Ziel ist, sich selbst zu erhöhen, sich auf Kosten anderer zu bereichern und sich auf andere Standorte auszudehnen. Es gibt keinen Bezug zu lebendem Material in der Architektur der Konzerne. Das gesammelte Wissen, die Information zu der strömenden Materie, der Konzernkorpuskel mit seinen festen Materieumläufen, die motorenstabilisiert zu Weltlinien werden, ohne jegliche Vertreter heimischen Lebens, dieses geistige Gefüge ist nun Bewusstseinsstoff, wird zum Ich der Person. Ein so verwalteter Organismus, soviel wird jedem klar sein, wird die Konsumentenstruktur erhalten, aber den funktionellen Feldern des Organismus nicht mehr wie gewohnt entsprechen können.

ICH halte sehr viel von diesem Gedanken. Ein Bewusstsein entwickelt sich entlang von Größen des täglichen Gebrauchs in den Raum. Der Bewusstseinsstoff nimmt Formen funktioneller Zusammenhänge an, erarbeitet sich den sinnvollen und nützlichen Gebrauch. Nicht selten bleibt man in seiner Entwicklung

1 In diesem Fall scheint das Bewusstsein bei der Verpackung stecken zu bleiben; anscheinend kann es dem Verpackungsvorgang nichts abgewinnen. Für Betroffene könnte dies bedeuten, dass in der Software ein Verpackungskorpuskel mit einer Wirkung auf die Körperarchitektur ruht. Die geistige Entwicklung, die der Bewusstseinstoff genommen hat, steckte darin fest und läge außerhalb der eigenen biologischen Masse, hätte aber das Betriebssystem des Konzerns noch nicht ganz erfasst. Hat sich ein Verpackungskorpuskel in seiner biologischen Software verankert, so wird der Konzernstatus hier seine Interessen übertragen. Assoziativ gesehen könnte ein Organismus mit einem Verpackungskorpuskel im Netzwerk zum Beispiel mit einer Überproduktion von Blutkörperchen reagieren. Gut verpackt gingen sie auf die Reise in alle Welt, um auch noch den hintersten Winkel des Organismus mit Sauerstoff zu versorgen.

stecken, missversteht oder hat die Kapazität nicht, das Gesamte zu erfassen und zu überblicken. Diese fehlerhafte Erkenntnismenge bleibt als Schnittstelle in den Raum erhalten. Der Raum wird fehlerhaft interpretiert. Die Integration in die Körpersoftware ist damit auch belastet. Die Wirkung auf den Organismus ist negativ. Eine andere Möglichkeit, sich mit Schadware zu infizieren, wären Überschneidungen im Raum. Andere Interessen könnten sich ebenfalls auf diesen Bereich des Materieraums beziehen. Dann hätte man einen Machtkampf der Felder. Untergehen, akzeptieren und die Folgen ertragen oder selbst siegen. Eine Infektion mit Schadware könnte sich wie beschrieben einstellen.

Meiner Meinung nach besteht auch eine Verbindung von Sprache und Substanz. Die Sprache hat eine Wirkung auf die Substanz. Man geht davon aus, dass Sprache inhaltlich darstellt. Der bezeichnete Vorgang wird im geistigen Sein existent. Die inhaltliche Darstellung verändert die Beschaffenheit der Substanz. Sicherlich ist eine Wiederherstellung entlang der biologischen und relativ stabilen Hardware gegeben. ICH aber nehme Verluste an. Vor allem mit dem Wandel des Status Quo und dem Altersverlust an Masse stößt die exakte Reproduktion der zu Grunde gelegten Substanz an ihre Grenzen. Deshalb setzte ICH mich dafür ein, die Aussagen des Gegenübers zu kontrollieren und zu korrigieren. Gerne auch im Stillen. Wichtig ist auch, darauf zu achten, was man selbst von sich gibt. Sein Selbst lauschend im anderen zu vermuten, ist grundsätzlich nicht verkehrt. Ganz allgemein darf man eine Ordnung höherer Geistfelder annehmen, deren Komplexität es erlaubt, sich selbst mit abgebildet zu sehen. Damit wird jede Aussage, die ihr Ohr findet, zu einem programmierenden Faktor. Lässt man sich Negatives aufquatschen und korrigiert die fehlerhaften Aussagen nicht, hat man zwar nichts falsch gemacht, aber sinnvoller wäre es, das Individuum zu berichtigen und zu einem Bestehen im Sinne einer eigenen Existenz zu bemächtigen.

ICH vermute, dass auch der Landnutzungswandel, so wie man auf die Umwelt blickt, so wie sich unter dem wirtschaftenden Menschen alles verändert, so wie die Flächen verbaut und versiegelt werden, neuartige geistige Positionen entstehen. ICH könnte mir vorstellen, dass ein ausgereifter Organismus, dem das Land zum orientierten Wachstum diente, vom Wandel des Materieraums ausgebremst wird. Die vielfach ausgelesene und zu Feldfunktionen verschränkte Information stünde dann veränderten geistigen Positionen gegenüber. Diese geistigen Positionen wären durch die Wirtschaft geschützt und die damit einhergehende Materiedynamik stabil. In die Körperdaten, die dem Status Quo äquivalent entnommen wurden, reichten nun fremde Sichten und Interessen herein. Plötzlich wird der Urwald, die angrenzende Landschaft, die Küstenregion, das Seeufer zum Spielball der Eliten. Sie vermessen, ziehen Grenzen und entwickeln Pläne zur Nutzung und Ausbeutung.

Die geistige Architektur dieses Denkens belastete die Software des Organismus. ICH nehme eine deutlich höhere Belastung des Individuums an, wenn diese Positionen nicht mehr als fremdes Machwerk eingestuft werden, sondern das Unterbewusstsein des Individuums besetzten und es zu einer Manipulation des Geistes kommt. Eine veränderte Wahrnehmung der Umwelt ist die Folge, wenn sich diese Geister der analytischen Ebene bemächtigen. Es riecht, sieht, hört und fühlt. Die erworbene Ordnung wendet alle Sinneseingänge zur Sicherung seiner Existenz an. Der Datenkörper verdichtet seine Existenz, indem er riecht, hört, sieht und fühlt. Die Wirtschaftsordnung dehnt sich auf den individuellen Geist aus und interpretiert die Umwelt zu seinem Zweck. Die individuellen Sinneseingänge gehören nun der Konzernmenge an. Manche haben sogar Angst vor einer eigenen Meinung. Der Systemling präsentiert das System. Seine Meinung ist systemrelevant.

Ohne eine erzwungene Struktur und motorenstabilisierte Massebahnen ereichte man die Gravitationsstärken der Felder nicht, die in den Bürgern die Verhaltensdichten erzeugen, und die Gefolgschaft bräche weg. Je näher der Organismus und die technische Entwicklung zusammenrücken, umso einfacher wird es für eine Schadware einzudringen und sich zu manifestieren. Wenn sie es während der Befruchtung mit Autos, Parkplätzen und Industrieanlagen zu tun haben, dann werden diese Daten auch zum Aufbau des Organismus herangezogen. Ein Organismus, der aus technischen Daten aufgebaut ist, ist von den Zielen unserer Wirtschaftseliten leichter zu entern. Die Konzernbosse vertreten den Datensatz der Industrieanlagen und der notwendigen Infrastruktur. Beschicken Bosse den Geistkörper mit Wachstumsfaktoren, so wirken sie direkt auf ihre Zellsubstanz ein. Die Order zu mehr Wachstum überträgt sich, direkt über die genannten Kriterien Autobahnen, Parkplätze und Fertigungsstraßen, die sie als Materieäquivalente in ihren Hintergrundprotokollen angelegt haben.

Der Rückbau der Artenvielfalt führt zu einem Verlust an Datenmaterial. Die sinnvolle Vernetzung derselben mit den Datenhaushalten dritter Arten in ganz einfachen Beziehungsfeldern unterbleibt. Die reduzierte Komplexität und der Umbau des Status Quo zu technischen Toträumen erhöht das Risiko für eine Schnittstelle des technischen Überbaus in den Organismus. Die Daten, welche dem Status Quo zu dem Orientierten Wachstum einst entnommen wurden, haben mit den Datenkörpern der Wirtschaft und dem Technikwissen nur wenig gemeinsam. Erst heute fließen mit der embryonalen Auslese des Status Quo immer mehr technische Positionen in den Hintergrund des menschlichen Organismus ein. Eine überlebensfähige Gleichwertigkeit anzunehmen, so dass unser externes Wissen von der Welt gleichzeitig zu unserer Hintergrundarchitektur unseres Organismus machen könnten, ist verwegen. Die Wahrscheinlichkeit einer von Außen induzierten Erkrankung wäre damit hinfällig. Wir hätten das Paradies für alle ereicht.

Menschliches Leben zu erschaffen ist bisher nur noch niemandem gelungen. Wir bauen nämlich nicht auf, wir bauen zurück. Wir haben unser Verständnis von der Materie im Makrokosmos begonnen und fressen uns nun in die Komplexität des Lebens hinein. Wir entreißen dem Leben seine Bestandteile und erfreuen uns an einem beobachtbaren Teilwissen. Wir fügen die gefundenen Felddaten in das gravitationsreiche Materiemonster der Wirtschaft ein. Hier dient es zweckentfremdet dazu, die Materiebahnen der Wirtschaft zu optimierten. Das lebende Gefüge aber hat einen Baustein seiner funktionellen Felder weniger. Was wir da herausnehmen, ist uns wenig bewusst.

Der Verlust an Feldmasse bedeutet den Verlust an Führung und den Verlust an

Ordnung. Mancher entrissene Baustein entspricht vielleicht einem Lebewesen, der Architektur eines Sinnesorgans oder einer spezifischen Wahrnehmung. Das könnten ganz einfache Beziehungsfelder sein, die sie verschiedenste Teilgebiete in ihrer Welt in eins fassen lassen. Für sie bedeutet die Einheit eines Ergebnisfeldes ein höheres Wissen, für den lebenden Baustein in einem Totraum organisiert zu sein. Wo wir Lücken reißen, brechen Seuchen ein. Viren, Pilze und Bakterien nutzen die Schwachstellen im Hintergrundgefüge. Das Leben verliert an Substanz. Depression, Desillusioniertheit und andere Erkrankungen sind die Folge. Die Evolutionsmatrize verliert Kriterien ihrer Feldbeziehungen an die technischen Gebilde. Die Zukunft der Lebewesen verliert an Substanz.

Wir sprechen hier von den Summeneffekten, die aus dem Datengefüge hervorgehen. Wir beobachten an der Oberfläche des Datengefüges die Ereignisse und Materieströme unseres Organismus. Sie weichen in ihrer Zusammensetzung jedoch stark voneinander ab. Die einzelnen Positionen des Effekts unterscheiden sich. Sind es ursprünglich mehr Daten zu organischer Materie, die die Ereignisse in unserem Organismus hinterlagern, ist den künstlichen Gebilden mehr Information zu leblosem Material eigen. Das fehlende Verständnis für die tiefer gehende natürliche Komplexität läst mich eine Konkurrenzsituation annehmen. Wir befinden uns mit dem Elektromagnetismus des Gehirns auf dem Niveau der Quantenwirksamkeit. Die erzwungenen geistigen Positionen der Wirtschaft wirken auf der Quantenebene. Damit stehen sie mit der übrigen Quantenwelt in Beziehung. Der Raum, den wir aufbauen, erhält bereits hier seine Eigenschaften.

Die tägliche Induktion der Quantenebene mit technischen Volumina, die unaufhörlich einer Existenz im Raum zuströmen, wird mit hohem Energieverbrauch und dem Einsatz von Ressourcen weiterbefördert. Wer oder was strebt seiner Existenz im Raum zu? Das einfache Leben aber steht unter Druck. Die Flora und Fauna ist in unserem technisierten Geist nicht verzeichnet. Existent hingegen sind Mittelchen, die das Leben vernichten und ausschließen. Man darf von einem Angriff auf das bestehende Leben sprechen. Bereits auf der Quantenebene greift man das Leben an. Dort installieren wir die Eigenschaften des Materiehaushalts, so wie wir in leben. Der natürliche Lebensraum wandelt sich in einen technischen Totraum. Die angeführte Vorgehensweise greift lebende Ordnungen bereits auf der Quantenebene an. Materie auf künstlichen Bahnen, in künstlichen Architekturen formiert, lässt dem Leben keine Chance. Das menschliche Sein durchziehen technische Größen des weltweiten Fortschreitens. Das Denken und Handeln ist von leblosen Strukturen abhängig. Ohne Ethik und ohne Moral, technisch einwandfrei.

ICH möchte euch keinen weiteren Stempel peripherer Lagen aufdrücken, einen globalen Wirtschaftsüberbau schaffen, der eure Geister durchdringt und eure Interessen und Sichtweisen auf den Raum bedingt. Ein Gebilde, das die Energiereserven und Bodenschätze noch schneller in Geldwerten verpuffen lässt, ist nicht nach meinem Geschmack. Viele besitzen Geldwerte, die niemand mehr sinnvoll zu nutzen weiß. Ach, ja – außer der Spaßfraktion und den Partypeople.

Das Leben aber ist anders. Die Feldwerte und die bestehenden Grundgesetze der Physik sind formulierte Ursubstanz. Die bestehende Architektur der Materie, die Erdoberfläche diente dem entstehenden Leben als Matrix. Die Daten vernetzten sich zu Feldern, zu Feldern mit Effekten. Geschlossene Kreisläufe, die Funktionen entwickelten sich. Die eine Gefügemenge war der Garant für die andere Gefügemenge. Die biologische Struktur stabilisierte die Architektur der Felder. Die stabile Hardware wird erneut zur Information für das umgebende Leben und so weiter. Die Sichten auf die Welt sind die Faktoren der Evolution. Man entnimmt der Umwelt Information. Das verarbeitende Gefüge lagert die Bausteine ein. Dabei entstehen unterschiedliche Ladungsdichten. Sobald eine günstige Kapazität erreicht ist, moduliert das Gefüge. Das Feld schlägt in eine ökonomischere Ordnung um. Leben geht aus Leben hervor.

Entwickelt sich die Umgebung weiter, so verändert das auch die Datenlagen, welche wir dem Status Quo entnehmen. So treibt die Evolution des einen die Evolution des anderen voran. An der Erdoberfläche ist ein Beziehungsgeflecht aus Funktionen entstanden, deren Materieäquivalente ineinandergreifen. ICH nenne die Hintergrunddaten einen Datenäther. Die verschiedenen Pflanzenarten und Tierarten bringen unterschiedliche Ätherwerte hervor. Sie wirken in der Form der Ereignisse zusammen. Die Notwendigkeit wird zum erinnerbaren Baustein. Die essentiellen Lebensbausteine des umgebenden Materieraums sind von dem Hintergrundäther programmierbar. Die notwendigen Materieströme und das allgemeine Dahinfließen des Lebens im Raum sind die Spitzen der Datensammlung.

Es handelt sich um eine gewachsene Ordnung. Ein Gemenge an formierter Grundsubstanz hinterlagert die Materie. Funktionelle Felder mit Wirkung und Richtung erlauben der Materie, in der benötigten Weise zu fließen. Vor allem die großen Materieströme des Erdsystems sind auf eine stabile Basis angewiesen. Die Lebewesen sind in wirkungsvollen Beziehungsgeflechten ihrer Umwelt gefangen. Dünnt man die Basis aus, verliert das Hintergrundgefüge an Komplexität und Substanz. Dann verlieren die Summeneffekte, welche die Großen Systeme auf Kurs halten, an Masse und Ordnung.

Wir haben mit unseren Theorien von der Materie ein Wissen von der Welt geschaffen, das unsere Entwicklung jetzt schon hundert Jahre stützt. In diesen theoretischen Überbauten ist kein Leben enthalten. Zusätzlich stochern wir blind in lebenden Systemen herum und entreißen ihnen Bausteine, scheinbares Wissen, um das physikalische Weltbild weiter zu stärken und die Bahnen der Materie noch präziser zu formulieren. Es beginnt zuerst schleichend, dann wird aber alles immer schneller immer lebloser. Das ist der Anfang vom Ende.

Das nennt man Leben: ein auf gegenseitiger Existenz, beruhendes Ganzes. Sprechen wir in der Physik von formulierter Grundsubstanz, so beginnt das Leben erst sehr viel später. Die umgebenden Materieströme als Wirkungen zu sehen und ihre systematische Wiederkehr in Ab- und Anlagerungen, in Vernetzungsformen und Vernetzungsmustern zu sehen, ist der erste Schritt des Verständnisses. Die ursächlichen Materieströme bleiben als Datenmantel um die entstehenden Muster erhalten. Diese Form des Datensammelns führt zu Dichten und Feldstärken, die dann selbst organisierend auf und um die Hardware wirken. Es geht allein um den Anstieg an verwalteter Materie und den Anstieg an Informationsmasse.

Die Information ist ein Feldwert. Die Felder der Quantenwelt, welche die Materie begleiten, sind ebenfalls Information.

Die Information hat in unserem Denken einen Feldwert. Die Information ist formulierte Grundsubstanz und hat als Feldwert Masse. Unser Wissen ist jedoch kein stabiler Wert. Wenn wir die begleitenden Felder der Materie zu fassen versuchen, nutzen wir immer eine spezifische Architektur unseres Bewusstseinsfeldes. Die Zusammensetzung des Bewusstseinsfeldes ist entscheidend dafür, welche Information wir der Materie abringen werden. Wir legen unser Bewusstseinsfeld in die Bereiche der Materie, die wir verstehen wollen und warten die adaptierende Wirkung der stabilen Materie ab. Damit erhalten wir eine Erweiterung unseres Selbst und einen Eindruck von den Verhältnissen vor Ort. Die Bewusstseinsfelder dürften anfangs internen Lagen des Organismus entsprochen haben und erst sehr viel später, mit Datensätzen des Außenmediums hinterlegt und mit Assoziationen verstärkt, an Substanz und Dichte zugelegt haben. So ist es auch, wenn Sie auf dem Gerüst von Partikeltheorien und Partikelwaffen weitere Wirtschaftsabkommen installieren. ICH möchte ihnen keine weiteren Stempel aufdrücken. ICH möchte sie befreien. Befreien ist der falsche Ausdruck. Eine erweiterte Theorie oder ein Wissen von dem Aufbau der Felder und dem Datenhintergrund der funktionellen Felder unseres Organismus erlaubt eine andere Herangehensweise. Ein entsprechendes Wissen von den wirklichen Zusammenhängen führte den Menschen zu einem vollständigeren Sein. Es führte zu einer Integration des Ich in den Raum. Einem Wissen um den natürlichen Aufbau ist die Einheit aus Geist, Körper und Umwelt gegeben.

Doch dann nutzt man die nunmehr vorhandene Datenmenge und erkennt den Körper als bloßen Baustein des Materiehaushalts – so ein Out off Body-Blick. Der Geist scheint stabil zu sein und blickt auf den Materiehaushalt, in dem der Organismus selbst am Werke ist. Der Geist scheint Organismus und umgebende Biosphäre selbst zu sein und fasst sie in einen funktionellen Raum. Der Mensch scheint darin nur gleichberechtigt zu sein. Die Existenz der anderen Teile erscheint dem Menschen dann ebenso wichtig. Die externe Erkenntnismenge aber wird auf Distanz gehalten. Das Künstliche darf allenfalls als Hilfsmittel zum Leben verstanden werden. Nichts, womit man freiwillig sein Ich belastet. Die Einheit aus Körper und Geist sollte tatsächlich von Identifikationsmomenten wie Autos oder anderen Prestigeobjekten frei bleiben. Wie viele Kinder sitzen am Morgen auf dem Weg zur Schule mit ihren Googleautomaten vernetzt in Bus und Bahn und glauben tatsächlich an eine korrekte Architektur ihres Seins. Es ist sehr verletzend und ausgrenzend, wenn sie Prestigeobjekte in die Hintergrundarchitektur ihres Organismus einbringen. Natürlich bilden wir es ihnen ab und halten die notwendigen Programme am Laufen. Aber es ist nicht die Aufgabe eines Evolutionsgefüges, technische Spielereien abzubilden. Die künstlichen Architekturen mit einer Matrix aus Lebendwerten darzustellen, ist ein unvergleichlicher Vorgang. Die technischen Größen des Produkts sind anders. Die Lebendwerte greifen ineinander. Die Lebendwerte der Organismen geben sich gegenseitig Halt. Die Lebendwerte spielen in funktionellen Feldern im Sinne von Gesundheit zusammen. Ziehen Sie die natürliche Matrize zur Darstellung ihrer künstlichen Gebilde heran, so dass Prestigeobjekte zu koordinierenden Phänomenen werden, dann programmieren Sie die Evolutionsmatrix um.

Ein Wissen vom Urknall bis zur Evolutionsspitze des Menschen; der Status Quo und all die interne Dynamik, die Grundsubstanz, die Gesetze und Erscheinungen, ihre Vernetzung; die formulierte Grundsubstanz in all ihren Erscheinungen als leblose Materie, als Information, als elektromagnetisches Geschehen, als Feld, als Funktionsfelder in Lebewesen, als Beziehungsgeflechte zwischen den Lebewesen, als Feldfunktionen der Gefühle, alles, was in die Programmierung des Raums hineinwirkt, alles, was zu einer Existenz im Raum beiträgt, wird von Wert sein. Der Mensch wird sich sicher weiterentwickeln. Wir werden nach der Zusammensetzung der Felder fragen. Wir werden auf Materieäquivalente, Kriterien und Faktoren stoßen, die unserer Lebenswelt bereits auf der Quantenebene die Form ihrer Beschaffenheit anhängen.

Wir werden das Leben unserem Wissen vom Aufbau der Welt hinzufügen. Wir werden das Leben begünstigen und unsere Existenz auf dem Planeten sichern. Das sind nicht alles böse Menschen. ICH sage es Ihnen hier noch einmal. Die wissenden Geistkörper sind die lenkenden Systeme. Die Gedankengebäude der großen Denker und Philosophen sind die Grundlage der Entwicklung des Menschen. Erst in zweiter Instanz sind die Wissenschaftler, Entwickler und Designer zu nennen, die sich der Wirtschaft verschrieben haben und mit der jährlichen Umwälzung das Feuer am Brennen halten.

Wir blicken auf den Raum. Im Kern meines Ich blicke ICH auf den Logos. Das ist der Ort der sicht- und fühlbaren Datenkonzentrationen. Tatsächlich stammen wir alle von ein und derselben Grundsubstanz ab. Die sichtbare Substanz zu beobachten, heißt, die materiellen Oberflächenwerte auszublenden. ICH betrachte die Datenkonzentration des Logos, die Inhalte meines dritten Auges. Währenddessen breitet sich entlang Ihrer oberen Extremität bogenförmig von

Gelenk zu Gelenk springend ein Feldgefüge über Ihre Hände hinaus bis zu dem Objekt, das Ihnen scheinbar im Augenblick am nächsten ist, aus.

Das Gebrauchsobjekt Nummer eins, ein Handy vielleicht, ein Red Bull, die Brille, die Zigarette im Aschenbecher, der Gemüsesnack sind Beispiele hierfür. Wir haften den Objekten an und stellen damit das Informationsvolumen eines Materieäquivalents in den Logos. Das Gehirn arbeitet mit diesen Daten. Die Aussagekraft einer Information steigt mit ihrer Klarheit. Je klarer die Struktur des Objekts ist, je dichter das Informationsvolumen bepackt ist und je deutlicher das Materieäquivalent daraus hervorsticht, umso einfacher ist es für andere, sich das Materieäquivalent zu laden, entsprechend zu übersetzen und den Gehalt an Wissen für sich abzuleiten. Das gilt natürlich auch für ein gefundenes Wissen. Je klarer sich das Wissen in Worte fassen lässt, umso stabiler wird seine Struktur sein und umso einfacher wird es für andere sein, gleichzuziehen. Es handelt sich um einen spezifischen Raumbezug. Wir sprechen von einer spezifischen Architektur des Konstrukts und einer speziellen Formierung der Daten darin. Die Sichtbarkeit der Menge macht die Information darin bewusst erfahrbar. Man muss den Logos in sich stark werden lassen.

Für mich heißt die Arbeit an und mit dieser Menge, Individuen in ihrem Sein anzusprechen. Das aufgeworfene Wissen steht in Echtzeit allen zur Verfügung. Der individuelle Baustein gilt mit dem wissenden Gefüge vernetzt und verwaltet. Liegt mir das Wissen als bewusste Menge aktiv vor, liegt es auch in den vernetzten Individuen in Echtzeit vor. Die Anwendungsmöglichkeiten beziehen sich natürlich auf die Entwicklungsstufe der Individuen. Ein von Null auf Hundert ist nicht möglich. Strukturelle Identitäten mag es geben. Diese strukturelle Genialität kann das Individuum mit viel Arbeit auf den eigenen Raum ausdehnen. Eine Adaption und Verankerung des Gefüges innerhalb des eigenen Materiehaushalts stabilisiert das Ich. Der umgebende Raum entpuppt sich als Arbeitspeicher. Die Aufklärung des eigenen Raums legt tieferliegendes Wissen der genialen Menge frei.

Das erarbeitete Wissen bildet die individuelle Datenmenge lediglich vorteilhafter ab. Es handelt sich um ein Wechselwirken von Feldern und Daten in Feldern. Das wissende Konstrukt erlaubt dem Individuum eine gewisse geistige Entwicklung. Das neue Wissen verändert den Raumbezug der Involvierten. Es werden vermehrt bestehende Werte des Status Quo in einen Zustand fortwährender Existenz erhoben. Die Felder verändern sich in ihrem Aufbau. Die Wirkung eines Feldeffekts bleibt natürlich erhalten, aber anderen Bausteinen wird darin Existenz eingeräumt. Trotz einer stabilen Gehirnfunktion kommt es zu einer veränderten Betonung des Materieraums. Veränderte Wertigkeiten und Betrachtungen sind die Folge.

Existente geistige Lagen wie den eigenen Körper zu schützen und erhalten zu wollen, scheint ein moralisches Gesetz zu sein. Das Gesetz beruht auf der Bedeutung des Körper-Geist-Bezugs. Die internen Lagen der Hintergrundprotokolle unseres Organismus scheinen uns erhaltenswert zu sein. Heute liegen aber dauerhaft irgendwelche Objekte in unserem Arbeitspeicher vor. Die vermittelnde Instanz zwischen Außenwelt und Körpergefüge ist mit Prestigeobjekten zugemüllt. Heute zieht sich ein globales Konstrukt des Kapitalismus durch die Arbeitsspeicher der Gehirne. Die Geist-Körper-Einheit existiert so nicht mehr. Der Logos in uns repräsentiert heute einen Teil der Wirtschaftsordnung. Diese technischen Daten scheinen natürlicherweise, wie es der Funktion des Logos entspricht, die Hintergrunddaten unseres Organismus zu schützen und zu erhalten, einen gewissen Schutzstatus zu erhalten. Strukturelle Identitäten mit unserem Organismus sind anzunehmen. Strukturelle Identität wirkt aber nicht nur schützend und das Leben verlängernd. Strukturelle Identität kann auch ein Risiko sein. Wird nicht mehr unterschieden zwischen den externen Verhältnissen in unserem Arbeitsspeicher und der biologischen Struktur, tritt Fehlorganisation des Organismus mit den Folgen von Schmerz und Erkrankung auf.

Ausgehend von einer dichteren Struktur des Feldes, welches von extern kommt, gelingt eine Hinterlagerung des Organismus immer dann, wenn das embryonale Bezugsfeld, das dem Organismus hinterlegt ist, in seiner Komplexität so weit reduziert wird, dass die biologische Struktur von dem externen Großfeld übernommen wird. Wie tankt man das Hintergrundfeld unserer biologischen Struktur auf? Eine Ernährung, die den Artenhaushalt fördert. So bleibt der Datenhausalt unseres Hintergrunds komplex organisiert und wir unterscheiden uns maximal von den technischen Anlagen des Status Quo. Wer einen Garten hat, möge sich in ihm betätigen. Den Kompost pflegen, eigene Anzuchterden herstellen, sähen, pikieren, pflanzen, ernten und essen natürlich. Die Arbeit im Garten erdet den gesamten Organismus. Das ist eine gute Art, das kapitalistische Treiben draußen zu halten und dem Körper gleichzeitig geeignete Werte für seinen Hintergrund zu bereiten. So besteht immer eine ausreichend große Differenz zwischen dem Datenhaushalt des Organismus und den Arrangements der Technik. Je mehr sich die Kriterien der beiden Systeme unterscheiden, umso geringer fällt der Informationsaustausch aus. ICH vermute, dass sich die beiden Strukturen so ineinanderlegen, dass sie trotz gemeinsamer Feldstärke zwei unterschiedliche Systeme bleiben. Auf Grund der vorliegenden Materieverhältnisse können die beiden Wertigkeiten des Feldes sehr lange nebeneinander bestehen. Das eine Feldsystem wird von der organischen Architektur unseres Organismus stabilisiert, das Wirtschaftsgebilde halten wir mit dem Einsatz von Energie und Ressourcen am Laufen. So liegen hier zwei stabile Datenkonstrukte in einem Feld zusammen.

Die Feldstärke, so nehme ICH an, hängt mit der Masse und der Struktur der Verrechnung der Kriterien in den Feldern zusammen.

Die Betrachtung der vorliegenden Datenmasse mit dem Dritten Auge ist eine Form des Denkens. Die Betrachtung des Logos in mir ist eine Form der logischen Berechnung. Genutzt wird die allgemeine Dynamik des Raums und auch die Handlungsfreiheit der Individuen, auf welche man sich als Denker bezieht. Das Ergebnis sind ökonomischere Anordnungen der bewegten und unbewegten Materiemengen. Die Erweiterung der Datensätze in den Raum führt nicht selten dazu, dass passende Konzentrationen auf ihre Ordnung zurückfallen. Das ist ein ganz normales Feldgeschehen, das von dem Magnetismus, der Gravitation und der allgemeinen internen Dynamik angestoßen wird. So fallen periphere Mengen auf die Kernstruktur zurück. Die Kerne verdichteten sich. Wir sähen periphere Lagen in und mit der Kernstruktur verwaltet. Bliebe nach dem Zusammenfallen eine Krümmung erhalten, so könnten sich Ströme in Richtung Peripherie und umgekehrt von der Peripherie in Richtung Kern einstellen. Die Ausbildung von peripheren Oberflächenwerten ist anzunehmen. Wir hätten jetzt eine Hülle um einen stabilen Kern.

ICH gehe davon aus, dass die Beschaffenheit des Gefüges mit Vorteilen einhergeht. Das wissende Gefüge ist nützlich. Es setzt sich in Gebrauch. Das wissende Korpus strahlt in die Lebensbereiche der Individuen ein. Das wissende Konstrukt vervollständigt die täglichen Gebrauchsdaten der Individuen zum Status Quo, dem allgemeinen Raum. Die Organisation des Individuums in dem Konstrukt des Wissens lässt es am allgemeinen Raum teilhaben. Die gefassten Daten erreichen Formen des Lichts. Aus dem so bezeichneten Raum erhält man Formen des Lichts. Die Daten einer allgemeinen Raumlösung erreichen das Individuum. Mehr Leichtigkeit und Lebensfreude werden empfunden.

Die Gefühlsebene wird von den Feldern hervorgerufen, in welchen Ihre Alltagsdaten verwaltet werden. Die Gefühle sind eine grobe Abschätzung der Datenlagen. Man bezieht sich innerhalb der Mengenbeziehungen auf ein gewisses Thema. Man leitet mit seinem Eigenanteil die Architektur des Gefüges ab.

Einer globalen Ordnung anzugehören, bedeutet, ohne die negativen Einflüsse der Gesellschaft leben zu können. Eine identische Software für alle macht es einfach, sich auf die Positionen zu einigen. Die Gefühle drücken eine Feldbeziehung aus. Man bedenke, dass in einem Feld, wie oben beschrieben, unterschiedliche Systeme gleichzeitig vorliegen. Die Feldstärke, die sich für unsere Lagen ergibt, die man als Wert unserer Gefühlslagen bezeichnen könnte sagt aber nichts über die Verhältnisse der allgemeinen Zusammensetzung des Feldes aus. Die Gefühlslagen sind somit immer ein Instrument, um Datenlagen, die ein gewisses Bild des Status Quo zur Folge haben, über den eigenen Standpunkt hinaus möglichst global zu erfassen. So erkennen wir im Nachhinein oft größere Interessensfelder der eigenen Seite, die es bisher verhinderten, die eintretende Wahrheit zu erkennen. Oftmals handelt das Individuum zu seinem eigenen Nachteil, aber es gelingt damit, den Raum für andere Systeme vorteilhaft aufzuklären.

Der Logos ist eine Summenfunktion. Hier laufen die individuellen Positionen zusammen. ICH erfasse die Materieäquivalente meiner Mitbürger, auch die der anderen Lebewesen. ICH verrechne die Objekte des täglichen Gebrauchs. Die Datenmenge des Logos ist ein allgemeiner Raumbezug. Es gibt keine Anforderungen an das Individuum. Der so gefasste Status Quo ergibt sich aus der Feldfunktion des allgemeinen Raums. Das Gehirn spannt mit den gefassten individuellen Einzelleistungen den allgemeinen Raum auf. Der allgemeine Raum ist eine Erkenntnismenge. Das Vorhandensein eines entsprechenden Datensatzes löst die Modulation des Feldes aus. Der Übergang der Ausgangsmenge in eine Feldfunktion des Raums scheint natürlich zu sein. ICH glaube nicht, dass es sich um eine Rechenleistung handelt, vielmehr denke ICH, dass die Materie und auch das Erdsystem entsprechende Feldäquivalente beherbergen. Die menschlichen Ausgangslagen geben irgendwann dem Druck der mächtigeren Feldäquivalente nach und passen sich diesen an.

Das Wissen ist so gesehen ein Zustand, welcher in den allgemeinen Raum mündet. ICH schätze die Menge ist frei von Interessen. Es geht mir hier nur darum, einen höheren Wissenskern zu generieren. Die Theorien der vorigen

Jahrhunderte sollen erweitert dargestellt werden. Eine neue Software stünde den handelnden Menschen zur Verfügung. Es gäbe keine Datenräuber mehr. Ihre Sichten auf den Raum wären nicht mehr nur Bestanteil von Konzernen, die sie an sich binden, um Geldwerte zu schaffen. Der Einzelne wäre in dem neuen Korpus als Teil einer lebenden Erdmatrix verwaltet. Eine Theorie, die in seiner Wertigkeit einem Raumäquivalent gleicht, spannt einen Raum ohne psychische Belastungen für das Individuum auf. Ohne fremden Zielen unterworfen zu sein, ohne einem unbekannten Sinn zuarbeiten zu müssen, erfahren sie sich als Teil des Ganzen.

So düster der Betrug der Menschheit ohne von fremden Gebilden verwaltet zu sein, ohne irgendwelche Schatten, ohne die schweren Konzernlasten, die – nach Materieäquivalenten in ihren Haushalten suchend – durch ihre Geister flackern, bedeutete er für das geistige Ich doch ein Äquivalent des Status Quo, die Möglichkeit seinen eigenen Körper zu erfahren. Ein Äquivalent des allgemeinen Raums bezeichnet die Möglichkeit, in seinen Körper einzuleuchten. Ohne von fremden Gebilden verwaltet zu sein, ohne gewichtige Schatten auf Ihrer Seele, die Ihnen ein gewisses Verhalten und Denken abverlangen, ohne die schweren Konzernlasten, die durch Ihre Geister züngeln und sich auf Materieäquivalente Ihres Haushalts beziehen.

Nein, in Gottes Namen, das ist nichts Schlimmes! ICH sage doch nur, dass die geistige Beschaffenheit das Lebensgefühl bestimmt. Ein allgemeines Raumäquivalent als geistige Grundlage anzunehmen oder die alten Materietheorien mit einer Architektur des Lebens zu erweitern, macht den Menschen als Geistwesen doch erst vollkommen. Was soll ICH denn von Ihnen denken, wenn Sie die Lebewesen jeglichen Kontakts mit dem natürlichen Umfeld berauben und nur noch Ihre Konzernpartikel speisen. Soll ICH mehr Medikamente verordnen, um die psychischen Schäden, von den geschaffenen Strukturen verursacht, zu verschleiern? Keine Antwort? Burnout, Depression und Psychopharmaka. Das ist nicht, was ICH mir für die Zukunft wünsche.

Die Menschen werden sich auch in die neuen Theorien einleben. Ein mächtiges geistiges Konstrukt, mit einer Masse an Grundsubstanz, wie sie noch niemand vor mir hervorgebracht hat. Eine aktuelle Beschreibung des Status Quo, die die Saat für die Nachwelt in sich trägt. Der Mensch wird anders sein. Die neue Software erlaubt ein anderes Denken. Die Existenz von Leben in den neuen Theorien verändert den Gehalt von Ethik und Moral. Das Gehirn zieht nun auch Lebendwerte mit in seine Berechnungen mit ein. Der Output verschiebt sich in Richtung Leben. Das ist das Neue. Ohne dass es jemandem weh tut. Ein unbewusster Spuk, ein erweitertes Wissen von der Welt. Wir brechen nicht zum Mars auf, wir starten in das neue Jahrtausend. Ein neuer makrokosmischer Zyklus ist angebrochen. Wir werden die toten Korpuskeltheorien der Physiker mit Leben anfüllen. Die lebenden Architekturen werden vom Quantenraum in den Makrokosmos streben und dort eine Existenz haben.

Aber im Augeblick ist es noch so, dass das wissende Wirtschaftskonstrukt, auf leblosen Teilchentheorien beruhend, der Erdoberfläche mathematisch formulierte Materiekonstellationen aufbrennt. Einem 3D-Drucker ähnlich brennt es die Struktur unseres Technikwissens der Erdhaut auf. Auf der Quantenebene siedeln die künstlichen Gebilde und programmieren die Gestalt des Makrokosmos. ICH möchte keinen weiteren Stempel aufgedrückt bekommen, keine weiteren geistigen Gebilde, die die industriellen Kernlagen fördern, keine weiteren Wirtschaftsgrößen, die sich allein auf die Produktionsgüter beziehen, keinen weiteren Rückbau der Oberflächenwerte durch motorenbefeuerte Kernwerte. Die Oberflächenwerte sind nur in zweiter Instanz Verbraucherräume, zuerst sind es unsere Lebensräume. Keine weitere Vernichtung von Arten, keinen weiteren Eintrag von Müll und Giften in den Verbraucherraum. Hören Sie endlich auf, die Geschöpfe auszulaugen, ihre Blicke zu lenken und Produktinteressen zu schüren. Es herrschen geistige Gemengelagen vor, die die Menschen in die Depression treiben. Sie isolieren die Menschen immer weiter von den Daten der Lebendmatrix. Hören sie auf sich in den Alltag der Menschen zu hacken, um ihren Dreck dort abzuladen.

Das Konstrukt, das die Denker des vorangegangenen Jahrhunderts in der oben beschriebenen Weise, wie es auch mir eigen ist, hervorgebracht haben, bindet uns indes weiter in seiner Weise. Dem Ganzen vorzustehen, macht Sie nicht weniger blöd, als es der ist, der sich in der Kategorie Endverbraucher mit der auferlegten Moral und Ethik dem Produktwahn hingibt. Sich darauf zu verstehen, eine Menge von Schafen anzuführen und ihr Schafsein dann auch noch zu fördern, macht Sie äußerst unglaubwürdig. ICH mache Ihnen keine Vorwürfe. Meiner Meinung nach sind die Gemengelagen, wie sie die Führer der Nationen und der Wirtschaft vertreten, sehr viel gefährlicher als die einfache Psychose des Einzelnen. Von der Menge getrieben zu sein, hat schon viele auf ihre Nachbarn schießen lassen. Vor allem liegt es an der Zusammensetzung der Felder. Sie generieren doch nur eine Art von Produkteraum. Ihr Sein als Manager und Mensch ist eine technische Größe. Ja, für Sie ist das Individuum ein Produkt. Die vielen generieren Ihnen einen Produkteraum. Existenzangst ist hier nicht die Angst, das Leben zu verlieren. Existenzangst heißt hier, das Produkt oder seine Funktionalität zu verlieren. Eine Horde ängstlicher Produkte speist Ihr Ich als Manager.

Verändert man die Basiswerte bei den Bürgern, dann kommen auch die Manager zum Denken. Der Feldüberbau, der sich aus den Einzelpositionen der Bürger, den sie verkörpern, errechnet, erhält dann andere Wertigkeiten. Die Daten, welche Ihrem Ich eigen sind, bestimmen die Ethik und die Moral. Die Angst vor dem Verlust der eigenen Existenz ist ein Prinzip der Natur und trifft auf jegliches Leben zu. Kaum zu glauben, dass man den Verlust des Fernsehgeräts oder den Verlust des Smartphones als Bedrohung betrachtet. Ein totes Objekt soll hier sein Leben verlieren. Vermutlich bekommen Sie ein Stück ihres Lebens zurück. Eine korrekte Zusammensetzung der geistigen Lagen sichert das Leben und das Überleben. Es liegt in der Natur der Felder und der Arbeitsweise des Gehirns. Der Wille ist eben nicht frei. Sie denken, tun und lassen, wie Sie im Gefüge verzeichnet sind.

Der freie Wille beruht auf den bestehenden Positionen des Geistes, organisiert in übergeordneten Feldern. Übergeordnet, weil mit einem entsprechenden Raumbezug einfach gewichtiger. Die täglichen Aktivitäten sind die geringsten Positionen der Felder. Die feinen Positionen des Einzelnen unterliegen der Architektur der Felder. Die aktive Präsenz einer Feldstärke betont den individuellen Anteil. Die

Objektstärke steigt im Individuum an. Getrieben von den umliegenden Positionen der Feldmasse ist der Einzelne einem Summeneffekt anteilig, in welchem sich das Objekt zum Ablauf der Handlung vervollständigt. Der freie Wille ist kaum der Rede Wert. Der freie Wille ist ein Materieäquivalent. Der freie Wille ist ein Raumbezug, den das Gefüge im Augenblick gerade erinnert, weil er sich günstig in die Ordnung des Raums einfügen lässt. Da tritt er motivierend in unser Bewusstsein. Alles, was wir denken, geht im Sinn der großen Architekturen verloren. Es ist genau das, wozu man auf Grund der Konstellation gerade berufen ist zu denken.

Von hier aus organisiert sich der Raum. Jegliches Sein verliert sich in größeren Feldern. Wir streben alle einem Ergebnis zu. Wir streben alle dem größten Feldwert zu. Der größte Feldwert ist das Feldäquivalent des Erdsystems. ICH spräche gerne von einem Sinn des Erdsystems. Aber der Feldwert ›Erdsystem‹ hat noch keinen Sinn. Spricht man von Sonnensystemen, Galaxien oder einem Universum, tritt die Existenz des Menschen in den Hintergrund. Wie sinnvoll uns die unterschiedlichen individuellen Positionen auch erscheinen mögen, ihr Wert zeigt sich uns erst, wenn wir ihren Sinn in die Existenz des Erdsystems einzufügen versuchen. Hier zeigt sich dann das Ergebnis industriellen Strebens. Hier im Erdsystem angekommen, sollte sich uns nun der Sinn unserer Handlungen erschließen. Hat das Erdsystem einen Sinn? Leben. Das Endziel bedenkt!

Lautet der Sinn des Einzelnen, in Feldern organisiert zu sein; strebt ihr nach einer festen Struktur eures Alltags, nach stabilen Denkmustern, die an präzisen Materiebahnen haften? Sucht ihr den Einheitsmenschen? Habt ihr Angst vor dem wirklichen Leben, vor einer eigenen Meinung? Fühlt ihr euch nicht gefangen in den Feldstärken dieser Energieschleuder, beschränkt auf das Angebot? Die Weltlinie unseres Vorgehens zeichnet sich ab. Wollt ihr die Komplexität des Erdsystems weiter aufbrechen, und einzelne Baustein daraus isolieren? Wie ziehen wir uns durch die Gemüter der Menschen? Brauchen wir all diese technischen Spielereien tatsächlich? Dieses lächerliche Anwenderglück, dieses kindliche Spiel mit dem künstlichen High. Wie viel Zeit nehmen wir damit dem Leben, das eigentlich Bestandteil unseres Geistes und unserer Welt sein sollte?

Vielleicht sollten wir aus all den Massebahnen der Menschen doch einmal die Weltlinie berechnen lassen. Wir brechen die Komplexität des Erdsystems auf und isolieren einzelne Bausteine daraus. Wir zwingen die Materie mit der Gewalt von Motoren auf feste Bahnen. Der Einsatz von riesigen Energiemengen und enormen Ressourcen stabilisiert die Massebahnen. Wir isolieren Bausteine der lebenden Komplexität und geben ihnen in der Architektur unseres bestehenden Wissens eine neue Funktion. Das ist ein Substanzverlust an der Hintergrundmatrix alles Lebenden. Das sind Verluste am Evolutionsgefüge. Wir entziehen dem Evolutionsgefüge Bausteine und unterwerfen sie dem Partikelsystem des Menschen. Der Wirtschaftskörper hat eine andere Architektur. Alle Gesetze der Physik kommen hier zu tragen. Der aufgesetzte Feldkörper verdichtet, hebt auf, verändert die Ladungen, löst heraus, deformiert Zeit und Raum. Die Architektur aus Daten frisst sich weiter und weiter in die Komplexität der Lebendmatrize hinein. Er hat eine sehr gute Verdauung. Er nimmt Lebendmatrize auf und speit technische Infrastruktur über das Land.

ICH kann mir vorstellen, in der Komplexität einer hohen Biodiversität organisiert, hochwertigere geistige Leistungen abzurufen. Die Beziehungsdichten dürften viele Feldfunktionen und damit die Gestalt der Ereignisse programmieren. ICH lebe hier mit Apfelbäumen. ICH pflanze Gemüse und ernte Kartoffeln. Das Alles, hier, hat einen Sinn. Jeder Baustein hat seinen Sinn. Er dient dem Leben. ICH erschaffe das Neue. ICH möchte das Erdsystem stabilisieren. ICH möchte weniger Zeit mit dem leblosen Abfall verbringen. ICH möchte dem Leben wieder mehr Aufmerksamkeit schenken. Hier hört man ihn wieder, den großen Geistkörper der Industrierevolution. Hier spricht er wieder aus dem isolierten Individuum. Ein Meinungsmacher in seinem Sinne. Der Wirtschaftskörper laugt die Einzelnen aus. Die Menschen verlieren die Kraft zu leben. Leben ist Leben. Das Wirtschaftskonstrukt lähmt den Willen der Nation, ja der ganzen Welt. Sie treiben weiter im Wahn der Zeit.

Das ist es, was der gewichtige Feldkörper anordnet, wenn man in wie eben in meiner Weise angreift. Das machen die Feldstärken. Die anordnenden Ladungen bringen ihre individuelle Position in den Dienst des Wirtschaftsgefüges. Die Effekte vervollständigen ihr Sein zu einem Konsumverhalten. Das sagt der Wirtschaftskörper ausschließlich mit Feldbeziehungen. Das Verbraucherverhalten korreliert mit der massereicheren Transportlogistik und der Rohstoffbeschaffung in einem Konstrukt. Wie sieht Ihr freier Wille in einer Struktur aus, deren Feldstärke auf Produktionsgüterverhalten basiert. Freier Wille heißt hier nicht Kampf für schwächere Positionen. Freier Wille heißt hier, die Feldstärken, egal wer sie verursacht, anzunehmen, und zu tun, was das Gehirn einem vorgaukelt. Fragen Sie nicht: »Warum lenkt der Verbraucher nicht ein, warum macht er so weiter?« Ein Gravitationsmonster bindet die geringen Werte. ICH sehe, wie die Anziehungskraft die Verbraucherräume aufspannt. Manchmal glaube ICH, Sie arbeiten für des Teufels Scheune. Plötzlich bin ICH der, der einlenken soll. Die Apfelbäume fällen, den Kartoffelacker aufkiesen und mit euch Party machen. IHR habt sie doch nicht mehr alle! Füllt eure toten Korpuskeltheorien mit Leben an, und ihr werdet wieder alle haben.

Schauen wir uns die Wirtschaftspartikeln einmal genauer an. Legen wir die massereichen Konzernströme in des Partikels Kern. Hohe Energiemengen und der fortwährende Einsatz von Rohstoffen führen zu einer gewissen Stabilität der Kernstruktur. Wir zwingen die Materie auf feste Bahnen. Die Rohstoffe kommen herein und werden verarbeitet. Das entstehende Produkt wird in die Haushalte ausgeworfen. Wir zählen die Haushalte zum Wirtschaftspartikel. Die Haushalte bilden die Peripherie der Partikel, einer Hülle gleich. Wir lassen die Peripherie mit anderen Partikeln reagieren. Brot, Käse und Wein oder Schuhe, Einkaufskorb und Auto. Aber nicht nur einfache Zusammengehörigkeiten kommen in Frage. Für mich ergibt sich auch die Möglichkeit, dass eine Vielzahl identischer Objekte ineinander fällt, konform verwaltet wird und das Produkt bzw. sein Feldäquivalent dadurch eine höhere Wertigkeit erhält. Damit entstünden in der Hülle nicht nur günstige Arrangements von Produkten. Ein gehäuftes Vorkommen einer Art verursachte ein dichteres Phänomen, das organisierend in der Hüllenmatrix wirkte. Im Fall von Leben evolutionsspezifisch Form gebend. Dichtere Phänomene formen nicht nur die Materie, sie leiten auch den Menschen zu einem spezifischen Verhalten an. Die Felder sind Ausdruck des Bestehenden und bestimmen den Willen. Es handelt sich um einfache Felder und Feldbeziehungen, in welchem sich der Mensch mit seinem Sein existent zeigt.

Natürlich finden sich im Raum um die Kernstruktur auch alle anderen Belastungen unseres Lebensumfeldes. Die Fertigung geht mit Schadstoffen und Lärm einher. Wir verzeichnen eine leichte Durchseuchung des Raums mit Abfallstoffen. Die Luft, der Boden, das Wasser. Das Produkt verfällt selbst, nutzt sich ab und geht mit Problemen für den Lebensraum einher. Es stellen sich Ströme in Richtung Kern und in Richtung Hülle ein. Die Identifikation mit unserem geistigen Kind ist sehr einfach. Es gleicht der Biologie der Zelle oder dem menschlichen Körper. Die Materie bewegt sich auf stabilen Bahnen um ein Zentrum. Das Gehirn macht keinen großen Unterschied zwischen einem Geistkörper externer Zusammensetzung und einem Geistkörper interner Zusammensetzung. Das Gehirn macht keinen Unterschied zwischen leblosem und lebendem Material. Der wichtigste Faktor scheint die Bewegung zu sein.

Wichtig sind die entstehenden Feldeffekte, die Wirkungen und Richtungen der Summenfelder, die entstehenden Feldstärken. Die Bewegung ist ein wichtiges Argument für das Leben. Wie wichtig es ist, sich auf die bewegte Materie beziehen zu können, brauche ICH nicht zu betonen. Aber wie sicher ist die Bewegung von Materie in den technischen Systemen? Eine energieintensive Wirtschaft bleibt ein Risiko. Im Vergleich zur Komplexität des Lebenden ist sie äußerst anfällig und in Krisen jeglicher Art viel zu teuer. Dann brechen die Ströme bewegter Materie zusammen.

Der Wirtschaftskörper, nennt man ihn sein geistiges Eigentum, würgt jegliches Denken ab. Im Dunst der peripheren Lagen finden wir das individuelle Sein, während die Drehzahl im Kern hochgehalten wird. Die Masse der Kernströme wächst ungeachtet der heraufziehenden Misere noch an. Das liegt an der Methode der Forschung. Isoliert man aus der Lebendmatrix und beschreibt damit die Massebahnen leblosen Materials, so sammelt der Gesellschaftskörper immer mehr Grundsubstanz an. Die Masse des Konstrukts, welches unserem Lebensstil hinterlegt ist, steigt, während wir die Lebensmatrix zerstören, immer noch an.

Die schweren Folgen für den Lebensraum, Substanzverlust an der Evolutionsmatrix, Destabilisierung des gewachsenen Erdsystems, Freisetzung kinetischer Energie, Überhitzung bis hin zu lebensbedrohlichen Zuständen an der Erdoberfläche werden hingenommen. Zu erwähnen ist das kernstabilisierte Sein des Menschen. Die leichten Lagen der Peripherie, das Sein des Menschen, sind nur auferlegte Kerndynamik. Die Kernmasse erzeugt das Sein des Menschen, seine Meinung, sein Denken, die Haltung den anderen Lebewesen gegenüber. Das gemachte Lebensbild in der Peripherie ist Ausdruck der Produktionsdynamik im Kern. Zusätzlich ist das Gebilde mit einem verfälschenden Sinn überbaut. Der Sinn ist es, Geldwerte zu generieren.

So ist es für das Menschlein auf einer peripheren Umlaufbahn um den Kern. Die Identifikation führt so weit, dass der Mensch das Konzernpartikel für den eigenen Organismus hält. Der Mensch erscheint mit dem Produkt nur noch eingeklinkt zu sein. Der Mensch erscheint mit den Produktwerten in einer künstlichen Welt, von seinem Menschsein isoliert. Mit einem geringeren Anteil am Ganzen kann man sich gar nicht abspeisen lassen. Künstlich entfremdet, auf ein Minimum reduziert, aber seine Existenz einfordernd. So verlieren wir Körper, Geist und Umwelt. Dieses ist der gegenwärtige Partikelaufbau. Er scheint zugleich die zentrale Grundlage der geistigen Programmierung jedes einzelnen Menschen zu sein. Normalerweise müsste man ja den Menschen in den Mittelpunkt stellen. Die Hintergrunddaten seiner Körperprogramme wären Argumente der Umweltgestaltung. Eine geistige Programmierung, welche dem Datenhintergrund des menschlichen Organismus entspräche, würde auch der Umwelt gerecht.

Unglaublich, dass es sich nur um ein Weltensystem der Teilchentheoretiker handeln soll. Ein geistiger Überbau, der sich aus dem leeren Verhalten von Atomen herleitet, führt in einen Totraum. Dieser mächtige Feldkörper erstickt jegliches Leben. Auch mein Wissen beschreibt den Aufbau der Welt. Es beschäftigt sich zusätzlich mit dem entstandenen Leben. A: Die Quantentheorie ist mit der

Relativitätstheorie in einen Raum zu fassen. B: Das Leben ist auf der Quantenebene so zu verzeichnen, dass es zu einer Existenz im Raum führt. Das theoretische Gebilde eines Atoms erwies sich als Vorbild für die Architektur des Raums. Ist in den Feldern um das Atom auch das entstandene Leben berücksichtigt, so wirkt sich der Komplex aus Atom und Leben gestaltend auf den Status Quo aus. Das Arrangement des Quantenstoffes in lebenden Beziehungen und Beziehungen zwischen Lebenden ist eine Feldeigenschaft. Das Beisein von Leben macht die Quantenebene zur Datenebene. ICH behaupte, dass wir lebenden Architekturen in das Atom hineinwirken. Man darf ein internes Geschehen vermuten.

ICH fordere Sie alle auf, sich mit dem Entstehen von Leben zu befassen. Beziehen Sie das entstandene Leben und die Gesetze seiner Entwicklung in das bestehende geistige Gefüge lebloser Materietheorien mit ein. Erweitern Sie das geistige Gefüge der Menschheit. Erweitern Sie die Software des Einzelnen. Erweitern Sie das Ich der Individuen. Holen sie sich das Leben in ihre Welt zurück, das Sie mit leblosen Teilchentheorien und darauf aufbauenden mathematisch genormten Gebilden aus ihrem Ich verdrängt haben. ICH versuche, den täglichen Größen und Inhalten meines Lebens eine globale Existenz zu verschaffen. Ja, mit dem Weltgeist selbst zu ringen, bleibt mir der herrlichste Beruf.

So ist die Welt von heute.

ICH sehe hier keine isolierten Punkte, die beziehungslos nebeneinander liegen. Das Gefüge meines Arbeitsspeichers durchlaufen Wellen. Das Gefüge zeigt unterschiedliche Dichten. Die Inhalte regen sich gegenseitig an, schließen sich zusammen, ergänzen sich. Die Felder strecken ihre Fühler in den Raum aus, alles ist in Bewegung, sucht und findet sich, verbindet sich zu Höherem. Information entsteht, Objekte integrieren sich, Inhalte lösen einander ab, größere Ordnungen verleiben sich geringere Feldwerte ein, ein neuer und höhere Sinn ergibt sich. Fortbestehen und Untergang, Gesundheit und Erkrankung, Psychische Belastung und psychische Freiheit, Kraft und Ausdauer, hängen von dem Gefüge und der eigenen Positionierung darin ab. Die Architektur des Gefüges, wie oben beschrieben, ist eine geschaffene künstliche Ordnung, die wir vor uns selbst, vor allem aber vor dem involvierten Individuum und den anderen Arten zu verantworten haben.

Jegliche geistige Aktion erzeugt Wellen, die in das Gefüge hinauslaufen und die existenten Kriterien erinnern. Natürlich lassen sich die Gesetze eines natürlichen Datenhaushalts mathematisch-physikalisch entzaubern. Sie können ein theoretisches Gebilde vorinstallieren, das jegliche Wirkung einer Datenebene auf den Raum abwehrt. Sie schließen jegliche Esoterik einfach aus. Das erklärt, warum Sie Wirkbeziehungen nicht erfassen können. Sie verstehen die Ursachen von Alzheimer nicht, Sie finden kein Mittel gegen den Krebs, Sie verstehen nicht, wie das mit den Genen funktioniert, Sie wissen dieses und jenes nicht. Sie sind nicht in der Lage, in dem hinterlegten Datenhintergrund theoretische Konzepte zu entwickeln. Sie bleiben im Dunkel und warten auf irgendetwas, dass an dieser Stelle in dieser Konstellation vielleicht doch eine positive Wirkung messbar wäre. Ist das nicht Hokuspokus und Aberglaube? Bevor Sie nicht ein schuldiges Atom identifiziert haben, sind Sie gar nichts. Das hinterlegte Datengefüge kennen Sie deswegen aber noch nicht. Darum wissen Sie auch nicht, wie sich ein anders Atom an dieser Stelle des Datenhintergrunds verhielte.

Ihre Welt beginnt einfach mit Ihren mathematischen Gesetzen und physikalischen Gebilden. Alles andere ist weit unter Ihnen. Wie nannten sie es damals, als der große Moloch so richtig aktiv war und sich mit Hüllenwerten einer menschlichen Anatomie umgab? Unwertes Leben! ICH mache da nicht mehr mit. ICH nehme das Leben mit herein und lasse die Eigenschaften des neuen Atoms erweitert mit den Lebendwerten einer Datenebene, die im Inneren des Atoms ebenfalls einen Raum zur Darstellung erhalten, gerne in ihre Ordnung des Atoms einspeisend, dann aber die bekannten Eigenschaften in den Status Quo hinaustragend.

Unsere Existenz beginnt einfach dort, wo wir unsere Welt zu definieren beginnen. Es schwingt, fließt und die generierte Information wird, wie oben beschrieben, integriert. Das Objekt reagiert mit den Kriterien des Gefüges zu Ergebnissen. Vermutlich schließen sich die Objektdaten mit den Gefügedaten zu höheren Räumen zusammen. Die generierten Positionen und entstehenden Felder streben alle dem Status Quo zu. Alle Felder und Positionen münden auf irgendeine Weise in den Status Quo. Doch kann sich Information auch wandeln. Einfache Positionen können ihren Gehalt verlieren, wenn sie sich anderen Feldern zuordnen. Das Individuum gibt seine Position auf und ergibt sich der Masse. Der Verbraucher hat, in Wirtschaftssystemen organisiert, nicht die Chance auf eine abweichende Meinung. ICH kann von meinen Feldern auch nicht abweichen. Aber meine Bezugsfelder sind nicht nur Konzernstoff. ICH bin etwas anders gewickelt, woraus sich meine Meinung ableitet und worauf mein Wissen gründet. Alle geistigen Inhalte beruhen auf Materieäquivalenten des Raums. Was sie verkörpern, bestimmt ihre Meinung und ihre Haltung im Leben. Ihr Ich und das bestehende Materieäquivalent zeigen an, wer sie verpflichtet hat. Ihr täglicher Materiebezug vermittelt ihnen den Sinn der Architektur, die sie verwaltet.

Die Frage lautet: ›körpereigen oder körperfremd?‹ – interne Daten des Körperaufbaus, die wir auch extern vorfinden, oder externe Daten, die wir dem Körper auflasten. Nicht selten schreiben wir den externen Größen einen fremden Sinn zu, der uns belastet, während die internen Daten, welche wir als Größen der Natur auch extern vorfinden, für geistige und körperliche Entspannung sorgen. Auf der Spitze der Evolution sollte man vor allem für eine intakte Basis sorgen. Die Daten müssen existent sein. Nur so finden die Daten der Hummel mit den Daten des Rosenfreunds zusammen. Es wird notwendig, den Rosendünger und das Blütenglanzspray aus der Gleichung zu streichen, so dass der Raum als Ganzes wieder zugänglich wird. In diesem von technischem Firlefanz und fremdem Gewinnstreben unbelasteten Raum finden die Sichten der Hummel mit den Sichten des Rosenfreunds zusammen. Daraus entsteht eine einheitliche Beschreibung des Raums, allerdings mit unterschiedlichen Betonungen und Wertigkeiten.

ICH erstelle an dieser Stelle immer Attraktoren für den Raum. Anhand der Masse eines Körpers und der Art der generierenden Sinnesorgane wird sich doch ein Unterschied in der Qualität und Beschaffenheit der generierten Felder ergeben. Die Hummel generiert andere elektromagnetische Wertigkeiten als der Mensch. Hatten Sie schon einmal ein von einem Schmetterling inspiriertes Dufterlebnis? Die generierten Daten lassen unterschiedliche Wertigkeiten erkennen. Die elektromagnetische Beschaffenheit der sinnesgenerierten Werte unterscheidet sich von Art zu Art.

ICH leite aus verschiedenen Ätherdichten verschiedene Zeitfenster her. ICH möchte von dichterem zu weniger dichtem Äther bis in den Status Quo getragen werden. Die Zeit verliefe in Richtung des Status Quo. Der Ablauf der Veränderungen wiese bei einem gleichbleibenden Interesse eines logischen Betrachters in Richtung Status Quo. Es läge eine kaskadenförmige Struktur der Übergänge von dichtem Material zu weniger dichtem Material bis hin zu einer Äquivalenz mit dem Status Quo vor. Könnte sich ein Datengefüge dieser Art tatsächlich organisch verfestigt haben, so dass wir zum Beispiel die elektromagnetische Dichte des Lichts einfangen könnten? Wir überführten es auf dem Weg in den Status Quo in immer weniger Dichte Phänomene. Die Abgabe von Energie, die Anregung von Elektronen oder die Gestaltung von Ladungsverhältnissen zu einem entsprechenden Nutzen wäre vorstellbar.

ICH sehe hier auch eine Schichtung des Evolutionsgefüges. Die Arten bauen aufeinander auf. Die Daten, welche artspezifisch generiert werden und den Raum in ihrer Weise bezeichnen, ließen sich in Datensphären des Raums fassen. Eine Schichtung des Evolutionsgefüges, bedingt durch das Sein der jeweiligen Art, wäre anzunehmen. Wir sähen eine Form von Energieübertragung von Sphäre zu Sphäre zum Beispiel entlang der Nahrungsketten. Die konzentrierten Sinnesdaten einer jeden Art sind in dem Gefüge zu verwalten. Ein Informationseintrag in angrenzende Lebensbereiche ist anzunehmen. Die aufgeworfene Information führt zu einer besseren Abstimmung der Parameter des Raums. Auch andere Arten profitieren.

Während der Mensch, allein auf sich gestellt, lineare Verläufe der Zeit an der Oberfläche erörtert, hätte man in der Lebendmatrix, evolutionsspezifisch gewachsen, den Ablauf logisch aufeinander abfolgender Ereignisse, von Art zu Art gegeben. Die Datenmatrix des Lebenden hätte eine Zeitschiene vom dichten Kern der Gravitation in Richtung der Oberflächenwerte des Status Quo. Die

Datendichten der einen Art gingen in die Räume der anderen Art über. Ein Beispiel wäre der intensivere Duft der Rosenblüte in Anwesenheit einer Hummel. Die Beschreibung durch die Hummel erweiterte meine oberflächliche Betrachtung der Rosenblüte, was das intensive Dufterlebnis erzeugt. Der Hummelwert ergänzte den Menschenwert.

Wir bleiben in der Datenmatrix. Ich möchte von präzisen dichten Feldstärken in weniger dichte Oberflächenwerte wandeln. Das Volumen des Hummelbezugs dehnt sich auf die Kategorien nachfolgender Arten aus. Schließlich fällt sie dem Status Quo zu. Aber ist dies wirklich ein allgemeingültiges Gesetz? ICH lasse dichtere Sinnesformen in die nächsthöheren Arten und Artenräume hinauslaufen. Sein geistiges Prinzip für einen Moment zu verbessern, einen schärferen Blick auf die Welt zu erhaschen, ein vollständigeres Sein zu erreichen, dafür lohnt es sich. Und wenn es mir gelingt, ein beherrschendes Detail des Gefüges in den Bereich des Bewusstseins zu verdichten und hervorzuheben, ist vielen geholfen. Die Erkenntnis der Zusammenhänge führt uns heraus aus der psychischen Belastung hinein in das Wissen. Das Bestehen einer dominierenden Instanz wird vor dem Hintergrund vertikal verlaufenden Datenmaterials verdichtet und die Konstellation ist besser einzuordnen.

Der Organismus ist eine organisch verfestigte Architektur aus Daten. Wir leiten die dichteren Datenlagen vorangegangener Arten in eigene Sichtweisen ein. Wir lassen dichtere elektromagnetische Phänomene in die Sichten anderer Lebewesen einströmen. Es findet eine Magnetisierung des bestehenden Gefüges statt. Die eigenen Bestandteile am Raum treten deutlicher hervor. Die bewussten Bereiche stehen für einen bewussten Kontakt in andere Bereiche offen. Hier kann mit viel Mühe verstanden werden wie sich Energie und andere Werte von Ring zu Ring übertragen lassen. Auch kann gesagt werden, dass ein Magnetisieren der Felder erfolgt. Die Felder lassen sich anregen. Sie werden als Information deutlicher. Die Kriterien der Felder führen in angrenzende Bereiche. Die Kriterien werden bewusst, die Felder reaktiver. Die Hummel riecht die Rose, kommt vorbei geflogen und holt sich den Pollen.

ICH denke hierbei immer an die Photosynthese: was es bedeuten könnte, so etwas technisch zu realisieren, ohne die Technik verkaufen zu wollen, einfach nur zum Nutzen der Menschheit. So ein mehrstöckiges Gebilde aus Datenringen. Die verschiedenen Arten spannten die Datenringe auf. Vielleicht in der Form eines Trichters, dass das Licht besser eingefangen wird. Die Daten des Lebensraums, welche die jeweilige Art kontinuierlich generiert, betonen den Raum in seiner Weise. Der Organismus ist ein organischer Datenspeicher. Wir haben unseren Organismus in den Raum hineinentwickelt. Wir haben somit eine ständige und artspezifische Betonung des Raums. Der Lebensraum erscheint auf der Datenebene als dichtere Schicht. Viele Arten erzeugen viele Schichten. Sicher sind die Lebensräume zum Teil stärker vernetzt, aber der Mensch spannt einen anderen Datenmantel auf, als es zum Beispiel die Mikroorganismen tun. Es benötigt seine Zeit, um den Geist bis unter die Bewusstseinsgrenze anzureichern, um Phänomene des Aufbaus zu beschreiben. Der oberste Ring hätte den größten Durchmesser. Die Substanz zeigt sich stärker ausgedehnt als in den tiefer liegenden Schichten. Ich spreche von einer geringeren Ätherdichte. Die Feldstärke nimmt mit der Tiefe der Schichten zu. Das Gebilde wird von dem allgemeinen Raum zusammengehalten, der alle Schichten durchzieht. Jegliche Beschreibung der vielen Arten ist dem Status Quo entnommen. Das eingefangene elektromagnetische Phänomen springt von einer Ebene auf die nächste. Das Phänomen orientiert sich dabei an den bekannten Konstanten des Status Quo. Auf dem Weg an die Oberfläche verliert es sich in bekannten Dimensionen. Das Phänomen verändert auf seinem Weg nach oben seine Zusammensetzung. Das geht mit den verschiedenen Sichten der Arten und den unterschiedlichen Lebensräumen einher.

Die Schichten nehmen lediglich in ihrer Dichte ab und verändern das Phänomen in seiner Zusammensetzung. Der Wandel der Beschaffenheit des Phänomens geht mit den verschiedenen Sichten der Arten auf die Welt und ihren unterschiedlichen Lebensräumen einher. Zusätzlich dehnt sich das Bezugsvolumen des elektromagnetischen Phänomens mit jedem weiteren Sprung aus. Wir erhalten einen Wandel des Objekts in Raum und Zeit. Auf seinem Weg in den Status

Quo, so wie wir ihn kennen, hat es jetzt eine Menge Energie an die Kriterien der Schichtung abgegeben. Die Wellen laufen in die Schichten ein. Wie es sich exakt verhält, könnte man auf dieser Ebene programmieren. ICH möchte hier keine weiteren sichtbaren Qualitäten schaffen. Sicher findet irgendwo auf der Welt ein brillanter Forscher ein Materiephänomen, das den eben definierten Bereich sichtbar abdeckt und mein Wissen stabilisiert. Das sichtbare Phänomen verliert seine Energie in Form von Wellen an die Schichten. Die Wellen werden interagieren. Werden sich verschiedene Ätherformen zu stabilen Teilchen formen lassen, wenn sich die Wellenberge austauschen? ICH meine, wenn wir das wollten, müssten wir daran arbeiten und das bewusste Medium zu sichtbaren Choreographien, dem Elektron ähnlich, formen.

Natürlich braucht man um einen Raum dieser Eigenschaften aufzubauen auch Teilchen, die diese Eigenschaften aufweisen. Wir isolieren die Materie und räumen ihrem Wechselwirken den Raum der Quantenebene ein. Wir haben als zweite Komponente das Leben zu berücksichtigen. Wir ergänzen das theoretische Gebilde mit einer Lebendmatrix. Die Kategorien des Lebens integrieren sich auf der Quantenebene und interagieren hier in einer Lebendmatrix. Die Lebendmatrix schwebt über den Materieformen. Die Lebendwerte reichen aber auch in die Materie hinein. Wir sprechen von einem Hintergrundfeld, welches dem Organismus zwar anhaftet, aber eben auch isoliert davon, als Datenmatrix der tieferen Ebenen begreifbar ist.

Vielleicht schwingt die Welt des Mikrokosmos in kürzeren Wellen und die des Menschen in längeren Wellen. Wenn das Licht hier ankommt gibt es an der Oberfläche der Trichter die Energie in Form von verschiedenen Wellenlängen in die Kernkreise ab. Es treibt mich dazu, die verschiedenen Wellenlängen schichtenübergreifend zu verrechnen. ICH soll aus Wellen unterschiedlicher Länge erneut Teilchen beschreiben. ICH traue diesen leichten Zwängen nicht. Diese Zwänge sind Ausdruck von Feldbeziehungen. Sie könnten fremden Architekturen in die Karten spielen und daher gewollt sein. Der Sinn könnte auf Bestehendes ausgerichtet sein, nicht darauf, Neues zu schaffen. Ist es wirklich eine brauchbare Lösung oder bietet es sich nur an, weil die Lösung bereits als Welle-Teilchen-Theorie vorliegt? Was bedeutete es, ein Teilchen aus Wellen verschiedener Wellenlänge und Ätherdichte zu formieren? Kernlose Stabilität? Das Elektron? Es wäre so schön, Elektronen einfach herstellen zu können. So spiele ICH weiter mit den Träumen technischer Anwendungen. Für mich reicht es zu schreiben, dass sich elektromagnetische Sinnesdichten auf höhere Sphären ausdehnen lassen und dort komplexere Wahrnehmungen verursachen. Das Licht viele in den Datenäther ein und verlöre seine Energie in verschiedenen Wellenlängen. an die verschiedenen Schichten. Das Gesetz lautete, konzentrierte Formen des Äthers in den Status Quo zu überführen.

BAERBOCK IN DEN USA (JANUAR 2022)

Sämtliche Schmerzphänomene, die mir von vergebenen Ehrendoktorwürden an mein Land aus den letzten Jahren bekannt sind, traten die letzten Tage bei mir auf. Bald kann ICH meinen gesamten Organismus mit erhaltenen Doktorwürden abbilden. Vielleicht reicht es dem generierten Objekt ›Teekanne‹ bereits aus, sich als der gemeine Raum zu verkaufen, um ihre Sichtbarkeit als Objekt zu verlieren und anderen Gegenständen Platz zu machen. ICH setze die Hummeldaten dichter an. Sie lägen in dem Attraktor tiefer im Gefüge. Die menschlichen Daten wiesen geringere Ätherdichten auf und wären dem Status Quo näher. Die menschlichen Daten lägen mehr an der Oberfläche des Attraktors. Der Mensch alleine erlebte eine lineare Zeitschiene an der Oberfläche seiner Welt und seinen Betrachtungen darin.

Ein Erdorganismus oder eine gewachsene Evolutionsmatrix, die für alle Komponenten die notwendigen Lebensbedingungen zu garantieren hat, greift auf die Form der Selbstorganisation zurück. Hierfür ist eine senkrechte Zeitschiene zu den, von Menschen gemachten horizontalen Bedingungen, erforderlich. Der zu beobachtende Vorgang verläuft von der Nähe des Kerns, von Werten der Quantenebene zu Oberflächenwerten des Status Quo.

Hier zeigt sich auch der Sinn. Der Sinn scheint ebenfalls ein Datensatz einer gewissen Feldqualität zu sein. Der Sinn als Phänomen übergreift vom Kern bis in den allgemeinen Raum alle Arten. Der Sinn ist es, ein notwendiges Ereignis zu organisieren. Der Sinn lautet, die Lebensbedingungen zu erhalten. Wir haben hier ein senkrechtes, ein einordnendes, aufeinander abstimmendes, auf den Status Quo hinzielendes Geschehen. Der Sinn sollte die Eigenschaften einer senkrechten Zeitschiene haben und Teil aller Arten von Leben sein. ICH gehe davon aus, dass es sich bei der hierarchischen Abnahme von Dichte und der damit einhergehenden Ausdehnung des Volumens auf einen größeren Bezugsraum um ein natürliches Gesetz handelt. Dieses Gesetz begleitet den Aufbau der Evolution. Erinnern wir uns an das Konzernpartikel. Der Sinn, sofern es einen gibt, ist hier ein Oberflächenwert. ICH gehe soweit, zu sagen, dass der Sinn im menschlichen System nicht einmal eine Schichtenzusammengehörigkeit innerhalb des Status Quo dient, sondern in den meisten Fällen ein persönlicher Egotrip eines Außenseiters oder einer vom Leben isolierten Person darstellt.

ICH nenne hier die Umwandlung von Ressourcen in Geldwerte einen möglichen Sinn. Der Sinn des Konzernpartikels sitzt außen auf der Oberfläche auf. Der Sinn lautet, Geldwerte zu schaffen. Damit involvieren wir die Haushalte der Individuen und wandeln ihre Lebensbedingungen in Geldwerte um. Dient der vertikale Sinn des Evolutionsgefüges allen Lebewesen und der Stabilität des Erdsystems, so stabilisiert der aufgesetzte Sinn des Kapitalismus die Infrastruktur der Konzernkerne und diktiert dem Individuum die Struktur seines Haushalts. Tatsächlich fällt es mir schwer, einen Sinn festzustellen. Sollte sich ein Sinn tatsächlich nur erkennen lassen, wenn er sich als Feldbeziehung durch die Schichten der Arten zieht? Ein Sinn menschlichen Treibens wird tatsächlich nur existent, wenn er sich durch die Schichtungen der Lebewesen zieht. Es gilt, der Flora und Fauna vom Mikrokosmos bis in den menschlichen Makrokosmos zu entsprechen. Nur wenn eine Aktion dem Leben aller anderen Sphären dient, kann eine die Arten übergreifende Feldbeziehung angenommen werden, die wir den Sinn des Lebens nennen. Ein wirklicher Sinn betrifft alle Menschen, unabhängig von Herkunft, Aussehen und gesellschaftlichem Status.

Irgendeinen Sinn auszugeben, ist sehr viel leichter. Mit mehr Technik lässt sich körperliche Arbeit vermeiden. Ein schöner Sinn, der den wirklichen Sinn der Gliedmaßen einschränkt. Wir brauchen die Muskeln und Gelenke nicht mehr zu belasten. Die Menschen werden gleicher. Die Schwachen werden den Starken gleichgestellt und die Dummen den Intelligenten. Es findet eine Verwässerung des Genialen, eine Abwertung des starken und gesunden Leistungsträgers statt. Wir erhalten einen Einheitsbrei nichtssagender, sinnfreier und wertloser Aktivitäten.

Es geht folglich nicht um die Feldqualitäten der höheren Mathematik. Wir wollen uns hier nicht von neutralen Feldmodalitäten in Ergebnisräume überführen lassen. Wir fragen nach der Zusammensetzung der Summenfelder, nach den einzelnen Kriterien und Inhalten. Es geht darum, die einzelnen Materieströme, welche als Summeneffekte die Feldwirkungen ausmachen, zu fassen und ihnen bewusst Existenz einzuräumen. Wenn wir der einzelnen Kriterien habhaft werden und ihnen Existenz einräumen, beginnt sich der Status Quo in dieser Weise zu entwickeln. Vor diesem Hintergrund entwickelt sich die Menschheit zu einem bewussten Gestalter des Status Quo.

Es geht mir nicht um das Hormon. Es geht hier um die Datenlagen hinter den Eiweißen. Es geht mir um die einzelnen Materieäquivalente und die Kriterien des Raums, welche dem Hormon hinterlegt sind. Es geht um materieäquivalente Datenwerte, die sich mit den Hormonen in die Blutbahn ergießen und dem Organismus diese Datenmenge beifügen. Daraus resultiert eine veränderte Datensphäre. Der Organismus erfährt eine Erweiterung seines Materiebezugs. Die Bezugssphäre innerhalb des Status Quo ist hormonell verändert. Nehmen wir eine Wirkung des veränderten Datenmantels auf zentrale Funktionen an, so liegt es in unserem eigensten Interesse, nach der Zusammensetzung des hinterlegten Datenmaterials zu fragen. Es geht hier um die Existenz der notwendigen Datenwerte im Raum. Der bewusste Zugriff erlaubte ihren Erhalt. Die Komplexität einer hohen Artenzahl ist sehr variantenreich, was es begünstigt, die Körperprotokolle mit alternativem Material zu hinterlegen und zur Funktion zu bekräftigen.

Ein mathematisches Paradoxon fällt mir hier ein. Der Vorsprung eines vorauslaufenden Joggers wird von einem schneller fahrenden Mofa nie aufgeholt werden, weil sich mathematisch ein immer noch kleinerer Abstand errechnen lässt, so dass der Jogger nie erreicht und überholt werden kann. ICH antwortete: »Das gilt, wenn der Mathematiker schneller rechnet, als das Mofa fährt.« Sie gaben sich damit nicht zufrieden, und ICH sagte: »Und wenn du einfach berechnest, wie lange das Mofa braucht, um an dem Jogger vorbeizuziehen.« Wieder daneben. Dann sagte ICH: »Eine Situation zu berechnen, die ein schneller fahrendes Mofa hinter einem Jogger zurückhält, ist ein Sonderfall und benötigt einen Motorschaden, einen Kabelbrand oder einen Reifenplatzer.« Tatsächlich erreiche ICH bei der Berechnung kleinster Abstände einen Punkt, auf welchem ICH mich auf das dunkle Hintergrundfeld ausdehne. Eine weitere Verringerung des Abstands von Mofa und Sportler anzunehmen, dürfte eine Ausdehnung in den Kosmos des dunklen Hintergrundfeldes verursachen. ICH gehe soweit, dass eine gewisse Ausdehnung des Feldes dazu führt, dass sich der winzige Abstand in seinem Verhalten der mathematischen Welt entzieht und sich in Abhängigkeit zu seinem Hintergrundfeld zu verhalten beginnt.

Wir hätten einen Teilchencharakter definiert, welcher den Zustand beschreibt, dass ein Mofa hinter einem Jogger zurückbleibt. Da es sich um ein Zukunftsgefüge handelt, kann der Motor des Mofas immer noch versagen und sich der Zustand als organisierter Raum auf der Grundlage dieser Teilchenebene erweisen. Welche Fälle daraufhin auftreten, ist umstritten. Einige Mofafahrer werden vermutlich zu Hause bleiben, um ihr Mofa zu schonen. Andere werden auf der Strecke liegen bleiben, bevor sie den Jogger erreichen. Andere Mofas werden ihren Dienst quittieren, nachdem sie den Jogger überholt haben. Der aufholende Jogger wird vermutlich darüber nachdenken, was jetzt zu tun ist. Vielleicht bietet er dem Pannenfahrer seine Hilfe an: anschieben oder einen Kanister Treibstoff holen. Möglichkeiten gibt es viele, den Raum mit den Eigenschaften des berechneten Teilchens aufzubauen und den Jogger für eine Weile auf Höhe des Mofas zu halten. Eine Berechnung dieser Art bewirkt vielleicht, dass der Jogger und der Mofafahrer für ein längeres Zeitintervall interagieren.

So ist es in meiner Welt. Nichts bleibt dem Zufall überlassen. Die Teilchen, die den Ablauf der Welt programmieren, tragen bereits in ihrem Hintergrundfeld den Keim der Eigenschaften in sich. Dichtere Phänomene des elektromagnetischen Spektrums, genannt Geist, programmieren den Raum. Mich hat diese Art des Denkens nie wieder verlassen. A super Idee! Die Daten der TTIP-Klasse fördern vielleicht sogar die Resistenzen bei Keimen. Man darf davon ausgehen, dass jeder Organismus, auf die Hereinnahme dieser Datenklasse mit Anpassung reagiert. Die Organismen werden für uns ihr Gesicht nicht verändern, aber sie werden die Zelleiweiße aktualisieren. Mit der Anpassung der Eiweiße an die neuen Datenkörper erhält sich der Organismus die Stabilität seiner Funktionen. Das Overlay, unser Organismus, basiert auf einem riesigen Datengemenge. Die einzelnen Kriterien teilen zunächst einmal nur die Eigenschaften dem Erdsystem anzugehören, und die Gravitation, an welcher sie mitwirken und welcher sie ausgesetzt sind.

Die geschaffenen Zelleiweiße fungieren als Datenspeicher.

Im Grunde drehen sie sich nur zum Ausgleich der höheren Funktionen. Wenn im Körper zum Beispiel Materie von A nach B bewegt wird, zeigen sie sich als ausgleichende Größen. Sie binden die Felddichten der übergeordneten Funktionen in einer eigenen Motorik und legen diese Feldwirkungen in noch tieferen Schichten des Datenäthers nieder. Wir sehen uns hier die Körper-Geist-Beziehung darstellen. Die Beziehung aus organischer Substanz und Datenarchitektur verankert das biologische Gewebe im Erdsystem. Die Architektur des Gewebes ist folglich für die Organisation lebensnotwendiger Zustände des Erdsystems selbst verantwortlich.

Wir beobachten hier in diesem Bereich auch ein Auftreten von Licht. Sicher liegt es in der Natur des Elektromagnetismus, dass die anfallende Datenlast zu höheren Dichten interferiert und Lichtintensitäten auftreten. Die Formen des Lichts scheinen die ökonomischsten Formen der Datenfassung zu sein. Das Wichtigste ist jedoch die Darstellung bzw. der Aufbau der biologischen Struktur. Die Gesundheit der organischen Substanz und damit verbunden ihre funktionelle Leistungsfähigkeit liegt ganz oben auf. Die anfallende Datenlast, die den Aufbau der organischen Substanz nur begleitet, fassen wir dann in dieser Lichtarchitektur zusammen. Das Licht zeigt sich immer wieder als Form der Datenverrechnung. Ein Teil des Kriteriums wird zum Baustein der organischen Substanz, und der andere Teil ragt in den Raum. Er liegt mit den anderen Daten in der Lichtordnung vor. Die Flexibilität dieses Systems – einer Software innerhalb der elektromagnetischen Masse, um auf plötzliche Veränderungen der Umwelt mit Veränderungen des Datenbackgrounds zu reagieren – erscheint nur logisch. In der Belastung des Gewebes zeigte sich hier die Möglichkeit, die Lichterordnung zu involvieren. Die

Belastung eines Gewebes veränderte die Verankerung innerhalb des Materieraums. Die Belastung eines Kriteriums durch seine Struktur ginge dann über die Struktur hinaus, liefe an den Kriterien fort in die Lichtordnung und involvierte als materieäquivalente Datenlage den bezeichneten Raum. Wir könnten auch vom Licht der Sonne sprechen. Es wäre ein abstraktes Moment, welches als Bindemittel für die Kriterien diente. Sind die Kriterien zum Aufbau unserer Funktionen dem Materieraum äquivalent entnommen, so wäre das auftreffende Licht ebenfalls eine Eigenschaft des Materieäquivalents. Das Licht gelangte als natürlicher Bestandteil der Kriterien in den Datenhintergrund unseres Organismus.

Von Globalisierung und Integration zu sprechen, schärft natürlich den Blick für angrenzende Systeme. Eine weitere Abstraktion oder ein Ineinandergreifen zweier Ordnungen mittels gleichartiger Systeme wird deutlich. Das Entstehen von Erkrankung wird hier als ungenügende Eiweißpartizipation an den höheren Feldern gedacht. Aus irgendwelchen Gründen gelingt es dem Körper nicht, mit der eigenen Datenlage innerhalb des Korrelierenden Systems entsprechende Eiweiße zu konzipieren, um das ansetzende Overlay in den Äther auszuleiten. Dieses bedeutet, dass die Felddichten eines gedanklichen Überbaus keine adäquate Entsprechung auf der Eiweißebene des Organismus finden. Die Folge wäre eine mangelhafte Ausleitung der täglichen Feldgrößen in den Datenäther des Lichts. Mächtige Datendichten unseres Wirtschafts- und Gesellschaftssystems zeigten sich dann, ohne organischen Verbindungen des Mikrokosmos zu entsprechen, grob und in gewisser Weise rücksichtslos wirkend. Wir nehmen an, dass derlei unkontrollierte Felddichten die Struktur der wahren Overlays an manchen Stellen in Frage stellen. Unter Overlays verstehen wir die einzelnen Materieereignisse, wie sie in unserem Organismus zu seinem Erhalt tagtäglich über viele Jahrzehnte in geordneter Weise ablaufen

Die TTIP-Klasse nimmt ihren Platz im System ein. Die TTIP-Daten zeigen sich dominant gegenüber ihren Vorstufen. Als Folge wandelt sich die Basis. Die Hereinnahme der TTIP-Daten wandelt den Status Quo. Wir programmieren das Verbraucherhirn und das Verbraucherverhalten der Amerikaner neu. Gleichzeitig mit den Datenlagen verändert sich der Geistkörper. Der Geistkörper steht für Ethik und Moral. Er transportiert das Gesellschaftswissen und vermittelt kulturelle Werte. Der Wandel des Materiesystems kommt einer Minderung oder einem Ausbleiben von gewohnten Kriterien gleich. Dieses Fehlen führt zu einer ungenügenden Vernetzung der Hintergrunddaten. Gewohnte Summeneffekte nehmen Qualitätsverluste hin. Das Feld hinter der Funktion baut sich aus veränderten Kriterien auf. Es treten Gravitationslöcher auf. Die Gewebe verlieren an Qualität. Die neuen Merkmale befördern einen neuen Sinn. Die Funktion verändert sich mit seinem Hintergrundfeld. Der organische Aufbau verändert sich. Die Belastung wird eine andere.

Die Anweisung aus dem Gefüge wird dann als sehr grob empfunden und entspricht nicht dem evolutionären High, das das Eiweiß zu interpretieren im Stande wäre. Daraus folgt, dass sich das Eiweiß eben nicht in dieser Präzision durch den Körper bewegt, wie es der Sinn erforderte, um das gewachsene Overlay in allen Bereichen zu entlasten. Die auftretenden Feldqualitäten schlagen, ohne in die Eigenmotorik von Eiweißen umgewandelt zu werden, ohne von einem Eiweiß ausreichend interpretiert worden zu sein, auf vermutlich größere Zellereignisse oder Zellzusammenhänge wie Gewebetypen ein. Dieses entspricht einem Kurzschluss in technischem Sinne. Die Daten zeigen ein neues Verhalten. Die zugehörigen Felder verändern sich. Die Materie zerfällt.

Was wir Entwicklung nennen, ist die Zerstörung einer funktionellen Komplexität, die wir nicht verstehen, und der Aufbau eines Betriebssystems zur Beschreibung linearer Materieströme. Entwicklung ist der Versuch des Menschen, das Erdsystem soweit zu vereinfachen, dass es überall von allen gleichzeitig verstanden wird, alles gleichzumachen und alle Materieströme zu beherrschen. Der krasse Gegensatz hierzu ist natürlich die Verlangsamung der Zeit, die hohe Biodiversität, die Komplexität des Artenreichtums, das Undurchsichtige, die reduzierte Reaktionsfreudigkeit, das Verwobensein von Zuständen. Auf einer tiefern Ebene ist der eine Zustand bereits ein Teil des anderen Zustands, und noch tiefer liegen sie bereits in ein und derselben Struktur gebunden gleichwertig nebeneinander als Regulatoren vor.

Aber die alleinige Hereinnahme der neuen Daten mittels Eiweißverbindungen in den Organismus ist es nicht. Die eigentliche Ursache von Resistenzen, sehe ICH in der einsetzenden globalen Entwicklung des Materieraums. Mit der Hereinnahme von Daten der TTIP-Klasse verändert sich die Datenarchitektur der holographischen Masse. Es ist leicht zu verstehen, dass die großen Materieereignisse ein spezielles Verhalten der geringeren Materiemassen erzwingen. Die globalen Produkt- und Rohstoffströme innervieren die Haushalte. In der Architektur des Konstrukts liegen sie letztlich als Objekt- und Entwicklungsdaten im Konsumenten vor. Wir haben in der holographischen Gesellschaftsdatenmasse daher immer eine Abhängigkeit des Verbraucherhirns und seinem Verhalten von den großen Warenströmen zu beobachten. ICH meine, die Kerndaten des holographischen Konstrukts sind immer das Ergebnis der übergeordneten Materieströme. Der Konsument unterliegt einem Diktat.

Dies ist auch als natürliche Folge der Quantentheorie zu betrachten. Auf der Quantenebene besteht eine Entsprechung des Materieraums. ICH möchte diese Aussage zunächst auf das Erdmagnetfeldes beziehen. Es ist mittels Quantenbeziehungen darstellbar. Dieses gilt dann auch für das von dem Menschen gestaltete Gesellschaftskonstrukt. Der Gesellschaftskörper hat eine Entsprechung auf der Quantenebene. Die Erdoberfläche, so wie wir sie denken, hat ein geistiges Äquivalent, das auf der Quantenebene siedelt. Unser Gesellschaftskonstrukt hat eine Entsprechung im Erdsystem. Unser geistiges Jetzt ist ein Materieäquivalent des Status Quo. Wenn wir uns in dieser Weise fortentwickeln, wird unser Denken und Sein, als eine Korpuskeltheorie des Raums gelten. In Kürze wird ein Gottesteilchen rein menschlicher Eigenschaften begründet sein, der Raum rein menschlich beschrieben sein

Dieses bedeutet, dass wir mit Daten des TTIP-Bereichs von der Quantenebene aus in die Architektur des Makrokosmos eingreifen. Wir sehen, dringen wir bis zum Verbraucherhirn vor, die Produktdaten verwirklicht. Schweifen wir dann etwas in den umgebenden Raum ab, so fallen uns natürlich auch das veränderte, an die neue Technik angepasste Verbraucherverhalten, der Müll am Straßenrand und der Elektroschrott an Afrikas Küsten auf. Ganz allgemein haben wir mit dem Anwachsen der Datenmenge eine Konzentration der Daten in Kernlagen zu verzeichnen. Hier liegt eine höhere Flußgeschwindigkeit der Daten vor. Die Datenfelder weisen eine höhere Dichte auf, und die Feldstärke ist größer. Als Wirkung auf das natürliche Umfeld ist zu sagen, dass sich dieser Datenkomplex als äußerst giftige Ordnung entpuppt. Der Datenkörper wirkt auf den einzelnen Menschen höchst manipulativ.

Dieses Diktat steht zusammen mit anderen Faktoren natürlich auch für die Zunahme des Lebensalters. Die leicht Ansprechbaren werden die Verhaltensvorgaben durch die Industrie wie Gewänder tragen. Wer eine Nase für die Zusammenhänge entwickelt, die Datenlagen auf seiner Wegstrecke selbst erfasst und auch ausreichend aufklärt, findet sich in allen Systemen zurecht. Er wird genau dann nach Hause kommen, wenn sich für ihn gerade ein Parkplatz vor seiner Haustüre ergibt. Er wird die notwendigen Daten als Bedingungen einer mathematischen Komposition oder wie ein Konstrukt der Logik mit akzeptablem Ausgang täglich trainieren. Sofern nicht das Interesse an der Baustelle oder andere Ordner, die mit Sonderfällen nicht zurechtkommen, weisungsbefugt sind, wird sich der Bürger für das kleine eigene Glück entscheiden und die freie Strecke an sein Ziel wählen.

Das leistende Gehirn klärt sich den Raum immer ausreichend auf. Der Wille ist immer auf der Seite des Handelnden. Der Wille ist eine ausstrahlende Feldfunktion. Vom individuell generierten Feld aus, werden Komponenten und anteilige Objekte in den angrenzenden Raum verfolgt. Ein übergeordneter Sinn kann sich entlang der Kriterien auf andere Bereiche ausdehnen oder der ganze Komplex von Trägergeistern in andere Gebrauchslagen gebracht werden. Die Verlagerung unseres fragenden Geistes in unbekannte Bereiche und die damit verbundene Aufklärung des Raums hat viele Gesichter.

Ein bestehendes Feld, auch ein durch Arbeit aktiviertes Geistfeld bezieht sich zum Erreichen eines Verständnisses auf den angrenzenden Raum. In einer gewissen Weise gleicht es der Errichtung von Feldlinien oder ihrem Ausbau. Das elektromagnetische Feld zeigt sich in die angrenzenden Bereiche einstrahlend. Der Datensatz ist mein Eigentum. ICH ziehe die Daten der Erweiterung an. Meine bewusste Masse scheint heranzuziehen, während ICH eine sichtbare Erweiterung der Kriterien in den Raum beobachte. Es scheinen die Kräfte zu sein, die eine gewisse Klarheit des Raums bewirken. Man bedenke, dass im Hintergrund noch andere Programme und Strukturen vorherrschen, die das Individuum ebenfalls in einen klareren Zustand versetzen.

Das generierte Feld erhöht auch die umliegenden Kriterien und Bereiche, die zufällig gleichzeitig mit uns aktiv sind. Ganz allgemein bewirkt dieses natürliche Verhalten der Substanz eine Auflösung bestehender Grenzen. Die zufällige Summenfunktion erweitert sich in den Raum. ICH spreche von der Möglichkeit, die Summe abzuleiten, und einer Globalisierung der Ableitung bzw. der Integration des Wissens in den Raum. ICH spreche auch von einem Gottesteilchen, das sich einen Kern organisiert oder aus seinem Kern heraus organisierend zeigt. ICH sehe hier stabile Kernbestandteile entstehen, die eine externe Welt prägen. Obwohl ICH hier tatsächlich den Fachbereich Physik bediene, kommt es mir so vor, als wäre ICH nur Mittler zwischen meinem Organismus und der externen Welt.

Mein Geist erscheint mir zunehmend an den Erhalt der Körperfunktionen gebunden. Die Möglichkeiten einer Darstellung von Kernlagen erweist sich immer mehr auf zelluläre Kleinstereignisse ausgerichtet. Immer mehr globale Ereignisse des externen Makrokosmos drängen sich in meinen Schatz geistiger Inhalte. Zunehmend wirken sich auf die Architektur der Kernereignisse Großdatenlagen der TTIP-Klasse aus. Im geistigen System programmieren wir nur die Kernlagen eines elektromagnetischen Phänomens. Wer aber die Kernlagen programmiert, prägt den Mikrokosmos der Zellereignisse und trägt damit die Verantwortung für die übergreifenden Funktionen. Die großen Overlays übernehmen für den Organismus wichtigste Funktionen. Eine einende, alles umfassende Größe ist die Haut. Sie gibt Wärme an ihre Umgebung ab. Sie übersetzt uns das innere

Geschehen in eine andere Sprache. Die Abgabe von Energie an seinen Nächsten bezeichnet ein wundervoll abstraktes Medium, dessen wir uns bedienen, um Inhalte ineinander zu überführen. Immer wieder unterliege ICH dieser Blendung. Das Gehirn schweift bei zufälligen Identitäten in den menschlichen Organismus ab. Damit werde ICH jedoch unfrei. Die Struktur des Körpers diktiert meinem Geist dann das Verhalten seiner Feldarchitektur auf Zellularebene. ICH verspüre es immer wieder, an Vorgaben gebunden zu sein.

ICH sehe durch den Geist aber nur Teile des Materieraums erfasst und gefasst. Und auch die Evolution nimmt nur die brauchbaren Teile zur Summenbildung herein. Sie bestätigt und erweitert, durch die Aufnahme von Nahrung zum Beispiel, die gewohnten Datenlagen. Damit gibt sie die Richtung der Entwicklung der Ereignisse in einem Organismus vor. Wir sehen hier eine Kernstabilität, die sich als Summe der hereingenommenen Daten zeigt. Die äußeren Bereiche stelle ICH mir flexibler vor. Sie bilden die Bereiche der Integration ab. Hier zeigt sich der Übergang in den globalen Raum. Erwarte ICH von einem Gottesteilchen, dass es mobil ist? Dann vermutlich nur, wenn sich mit den flexiblen äußeren Bereichen auch die Kernlagen programmieren.

Das betrachtete Analogon ist hier aber der menschliche Geist. Sicher gleichen die gängigen Verarbeitungsstrategien meinem Geist. ICH erlaube mir, mit meinem Konstrukt zu reisen. Die regelmäßigen Kontakte, mein Alltag, meine Interessen, das, was ICH mache, denke und selbst bin, gelten mir als Infrastruktur für meinen Datenkörper. Es gelingt mir auch, mich an fremden Orten einzuklinken und zu etablieren. Auch hier erfahre ICH eine Prägung durch mein Umfeld, präge es natürlich aber auch selbst. Auf diesem Wege nehme ICH Veränderungen in meine Datenbanken auf. ICH lasse den umgebenden Raum meinen Geistkörper prägen und aktualisiere so meine Datenbanken. Meine Kerngebiete, welche ICH mein wissendes Sein bezeichne, stabilisieren hingegen die Gewohnheiten und der tägliche Gebrauch.

Mein aktuelles Sein liegt weit in der Zukunft. Das liegt an den offenen Fragen der Menschheit, und ICH habe auch selbst einige davon. ICH suche Wege, das Jetzt in diese Antworten zu wandeln. In der Zukunft setze ICH Anker des Wissens. Der Datenhaushalt des wissenden Konstrukts ist von Bedeutung. Einige Kriterien sind stabil wie die Gebirge und die Kontinente. Aber auch die Gesetze der Physik und andere Entdeckungen unserer Vordenker. Diesen Fixpunkten gleicht sich der Rest des Gefüges langsam an. Wir werden die Koordinaten beibehalten (komplexe Volumina korrelierender Daten sind gemeint, die als Effekt ein brauchbarer Sinn überspannt), unser Jetzt dorthin entwickeln. Wir geben hier, abgesehen von einigen Stabilitäten, deren Lebensdauer einzuschätzen natürlich von den Möglichkeiten des Betrachters, Raum und Zeit zu überblicken, abhängt, den Wandel des Materieraums bekannt.

Sehr kurz zum Problem des Klimawandels, dessen Ursache hier sehr schön im Rückbau der Natur zu erkennen ist. Auf der Quantenebene betrachtet gleicht jeder Organismus einem Teilchen. Es wurden die Materiedaten in organischen Verbindungen gebunden. Diese Verbindungen sind in noch komplexere Beziehungen eingebunden. ICH sehe die groben Materieströme der Urzeit, ihre Datenäquivalente in organischen Verbindungen gespeichert. Der Partikelhaufen ist von einem Datenmantel umgeben. Der Datenmantel setzt sich aus den Begleitdaten der Partikel zusammen. Die Begleitdaten fallen in ökonomische Strukturen zusammen. Die Felddichte steigt an, und gerichtete Effekte stellen sich ein. Das liegt an den Begleitdaten, die, verrechnet, an dieser Stelle einen Strom des Gefüges beschreiben. Das Materieäquivalent, das Kriterium des Feldes, ist eine exakte Information der Materie, die es bezeichnet. In Feldern verwaltet ergibt sich eine dichte Feldmasse, welche auf die Materie selbst zu wirken beginnt. Findet sich eine exakte Passung innerhalb des Status Quo, wird das Objekt, vom Strom angesprochen, transportiert. Aber auch andere Objekte Erfahren die Wirkung eines gerichtete Feldeffekts. Wir befinden uns dann in einer Strömung. Es stellt sich Rückenwind ein. Die Architektur gliedert sich in Bereiche unterschiedlicher Verhältnisse. Die Verhältnisse von Architektur zu Architektur können Anziehung und gegenseitige Anpassung erreichen. Aber auch Abstoßung. An anderer Stelle beobachtete ICH, dass das Anwachsen des Datenmantels die Teilung einer befruchteten menschlichen Zelle einleitete. Vermutlich erklärt sich die Abstoßungsreaktion aus dem männlichen und dem weiblichen Erbteil, wenn sie sich über das nötige Maß hinaus in den Raum entwickeln. Die Entwicklung schießt über die entwickelte Struktur hinaus. Der Überschuss an Datenmaterial beginnt mehr und mehr von der gewachsenen Zellmatrix abzuweichen und erweist sich schließlich als Argument der Teilung. In einer gewissen Weise gleicht es dem Ende der Vereinigung zwischen Mann und Frau. Man zieht seinen Penis aus der Vagina zurück. Irgendwie so muss es sein, wenn eine befruchtete Zelle ihren Datensatz zur eigentlichen Form vervollständigt und dann plötzlich auf zwei eigenständige Ausgangslagen, Mann und Frau, trifft.

15. JANUAR 2022

Heute las ICH in einem Buch über Pflanzenkommunikation, dass sie ein Verfahren entwickelt hätten, mit welchem man aus den Samen heutiger Pflanzen das Wachsen ihrer Urformen provozieren kann. ICH erinnere mich an die Botschaft aus dem Äther, ICH glaube ICH habe sie sogar selbst ausgegeben, die Vorgänge im elektromagnetischen Feld darzustellen. ICH bin kein Physiker. Felder bleiben für mich Felder. ICH baue sämtliche Größen aus dem dunklen Hintergrundfeld auf. Und wenn Sie tief genug graben, werden auch Sie dieses Hintergrundfeld finden. Die gespeicherte Information ist weit wichtiger für unser Thema. Die Information ist ein Materieäquivalent. Die Information ist ein dichteres Hintergrundfeld, welches mit der Materie einhergeht. Das Hintergrundfeld erfährt eine Prägung durch die Form der Materie, welche wir als Information rund um das Objekt verstehen. Das begleitende Hintergrundfeld kann in alle Richtungen unseres Interesses verfolgt werden. Die Forscher geben den Samen während der Keimung in ein elektrostatisches Feld. Tatsächlich bleiben die Pflanzen in der Entwicklung bei ihren Urformen stehen. Sie wollen wissen, warum. ICH sage Ihnen, es handelt sich um eine Löschung der jüngsten Entwicklungsdaten. Das elektrostatische Feld verhindert, dass die jüngsten Daten zum Ausdruck kommen.

Wir haben eine Auslese des Status Quo. Jeglicher Aufbau eines Organismus greift auf die Daten des Status Quo zurück. Selbst die Evolution orientierte sich an der Umwelt und passte den Organismus mittels Materieäquivalenten in den Raum ein. Die Anpassungsleistungen des Organismus in Form und Gestalt können wir beobachten. Wir gehen davon aus, dass die Teilung der Zelle nach der Befruchtung gewissermaßen mit einer Teilung der begleitenden Datenmasse einhergeht. Die Datenmenge der Zellen reift nach der Teilung wieder zur Gesamtmenge heran. Wir durchlaufen die bekannten Teilungsstrukturen. Jegliches Anwachsen der Zellzahl geht mit einem Anwachsen der begleitenden Datenmenge, hier bereits Feldmasse einher.

Die Evolution arbeitet etwas anders. Hier wächst die Datenmenge über das stabile Maß hinaus. Die peripheren Auswüchse klappen dann auf die Kernstrukturen zurück und arrangieren sich mit ihnen. Die Materieäquivalente finden sich in ökonomische Ordnungen ein. Zentral bilden sich dichtere Strukturen mit strömenden Bereichen heraus. So arbeitet die Evolution. Wir erfassen die Bereiche der Außenwelt. Damit werden die Bereiche der Außenwelt zu Werten der Innenwelt.

Das Hinauswachsen von der stabilen Architektur in die Peripherie ist unseren Interessen geschuldet. Vor allem die Nahrungssuche, aber auch der günstigste Verzehr derselben, dürften dem Organismus stabile und wiederkehrende Materieäquivalente zuführen. Wir hätten damit eine Erweiterung der Hintergrunddaten unseres Körpers und eine gleichzeitig geistige Entwicklung in den Raum. Die Befriedigung der anderen Bedürfnisse bedingt ebenfalls gewisse Datenkontexte. Es sind immer wieder Reaktionen des Organismus auf das anwachsende Hintergrundfeld zu beobachten. Der Organismus passt sich organisch an.

Bei der geistigen Entwicklung stehen wir hier noch bei den Hintergrunddaten unseres Organismus. Erst später werden wir den Kontext aus geistigen Begleitdaten und der biologischen Masse verlassen. Wir werden von den wirklich essentiellen Betätigungsfeldern abweichen und uns in Bereiche der Unterhaltung entwickeln. Im Hier und Jetzt angekommen, beherrschen die Spaß- und Partypeople den Globus. Wie ein Elefant im Porzellanladen, ziellos und sinnfrei, den eigenen Organismus leugnend.

Das Anwachsen der Datenmasse bis in die jüngsten Bereiche hinaus wird durch das elektrostatische Feld verhindert. Eine Betonung erfahren aber die alten Daten nahe den stabilen Kernstrukturen. Die zentralen Felddichten sind stärker. Sie tragen die Urdaten in sich. Die Urdaten fielen vielfach auf zentrale Strukturen zurück und liegen nun in den dichteren Kernfeldern beisammen. Diese bedingen die biologischen Gewebe. Die Gewebe erinnern die Hintergrunddaten. Der Komplex bildet sozusagen eine Einheit. Das Materieäquivalent ist ein Stück Information. Das Feldäquivalent der Materie ist die Information. Die jüngste

Information prägt den Organismus am stärksten, weniger die zentralen Strukturen, aber sehr stark das äußere Erscheinungsbild, die Peripherie des Datenkörpers.

ICH sage, dass es sich um ein frei aufsitzendes Feld handelt. Das Datenfeld bleibt seinem Generator zwar verbunden, aber es moduliert, wenn entsprechende Verhältnisse vorliegen. Das Gefüge ist ständig in Bewegung und fällt in ökonomische Ordnungen um, wie es für die Entwicklung eines aufgesetzten Datensatzes erforderlich ist. Jede Zellteilung bewirkt eine Verdopplung der Befruchtungsdaten. Die Begleitdaten der neuen Zellen addieren sich den alten hinzu. So entwickeln sich die Felder und Strukturen, die organische Masse zu organisieren, heran. Der Organismus entwickelt sich in Abhängigkeit zum Status Quo. Die vielen Varianten, die Befruchtungsdaten darzustellen, die innerhalb eines bewegten und belebten Status Quo auftreten, verfeinern die Komplexität der Phasenübergänge. ICH glaube nicht, dass es sich um stets die gleichen Geburtsdaten handelt. ICH glaube, dass die Verdopplung des Erbguts nach einer Zellteilung immer den aktuellen Status Quo hereinkopiert, so dass das Hintergrundgefüge noch komplexer und flexibler im Umgang mit den Variationen des Materiehaushalts wird.

Der Datensatz bläht sich immer weiter auf. Wir erhalten stabile und dichtere Kernfelder. Die zentralen Strukturen wachsen mit der steigenden Zellzahl natürlich auch in die Länge. Die Begleitdaten der wiederkehrenden Zellzahlverdopplung stimmen sich aufeinander ab. Der Vorgang ist eine Modulation der Felder. Die hinzukommenden Begleitdaten fügen sich den Feldern hinzu und wirken an ihrer Struktur mit. Die Masse der Felder nimmt zu. Die Dichte im Zentrum und ihre Ordnung steigen an. Es ist notwendig, es so zu beschreiben.

Vielleicht nehme ICH so etwas wie Antimaterie in Anspruch, die eine Antimasse hat. Liese sich die Antimaterie einfangen und verrechnen, fänden sich übergeordnete Strukturen. Es gäbe die Grundkräfte auf der anderen Seite auch. Strukturell gliche die Antimaterie der Materie auf unserer Seite. Unsere Phänomene zerstrahlten nicht, weil sie sich in der Zusammensetzung der Kriterien unterscheiden. Die zentralen groben Feldstrukturen wären identisch, aber in der weniger dichten Peripherie zeigten sich die Unterschiede in den einzelnen Faktoren. Sollen wir die strukturelle Identität als das Argument ihres gleichzeitigen Miteinanders anführen? Mir gefällt dieses Materie-Antimaterie-Modell nicht sonderlich. Ebenso wenig das Zerstrahlen bei entsprechenden Treffern. Für mich ist das wie Science Fiktion für Vorschulkinder.

Mir gefällt es, die Lebewesen mit einem Hintergrundfeld aus verschiedenartigsten Kriterien zu hinterlegen. Aufgrund der unterschiedlichen Zusammensetzung in Bezug auf ihre Kriterien zerstrahlen die Ordnungen nicht. Wir legen die Strukturen gleicher Wirkung und Richtung ineinander. Auf Grund des Unterschieds in der Kriterienzusammensetzung behalten sie ihre Identität. Die Entwicklung des Ganzen geht natürlich weiter. Wir erhalten dichtere Strukturen und das Auftreten von Masse und Gravitation. Des Weiteren organisieren sich die Kernstrukturen mit ihrer Peripherie in Kreisläufen. Die Architektur aus Faktoren, Information und Feldern fällt in funktionelle Felder um, die die Materieereignisse hinterlegen. Wenn sich Daten der unterschiedlichen Strukturen in Kreisläufen organisieren und sich ein funktioneller Überbau auftut, wird sich die individuelle Struktur am Sinn der Funktion beteiligen. Dieser Komplex zerstrahlt nicht. Die organische Masse und die hinterlegte Architektur aus Daten bedingen sich gegenseitig. Die Architektur aus Daten ist der organischen Struktur hinterlegt. Der Datenkörper als Bezugsgröße des Materieraums ist für die Gesundheit der organischen Struktur ebenso von Bedeutung, wie die organische Struktur den begleitenden Hintergrund stabilisiert. Ein entsprechendes Verhalten des Menschen sollte das Material zur Erinnerung des Hintergrundfeldes und zur Auffrischung der organischen Struktur in sich tragen.

ICH bleibe dabei und lasse alle Materie und die begleitenden Felder aus dem dunklen Hintergrundfeld entstehen. Aber ICH spreche von einem Bewusstseinsstoff der lebenden Architektur. Die Grundsubstanz, im Hintergrund biologischer Systeme organisiert, kann bewusst gerichtet werden. Wir verdoppeln mit der Zellzahl auch die Begleitdaten. Was und wie viel wir davon bewusst richten, ist ein Aspekt unseres Interesses. Ein größerer Körper könnte, rein theoretisch zumindest, dichtere Phänomene erzeugen, weil bereits dichtere Datenkapazitäten zur bewussten Richtung zur Verfügung stehen. Bedenke aber, dass du Mensch bist und sich der Bewusstseinsstoff von anderen Lebewesen in seiner Zusammensetzung unterscheidet. Eine andere Zusammensetzung des Ich und andere Sinne dürften eine andere Beschaffenheit des Bewusstseinsstoffs bedingen und andere analytische Leistungen des gesamten Geistkörpers bedingen.

Die Struktur des Arguments ist, um zu wirken, ebenso wie die Frage und die Antwort auf eine korrekte Wahl der internen Kriterien angewiesen. Wenn Sie einen Schweinemäster sagen hören: »Wir müssen zurück zu mehr pflanzlicher Kost«, wird das Schwein in ihm und in Ihnen denken: »Weg mit dem Tiermehl, hin zu mehr Soja!« Sagt das aber ein langjähriger Vegetarier vor dem Hintergrund eines fleischfreien Daten-Ich, dann sagt das Schwein, sollte es aus irgendwelchen vegetarischen Gründen noch eine Existenz erhalten und sich angesprochen fühlen: »Gut, dann bleibe ich im Stall!« Die Beschaffenheit unseres Ich ist verantwortlich für die Verarbeitungsstrategien unseres Geistes. Geben wir Ziele aus und beschicken die Felder, so werden die Bausteine aktiv, welche sich damit identifizieren. Existente Größen unseres Ich münzen den Output des gewichtigeren Feldzusammenhangs auf ihre Welt um.

Vorsicht ist geboten. Was Sie hören, mag richtig erscheinen, aber sie wissen nichts von der Zusammensetzung der Struktur. Sie wissen weder, welche Ereignisse des Raums den verarbeitenden Strukturen angehören, noch kennen Sie den Weg, welchen seine Logik durch das Gefüge nimmt. Nach den logischen Schritten durch das Gefüge und dem scheinbar hochwertigen Ergebnis bleibt die Frage: »Welche Positionen des Raums führen zu dem Ergebnis?« offen. Vielleicht träumt der Mann von einer Jacht mit Helideck. Dann wird dieser Baustein seines Existierens zu einer Wahrheit, die an seinen Worten so nicht zu erkennen ist. Das ist die Lüge. Es gibt da eine Diskrepanz zwischen den geistigen Lagen der Gehirnfunktion und dem, was Sie mit dem Wort und einer gewählten Grammatik für alle verständlich predigen. Die Lüge ist die verändernde Gefahr. Das sind die Positionen, welche den Status Quo programmieren. Diese fordernde

Diskrepanz sucht sich zu verwirklichen. Die Verborgenen der Lüge wandeln den bestehenden Status Quo. Die Verzeichneten kämpfen gegen das Bestehende für eine eigene Existenz.

Wer sich über alle Maßen bereichert, ist ein Schädling. Tatsächlich fehlen diese Werte der Basis. Man sollte dem Hintergrund ihres Outputs und dem verarbeitenden Gefüge skeptisch gegenübertreten. Ungläubigkeit den Teilen der Struktur gegenüber provoziert eine unbewusste Rechtfertigung der Veranlagung. So werden die tiefer liegenden Existenzen, Komponenten und Konstanten ihrer Gehirnfunktion, Entsprechungen des Status Quo sichtbar und fassbar. Dann müssen sie Farbe bekennen. Dann wissen wir zumindest, dass da etwas ist, mit dem wir es zu tun haben, und die Kriterien, welche die Feldeffekte zusammensetzen, müssen herausgestellt werden. Dies ist zumindest ein Beitrag dazu, dass uns die Entscheidungslagen der Verantwortlichen nicht noch weiter an den Rand unserer Existenz führen.

Die Wissenschaftsstruktur ist ein vielgesichtiger Teufel. Die Konstrukte der Wissenschaft bestehen aus technischen Kriterien und die technischen Kriterien aus toter Materie. Die Struktur der Wissenschaft dient ausschließlich dazu, die Massebahnen der Materie noch präziser zu formulieren. Wir zwingen die Materie auf künstliche Bahnen. Jegliches Gebilde erhält eine Firewall aus mathematisch genormten künstlichen Teilchen der Physik. Bevor die Daten, welche das Leben bedeuten, in den menschlich durchdachten Raum dürfen, müssen sie durch die Firewall der Teilchentheoretiker. Man formt sie techniktauglich um. So hält man das Leben und seine Beziehungsfelder draußen. Auf diese Weise entsteht die Struktur eines Feldes, die tödlich auf jegliches Leben wirkt. Kriterien bewegter Materie, beziehungslos, beschleunigt, verdichtet. Ein erwürgender Dunst für jedes Lebewesen, das sich darin zu bewegen versucht.

Falls man das existierende Leben mathematisch, chemisch und physikalisch noch nicht ganz abgewürgt hat, verliert es seine Existenz Stück für Stück an den Strom aus Kategorien der Teilchenkonstrukteure. WIR fragen nach den Kriterien des Hintergrunds. Die einzelnen Werte der Struktur programmieren den Raum.

Fangt endlich an, die Haltungsbedingungen des Menschen zu verbessern! Nehmt die Daten des Lebens mit in die Architektur des Materieaufbaus hinein. Hört auf mit der Vernichtung des Lebens! Schafft in euren Gedankengebäuden Platz für das Leben! Räumt ihm Existenz ein! Das soll das neue Wissen vom Aufbau der Welt sein. Schützt euren Lebensraum und gebt dem existierenden Leben einen Wert in eurem Denken. Ein reiner Aufbau der Materie ist zu wenig. Er muss durch das entstandene Leben erweitert werden. Das Zusammenspiel der Eigenschaften auf der Quantenebene wird als Eigenschaft des Status Quo gegeben sein.

Irgendwann kommt der Zeitpunkt, wenn das Datenmaterial auf die biologische Masse zu wirken beginnt. Das liegt an den Masseverhältnissen, den auftretenden Spannungen, den Ladungen, Kräften und Effekten, die mit dem entstehenden Feld einhergehen. Die Verdopplung der Zellzahl geht mit einer Verdopplung der Feldmasse einher. Die Kernstrukturen der Felder werden davon stärker profitieren. Ihre Masse steigt, ungleich zur Peripherie, stärker an. Das Begleitfeld, welches die Zelle einst als seinen Ursprung bezeichnete, hat eine Ordnung erreicht, dass es den Zellen einen Platz innerhalb der Architektur anweist.

Der Bauplan der Strukturen ist eine Architektur aus elektromagnetischen Momenten, den Materieäquivalenten. Wir gebrauchen auch die Begriffe Kriterien und Faktoren. Eine Vielzahl von Information liegt in der Form von Faktoren in den Feldern zusammen. Wir sehen hier Felder einer spezifischen Kriterienmenge die Gene schalten. Das Anwachsen der Datenmasse und die Feldbildung gehen mit der Kompetenz einher, Zellen einer spezifischen Funktion zu differenzieren. Eine spezifische Kriterienmenge vor Ort hilft, eine spezifische Beschaffenheit der Zelle zu bereiten, welche in ihrer Vielzahl zur Funktion des Organs heranwachsen.

Das Folgende gilt in erster Linie für das Lebendige: Es gelingt, die organische Masse in Abhängigkeit zu den Daten in den begleitenden Feldern zu organisieren. Die Komplexität des Feldes scheint in seiner Beschaffenheit die Materie direkt anzusprechen. Jedes Atom und jedes Molekühl bekommt ein direktes Feldäquivalent zugesprochen. Schließlich ist jegliche materielle Ordnung ein

Feldgenerator. Jeder Knochen, jedes Eiweiß, jeder Muskel hätte ein direktes Feldäquivalent. Allein die Zusammensetzung der hinterlegten Komplexität bestimmt die Eigenschaften der Materie und ihr Verhalten innerhalb der Architektur des Ganzen. Die Zelle ist kein robustes Teilchen mit einem festen Willen. Die Zelle ist der schwächste Teil der lebenden Architektur. Das Großartige an der Zelle ist ihre Flexibilität und ihre Anpassungsleistungen. Die Zellsubstanz reagiert sehr stark auf die aktiven Datenfelder des bestehenden Hintergrunds.

ICH gebe eine interne Ausgleichsdynamik an, um die beherrschenden Feldstärken zu harmonisieren. Sie zeigt sich während der embryonalen Reife als Differenzierung verschiedenster Zelltypen. Die Ausgleichdynamik zeigt sich ebenfalls, wenn externe Großfelder ohne Pausen über das gesunde Maß hinaus die Vernetzten und Involvierten belasten und unbarmherzig ihre Interessen verfolgen, dann aber in einer Fehlorganisation der betroffenen Organismen. Wir gelangen mit den Zelleiweißen zu einer Voreinstellung. Sie sind ein einzigartiges Räderwerk. Ihre Beweglichkeit dient auch dazu, die Großereignisse unseres Körpers darzustellen. Sie richten sich einfach so aus, dass das Feld, welches zum Beispiel den Blutstrom hinterlagert, seine maximale Stärke erreicht, bei variierenden externen Verhältnissen selbstverständlich.

ICH sehe mir den Vorgang der Kriterienverrechnung immer wieder an. ICH lasse das Ergebnis auf mich wirken. Was wird der Schlüsselgedanke sein? Warum lässt sich die Feldmasse so wenig fassen? Am Anfang der Verrechnung scheinen die Kriterien sogar zu verschwinden. Es macht den Eindruck, als löschten sich die Daten bei beginnender Verrechnung gegenseitig aus. Erst die weitere Betrachtung des Vorgangs lässt eine Verdichtung der Substanz und nachfolgend ein Anwachsen der Feldmasse erkennen. Es muss noch etwas anderes geben. Heute erscheint mir der Vorgang der Verrechnung etwas klarer. Die Materieäquivalente geben ihre exakte Form zugunsten eines gemeinsamen Feldes auf. Die starke Dichte des Materieäquivalents ersteht wegen der Nähe zu der Materie. Verrechnet man die Information, als bewusste Größen des Gehirns, abseits der Materie, fallen sie in homogene

Felder zurück. Sicherlich bleiben Wirkungen erhalten, aber zu den Grundlagen eines Verständnisses.

ICH sage, dass das anwachsende Hintergrundfeld, wir sprechen hier von Begleitdaten, die wir in Feldern organisieren, auf die Partikel, die es begleitet, zu wirken beginnt. Wenn an dieser Stelle jemand von Biophotonen sprechen möchte, habe ICH damit kein Problem. Ganz im Gegenteil. Wir fassen die dunkle Energie in Ordnungen der Materie. Wir beobachten die begleitenden Felder und schreiben sie einer Quantenebene zu. Ganz ähnlich macht es die Evolution. Wir interessieren uns für unsere Umwelt. Wir erfassen die wichtigsten Größen so, dass sie als Materieäquivalente bezeichnet werden können. Bestandteile unserer Umgebung werden zu existenten Werten unseres Geistes und wirken auf die Organisation des Organismus ein. Die Datensätze verfestigen sich durch organische Anpassung. ICH habe kein Problem mit Biophotonen, die aus dem organischen Kontext herausragen oder von internen Ereignissen der Zellen angetrieben als Begleitdaten wechselwirkend in den Raum züngeln. Für mich ist das Licht eine äußerst ökonomische Ordnung der Datenverwaltung. Dass sich das Datenmaterial, welches die organische Struktur begleitet, in Formen des Lichts organisiert, ist für mich mehr Tatsache als Wunderschluß.

Der Lichtmantel wirkt wie eine Firewall oder wie eine Tarnkappe. In den Ruhephasen abstrahiert uns die Lichtmenge. Wir können zur Tarnung und Erholung auf Protokolle unserer Umgebung schalten. Wir sind dann für externe Angriffe nicht präsent. Nur wenn wir uns aktiv zeigen, liegen unsere Sinneseingänge und geistigen Leistungen als sichtbare Materieäquivalente des Raums vor, fördern und fordern das Zusammenleben. Das Licht enthält die artspezifische Evolutionsmenge. Die gesamten Daten, welche für die Reife des Organismus ausgelesen wurden, sind nicht nur in der organischen Struktur gebunden, sondern sitzen auch oberflächlich auf. Der Datenüberschuss, wenn die Feldstärken zum Betrieb des Organs erreicht sind, bleibt bestehen und findet sich in Ordnungen des Lichts zusammen.

In der Peripherie der Hintergrundprotokolle unseres Organismus findet sich folglich die gleiche Information wie in den funktionellen Feldern, die organische Ereignisse hinterlagern. Legt man hier ein elektrostatisches Feld an, stört man das Auftreten der geringsten und jüngsten Datenwerte. Die lebende Zelle verfügt auf Grund ihrer organisierten Zellmasse über einen stabilen Hintergrundsatz. Das genetische Potential der Evolution ist aber eine Erweiterung derselben in den Raum. Die Information, sofern sie nicht durch organische Anpassung gefestigt ist und sich an Konstellationen des Status Quo adaptiert zeigt, können gelöscht werden. Natürlich löscht man die Information, bevor sie sich in Feldern verrechnen und stabilere Strukturen von Feldmasse entstehen.

Wir bedienen uns verschiedener elektromagnetischer Phänomene, um die Welt zu erfassen, sie zu beschreiben und mitzuteilen. Man kann sogar sagen, dass die Hintergrunddaten unseres Organismus der Urgrund unseres Seins sind. Unsere täglichen Aktivitäten gehen von dem Datenhintergrund unseres Organismus aus. Heute, nachdem wir unsere Interessen in andere Bereiche des Raums verlagert haben, uns von der Evolutionsmenge abgekehrt und die Entwicklung eines künstlichen Kontexts parallel zu unseren Evolutionsdaten vorantreiben, wird vielen klar, dass wir damit eine Weltlinie vorzeichnen, die nicht unserem Organismus entspricht. Die künstlichen Konstrukte lasten auf dem Ursprung unseres Seins. Die entwickelte Technik ist ein Fremdkörper. Die künstlichen Formationen konkurrieren mit der natürlichen Architektur des Raums und drängen auf Einlass. Wir zwingen den Lauf der Welt mit künstlichen Architekturen. Wir schirmen uns vom Licht des Lebens ab. Die künstlichen Architekturen lassen das Licht nicht in der gewohnten Weise durchfallen. Man hat irgendwelche Werte sinnfrei addiert, um einen technischen Sinn zu formen. Dieses Gebilde lebt nicht. Die Dynamik der Zellereignisse aber ist ein Dynamo. Innerhalb eines stabilen Datennetzwerkes sind die Zellereignisse der Grund, dass die Datenlagen des Hintergrunds innerhalb des gegebenen organischen Kontexts zu lichtvollen Verschränkungen wechselwirken.

Das haben die toten Produkte nicht. In ihnen reagieren die Daten der Evolution nicht zu Licht. Die hohe Leitfähigkeit für Information eines allgemeinen

Hintergrundgefüges fehlt hier. Ein künstliches Gebilde erstickt die Daten der Freude und des Lachens. Ein nicht leitender Fremdkörper. Liebe ist der Beitrag zu einer gemeinsamen Funktion. Die Feldstärke der gemeinsamen Funktion darf Liebe genannt werden. Die Feldfunktion bindet die Bausteine aneinander. Ein unsichtbares Band von den anteiligen Bausteinen empfunden. Man liebt in dem anderen den gemeinsamen Überbau. Die Liebe ist eine verbindende Kraft, die der Feldstärke der funktionellen Einheit zuzuordnen ist.

Man verkauft uns Daten, reaktive Mengen und lichtvolle Architekturen als Seelenaufheller. Phänomene des Lichts bringen Freude und Lachen in unsere Herzen. Hellere Kategorien der Verrechnung sollen uns glücklich stimmen. Aber welche Datenlagen verschränken sich hier zu Phänomenen des Lichts? Als Konsumentenbonus und reaktiven Hintergrund bekommen wir das Leid der anderen Seite geliefert. Eine lichtvolle Wechselwirkung aus Daten des Leids der Verdrängung und Vernichtung verkauft man uns als Freude. Die reaktive, lebende Masse erzeugt einen wechselwirkenden Gegenwert. Wir setzen Reize in der Lebendmatrize und erhalten eine Antwort des Gefüges, eine Antwort, die wir nicht kennen, weil wir sie nur als wechselwirkenden Hintergrund um das Produkt wahrnehmen. Eine Datenmenge des Leidens wechselwirkt mit den Herstellungsdaten zu Choreographien des Lichts und gibt dem Produkt eine freudige Ausstrahlung. Die beste Idee, der schönste Glanz in aller Herrlichkeit ist die Antwort eines lebenden Gefüges auf einen Reiz, der sich, falls er zur Mode wird, zu einer Umweltbelastung entwickelt und zu einem Absterben ganzer Ökosysteme führt.

Die Lacher der Menschheit sind freudige Datenmengen des Lichts. Die freudigen Datenmengen gehen zu einem Teil aus den Wechselwirkungen des Produkts mit der Lebendmatrize einher. Die Datenmenge des Lachens sind Verletzungen des Lebenden und ihre Leiden. Das Leiden der Lebendmatrize ist die wechselwirkende Referenzmenge für die Reaktionen zu einem lichtvollen Datenmantel um ihr Konsumgut. Die aktuellen Lacher der Menschheit sind Naturkatastrophen; Geringere lachen auch bei geringen Umweltsünden. Die lichtvolle und freudige Menge errechnet sich aus den Daten ihres Produkts und der Reaktion des

Lebendgefüges auf die gesetzten Reize. Jeder Eingriff in die Natur setzt einen Reiz, und Sie erhalten eine entsprechende Reaktionsmenge als Antwort. Aber die Lebendmatrize um die Technikwerte schwindet. Damit bleibt auch die reaktive Menge des Leids aus, um die lichtvolle Datenmenge der Freunde zu generieren, und das Lachen geht verloren. ICH sehe die sich ausbreitende Dunkelheit, eine Trübsal, wie es sie nie gab.

Wir haben uns von dem Essentiellen und Körpereigenem entfernt und entwickeln einen fremden Raum in uns. Wir entwickeln eine parallele Schattenwelt. Die technischen Konstrukte liegen wie Fremdkörper in dem Raum unseres Ursprungs. Die technischen Objekte stehen dem bestehenden Leben beziehungslos gegenüber. Am sichersten ist es, in die Zeit vor der Industrialisierung zurückzugehen. Man bediene sich einfacher Produkte wie Spaten und Hacke, pflanze einen Apfelbaum und ziehe sich sein Gemüse selbst. Ein regelmäßiges Engagement für die Natur ist notwendig. So gelingt es, ihre Evolutionsdaten zu pflegen und zu erhalten. So kommen sie in Kontakt mit ihrem Körper. In diesen Kategorien ist auch das Licht beheimatet. ICH weiß, hier ist nichts verdient. Für keinen, weder für sie noch für ihren Zombie. Aber das Leben ginge weiter, auch für die nächsten Generationen. Für alle Arten die Unsterblichkeit. Sollten wir im Gefüge der Biodiversität tatsächlich, diesem Zusammenhang selbst lebend und handelnd anzugehören, das ewige Licht, das ewige Leben und die ewige Wiederkehr der Arten finden? Christlich? Christlich ist an diesem Wirtschaftskapitalismus gar nichts.

Leben Sie am Busen der Natur und generieren sie ausschließlich Daten, die ihrem Körper aus der Evolution bekannt sind und erfreuen sie sich des einfallenden Lichts. ICH fordere ein stündliches Engagement für die Umwelt, von allen. Sicher sind da auch die elektromagnetischen Phänomene, die Materieäquivalente und Kriterien unseres täglichen Wahnsinns. Manches hält eben gesund und anderes belastet die bestehende Architektur. Welche Produkte konsumieren Sie? Wie exakt kommen Sie an die Evolutionsmenge Ihrer Hintergrundarchitektur heran? Wieder zeigen sich der technische Fortschritt und die damit verbundenen geistigen Lagen als Schatten, konstruierte Fremdkörper, die keinerlei Nutzen haben und dem Leben schaden. Ach ja! Die Spaß- und Partypeople, die Freude daran haben, wenn die Bienen vergiftet vor dem Stock herumzappeln, die Raupen sich im Gift krümmen und Wildtiere am Straßenrand liegen. Seht euch doch die Produktionsweisen an und stellt es den Verursachern in Rechnung. Ja, so sieht die Rechnung aus. Das lebende Gefüge antwortet. Eine Datenmenge des Leids und des Untergangs reagiert mit den künstlichen Kontexten zu Kategorien des Lichts. Eine scheinbar erfreuliche Menge, die sie da leben. Am Ende bleibt nicht viel übrig, an was sie sich zu ihrem Glück reiben könnten. Eine Trübsal, wie sie nie war.

ICH spreche von unbewussten Gemengelagen, die ihr Verhalten begleiten. Das Leid der anderen sind unbewusste Instanzen im Hintergrund Ihres Konsumentenalltags. ICH sage, unbewusste Instanzen aus Leid, Verdrängung, Globalisierung und Beschleunigung, aus Vergiftung und Vernichtung sind als reaktive Menge dem Licht und Glanz beigefügt, den sie ihr Leben nennen. Der Konsument generiert ständig irgendwelche Daten. Nutzen und Vorteile dieser Daten für seine Umgebung sind leicht zu beurteilen. Man sollte beginnen, entsprechende Einschätzungen vorzunehmen. In welche Kontexte der Biodiversität lässt sich das individuelle Datenmaterial einordnen? Wie steht unser Leben mit anderen Arten in Beziehung. Wo bleibt die Liebe, wo die gemeinsame Funktion? Selbst der Rausch ist nur so gut wie der Raum, welchen ihnen das Datenmaterial zu erobern erlaubt. Es gibt da einen großen Unterschied in der Qualität zwischen natürlichen Mengen einer hohen Biodiversität und stumpfen, beziehungslosen und abgeschlossenen Instrumentarien menschlichen Seins. Wie sieht der Raum aus, den Sie sich erschließen können?

Es ist wichtig, Daten unserer natürlichen Umgebung ins Licht zu heben. Dieses ist eine Möglichkeit, andere Lebewesen teilhaben zulassen. Andere Lebewesen verkörpern den gleichen Raum, nur in einer anderen Weise. Sicher ist es ihnen möglich, die verankerten Positionen im Raum in ihrer Weise zu betrachten. Die Datenhaushalte unterschiedlicher Arten stehen untereinander in Beziehung. Die Beziehungsfelder dienen vermutlich den Lebensfunktionen. Das setzt natürlich ein entsprechendes Leben voraus. Wie gesagt, spenden sie Daten des vorindustriellen Zeitalters, erinnern an die Evolutionsdaten und das gewachsene Körpergefüge. Der technische Unfug ist aus der Gleichung zu streichen. Eine Panzerfahrt verspricht nichts Sinnvolles.

Steht in der Ukraine wirklich ein Krieg vor der Tür? Wollen sie wirklich die europäische Ordnung in Frage stellen. Wegen einer Gaspipeline? Dieser industrielle Wirtschaftsmoloch biegt sich das auf seine Weise zurecht. In seiner Ausdehnung zu groß, um fallengelassen zu werden, fühlt er sich sogar in der Lage, für Evolutionsdaten zu sorgen. Er setzt Waffen gegen Menschen ein. Er glaubt, hier die Evolutionsdaten zu finden, die ihm seine Existenz sichern. Er zieht Materie aus den schweren Kernströmen ab und streut sie flächig gegen die Menschen. Das werden die Daten für sein Hüllenmoment. Das Teilchen der entarteten Parallelwelt bekommt eine Hülle aus verletzten und getöteten Körpern. Die Daten der menschlichen Anatomie schließen das Gottesteilchen der Technik peripher perfekt ab. Die bestehenden Interessen sind damit perfekt in den Verbraucherraum zu integrieren.

Der ewige Konsum befriedigt das Kerngebilde, Abschweifungen in den Raum, weg von den Produkten schüren Angst, eine Angst vor Mord und Tötung. Sollten Sie natürliche Daten der Evolutionsmenge und der wahren Hintergrundarchitektur unseres Körpers aufrufen, besteht die Gefahr (so wissen Sie von dem Teilchen, das diese technische Welt aufbaut) schwerer Verletzungen bis hin zum Tod. Ein Teilchen, das Sie selbst geschaffen haben, flößt Ihnen Angst ein. Unfähig, mit Daten der Natur gegenzusteuern, klammern Sie sich an die Produkte, welche man Ihnen vorsetzt, und treiben weiter auf dem Strom der Vernichtung. Der Aufbau des Datenkörpers entspricht einem Gottesteilchen. In seinem Wissen und den technischen Errungenschaften gleicht es sehr der Anatomie des Menschen. Jetzt soll die künstliche Architektur ein peripheres Hüllenmoment aus menschlichen Körperdaten bekommen – das ideale Identifikationsmoment für einen menschlichen Kleingeist. Das Gebilde hält den Verbraucher sicherlich auf Kurs. Zu feige, um in die Natur abzuschweifen, weil dort der sichere Tod lauert. So besagt es die Peripherie des Wirtschaftskorpuskels.

ICH kann mich in beiden Welten bewegen. ICH sage euch, die Evolutionsmenge ist eine existentielle Menge. Die Evolutionsmenge des Organismus ist in der Form des Status Quo zu erhalten. Sauberes Wasser, Luft und Boden und die Vielfalt des Lebens für Licht und Glück in unserem Leben. Der parallel entwickelte Wirtschaftskörper glaubt, nur in das Fleisch schneiden zu müssen, um Daten der Evolution preiszugeben. Aber so ist es nicht. Was Sie sehen, ist die reine Anatomie, die Sie mit Ihren Skalpellen herauspräparieren – die unterschiedlichen Zutaten für das Glück. Das Leben auf der einen Seite, das Leid auf der Seite der Industriekörper. Eine reaktive Menge des Lichts. Die Wechselwirkung, je heller, desto freudiger. Das Licht als höchster Genuss. Freude, Lachen, Schmerzfreiheit, losgelöst von niedrigen Phänomenen des Körpers, aufgelöst im Licht auch artfremder Architekturen.

So weit entfernt ist der künstliche Datenmoloch von einem wirklichen Verständnis! Der Technikmoloch weiß nicht, dass er ein künstliches Gebilde aus dem vorigen Jahrhundert ist. Es wird nicht besser, wenn sie dem technischen Schreckgespenst jetzt auch noch eine Hülle aus menschlichen Körperdaten verpassen. Die Spezialisten der Wundversorgung dürfen dann Daten erheben und dem technischen Datenmonster einen Anstrich mit menschlichen Daten verpassen. Wird diese das neue Gottesteilchen der Amerikaner, hier auf dem europäischen Kontinent ihre Interessen darzulegen? Wollen sie damit den Status Quo beschreiben und ihre Interessen im Raum verankern? Die Waffenlieferanten stehen schon am Start. Oder ist es nur eine olympische Konstellation? Planspiele, Verlegung von Materie, Überbrückung weiter Distanzen. Der ideale Hintergrund für sportliche Höchstleistungen. Wie damals bei der Fußball-WM in Deutschland, als Israel sechs Wochen lang den Libanon bombardierte. Kräftig, durchschlagend, auf höchstem Niveau zielsicher.

Wenn ICH von Ausdehnung in den Raum spreche, dann entwerten die eigenen Leute Strategien zum Einmarsch in die Ukraine. Motive, Utopien, Intrigen, Anstalten, Ursachen, Werke. Ist der Feldkörper, den ICH geschaffen habe, bereits ein Muss für die politischen Betreiber? Machen die Kräfte, Effekte und

Wirkungen der Feldmasse bereits ihr Meinen aus. Ist das, was sie verkörpern, ein Baustein meines Verständnisses? Ist mein Gedankengebäude der psychische Hintergrund ihrer Weltsicht? Feldfunktionen des Gehirns auf bezeichneter Masse beruhend. ICH habe ein Korpuskel der Lebendmatrix vorgezeichnet. Ein Gottesteilchen, welches dem Leben Platz einräumt, um seine Existenz im Status Quo zu gewähren. In eurer Welt heißt es anscheinend: Verletzen und Vertreiben, Töten und Morden. Werden wir und das Leben damit erneut mundtot gemacht?

Ihr und euer künstliches Datenmonster. Eine unnatürliche, das Leben gefährdenden Architektur. Ethisch und moralisch tief verwerflich. Dem Zerstörer jetzt auch noch die Zerstörung der eigenen Substanz hinzuzufügen zu wollen – welch ein Irrsinn! Ein Gottesteilchen mit einem Kern aus Wirtschaftsströmen und einer Peripherie aus Toten und Verletzten. Die Daten der menschlichen Anatomie als abstrahierende Hülle für ein Interessensbündel, geschnürt – von wem eigentlich? Wir hatten Angst, dass die Amerikaner nach der Amtseinführung Trumps einen Krieg vom Zaum brechen, aber anscheinend wollten sie ihre geistige Lage erst jetzt für die Regierung Biden peripher mit menschlicher Anatomie aufpeppen, mit Angst und Schrecken versehen. Sind das Charakterzüge dieser Milliardenimperien? Versucht sich der Datenkörper an einem neuen Profil wie ein Blitz von 20 Sekunden mit einer Ausdehnung über mehrere tausend Kilometer?

ICH habe mir nichts vorzuwerfen. Höchst manipulative geistige Mengen hätten mich beinahe selbst überrumpelt. Sie wirkten räumlich ausgedehnt. ICH habe mich gegen diese geistigen Protokolle positioniert. ICH bin gegen einen Krieg. Das sind fremde Interessen, die ICH hier zurückwerfe. Das war eine mächtige Front, die die Menschen in ihren Bann zieht und manipuliert. Manche sind freudig gestimmt. Das ist das Gefährliche daran. Die wollen den Krieg, solange er nur weit genug weg ist. ICH aber habe Position bezogen und mich gegen diese Welle der Gewalt gestellt.

Mir ist das auch egal, wenn sie irgendwo auf der Welt einen Stimmenhörer psychiatrisch verwalten müssen, der auf die geistige Order hin, sich zur Wehr setzen zu müssen, einem Polizisten den Kiefer bricht. Das stand heute in der

Zeitung. Das ist ein allgemeingültiges, den Tag beherrschendes Thema. Ein geistiger Überbau, der meinen Standpunkt festigt. Gruß an Tom Cruise. Ja, ICH bin ein Verantwortlicher. Lernen Sie, Ihr Hirn zu verstehen, und gebrauchen Sie es.

Wenn ICH von den Evolutionsdaten spreche, dann bitte vor der Industrialisierung, am besten vor Evas Apfel. Ein externes Engagement im Sinne der Evolutionsdaten kann nur als Dienst an der Natur verstanden werden. Nur die Daten aus der Natur können wirkliche Äquivalente der Körpermatrix genannt werden, gehören der wirklichen Evolutionsmenge an. Der Gebrauch von Werkzeugen erleichtert die Situation und darf im Sinne der Evolution nicht als gesteigerte Anforderung an den Körper verstanden werden.

ICH möchte sagen, dass wir uns mit dem, was wir denken und tun, im Datenhaushalt unseres Körpers bewegen. Damit meine ICH die Architektur des Hintergrunds, welche unseren Körper begleitet. ICH gehe noch weiter zurück. Das eigentliche Ziel ist es, die Evolutionsmenge zu erhalten. Es geht darum, dem Status Quo die Form der Evolutionsmenge zu erhalten. Wir sollten uns der Evolutionsmenge unseres Organismus täglich bewusstwerden. Die Erkenntnismenge nach Evas Apfel ist eine andere. Wir haben die Welt zu einer entarteten Parallelwelt gemacht. Das Licht, welches das Leben umgibt, ist eine artspezifische Datenmenge, dem Materieraum äquivalent entnommen. Es ist die Evolutionsmenge dieser Art. Es ist eine essentielle Beschreibung des Materieraums. So muss mein Lebensraum gestaltet sein. Hier dringt die Kugel in den Körper ein. Vor diesem Hintergrund ist die Funktion und Haltbarkeit meines Organismus gegeben.

»Da stimmt etwas nicht«, werden viele bemerken. »Der entartete Geist entartet noch mehr.« Wie entstehen die Daten? Welche Formen der Wahrnehmung stehen zur Verfügung? Welche Tiefe des Gefüges loten wir aus? Wieder nur grobe Materieverhältnisse, der technischen Entwicklung gleichgeschaltet. Die Entartung schreitet voran. Der Sinn der allgemeinen Adaption an den Raum ist der Erhalt der gemeinsamen Lebensgrundlage. Die elektromagnetischen Werte, die wir dem Raum abringen, berühren auch die anderen Lebewesen. Hier entsteht

Verantwortung. Wenn sich die Arten gegenseitig Daten generieren, dann um das Betriebssystem für den Status Quo aufrecht zu erhalten.

Das Sexuelle, bei dem sich Mann und Frau die Weltdaten mit erogenen Zonen erschließen und in einer linearen Bewegung primitiv terminieren, ist die Ausgangslage allen Seins. Das ist der Datensatz für die nachfolgende Befruchtung. Im gefühlten Eros liegt das Maximum an Entwicklungsdaten für das befruchtete Keimgut. Das Lineare ist nur eine Primitive Ausgangslage, welche der Orgasmus glanzvoll in Szene setzt. Der gefühlte Eros ist eine Weltdatenlage, der jeder im Laufe seines Lebens in seiner Weise begegnen wird.

ICH gehe davon aus, dass die Entwicklung der Pflanze aus den Samen auf der Ebene von Vorstufen eingefroren wird. Die Ursache hierfür ist das elektrostatische Feld, welches sie während der Keimung installieren. Der aktuelle Status Quo, wie er bei der Befruchtung vorliegt, startet die Entwicklung. Es hängt von den Begleitdaten der befruchteten Eizelle, halb Mann halb Frau, ab, wie sie in das Rennen starten. Löschen Sie mit einem elektrostatischen Feld die jüngsten Datenwerte erhalten Sie Urformen, die etwas tiefer verankert liegen. Die jüngsten Datenwerte sind der aktuelle Status Quo während der Befruchtung. Im elektrostatischen Feld scheinen diese nicht an den Start zu gehen. Die jüngsten Kriterien ragen in den Raum hinein. Ihr Sein ist unseren Interessen geschuldet. Das sind unsere Fühler in den Raum. Es handelt sich um die feinsten und aktuellsten Datensätze, die, kaum abgespeichert, mit einem elektrostatischen Feld leicht zu löschen sind.

Der Status Quo wird dann anders ausgelesen. Die sich teilende Zelle wird nicht vom Fußball begleitet, sondern von einem Kokosnußweitwerfen aus der Vorzeit. Das hat für den Aufbau der Felder wenig zu sagen. Die Begleitdaten der Zellen fügen sich in eins. Nach jeder Teilungsphase stimmen sich die hinzukommenden Daten und Datenfelder erneut aufeinander ab. Natürlich bringt das Feldäquivalent der Kokosnuss, in den Feldern vielfach vernetzt, etwas andere Eigenschaften der biologisch organischen Struktur hervor, als dies ein Fußball tut. ICH möchte sagen, dass die Begleitdaten und auch die Beziehungsfelder, wie sie die Kokospalme in der Biosphäre täglich erlebt, eine Verschränkungseigenschaft besitzt, aber auch der Struktur eine Eigenschaft verleiht, welche auf die spezifische Verschränkung in den Feldern folgt. Im Grunde gleicht es dem Entstehen der Materie. Wir verschränken das Hintergrundfeld zu dichteren Strukturen mit Masse. Das sind geringste Materiewerte. Lassen wir daraus größere Körper entstehen, erhalten wir als begleitende Feldphänomene die Gesetzmäßigkeiten der Physik. Die Verschränkungsart der Grundsubstanz weist uns in die Richtung der verschiedenen Elemente, die weitere Verschränkung führt uns dann zu den Eigenschaften der Stoffe.

Ein wiederkehrendes Prinzip. ICH betrachte es jetzt umgekehrt und leite mein Wissen von dem jetzt Bestehenden ab. ICH vergesse, dass ich diese Welt erschaffen habe, und schließe auf einen Zusammenhang zwischen zwei parallel existierenden Systemen. Das Feld, welches aus der Fusion der Begleitdaten der Zellen hervorgeht, ist das eine System. Das andere System ist der wachsende Organismus, die organische Materie. Die begleitenden Datenfelder schalten Gene. Treten die spezifischen Passungen der Felder mit einem entsprechenden Informationsgehalt auf, nehmen die Zellen in deren Einflussbereich eine andere Entwicklung.

Es kann nicht sein, was nicht sein darf. Nein, es wird so sein, weil die Dinge so liegen. Es ist so, weil es so geworden ist. Es ist, wie es ist. Das ist Echtzeit. Jede Zelle hängt mit ihren Begleitdaten in dem Gesamtgefüge ›Organismus‹ mit drin. Es besteht ein Zusammenhang einer gewachsenen Komplexität an Daten, dem Hintergrundfeld unseres Organismus und der sichtbaren Hardware, unserem Organismus. Wir verschränken Materieäquivalente in Feldern. Die verschiedenen Kriterien transportieren die Form und Eigenschaften der Materie. Wir erfassen die äußere Struktur der Materie. Unser Interesse an dem Objekt begleitet die Wertschöpfung. Wir lenken unser wissendes Feld bewusst in die Bereiche unseres Interesses. So erhalten wir einen Fingerabdruck der Materie. Wir erhalten einen elektromagnetischen Wert einer spezifischen Ordnung. Es ist die Ordnung der erfassten Materie, soweit es unsere wissende Architektur zulässt. Der erzielte Wert wirkt innerhalb des Gefüges auf die organische Materie.

In der Zeit der aktiven Felder kann es zu einer Programmierung des Gefüges kommen. Die Folge sind stabile Veränderungen des Gefüges, welche dann organische Anpassungen nach sich ziehen. Die Verschränkung der Datenäquivalente erreicht eine enorme Komplexität. Wir beginnen auf den unteren Ebenen. Die Feldverschränkungen haben ein exaktes chemisches, atomares oder molekulares Äquivalent. Das sind nur Beispiele. Es gibt auch Ladungsäquivalenzen. Die Hintergrundprotokolle für unsere Muskeln zum Beispiel und die ablaufenden Ereignisse darin sind ebenfalls eine komplexe Architektur aus Daten. Wir organisieren mit einer Architektur aus Daten die Materie in organischen Strukturen.

Wir ordnen die Materie exakt nach Bauplan in Kreisläufen an. Das ist einfaches Leben. Vielleicht gibt es so etwas wie Materie und Antimaterie. ICH halte nicht viel von dem Zerstrahlungsgefasel aus den 1950-ziger Jahren. Aber es gibt vielleicht ein Antifeld oder Feldäquivalent der Materie. Das dunkle Hintergrundfeld addiert sich zu Ordnungen der Materie. Die Materie besteht aus der dunklen Substanz. Beide können nur miteinander. Wenn wir also Daten an der Oberfläche der Ordnung generieren, erhalten wir wieder nur eine Prägung unseres Bewusstseinsfeldes, welches selbst eine Form des Urfeldes darstellt. Fügen wir das Materieäquivalent dem Hintergrundfeld des Organismus hinzu, so bewegen wir uns immer noch in Formen des Urfeldes.

Weil unser wissendes Feld auf Grund seiner Zusammensetzung bereits eine gewisse Beschaffenheit mit sich bringt, ist die Prägung durch die Materie nur eine vorübergehende Liebelei. Das heißt, das analytische Gefüge legt sich für den Zeitraum unseres Interesses an die Ordnung an und repräsentiert diese seinem Wissen entsprechend. Man sieht hier, dass man, sollte tatsächlich ein tiefer gehendes Interesse an der Ordnung bestehen, die gegenseitige Abstimmung abzuwarten hat. Es benötigt sehr viel Zeit, den wissenden Bewusstseinsstoff in das Gefüge der Ordnung hineinzuentwickeln. Der Aufbau der Felder aus Kriterien, die in ihrer Struktur verschiedene Felddichten, bewegte und unbewegte Anteile aufweisen, ist heute Standard.

Eine Prägung des bewussten Feldes, dass der zu erfassende Stoff wirklich mit all seinen Nuancen als analytische Instanz vorliegt, ist kaum erreichbar. Wir stoßen immer nur in Teilbereiche vor, die uns aber auf das Ganze schließen lassen. Schließlich gelingt es doch, ein Wissen zu erlangen. ICH spreche von einem der Struktur entsprechenden Feldverhalten. ICH spreche von einer Feldäquivalenz dieses Bereichs. ICH spreche von einem exakten Wissen dieses Bereichs. Der erneute Einstieg in das Thema startet mit den bekannten Bedingungen exakt vor Ort. Die wissende Feldordnung platziert sich, ihrer Entsprechung folgend, exakt vor Ort. Wir verfolgen die Materieäquivalenz vor Ort weiter in den umgebenden Raum. Wir entwickeln die bekannten Bedingungen vor Ort in die Umgebung hinaus und erweitern damit die Struktur des äquivalenten Datenäthers in den Raum. Ein umfassenderes Wissen entsteht.

Wir haben eine befruchtete Eizelle. Wir haben geistige Lagen des Weltgeschehens, in erster Linie wird es sich um menschliche Sichtweisen auf den Raum handeln, mit erogenen Zonen, also komplexen Körperdaten, in Übereinstimmung gebracht und mit dem Vorgang der Befruchtung organisch abgespeichert. Diese Begleitdaten der Keimzelle bauen das Hintergrundgefüge der gesamten Körperarchitektur auf. Blicke ICH rückwirkend, wie Sie es gewohnt sind, von einem fertigen Organismus auf die bestehenden, jetzt sichtbaren Zusammenhänge unseres Organismus, hat das Hintergrundfeld äquivalente Ladungsträger auf der anderen Seite. Möglich wäre eine Ebene der Identität und Gleichwertigkeit. Es gäbe die Möglichkeit, das dichtere Phänomen gleichzeitig der Materie und dem Hintergrundfeld zuzuschreiben. Es gelänge, eine Beziehung des Hintergrundfeldes zu den Atomen und Molekülen der anderen Seite anzunehmen. Es bestünde eine starke Verbindung zwischen den beiden Ebenen, wie man sie in der Chemie der Elektronenbindung zuschreibt.

Nur beschreiben wir hier das Bindeglied zwischen der lebenden Architektur und dem begleitenden Hintergrundfeld aus den Daten der Evolution. Etwas dichter bepackt, die Materie mit Ordnung und Masse, aber mit begleitenden quantenmechanischen Feldwerten, die dann ebenfalls der Architektur des Hintergrundfeldes angehören. Eine gelungene, feste Verbindung des Hintergrundfeldes mit der lebenden Architektur. Die gesamte Architektur des Hintergrunds bauen wir aus den Begleitdaten der befruchteten Einzelle auf. Die Gefügemasse richtet sich nach der Zellzahl. Sie richtet sich auch nach der Zellformation. Richten sich die Zellen bereits an den verdichteten Strukturen der Felder aus, ist eine veränderte Verrechnung der Kriterien nach einer Zellteilungsphase durchaus möglich. Wir wollen damit die Möglichkeiten der Vernetzung erhöhen, so dass eine Entwicklung der Informationskomplexe zur Zelldifferenzierung möglich wird.

Das Wachstum erfolgte nach den Datenlagen des Gefüges, welches sich aus der Verschränkung der Befruchtungsdaten ergäbe. Die steigende Zellzahl verdichtete die begleitende Datenmenge zu einer höchst ökonomischen Komplexität. Auftretende Strukturen weisen auf eine Gesetzmäßigkeit der Verrechnung hin. Da komplexe Feldmengen Gene schalten, dürfte sich die Differenzierung der Zellen nach dem gegenwärtigen Feldstatus vor Ort richten. Der Feldstatus ist die aktuelle Datenmenge, die als solcher begriffen wird. Eine Vielzahl an Kriterien floss in die Hintergrundmenge der organischen Masse ein. Der Informationskomplex umfasst die Datenlagen des Feldes zu dem Augenblick der aktuellen Zellzahl. Der Feldstatus umfasst die aktuellen Datenwerte und ihre Lage im Feld. ICH meine den Informationskomplex, die Kriterien, welche das Feld aufbauen und die Art ihrer Verknüpfung. Der organische Hintergrund enthält eine Vielzahl an Information, dem Materieraum äquivalent entnommen. Ein Datengefüge dieser Art dürfte als höchste Ordnung materielle Entsprechungen in ihrem Sinn anordnen. Ein lebendes Beziehungsfeld aus Materie, organischen Formen und einem Hintergrundfeld stabilisierte sich. Das ist Wachstum.

Heute (am 28. Januar 2022) habe ICH folgendes Verständnis erreicht: Das aktivierte Gen ist ein aktiver Datenkomplex. Es handelt sich hierbei um eine Architektur der Verknüpfungstechnik. Der Datenkomplex regt die Begleitdaten nach jeder Zellteilungsphase zu exakt dieser Verknüpfung an. Sie fordern ein tiefergehendes Verständnis? ICH bin froh, hier zu stehen, und Sie fragen mich, warum ein gewisser Feldstatus ein Gen schalten sollte, warum das Gen während dieser Zeit aktiv bleiben und warum das aktivierte Gen die Umgebungsdaten verschränken sollte. Geht das nicht etwas zu weit? Das aktive Gen der Zelle stabilisierte für einen gewissen Zeitraum ein Verrechnungsmuster. Aktiviert wird das Gen vermutlich durch eine gewisse Architektur der Begleitdaten. Vermutlich entspricht das Gen organisch einem auftretenden Informationskomplex und wird dadurch aktiviert. Gleichzeitig stabilisiert das Gen das Datenkonstrukt. ICH vermute, dass das Gen so lange aktiviert bleibt, bis sich aus der Verrechnung der Begleitdaten ein globalerer Kontext auftut, der stattdessen weiterverfolgt wird.

Wir sehen also die groben Urströme auf unserer Erde in feste Ordnungen gebunden. Auf der Quantenebene ringt man dem Ursystem damit Datenkapazitäten ab und diktiert dem Materieraum ein neues Verhalten. Der Anstieg der Artenvielfalt und die damit verbundene starke Vernetzung reduzieren den Materieumlauf im System. Der Aufbau des Lebens aus dem Blick der Physik ist nicht viel mehr, als das schwarze Urfeld in Materie ökonomisch anzuordnen. Die entstandenen Grundkräfte sind als Folge der Datenlage der Grundsubstanz aufzufassen. Wir nennen sie bereits Bewusstseinsaspekte. Diese Feldanteile an der Materiearchitektur verfügen bereits über Masse, wie wir sie der Materie zuordnen. Sie verfügen über ein Datenäquivalent. Das der Materie äquivalente Datenphänomen ist eine Folge der relativen Stabilität der äußeren Form und Gestalt. Wir dürfen uns aber einer inneren Dynamik sicher sein, die zu einem Teil vom Körper selbst und zu einem anderen Teil von seinem Umfeld verursacht wird. Wir sehen hier die Bewusstseinsaspekte, Teile der Architektur elektromagnetischer Felder dem Diktat einer äußeren Ordnung unterworfen. Es gelingt folglich, auf einer Ebene anzugreifen, die vor dem Entstehen der Grundkräfte liegt. Dieses Datenknäuel ist sehr variabel. Eine Veränderung seiner Zusammensetzung verändert die Eigenschaften des entstehenden Stoffes, ohne dass wir die Grundkräfte der Physik verändert sehen.

Auf dieser Ebene, vor dem Entstehen der Grundkräfte, kann man in den Haushalt eingreifen. Die Daten dort lassen sich verändern. Als Folge verändert sich das Gesicht des Materieraums. Der Status Quo erhält bereits auf der Datenebene die Eigenschaften seines Erscheinens im Status Quo, bei einem gleichbleibenden

Entwicklungsstand der Physik. Man darf nicht dem Hin und Her der Gedankenwelten verfallen. Es liegt alles in einem glasklaren Verständnis vor. ICH schreibe, die Vernetzung von Daten höchster Komplexität ringt dem Raum bereits auf der Quantenebene oder der Datenebene ein gewisses Verhalten der Materie im Status Quo ab. Die natürliche Verflechtung von Datenmaterial, wie es der Evolution eigen ist, bindet kinetische Energie. Das Anwachsen der Evolutionsmatrix hat den Materieumlauf im Makrokosmos reduziert. Die Lebensräume sind entstanden. Das Lebewesen ist entstanden. Das sind Phänomene der Selbstorganisation. Dieses Phänomen verstanden erhellt viele Bereiche.

Ob umgekehrt jene Müllhalden einem Supercomputer entsprechen? Das sind alles individuelle Verbraucherdaten, die hier auf dem Müll liegen. Diese Berge von Elektroschrott. Wie wirken die Datenäquivalente in der Summe, trägt man sie zusammen und kippt sie auf einen Haufen? Identifiziert man sich mit dem Datengefüge, erhält man damit nicht eine Direktschaltung in die Zentren Europas. Aber schaffen es die Menschen mit diesen Datenlagen, auch alle natürlichen Datengrenzen und kulturellen Hürden zu durchdringen? Entspricht diese Müllhalde und Komposition aus Verbraucherdaten dem Gedanken den Weg nach Europa anzutreten. Es scheint als läge hier das materielle Äquivalent eines Gedankens vor. Das Identifikationsmoment lässt die Betroffenen von Europa träumen. Dieses ist nur ein Beispiel um auf Mechanismen im elektromagnetischen Spektrum hinzuweisen, dem das menschliche Gehirn unterworfen ist. Das sind Einladungen an die Menschen, hierherzukommen, die wir selbst installieren. Eine Institution, so glaube ICH, nennt man das. Beinahe gliche dieser Berg aus Elektroschrott dem Zellkörper einer Nervenzelle. Die Nervenzelle innervierte Europa. Der Nerv endigte in der Industrie und den Haushalten Europas. Der Stoffwechsel des Organs einer ständigen Erneuerung unterworfen, sammelte hier seinen Dreck. Das Datenäquivalent der Müllhalde ist ein hochkomplexes Geschehen. Man könnte dem bestehenden Konstrukt Leben einhauchen, umgäbe man es mit einer Hülle aus Produktions- und

Konsumentenwerten. Eine Müllhalde als Datenkern, der ständig anwächst, während sich die Hülle strukturell verfestigt.

In diesem Fall haben sich also die Kernlagen des menschlichen Konstrukts bereits der TTIP-Klasse unterworfen, und wir sehen die Entsprechung der Daten auf der Quantenebene und die des Makrokosmos wieder hergestellt. Das Auftreten der TTIP-Klasse bedeutet für das Bakterium etwas Neues. Die Daten werden mit Zelleiweißen gebunden und sind somit präsent. Auf diese Weise finden neuartige Datenkompositionen Eingang in die hinterlegte Software dieser Zellen, wobei eine Aufladung der Peripherie immer mit einer Anpassung der Kernlagen einhergeht. Ist der Wandel des Materieraums als Folge der TTIP-Daten erst einmal abgeschlossen, so besitzt das Bakterium Schlüssel-Eiweiße, die es ihm erlauben, seinen Stoffwechsel und seine Existenz in dieser Form zu rechtfertigen.

Der gesamte menschliche Status Quo wird dem eigenen System beigestellt. Das Bakterium verkauft uns nun seine Existenz mit den TTIP-Eiweißen, die auf dem Status Quo beruhen. Der Einbau von Datenlagen des Status Quo in den Zellhintergrund erzeugt Resistenzen. Die Produktion von Giften ist eine Datenlage des Status Quo. Sie ist in den TTIP-Formen sehr viel stärker vertreten als in den Vorgängerarchitekturen. Das liegt einfach nur an dem Ziel, das sie ausgeben. Den Raum in der bekannten Weise zu verheizen und den Menschen von dem wirklichen Leben noch stärker zu isolieren. Da ist klar. Man braucht einen verstärkten Ausbau der Produktionsgüter. Diese Formationen gelangen als Materieäquivalente in das Virenerbgut. Die Produktionsgüter sind gängige Größen ihrer Architektur. Eine Abstimmung des Virus auf den Menschen wird daher einfacher. Denn auch der Mensch liest zu seiner Entwicklung den Status Quo aus.

Das Volk nicht aufzuklären, ist kein Verbrechen. Aufklärer landen schneller auf dem Scheiterhaufen, als man denkt. Verlust der Arbeit, Erkrankung, in anderen Ländern drohen Folter und Tod. Man verkauft uns die entwickelte Technik als das Sein des Menschen. Die wirkliche Existenz eines Menschen – so gaukelt man Ihnen vor – sei die Funktion von Technik. Das Volk muss, wenn nicht aufgeklärt, dann zumindest gelenkt werden. Wenn die Entscheidungen und der freie Wille von gegebenen Strukturen abhängen, dann ist es doch Ihre Pflicht, Strukturen vorzugeben, welche dem Menschen den richtigen Weg ermöglichen. Die Software ist so einzustellen, dass Berechnungen bei den Individuen zu brauchbaren Alltagsentscheidungen führen. Die Zusammensetzung der Software ist so zu regeln, dass in der Gleichung unsere Lebensbedingungen enthalten sind, und trotz oder gerade wegen ihrer Forschung im Ergebnis und im Makrokosmos darstellbar bleiben.

Im Grunde genommen ist jeder Sinnesreiz, der von einer Art erbracht wird, eingelagert in den Organismus, im Sinne der Physik ein Attraktor. Nachdem er die Daten des Korrelierenden Systems über die Jahrtausende in höheren Körperordnungen verarbeitet hat, ist der Organismus zugleich auch ein Datenphänomen. Der funktionelle Überbau erinnert alle dafür notwendigen Kriterien. Er induziert auf der Quantenebene die makrokosmisch notwendigen Bedingungen seines Existierens. Die Sinnesreize sind elektromagnetische Größen. Die Materieäquivalente, die Kriterien und Faktoren, der Bewusstseinsstoff, ist alles eins und steht von Natur aus in einem engen Zusammenhang mit den Zuständen des Organismus.

Ein System, welches Sinnesdaten in ein holographisches System einlagert, welches wiederum einen starken Bezug zu den Hintergrundprotokollen unseres Organismus ausweist, dem Organismus sozusagen Kriterien zu seiner Evolution vorhält, und über einen stabilisierenden Organismus als Speicher verfügt, sollte auf der Quantenebene einen Gravitationsdatenkörper erzeugen, der ausreicht, um sich auch makrokosmisch seine Entsprechung im Raum zu sichern. So wie die Elementarteilchen die Naturgesetze und den ursprünglichen Raum formten, so gaben die Datenkörper von Lebewesen dem Makrokosmos ein gewisses Gesicht. Dabei weiß man schon, dass zuerst die Verschränkung auf Datenebene stattfindet und erst in Folge der makrokosmische Materiestrom sich verändert zeigt. Wobei wir es Evolution nennen, sich dieser Datenlage auch organisch anzupassen. Die Adaption des Organs an diese Datenlage stabilisierte den Makrokosmos des Materieraums. Die Form und Gestalt unseres Wesens begleiteten ein spezifisches Gesicht des Materieraums. Zwei Materiekörper wirken aufeinander ein. Die Interferenzen bewirken Rotationsimpuls im Mikrokosmos. Zwei Teilchen schließen sich zusammen. Die Verbindung speichert nun die vorangegangene Umgebungsdynamik.

Die generierten Feldstärken ziehen nicht nur unserer Flora und Fauna den Zahn, sie wirken auch auf die Partikularinteressen der Individuen. Wir erwarten mit TTIP ein Auftreten noch mächtigerer Gravitationskörper. Theoretisch folgte auf die Erzeugung noch mächtigerer Gravitationskörper im Bereich der Datenlagen des Gehirns eine weitere Zunahme von Alzheimer-Patienten. Dies ist aber als gesonderte Aussage zu werten. Denn wir wollen nicht TTIP ursächlich nennen, sondern verlagern die aufkommende Datenlast in den Bereich der Ursache. Die Gravitationslast wird noch größer, die Datendichte der organisierenden Überbauten nimmt weiter zu. Die Repräsentanten eines so gestalteten Status Quo, setzt man sie nach ganz oben auf den Datenberg, erzielen somit die höchsten Feldstärken. Die zentrierenden Wirkungen verstärken sich, so dass sich geringere Datenereignisse des alternden Normalbürgers vermehrt integrieren. Wenig genutzte, schwach vernetzte und bereits entwurzelte geistige Positionen der Menschen richten sich sofort im fremden Schwerefeld aus. Das Sein der Schwächeren verliert sich im Sinn der großen Felder und fremden Interessen derer, die sie für sich zu nutzen wissen. Vermutlich steigen durch TTIP nicht nur die Fallzahlen, wir bekommen auch rapidere Krankheitsverläufe.

Wenn die Entscheidungsträger den Artenreichtum der Kriteriensummen bereits eingebüßt haben, ist es nicht eine Form von Schizophrenie, sich speziell nur noch für das eine zu halten? Mir fehlt bei unseren Herren etwas der spielerische Umgang mit den Komponenten unserer Biosphäre. Sie sind so ›Dieseltank mit Reifen an einem LKW mit einer gewissen Mischung aus Feinstäuben verdreckt‹. Es ist natürlich einfach, mit solchen Waffen jeden Gegner mundtot zu machen und sich das alleinige Existenzrecht zu sichern. Ist es das Streben nach Macht, oder sollten wir unseren Entscheidungsträgern bereits eine ernsthafte Pathologie unterstellen? Was kann uns die Psychologie hierzu sagen? Wie ICH letztens zu den Hochspannungsmasten sagte: »Sieh' dich doch bitte einmal um! Was siehst du?« Tatsächlich führte der Leitungshalter Fahrradwege und Kinderspielplätze an! ICH habe nichts dagegen, die neuen Stromtrassen verwildern zu lassen, mit Fahrradwegen zu verbinden oder hier und da einen Spielplatz anzulegen. Aber ICH sagte: »Schließen Fahrradwege und Spielplätze deine Existenz nicht aus?« Auf diese Weise geschwächt, büßt das Bild des Hochspannungsmasts an Klarheit ein. Die geistige Existenz von Fahrradweg und Kinderspielplatz forciert die Macht. Vorausgesetzt, die Möglichkeiten werden von den Bürgern genutzt, tritt die auferlegte Last in den Hintergrund und der Raum wandelt sich. Die Fahrradwege und Kinderspielplätze, nutzt man sie, geben einem die Zeit zurück. Auf dieser Grundlage brachen die Hintergrundwerte der Datenmatrix für Hochspannungstrassen ein. Ihre Existenz ist in dieser Form ernsthaft gefährdet. ICH hörte die Hochspannungsmasten im Hintergrund noch ein bisschen jammern, er breche unter der Schneelast und dem Eisansatz zusammen.

Wenn sich Denken nur noch im eigenen System abspielt, dann erschöpft sich irgendwann der Sinn des Denkens in einer garantierten Störungsfreiheit. Überlassen wir die Entwicklung weiterhin den Systemlingen und forcieren diese Art des Denkens, gelangen wir zu noch volleren Straßen bei einer gleichzeitigen Reduktion der Unfallzahlen. Auf der Grundlage dieses Denkens erhalten wir noch effizientere Strukturen im Bereich der industriellen Materieströme und ihrer Logistik. Das Ergebnis unserer Gehirnaktivität drückt dann eine maximale Wirtschaftsleistung unseres Alltags aus. Die entstehende Macht unserer Repräsentanten sehen wir hier als Feldstärken. Die Macht beruht auf der Summe von Kriterien. Die Materieäquivalente bewegter industrieller Materiewerte lagern sich im physikalischen Feld höchst ökonomisch zusammen. Wir erhalten abstrakte Feldstärken deren Zusammensetzung niemand in Frage stellt. Deren Wirkungen innerhalb der Lebendmatrix aber allmählich erkannt und diskutiert zu werden scheinen.

Im Gegensatz hierzu bindet mein Denken die verschiedenen Arten mit ein. Mein Handeln verfeinert Lebensräume und mein Denken ist ein Versuch, die Lebensräume in eine geistige Architektur zu fassen. ICH summiere die Kerngebiete der verschiedenen Wissenschaften, die in ihrer Peripherie gleichartige Positionen vorfinden sollen. Wenn man einen Apfelbaum im Garten hat, dann braucht man auch Bestäuber. Dann hat man natürlich auch Schädlinge. Ein paar Vögel reichen aus, um von diesen zu leben. Die Amseln, fallen die Äpfel zu Boden, hacken sie mit ihren Schnäbeln auf. Dann kommen alle möglichen Fliegen, um die Säfte zu saugen. So geht das im Wechsel, bis die Amsel den Apfel verzehrt hat. Die Fliegen ernähren die Vögel. So schließt sich die Existenz aller. Wir ziehen alle am gleichen Strang und beziehen uns auf den gleichen Lebensraum. Es ist ein Datenkorpus entstanden. Der Datenkorpus enthält in seinem Zentrum die täglichen Aktivitäten der Lebewesen und mündet in einer gemeinsamen Umgebung. Die gemeinsame Umgebung wird zu einer Hülle. Natürlich werden sich in dem Korpuskel Kreisläufe und Funktionen einstellen, so dass der Druck eine Hülle zu organisieren ansteigt.

Periphere Ruhezonen, die zu dem einen Kerngebiet genauso wie zu dem anderen Wissenschaftsgebiet gehören, sind beinahe noch wichtiger als der isolierte Bereich der Wissenschaft. Denn nur mit diesen peripheren Anteilen lassen sich die großen Zentren unserer isolierten Interessen ausreichend stabil verbinden. ICH denke hierbei aber nicht nur an die Möglichkeit der übergeordneten Verbindung der isolierten Materiebereiche unserer Wissenschaften, sondern auch an die Verankerung der Daten im Real- und Materieraum. Es ist der Weg zu beschreiben, den das Datenmaterial zurücklegt, bis es die Ordnung des Materieraums nachweislich belegt. Die dynamischen und statischen Komponenten der erarbeiteten Bereiche unseres Verständnisses lägen als Summenfelder vor. Wir hätten starke zentrale Materieströme, die die kleinen in ihrer Weise manipulierten, setzten wir die Möglichkeit der Motivation zentral an. Der Warenstrom motiviert geringere Materiekörper, es ihnen gleich zu tun. Wo setzen wir aber das Insekt an, noch zentraler? In diesem Fall nähme ICH auch im Inneren einen Bereich geringerer Feldstärke an, in welchem die Zeit langsamer fließt. Zeit ist hier bewegte Materie, aber nur ihr Ätheräquivalent.

Als Beispiel dient uns hier ein zwei Gramm schwerer Käfer, der sich auf das

Grasbüschel zubewegt und im Konstrukt und Summenfeld in die Position der korrekten Relation zum vermutlich zentral strukturierenden Sportwagen gebracht wird. Aus der Vielzahl der Anordnung soll die wirkliche Teilchenordnung mit ihren groben Feldströmungen sichtbar werden. Wenn wir dann auch noch eine periphere Lösung annehmen, bekommen wir zwei verschiedene Teilchenarten. Vermutlich geht die Existenz des jüngeren Teilchens aus den Strukturen der älteren Art hervor. Das ist nur eine gedankliche Spielerei mit Teilchenmodellen. Und dennoch ist es erforderlich, ein System zu entwickeln, welches unterschiedliche Strömungen des Zeitflusses in Richtung des Status Quo zu denken erlaubt. Man könnte sich die Entwicklung der Quantenbedingungen in Richtung des Status Quo besser vorstellen. ICH schlage ein bisschen um mich. Die verschiedenen Wissenschaftsbereiche können alle einen etwas anregenden Hintergrund gebrauchen.

Biologisch gesehen, erzielten wir die Evolutionsdaten zum Beispiel für ein Gefäß oder eines Knochens. Dieses entspräche der zentralen Lösung mit der abnehmenden Felddichte und der verflachenden Zeitkomponente im Inneren. Die periphere Lösung lässt mich an Moleküle oder Hormone denken. Ein stabiler Kern mit einer nachweisbar vom Zentrum abhängigen Umgebungsdynamik wäre hier charakteristisch. Betrachten wir etwa hoch entwickelte Organsysteme der Säugetiere, so dürfen wir eine Verschmelzung dieser beiden Gesetzesmäßigkeiten annehmen. Immer ist auch an die Modulation der Felder zu denken. Die gesammelten Kriterien finden sich in Summenfelder ein. Nicht selten schlagen diese Summenfelder in eine höhere Ökonomie um. ICH sehe hierin die Möglichkeit der Existenz beider Betrachtungen gegeben. Die Teilchen lassen sich in die Peripherie auflösen, wir können sie aber auch in ihrem Kern in die Leere verfolgen.

In Organsystemen werden beide Sichtweisen auftreten. Daraus werden sich verschiedenen Möglichkeiten der Feldverschränkung ergeben. Sie sind Bestandteil der natürlichen Ordnung. Sich mit der Substanz und ihrer Ordnung in Teilchenfeldern zu beschäftigen, benötigt meine volle Konzentration. Es handelt sich um viele einzelne Feldgrößen und dynamische Feldereignisse, die nur Teilbereiche des Materieaufbaus beschreiben. Natürlich ist es unnötig, die Peripherie, die Landschaft, die Luft, die Felder, die Vögel, die Schmetterlinge und die Wohnorte zu erwähnen, durch welche der Schwerlastverkehr donnert. Man braucht mathematisch nur den Weg des Lkw zwischen Be- und Entladen darzustellen. So entsteht eine zunehmende Belastung der Umgebung, die in dem geistigen Kontext und Überbau der Wirtschaftslogistik nicht enthalten ist. Meldet man sich zu Gehör, so ist man ein Außenstehender der Architektur, dessen Existenz im Gefüge weder verzeichnet noch registriert ist. Darf ICH, wenn ich eine flächendeckende Zerstörung unserer Lebensgrundlagen feststelle, noch irgendjemandem eine Flugreise als allgemeines Recht oder Allgemeinwohl verkaufen, wenn bereits alle spürbar darunter leiden, die Gestörten mit Tabletten und Psychopharmaka zu verbergen. Die zunehmende Belastung mit Lärm, Schadstoffen und technischen Spielereien schlägt dem Gemeinwohl der Spaß-People doch längst den Boden aus.

Auf der Quantenebene betrachtet, führt ein Feldeffekt, der auf der Summe gleichgerichteter Kriterien beruht, sofern man bewegliches Datenmaterial einfügt, zum Beispiel zu Effekten in der Luft. Das Schwebeteilchen bewegt sich der gerichteten Feldäquivalenz entsprechend in linearer Richtung. Einen Lufthauch auf Schwebeteilchen zu erzeugen ist naja, aber denken sie ruhig in Registertonnen. Das Denken in bewegten Massen ist einfach und sicher auch sinnvoll, aber um periphere Lösungen des Übergangs zu schaffen, ist es nicht geeignet. Was spricht also dagegen, die Struktur der Felder auch in ihrer Peripherie zu definieren? Gestalten Sie die Wohngebiete, erzeugen Sie mit alten und einheimischen Pflanzen eine hohe Artenvielfalt, umgeben wir uns mit einer Datenkomplexität, die uns alle gesund hält und vor unbeliebter Zuwanderung schützt. Womöglich wirkt ein Anstieg der Komplexität der Biosphäre einer tief verschränkten Gemeinschaft aus heimischer Flora und Fauna bis an den Rand der Sahara heran. Der Vorteil einer komplexen Peripherie liegt in der Vernetzung der Daten. Die Geistkörper, die Hintergrunddaten der Organismen und ihre Sinnesaktivität sind als elektromagnetische Phänomene dem Quantenraum zuzuschreiben. Die

Programmierung des Makrokosmos findet auf der Quantenebene statt. Wir erhalten damit die Bindung von Energien. Die Aufspaltung des Gefüges und die Isolation der Einzelnen, in der von mir wahrgenommenen Welt, kann durch die Einbindung von verschiedensten Organismen reduziert werden. Die Erhöhung der Biodiversitätszahlen führt zu einem komplexeren Datenhaushalt, die Lebendmatrix.

Sobald wir es wieder zulassen, auf der Datenebene komplexe Datenmuster aus Kreisläufen des Artenhaushalt und ihrer stabilen Existenzen herauszuarbeiten, entstehen dichtere und vor allem in sich geschlossene Systeme, die das Eindringen fremder Spezies ablehnen. Dient der komplexe Artenhaushalt der Gehirnfunktion als Datenhintergrund, so reduziert sich der Wunsch für andere Lebewesen, sich dort einfügen zu wollen. Das Identifikationsmoment mit dem Datenmaterial unterbindet den Wunsch, sich dort einzufügen. Der Bewegungsradius der einzelnen Existenzen reduziert sich in intakten Biotopen. Betrachten wir die starke Vernetzung und Einbindung der Daten in Kreisläufen der Umgebung, so erkennen wir eine allgemeine Beruhigung des Systems. Die großen Massen der Zerstörung teilen sich auf viele kleine Zirkel des Lebens auf. Die Sturmereignisse schwächen sich zu Winden ab. Diese Art des Gefüges koordiniert die Verteilung des Regens in seiner Weise. Der Charakter seiner Natur und die Eigenschaften seines Aufbaus spiegeln sich in den Wetterverhältnissen wider. Vielfach zeigt sich die Größe der Hintergrundarchitekturen in beeindruckenden Phänomenen der Natur.

Im Augenblick sehe ICH die Programmierung auf der Quantenebene rein wirtschaftlich. Der Sinn der Chaossysteme liegt im höheren Geldumsatz. Die klimatischen Großereignisse treiben die Versicherungsbeiträge in die Höhe. Die Schäden bedeuten noch mehr Umsatz, und weitere Schäden stellen noch höhere Anforderungen an das Wirtschaftssystem. Mit dem Klimawandel liegen wir voll im Trend. Wenn wir das System noch weiter anheizen, werden wir uns vor Arbeit nicht mehr retten können. Bewässerung, Trinkwasserbereitung, Klimatisierung usw. – das wird noch richtig teuer. Das gibt noch einmal richtig viel Kohle. Dann, irgendwann, wenn es nichts mehr zu verteilen gibt, zerfällt der schützende Staat und alle, die man verhätschelt hat und die sich verhätscheln ließen, stehen plötzlich vor dem Nichts. Ja! Ja! Natürlich verlieren sie Marktanteile. Aber es wird für die Gesellschaft nicht teuerer, wenn sie anstatt vor der Glotze zu sitzen, sich mit ihren Kindern im Freien aufhalten und anstatt ihr Wohnzimmers technisch hochzurüsten anfangen, ihre Umgebung und Biosphäre zu gestalten. Fangen Sie an!

Wir wollen ein Gottesteilchen auf dieser Grundlage definieren. Dazu benötigen wir eine gemeinsame periphere Wahrheit. Wir wollen die abstrakte Struktur der Teilchen von zentral nach peripher in ihre Kriterien auslaufen lassen. Wir wollen die Kommunikation, das Ineinandergreifen von Feldern auf der Grundlage identischer bzw. sich ergänzender Kriterien erlauben. Die Gottesteilchen und die allgemein stabile Architektur wäre von höheren Felder durchzogen, die alle – eine notwendige Bedingung – dem aktuellen Status Quo entgegenstrebten. Das könnte an einer allgemeinen Kennung liegen, so wie Hormone an Rezeptoren andocken, sich Felder addieren; auch, mögliche Dichteunterschiede aufzulösen, wäre ein Argument. Die elektromagnetischen Werte werden, wie wir sie dem Status Quo entnommen haben, auch wieder auf den Status Quo zurückfallen.

Vielleicht gibt es eine Integration, Annäherung und Auflösung innerhalb des Gravitationsfelds der Erde. Die Architektur des Atoms veränderte sich kaum. Wir hätten das Atommodell, das aus einem Kern, um welchen Elektronen sausen, besteht, durch ein System aus Kriterien, Feldern und Feldbeziehungen erweitert. Neuronale Aktivität in Form von Sinnesleistungen brächten Kriterien hervor. Die Kriterien veränderten nicht nur die Elektronenbahn, sie könnten die Elektronen auch auf höhere Energieniveaus anheben. Dass dies zu einem entsprechenden Kommunikationsverhalten der Atome führt, ist der nächste gedankliche Schritt. Ein Elektron, das von einem Kriterium – vermutlich seiner Feldbeziehung treu bleibend – angehoben wird, dürfte das Kriterium bzw. die Feldbeziehung in den Raum erweitern und somit den Hintergrund eines zu organisierenden Status Quo in eben dieser Weise erweitert dargestellt bezeichnen. Sollten sich die Felder in der angenommenen Weise erweitern, aufeinander ausdehnen und sinnvoll zu größeren Entsprechungen des Raums zusammenschließen, so wäre die Entwicklung des Status Quo in dieser Weise festgelegt.

Der auslösende Gedanke: »Der stabile Kern bzw. seine interne Dynamik bedarf einer Ausgleichsdynamik in der Peripherie. Auf diese Weise können Atome peripher interagieren, ohne ihre stabile Architektur zu verletzen.« Wir sprechen von Leben, das sich auf der Grundlage der vorliegenden Verhältnisse entwickelt haben könnte. Meine Architektur der Materie des Raums schließt folglich die Felder des Lebens mit ein. Die Organisation des Raums und Status Quo wird von eben dieser Art von Feldern, die wir als neuronale Leistungen bezeichnen und in die Feldbeziehungen der Materie eingefügt haben, mitgetragen. Die geringsten Feldwerte, die Aspekte des Bewusstseins unserer Mikroorganismen, erlauben uns eine maximale Auflösung, höchste Integrität und Feinabstimmungen im Bereich der Materie. Felder, die den Status Quo bezeichnen, eine Vielfalt an elektromagnetischen Sichten unterschiedlicher Ätherdichte, wie sie die Architektur der Sinnesorgane erwarten lässt, in einer Feldbeziehung gefasst, der Materie und dem Status Quo verpflichtet.

Es geht mir nur darum, die wissende Architektur des Menschen vom Aufbau der Materie um die Feldbeziehungen des entstandenen Lebens zu bereichern. ICH möchte von einer Architektur der Materie, wie sie das 19. Jahrhundert hervorbrachte, Abstand gewinnen. Mein Denken und Mühen soll nicht mehr mit Datenwerten eines verdreckten Dieseltanks mit Radreifen enden. Verdreckte Lkw als maximale Entwicklungsstufe des Menschen begreifen zu müssen, irritiert mich. ICH möchte den theoretischen Totraum des 19. Jahrhunderts um das Phänomenen des Lebens bereichern.

NEUES VERSTÄNDNIS (21. JANUAR 2021)

Der Gedanke eines geistigen Überbaus hat mich schon immer fasziniert. ICH halte es für notwendig, dies zu lehren. Nun philosophierte ICH mich eben noch durch den Raum und formte ein Datengemenge der verschiedenen Wissensbereiche, da fallen diese Volumina plötzlich in sich zusammen. Die Menge scheint sich auf ein Zentrum hin konzentriert zu haben – eine Unterdrucktoilette wie im Flugzeug? Die Datenmasse verkleinerte sich auf ein Zentrum hin, adaptierte sich an die Verhältnisse dort und schien sich als Baustein des Systems zu etablieren. Dieser Vorgang, der die Datenmasse auf irgendein Konto transferierte oder einem möglichen Geschehen zuordnete, war deutlich zu spüren und äußerst beeindruckend. Die Daten wurden abgesaugt, und in meinem Kortex entstand eine gefühlte Leere. Die eben noch aktive Menge meiner Betrachtung von etwa Daumengröße dehnte sich im Nu auf den ganzen Kortex aus. Etwa zwei Handflächen groß. Das Geschehen des Absaugens, dieser fühlbare Datendownload ging mit folgender Erkenntnis einher; dieser große Raum war mit diesem Gehalt an Information geladen; dieses Wissen gilt von nun an als mögliche Beschreibung des Raums.

Ein Gehirn, adaptierte man es auf dieser Ebene, arbeitete jetzt mit dem erweiterten Datensatz. Die Datenmenge menschlichen Wissens enthielte jetzt auch die Lebendwerte. Jegliche logische Ableitung enthielte nun auch die Kriterien der Lebewelt, essenzielle Bausteine des menschlichen Organismus. Die etwas harte und ungeeignete physikalische und mathematische Beschreibung wäre um die Lebendwerte und ihre Zusammenhänge in der Lebendmatrize zu erweitern. Dieses Phänomen des Datentransfers ›wer weiß wohin?‹ ist der Samen eines neuen makrokosmischen Zeitalters, so war der Eindruck, den es mir vermittelte. Das ursprüngliche Wissen von der Materie und dem Raum ist als Wissen von der toten Substanz zu bezeichnen. Die alten Teilchentheorien sind aus dem vergangenen Jahrhundert. Das frühere Verständnis von der Welt als Kerndatenkörper erlaubte dem Menschen, sich bis hierher zu entwickeln.

Noch einmal von vorn. Es handelt sich um die Erkenntnis, dass ein geistiger Überbau das Individuum in seiner Gesamtheit erfasst. Der Überbau wird von den täglichen Aktivitäten den Kriterien eine Art elektromagnetische Substanz getragen. Etwas anders gesagt: Die Komplexität des Wissenden spannt sich um die individuelle Architektur auf. Es ist ein geiststoffliches Konstrukt, das die Möglichkeiten des Jahrtausends, aber auch seine Grenzen beinhaltet. Die Totraumtheorien um den Bereich des entstandenen Lebens zu erweitern, wird ebenfalls wirkende Größen eines Überbaus erzeugen. Wir dürfen die Materie im Bereich der Quantenebene um eine Datenebene erweitern. Hier tummeln sich die Lebendwerte. Manche behaupten, die harte Architektur des Kerns schirme die innere Dynamik des Kerns vom äußeren Geschehen ab. Es bestehe kein Zusammenhang zwischen den Kerndaten im Inneren und dem Status Quo im Äußeren. ICH meine damit, dass sich bei mir die betrachteten Datensätze eintrüben und etwas wandeln, was dazu führt, dass sich das Wissen und damit auch der individuelle Standpunkt zu dem Thema verändern. Aber ICH bleibe dabei, von extern in die Kernlagen hineinzuwirken.

Wir begründen den Zusammenhang von extern und intern mit der Modulation. Sie tritt bei einem Übermaß an Masse, Ausdehnung und zunehmender Ordnung auf. Die zunehmende Masse hat wie die beginnende Struktur eine Wirkung auf ihr Umfeld. ICH habe beobachtet, wie sich das Gefüge in einer globalen Bewegung plötzlich harmonisierte. Teile des Gefüges glitten ineinander und kamen aufeinander zu liegen. Die Struktur gewann an Gestalt und drängte auf einen peripheren Ausgleich seiner Ordnung. Kreisströme und Sattelitenordnungen sind der nächste Schritt der Entwicklung. Da wir die Felder aufeinander klappen und aufeinander abstimmen, bleibt immer ein Zusammenhang von intern und extern bestehen. Es ähnelt dem Zusammenhang zweier korrelierender Photonenpaare.

Erweitern wir die Materie um die Lebendmatrize, so wirkt sie über den harten Kern hinaus in die innere Dynamik hinein. Die Wirkung muss im Inneren nicht notwendigerweise eins zu eins ersichtlich sein. Schließlich ist ein Räderwerk aus etablierten Ordnungen zu berücksichtigen. ICH ziehe es daher vor, bestehende Architekturen zu speisen und das Ergebnis im Inneren als solches zu betrachten. Setzen wir der Materie einen menschlichen Geist auf, so dass die Quantenebene zu einer Datenebene für die Information des Menschen wird, so haben wir auch eine Beziehung zum Kerninneren. Die Formung der Quantenmatrix bedeutet zugleich, da wir auch die innere Dynamik der Atome involvieren, den Status Quo zu bestimmen. Die Existenz eines so adaptierten Geistwerks entwickelt sich zu einer Beschreibung des Raums.

Anders gesagt: Ein Abrücken von der harten Kernarchitektur hin zu den flexiblen Momenten des Lebens erlaubte dem Menschen ein neues Sein zu entwickeln. Sich innerhalb der neuen Architektur zu bewegen und zu denken, führte dem Menschen die neuen Werte zu. Die Umwandlung aller Werte! Wir brauchen neue Werte hört man aus den Medien. ICH schlage vor, das Sein des Menschen zu erweitern. Es wird Zeit, über die gängigen Teilchentheorien des vorigen Jahrhunderts hinauszublicken. Es gilt, die Grenzen der Teilchentheorien aufzulösen und die Entwicklung des Menschen fortzuführen.

Jetzt wird es möglich, das Sein der Menschen auf eine Theorie des entstandenen Lebens zu gründen. Wir erlauben uns, die Lebendwerte auf einer universellen Datenebene zu versammeln und dort auch den denkenden Menschen zuzulassen. Sich darin zu bewegen, zu handeln und zu denken, führt den Menschen zu veränderten Seinswerten und folglich zu veränderten Seinsweisen. Die Lebendwerte und ihre Feldbeziehungen bis hinein in die Materie sind nun von einem menschlichen Geist erfasst, stehen zur Verfügung und dürfen gelebt werden. Zusätzlich besteht mit der neuen Seinsweise ein ständiger Kontakt zu den Hintergrundprotokollen unseres Organismus. Die Seinsweisen einer Lebendmatrix reichen tief in die Architektur unseres Organismus hinein.

Die bestehenden industriellen Technik- und Wirtschaftsgebäude favorisieren sich selbst. Das ist das Identifikationsmoment. Das geschaffene Technikwissen, ein geiststoffliches Konstrukt, spannt sich mit den Kriterien der Produktionsgüter und auch mit den Verbraucherdaten auf. Der Gravitationskörper moduliert sich das bestehende Gefüge an. Der Gravitationskörper verifiziert sich. Der individuelle Geist wird zum Repräsentanten der schweren Felder. Das ist das Identifikationsmoment. ICH habe schon einmal von psychotisch wirkenden Mengen gesprochen, die eine andere Wahrheit bedingen und auch schon von der tot manipulierten Masse gesprochen.

»No, no, no!«, klingt es leise aus der Tiefe des Raums vor mir. Politisch wäre das Lager etwas links von der Mitte einzuordnen. ICH wollte noch anführen, dass sich die Phänomene des Geistes während der Arbeit an diesem Thema parallel zu der Amtseinführung des amerikanischen Präsidenten einstellten. Entwickeln Sie selbst eine Theorie, warum sich der zentrale Inhalt meines Arbeitsspeichers plötzlich auf einen Punkt hin zu zentrieren scheint und sich dann über meinen gesamten Kortex hinweg ein globaler Raum aufspannt. Gleichzeitig zeigten sich die Inhalte und der Vorgang als Erkenntnismenge. Ein gefundenes Fressen für Verschwörungstheoretiker. Tatsächlich wird vieles vorab im Hintergrund diskutiert und installiert. Wer Star Wars kennt, weiß um die Macht, die Sith und die Jedi!

Wer behauptet, das eine schließe das andere aus, irrt. Reine Teilchentheorien berücksichtigten das entstandene Leben nicht. Wir erkennen die Wirkungen der geistigen Überbauten auf den Status Quo. Der aktuelle Zustand des Status Quo wird von den Teilchentheorien des vorigen Jahrhunderts verursacht. Heute wissen wir mehr vom Entstehen unserer Existenz. Das entstandene Leben ist ein Gefüge aus Daten und Feldbeziehungen, organisch verwaltet. Der Mensch ist die jüngst entstandene Spezies. Der Mensch hat sich ebenfalls aus dieser Datenmatrix heraus entwickelt oder, wie soll ich sagen, in die umgebenden Feldbeziehungen integriert. Daraus resultieren eine Menge Handlungsoptionen, die der Mensch zum Vorteil des Gefüges auszuführen hätte, dieses aber auf Grund der geschaffenen, eigenen Positionen nicht mehr macht. Grundsätzlich hat sich um die Materie herum eine Lebendmatrix entwickelt. Dieser Datenmantel umschließt die Materie und wirkt darüber hinaus auf die innere Dynamik der Atome.

Deshalb schließen wir die harten Definitionen unserer Teilchentheoretiker nicht aus, wir schließen sie ein. Das entstandene Leben und die Beziehungsfelder

der Arten liegen der Materie außen auf. Wir formulieren die grundlegenden Funktionen auf der Quantenebene. Diese flexible Masse an Feldaktivität genügt zu unserer Darstellung. Als Folge der aufgesetzten Formulierungen der lebenden Grundfunktionen zeigen sich auch im Inneren der Atome gleichgerichtete Phänomene. Die Felder, die als Zusammenhänge durch den Raum wabern, vom inneren Kern bis hinauf in die Himmel, verursachen den aktuellen Status Quo. Die erweiterte Theorie einer Lebendmatrix, die sich von der Quantenebene heraus selbst organisiert und dem Status Quo sein Gesicht verleiht ist daher der richtige Geistkörper für dieses Jahrtausend. ICH gehe zuversichtlich in dieses Jahrtausend. (21. Januar 2021.)

DIE K-FRAGE

Wir binden die Energie in der Darstellung der Peripherie und beruhigen die Chaossysteme. Mittels identischer Peripherie lassen sich auch Wissenschaftsgebiete in Gleichklang bringen. Es geht mir hierbei nur um den Aufruf von Geistkörpern. ICH vermenge theoretische Datengebilde, damit das Gehirn etwas zu bearbeiten hat. ICH generiere folglich erhöhte Datendichten zum Zwecke der Differenzierung des eigentlichen Sinns. ICH lasse es nur arbeiten und beobachte die Ergebnisse. ICH werde die Wurzeln meines Entstehens achten und den Weg zu diesem Geist verantworten.

Es ist großartig, was wir in den letzten Jahrhunderten geschaffen haben. Aber es zeigen sich die Folgen des gelebten Übermaßes. Es wird gefährlicher, diesen Weg rechtfertigen zu wollen. Man braucht mehr Mut, um den eingeschlagenen Weg als den richtigen zu verkaufen. Die Schäden durch den Klimawandel werden größer und größer. Die Erkrankungen werden mehr. Die generierten Feldstärken greifen das Bestehende an. Viele kranken am Diktat der Hochtechnologie. Die psychischen Entlastungshandlungen werden mehr. Dies ist das Ergebnis einer zunehmenden Beschränkung und Beschneidung des menschlichen Seins. Die Unterwerfung von Bewusstseinsgrößen zur Darstellung technischer Details führt zu einer Menge unbrauchbarer Restdaten. Diese werden innerhalb der Gesellschaft nicht mehr gebraucht. Die ursprünglichen Wurzeln gilt es dann, so zu verwalten, dass sie niemanden stören. Die Wahrheit als die Reaktion eines Einzelnen, ein Ausdruck provozierter Wurzeln, wird dem Menschen immer eigen sein. Diese Fälle sollten uns nicht einschläfern, sondern zu denken geben.

Die Verdrängung von unbrauchbaren Restdaten führt zu Fehlerfeldern. Man mutet den Arten und auch den Menschen zu, die nicht gebrauchten Restdaten selbst zu verwalten. Werden Berechnungen auf ihrer Grundlage vorgenommen und äußert man sich den Systemlingen gegenüber, haben diese ihre Verständnismöglichkeiten längst eingebüßt. Die hohe Adaption an die Entwicklungs- und

Fertigungsgrade, die tägliche Aktivität ihres Gehirns lässt keine anderen Ergebnisse zu. Man bescheinigt ihnen die Unbrauchbarkeit ihrer Datenwurzeln. Ihr Anteil am entwickelten technischen Konstrukt, welchen man ihnen gestohlen hat, arbeitet fortan für diese. Dann verschreibt man ihnen ein paar Pillen und abstrahiert ihre restlichen Datenanlagen.

Die Entwicklung nimmt keine Rücksicht auf bestehende Gewohnheiten. Die Datenmatrix verursacht den Raum. Menschen aus fremden Ländern warten vor unseren Toren auf Einlass. Was heute als Leben verkauft wird, ist kein Leben mehr. Das Korrelieren mit anderen Arten fehlt. Das eine steht heute nicht mehr für das andere. Ein Stück Brot, ein paar Haselnüsse und einen Apfel aus dem eigenen Garten zu essen, so dass die gelebte natürliche Umgebung den Verzehr der Früchte als Datenbeilage bereichert, ist verloren gegangen. Man bedenke, dass die eigenen Daten ein Vorbild sein sollten. Die Gehirne sind aufeinander angewiesen. Wir generieren einander gegenseitig Daten. Man ist sich gegenseitig Impulsgeber. Man klärt sich in den gelebten Datenfeldern gegenseitig den Raum auf. Das Verhalten der einen Art sollte mit dem Verhalten der Menschen und den anderen Arten vergleichbar sein. Mein Apfel hier sollte in Neuseeland eine Kiwi sein und in Ecuador eine Banane. Bei den Tieren sähe der Vogel ein paar Raupen, der Hund seinen Fressnapf mit frischem Fleisch und die verwilderte Katze vielleicht eine Maus laufen.

Dazu benötigen wir aber einen gemeinsam genutzten Raum. Wir sollten starke Produkte aus der Region liefern, die wertvolles Datenmaterial aus der Umgebung mit sich führen. Das Ganze sollte transparent sein. Damit ist nicht die Plastikverpackung gemeint, obwohl sich bei dem Wort ›transparent‹ die Verbraucherseelen sofort mit transparenten Plastikfolien jeglicher Form, Größe und Beschaffenheit anfüllen. All diese Kunststoffe sind Parameter der herrschenden Ordnung. Sie sprechen von transparent, und bei den schwachen Bürgern inszeniert sich die vorherrschende Betreiberordnung. Transparent heißt in diesem Wortgebrauch, dass wir den Raum um das Lebensmittel durchsichtig gestalten wollen. Der Raum soll sich durchgängig zeigen. Die Umgebung der Lebensmittel am Produktionsstandort soll aufgeklärt sein und für einen Lichtkörper durchgängig sein.

Wenn wir Lebensmittel schufen, die Datensätze von der Feldfrucht bis hinauf zum Vogel in der Feldhecke auf einem Ast sitzend, über die Krautköpfe, Kartoffel und Rüben wachend, transportierten, dann kehrte das System in seinen stabilen Zustand zurück. Das Produkt muss von einer gesunden Datensphäre umgeben sein. Die Arten müssen darin auf ihre Weise mit den verschiedenen Positionen interagieren können. Nur in einem Miteinander der Arten entstehen Beziehungsfelder, welche die Energie aus dem System nehmen. Die Daten und Sphären der Arten vernetzen sich.

Wenn sich der Kohlröchling dem Kohlbestand nähert, wird er von dem Vogel entdeckt, angeflogen und verzehrt. So wird sich auch der Mensch seiner Nahrungsquelle annähern. Indem die Gefügeparameter korrelieren, klären die Arten einander gegenseitig den Raum auf, weisen einander auf gegebene Nahrungsquellen hin. Das Essen wird in diesem Fall wieder zu einem Essen. Auf dieser Grundlage und vor diesem Datenhintergrund tritt das Geschmackserlebnis wieder in unglaublicher Tiefe in den Organismus ein. Das liegt an dem Datensatz, den die beteiligten Arten um den Kohlkopf aufspannen. Der gesamte Datensatz – sofern er als geistiges Element, als ein Identifikationsmoment vorliegt – reicht tief in die Evolutionsmatrix des Organismus hinein. Das Identifikationsmoment erlaubt Geschmackserlebnisse einer unglaublichen Intensität und Tiefe. Das liegt an den beteiligten Arten, die auch der Evolution die erforderliche Datenvielfalt generierte.

Wir brauchen Produkte aus der Region mit einer starken Umgebung. Der Münchener Stadtspatz fliegt eben nicht schnell in den Nationalpark Berchtesgadener Land, dazu fehlt ihm das Geld. Ebenso wenig der Schmetterling von nebenan. Wir brauchen eine unmittelbare Erzeugung der Lebendmittel in Bioqualität direkt vor unserer Haustüre. Die regionale Kulisse müsste das Produkt wie eine Sphäre umgeben. Die Verhältnisse seiner Entstehung sollten den Kern wie eine Hülle begleiten. Zumindest aber sollte man das Produkt vor dem Datenmaterial seiner

Biosphäre präsentieren. Nur die gelebte Biosphäre führt zu Beziehungsfeldern zwischen den Arten in der Region.

Wer regional isst, hält die Gifte raus aus seiner Region. Eine regionale Verflechtung artentypischer Daten und Sichten nähme die Energie aus den Chaossystemen. Die Komplexität der Vernetzung schlägt sich auf die Selbstorganisation nieder. Die Datenmenge einer intakten Biosphäre arbeitet, was die Klimastabilität und die Wetterverhältnisse betrifft, sehr viel präziser. Familien, die in Thailand überwintern und ihr Frühstück mit Meeresrauschen einnehmen, helfen da wenig. Ja, ja, das Allgemeinwohl! Wir verstehen ihre Beweggründe sehr gut. Mittlerweile leiden die Menschen aber sehr stark unter ihrem sogenannten Gemeinwohl, auch hier in Deutschland.

Was bieten wir den Lebewesen unseres direkten Umfeldes? Ja, ICH bin ein Sehender! Was bieten wir ihnen als Datenmaterial an? Nehmen Sie ein Lebensmittel ihrer Wahl und betrachten sie die Datensphäre, mit welcher es einhergeht. Sie haben gedüngt, vergiftet, verpackt, transportiert. Sie haben geschreddert, enthörnt, den Schweinen die Schwänze abgeschnitten und die Schnäbel der Hennen verstümmelt. Glauben Sie wirklich, dass Sie mit einer Datensphäre dieser Art noch irgendwo Freunde finden? Dieser geistige Hintergrund ist die Bedrohung in Person. Wo soll denn da ein Insekt oder ein anderes Lebewesen noch einen Bezug zu einer möglichen Existenz erlangen. Wo an der menschlichen Datensphäre befindet sich noch ein Rezeptor oder fällt eine Datensequenz auf, mit welcher man sich identifizieren kann. Welches Lebewesen hegt für dieses Geschehen Sympathie, möchte sich mit den Verhältnissen verschränken und innerhalb dieser Sphäre bestehen?

Ein Rabe krächzt einmal aus dem Raum vor mir wie oben das ›no, no, no!‹, nur mittig, leise, konzentriert, in weiter Ferne. ›Keiner!‹, heißt es in meinem Kopf, parallel zu dem Raben und noch deutlicher zu vernehmen. Da hört die Einbindung anderer Arten und der Aufbau gemeinsamer Datenfelder zur Definition eines höheren Sinns von alleine auf. So bekommt man keine dreidimensionalen Koordinaten der Selbstorganisation in Raum und Zeit verankert. Der ganze Dreck geht dem Menschen doch mittlerweile selbst an die Substanz. Die Gifte, die sie uns auf die Felder spritzen, atmen wir mit jedem Atemzug.

ICH weiß um das Identifikationsmoment. Der Rohstoff wird geborgen, das Verpackungsmaterial wird gefertigt, transportiert und angewandt. Während Sie das Produkt in den Händen halten, wird bereits die nächste Palette bepackt und verladen. ICH nehme es ja keinem übel, dass er sich von den gegebenen Verhältnissen inspirieren lässt, aber sich einfach nur von den massiven Materieströmen, unmündig und tot manipuliert, einem Identifikationsmoment erlegen, durch den Fleischwolf drehen zu lassen, darf, so denke ICH, in Anbetracht der heraufziehenden Probleme auch so benannt werden.

Jetzt führe ICH die Gabel zum Mund. Und jetzt alle Materieströme in einem. Gestaffelt, verrechnet, der Struktur im Feld verpflichtet. Das gibt ein richtig schweres elektromagnetisches Moment. Die Versammelten hier wissen, was das für den freien Willen des Einzelnen bedeutet. Sie handeln und leben ein verantwortungsloses Leben, weil ihnen niemand von dem Datenhintergrund ihrer Gehirne berichtet hat. Das sind die augenblicklichen Verhältnisse in der Datenmatrix. Das Korrelierende System spiegelt die natürlichen Verhältnisse wider. Das Individuum ist der schwächste Teil der Ordnung. Die Individuen liefern nur Daten für die tragende Summe. Der übergeordnete Sinn ist für den Einzelnen nicht zu begreifen. Es liegt alles im Bereich der normalen und unbewussten Gehirnfunktionen. Ihre täglichen Aktivitäten, Kriterien, Felder, Beziehungen in Strukturen, die Architektur der Ordnung, Effekte und Wirkungen auf den Einzelnen.

Die Hochtechnologie schafft immer komplexere Datenhüllen um die Nahrungsmittel. Wenn Sie ein Discounter-Ei kaufen, haben Sie Küken geschreddert, Antibiotika produziert und verfüttert, das Grundwasser belastet und Resistenzen gefördert. Essen Sie einen Apfel, haben Sie vielfach Gifte versprüht, verpackt, transportiert und öffnen die Tore für fremde Arten. Wenn wir den Apfel und das Ei in die Hand nehmen, welche Analogien bleiben, um auch anderen Arten und Menschen ihren Lebensraum adäquat mit abzubilden? Sie sehen die Massentierhaltung; eingepfercht leben in Deutschland mittlerweile mehr Schweine als

Menschen. ICH denke hierbei an die Pfade der Evolution, wie wir auseinander hervorgegangen sind und uns an Bereiche anpassten, so dass sie zu unseren Lebensräumen wurden, die Organe, die sich der Veränderung unserer Alltagsdaten nachformten. ICH denke, diese Organismen zu ernähren. ICH denke an die Komplexität des Systems. Entspricht nicht der Apfel des Menschen dem Wurm des Igels oder dem Läusesaft der Ameisen? Durchfließen diese Nährstoffe nicht einen Verdauungstrakt, der sich genetisch im Status Quo verwurzelt zeigt.

Heute macht das Meine das andere nicht mehr sichtbar. Der industrielle Datenkörper findet im System des Vogels oder im System eines Ureinwohners kein Äquivalent. Er wird von Vogel und Ureinwohner nicht mehr verstanden. Der westliche Mensch schirmt sich mit einer industriellen Datenhülle von Informationseingängen anderer Arten ab. Der Mensch nimmt an dem regen und reichen Informationsaustausch, wie er zum Funktionieren eines Biotops und zum Erhalt lebensnotwendiger Bedingungen unter den Arten erforderlich ist, nicht mehr teil.

Wir stellen uns an dieser Stelle die Frage: Wie wirken die industriellen Datenhüllen auf die natürlichen Analogien? Was geben sie und was nehmen sie dem korrelierenden Kriterium? Was bedeutet es für den Igel, wenn sich der Mensch eine Tiefkühlpizza einverleibt? Was bedeutet es für den Wurm, betrachtet man ihn analog zum Apfel des Menschen? Während der Igel seine Früchte einer natürlichen Umgebung entnimmt, wird um die Apfelfrucht des Menschen gespritzt, verpackt und transportiert. Betrachteten wir den Wurm analog zum Apfel, dann müsste der Igel sich mit einem Cocktail aus Giften rumschlagen. Der Igel müsste den Wurm zunächst einmal aus der Pappschachtel nehmen und die Folie abmachen, bevor er zu der vereisten Masse Zugang hätte. Das ist in einem komplexen System aus Daten, in welchem das eine mit dem anderen in Echtzeit verschränkt ist, so dass sie sich gegenseitig Kraft, Stütze und Heilung bedeuten, ein großes Hemmnis. Das Datenkonstrukt der technischen Lebensmittelherstellung fügt sich nicht harmonisch in die Biosphäre. Es kommt zu keiner sinnvollen Verschränkung der verschiedenen Massebahnen in einem Biotop mit den Massebahnen der technischen Revolution. Die technisch induzierten Materieströme zeigen der Tierwelt einen anderen Weg. Das hoch entwickelte System der Menschen gilt innerhalb der natürlichen Biosphäre nichts. Die künstlichen Materieströme tragen keine der Arten zum Erfolg.

Wir fragen uns also, wie die Datenkörper aufeinander wirken, betrachtet man sie im Korrelierenden System als analoge Größen einer gelebten strukturellen Komplexität. Diese ursprüngliche Komplexität an Daten erlaubte es der Evolution, verschiedene Wege zu gehen. Die eigene Datenlage ist das Ich; die umgebende verschränkte Information, die Daten des Korrelierenden Systems dienen für weitere Evolutionsschritte. Dieses gelingt vermutlich nur, wenn die Datenlage des eigenen Organismus Entsprechungen und Orientierung durch die Daten des Korrelats erhält. ICH nehme die orientierte Einbindung von Daten in das Korrelat als Ursache der Evolution an. Damit werden die Daten und selbst das Korrelat natürlich auch zu Hintergrunddaten unseres Organismus. Wir dürfen die eingelagerten Daten, vor allem ihre Summenstruktur, als Feldtendenzen des Korrelats auffassen, die die Architektur der Zellereignisse bewirken, bzw. durch molekulare Anordnung während des orientierten Wachstums gespeichert werden. Dieses sind die Schritte der Evolution. Die Daten werden zu Hintergrunddaten unseres Organismus, wenn sie den gelebten Weg begünstigen. Eine hohe Entsprechung innerhalb des Korrelats brächte diese Erleichterung und Freude mit sich.

Freude bezeichnet hier das Einstrahlen einer komplexen, vielleicht auch lichtvollen Datenlage, die wir durch eine gelungene Positionierung eines Datenkörpers im Korrelat erhalten. Die Lichtfülle entspräche der Komplexität eines funktionellen Zusammenhangs, der dem Korrelat im Allgemeinen eigen wäre, so dass der eingelagerte Datenkörper seinem übergeordneten Abbild entspräche. Mancher Datenkörper hinterlässt den Eindruck eines übergeordneten Sinns. Er ist eine Entsprechung, eine Zusammenfassung von Kriterien des Korrelats. Er ist eine gefühlte Einheit, die seine Bausteine erinnert. Die Einheit lässt die Existenz seiner Teile zu. Die Einheit benötigt die Daten für seine eigene Existenz.

Gehen Sie ruhig einmal unter dem Ordner Einheit in ihren Organismus. Klicken sie dann die einzelnen Fenster an und betrachten sie die einzelnen

Materieereignisse, die ihre Zellereignisse hinterlagern und die höheren Funktionen bedingen. Stellen sie sich jetzt einmal vor, Sie bringen die aktuelle Datensphäre des Menschen 2020 in dieses gewachsene Gefüge ein. Die Quälerei und das Leiden in der Tiermast, das jährliche Ausbringen von Giftmengen, die niemand zu bemerken scheint, die Beschränkung auf Bereiche, die Isolation von Funktionen. Das passt mit der lebenden Welt nicht zusammen. Das Verhältnis des Menschen zum Rest der Welt, ICH schätze 1:1, verkehrt sich allmählich ins Gegenteil. Wir kommen allmählich in die exponentielle Phase. Das Übergewicht des Menschen schürt den Zusammenbruch der verbliebenen Reste.

Die beiden Teilchenkörper sollen hier noch einmal erwähnt sein. Das normale Teilchen, so wie man sie aus der Physik kennt, ist hier als peripherer Typ bezeichnet. Peripher, weil wir die Ordnung der Grundsubstanz in ihrem Kern unbeachtet lassen. Im Kern liegt die Grundsubstanz des dunklen Feldes, einer eigenen Ordnung unterworfen, sehr dicht vor. Wir gelangen damit zur Masse und nennen das Ereignis Materie. Für das zu erzielende Verständnis reicht es aber, eine Abnahme der Dichte der Substanz in der Peripherie des Teilchens anzunehmen, weshalb wir diesen Typ einen peripheren Typ nennen. Wir beobachten eine zunehmende Wirkungslosigkeit der geordneten Kernsubstanz in der Peripherie und sehen das Entstehen mächtiger Felder, die die Vorgänge des Status Quo, mit einem Sinn hinterlegt, bedingen.

Diese auslaufenden Energiefelder können jedoch nur als Ausdruck der Kernordnung verstanden werden. Bauen wir aber einen Körper aus diesen Teilchen auf, so ist Folgendes zu beobachten. Der Aufbau erfolgt auf einer Vernetzung einer großen Anzahl von Teilchen. Wir erhalten eine Prägung des dunklen Feldes bzw. der auslaufenden Kernenergien in der Peripherie durch den entstehenden Materiekorper. Die Beschaffenheit, der Charakter und Gehalt der Teilchenbindung wird dabei von der Art der peripheren Kriterien und ihrer Verschränkung im Feld bedingt. Der entstehende Materiekörper gewinnt an Form und Eigenschaften. Er interagiert mit seinem Umfeld. Das Verhalten der Umwelt, wie es sich an dem entstandenen Körper ableitet, gewissermaßen als Eigenschaft seiner

Interaktion erkannt wird, ist dann ebenfalls von den peripheren Feldern unserer Teilchen hinterlegt zu betrachten.

Die Art und Weise des Körpers, seine Form und Beschaffenheit begünstigt ein gewisses Verhalten der umgebenden Materie. Aus der Form leitet sich seine Funktion her. Man stelle sich den Materiefluss von der wirkenden Substanz begleitet vor. Die Wirkung der Substanz also, die auftretenden Kräfte bei der Teilchenverschränkung zu größeren Körpern zeichnen die Bewegungen der umgebenden Materie bereits vor. Diese Art des Verhaltens der Substanz bezeichnen wir als Information. Verschränken wir die peripheren Felder der Teilchen, indem wir sie in identischen Bereichen überlagern, oder einfach die Wirkungen und Kräfte, die aufgrund ihrer Aggregation aufeinandertreffen, aufeinander abstimmen, so erhalten wir allgemeine Felder, die sich als Sinnzusammenhang durch den Raum ziehen.

Es gibt einen weiteren Teilchentyp. Im Grunde handelt es sich nur um eine ergänzende Sichtweise. ICH spreche hier von günstigen Verschränkungen von dunkler Energie zur Materie. Besonders dichten Mengen wäre eine Masse nachzuweisen. Weniger dichte Felder werden als Substanz bezeichnet.

Noch ein weiterer Teilchentyp wäre der zentrale Typ. Hier nähme die Dichte der Datenfelder zum Zentrum hin ab. Es hätte sich eine hohle Kugel oder eine Hülle aus Materie gebildet. Die Kriterien der Materie strahlten in das Zentrum herein. Die Kriterien züngelten in das Zentrum hinein. Wir sichern uns zusätzlich zentrale Bereiche, wo der Einfluss der Materie schwindet und der freie Raum dem Urfeld gleicht. Auf diese Weise lassen sich die Teilchen zu ihrem Urfeld verschränken. Jetzt zeigt sich die Materie losgelöst, aber auch getragen und organisiert von seinem Urfeld. Als schwebte die Materie darin. Für das Innere des Teilchens, in welches auch die Materie in Form von Kriterien hineinzüngelt, nehmen wir eine gewisse Flexibilität des Mediums an, so dass wir ein externes Geschehen mittragen können. Die Materie baut den Materieraum auf. Es besteht ein Zusammenhang zwischen dem Raumaufbau und den Feldqualitäten im Inneren. Sinnzusammenhänge, Eigenschaften, Materieströme, teilchen- und körperübergreifende Kreisläufe prägen auch das Innere der Teilchen. Der übergeordnete Sinn involviert die Teilchen. Der gemeinsame Sinn zieht sich wie ein Feld durch die Zentren der Teilchen. ICH verfolge das Feld, bis es in einer Beschreibung des Materieraums mündet. Es organisierte sich in einem Bereich zwischen dem dunklen Urfeld und der Materie und veränderte sich zu einem Raumäquivalent der Erde selbst, ähnlich dem Schwerefeld der Erde.

Unabhängig davon halte ICH fest, dass wir mit Formulierungen an der Oberfläche der Materie ebenfalls Kriterien betonen und in einen Grad der Existenz erheben. Die Kriterien gehören auch in den Bereich der Materie und ihres Aufbaus. Die elektromagnetischen Felder unserer Gehirne, an die Materie adaptiert und von ihr inhaltlich abhängig, setzten Formulierungen an der Oberfläche der Materie, die in die Hardware der Materie hineinreichten. Die Bausteine des Lebens organisierten sich ebenfalls in diesen Bereichen. Später beherrschten die lebenden Architekturen diesen Raum, und seit kurzem diktieren technische Entwicklungen des Menschen dieses Gefüge. Jetzt bestünde für einen Geist, der Oberflächenwerte zu wissenden Konstrukten größerer Dichte addierte, die Möglichkeit, den Raum zu gestalten. Das wissende Konstrukt unserer Denker, welches anteilige Kriterien favorisiert und in ihrer Existenz betont, wird zu einem Hintergrund des Status Quo. Einer geschickten Formulierung, immer und immer wieder in Szene gesetzt, steht irgendwann der geforderte Raum gegenüber.

Der periphere und der zentrale Typ, nimmt man sie zusammen, überwinden die Materie. Wir erlauben uns die schwachen, aus der Materie herausragenden Felder, das entstehende und das entstandene Leben, die Aspekte des Bewusstseins, gerichtete elektromagnetische Momente und die neuronalen Leistungen der Lebewesen in einen Bereich zu packen. Dieses Gefüge aus Daten und Datenfeldern wird heute in erster Linie zum Aufbau der wissenden Architekturen der Menschen herangezogen. Der einstige Sinn, der durch gegenseitiges aufeinander Abstimmen der Parameter, genannt Evolution, einen gemeinsamen Datensatz repräsentierte, ist in den Architekturen der Menschen entstellt.

Man könnte sich auch mit einer Zahl von Atomen umgeben. Dann läge man im Urfeld und sähe die Felder der umgebenden Atome auf sich einwirken. Dann hätte man ebenfalls alle Interaktionsmöglichkeiten, die zur Darstellung des Raums notwendig wären. Wir legen den Urknall in das Urfeld. Das ist eine günstige Ausgangslage für den begreifenden Geist. Das gehört zu den Grundlagen den allgemeinen Aufbau des Raums zu verfolgen. Die zunehmende Masse der Substanz erfordert eine ständige Neuordnung. Das Hinzukommende passt sich den vorliegenden Verhältnissen an. Das Anwachsen der Substanz erfordert eine gegenseitige Anpassung. Das Gebilde fällt in eine ökonomische Architektur. Die einsetzende Ordnung und Stabilität führen uns über die Masse zur Materie. Eine plötzliche Ordnung und Stabilität verändert die Richtungsparameter der Substanz und kehrt die Ordnung nach außen. Das ist die Materie. Auftretendes Feldmaterial wird ab jetzt in die Ordnung eingepasst.

Die einsetzenden Gesetze der Ordnung lassen die Gesetze der Felder im Hintergrund fallen. Eine dahinterliegende Gesetzgebung ist aber erforderlich. Eine Gesetzgebung für das dunkle Urfeld besteht noch nicht. Die Verrechnung von Feldereignissen ist noch nicht exakt beschrieben. Wenn ICH Felder addiere, so verstärkt sich das Gefühl der Leere, die von dem Summenfeld ausgehen. ICH vermute – wirklich nur eine Vermutung –, dass es sich um das Anwachsen des bezeichneten Raums handelt. Vermutlich führt nur die Ordnung zu einer nachweisbaren Masse (Kriterienaggregation innerhalb der atomaren Struktur führt zu einer Veränderung des Raums, Querverbindung mit auftretenden Kräften).

Wir wissen: Um Masse nachzuweisen und von Materie sprechen zu können, muss eine spezielle Ordnung der Ursubstanz gegeben sein. Habe ICH in der Schule zu wenig aufgepasst, oder kommt es mir nur so vor, aber ICH habe den Feldern des Magnetismus schon immer eine Masse zugeordnet, die Feldmasse. Wie sollte sich denn eine Kompassnadel ausrichten, wenn da nichts wäre? Zunächst einmal sollten wir die Materie zur Anomalie herabstufen und die entstehenden Gesetze der Physik als Novum ansehen. Viel wichtiger ist es, auf welche Weise sich Felder verrechnen, verschränken und vernetzen. Dann lässt sich ein Raumzeitgefüge erkennen. Das Gefüge wird seiner Zusammensetzung und seiner Feldstärke entsprechend den Raum beherrschen. Diese Gesetze sind auch auf den Bereich der Lebendmatrix anwendbar. Die Feldbeziehungen der Lebewesen und die Beziehungen der Daten in der lebenden Architektur sind von Bedeutung für den Raum.

Solange wir lineares Verhalten in lineare Wirkungen packen, sollte das die normale Beschleunigung und Ökonomisierung erklären. Wenn aber eine gewisse Anzahl und Dichte erreicht wird, könnte sich Transportgut aneinanderlegen. Ein übergeordneter Sinn könnte für den Feldabschnitt strukturelle Folgen haben. Es könnten sich Partikel zusammenschließen, die unterschiedlichen Raumzeitverhältnissen entstammten und eine Krümmung des Raums bewirken. Derlei Phänomene wären in Richtung einer Ordnung zu beobachten. Damit lassen sich auf subatomarer Ebene Krümmungen des Raums darstellen. An dieser Stelle ist wieder der Wirtschaftskorpus der Menschen zu erwähnen. Sehr massereich und ziemlich stabil. Seine Stabilität rührt von dem hohen Energieverbrauch her. Man zwingt damit die Materie auf vorgegebene Bahnen. Es kommt zu einer Formierung der Datenäquivalente in Feldern. Das elektromagnetische Äquivalent hätte die Eigenschaften von Materie.

ICH gehe davon aus, dass sich die Substanz gedanklich zu Phänomenen unterschiedlicher Dichte und Masse formulieren lässt. Welche Bedeutung hat ein solches Weltbild für die weitere Entwicklung des Menschen? ICH ertappe mich dabei, mit den Kriterien zu arbeiten, die meine Mitbürger und die anderen Lebewesen für mich erheben. Meine Formulierungen haben diese Informationsmenge zur Basis. Der sichtbare Datenkörper transportiert nach der Art der Kriterien, die ihn aufbauen, einen gewissen Gehalt an Wissen. Auch die Ethik und Moral, die mit dem Identifikationsmoment einhergehen, hängt mit den anteiligen Kriterien und der gegebenen Information im Korpus zusammen.

Wenn ganze Felder in Form ihrer Feldstärke auf das Individuum wirken oder noch besser: gefühlt und angeschaut interpretiert werden, sprechen wir von Gefühlslagen. Dann liegt es an der Zusammensetzung des Feldes, wie sich das Individuum entscheidet. Der freie Wille richtet sich hier am Informationsgehalt der

Kriterienmehrheit aus. Es gibt ein Denken, das befreit. Es gibt eine Vernunft, die uns herausstellt. Aber der einfache mittellose Mensch marschiert in der Masse. Das sind die Gesetze der Gehirnfunktion. Da helfen keine Revolution und auch keine Anschläge, obwohl uns Ereignisse dieser Art natürlich die befreiten Verhältnisse zumindest für einen Moment vor Augen führen. Das ist gefährlich. Zündet man die Bombe im falschen Moment, kann das Erleben der Datensätze die Masse in einen Blutrausch versetzen. Dann geht der Kampf mit innerlichem Strahlen und Freude, mit hellem weißem Licht und der Begeisterung für den Raum und die Freiheit einher.

Wir erkennen darin, dass sich die Architekturen feindlich gegenüberstehen und dass man sich von dem Diktat befreien kann. Wer aber keinen entsprechenden Hintergrund installiert, landet automatisch wieder bei den alten Verhältnissen. Mir reicht es, eine geistige Architektur und Ordnung zu schaffen, die sich auf brauchbare Verhältnisse des Materieraums gründet. Dieses Overlay, das ICH vorzuleben versuche, soll den Menschen befähigen, sich in eine andere Welt aufzumachen. ICH möchte einen Wandel der Verhältnisse im Sinne der Gehirnphysik, einem Gotteskrieger ähnlich, der sich der geistigen Ebene bedient. Der geschaffene Geistkörper wird zum Identifikationsmoment. Die Schwere der Substanz macht ihn zum Vorbild. Die angelegte Information wird zum Sinnbild der Menschheit. Der Mensch macht sich unbelastet in einen von mir vorgezeichneten Raum auf. Er identifiziert sich mit den Parametern, welche den Raum aufspannen. Der Mensch entdeckt die Freiheit dieses Raums, der seinem Körper genetisch entspricht.

ICH favorisiere gewisse Positionen des Raums. Die Materieäquivalente sind dem Materieraum äquivalent entnommen. Unterstützt werde ICH hierbei von allen Lebewesen, den Aufklärern des Raums. Die Formierung der Daten in Feldern und Strukturen, ICH kann es nicht oft genug herausstellen, führt zu Phänomenen der Selbstorganisation. Die entwickelte Struktur strebt sich von der Quantenebene aus selbst entgegen. Sie verifiziert sich als Abbild des Status Quo. Sollten derlei Formulierungen nachweislich in einer Beschreibung des Materieraums aufgehen, dann, so denke ICH, darf man davon ausgehen, dass sich Formen von Materie, der programmierenden Struktur entsprechend, auf der Quantenebene vorfinden lassen. Zumindest gilt für mich die Annahme, dass manche neue Materieformen, wie sie die Amerikaner bereits aufgefunden haben, auf gedankliche Formulierung dieser Art zurückzuführen sind.

Die fortschreitende Integration des Datenhaushalts und Anpassung des Organismus führten zu immer größeren Abhängigkeiten von den adaptierten Bedingungen des Materiehaushalts. Wie wirkt der industrielle Datenkörper auf eine Schmetterlingsraupe, die von einer Kohlmeise verzehrt wird? Welcher Art sind die Wirkungen der industriellen Datenkörper auf unsere natürliche Umgebung? Diese industriellen Datenhüllen bewegen tagtäglich ungeheure Materiemassen. ICH spreche daher von Feldstärken, linearen Wirkungen und einer Gravitationslast. Betrachten wir diesen Datenkörper, aus technischen Größen und Transportgut bestehend, im letzten Jahrhundert von Menschen hervorgebracht und kontinuierlich fortentwickelt, nun einmal als auf der Quantenebene angesiedelt und von dort aus den Makrokosmos organisierend. Wir haben auf der Quantenebene natürlich auch die Lebewelt. Die komplexen Datenhaushalte der Lebewesen und ihre Sichten auf den Materieraum sind ebenfalls neuronalen Ursprungs. Was die Evolution die letzten Jahrtausende hervorbrachte, die Lebewesen und ihr Miteinander, führen ebenfalls zu Feldstärken, die wir auf der Quantenebene formuliert sehen.

Der industrielle Datenkörper mit seinem linearen Streben und seiner Gravitationslast, bezogen auf die formulierte Architektur auf der Quantenebene, verändert die natürlichen Zusammenhänge in einem Ökosystem, zunächst auf der Quantenebene, dann aber auch als Wirkung auf den Status Quo. Die feinsten Verbindungen und Verästelungen der Daten der Ökosysteme im Gefüge brechen auf. Die Interessen der Wirtschaft gehen mit hohen Feldstärken einher. Der stärkere Magnetkörper unterwirft sich die Umgebung. Desorientiertheit tritt in den schwächeren Systemen auf. Sie schicken sehr viel Materie bzw. ihre Datenäquivalente, in Feldwirkungen addiert, in linearen Hauptströmen auf den Weg.

Die Logik sagt: »Wenn Autoreifen rollen, dann rollen Lastwagenreifen, dann rollen Flugzeuge, dann rollen auch die Räder an den Einkaufswagen.« Führt man verschiedenste lineare Größen in einem Feld zusammen, erhält man sogenannte ›Wahrheitsschaukeln‹. Ein Effekt der Wahrheitsschaukeln ist es, einen Ereignisraum zu definieren. Damit unterwandern sie die ursprüngliche Komplexität der Evolutionsgefüge. Die Lebendmatrix reißt entlang der definierten Ereigniswerte auf. Die Wahrheitsschaukeln reißen die Bruchstücke der Lebendmatrix mit sich fort. Wir münden in einer Definition des Raums. Die mathematischen Wahrheiten schaukeln sich ein.

Der Apfel liegt in unserem Kortex nicht mehr klar vor. Die technischen Größen drängen sich in den Vordergrund. Die Gravitationslast der Technik oder einfach die geistige Errungenschaft ersetzt das bestehende Alte. Die Lebenswelten anderer Organismen und anderer Völker bestehen oft noch in ihrer ursprünglichen Form. Sie sind auf die gegebene Komplexität, auf das Miteinander der Arten angewiesen. Die vergleichende Biologie fördert zum Beispiel tatsächlich Analogien zu Tage, die wir, als geistiges Wechselspiel unserer Gehirne, als essenziell einstufen müssen. Wir wären einander gegenseitig Impulsgeber. Die Arten wären einander untereinander mit ihrer Komplexität und unterschiedlichen inhaltlichen Zusammensetzung wechselseitige Anregung, Ideengeber und Handlungsimpuls.

Trifft dies zu, müssen wir der industriellen Ordnung einen schädlichen Einfluss auf die natürliche Komplexität zuschreiben. Betrachten wir sie im Korrelierenden System wie auf der Quantenebene, so sehen wir in den industriellen Ordnungen keine natürlich gewachsene Analogie und damit keine gegenseitige Bestätigung zum Beispiel der Organsubstanz innerhalb der korrelierenden Komplexitäten, hier Lebewesen und deren inneren Organsysteme. Die industrielle Programmierung der Substanz stellt eine massive Schwächung der natürlichen Zusammenhänge dar. Sowohl interdisziplinär das Wissenschaftssystem betreffend, als auch die Organsysteme und ihr Miteinander im Organismus selbst betreffend. Wir erfahren eine Demontage des übergeordneten Wissens, bzw. der übergeordneten funktionellen Sinnzusammenhänge. Bedenken Sie, dass die gesammelten

Kriterien ein Feld aufspannen. Bedenken Sie bitte, dass das Ausbleiben wichtiger Eingänge zu veränderten Feldern führt, welches nicht zuletzt die inhaltliche Beschaffenheit der einfachen Gehirnfunktionen betrifft.

Die industriellen Größen sind keine natürlich gewachsenen Analogien. Sie sind nicht aus der natürlichen Komplexität hervorgegangen. Die Hochtechnologie orientierte sich nur an wenigen groben Ergebnissen der Evolution. Die Erkenntnis eines Geistes, der, so denke ICH, bevor er sich bewusst belastete, eine reine Software für den Organismus war. Günstige Lagen dieser Software erlaubten dann, sich extern einzuloggen und zu erkennen. Gelenke, Hebel, Muskelkraft, Gefäße und Leitungsbahnen für die Bewässerung zum Beispiel. Die großen Errungenschaften sind reine Abbilder unseres Organismus. Eine intern notwendige Software kann in Teilen strukturell grob verstanden und ihre Funktion als Materieanweiser auf den Außenbereich übertragen werden.

Wenn wir die funktionelle Substanz nicht auch in ihren Wurzeln bestätigen, und die natürliche Vielzahl der Kriterien weiter abnimmt, steigt die Gefahr einer ernsten Schädigung der Datenfelder des Hintergrunds, die mit der Struktur des Organs und mit der Materie übereinstimmen. Wir sehen die Hintergrunddaten ihrer gesunden Organtätigkeit durch die Abnahme der Arten und die fortschreitende Entwicklung gefährdet. Das dürfte auch ein Grund dafür sein, dass die neu aufgetretenen Viren den begleitenden Datenhintergrund der Organe des menschlichen Körpers leichter entern und darin einen größeren, zum Teil auch einen irreparablen Schaden anrichten. Die Erbringer der Daten im Feld sind meist nur noch menschlicher Art. Der Großteil des Raums wird links liegen gelassen. Das führt zu einem Fehlen wichtiger Parameter und Sichtweisen. Die Daten, wie sie die verschiedenen Arten zur schnellen Reparation und Heilung beisteueren, bleiben aus.

Spreche ICH von Entwicklung, so meine ICH hier, die aktuellen Daten des Korrelierenden Systems neu zu fassen und technische Größen daraus abzuleiten. ICH verweise hier ganz deutlich auf den Unterschied zwischen Korrelierendem System und der Lebendmatrix. Wer sich seine Ideen aus der natürlichen

Komplexität der lebenden Zusammenhänge ableitet, verleiht wichtigsten Parameter eine Existenz. Die Kriterien und Inhalte der Lebendmatrix bestehen dann als Bestandteile des technischen Hintergrunds fort. Wird jedoch der gewandelte technische Status Quo als alleinige Datenlage unserer Kreativität genutzt, dann gehen wir den Weg der zunehmenden Entfremdung.

Eine Produktentwicklung, die auf den gängigen Parametern menschlichen Wissens und dem aktuell gelebten Status Quo beruht, verschärft die Krise. Die technische Materie konzentriert sich. Die gelebte tote Materie konzentriert sich in einem Totraum. Das wissende Partikel, einen Totraum beschreibend, verhält sich zu den umliegenden Parametern der Lebendmatrix, wie wir es dem Status Quo entnehmen können. Sie stören die Wildnis auf allen Ebenen. Sie dringen in ihrer Freizeit in Schutzgebiete vor. Sie hinterlassen überall ihren Müll. Die gesamte Palette die zur Schwächung und Verdrängung von Flora und Fauna stattfindet, gehen von den entwickelten Konstrukten der Hochtechnologie aus.

Das Identifikationsmoment initiiert dieses Verhalten bei den Verbrauchern. Haben die Geisteslagen unserer technischen Größe das Individuum erobert, dann fallen die Regeln, die unter den Lebewesen gelten. Dann fallen sie ein in die Natur. Sie rauben, zerstören, verdrängen und lassen überall ihren Dreck zurück. Das transportiert das Partikel der Hochtechnologie an Werten. Dies ist seine Ethik und Moral. Das sind die Grundlagen der Gehirnfunktion. Dann werden Menschen von anderen Menschen gequält, gefoltert und in den Tod geschickt. Das Identifikationsmoment ist die verursachende Ordnung. Hier haben sie ihre Ethik und Moral verankert. Das Identifikationsmoment enthebt uns jeglicher Verantwortung.

DAS PRODUKT UND SEINE ENTSTEHUNGSGESCHICHTE. DENN SIE WISSEN NICHT, WAS SIE TUN.

Es gibt viele Forscher, die sich im Korrelierenden System menschlicher Daten bewegen. Die Wissenschaftler begründen Gefundenes mit Bestehendem und bauen sich so eine eigene Welt auf, die mit der zunehmenden Schwere des Identifikationsmoments natürlich auch zu unserer Welt wird. Man enthebt sie der lichtvollen Datenvielfalt einer natürlichen Umgebung und unterwirft ihr Sein den neuesten technischen Details. Wir formulieren den Hintergrund um und definieren die Materieströme neu. Das Neue zwingt das Alte in die Knie. Das bedeutet neue Formen für den Materiehaushalt. Die Produktaffinität steht auch für das Denken des Menschen. Die Identifikation mit der Technologie und die Adaption der bewussten Substanz an ihr Materieverhalten führen zu vorgefertigten Wegen des Denkens. Das Gehirn geht die Wege der Rohstoffbeschaffung. Es trägt die Produktfertigung in seinem Anhang. Aber das Wichtigste ist ihm der Besitz des Produkts. Das Produkt und seine Funktionen. Die Dynamik der Materie intern wie extern um das Produkt, aber auch die statischen Komponenten, bedingen die Möglichkeiten seines Denkens und führen sein Handeln. Die bewusste Substanz, die der Mensch einst frei im Raum richten konnte, ist nun in technischen Gebilden gebunden und haftet der Materie an.

In den Lebensräumen anderer Arten gibt es derlei Datenhüllen um die Lebensmittel nicht. Die bewusste Substanz verbindet die Lebewesen untereinander. Die Kriterien sind dem Materieraum äquivalent entnommen. Das Datenmaterial gehört zu einer Hintergrundmatrix, die den Raum aufspannt. Es ist ein Abbild des Materieraums, in welchem wir die eigene bewusste Substanz frei bewegen, uns auf Zustände und Objekte ausrichten und beziehen können, so dass sie in unser Kopfkino gelangen und zu unseren Lebensinhalten werden. Eine korrekte Software des Hintergrunds erleichtert den Lebewesen das miteinander

Betrachten wir noch einmal die Analogien, die innerhalb der Evolutionstheorie sicher Bestand haben. Essen heißt Essen. Es dient der Ernährung des Organismus, von den ganz kleinen bis zu den ganz Großen. Spezifische Nahrungsmittel laufen durch spezifische Mundwerkzeuge, durchlaufen spezifische Verdauungstrakte. Und dennoch ist es nur ein Lebensraum, dem wir uns im Laufe der Jahrtausende angepasst haben. Der Lebensraum des einen steht für den Lebensraum des anderen. Wir bedingen uns gegenseitig. Wir profitieren voneinander. Das Sein des einen reicht funktionell in das Sein des anderen herein. Wir haben uns in einen bestehenden Lebensraum eingelebt.

Wollen wir also den anderen Arten ihre Nahrung und Nahrungsquellen aufzeigen, so funktioniert das nur mit regionalem Bio. Andernfalls ist das Korrelieren der Daten in Echtzeit gestört. Die Distanz ist entweder zu groß, so dass die natürlichen Raum-Zeit-Relationen der Daten in der gemeinsamen Evolutionswurzel nicht gegeben sind. Chemische Produktionsabläufe drängen sich in den Vordergrund, die Sterilisation der Ware und die Schutzverpackung schaffen einen Datenhorizont, für den es im Tierreich keine Analogie gibt. Die menschliche Datenhülle kann anderen Arten daher nicht als Orientierungshilfe zur Nahrungssuche dienen. Mit dem Ausbleiben der Analogien unserer gemeinsamen Evolutionswurzel und dem Vorfinden der technischen Details an dieser Stelle ist nicht nur der menschliche Normalbürger überfordert, so vermute ICH, sondern auch weite Teile des Tierreichs. Die Herausbildung von Gemeinsamkeiten innerhalb der Strukturen des Korrelierenden Systems ist eine natürliche Begebenheit. Vermutlich bleibt hier aber die technische Datenhülle des menschlichen Produkts federführend und verstellt den anderen Arten die Sicht auf die Analogien der gemeinsamen Evolutionswurzel.

Das gleichzeitige Vorliegen der technischen menschlichen Datenhülle und der natürlichen Umgebungsdaten der Nahrung der übrigen Lebewesen führt zur Herausbildung von Gemeinsamkeiten. Wie es der Natur der Felder entspricht und die Gesetze der Evolution und der Physik es einfordern, drückt das Stärkere dem Schwächeren seinen Stempel auf. Während Gemeinsamkeiten bestehen bleiben, bauen sich Abweichungen, Differenzen oder gar Gegenströmungen ab. Im Miteinander der Daten dürften die Anpassungsvorgänge jedoch sehr einseitig ausfallen. Die menschliche Datenhülle wird sich mit einem ungeheuren Energieverbrauch und enormen Materiebewegungen gegenüber geringeren Größen durchsetzen. Das natürliche Umfeld der Nahrungsmittel anderer Organismen passt sich an oder weicht den groben und linearen Materieströmen der Menschen. Wer sich geistig derart behandelt und verpackt durch den Raum bewegt, sieht sich immer häufiger einer beeindruckenden Leere gegenüber. Die kommunizierten Lebensmittel gehen mit einer Hülle aus Hass gegen andere Lebensformen einher. Sie haben den menschlichen Geist zum Horror der Schöpfung hoch entwickelt. Jede Religion sollte diesen Weg anklagen. Sich die Erde untertan zu machen, bedeutet nicht, ein paar Schweine einzupferchen, mit Futterautomaten zu mästen und mit Antibiotika den Mikroorganismen einzuheizen. Sich die Erde untertan zu machen, heißt, sich um den Frühregen und den Spätregen zu sorgen. Das sichert die Existenz der Menschheit. Ja, ja, wie soll das gehen! ICH habe nicht gesagt, dass wir das von den Dümmsten verlangen sollten. ICH möchte aber auch nicht, dass man sich mit Prestigeobjekten an die Spitze der Gesellschaft kaufen kann. Dieser Wahnsinn und Irrweg, eine natürliche Feldfunktion, dem das Gehirn natürlicherweise erliegt, muss aufgeklärt und aus der Welt geschafft werden.

Die Angriffe auf die Hintergrundsubstanz schwächen nicht nur die funktionellen Felder des Organismus, sie schwächen auch das Immunsystem. ICH möchte sagen, dass die Gewebequalität leidet und sich Eiweiße weniger präzise bewegen. Die Kriterienzusammensetzung der strukturellen Information der Eiweiße ist verändert. Die Eiweiße repräsentieren ein menschliches System. Die Komplexität der Artenvielfalt ist verloren. Der Zugriff auf den Raum erfolgt mit den verzeichneten Werten. Es errechnen sich strukturelle Effekte, die dem funktionellen System hinterlegt sind.

Wir sprechen von einer menschlichen Choreographie. Sie belasten die Hintergrundsubstanz mit einer gravitationsreichen Architektur. Die aggressive

Feldstärke der technischen Datenhülle greift die natürliche Software des Immunsystems an. Die Andersartigkeit der Kriterien und ihrer Formierung schwächt die funktionellen Felder anderer Organismen und ihrer Beziehungsfelder. Die Dynamik in der technischen Datenhülle strukturiert die Software der korrelierenden Organismen. Der Materiehaushalt des Immunsystems, natürlich gelangen auch andere Größen des Organismus in den Bereich menschlicher Gravitation, passt seine Architektur den menschlichen Größen an.

Jeglicher Umbau der Hintergrundmatrix mindert die Lebensfähigkeit und ist ein Risiko für das Lebewesen. Das standardisierte Einerlei und die menschliche Uniformität, auf die wir zutreiben, stellen eine Gefahr dar. Die Vereinheitlichung der Produktlinien schwächt den Organismus. Die funktionellen Felder des Hintergrunds werden den allgemeinen Anforderungen nicht mehr gerecht. Rasenmähen, Holzhacken, Kompostpflege, Obsternte und Kartoffeln legen sind in dem technischen Gefüge nicht verzeichnet. Das sind Wirtschaftssackgassen. Die Gesundheit der Lebensmittel und die Freiheit zum Selbstzweck schaden dem Wirtschaftsstandort Deutschland.

Das Geld fließt nur ab, wenn Sie sich technisch konfiguriert verhalten. Ja, das ist das Identifikationsmoment: Die Zigarette will geraucht, der Wein getrunken, der Ferrari gekauft, der Film gesehen, die Mail gelesen und die neuen Apps wollen heruntergeladen werden. Genauso fühlt es sich an, wenn Sie mit dem Datengefüge in Kontakt kommen, sich infizieren und damit identifizieren. Die gefühlte Feldstärke ist eine Form des Willens, eines installierten Willens, der ohne Kontakt nicht auftritt. ICH würde die Werbung verbieten, egal, wer davon lebt, bestenfalls eine kostenlose Verbraucherplattform installieren, wo Unternehmen ihre Produkte vorstellen. Eine Suchmaschine könnte sie in die entsprechenden Alltagskategorien der Gebrauchsgüter verschalten.

Gleichzeitig transportiert das technische System Schadware in Form von Bakterien, Pilzen und Viren heran. Diese siedeln sehr gerne in Bereichen maximaler Schwächung, wo sie sich, den Transporteur interpretierend, sehr gut vermehren. Dabei entsprechen die Viren, Bakterien und Pilze nur einem höheren Sinn. Sie schlagen sich auf die Seite des Stärkeren und beteiligen sich am Abbau von Widerständen in der Substanz. Wir haben hier bereits einen lebenden Organismus, der dem Einbruch einer stärkeren Datenordnung in die eines schwächeren Lebens als Option aufgreift, für den Stärkeren repräsentativ aktiv wird. Diese kann sogar zum Tode des Schwächeren führen. ICH vergleiche es mit einem Medikament. Der industrielle Datenkörper nimmt ein Schmerzmittel in Form eines Virus ein und radiert damit das Datenäquivalent einer ganzen Baumart aus dem Äther. Was der technischen Ordnung einst Kopfschmerzen bereitete, hat man einer höheren Ökonomie geopfert.

Wenn ICH mich recht erinnere, hat man auch im Organismus Mensch bereits Fremdorganismen feststellen können. Es scheint Orte im Datenhintergrund des menschlichen Organismus zu geben, wo sich diese Erreger scheinbar sehr wohl fühlen. Vielleicht eine gravitationslose Zone. Warum die Schadware ausgerechnet hier ein Schlupfloch sieht, müsste geklärt werden. Auch die Art der Erreger wäre zu erörtern. ICH würde vor dem Hintergrund einer bestehenden Software auch die Selbstorganisation von Einzellern zulassen. Aber auch die Manipulation einer bestehenden Art in eine dem Menschen angepasste Betreibersoftware ist vorstellbar. So wie sich auch embryonale Stammzellen von einer gewissen Eugenikmenge in eine Richtung manipulieren lassen, dürften sich auch hier die Zellen von einer vorliegende Betreibersoftware umrüsten lassen. Wir fänden eine Häufung entsprechender Zelltypen in diesem Areal.

Anscheinend besteht ausgerechnet hier eine Zugriffsmöglichkeit auf den Organismus. Vielleicht liegt ein technisches Ebenbild vor. Wären sich die technische Entwicklung und die interne Betriebssoftware in einem hohen Maße ähnlich, so könnte der technische Datensatz zum Motor der Selbstorganisation werden. Es entstünden entsprechende Zelltypen im Inneren des Organismus. Sie ruhten dort verborgen vor gehobenen Funktionen des Organismus. Die Einzeller verweilen dort bis zu einer signifikanten Schwächung der funktionellen Feldwerte. Dann plötzlich integrieren sie sich in die geschwächten Gefüge, entern die Funktion und verteilen ihr Datenmaterial über den Organismus. Vielleicht gibt es das Identifikationsmoment auch auf der Zellebene. Das Datenmaterial des Hintergrunds, ein bewusster Feldstoff, wird von den stärkeren Feldwerten der Mikroorganismen herausgelöst und in ihre Form gebracht. Für den individuellen Baustein, der sich nur einem übergeordneten Feld anschmiegt, heißt das nur: »Ui toll! Das ist ja noch großartiger!«

Wenig bekannt ist dem Bewusstseinsstoff, dass ihm durch den Wechsel in die fremde Betreibersoftware lebenswichtige Lagen der eigenen Funktionen verloren gehen. Wir sprechen hier von einem funktionellen Elektromagnetismus. Die Kriterien und Faktoren, dichtere Phänomene der Substanz, Bausteine des Lebens und des Materieaufbaus, werden hier in einem System von Feldern in Architekturen des Wissens und andere wirtschaftliche Ordnungen gebracht. Man entzieht der lebenden Architektur und dem organischen Hintergrund des Menschen und allen anderen Lebewesen wichtigste Bausteine. Wir alle wissen, dass uns die Macht sehr viel weiterführt, als das Leugnen von Tatsachen.

ICH gehe davon aus, dass es durch die Gravitationslast zu einem Rückzug der bewussten Substanz aus den bestehenden Analogien kommt. Die Lebendmatrix, setzt man sie den menschlichen Betreiberordnungen aus, verliert augenblicklich Anteile an bewusster Substanz. Der Entzug, die Umprogrammierung und die anschließende Formierung in Technik, wie sie heute verstanden wird, hat diese Wirkung auf die Lebendmatrix. Entzieht man der Software jedoch die lebenden Positionen zur Darstellung technischer Möglichkeiten, erhalten sie eine sofortige Flucht der Lebewesen. Wer kann, ergreift augenblicklich die Flucht, der Rest wandert allmählich ab oder verliert die Möglichkeit zum Arterhalt. Die Installation des hoch technisierten Geistkörpers hat die sofortige Programmierung des Raums und die Selbstorganisation seiner Bedingungen von der Quantenebene in den Status Quo hinauf zur Folge.

Der menschliche Interpret ist nicht mehr kompatibel. Weder gibt es einen gemeinsamen Raum, noch hat man mit anderen Lebensformen irgendwelche Kriterien gemeinsam. Der entwickelte Totraum ist ein beeindruckendes geistiges Phänomen, sowohl in seiner Zusammensetzung als auch in seiner Wirkung. Wir haben die Apfelfrucht mit einer Hülle aus technischen Produktionsdaten versehen. ICH gehe davon aus, dass die Datenhülle um den Apfel der Blattlaus den orientierenden Einstieg verbaut. Dieses trifft natürlich für alle anderen Lebewesen und ihre Perspektiven zu. Welches Lebewesen könnte diesem Apfel noch etwas Freundschaftliches abgewinnen?

Die ideale Wahrnehmung eines Objekts und Inhalts beruht auf einem ausreichend komplexen Umgebungswissen. Hier sind vor allem auch die Daten anderer Arten von Bedeutung. Natürlich können Sie an der Blattlaus keinen Laptop anschließen und sich die Zusammensetzung der Pflanzensäfte ausdrucken. Aber Sie können davon ausgehen, dass hier Information in der Form eines Materieäquivalents vorliegt. Ein Feldäquivalent des Zustands und Vorgangs auf der Grundlage einer gemeinsamen Konzentration des Bewusstseins der beteiligten Lebewesen auf den Punkt des Ereignisses. Dabei sind es die Sichtweisen der Lebewesen und der Gebrauch des Objekts, welche sich in einer Datenhülle einfinden. Eine Hintergrundmatrix aus Feldäquivalenten, die den Status Quo begleitet, eine Lebendmatrix von Lebenden für Lebende. Ein stetes und wechselseitiges Training der Gefügeparameter. Ein Raum aus Daten, gerade gut genug, um sich darin zu bewegen.

Sie merken es doch selbst: Man hat Ihnen die Freiheit genommen, die Freiheit, seine bewusste Substanz in dem Gefüge zu bewegen, lebendig zu sein und das Wechselwirken der Daten einer Interaktion zu fühlen, zu erleben und zu registrieren. Man hat Ihnen die Lebenszeit gestohlen. IHR gesamtes Verhalten wird von der Technik, wie wir sie entwickeln vorweggenommen. Es ist alles programmiert. Die rapide Reduktion der Komplexität macht euch alle gleich. Mir tun die Menschen leid, wenn ICH sie so sehe. Wie sie sich auf den vorgefertigten Bahnen, definiert von Produkten der Hochtechnologie, verlieren! Es fehlt ihnen der Mumm, rauszugehen und für ihre Umwelt selbstlebend aktiv zu werden. Das wird noch interessant, wie sie das handhaben werden, wenn sich die Probleme erst einmal dauerhaft einstellen – zehn Milliarden Menschen.

Was sagen die großen Systeme des Hintergrunds? Jetzt einmal ganz im

Vertrauen: Was denken sie wirklich über uns Menschen? Streben sie eine natürliche Lösung des Problems an? Kalkulieren SIE den Niedergang der kläglichen Reste ein und arbeiten auf einen Neustart hin? Wir kennen unsere Elite ja zu wenig. Was denken SIE? Sollen wir ab jetzt nur noch in Steueroasen zusammenkommen und den Rest sich selbst überlassen? In der Basis hört man bereits von erschwerten Bedingungen für nachfolgende Generationen. Sind SIE das? Hat man SIE richtig interpretiert?

Das Ziel ist es, die Gehirnfunktion zu erkennen. Nur ein abstrakter Geistkörper? Keine Verantwortlichen? Wenn wir dem Bürger die bewusste Masse entziehen und in technischen Errungenschaften formieren, und darum geht es, verliert er den Lebenswillen. Die generierten Felder verheißen den Menschen einen technischen Raum mit einem definierten Verhalten. Mathematisch berechnet und zurechtgestutzt führt man das Leben eines Verbrauchers. Die gesamte Tätigkeit der Menschen innerhalb der Religion, die bewusste Teilhabe an dem Evolutionswerk der Schöpfung, alles dahin. Die gesamte Freiheit, seine Geistesarchitektur, wie eine Suchmaschine durch die Lebendmatrix zu wandeln – dahin! Das Ziel waren doch die Freuden des Lebens, die Interaktion mit dem Lebendigen. Die Freiheit des eigenen Handelns in einer lebenden Umwelt, wird von dem unbewussten Hirn nicht vermisst. Die Felder, Strukturen und Feldstärken geben dem Individuum einen Sinn. Alles nur noch Verbraucherräume. Produzierte Technik spannt uns funktionelle Verbrauchergrößen auf. Räume, die wir nicht mehr verlassen.

Reicht es nicht aus, die Kinder Werte zu lehren? Vielleicht sollten wir Spielsachen über Kindergärten vertreiben. Wir sollten Sammelbestellungen organisieren. Jedes Kind darf nach seinem Entwicklungsstand und seinen Vorlieben auswählen. Wir lehren einen individuellen Weg. Wir lassen sie in die Welt des anderen einblicken. Auch der Tausch von Werten und Welten wird möglich. Mancher Sandkasten wirkt, als hätte jemand illegal Plastikschrott entsorgt. ICH möchte keine tot manipulierte Masse, ICH wünsche mir einen mündigen Bürger. Doch er hat mich gefragt, ob es nicht gut wäre, die Blattläuse auszuhungern. Er kennt seine Macht, aber wir reden aneinander vorbei. Es geht hier nicht darum, Phänomene zum Aussterben zu bringen. Es geht um die Wahrung der essenziellen Lebensbedingungen. Wir brauchen ausreichend und vor allem hochwertiges Datenmaterial, um einen wirkungsvollen Summenvektor für die Organstabilität zu generieren. Die Laus ist sicher an der Selbstorganisation des Wetters beteiligt. Man könnte sagen: »Die Laus schmeckt es an der Zusammensetzung des Safts, ob Regen nötig ist.« Manche Konzentration an Nährstoffen schmeckt so scheußlich, da muss einfach mehr Wasser rein, eine andere Konzentration an Nährstoffen erinnert sie an eine ausreichende Bodenfeuchte.

Die Daten, welche die Blattlaus als lebendes Gefüge in den Status des Elektromagnetismus erhebt, bereichern den Attraktor für das Regengebiet. Das Datenmaterial nimmt innerhalb des Attraktors eine spezielle Position ein. Die spezielle Ätherdichte dürfte einer Zeitschiene zuarbeiten. Auch dient es der exakten Lokalisation des Phänomens. Wir sprechen von der Selbstorganisation der Datenkörper von der Quantenebene aus zu Lagen des allgemeinen Status Quo. Das Datenmaterial reicht auch in die Architektur der menschlichen Organe herein. Deshalb dürfte auch die Umkehrung gelten. Die Genetik des Menschen dürfte an der Selbstorganisation beteiligt sein. ICH darf daher behaupten, dass ein oberbayerischer Landwirt, der sich seit Jahrhunderten um das Land kümmert, den Datensatz eines Attraktors perfekt ergänzt.

Man hält mir vor, ICH schüre die Ausweisung derer, die genetisch anderen Regionen zuzuordnen sind. Schwerer, so denke ICH, wiegt jedoch die Ernährung und das Denken. Der Wesenskern unseres Ichs, der sich mit den externen Dingen des Lebens beschäftigt, wiegt sehr viel schwerer. Das Kopfkino dient dem Management. Diese innere Instanz ist unser Ich. Dieser Bereich sollte unsere Handlungen zur Versorgung des Körpers koordinieren. Mit welchen Nahrungsmitteln und Erzeugermethoden identifiziere ICH mich und vor allem, wo auf der Welt ziehe ICH in diesen Krieg. Wo auf der Welt sammle ICH meine Daten zu einer Definition des heimischen Klimas und Wetters? Die Frage, ›Wer oder was steht mir im Wege?‹ stelle ICH nicht. Ein Gotteskrieger jongliert mit geistigen

Ordnungen. Das heißt, regionales Bio mit hoher Artenvielfalt hält die Gifte raus aus der Region. Der regionale Biohaushalt mit hohen Artenzahlen liefert die günstigsten Daten für mehrdimensionale Raumzeitkoordinaten, die Klima- und Wetterverhältnisse bedingen.

Wenn ICH mir einen schneereichen Winter für mein Land wünsche, warum liegen dann Spanien und Italien unter einer Schneedecke? Ganz Mittelengland steht unter Wasser, und New York verzeichnet Rekordschneemengen. Sind sie mir näher als das eigene Land, wenn ICH ›ich‹ sage. Wir sollten lernen, damit zu leben. Die generierten Daten reichen in die Architektur unseres Organismus herein. Die funktionellen Felder des Organismus bestehen aus Kriterien. Die Außenwelt ist in dieser Form zu gestalten. Dann könnte dieses aufgeblasene Arbeitsplatzsystem, welches nur der Verteilung von Geldmitteln dient und noch weiter mit nutzlosem Zeug aufgeblasen werden soll, um das Ansaugen von Materie und ihren Auswurf in die Peripherie noch zu erhöhen, und wiederum andere Systeme installiert, die die gesamten Ressourcen vergeuden und damit einen noch nicht überschaubaren Schaden setzten, zurückgebaut werden. Die Schwächsten unserer Gesellschaft mit Geld zu versorgen, dazu bedarf es doch keines aufgeblasenen Arbeitsplatzsystems. Etablieren Sie ein Geldkartensystem und transferieren Sie die täglich notwendige Dosis. Der Mensch hat doch ein Gehirn. Nutzen Sie es. Gestalten sie das Leben doch einfach, menschlich und vor allem gestalten Sie es für alle.

Die gleichen Kriterien sind oft in verschiedenen Organen organisch gebunden. Manche vernetzen die Organsysteme. Die Datenfelder der verschiedenen Organsysteme greifen in dieser Form ineinander. Manche Kriterien reichen von einer Struktur in die andere Struktur hinein. Die Kriterien und Datenfelder spannen Bereiche des Raums auf, der organisch verfestigt vorliegt. Und das ist das entscheidende Wissen. Ein funktioneller Überbau ist notwendig. Der funktionelle Überbau bindet die überschießenden Kriterien aus den Ordnungen der Organe in einer höheren Ordnung.

Wir gelangen zu Hüllenstrukturen wie der Haut. Dieses Organ erlaubt es, die inneren Organe systematisch zu verbinden. Wir gewährleisten eine Architektur, welche das einzelne Organ vor der Funktion der anderen Organe schützt. Der funktionelle Überbau beinhaltet die Möglichkeit der Kommunikation der einzelnen Organe untereinander. Der funktionelle Überbau erlaubt das Nebeneinander der Organe. Die Hüllenstruktur nimmt die herausragenden Leistungsdaten der Organe auf und leitet sie in ihre Architektur ein. Dieses Informationsnetz ist notwendig, um Erfahrungswerte auszutauschen. Nur wenn sich die Institutionen zusammensetzen und sich gegenseitig die Wirtschaftszahlen vorlegen, können wir für Ausgleich und Harmonie sorgen. Träte die Kommunikation der Organe untereinander in den Vordergrund und bemühte man sich um einen Ausgleich der erbrachten Leistungen, so wären das die besten Voraussetzungen für einen gesunden Organismus.

Die Art und Weise des Denkens eines Verbrauchers und die anschließende Positionierung, die er zeigt, scheint produktbedingt zu sein. Von einem echt befreienden Denken kann man hier nicht sprechen. Vielmehr wird das Denken zu einem Technischen, zu einer Errungenschaft innerhalb des Korrelierenden Systems. Die geistigen Aktiva sind Projektionsfläche für die Erfindung von Technik und ihre Entwicklung. Als Konsument ein Produkt zu repräsentieren, bedeutet, gewisse Gesellschaftsdaten mittels eines Produkts generieren zu können. Denken ist somit eine Form des Materiebezugs, der von einer gewissen Datenmenge hinterlegt ist. Denken bedeutet hier also nur, sich mittels technischer Komponenten innerhalb des Gesellschaftsgefüges zu bewegen. Vermutlich favorisiert der Verbraucher technische Komponenten innerhalb des Geräts. Damit bahnt er sich den Weg durch den Alltag. Die Positionierung, die er dabei erreicht, ist vermutlich auch eine gesellschaftliche. Man bedenke, dass die technischen Komponenten zu einem Summenfeld verbaut sind. Aus der Anordnung geht die Funktion des Geräts hervor. Das Funktionsfeld hat innerhalb des Gesellschaftsgefüges eine stabile eigene Position. Wenn ein Gerät alle Lebensbereiche erobert, spannt es einen eigenen Datenraum auf.

Sollte sich Ihr Geist tatsächlich, Ihrer Intelligenz entsprechend an einzelne technische Komponenten binden, so bezieht er sich gleichzeitig auf die technisch gebundenen Daten des Gesellschaftsgefüges. Da er aber dem Gerät als Ganzes verpflichtet ist, geht seine Gefügekompetenz im Bereich der Gesellschaft im Funktionsfeld seines Geräts auf. Er wird von den Konzernen wieder auf vorgegebene Massebahnen getrimmt. Das sind die Massebahnen der Technik, die wiederum als Idee aus den Gesellschaftsaktiva hervorgingen. Es handelt sich sozusagen um ein Produkt, das innerhalb des Gefüges wertet, gebundene Daten involviert und unverwandte Daten beschneidet, indem man sie nicht mehr erinnert. Eine weitere Ursache von Alzheimer. Das Ich des Einzelnen passt sich an. Der Elektromagnetismus der Felder bildet die genutzte Materie ab. Das geistige Ich wird zum genormten Produkt. Sehr hohe Adaptionsgrade des geistigen Gefüges an die Produktordnung führen natürlich zu stärkeren Ausgrenzungen. Der produktgetrimmte Geist richtet unterbewusst. Die Kriterien, welche es erlauben, das Produkt zu denken, und es nicht behindern, bleiben existent. Das ist auch eine Form von Evolution. An die Stelle der natürlichen Komplexität tritt die künstliche Isolation.

Die Technik erobert alle Lebensräume. Mit der Hereinnahme der Produktnorm in die Datenlagen unseres Organismus verändern wir die natürliche Ordnung der Substanz. Die Architektur der Felder verändert sich. Es handelt sich um eine Begrenzung der Möglichkeiten einer gewachsenen Spitze der Evolution. Das einstige Verhalten der Daten innerhalb der natürlichen Komplexität wird der Produktnorm unterworfen. Das Produkt erobert den Materieraum. Innerhalb des Datengefüges schaffen sie neue Wege des Denkens. Der freie Wille eines materieadaptierten Gehirns liegt nun einmal in der Materie, die er repräsentiert. Das Gefüge den Produktnormen zu unterwerfen, ist eine Form der Manipulation. Die technischen Elemente, Begrenzer, Richter, Isolatoren usw. verlangen dem Korrelierenden System ein gewisses Verhalten ab. Das Datengefüge erlaubte es, exakt diese Größen zu generieren und zu einer brauchbaren übergeordneten Funktion zu verbauen. Wir sehen also im Gebrauch des Produkts die Datenvielfalt des Korrelierenden Systems dauerhaft diesen Größen unterworfen. Schließlich bewirkt jedes Produkt ein gewisses Verbraucherverhalten.

Nun es ist keine Manipulation in dem Sinne, dass der Mensch zu irgendetwas verleitet werden soll, aber er ist in seiner Gefügekompetenz eingeschränkt. Hinzu kommt das Verhalten, das mit dem Produkt einhergeht. Die beiden Phänomene bestätigen sich gegenseitig. Wir sehen folglich im Verbraucherverhalten die neuen Eigenschaften des Datengefüges. Der Verbraucher kommuniziert nicht mehr in der gewohnten Weise mit seiner Umwelt. Die Produktnorm verändert die ursprüngliche Gefügekompetenz. Sie interpretieren nicht mehr ihr ureigenstes Biotop auf der Spitze der Evolution. Die Menschen verlieren ihr Interesse an der Umwelt und starren auf die Smartphones. Weil die Gefügedaten der Matrix des Lebens in erster Linie zur Projektionsfläche für technische Konstrukte verkommen, darf angenommen werden, dass es zu fehlerhaften Belastungen durch dieselben kommt. Sprich, die technischen Vorgaben innerhalb der Matrix reichen nicht mehr in die Spitze der Evolution. Die Datenäquivalente der Technik erreichen nicht die Spitze des Lebens. Es kommt zu einer Beschränkung der natürlichen Möglichkeiten durch technische Gebilde. Strukturell gesehen, verhindert der technische Ablauf, dass sich das Gehirn mit Daten befasst, die außerhalb der technischen Ordnungen in Beziehungsfeldern mit anderen Arten liegen.

Natürlich kann man darauf stolz sein. Aber dann sollten einem diese Zusammenhänge bekannt sein. Fragen Sie mich dann bitte nicht wieder nach den Ursachen des Klimawandels, warum Ihre Entscheidungen gerade wieder eine Verschlechterung der Bedingungen bewirkten, warum manche Personen glücklich sind und manche nicht, warum Sie dieses und jenes einfach nicht verstehen können, und warum ICH mir einen veränderten Materiebezug für manches Gehirn wünschte. Nun, wir sprechen wenigstens darüber. Andere wissen nicht einmal, dass sie nichts wissen und fordern dann auch noch, stolz darauf zu sein. Gemeinsam in den Tod oder? Das Ziel der Menschheit darf nicht am Ende liegen, sondern nur in ihren höchsten Exemplaren.

Es kommt zu einer Belastung der Umwelt. Es kommt dem Menschen nicht mehr in den Sinn, Kontakt mit seiner natürlichen Umgebung aufzunehmen. Es ist anzunehmen, dass mit Materieäquivalenten der technischen Hardware die Qualität der Verschränkungsleistungen der Lebensmatrix auf der Spitze der Evolution nicht mehr erreicht wird. Vielmehr kommt es zu einem Fehlen wichtigster Bestandteile im Datenhaushalt Mensch. Das Wechselwirken von Daten ist immer kritisch zu betrachten. So notwendig wie ein Wechselwirken der Daten zur Aufklärung mancher Wege sein mag, so schädlich ist vermutlich ein unnatürliches Übermaß. Wer sich nicht nach getaner Arbeit ausruht, schädigt das System. Es kommt zu einer Beschneidung und Verdrängung von Arten und anderen Mitbürgern

ICH spreche hier hoffentlich nicht von Materie und Antimaterie. ICH spreche hier von Daten und wie diese entstehen. Ausnahmsweise siedle ICH zu Zeiten vor dem Urknall. Gelänge es mir, den Zustand zu fassen, so dass er Inhalt meines Geistes wäre, teilte dieser Zustand dann auch die Eigenschaften der übrigen Materie? Handelte es sich tatsächlich um ein Urfeld, so dass die Phänomene wie die Gravitation oder die Kernkräfte nur Variationen seiner Summenfunktion sind? Das Urfeld addierte sich, in den verschiedensten Materieformen angeordnet, zu den Größen der Physik. Das Urfeld reagierte zum Beispiel auf die Ordner links und rechts. Noch dunklere, konzentrierte, schwarze Gebilde ließen sich bei dieser Versuchsanordnung mobilisieren. Sie gleichen den Bewusstseinsaspekten des ersten Lebens. Auf Datensammlungen beruhende Existenzen, die ihr Sein an äußere Bedingungen koppeln. Die Zustände des Inneren generierten Aspekte im Äußeren. Ein Wassermangel im Inneren führte zu einem erhöhten Bewusstseinsgrad für den benötigten Zustand im Äußeren.

ICH nähme gerne ein homogenes Feld an. Ein strukturloses Feld ohne Generator zu denken wäre elegant. Dieses Feld wäre sehr viel flexibler. Ohne einer generierenden Ordnung unterworfen zu sein, repräsentierte das Medium jegliche Struktur der Materie. ICH spräche gerne von einem homogenen Feld. Vielleicht teilt das Feld sogar die Eigenschaften von Wasser. Das Medium ruhte, und die Bewegung der schwarzen Körper wäre keine Bewegung im Sinne eines Festkörpers, der das Feld durchfliegt, sondern gliche einer Welle, die sich verlagerte, ohne sich wirklich zu bewegen. ICH, ein elektromagnetisches Phänomen, so wie Sie meinen Geist zusammengesetzt sehen, aus Kriterien bestehend, Materiebezüge aller Art also, Daten bewegter und weniger bewegter Materie gehörten diesem Konstrukt an – ICH wirkte also mit den Optionen links und rechts auf das Medium. Wie durch eine Lupe betrachtet, unterwürfe sich die Substanz meinem Erdkörperverzeichnis. Wir sollten uns dieser Flexibilität des Mediums sicher sein. ICH wirke somit in einem geringeren Maße auch auf die Materie. Wir halten diese Eigenschaften für notwendig, um dem Gehirn ausreichend Material zukommen zulassen, sich wieder auf den Materieraum und seinen gewohnten Haushalt zu beziehen.

Ist damit die Programmierbarkeit des Mediums bereits bewiesen? Wie müssten Maschinen aussehen, die das Urfeld der gewünschten Ordnung unterwerfen? Wann tritt die Stabilität auf? Wann tritt eine in sich stabile Ordnung der Substanz auf? Wann entsteht die Materiemasse? Welche Feldmasse ist als kritisch zu bezeichnen? Lässt sich die benötigte Masse der Substanz aus einem gewöhnlichen Atom herleiten? Vermutlich wählt man die Feldstärkedichten sehr viel höher, um die Reaktion der Stabilität mit ihrem Umfeld heraufzusetzen. Bedenke ICH die Dichte der Substanz im Atom? Gibt es auch eine interne Hitzereaktion? Vermutlich lässt sie sich auch für den internen Zustand bestimmen. Die Temperatur ginge hier ebenfalls mit der Dichte des Mediums und der augenblicklichen Geschwindigkeiten der Phänomene einher. Mit der Abkühlung träten die physikalischen Ordnungen auf und die Gesetze der Physik in Kraft. Manche sehen nur die Existenz des Teilchens. Das ist aber hinderlich. Sie sollten das Kommen und Gehen der Energien betrachten. Vielleicht können technisch Kreisläufe erzeugt werden. ICH hörte, dass sie Antiwasserstoff eingefangen haben, ihm sozusagen eine Richtung vorgeben. Die Kreisläufe der Energien kann man dann so anordnen, dass sie zu Kernkonzentrationen taugen. Die erzeugte Stabilität reagiert mit ihrem Umfeld.

MÜNCHNER SICHERHEITSKONFERENZ 2021 (JANUAR 2021)

Sie haben die Konferenz der Viren wegen in den April verlegt. ICH sollte bis zu diesem Zeitpunkt von deren Hintergrund unbelastet sein. Am meisten scheint sie die Formulierung der Hintergrundsubstanz zu stabilen Teilchen zu interessieren. Die einsetzende thermische Reaktion spülte genug Energie in den Raum, um die Erde in ihrem Sinne weiter zu betreiben. Wenn man nicht von einem bewussten Interesse der Beteiligten an dem Thema sprechen darf, weil sie vielleicht gar nichts von ihrem Hintergrund wissen, so müsste man von einer physikalisch mathematischen Prägung des Systems sprechen. Die gesamte Architektur des geistigen Hintergrunds, wie er unsere Gesellschaft und Zivilisation heute dominiert, wäre von der Mathematik und der Physik der vorherigen Jahrhunderte geprägt. So wie die Entwicklung des geistigen Gefüges mit den beiden Weltkriegen einherging, so dürfte sie auch heute noch gegenwärtig sein, wenn sich die beteiligten Größen versammelten. Man bräuchte eben nur eine ausreichend komplexe Plattform, welche das Gedankenkarussell von damals anlegt und das Wissen in Stand setzt. Die Wirkungen des Gefüges drücken den Wunsch aus, sich weiterzuentwickeln.

Dieses Bestreben der Felder, sich zu entwickeln, hat seine Ursache vermutlich in dem anwachsenden Unterschied der Kriterien, die die Gesellschaft hervorbringt. Trank man früher Wasser, sind es heute Säfte und Limonaden. Die Produktionsgüterströme brächten eine Veränderung der Architektur mit sich. Die Materieströme der Produktion, des neuen Verbraucherverhaltens und der Abfallwirtschaft addierten sich zu Effekten und Wirkungen. Diese wären für das integrierte Kriterium wegweisend. Der Bewusstseinsstoff des Individuums würde gerichtet und erweiterte den persönlichen Beitrag in eine gewisse Richtung. Als Folge strömte das Feld einem Wandel des Summeneffekts entgegen. Das

Individuum würde von seinem persönlichen Anteil am Raum herausgeführt. Man verändert das individuelle Kriterium aus der Sicht der Biosphärenteilhabe in einen unnützen Raum. Wir verlassen den Evolutionsbereich und der Stoff unseres Bewusstseins wird in Bereiche getragen, die einer technischen Entwicklung unterworfen sind. Die Verschiebung des Bewusstseins verändert den Raumbezug der Datensätze. Das Individuum verliert seine natürlichen Kriterien. Die Datensätze der Evolution wandeln sich.

Die natürliche Äquivalenz zu den Biosphärendaten, welcher der menschlichen Existenz auf der Spitze der Evolution eigen waren, bedingten ein Leben als Sammler und Jäger. Der freie Wille der Menschen bestand darin, an Gottes Schöpfung mitzuwirken. Heute verändert sich die Liebe zur Natur im Verlauf der Kriterien zu Feldern technischer Architekturen. Die Menschen richten sich nach ihrer inneren Instanz. Die Menschen machen, was ihnen die Felder zu sein vorgeben. Das ist der freie Wille von heute. Ein höheres Feld involviert das Individuum. Nehmen wir einen Produktionsgüterstandort. Materie bewegt sich auf festen Bahnen, rücksichtsloser Raubbau an der Natur, verantwortungsloser Schadstoffausstoß, alles, was dazugehört, um sich mit dem Produkt auch richtig gut und vor allem als Mensch fühlen zu dürfen. Die geschaffene Architektur spricht dich über dein augenblickliches Sein an. Dein Bewusstseinsstoff wandert entlang der Kriterien in die technischen Architekturen ein. Die Kriterien deines Seins verändern ihren Informationsgehalt. Dein Sein verändert sich. Man verliert seinen Sinn und seinen Wert für die Schöpfung. Wie du einst vernetzt warst, interessiert hier niemanden. Der technische Sinn wird zum Gehalt der Felder. Die Felder spannen die Verbraucherräume auf und der Konsum startet. Der Konsument ist geboren. Seine Schnittstelle in den Raum für das Ganze nicht mehr von Bedeutung.

Man könnte die Struktur des Wissens beibehalten, aber die am Aufbau der Architektur beteiligten Kriterien verändern. Der Wunsch des Wissens, sich zu entwickeln, wäre eine Gefügeinterpretation. ICH wäre der interpretierende Geist, der die wirkenden Verhältnisse betrachtet, der Wollende. Es ist das Spiel der

Kräfte in den wissenden Architekturen. Treffen die Kriterien auf Menschen, welche sie sich aneignen, ist es aus mit dem freien Willen. Gefühle und Rechenoptionen des geschaffenen Gefüges steuern von nun an den Menschen. Die Kriterien des Gesellschaftsgefüges spannen den Raum auf. Sie spannen den Verbraucherraum auf. Die Produkte liegen oft weit über dem, was zu verantworten ist. Wer trägt eigentlich die Verantwortung? Unnützes Zeug wird für Abfallkreisläufe produziert. Die Kitschschicht dreht hier etwas unterbelichtet ihre Bahnen, kauft und wirft weg. Ohne eigenem Standpunkt, ohne eigene Meinung vom Ladentisch in den Abfalleimer. Die Positionen des Verbraucherraums sind nicht mehr Teil der natürlichen Eigenschaften der Biosphäre. Jedes Produkt, das verantwortungslos ausschließlich für den Markt entworfen wird, untergräbt die bestehenden Leistungsgrößen der Natur. Das sind die Architekturen des Lebens. Die Funktionen und Harmonien unseres Organismus. Auch ein Engagement für sauberes Wasser, saubere Atemluft und fruchtbare Böden für Lebensmittel gehört dazu und bedingt gesunde Funktionen des Organismus.

Heute sage ICH: »Das generierte Partikel bricht seine Ordnung mit dem Quantenfeld.« Die Münchner Sicherheitskonferenz 2021 musste aus aktuellem Anlass verschoben werden. Der Hintergrund zum Thema wurde deshalb vorab installiert. In Bayern gilt zurzeit eine Ausgangssperre. Man darf das Haus zwischen 21 Uhr und 5 Uhr morgens nicht verlassen. Außerdem sind größere Menschenansammlungen untersagt. Dieses führt uns zu einer ganz neuen Beschreibung des Raums. Die Daten, die wir zugespielt bekommen, stammen aus den Haushalten der Menschen. Die großen Labels sind im Augenblick weniger präsent. Anstatt von gravitationsreichen Kerngebieten zu berichten, die Verbraucherbahnen aufspannen, bleibt mir folglich nur, von dem Raum zu berichten, den die Individuen von sich aus generieren. Eine Matrix der Fläche entsteht. Das Auto verliert an Bedeutung, weil nicht gefahren werden muss. Wohin auch? Wir erhalten eine maximale menschliche Aufklärung in der Fläche, für ein maximales Erfassen des Raums, ohne störende Spaßarchitekturen. Das sollten wir die wirkliche Freiheit des Individuums nennen.

Das Erfassen in der Fläche erinnert mich an den Quantenschaum, während ich die Labelarchitekturen der Geschäftswelt in den Bereich mehr oder weniger stabiler Teilchen rücke. Die Energien fließen in Form von Materieäquivalenten in die Strukturen ein und ziehen sich auch wieder in den Raum zurück. Heute, am 04.01.2021 sage ICH: »Das generierte Partikel bricht seine Ordnung mit dem Quantenfeld.«

Besonders flexibel und kommunikativ sind Smartphones. Sie lassen sich auf allen Ebenen des Quantenraums finden. Sie spannen somit den besten Hintergrund auf. Hinzu kommt ihr Nutzen und Gebrauch. Der Gebrauch vertieft noch einmal die Raumbeschreibung und erhöht die Kapazität des Datenäquivalents. Wir sehen das Smartphone, nein sein stabiles Feldäquivalent auf der Quantenebene angesiedelt. Der Gebrauch der Strahlung zum Telefonieren scheint aber in noch tiefere Schichten hineinzureichen. ICH möchte nur sagen, dass Ihr Gehirn mit dem Gebrauch der Technik auf Ebenen siedelt, die der Materie weit unterlegen sind. Diese Bereiche strukturiert und beherrscht die Materie. Vermutlich ist das auch die Ursache für eine leichtere Manipulation und schwerwiegendere psychische Wirkungen. Es geht mir darum, die Funktion für das Ganze zu erkennen.

Ich habe das Handy jetzt draußen auf dem Tisch neben der Tomatenpflanze liegen. Sie hat leider Läuse und schreit um Hilfe. Wir sehen uns den Raum als Feldäquivalent auf der Quantenebene an. ICH betrete den Raum, ich nehme das Handy und rufe die Oma an. Die Oma wohnt eine Straße weiter. Sie hat keine Läuse, aber dafür viele Blattlauslöwen. Wir sprechen über dieses und jenes. Schließlich braucht sie mich, um den Gartenzaun zu reparieren. Ich parke mit dem Kleintransporter vor Omas Haus. Die Türen des Transporters stehen während der Arbeiten weit offen. Ich fuhr nach getaner Arbeit nach Hause. Ich öffnete die Tür zur Ladefläche, um das Werkzeug aufzuräumen. Plötzlich springt ein Blattlauslöwe an mir vorbei und stürzt sich auf die Blattläuse an meiner Tomatenpflanze.

Welche Fragen stellt man sich? Ruft die Tomatenpflanze den Blattlauslöwen an? Baut sich während des Telefonats eine quantenmechanische Einladung für den Blattlauslöwen auf? Gleicht die Sattelitenverbindung einer Wegbeschreibung zu der Tomatenpflanze? Findet das alles innerhalb unseres Geistes statt? Verrechnen sich hier Einzelpositionen zu höheren Räumen? Besitzt das Tier geistige Fähigkeiten, den Raum als Ganzes abzubilden? Entscheidet sich das Tier aufgrund der vorliegenden Raumdaten für die Fahrt mit dem Transporter? Ist der Aufbau des Raums zum Austausch von Information für die Arten und anderen Teilnehmer an der Biodiversität mit einem Menschen, der seine Schnittstelle in die Matrix in nutzlose Bereiche verlagert und über Satteliten telefoniert noch möglich. Der Datenkosmos des Erdsystems mit all seiner Artenvielfalt fordert mich täglich auf, mich funktionell in das Ganze einzubringen. Am besten unterstützt man das Miteinander der Arten im eigenen Garten. Dann lassen sich auch die Verhaltensweisen der Tiere gut beobachten. Die eigene Erfahrung ist der beste Lehrmeister und hat schon so manche Theorie hervorgebracht.

Verliert man sich mit mangelndem Sinn in der ausschließlichen Versorgung der Zelle, dann sind für die funktionierende Einheit Schäden vorprogrammiert. Wir sprechen hier aber auch von der Gravitation der Geistkörper, von Feldstärken und bewegter Masse in Form der Materieäquivalente. In einem Gesellschaftsgefüge, einer für sich existierenden, der Materie äquivalenten Datenmatrix, ist der freie Wille in Abhängigkeit zum Bestehenden zu sehen. Entweder es gibt bereits einen Anbieter, der Sie in Ihrem Vorhaben unterstützt, dann bildet man Sie in der gewünschten Weise ab und reiht Sie ein, ohne andere zu gefährden, oder das Gesellschaftsgefüge wird für sie zum Status nascendi. Sollten sie nämlich einen neuen Status statuieren, eine technische Errungenschaft einfordern, so ist dies nur bei einer allmählichen Anpassung des Gesellschaftsgefüges denkbar.

Das geistige Produkt verursacht immer eine Veränderung der Materieströme. Es ist nicht ganz richtig, ein neues Produkt als Freiheit zu verkaufen. Es gründet sich doch auf individuellen Inhalten und bindet das Individuum auf speziellen Bahnen. Sie verändern das Verbraucherverhalten und schaffen das alte ab. Sie verändern geistige Strukturen, schaffen neue Ordnungen, neu denkende Möglichkeiten. Dieser Wandel findet auf der Datenebene statt. Es wird eine andere Fassung der Kriterien und ihre Bindung in wissenden Feldern erzwungen. Dieses mündet in veränderten Materieströmen, in veränderten Bedingungen des Denkens. Die zum Beispiel mittels Komponenten eines Smartphones technisch abgebildeten Status des Korrelierenden Systems werden zur neuen Grundlage des Denkens. ICH spreche von den Materieströmen in den Feldern, ihr Zusammenfließen in höheren Ordnungen, das Anhauchen von Objekten, um Objekte zu erinnern, die einen Arbeitsablauf ermöglichen.

ICH erkenne den Zwang der neuen Ordnung, aber auch den freien Willen, sich als ihr Bestandteil zu begreifen. Das Wirtschaftssystem: In der kreativen Phase binden wir die Daten des Gesellschaftsgefüges. Weil manche Denker weit in das Datengefüge vordringen, binden wir auch solche, die aus dem Gesellschaftsgefüge herausgefallen sind. Die Alltagsdaten der Individuen sind dann in dem wissenden Konstrukt gebunden. Das Individuum wird zum Bestandteil der technischen Ordnung. Dieses ist das Wirtschaftssystem. Es werden große Massen in Form von Rohstoffen bewegt. Auch die Fertigung und die Auslieferung der Produkte sind innerhalb des Korrelierenden Systems bahnend wirksam. Warum bewegt sich das technische gebundene Kriterium, im Gesellschaftsgefüge mit Warenströmen vertraut, also so, dass sich sein gebundenes Sein zum Funktionsfeld des Produkts entwickelt? Das Individuum wird zum technischen Sinn. Das Individuum verliert seine natürliche Funktion innerhalb der Evolution. Das Individuum spannt von nun an den Verbraucherraum mit auf. Die innere Matrix des Menschen verändert sich. Man entzieht ihm das wahre Sein. Er verliert seine Identität innerhalb der Evolution. Die entwickelten Größen verstellen den Blick auf das Wesentliche. Wir hören anders, wir sehen anders, wir riechen und schmecken anders. Die Wahrnehmung ist getrübt. Es gelangen nur noch Verbraucheranimationen in unser unbewusstes Bewusstsein. ICH sehe, den Vorgang betrachtend, dass

Sie sich vom Licht isolieren. ICH sehe, den Vorgang betrachtend, dass Sie Ihre Schnittstelle in die Gemeinschaft der Lebewesen aufgeben.

Vermutlich liegt es an der Einbindung des Kriteriums während der Forschung. Die täglichen Materieäquivalente der Individuen sind als wichtigste Bausteine unserer Seher anzusehen. ICH spreche nur für Summenarchitekturen, die eine sichtbare Dichte erreichen. ICH leite das Wissen selbst und bewusst ab. Das sind wiederkehrende auf eigener Erfahrung beruhende Werte. ICH beobachte die Datenkörper ganz genau. Mich interessiert der Gehalt an Wissen, den sie in sich tragen. Dieses sind geistige Phänomene, die dem Weltgeschehen diktieren. Die Einbettung der Einzelnen während des Entstehens der tragenden Architektur führt zu einer gewissen Abhängigkeit derselben. Die Abhängigkeit der Einzelnen beruht auf der umgebenden Feldaktivität. Die Aufnahme von Kriterien in ein bestehendes Gefüge erweitert den Bezugsraum. Sie wechselwirken und fügen sich dem Summenfeld hinzu. Effekte wie Beschleunigung und andere Phänomene treten auf. Hier fühlt sich der Einzelne bereits Strömungen, Kräften und Ladungen zugehörig. Das Produkt, so der Datenkörper in dieser Form veröffentlicht wird, hat dann das Bestreben seine einzelnen Kriterien ebenfalls in diese Form zu bringen. Das einzelne Kriterium tritt den Weg der Vervollständigung an. Die Feldaktivität des fertigen Produkts ist hierfür verantwortlich. Ein ausgefeiltes Marketing fördert die Existenz des Produkts im Korrelierenden System. Dort verbreitet sich der installierte Geistkörper auf natürliche Weise, den Gesetzen der Physik entsprechend.

Der wissende Gravitationskörper, mächtig und schwer, erweitert das individuelle Sein immer weiter. Die bewegten großen Massen der Wirtschaftskonstrukte haben eine höhere Wertigkeit. Man erkennt sich und liebt sich. Die geringeren Feldeigenschaften verrechnen sich in begleitenden Architekturen. Die Aktivität in den Feldern führt sehr schnell dazu, dass sich der involvierte Baustein zum fertigen Produkt entwickelt. Wir haben das individuelle Kriterium dann zum Produktäquivalent erweitert. Man räumt ihm nun eine Existenz im Geiste ein. Der Verbraucherraum spannt sich um das Produkt auf. Das Individuum integriert sich in diesen Raum. Es hat an wirklicher Substanz verloren und sich zum Verbraucher entwickeln. Das individuelle Sein, wie es einmal war, habe ICH auf irgendeine Weise, in irgendwelchen Feldern verrechnet, deren Zusammensetzung ICH nicht kenne, um eine gewisse Form des Wissens hervorzubringen. Die Ichinstanz des Individuums ist jetzt ein entworfenes Produkt. Die Massebahnen um dieses Produkt bedingen jetzt das Denken des Individuums. Das technische Verhalten der Produktionsweisen, Transportströme, induzierte Materieströme des täglichen Gebrauchs sowie das Produktverhalten beherrschen nun die Aktivität der Felder. Darin verbergen sich die neuen Momente, Wege und Argumente menschlichen Denkens.

Das sind die neuen Träger des Feldaufbaus zur Ergebnisbildung. Das sind die augenblicklichen Grundlagen sich das Materiesystem zu erschließen. Einfache Produkttechnologie wird zum Wesenskern unseres Denkens. Das sind geistige Muster, die wir zur Erkenntnissuche gebrauchen. Diese geistigen Muster gehen aus dem Materieverhalten hervor, das die Produkte und ihr Gebrauch in ihrer Umgebung verursachen. Wir erhalten eine Prägung durch die bewegte Materie. Diese Architektur wenden wir dann auf fremde Systeme an, um die Zusammenhänge zu überblicken. Wenn man Diesel in den Tank gibt, kommt beim Auspuff Feinstaub heraus. So einfach ist das. Wenn man Rohöl in die Raffinerie gibt, erhält man am Ende Diesel. Wenn man Regenwälder hineingibt, dann bekommt man Erdöllagerstätten heraus. Wenn man ... hineingibt, kommt ein Sonnensystem heraus. So einfach ist das. Vielleicht ist das Sonnensystem nur der Teil eines Megamotors. Vielleicht wandelt hier jemand sehr viel Energie in Bewegung um. Wir packen alle Sonnensysteme dieses Universums in einen großen Tank und nutzen sie im Großmaßstab. Das System treibt eine Antriebswelle an und bringt seinem Besitzer 500 Pferdestärken auf die Straße. Ein sehr schönes Beispiel zur Gehirntätigkeit. Viele Individuen rücken weit ab von ihrem Sein, um das Produkt zu verkörpern. Es ist kein freiwilliges Abrücken. Die Involvierung beginnt mit der Instandsetzung des Wissens, mit dem Entwurf der Produkte.

ICH sehe in dem Zwang zur Vervollständigung des eigenen Datensatzes hin zum Produkt eine Reihe von psychischen Wirkungen. Die oktroyierten Datensätze werden von einigen als Belastung empfunden. Ein Übermaß macht nicht selten krank und verursacht Leid. Die Datenordnung ist eine Feldordnung. ICH rechne das geistige Phänomen der Quantenebene zu. Die entworfenen technischen Konstrukte involvieren die Gesellschaft. Sie involvieren auch den Einzelnen. Sie organisieren von der Quantenebene aus den Materieraum. Die Datenkörper sind elektromagnetische Phänomene, für welche das Auge empfindlich ist. Die Integration ist ein Vorgang der gegenseitigen Anpassung. Die Daten stimmen sich aufeinander ab. So wird es in manchen Bereichen zu Behinderungen kommen, in anderen werden gravierende Neuerungen Vorteile mit sich bringen.

Das Gefüge wird sich in weiten Bereichen spürbar verändern. Der Gebrauch dieser Dinge in einem Haushalt zieht weitere Veränderungen nach sich. Das neue Gerät braucht seinen Platz in der Küche und verdrängt damit andere. Es verändert sich die Verarbeitungsweise und Zubereitung der Speisen. Die Ernährung verändert sich. Es braucht daher seine Zeit, bis sich der Datenkörper um das Neugerät in der Gesellschaft etabliert hat. Das individuelle Kriterium wird langsam zu diesem erweitert. Die Vervollständigung des Datenäquivalents, so dass sich alle Erfordernisse des Gebrauchs im Materieraum umsetzten, wird auch den Organismus nicht unbeeindruckt lassen. Die Vervollständigung des individuellen Kriteriums zum Produktkörper wird sicherlich auch körperähnliche Konstrukte hervorbringen, so dass man sich mit dem Gebrauch auch etwas Gutes tut. Man wird sich im Allgemeinen immer ähnlicher, bis man das Gerät schließlich selbst zu Hause hat. Man arbeitet damit und entwirft Bewegungsprogramme. Der ganze Organismus von der Bandscheibe bis hin zu den Fußmuskeln erlernt den Gebrauch des Geräts. Es findet folglich ein Umbau innerhalb des Organismus, wie auch im externen Raum statt. Man denkt, tut und handelt und opfert Gewohntes, um dabei zu sein.

Der Entwurf von Bewegungsprogrammen, der Umbau der Gewebe unseres Organismus, und auch die geistigen Entwürfe für die Produkte sind elektromagnetisches Gut. Diese Datenäquivalente gehören dem Quantenbereich an. Hier fließen die Fäden alle zusammen. Hier programmiert sich der Materieraum.

So stelle ICH mir das Wirken geschaffener Produkte vor. So stelle ICH mir das Wirtschaftsystem vor. Der zukünftige Status Quo zeigt sich bereits im Vorfeld als Datenphänomen der Quantenebene. ICH denke, dass es vor allem die Produktionsgüter sind, die laufenden Maschinen und die Motoren, die Pkws und Lkws, die die Felder bahnen. Die individuellen Lebenswelten und Lebenswerte werden von dem gefassten Kriterium aus unterwandert. Die motorengetriebene Masse zwingt ihnen den Neuentwurf auf.

Das gefasste Kriterium ist das Tor zu dieser neuen Welt. Die generierten Feldstärken – allen voran die transportierten Massen – erweitern den Raum um das verrechnete Kriterium. Sie dominieren, lange bevor sie den Kauf tätigen, Ihre gewohnten geistigen Lagen. Die Substanz wandelt sich unter dem Einfluss der Produktkörper. Der Gravitationskörper unterwirft sich die Substanz. Die schweren Massen bahnen die Felder. Die Substanz entwickelt ein ähnliches Verhalten. Die Felder des Produkts und die Materieäquivalente der Gebrauchsströme installieren sich. Das neue Materieverhalten setzt sich in Konkurrenz zu den gewohnten Organisationsformen. Gleichzeitig sorgen sie für die Struktur und kurbeln das Räderwerk an. Das Produkt wird in die Peripherie verbracht. Die neu gefassten Lebenswelten nehmen das Produkt in ihre Haushalte auf. Man hat ihr Ich wieder ein Stück entfremdet. Die natürlich gewachsene Komplexität des Individuums verliert weiter an Substanz. Das Individuum wirkt zunehmend entwurzelt und isoliert. Die Inhalte und Zusammenhänge, die ein Gehirn zu überblicken glaubt, verlieren an Ausdehnung, Volumen und Wert. Der Nutzen für die Gesellschaft reduziert sich. Die ausgeworfene Materiemasse erhöht sich. Es ist ein Wirtschaftssystem.

Damit ist auch geklärt, warum manche Datenkonstrukte mit Willen, Stärke und Gesundheit in Verbindung gebracht werden und andere zu einem Kränkeln der Individuen und Arten führen. Es liegt an der Kriteriensammlung. Stehen mir das holographische Konstrukt und die darin abgebildeten Materieströme feindlich gegenüber? Werde ich als Art oder Individuum in dem vorherrschenden Konstrukt überhaupt noch erwähnt? Der geschaffene Datenkörper, der unsere Gesellschaft repräsentiert, hängt nicht nur viele ab, er schließt Leben aus. Der

Gesellschaftskörper verdrängt nicht nur an den Rand, er löscht unsere Existenz. Er wandelt unser Sein und unsere Lebendgrundlagen in eine Konsumentenstruktur aus Produktionsgütern und dem angehefteten Verbraucherverhalten. Da bleibt keine Zeit mehr für das Leben.

Betrachten wir die Leistungsfähigkeit eines Immunsystems. Ich sehe die Leistungsfähigkeit des Immunsystems im gelebten Datenhaushalt. Wie ist das Ich des Menschen zusammengesetzt? Wie reich an Arten ist das Ich des Menschen? Wie sind die Arten zueinander organisiert? ICH sehe in der Komplexität einer gelebten Biodiversität eine Vielzahl an Verarbeitungsstrategien enthalten. Der Artenreichtum eines holographischen Konstrukts, seine Komplexität schützt uns vor externen Angriffen. Die Möglichkeiten eines geistigen Gefüges Angriffe aus der Gesellschaft abzuwehren, liegt nicht zuletzt in der Möglichkeit in seinem Datenhaushalt auf integrierte Bausteine zu verschalten. Die Entscheidungsfähigkeit einzelner Organismen sich zu bewegen, Dinge zu tun oder zu unterlassen, sind geeignete Mittel sein Ich zu verändern. Verändert man sein geistiges Gefüge, verändert sich die Wahrnehmung für Angriffe aus dem Gesellschaftskonstrukt. Gefühle veränderten sich mit der Zusammensetzung der Substanz. Das Gesellschaftskonstrukt korreliert in der Form der Zusammensetzung mit dem eigenen Ich. Verändert man die Zusammensetzung seines Ich, dann führt das auch zu einem veränderten Einwirken. Das gilt natürlich nur für die Annahme, dass Geist und Körper in der beschriebenen Weise verwoben sind, oder sich zumindest von der Quantenebene heraus organisieren und der Status Quo als gemeinsamer erlebt werden kann.

Eine Umwälzung der Gesellschaft verändert den Sinn der übertragenen Information ebenfalls. Die einzelnen Arten – im Datenhaushalt des eigenen Ich verschränkt – lebten zunächst einmal selbst ihr Leben, bevor wir ihre Datenäquivalente als Bestandteile einer Summenfunktion unseres Organismus betrachteten. Wie großartig die Verschränkung mit dem Leitmedium bzw. seinem Konstrukteur und Träger ist, kann nur angenommen werden. Hier spielt sicher auch eine gewisse Erfahrung der Interpreten mit herein. Sicher gibt es Charaktere und

Umweltbedingungen, die erste Fehler der Interpreten verzeihen und so eine allmähliche Feinabstimmung innerhalb des menschlichen Datengefüges garantieren.

Sähe man die verschränkten Organismen Ziel führend in das menschliche Konstrukt integriert, so läge der Bewegungsimpuls für die kleinen Organismen in der Ausführung menschlicher Handlungen. Scheinbar geht die Handlungsebene des Menschen mit einer Ansicht des dafür notwendigen Datenmaterials einher. Die menschliche Handlungsebene korrelierte mit den Alltagsdaten der Geringeren. Die Verschränkung im Korrelierenden System erforderte es, sich in Abhängigkeit zu den menschlichen Zusammenhängen zu organisieren. In dem Zeitfenster der menschlichen Aktivität stellte sich eine gewisse Gefügekompetenz der Geringeren ein. Die Geringeren nutzten den Augenblick menschlicher Aktivität ihr eigenes Datenmaterial zu überblicken.

Die geringeren Massen bewegten sich wie die Materiekörper größerer Masse. Die Komplexität des Datenhaushalts ist nicht mehr so hoch, wie an der Spitze der Evolution. Ein Miteinander der Arten, so dass ein Datengefüge entstünde, das die Wege aller ausreichend mit anderen Gesellschaftspositionen hinterlagert, ist nicht mehr vorstellbar. Eine Komplexität des Datengefüges, so dass die Positionen des korrelierenden Systems in der Summe, den Einzelnen zum Paarungsakt oder das Individuum ganz gezielt zur Nahrungsquelle leiteten, ist heute nicht mehr gegeben.

Ein einfaches Beispiel stellt der Blühstreifen für Insekten und Wildtiere an einer befahrenen Bundesstraße dar. Man setzt hier menschliche Gesetze mittels Todesstrafe durch. Die Bienen, Hummeln und Schmetterlinge werden angelockt und dann mit 100 Kilometern pro Stunde zurechtgewiesen. Die glauben wirklich, ein Streifen ›Bienenbuffet‹ gehört wie eine Imbissbude an die Bundesstraße. Weiter reicht das Organisationsmoment des hochentwickelten Geistkörpers nicht. ICH war selbst dabei und konnte die Reaktionen meiner Miteinsitzenden beobachten. Am Straßenrand hat man einen Blühstreifen mit Sonnenblumen und anderen Größen angebracht. »Mensch, seht euch die schönen Sonnenblumen an!«, bemerkte der Fahrer. Dann schlugen eine Libelle und ein paar Bienen auf der Windschutzscheibe ein. Der Fahrer regte sich kurz über die Viecher auf und betätigte die Scheibenwaschanlage.

Anstatt an einem windgeschützten Waldrand auszusäen, so dass man als Autofahrer anhalten kann, aussteigt und ein wenig in der Natur verweilt, forciert man massereiche Phänomene. Gäbe man seinem Hund an dieser Stelle etwas Auslauf, während der natürliche Betrieb der Natur selbst etwas auf die i-phone-Seele wirkte, nähme die natürliche Komplexität des Erdsystems wieder zu. Weil es aber in der holographischen Datenmasse bei Todesstrafe untersagt ist, diese Blühfelder anzufliegen, müssten es die Individuen erst erlernen, die verschiedenen Attraktoren zu unterscheiden. Der Attraktor ›Blumenfeld mit ruhigem Waldgebiet‹ begünstigte ihr Sein, der Attraktor ›Blumenfeld mit Bundesstraße‹ zerstörte ihre Leben. Weil aber eine Dominanz der Industrie- und Spaßgesellschaft besteht, die vorherrschende holographische Masse menschlich ist und die Windschutzscheibe als steuernde Gesetzgebung herhalten muss, werden die Individuen der einzelnen Arten aus dem menschlichen Feld vermutlich auch auf günstiger gelegene Blumenfelder nicht hingewiesen.

Es ist eine zunehmende Beschränkung der natürlichen Existenz zu verzeichnen. Das Abschneiden der Fäden in die Evolutionsmatrix, die Verzerrungen der Schnittstellen in den natürlichen Lebensraum, das allgemeine Abweichen von den Werten individuellen Seins wird mit zunehmenden Pharmadosen zu regulieren versucht. Bezeichnete man es Intelligenz, sich an bestehenden Daten orientieren zu können, so sollte man auch das Leitmedium intelligent gestalten. Nur das Angelegt sein in einem dieser komplexen Geister erlaubt es auch das eigene Ich in dieser Komplexität zu organisieren. Die Information ›Blumenfeld‹ reicht heute nicht mehr aus, um risikolos einkaufen zu gehen. Dieses war auf der Spitze der Evolution der Fall. Die technischen Errungenschaften und vor allem die weitere Entwicklung reduzieren die Seelen immer weiter. Die psychischen Abhängigkeiten werden noch perverser.

Früher konnte man sich auf das Sehen von Information verlassen. Das war eine natürliche Lebensraumfunktion. Man konnte sich der notwendigen Information für sein Überleben in seinem nächsten Umfeld sicher sein. Alle profitierten von der aufgeworfenen Information. Es bestand eine natürliche Datenmatrix, an der sich alle Lebewesen beteiligten. Der Materieraum lag, mit einer Hülle aus Leben umgeben und mit Bewusstseinsstoff zur Einheit ausgekleidet, wie ein offenes Buch dar. Das Hinhören auf eine Geräuschkulisse war somit ein analytisches Ereignis. Man leitete für seine Existenz und seinen Bedarf direkt aus dem vorliegenden Datenraum her. Man befand sich in einer belebten und damit aufgeklärten Umgebung und erhielt auf Anfrage aus der Hintergrundmatrix die benötigte Rauminformation.

Sollen wir es beibehalten, die Gesellschaft auf irgendwelche Produktideen zu trimmen? Ist es wirklich intelligent und fortschrittlich, wenn wir natürliche Mechanismen des Gehirns nutzen, um die geistigen Lagen der Bürger und Bürgerinnen in derartige Lagen zu manövrieren. Wäre es nicht sinnvoller, die technisch vorgegebenen Massebahnen zu durchbrechen und das Gefüge wieder ordentlich zu vernetzen? Die Kosten im Gesundheitswesen explodieren. Schließlich geht es hier auch um artgerechte Haltung, um glückliche Menschen. Die Intelligenz des Einzelnen geht mit der Intelligenz des Gefüges einher.

Sich an der Spitze der Evolution zu sehen, bedeutet doch vor allem, alle anderen Organismen als seine Basis zu verstehen. Den Materieraum als Ganzes abbilden zu können, ist doch das eigentliche Ziel. Er hat den funktionierenden Menschen hervorgebracht. So sehe ICH nicht nur die Bewusstseinsaspekte der Einzeller in den großen Überbauten der menschlichen Funktionen verbaut, sondern auch jedes Insekt und jeden Wurm einen gewissen Datenanteil aufwerfen, der im Datenhaushalt Mensch der Feldarchitektur gewisser Funktionen unterworfen ist. Jedes aufgeworfene elektromagnetische Phänomen führt zum Erdkörper. Unsere Organe wurzeln auf diese Weise im Erdsystem. So führen uns Ameise, Heuschrecke, Wurm, Schnecke, Käfer, Schmetterling und Co. Daten zu, die scheinbar alle eine Blumenwiese beschreiben. Innerhalb der Erdgravitation liese sich die Blumenwiese jetzt übergeordnet betrachten. Die Blumenwiese entspräche vielleicht auf der Datenebene von Leber oder Niere einer filternden Membran. Die aufgeworfenen Datenbestandteile der genannten Arten hinterlagerten dann zum Beispiel lokale Membrantätigkeiten. Mit Mehrfachnennungen des Materials und der klassischen Anordnung des Bezeichneten in Größe und Zeit ließen sich Summenfelder und -effekte zur Darstellung der gewünschten Membrantätigkeit erzeugen.

Der menschliche Datenhaushalt, der lebende Organismus beruht auf einzelnen Aspekten des Materieraums. Alle Datenlagen ausgebreitet, der Materie zugeordnet, bilden sie die Erde ab. Die Erkenntnis der Erddaten ist eine Folge dieser Vorgehensweise. Ihre Oberflächendaten, die Gravitation erscheint mir immer auch erwähnenswert, wären die Hintergrundmatrix für alles Leben. Jegliches Datenaufkommen, ob es sich nun um Sinnesleistungen handelt, oder auch nur um Aspekte des Bewusstseins oder um Formen anderer Arten, ist von Bedeutung. Man kann sagen, dass jeglicher Materiemove die Programme unseres Körpers bereichert. Manche Artendaten korrelieren in einer Weise, dass sie Körperfunktionen wiederherstellen. Manche Daten spülen die Kanäle richtig durch. ICH nenne sie Hintergrunddaten, sehe mir die Kriterien bewusst an oder erkenne in der Datenmasse der Funktionen den Raum als solchen, Wege des Lichts. ICH sehe den Fahrradweg nach Trostberg in guter Bildqualität vor meinem inneren Auge. Gleichzeitig sehe ICH unsere Skispringer oben auf der Schanze sich zur Anfahrt einstellen. Wollen sie tatsächlich in dieser Weise mit mir korrelieren? Wollen sie tatsächlich die Distanz zur Tankstelle überbrücken und mir zwei Bierchen für ein kleines Räuschchen draußen an der Sonne organisieren?

Natürlich handelt es sich ganz allgemein um elektromagnetische Phänomene, die, verschränkt man sie in einer gewissen Weise, auch weiße Phänomene des strahlenden Lachens hervorbringen. Verrechnet man einzelne Daten in Feldern entstehen Wirkungen, später auch gerichtet, und Kräfte. Die Kräfte und Wirkungen finden ihre Entsprechung in der biologisch organischen Substanz.

Jegliche Produktentwicklung geht mit neuartigen Verschränkungsleistungen der Gebrauchsdaten einher. Wir finden es daher ganz und gar nicht intelligent, wenn wir so weitermachen. Der Verbraucher wird dem technischen Produkt unterworfen. Dem Geist werden gewisse Möglichkeiten, zu denken, vorgegeben. Wir können uns deshalb auf ein gesundes Miteinander der vorherrschenden Daten nicht mehr verlassen. Entwickeln wir uns so weiter, verlieren wir die Matrix des Lebens. Man erkennt hier das Produkt auch an der veränderten Gesetzgebung im Materieraum. Nutzte man diesen Materieraum als Hintergrundmatrix und gründete das funktionelle Datengefüge für alle Arten und ihr Miteinander auf den aktuellen Daten des Produkts, so entstünden neue Gesetze des Umgangs miteinander.

Die fortschreitende Entwicklung geht mit einer Reduktion der natürlichen Vernetzung einher. Wir nennen die Komplexität auf der Spitze der Evolution eine Summenfunktion aufgeworfener neuronaler Aktiva. Es fließen auch die Bewusstseinsaspekte geringeren Lebens in diese Matrize ein. Die Einlagerung technischer Konstrukte in diese Matrize mit der Vorgabe von Massebahnen und der Vorgabe eines genormten Verbraucherverhaltens beschränkt den menschlichen Geist. Die Massebahnen technischer Konstrukte und funktionelle Zusammenhänge verändern das menschliche Denken. Die Idee der Handlung erhält einen anderen Sinn.

Wir wollen all die Materiebewegungen auch als Quanteneffekt betrachtet sehen. Die gesamte Labelaktivität, das Verbraucherverhalten eingeschlossen, dürfen wir als eigenständige Ordnung begreifen. Es wird sehr viel Energie aufgewendet, um alle auf ihren Bahnen zu halten. Wir erhalten folglich eine ganz spezifische Architektur der Felder, die wir auch als Phänomene der Substanz und als Phänomene des Geistes auffassen dürfen. Das sind mächtige elektromagnetische Werte. Wir sprechen ihnen auf der Quantenebene eine eigenständige Ordnung zu. Diese Ordnung leitet sich aus den täglichen Massebahnen ab. Wir sprechen immer wieder einmal von Massebahnen, weil wir bei der Verrechnung der Substanz einen Zugewinn an Masse haben. Diese gravitativ mächtigen Felder beurteilt man gerne nach dem Gewinn in Geldwerten. Damit stellt man die verrechneten Kriterien noch weiter zurück, als es der mathematische

Konsens einer Summe, in Feldern zu Wirkungen und Kräften verrechnet, tut. Die Handlungen haben ihren Sinn für die Biodiversität verloren.

Mangels Vernetzung und Verwurzelung in der natürlichen Matrize des Lebens oder anders ausgedrückt durch den genormten Verbraucher hat sich eine globale Datenmatrize installiert, die das Verhalten mächtiger Materiemassen verantwortet. Stattete man alle mit einem Smartphone aus, so stellt sich diese Größe auf der Quantenebene vermutlich wie ein Reinstoff dar. Die gleichartigen technischen Elemente, aber auch der genormte Verbraucher spannten auf der Quantenebene eine Hüllenstruktur um den ganzen Globus auf. Sie gleicht einer eintönigen Wüste gleich geratener Menschen. Manchmal spricht man von Schwarmintelligenz. Hier fungieren sie aber nur als Projektionsfläche für die Wirtschaftsaps. Diese Aps kommen in der Gestalt von Produkten daher und vernebeln ihren Geist, bis sie dieses Produkt selbst zu Hause haben.

Wenn ICH mir den mündigen Bürger so ansehe, mit all der Technik hochgerüstet, so kommt er mir wie ein amerikanischer Elitesoldat in einem Krisengebiet vor. Und doch werden die, welche bessere Haltungsbedingungen für den Menschen fordern, mehr. Unser Ziel sollten glückliche Menschen in einer lebenswerten Umgebung sein. ICH weiß, dass man Ihnen Millionengehälter für Ihre Standpunkte bezahlt. Viele verlassen gar den eigenen Pool, suchen Steueroasen auf und versuchen den leckgeschlagenen Tanker möglichst lange auf Kurs zu halten. Vielleicht befinden Sie sich tatsächlich im Krieg mit allem, was da frisst und lebt. Vielleicht sind Sie auch gar nicht so mündig, und das Produkt ist Ihnen bereits Befehl. Vielleicht sollten wir das Produkt vor seiner Zulassung in einem Ethikrat diskutieren. Wie sehr verschieben sich die natürlichen Zusammenhänge in der Matrize des Lebens? Wie stark wandelt sich der Verbraucherraum? Verändert sich die embryonale Reife der Gewebe mit den veränderten Datenlagen? Verändern sich mit den Datenlagen die Gewebeeigenschaften?

Sie sind die Karriereleiter hinaufgestiegen. Sie haben die Architektur des Konzerns erworben. Sie kennen das Datengebilde vom kleinen Arbeiter bis hinauf zu den Konzernzielen. Sie verfügen sogar über einen Verbraucherraum, welchen Ihnen der Mensch während des Konsums aufspannt. Aber wissen Sie auch, dass es sich um eine hochpsychogene Datenmenge handelt? Eine Menge zu groß, um sie zu integrieren; eine Menge, die zu interpretieren, sie alle anderen Positionen kostet; ein gravitationsreiches Datenmonster, an allen Ecken und Enden feindselig gegen jegliches Leben. Alle Eigenschaften, Verhältnisse und Vorgänge des Konzernkorpus bilden die Architektur Ihres Geistes, unfähig, darüber hinauszublicken. Wenn da nichts anderes mehr ist, keine Vergleichsmenge, kein Kontrast, kein persönlicher Hintergrund, was sind Sie dann? Ein harmloser Mitläufer? Ein Sklave des eigenen Seins? Ein Psychopath? ICH verweise hier auf die natürlichen Funktionen des Gehirns. Nur die Abhängigkeit des Gehirns von Daten des Materieraums, ihr Wirken in Feldern und die allgemeine Feldaktivität zur Ergebnisbildung, eine Funktionsweise des Gehirns, lassen diese Art der Organisation und Wirkung auf den Raum zu.

Holographische Ordnungen sind nicht zu vergleichen. Man vergliche Äpfel mit Birnen. Sehr viele Individuen nehmen heute oft an mehreren holographischen Ordnungen gleichzeitig teil. Das beginnt bei Großveranstaltungen, geht über die verschiedenen Labels und VIPs und reicht bis zu den Regierenden und der Elite, die den Wirtschaftsordnungen vorsteht. Das sind alles Fassungen individueller Daten. Wie sollten Sie auch herrschen, wie regieren, wenn nicht durch die Vorgabe von Form und Struktur der geistigen Substanz? Sicherlich krümmen sich manche unter den Feldern der Großen, nehmen chronische Schmerzen und psychisches Leid auf sich, um mit ihrem Sein eine gute Bildqualität der Labels und Großen zu ermöglichen. Wie sollte am Ende der Produktionsstraße ein BMW vom Band laufen, wenn nicht alle Einzelteile irgendwann irgendwo unser Sein prägten. Die aktiven Daten, unabhängig von Ort und Zeit, gleichzeitig, ihrer Position im fertigen Produkt entsprechend zu betrachten, führt uns das Gesamtkunstwerk vor Augen. Und so ist es auch hier, im fertigen Auto der Fall, dass wir auf unterschiedliche Systeme Bezug nehmen, wenn wir das Fahrzeug beschleunigen, abbremsen, dem Luftwiderstand aussetzen oder zum Beispiel belüften wollen.

Für jeden dieser Bereiche sind spezielle Abteilungen erforderlich. Sie sind in der Fläche verstreut und führen ihr Wissen in einem Produkt zusammen.

Ständig kommen neue Daten von extern herein und finden im Produkt ihre Berücksichtung. Das hat Folgen für den Raum. Die ständige Entwicklung der Produkte zwingt immer mehr Daten zu speziellen Eigenschaften des Produkts. Man entzieht die Daten der natürlichen Komplexität und formiert sie in neuen Architekturen. Wir erhalten in der Umgebung der Produkte neue Eigenschaften. Wir dürfen annehmen, dass es auch im Artenspektrum zu Störungen der Beziehungsfelder kommt. Selbst der Organismus dürfte die veränderte Lage eines Kriteriums, formiert in neuen technischen Gebilden, verspüren. Im ungünstigsten Fall kann der Datenhintergrund eines Produkts die Funktion der Organe beieinträchtigen. Das Wissen, welches das Gehirn im Zusammenspiel der Felder als optimale Lösung stabilisierte, stellt die Architektur der menschlichen Organe in manchen Teilen in Frage.

ICH spreche nicht von der Unterwerfung des Produkts, ICH spreche ausdrücklich von der Unterwerfung des Status Quo durch das Produkt. Die Daten, welche nach der Produkteinführung im Materieraum Einzug halten, werden in der nachfolgenden Serie erneut vermanaget. Das Produkt als solches generiert sich selbst aus den Daten des aktuellen Status Quo und fordert dann eine erneute Anpassung des Verbrauchers und der Gesellschaft. Die verursachten Veränderungen in der Gesellschaft fließen wieder und wieder in die Produktentwicklung ein, weshalb es die Gesellschaft und die Umwelt erneut dominiert. Die Gesellschaft und die Umwelt verändern sich daraufhin. Auf diese Weise verschiebt sich der Materiebezug der Gesellschaft. Stück für Stück rückt man von der natürlichen Komplexität des Datenmaterials auf der Spitze der Evolution ab. Der Artenreichtum als Speicher hochwertigster Datenkombinationen in lebenden Wesen hat durch die technischen Nachahmer Konkurrenz erhalten. Es geht nicht nur eine Gefahr von der überhöhten Gravitation aus, die aus der Vielzahl der mechanischen Gebilde in Materiemasse über unsere Straßen rollt und beinahe jedem Haushalt angehört. Auf der Quantenebene siedelnd sind kaum mehr unbelastete Zeitfenster und Regionen zu finden. Die Daten der Quantenebene werden von dem Materieverhalten der entwickelten Produkte strukturiert. Ideen regieren die Welt. Das sind geistige Konstrukte, die von Maschinen präsentiert werden.

Die noch größere Gefahr ist jedoch eine schleichende und kann nicht sehr gut erkannt werden. Die funktionelle Einheit Automobil zum Beispiel, ganz allgemein ihr Datenäquivalent, so wie es auf der Quantenebene siedelt. Es ist die Art und Weise, wie sich das Konstrukt, aus einzelnen Komponenten des Wissens bestehend, auf der Quantenebene einfügt und wie es dem Menschen erlaubt wird, mit seiner Umwelt zu interagieren. ICH sehe in der Entwicklung des Produkts ein offensichtlich freies Zusammensetzen der verschiedenen Wissensbereiche zu einer Einheit. Man vertraut hier auf den Zufall. Der Zufall soll es einrichten, dass bei der Zusammensetzung der verschiedenen Wissensbereiche ein Korrelieren der Daten entsteht, so dass die günstigsten Effekte eintreten, die der Datenmatrix an der Spitze der Evolution entsprechen. Die Kriterienkonstellationen sollten sowohl den Mechanismen im Zusammenleben der Arten gleichen als auch die Datenmatrix, die die Ereignisse in unserem Körper hinterlagert, bestätigen.

Die natürlichen Komponenten der Hintergrundmatrix – als große Erkenntnisse gefeiert, technisch umgesetzt und verkauft – enthalten veränderte Programmierungen. Die natürlichen, über lange Zeit erprobten, Kriterienkonstellationen, stehen für wunderbare Gewebeeigenschaften und höchste, ineinander überführbare, sich gegenseitig bedingende Zustände unseres Körpers. Die technischen Abbilder weichen von der gewachsenen Matrix des Lebens ab. Das Korrelieren der Kriterien in der natürlichen Evolutionsmatrix ist ein anderes. Es ist denkbar, dass die natürlichen Komponenten, so wie sie in ein Produkt eingefügt sind, keinen Nutzen mehr für das Evolutionsgefuge der natürlichen Biodiversität erbringen. Es könnte sein, dass ein Kriterium in der funktionellen Einheit Auto in einem Zeitfenster verbaut ist, dass eine Verschaltung in dieser Konstellation notwendigen Körperereignissen im Wege steht, bzw. zu diesem Zeitpunkt nicht gebraucht wird.

Der Körper benötigte das Kriterium vielleicht ein paar Minuten später zur

Einleitung einer wichtigen Reaktion. Es wäre in der Einheit Auto mit den anderen Komponenten verbaut und bildete einen vorherrschenden Datenkomplex, in welchem sich das Kriterium mit anderen Kriterien zeitnah zu höheren Feldstärken verrechnet. In dieser Weise organisiert, zeigten sich die Kriterien in den Konstrukten unseres Körpers fremdbestimmt und fehlorientiert. Der Datenmoloch Automobil ringt dem menschlichen Organismus Anteile ab. Der Mensch wird träger. Er büsst an Willenskraft ein. Er steuert seine Muskeln weniger gekonnt an. Eine gewisse Kapazität des geistigen Gefüges wird dem Funktionsraum Automobil unterstellt. Die Darstellung des KFZ mit Kriterien der Lebendmatrix bedingt andere Feldbeziehungen, verändert die Bewegungsprogramme der Menschen und wir gelangen zu einem anderen Denken.

Fehler oder veränderte Programme unserer Organismen entstehen immer dann, wenn die natürlichen Gebilde an technisch kombinierte Komponenten geraten, welche in der natürlichen Evolutionsmatrix unseres Organismus so nicht vorliegen. Es entsteht Konkurrenz. Der Schwächere verliert an Substanz. Das Datenmaterial wird abgebaut. Man verliert an geistigen Positionen. Die anteiligen Kriterien verlieren ihre Existenz. Sie werden in technische Bereiche gesaugt. Manche Arten sterben aus. Sie sind als Datenerbringer dieser Kategorie und als funktionelle Datenlage nicht mehr vorhanden. Ein Huhn, dem freien Willen unterworfen, hier ein bisschen zu scharren und dort ein wenig zu picken, gibt es nicht mehr. Die aufgeworfenen Daten freier Organismen entfallen. Die Funktion der Organsysteme geht mit einer speziellen Architektur der Kriterien in Feldern einher. Der Wandel des Materieraums verändert die Kriterien und ihre Beziehungsgeflechte. Die Architektur der Organsysteme verändert sich und mit ihnen die Beziehungsgeflechte – schleichend, in kleinen Schritten, immer weiter. Die natürlichen Komponenten ersetzt man durch technische Komponenten. Damit entstehen bei der Verrechnung der Kriterien veränderte Qualia der Funktionen. Die erreichbare Vernetzung und Vernetzungstiefe verändert sich. Die erzielte Komplexität korreliert mit der Beschaffenheit der Gewebe. Die Qualität der Gewebe verändert sich.

Vermutlich schließen sich die wichtigsten Kriterien des täglichen Denkens und des täglichen Gebrauchs in Kerngebieten zusammen. Dort wo die Konzerne ihre Produktionsstraßen unterhalten, werden sich auch die Daten des täglichen Gebrauchs finden. Wir halten jedoch eine Abstufung nach Interessenlagen für erforderlich. Die geistigen Inhalte der Konzernbosse werden sich von den Inhalten der einfachen Arbeiter deutlich unterscheiden. Die Gebilde werden sich in Ausdehnung, Volumen und Informationsdichte unterscheiden. Es ist daher erforderlich, die geistigen Aktiva in einem Kern zu fassen. Wir sollten bei der Anordnung der individuellen Kriterien von einer Architektur des Kerns sprechen. Das Gebilde sollte alle seine Teile in Echtzeit vertreten.

Der Elektromagnetismus unterliegt der Strukturbildung. Die Verrechnung der Materieäquivalente und Volumina gehorcht den Gesetzen der Physik. Es entstehen Felder mit Kräften und Wirkungen. Die Art des Kriteriums, die Verteilung der Materie und das Verhalten der Materie wirken an der Strukturbildung mit. Es entstehen ökonomische Gebilde. Die wissenden Felder sind aus einer Vielzahl verschiedenster Kriterien hervorgegangen. Ihre Wurzeln dürften die Felder wohl in den aktiven Momenten haben. Manche Materieäquivalente werden durch ihre stete Präsenz einen höheren Anteil an der Formgebung haben. Wenn sie sich auch noch sehr gut in das Ganze fügen, lässt sich ihre Existenz nicht mehr in Frage stellen. Die Verrechnung von Kriterien in Feldern führt zu ungeheuren Informationsdichten. Das Korrelierende System ist ein Gebilde des Miteinanders. Die täglichen Aktivitäten der Einzelnen unterliegen darin der Strukturbildung. So erhalten wir Erinnerung und Motivation. Das Denken der Menschen, ihre Handlungsimpulse, werden sich zu einem Teil auf die Bewegung der großen Materiemassen stützen. Das Korrelierende System enthält die wichtigsten täglichen Aktivitäten. Hier sind die bewegten Hauptmassen vertreten. Sie dienen der Aufklärung und der Erweiterung des Kriterienumfeldes und auch der Bahnung und dem Aufbau der wissenden Felder.

Die Zusammensetzung der Felder bestimmt den Sinn. Die Felder sind mehrdeutig. Es liegt an den Mitteln des Auslesenden, welchen Sinn er vernimmt. Es ist das eigene Niveau, welches uns zum Vorteil oder Nachteil innerhalb des augenblicklichen Gefüges gereicht. Vieles wird heute durch Raubbau zerstört, von Abfall und Schadstoffen verdrängt und von der Architektur am Produktionsstandort ausgeschlossen. Ihre Datenwelt ist so zerbrechlich, dass einfachste Phänomene geringerer Arten, oder nur überlegenes Denken ganze Programme zusammenbrechen lassen. Diese Aussage ist wechselseitig zu gebrauchen. Die Kriterien sind Materieäquivalente des Materieraums. Einfache Informationsmomente elektromagnetischer Art. Sie sind in beiden Architekturen verbaut. Das wären das Leben auf der einen Seite und die Technik auf der anderen Seite. Die gleichzeitige Präsenz von Daten des Raums in den beiden Architekturen führt aber keinesfalls zur Liebe. Es fehlt die gemeinsame Funktion in einem gemeinsamen Ganzen. Weder sind die gemeinsamen Kriterien ähnlich verbaut, noch hat das Drumherum irgendetwas miteinander zu tun. Wir gehen davon aus, dass sich über gemeinsame Kriterien und Strukturen Information von der technischen Architektur in die Architektur des Lebens überträgt und umgekehrt. Das aufgeworfene Informationsvolumina, ein geistiges Phänomen spannt einen gewissen Raum auf.

Es kann ein auffälliges Merkmal des Organismus sein, für alle sichtbar, ein Geweih, eine besondere Zeichnung, ein buntes Gefieder, ein roter Schnabel, ein Farbfleck oder eine hoch spezialisiertes Lebens, welches stellvertretend den so bezeichneten Raum aufspannt. Die Tiere spannen ihre eigenen Räume auf. Sie halten ihre Gebrauchdaten fest und strahlen sie aus. Das hat dann aber nichts mit dem FC Bayern oder der Lufthansa gemeinsam. In technischen Räumen verlaufen die Datenbahnen anders. Die Datenmenge der Lebendmatrix oder die eines einzelnen Tieres erreicht in seltenen Fällen eine Größe und Dichte des Gefüges, dass Bereiche der technischen Software auf der Datenebene eines so bezeichneten Raums nicht funktionieren. Das Phänomen ist elektromagnetisch. Wir rechnen es der Quantenebene zu. Das Informationsvolumen des Tieres spannt den Raum auf. Die Kriterien erzählen von der Lebewelt des Wesens. Sie spannen den Lebensinhalt und den Wesenskern der Artengeflechte auf. Ein so gefasster Lebensraum kann als Virus bezeichnet werden. Der Verlauf der Daten, ihrem Sinn entsprechend in Liebe in gemeinsamen Funktionen verbunden, stört den isolierten Anwender Mensch.

Das Konstrukt Mensch ist überlegen. Es handelt sich um ein technisches Gebilde, das ständig gewartet wird und unter hohem Energieverbrauch unglaubliche Materiemengen auf spezielle Bahnen zwingt. Daher ist die Übertragung von Information sehr einseitig geworden. Die Information fließt von den technisch geprägten Systemen in den Lebendgürtel. Dort stört sie die Organismen und ihre Lebensgefüge. Die Kriterien der Arten, welche auch in den technischen Systemen organisiert sind, sind das Tor für ein funktionelles Diktat durch den Menschen. Befindet man sich mit dem Kriterium im Organismus der Lebewelt, so setzt die Wirkung des menschlichen Überbaus an. Kehren wir zur Korpuskeltheorie zurück, so könnten die funktionellen Bahnen der Konzernarchitektur auf den involvierten Organismus übertragen werden. Wir spannten um das bekannte Kriterium, in dem Lebewesen, vermutlich eine spezialisierte Art, die Konzernarchitektur auf. Die Konzernarchitektur verhielte sich um das bekannte Kriterium in dem lebenden Organismus dominant. Es zeigte sich von der Architektur des Konzerns ausgehend ein Missmanagement um das Kriterium in dem Organismus. Die Korpuskeltheorie besagte, dass dieses Umfeld Viren, Bakterien und Pilze begünstigte. Es käme zu einer Unterwanderung der Feldbeziehungen im Organismus und zu einer Schwächung der betroffenen Funktion. Der gestörte Datenhaushalt gliche einer Einladung, sich hier niederzulassen und die Bereiche für sich selbst zu organisieren. Auf diesem Wege könnten Viren eindringen, fühlten sie sich von der Korpuskelarchitektur des Konzerns begünstigt. Über das Eindringen bekannter Stämme hinaus besteht die Gefahr, dass die Konzernarchitektur zu einer Schadware wird. In einem Sinne, dass dieses Räderwerk um das Kriterium eigene neue Stämme von Viren und Bakterien erzeugt. Wir hätten folglich in mancher Organlage eine unerwartete Existenz von Mikroorganismen oder ihren Vorstufen zu beobachten. Eine Schwächung der Funktion und der Rückbau der Organe zur Instandsetzung der Virensoftware wären nachweisbar.

Alle Daten gehören einer gemeinsamen Geistesmasse an. Wir sprechen von einer Lebendmatrix mit neuronalen Schwerpunkten aus der Sinnesarchitektur und der Sensorik aus dem inneren des Organismus. Die gewachsenen Beziehungsgeflechte der Biodiversität, wie sie die Evolution bei der Einpassung von Arten schafft und auch die Bewusstseinswerte der Geringsten, die wie gerichtete elektromagnetische Momente erscheinen, gehören in die Datenmatrix alles Lebendigen. Dieses Gefüge dient dem Menschen als Spielwiese. Hier gewinnt er seine Ideen. Er glaubt zu wissen und installiert sein Wissen in Form von Technik. Er schafft wissende Strukturen außerhalb des gegebenen Kontexts. Ohne jegliches Verstehen zwingt er die Materie mit einem hohen Energie- und Ressourcenverbrauch gegen die gegebenen Verhältnisse auf stabile Bahnen. Er etabliert eine stupide Technik innerhalb höchster Komplexität und intelligentester Lösungen. Es findet eine Umwandlung von Werten statt. Stimmt die Architektur der Kriterien nicht verändert sich der Gehalt an Wissen. Die Datenkörper, werden sie nicht langjährig in Beziehung zueinander gesetzt und ihr Harmonieren vielfach bewiesen ist die Entwicklung nicht abgeschlossen. Es kommt zu einem Untergang der Lebendmatrix in diesem Gebiet.

WARUM CORONA? WARUM DER MENSCH?

Erklärte ICH meine Arbeit für das Entstehen des Coronavirus verantwortlich, beschriebe ICH die Verhältnisse als Beispiel für den möglichen Datenhintergrund einer lebenden Architektur. So stellte ICH mir ein elektromagnetisches Phänomen der Datenebene vor, welches im Raum des Status Quo ein Virus organisierte etwa wie in einem Kompostkasten, mit unterschiedlichen Materialien frisch aufgesetzt, in erster Linie organische Abfälle aus der Küche und Gartenabfälle. Alle zehn Zentimeter streue ICH einen Eimer Lehm ein und gebe mit dem fertigen Material eines anderen Haufens noch Würmer und Mikroorganismen hinzu. Jetzt haben die ein gutes Leben. Sie haben es feucht, schön warm und viel zu essen. Der Lehm ist nicht schlecht, dann hält das Endprodukt mehr Feuchtigkeit.

Verschiedene Tiere siedeln sich an. Im Inneren wohnen die Maden von Rosenkäfern, viele kleine gepanzerte Krebstiere und Tausendfüßler kann ICH mit bloßem Auge erkennen. Eine Spitzmaus dreht ihre Bahnen. Die Ameisen und anderes Kleingetier werfen ebenfalls Daten auf. Ein Milliardenheer von Mikroorganismen besiedelt die Oberflächen lebender und toter Materie. Sie leben alle von der organischen Substanz und wandeln sie in wertvollen Humus zurück. Die Mikroorganismen tragen die geringsten Werte zum Gefüge bei. ICH spreche von Aspekten des Bewusstseins. Das sind elektromagnetische Momente, die sich – einem höheren Sinn verpflichtet – wie Ladungen im Feld der Notwendigkeit entsprechend einstellen. Sie sind die kleinste Informationseinheit und geben der Datenmenge ›Komposthaufen‹ eine abstrakte Hülle.

Wenn wir die Tierchen ihrer Größe nach ordnen und ihre neuronalen Datenmengen in Beziehung zueinander setzen, dann bekommen wir einen dreidimensionalen Datenkorpus von unserem Komposthaufen, der in Ort und Zeit stabil ist. Folglich haben wir eine Materieäquivalenz und auf der Datenebene ein elektromagnetisches Äquivalent. Die verschiedenen Sichtweisen der Tiere spannen eine Datenmatrix um den Komposthaufen auf. Es ist eine Architektur von Daten einer Lebensgemeinschaft, die sich zyklisch wiederholt.

Könnte dieses Denken einen Mikroorganismus ins Leben rufen oder seine Genetik revolutionieren? Wäre das der Fall, könnte er das technische System entern. Das wäre in diesem Fall der Mensch. Der Mensch richtete seinen Organismus hauptsächlich an den Technikströmen aus. Vor allem die täglichen Gebrauchsdaten dienten dem Orientierten Wachstum zum Aufbau von Hintergrundfeldern und organischen Strukturen. Der adaptiert gewachsene Organismus enthielte nur noch wenige Daten aus dem vorindustriellen Zeitalter. Wer kennt noch eine Hacke zum Vorbereiten seines Gartenbodens? Wer beurteilt noch die Bodenverhältnisse, sieht verletze Würmer und Tiere? Wer hackt den Boden auf, füllt die Reihen mit Kompost und legt die Kartoffeln? Der adaptiert gewachsene Organismus ›Mensch‹ enthält heute immer weniger Daten einer gesunden Biosphäre. Er setzt die Hintergrundprogramme für sein Funktionieren hauptsächlich aus Materieäquivalenten der technischen Entwicklungen zusammen.

Es war eben noch so klar. Das wissende Gebilde scheint sich im Gelächter und im Gerede der anderen so stark zu wandeln, dass der wahre Sinn entstellt, verborgen bleibt. ICH glaube zu wissen, dass der adaptiert gewachsene Organismus, je weiter er von der organisierenden Hardware um das Virus abweicht, umso stärker befallen wird. Sofern ein großer Anteil an identischem Material besteht, wird das Virus, sollte es in ein stabiles Feld eindringen keinen Schaden verursachen. Ein starker Unterschied der eindringenden Software zu der vorliegenden Software wird die Kriterien in den Feldern entkoppeln, die Funktion herabsetzen und die Substanz der Organe angreifen. Natürlich bestehen Unterschiede in der Ausbreitung und Aggressivität der eingedrungenen Software. Wenn Sie einen ausgehungerten Braunbären antreffen, und er zieht sie zur Instandsetzung seiner Körperfunktionen heran, wird das immer in einem Desaster für Ihren Organismus enden.

Wenn Sie genetisch so veranlagt sind, dass sich Ihre Organe und Ihre Funktion an einem Komposthaufen und dem Datenmaterial darin und drumherum organisiert und orientiert gewachsen sind, wird Sie das Virus in Ihrer Weise agieren lassen. So ist die Theorie. Manche Theorien sind wahre Gedankenabenteuer. Vieles nimmt einen belächelnswerten Anfang. Es müsste folglich etwas sein, das in der zentralen Matrix der Lebewelt agiert. Es müsste sich eine Korpuskeltheorie auf der Grundlage von Ökodaten unterschiedlicher Kategorien in Raum und Zeit formieren. Die unterschiedliche Ätherdichte der verschiedenen Sichten der Arten genügte, um Ereignisse im Zeitfluss darzustellen. Als Folge stellten sich Kreisläufe ein. Die Bewusstseinsaspekte der Mikroorganismen wären die kleinste Einheit des Korpuskels, mit der geringsten Ätherdichte. Auf Grund ihrer großen Anzahl und Geringfügigkeit könnten man sie, ausreichend abstrakt behandelt, einer globalen Betrachtung zur Basis machen. Eine Sicht in der Fläche wäre ebenso denkbar, wie sich die Beschreibung einer Hülle forcieren liese. Allein die Ausrichtung und Anordnung in einem Feld, einer gewichtigen Struktur verpflichtet, oder die Möglichkeit der Richtung der Momente in einem Interessensfeld ist äußerst beeindruckend. Man könnte die Materieäquivalente der beteiligten Arten in Strukturen fassen. Die geringsten Momente zeigten sich harmonisierend. Sie richteten sich entlang der Felder aus und leiteten die Kräfte und Ladungen nach außen ab. Die Verrechnung von Materieäquivalenten, allgemein von den Daten der Arten führte zu stabilen Ereignissen mit höchst flexiblem und abstraktem Hüllenmaterial. Diese führt zu einem ungestörten Fließen der Materie innerhalb einer mit Sinn aufgeladenen Architektur. Während sich extern, im Status Quo die Aktivitäten der Arten in gewissen Zeitfenstern abspielen, scheinen die verschiedenen Kategorien hier die Funktionsfelder zu bedingen und die bewegte Materie an sich, das Gefüge zu bahnen.

Weshalb wir uns ein dynamisches Medium vorstellen, in welchem die Ereignisse, parallel zueinander, sich gegenseitig bedingend, ineinanderfließend und einander ablösend, in einem dreidimensionalen Raum in Zeit und Ort stabil interagieren. Der Datensatz des beschriebenen Ökokorpuskels hat auch am menschlichen Organismus Anteile. Der Mensch kann nicht nur mit totem Material arbeiten und bedient sich zum Aufbau seiner Organe auch der Lebendmatrix. Sie ist flexibler und in der beschriebenen Komplexität verfügbar. Auf dem Weg bekannter Kriterien gelingt es der Ökosoftware, den menschlichen Organismus zu entern und den adaptiert gewachsenen Organismus da anzugreifen, wo er am stärksten von dem Ökovolumina abweicht. Das Ökopartikel entert in diesem Fall den Menschen, der sich außerhalb des Systems bewegt. Die Ökosoftware beginnt die Hintergrundprogramme des Menschen in seiner Weise darzustellen. Orientiert gewachsenes Gewebe, welches hauptsächlich die tote Materie des menschlichen Techniksystems zum Vorbild hatte, wird der Theorie zufolge stärker unter dem Ökoangriff zu leiden haben.

Ein Hundertjähriger mit veralteten Geburtsdaten tut dies ebenso – Corona ›2020‹. Der individuelle Kriterienbezug innerhalb der Felder bedingt ein spezifisches Wissen. Der Kriterienbezug entspricht einer Beschreibung des Raums. Das Feld lässt sich in seine Kriterien aufschlüsseln und als Abdruck in der Fläche darstellen. Der Raum und das bezeichnete Materieverhalten sind relativ stabil. Die Funktion der Organe oder eines Hormons sind ebenfalls Abbilder des Raums. Sie bleiben dem Raum lebenslang verhaftet und darin erhalten, sofern die bezeichnete Materie und ihre Datenäquivalente dies ebenfalls tun.

Das Interesse ist ein Datenkonvolut. Das Interesse ist ein Datenkorpus, der eine fühl- und sichtbare Dichte erreicht. Die Daten vieler Einzelner sind hierin verrechnet. Als Folge der Feldaktivität können vielerlei Arten von Bewusstseinsdichten auftreten. Sie können wiederum anderen Individuen wichtige Impulse des Denkens und Handelns sein.

Das bewusste Wahrnehmen selbiger Strukturen ist eine persönliche Erfahrung. Es handelt sich um ein Phänomen einer Datenspitze des Korrelierenden Systems. Aufgrund der Vielzahl an Kriterien handelt es sich um sehr mächtige Raumbeschreibungen. Diese Strukturen tragen ein Kernwissen in sich, das man mittels denkender Betrachtung erweitern kann. Die Datenmengen transportieren einen gewissen Gehalt an Wissen und Sinn. Der Gehalt an Wissen ergibt sich aus der Zusammensetzung der Kriterien. Die Art und Weise der Vernetzung ergibt den Sinn. So programmieren sich die Abläufe innerhalb der Matrix. Ein Ereignis bedingt das andere.

Eine weitere Einstellung von Inhalten in die Felder des Gehirns ergäbe sich aus Suchanfragen. Suchte man fragend nach irgendetwas, nähme man eine Erweiterung des Bezugsraums an, bis der gesuchte Inhalt enthalten ist. Nun liegt die Antwort in der Form eines Materieäquivalents vor. Man entwickelte sich bis zu einem Bereich in den Raum, der exakt unsere Anfrage erfüllt. Dieser Bereich läge nun als Materieäquivalent und Antwort auf die Frage vor. Vermutlich tritt Frage und Antwort in einen stärkeren Kontakt. In den Feldern des Gehirns reichte dies aus, um eine Funktion zu installieren. Im Alltag fängt dann aber erst die Arbeit an. Die Wildbiene, kommt es ihr in den Sinn ein Ei zu legen, braucht einen geeigneten Nistplatz. Die Wildbienen verproviantieren ihre Brutzellen mit dem Pollen geeigneter Blumen und Gräser. Dann erst legt sie ihr Ei und verschließt die Zelle.

Die Antwort wäre nun als natürliche Feldbeziehung gegeben. Das Konvolut trüge nun die Antwort in sich. Tritt die Notwendigkeit dieser Antwort auf, so dürfen wir diese nun in Echtzeit gegeben, annehmen. Viele dieser Schaltungen sind unbewusst und dienen doch dem funktionierenden Miteinander. Der Datenkörper überwindet den Raum und die Zeit. Die Bereiche unserer Interessen gelten als aktive Bausteine der holographischen Masse. Die Materieverhältnisse der berücksichtigten Bereiche haben als Materieäquivalente ihre Position in dem Hologramm. Die wissende Architektur verkörpert somit alle Lebenslagen und hält diese in Echtzeit zur Verfügung. Jeder kann sich für einen Weg entscheiden. Man baut seine geistigen Positionen und Raumanteile selbst zu einer wissenden Architektur aus oder entscheidet sich dafür, dem freien Willen untergeordnet, von der Gesellschaft positioniert zu werden.

Manche greifen zu zentralnervösen Substanzen, um sich die umliegenden Sphären der Gesellschaftsarchitektur zu erschließen, andere nutzen die Stoffe, um kurz auszubrechen. Wieder andere versuchen durch Gebete, ihre Anteile am Gefüge zu verändern oder stellen Visualisierungen ins Netz, um ihr Werden in diese Richtung zu lenken. Innerhalb des Gefüges ist jede geistige Position Baustein der anderen Positionen. Die Forderung nach Veränderung und Wandel ist somit immer ein Verbrechen an anderen.

Aber es gibt auch den Fall der mathematischen Logik. Wir erhalten auf der Grundlage der Feldverrechnung ein Ergebniskonstrukt. Unser Wissen von der Welt ist dann eine Schnittmenge aus wissenden Datenkörpern, die uns geeignet genug erscheinen, ohne merkliche Verluste, ein systemkonformes Verständnis auf die Beine zu stellen, aber vor allem, um von der bewegten Materie auf den groben Massebahnen des Status Quo weiter getragen zu werden. Ein echtes Datenäquivalent zu einem Bereich der Lebendmatrix zu entnehmen und beschreiben zu wollen, ist mathematisch kaum möglich. Die Vielfalt der Kriterien in den Feldern, ihre Vernetzung und die Datendichten im Allgemeinen, die das Leben ermöglichen, sind so nicht fassbar.

Auf der Quantenebene siedelnd, programmieren die Materieäquivalente und dichten Felder den Materieraum. Das elektromagnetische Moment induziert das Materieverhalten. Die Materie ging aus dem Urfeld hervor. Die Geistkörper sind eine Summe von Materieäquivalenten. Der wohl größte gemeinsame Faktor geistiger Aktiva ist in ihrer Wirkung auf der Quantenebene zu sehen. Die gelebte geistige Ordnung findet zu einer spezifischen Organisation der Umwelt. Die gelebte Kriteriensammlung hat die Eigenschaft sich als Raum zu organisieren. Das ist eine natürliche Folge der Felder. Sie ergeben sich aus den Kriterien, welchen wir in den Konstrukten unserer Gesellschaft Existenz einräumen.

Das tägliche Denken und Handeln der Individuen werfen eine Menge Datenmaterial auf. Die aufgeworfenen Materieäquivalente gehören dem Elektromagnetismus an. Das adaptierte Gehirn erzielt eine Wirkung auf der Quantenebene. Die aufgeworfenen geistigen Status wirken an der Organisation der Zukunft mit. Der Magnetismus gleicht aus. Er adaptiert. Wir beobachten eine gegenseitige Anpassung der elektromagnetischen Stati innerhalb der Felder. Das können VIPs sein, in welchen man organisiert ist, oder Labels, an welchen man mit Produktverhalten beteiligt ist. Aber auch Zustände des Körpers wie Hunger und Durst führen zu geistigen Aktiva, die wir beantworten. So gesehen sind wir also in einem Räderwerk aus Daten organisiert, welche sich immer und immer wieder in einem Status Quo der Wiederkehr betätigen. Man schaffe sich einen eigenen Geistkörper.

Die reine Wechselwirkung der Materieäquivalente sollte dem Status Quo näher sein, als es die Entwürfe menschlicher Geister sind. Beobachten wir die Materie bzw. das Wechselwirken ihrer Hintergrundfelder, welche eine Formulierung der Grundsubstanz darstellen, so landen wir auf der Quantenebene. Die Wirkungen, die von den Summengebilden dieser Ebene ausgehen und unseren Status Quo beeinflussen, sind eher gering. Obwohl von den Summengebilden der Quantenebene eine gewisse organisierende und erweiternde Wirkung auf ihr Umfeld auszugehen scheint, sind nicht diese gravierenden Umwälzungen des Materieraums zu erwarten wie es die Architekturen des menschlichen Geistes zu leisten vermögen. Betrachten wir Ebbe und Flut und fragen nach der Ursache, so sehen wir, dass vor allem die bewegte Materie für Wechselwirkung und Wandel steht.

Die vom Menschen hervorgebrachte **künstliche wissende Architektur** geht mit stärkeren Umwälzungen der Daten einher. Bereits im Entstehen der Datenkörper ist ein Verlagern und Umwälzen der Daten enthalten. Das Entstehen der Felder ist Physik. Die Anordnung der Kriterien in Feldern folgt der Ökonomie. Das Entstehen von Wirkung, Kraft, Richtungen, Geschwindigkeit, Beschleunigung usw. geht mit den Materieformen einher. Eine günstige Architektur der Materieäquivalente und Bewusstseinsaspekte sichert damit die Existenz der Involvierten. Der Wandel des Materieraums ist nur eine Folge des geschaffenen Datenkorpus und der Wirkung auf sein Umfeld. Dieses bedeutete, einen Datenkörper bestehend aus Kriterien auf der Quantenebene anzusiedeln. Er bewegte sich allmählich durch das Gefüge. Seiner Zusammensetzung entsprechend zeigten sich nach Außen hin Wirkungen. Der Datenkörper durchliefe eine Vielzahl von aktiven Räumen und den hierfür notwendigen Schaltungen. In den aktiven Räumen zeigten sich fremde individuelle Interessen. Auch andere Arten stellten hier Gebrauchsbezüge her und generierten Wissensbezüge anderer Art. Die aktivierten Räume erhöhten auf diese Weise ihren Informationsreichtum. Die multiple Vernetzung erhöht die Komplexität. ICH spräche gern von einem Zuwachs an Masse. Innerhalb des Datenkörpers zeigten sich vielfältigste Wirkungen. Sie gehen mit dem Verhalten der Materie einher, welches wir als Feldäquivalente der Materie in Summenarchitekturen fassen.

Denkbar wäre, dass die auftretenden Hülleneffekte Impulse setzten, die zu einer veränderten Positionierung des Datenkörpers führten. Es wird auch zu Umlagerungen von Daten innerhalb des Datenkörpers selbst kommen. Der funktionelle Raum, einem geladenen Feld ähnlich, könnte seine strukturgebundene Ladung vielleicht sogar verlieren, wenn man der Datenhülle eine Entwicklung in diese Richtung zugesteht. Eine Erweiterung in den umgebenden Raum durch Dritte aller Arten hätte eine Auflösung von Gesichtspunkten und Zustandsfeldern zur Folge. Man erreichte die vollkommene Adaption des Zustandfeldes an den umgebenden Materieraum. Im Augenblick des allgemeinen Raums weiß man nicht, ob der Organismus den Materieraum involviert oder der Organismus vom Materieraum involviert ist. Man spräche von einem Ergebnisraum. Das auslösende Zustandsfeld erläge der Harmonie des Ausgleichs. In einer gesunden Zelle sind dann alle notwendigen Ereignisse möglich. Die hierfür notwendigen Bau- und Betriebsstoffe liegen vor. Alle tun mit Freude ihre Arbeit. Der Organismus im Ganzen befindet sich in einer ausgezeichneten physischen und psychischen Belastung.

Die Erweiterung des aktiven Kernmoments mittels fremder Individuen und anderer Arten führte zu seiner Neutralität. Das aktive Kernmoment verlöre seine Gewichtung an den umgebenden Raum. Auf diese Weise lösten einander notwendige Vorgänge des lebenden Organismus ab. Löst sich ein Mangel durch Erweiterung in den Raum in Wohlgefallen auf, so tritt ein anderer Bedarf hervor und setzt eine notwendige Ereigniskette zu seiner Befriedigung in Gang.

Wir sehen hier natürlich auch, dass das geschaffene Gesellschaftskonstrukt, in welchem die Daten von Wirtschaft und Wissenschaft korrelieren, den Einzelnen nicht mehr erreichen, wenn man den Menschen mit einer entsprechend lichtvollen Architektur und Hülle umgibt. Man integriere ein jedes Ich in eine entsprechende Biodiversität. Man statte ein jedes Ich mit einer Vielzahl an Arten aus und erzeuge einen artenübergreifenden Raum. Externe Angriffe werden in diesen Raum ausgeleitet und dort bearbeitet. Man denke hier auch an das Immunsystem.

Statten Sie jeden Ichraum mit den Sinnesarchitekturen und Lebensweisen möglichst vieler Arten aus. So verändert sich die Lebenslüge der Betroffenen in eine neue Wahrheit. Die leitenden Zustände des korrelierenden Systems verlören ihren manipulierenden Charakter, wenn man sie in den Raum erweiterte. Man müsste etwas von den modernen Datenarchitekturen abweichen, ein wenig Interesse am eigenen Umfeld entwickeln, so dass sich eine Datenhülle aus natürlichen Momenten unserer Umgebung aufbaute. Je komplexer und vielfältiger wir diese Hülle gestalten, desto lichtvoller ist sie. Die Anhängsel im Datenmantel gehen miteinander eigene Ordnungen ein, die dem elektromagnetischen Wellenspektrum oder dem Lichtteilchen gleichen. Die eigene Position stabilisierte sich. Das eigene Ich verhält sich dann wie ein Atomkern, der von Elektronen umkreist wird, der Einflüsse von Außen mit unterschiedlich energetischen Zuständen seiner Hülle beantwortet.

Wir können von einem Verlust an Wirkung des kernaktiven Moments sprechen, wenn wir diese Hüllenfunktion erreichten. Ist die Architektur der Hülle aufgebaut, so sollten auch die Funktionen zur Behebung des Zustands und zur Substitution des Bedarfs voll in Aktion sein. Der Architektur entsprechend, könnte eine Funktion der Hülle, die Abstraktion der Kernwirkung sein. Auf Grund dieser Neutralität und dem Verlust von Ladungen könnte sich der Datenkörper im Raum drehen lassen. Hierfür wären Effekte in der Hüllenarchitektur wie Rotationsimpulse und lineare Wirkungen erforderlich. Es käme also zu einer Auflösung eines Kerninteresses, während sich ein anderer Mangelzustand aktivieren könnte. Dieser neue Kernzustand drehte sich seiner Ladung entsprechend oder befände sich auf Grund seiner Natur bereits in einer Position, die es ihm erlaubte, sich so in den Raum zu entwickeln, dass sich seine Kernströme, Ladungen und Wirkungen mit einer entsprechenden Entwicklung in den Raum egalisierten.

Was, wenn die gewohnten Raumanteile nicht mehr zur Verfügung stehen? Natürlich krankt dann die Programmierung, und der Ablauf der hierfür notwendigen Handlungen liegt nicht mehr in der bekannten Qualität vor. Aber sollte man an dieser Stelle bereits von Erkrankung sprechen? Noch zeigt die Hardware keine Schäden. Man kann sich vorstellen, dass eine Substitution mit Kräutern die erlahmten Bereiche für die Dauer einer sechswöchigen Kur überbrückt. Dadurch erarbeitete man sich eine genügende Akzeptanz unbekannter Größen des Gefüges, die der Funktion dann fortdauernd angehören.

So arbeitete sich ein Punkt nach dem anderen ab. Wir befänden uns in einem ständigen Wechsel der Zustände, betrachteten den Raum einmal aus der Sicht der Leber, dann aus der Sicht des Magens, bräuchten einmal Fette und ein andermal Glukagon. Wir verkörpern auch einen aufgetretenen Mangel so: Er zeigte sich als fehlender Materiestrom, ein Feldäquivalent mit Ladungen, wie wir seine Auflösung als Ausdehnung in den Raum verkörpern. Auf diese Weise erinnerten wir die externen Daten des Raums und frischten sie für die Architektur unserer inneren Funktionen auf. Wir sollten nicht nur Spuren hinterlassen, wir sollten diese Wege regelmäßig gehen. Wir befinden uns im Grunde immer in einem Zustand aktivierter Daten. Alle Vorgänge des Körpers beruhen auf Daten des externen Raums. Das Ergebnis der Bearbeitung ist eine globale Lösung. Der Datensatz harmoniert mit dem externen Raum.

Jede Art kann die andere Art interpretieren. Wenn wir essen, dann essen wir. Das geistige Gefüge des Menschen ist somit auch ein Kompass für die integrierten Arten. Das geschaffene Ökopartikel enthält die täglichen Aktiva der Arten um den Komposthaufen. Der gedankliche Überbau sollte folglich für jede verzeichnete Art gut genug sein, um sich in der Welt zurechtzufinden. Der lebende Organismus ist eine wirklich lichtvolle Architektur. Es ist dem Gehirn möglich, Daten des Innersten seines Organismus aufzufinden. ICH spreche von den Kriterien, die wir zur Reife des Keimguts herangezogen haben. Die Daten des Materieraums flossen in die strukturelle Entwicklung des Embryos ein. Wir sprechen von einem orientierten Wachstum. Das einzelne Kriterium wurde so zu einem Teil des Organismus.

Betrachtete ICH die funktionellen Felder, so fragte ICH mich vielleicht nach der Größe der Datenereignisse in Raum und Zeit. Welche Kriterien des Materieraums wirken an der Funktion mit? Wie sähen funktionelle Lösungen innerhalb des Materieraums aus? Dazu zerlege man das Feld der Funktion in seine Kriterien. Man lokalisierte die Kriterien im externen Materieraum und betrachtete ihr Verhalten zueinander. Wie ist ihre Lage zueinander? Wie sind die Kriterien untereinander vernetzt? Sind die Verbindungen rein dynamischer Natur? Welche arbeiten gleichzeitig in einer Struktur zusammen, welche lösen einander ab usw. Wie verhält es sich mit Materieströmen, die unabhängige Kriterien miteinander verbinden? Der verbindende Materiemove gliche einer Schaltung. Er fasste beide Kriterienräume zusammen und setzte übergeordnete Parameter in Gang. Wirken derlei Datenvolumina vielleicht selbst organisierend auf ihr Umfeld? Das Funktionsfeld organisierte sich so seinen eigenen Datenspeicher.

Um dies an einem Beispiel zu erläutern, nehmen wir jetzt alle unser Smartphone und rufen unsere Mutter oder unseren Chef an. Nach der Gehaltserhöhung legen wir das Handy zurück auf den Tisch. Man bedenke jetzt eine mögliche Interpretation des Hintergrundgefüges, während sich die Staubpartikel auf dem Smartphone niederlegten. Dieses System besäße die Eigenschaft, dass schwere Massen in Bewegung geringeren Massen eine Richtung diktierten. ICH sehe das Objekt Smartphone betont, hier aber von meiner allgemeinen Geistesarchitektur umgeben. Der Feinstaub interpretierte in seinem Verhalten die Wirkungen der Kriteriensummen des umgebenden Geistfeldes. Es zeigte sich ein Datenspeicher aus Feinstaub auf dem Handy.

Geistige Aktiva einer ausgesprochenen Bewusstseinsdichte dominierten die Gefügewirkung. Es wird für viele nicht leicht sein, externe Parameter des Materieraums, ein Kriterium, ein Datenäquivalent des Materieraums als Notwendigkeit der biologischen Struktur anzusehen. Die Verarbeitung von externen Daten zu logistischen Feldzirkeln erlaubt dem Gehirn natürlich auch eine gewisse externe

Orientierung vorzunehmen. Wir legen der Beurteilung des externen Raums die internen Faktoren und Parameter zu Grunde. Welche Größen sind aus dem Aufbau des Organismus bekannt und welche nicht? Diese Tatsache allein gibt vermutlich Punkte und schafft innerhalb unserer Geistesarchitektur bevorzugte Existenzen. Das wertende Ausgangsmaterial reicht dabei nicht mehr bis zu unseren Urdaten zurück. Die Basis der Evolutionsspitze dünnt aus, wird instabil und wandelt sich. Das orientierte Wachstum liest immer den aktuellen Materieraum aus. So wird die herangewachsene Generation immer nur den eingewachsenen Geburtsstatus und die nachfolgende geistige Entwicklung für ihre Beurteilung der externen Welt heranziehen können. ICH sehe in dem technischen Fortschritt einen Wandel der dem Körper zugrundegelegten externen Beschaffenheit. Es ist fraglich, ob der technische Fortschritt die Verluste an Daten der natürlichen Flora und Fauna zu kompensieren vermag. Man kann nur hoffen, dass die embryonale Reife der Organe bis zu ihrem Optimum bestehen bleibt. Der technische Mensch auf der Spitze seiner Revolution.

Mein Gedankengebäude wird sich früher oder später beweisen oder wieder verlieren. Wir werten den Materieraum mit bestehenden Interna. Jedem Organ läge eine eigene Datensystematik zu Grunde. Die Datenäquivalente des Materieraums wären in funktionellen Feldern verschränkt. Jedes Organ fügte sich als Datenlösung in den Materieraum ein. Werden die Gefüge miteinander harmonieren? Kann das Wirtschaftskonstrukt dem menschlichen Körper ein Vorbild sein? Erfrischen und erhalten sich die Gefüge gegenseitig?

Ein Beispiel: Die Fliege sitzt zuerst auf dem Messer und fliegt dann auf das Brötchen. Es entstehen zuerst Sinnesdaten des Messers und dann Sinnesdaten des Brötchens. Nun befindet sich die Fliege damit in einem mir bekannten funktionellen Raum, da ICH das Messer zum Aufschneiden und Bestreichen der Brötchen verwende. Der Flug der Fliege generiert hier also Daten, die bei mir zusammen einer Handlung angehören. Denkbar ist auch, dass die generierten Daten dem Menschen ausreichen, um seine Handlung zu starten. Es wäre hier angebracht, über die Sinnesdaten der verschiedenen Organismen zu sprechen.

Außerdem muss ICH auf die Äthertheorie der Zeit verweisen, da die Fliegendaten eine andere Auflösung besitzen. Die Sinnesdaten anderer Arten dürften auf der Quantenebene ein ganz anderes elektromagnetisches Potential entwickeln. Vor allem muss hier die Interaktion der Arten untersucht werden. Man sollte ein Verständnis davon hervorbringen, wie sehr die Messerdaten der Fliege in die Bewegungsprogramme der Menschen einfließen. Gehen diese Sinnesdaten auf Grund ihrer Beschaffenheit dem Ereignis des Brotestreichens voraus? Ist die Datenlage ein weiterer Parameter der Fingerfertigkeit? Es handelt sich also um eine Verbindung von Objektdaten zu einem Ereignis.

Das zweite Beispiel spielt ebenfalls in diesem Raum. Das Messer und die Brötchen liegen wie die Zeitung und die Pfeife neben der Obstschale auf dem Tisch. ICH rauche abends immer meine Pfeife. ICH rauche sie wegen den Kindern und meiner Frau aber nur in der Küche. ICH verscheuchte die Fliege von den Brötchen. Die Fliege setzt sich auf meine Pfeife. Was macht mein Gehirn mit den Daten? Freue ICH mich beim Frühstück schon auf meine abendliche Pfeife. Beginne ICH den Frühstückstisch abzuräumen, weil die Pfeife in ihrem Anhang die Küchendaten enthält? Wie verschränken sich derlei Daten? Wozu sind derlei Konglomerate nützlich hinterlagerte man menschliche Organe? Die Küche bleibt die Küche. Sie könnte für ein statisches Gebilde stehen, während sich die Daten der bewegten Objekte, wie Pfeife und Brötchen in irgendeiner Weise arrangieren müssten. Nun haben wir einen gleichzeitigen Datensatz Küche, welchem zwei Materieereignisse anheften. Das Aufräumen der Frühstückssachen und das Rauchen der Pfeife am Abend. Es liegen zwölf Stunden zwischen den gewählten Ereignissen.

Könnten sich die Daten also grundsätzlich so verschränken, dass sich auf dem Satz der Begleitdaten um die stabile Küche eine Dynamik etablierte. Die Fliege installierte beide Datenkörper abhängig von ihrer Flugdauer beinahe zeitgleich. Setzen wir die Küche mit einer Zelle gleich, so könnten wir mit einer Vielzahl dieser Kriterien des Raums trotz der Zeitunterschiede, oder gerade wegen der Zeitunterschiede eine Architektur der Physiologie und ihre harmonische

Bewegung darstellen. Mit einer Fliege im Raum gelänge es sogar, zeitferne Ereignisse zeitgleich in wirksame Datendichten zu packen, um damit die funktionellen Felder unseres Organismus durchzuspülen oder einen inneren Antrieb zu erzeugen. Die Anwesenheit von Insekten und anderem Kleingetier führt zu einer Vielzahl von Daten des Materieraums. Die Organismen bringen allein durch die Verlagerung ihres Standorts oder ihres Interesses eine ungeheure Datenvielfalt hervor. Inwieweit ICH diese Datenschätze meinem Sein zurechnen kann oder meinen Raum durch diese Daten aufgeklärt empfinde, ist individuell. Es ist ein Lebensweg! Eine stete Entwicklung des Geistes und der Einstellung zum Leben im Allgemeinen ist erforderlich. Die erworbenen geistigen Lagen zeigen dir die Schönheit deiner Tage.

Das korrelierende System ist hingegen sehr viel primitiver. Hier ist die bewegte Materie der menschlichen Hauptinteressen in Start-Ziel-Kategorien vertreten. Der Schwerpunkt des Gesamtbewusstseins der Menschen beruht folglich auf der Gleichzeitigkeit von Materieströmen. Den Hauptanteil der Struktur der Felder macht die bewegte Materie mit Start-Ziel-Koordinierung aus. Das bedeutet aber auch, dass sich die Positionen gegenseitig erinnern und auch gegenseitig bedingen. Das Korrelieren der Teile ist stabiler, wenn sich ihre Begleitdaten in gemeinsamen Ordnungen einfinden. Dieses macht es natürlich schwierig, den freien Willen des Einzelnen zu vertreten. Die Wirkung der Felder wird hauptsächlich von großen Massen verursacht. Vor allem ist die Architektur eine Summenfunktion, so dass sich der Geringe seiner Summenfunktion und Strukturzugehörigkeit kaum enthalten kann. Die Entscheidung zum Einkauf und Konsum wird in einem beträchtlichen Maße von den großen Materiemassen, den Summenfeldern und ihren Feldstärken verursacht. Der freie Wille besteht in der Wahl des Systems und der Möglichkeit des Kampfes für seine Wahl.

Wir haben es im Allgemeinen mit den Daten in Feldern zu tun und der Möglichkeit der Schaltung von Räumen. Die bewegte Materie darin tut ihr übriges. Wie gelingt es dann, über die verschränkten Interna zu gigantischem Wissen zu gelangen? Es ist ja alles da! ICH bringe es doch nur zur Sprache. Die

Darstellung der Zusammenhänge in der Form geistiger Positionen. Der bewusste Umgang mit sichtbaren Daten und Feldern hat seinen Stellenwert. Die Datenkörper in Jahreszyklen mehrfach abzuleiten, hat seine Berechtigung. Es handelt sich um Feldäquivalente der Materie. Die elektromagnetischen Felder unseres Gehirns sind Kriteriensummen. Der suchende und ableitende Geist setzt bewusst und immer wieder einen aktiven Baustein. So entsteht innerhalb des Gefüges eine wissende Fassung von Kriterien, ein Bewusstseinsgrad. Seine Ausbreitung in den Raum ist eine natürliche, getrieben von den Kräften der Felder, einer den Kriterien entsprechenden Dynamik, der Materie folgend und von geistigen Volumina Dritter in Raum und Zeit ergänzt.

Die sichtbaren Strukturen des Geistes immer wieder erneut abzuleiten, erweitert diese wissenden Räume in einer natürlichen Form. Vermutlich ist die hinterlegte Software unseres Organismus die Basis derlei geistiger Positionen. Diese funktionellen Systeme auszuarbeiten und abzuleiten, bestätigt die funktionellen Architekturen unseres Körpers. Darüber hinaus handelt es sich um vollständige Beschreibungen des Raums. Wir gewinnen die Erkenntnis des gegenwärtigen Status Quo. So enthielt dieses Datenkonvolut die Erkenntnis des Realraums. Ab diesem Zeitpunkt war es möglich, sich außerhalb der Software unseres Organismus zu bewegen. Wir konnten eigene Interessen entwickeln. Natürlicherweise interessiert man sich mehr für Größen, die einem vom Organismus heraus bekannt sind. Die Mehrfachnennungen des externen Raums und ihre Verarbeitung in den Strukturen der Organe führen zu einem höheren Bewusstseinswert. Daraus geht eine intensivere Wahrnehmung des Außenmediums hervor. Als Ergebnis erhalten wir ein spezifisches Interesse an den häufiger genannten Parametern. Dieses einfache Interesse an einer gegebenen Außenwelt hat sich die Jahrtausende hindurch zu einem wissenschaftlichen und wirtschaftlichen Diktat entwickelt. Der Status Quo ist immer noch als solcher zu betrachten. Unser Interesse ist ein von Natur aus notwendiges. Jedoch wird einem heute der Gegenstand des Interesses diktiert.

Die Macher dieser Interessen agieren heute abseits von den Körperprotokollen.

Sie fühlen sich ihrer Geldbörse verpflichtet. Obwohl sich eine Hinterlegung der Körperprogramme in manchen Teilen nicht leugnen lässt, handelt es sich doch um ein entwurzeltes Übermaß. Wir sehen die Schäden an den involvierten Bürgern und Mitbürgern, die wir nicht selten medikamentös unterstützen müssen, damit sie nicht sofort zu Grunde gehen. Wer also nicht stark genug ist, gibt den Kampf auf. Er ergibt sich den Daten des Korrelierenden Systems und macht mit, um nicht selbst Angriffen ausgesetzt zu sein.

Wir starten noch einmal bei unserem Organismus. Wir starten bei den Mehrfachnennungen, Daten des Materieraums, die auf Grund der Häufigkeit ihres Auftretens in die Form der funktionellen Systeme unseres Körpers Eingang fanden. Diese konzentrierten Formen externer Parameter erlauben einen höheren Bewusstseinsgrad. Der auftretende Bewusstseinsgrad ist einem spezifischen Interesse gleichzusetzen. Derlei Datendichten erlauben ein externes Erkennen. Wir gehen von einem gegebenen Kontext aus, der die Interessen der existenten Arten widerspiegelt. Das begleitende Datengefüge erlaubt es uns das Objekt unseres Interesses zu beurteilen. Das Datenmaterial erlaubt die Umformung. Das begleitende Datengefüge erlaubt die veränderte Zusammensetzung um die Struktur. Wir verändern die Eigenschaften und erhalten ein Werkzeug. Das entwickelte Werkzeug dominiert das Datengefüge. Es diktiert dem Raum die neuen Eigenschaften. Das Evolutionsgemenge verliert seine Architektur.

Auf der Grundlage der Datenarchitektur unseres Organismus erarbeiten wir uns den externen Raum. Die hinterlegte Software dient uns dazu, den externen Parameter in den Raum zu erweitern und gleichzeitig seine Beziehung zu umliegenden Systemen zu erkennen. Der hinterlegte Datensatz enthält eine Häufung bevorzugter Kriterien. Man hat die häufigsten und günstigsten Daten in den Organismus hereingenommen und organisch verfestigt. Das nennt man Evolution. Eine besonders lohnende Umgebung beeindruckt uns vor dem Hintergrund der gesammelten Daten mehr als unbekannte Mengen. Die funktionellen Kriteriensummen unserer Organe bedingen somit einen höheren Bewusstseinsgrad für identische und gleichbedeutende Verhältnisse. Dieses ist der ursprünglichste aller

Zusammenhänge. Die Körperdaten sind dem externen Raum äquivalent. Die Körperdaten spannen den externen Raum auf. Die Mehrfachnennungen, welche die Formgebung der Organe bedingten, führen zu Betonungen des externen Raums. Es liegt deshalb nahe, dass sich die externen Verhältnisse des Raums mit den Materieereignissen des Organismus aufeinander abstimmten. Zumindest besteht eine Gleichschaltung von externen und internen Mengen, die sich von der Datenebene heraus in den Raum entwickeln und im Jetzt gleichzeitig und parallel ablaufen.

Unser Zeitalter ist von einem ungeheuren Überfluss geprägt. Es sind viele Architekturen wie zum Beispiel Maschinen entstanden, die uns vom genetischen Datenbezug entfernen. Es sind ungeheure Datengebilde und funktionelle Zusammenhänge technischer Art dazwischengeschaltet. Die Entfernung von den Daten des Körpers und den Daten der Elemente, deren Zusammenspiel das gesamte Leben dominiert, nimmt zu. Jedes neue künstliche Datengebilde steht für eine weitere Ausgrenzung der Natur. Die künstlichen Datengebilde entfremden unser wirkliches Sein. Wer gräbt heute noch die Erde um? Wer, setzt er sich über seinen Willen in Bezug auf die Tiefe hinweg, verletzt Wurzel und Wurm? Wer kennt die Erfahrung des Tötens des Vertrauten, der Existenzen im eigenen Ich?

Das Dazwischen wird zu unserem Sein. Der direkte Kontakt zum Pflanzen- und Tierreich ist damit verloren. Das technische Konstrukt wirft einen Schatten. Eine Maschine ist heute eher geeignet, unseren Körper zu repräsentieren, als es die Pflanzen zu tun vermögen. Diese Beziehung führt zum gehetzten Menschen. Gehetzt von Verbrennungsmotoren und gleichzeitiger Information. Man ist etwas verrückt oder auch abgerückt von den Ursystemen und akzeptiert heute den technischen Status Quo als den eigenen Körper. Er wird zum Selbst. Ihn hegt und pflegt man, wie das eigene Leben.

Diese von Natur aus dichtere Komplexität unserer Körperprotokolle wird natürlich auch weiterhin als Hintergrund fungieren. Ein geschaffenes, weit abgerücktes und künstliches Interesse, hat ebenfalls die Eigenschaft den gesamten Datenhintergrund zu konzentrieren und für sich arbeiten zu lassen. Es reicht der

Bewusstseinsgrad, der ursprünglich von den Mehrfachdichten unseres Organismus hervorgerufen wurde, zu nutzen. Die Datendichten, die sich um ein hoch entwickeltes Produkt aufspannen, reichen aus, um bei den meisten Menschen Bewusstseinsgrade zu erzeugen, ihr Interesse zu wecken und sie in den Verbraucherraum zu integrieren. Das wird als von Feldern der Physik und den Massebahnen, die die bewegte Materie durchläuft, instandgesetzt. Der künstlich erzeugte Wert, auf welchen das natürliche Interesse gelenkt wird, nimmt innerhalb des Korrelierenden Systems die Wichtigkeit für sich selbst in Anspruch. Der natürliche Bewusstseinsgrad, der von den dichteren Datendichten der Körperprotokolle hervorgerufen wird, und einen Wesenskern des ursprünglichen Interesses in sich trägt, wird von einer künstlichen Aktivität abgelöst.

Analytisch logisch vorzugehen, wird für die einzelnen Gehirne nicht einfacher, wenn sie sich von der natürlichen Datenmatrix und ihrem Körper immer weiter entfremden. Waren wir vor kurzem noch Jäger und Sammler, die von Nahrungssuche und Nahrungsaufnahme geprägt waren, sind es jetzt irgendwelche technischen Spielereien, Winterspiele und Sommerspiele, Weltmeisterschaften und Europameisterschaften, die sich vor den Hintergrundprogrammen unserer Körper tummeln und uns rund um die Uhr am Laufen halten. Zuhören darf man diesem Gebrumme nicht! Da verblödet man vollkommen! ICH erwähne an dieser Stelle die Handballweltmeisterschaft. ICH glaube mich an diesen Zusammenhang zu erinnern.

ENTSCHULDIGUNG, AMERIKA! (14. JANUAR 2017)

Wir sollten uns damit zufriedengeben, dass es eine klare und eine getrübte Sicht der Verhältnisse gibt. Die Modulation ist somit auch eine Adaption des geistigen Konstrukts an den Haushalt des Organismus. Eine unbegrenzte Erweiterung eines Interesses in den Raum, legten wir den Start eines externen Interesses noch einmal in die Architektur des Körpers, ist auf Grund der elektromagnetischen Summenfeldes unseres Körpers nicht möglich. Wir geraten immer wieder an Punkte der Informationsvolumina, an welchen uns die Beziehungsgeflechte und Strukturen unserer Organe begrenzen und ein höheres Verständnis der beobachteten Materieereignisse nur mittels Modulation erreicht werden kann. Das hieße die Modulation ist eine Adaption des erarbeiteten Informationsvolumina an die körpereigenen Datengeflechte, so dass wir dem Materieereignis nach der Modulation, wieder ohne eine einwirkende Feldkraft folgen könnten.

Es wäre denkbar, dass derlei Modulationen ungeheures Wissen enthalten, weil sich elektromagnetische Felder einzelner Systeme damit so lagern, dass sie nach der Modulation wieder in einem höheren Grad der Hardware unseres Organismus entsprechen. Hierin kann ich auch einen Weg zum rheumatischen Formenkreis erkennen. Die Entwicklung eines entsprechenden Wissens benötigte jedoch ebenfalls Jahre. Erst mit einer wirklichen Durchdringung des vorherrschenden Systems und seinem Verständnis können Medikamente installiert werden, welche die Protokolle der geistigen Ordnung in die Richtung der körperlichen Hardware manipulierten. Die Software verhielte sich dann wieder äquivalent zu seiner Materie.

Im wissenschaftlichen Sinne bedeutete dieses, das System und Materieereignis aus einer komplexeren Architektur unseres Körpers heraus zu betrachten. Eventuell handelt es sich um eine organübergreifende Architektur, welche die krankmachenden Umstände unbelastet zu betrachten erlaubt. Wieder zurück führt eine weitere Ableitung des wissenden Körpers zu der Annahme, dass ein Ausbleiben von Modulation eventuell entzündlich wirken könnte. Sollten keine Ungleichgewichte bei der Erweiterung der Kriterien in den Raum und dem organischen Kerngebilde auftreten, wäre der Fall einer ausbleibenden Modulation vorstellbar. Losgelöst von steuernden Interessen, wie sie zum Beispiel bei mir vorliegen, könnte eine Bearbeitung dieser Größen fehlen. Es entstünde ein Übergewicht des fremden, nicht selbst genutzten Raums. Das Übergewicht einer fremden Datenmasse riefe das Missmanagement auf Zellebene hervor.

Ein ventraler Tüüüü-Ton in Stirnhöhe hat das Gebrumme abgelöst. Das Getüüüte überträgt: »Wir sind keine Amerikaner.« Das Gebrumme kommt jetzt von rechts aus einiger Entfernung. Es wirkt distanzierter. ICH kann es ihnen ehrlich gesagt nicht sagen! Wir können dieses Gebrumme und Getüüüte und andere Längen von Wellen nur in Abhängigkeit zu einer ebenfalls aktiven Außenwelt sehen. Ob es ein technisches ist oder ob sich diese Töne, bei einer Fassung der aktiven Größen in ein Gesamtes ergeben, so zusagen der eigenen Feldarchitektur Rechnung tragen, wie sie dem Ohrgeräusch eigen ist, ICH möchte mich nicht festlegen und auch andere Möglichkeiten nicht ausschließen. Heute ist der 09. Januar 2017. Vielleicht brummen sie euch allen ihre Interessen in die Gehirne. Vielleicht habe ICH nur auf Grund der Beschaffenheit meines Geistes die Möglichkeit der bewussten Teilhabe. Eine gewisse Datendichte und Komplexität holte den Brummer aus dem Dunkel an das Licht.

ICH möchte hier kurz, unter den gegenwärtigen Einflüssen des Weltensystems und dem ständigen Gebrumme der Amerikaner – jetzt geht das schon Wochen so – auf die versuchte Lenkung meiner Positionen hinweisen. ICH nehme an, das Gebrumme versucht zum Amtsantritt von Donald Trump eine präsidentenwürdige Hintergrundmatrix zu erzwingen. Heute ist der 08. Januar 2017. Also hier eine kurze Backgroundmessage für den Amerikaner: Aufgrund der orientierten Auslese des Materieraums wird bei der Reife des Embryos eine Tiefe an Komplexität erreicht, die mit Feldstärken einhergeht, die von der Außenwelt unabhängig bestehen bleiben. Die Vielzahl von Mehrfachnennungen in den verschiedenen Organsystemen und die Vernetzung der Daten untereinander, auch mit dem Erdmantel als verbindende Hintergrundmatrix, führt damit zu einer genügenden Stabilität der aufgebauten biologischen Strukturen und den hinterlegten funktionellen Feldern, sofern man die entsprechenden Nährstoffe und anderen essenziellen Größen in ausreichendem Maße zur Verfügung stellt.

Demgegenüber ist das Altern zu erwähnen. ICH begreife das Altern auch als den Wandel des Materieraums. Die Entwicklungs-, die Geburts- und auch die Pubertätsdaten stehen einem steten Wandel des Weltensystems gegenüber. Wir verstehen das Altern als eine allmähliche Entfremdung vom Status Quo, der bei der Entwicklung zum Erwachsenen ausgelesen und adaptiert wurde. Der Verlust an gewohnten Daten schadet den hinterlegten Programmen. Die Daten fehlen den Organfunktionen. Der alte Körper wird vom aktuellen Status Quo vielleicht sogar angegriffen. Der Körper wird gebrechlich.

Gibt es eine Entfremdung von der Evolutionsspitze, die wir im weitesten Sinne als eine Form des Alterns begreifen dürfen? Noch bevor der Mensch seine Entwicklung durchläuft, hat er im Vergleich zu früheren Generationen bereits einen Großteil des Evolutionsgefüges nicht mehr zur Verfügung. In Deutschland verlieren wir in diesem Jahrhundert etwa die Hälfte unserer Arten. Diese Datenbeziehungsgeflechte stehen nicht mehr zur Verfügung. Der wichtigste Parameter des Alterns, der Wandel des Materieraums, wäre hiermit erfüllt. Die Datenmatrix einer maximalen Biodiversität wandelt sich, altert. Der geborene Mensch gliche dem Bewohner eines Altenheims. Die gesamte Software, welche den Organismus hinterlagert, wäre ungenügend komplex organisiert, ungenügend vernetzt und in einem Maße instabil, dass eine technische Involvierung notwendig wäre. Die aufgetretenen Defizite hätten ihre Ursache in Biodiversitätsverlusten und ausgedünnter Komplexität. Der entwickelte Organismus befände sich in einem mangelhaft hinterlagertem Zustand.

Wir bauen darauf, mit technischen Mitteln Fehlendes zu ergänzen. Ein technisches Engagement auf allen Ebenen scheint der ideale Jungbrunnen zu sein.

Wir bauen den Materieraum in einen rein technischen um. Das Verhältnis, das zwischen der hinterlegten Software unseres Organismus und den Arbeitweisen des Gehirns besteht, führt dazu, dass der geschaffene Status Quo dem menschlichen Organismus immer ähnlicher wird, so dass wir irgendwann, ohne weiteres Leben, in einem rein technischen Gebilde Mensch sein dürfen. Dieses technische Gebilde, das unserem Organismus vollkommen gleicht, kann dann auf unbewohnte Planeten übertragen werden. Wir werden uns aber ein anderes Verständnis von der Materie erarbeiten müssen, um Raum und Zeit zu durchspringen oder einfach wegzulassen. Ein ungeheurer Pioniergeist erfüllt mich. Ein schier grenzenloser Wahnsinn erfasst mich. Am liebsten würde ich noch heute zu fernen Planeten aufbrechen. Aber das ist alles für den Präsidenten der Vereinigten Staaten. ICH hingegen bin nur ein Mensch, der seine Zeit gerne im Garten verbringt, dem Gezwitscher der Vögel lauscht und den Duft der Blumen mag, den ein Windhauch herüberträgt.

Es könnte sein, dass das Genom selbst veraltet. Der Wandel des Materieraums ist an einen Punkt gekommen, dass die Konstrukte aus den aktuellen Kriterien von den Genen nicht mehr angenommen werden. Der aufgesetzte Datenkörper für die Schaltung der Gene läuft ins Leere. Der Unterschied der technischen Welt und der menschlichen Datenkonstrukte zu den genetischen Datenspeichern hat sich in einer Weise vergrößert, dass die Kriteriensummen nicht mehr die notwendige Adaptionsbreite erreichen. Teilweise startet die koordinierte Auslese des Materieraums nicht mehr oder findet nicht mehr den nötigen Background zur Vervollständigung der menschlichen Funktion. Die gewachsene Komplexität der Natur ist zerschlagen, und der menschliche Raum erreicht die tiefen Identitäten seiner Mitspieler nicht. Das Korrelierende System ist nur ein loser Haufen gerichteter Materieströme. Es fehlt die Tiefenvernetzung seiner Bausteine. Diese Beziehungen gehen aus dem Miteinander der Arten hervor. Die Art wird hier als Nebenschauplatz verstanden, welcher sich entlang eines bestehenden Datengefüges entwickelte. Diese gewachsenen Beziehungen bringen Gefügekräfte hervor, wie sie zum Beispiel die Spinnenseide hinterlagern.

Ein großer Abstand des externen Raums und seiner Informationsvolumina zu dem internen Datenspeicher dürfte zu mehr Mutationen führen. Nicht alle werden zu etwas Besserem führen. Die Anlage zur Mutation liegt meiner Meinung nach in einem Übergewicht an Daten, die aus einem speziellen Interesse am externen Raum hervorgehen. Die eingehenden Daten integrieren sich in das allgemeine Datengefüge. Sie verschränken sich dann mit den übrigen Kriterien der elektromagnetischen Felder. Die eingehenden Kriterien beteiligen sich damit direkt an der Funktion, der Form und dem Aufbau der Organe. Die Mutation ist also auch eine Form der Verjüngung. Sie vermindert den Abstand der Speicherfelder, welche durch die Gene repräsentiert sind, zu den Feldern des aktuellen Status Quo.

ICH glaube an die Allgemeingültigkeit der Felder. Das hieße, dass die Kriterien innerhalb des Materieraums beliebig gewählt werden könnten. Man erreichte die Abstraktion der Kriterien mittels Fassung in Summenfeldern. Der entstehende Feldeffekt genügte, um die Hardware der Organe zu hinterlagern, ohne die einzelnen Kriterien bestimmen zu müssen. Dieses trifft zu, sofern sie sich mit der bewegten Materie befassen. Wenn sich ihr Denken also in einer Form gestaltet, dass sie den Transport des Stoffes A in die Region C bewerkstelligen, wiederherstellen, aufrechterhalten oder verstehen wollen. In diesem Fall reicht es, sich sein Denken an die gängigen Materieströme adaptiert vorzustellen. Ihre Aufgabe läge dann darin, das Kernmoment des wissenden Konstrukts, nennen wir es Ladung oder Effekt, ihre Aufgabe läge also darin den zentralen Aspekt unseres Gesellschaftskonstrukts, die Materieströme zu pflegen, zu erhalten und zu mehren.

Die Architektur der Wohlstandsfelder und Spaßgebilde genügt aber gerade mal, um den Materiemove durch das zentrale Gefäße eines Organs zu beschreiben. Denn eure Architekturen stehen für die Mehrung zentraler Materieströme. Hierauf beruht denn auch Ihr Denken. Ihr Denken fußt auf dem Transport von Gütern. Zentrale Materieströme, das ist es, was Sie der Menschheit tagtäglich vorsetzen. Das ist keine Tiefenleistung. Es fehlt uns allen das Verständnis eines gemeinsamen Ursprungs und der Technik, daraus verschiedenartigste Gewebe aufzubauen, die dann alle einem funktionellen Überbau wie unserem Organismus dienen. Wir wollen Datensätze betrachtet sehen, welche die Notwendigkeit der Arbeiten für das Ganze zum Ausdruck bringen. Wir wollen alle gleichzeitig aktiv sein. Alle sollten einem Einen dienen.

Die Einbindung in den Organismus und vor allem die Notwendigkeit der Aufgabe, wenn auch mit unterschiedlicher Betonung und situationsabhängigem Charakter. Wer es schafft, derlei Datenvolumina tagtäglich hervorzubringen, der schafft Datensummen einer Architektur, deren Ordnung dem anteiligen Kriterium zum Vorteil gereicht. Wir sind dann dem Materiesystem, welches wir hinterlagern, näher, so dass wir von einer höheren Wahrheit, unserem Organismus, seinem Feldäquivalent kongruent, sprechen dürfen. Jeder Organismus profitierte von diesem Verständnis, wenn der Einzelne wieder einer Software zugehörte, die die Organe eins zu eins hinterlagerte. Die Software eines Verständnisses, welche sich der Materie äquivalent verhielte. Man könnte fragen, wie sich die Magen- und die Darmperistaltik im Raum darstellt. Welche Kriterien haben sie gemeinsam? Wie überschneiden sie sich? Wie gestalten sich die funktionellen Übergänge? Wie sind die Kriterien miteinander verwoben? Wie lässt sich die Gleichzeitigkeit der Organe in einen Organismus fassen? Wie geht die Verarbeitung der Kriterien vor sich? Wie gelingt die Parallelität von Software und Hardware? Felder, Kräfte, Feldkräfte, Kraftfelder!

Die Annahme der Allgemeingültigkeit der Felder führt zu dem Glauben, dass der Umbau des Materieraums keinen wirklichen Schaden verursacht, weil sich immer genügend Möglichkeiten finden, Summengebilde zur Hinterlagerung der Organsysteme zu arrangieren. Die Technik erlaubt es der Medizin, einfache Gefäßstücke auszubessern und künstlich zu ersetzen. Aber das Wissen beruht auf einer Betrachtung der zentralen Hauptströme. Eure wissenden Architekturen beschränken sich darauf, ein aktives Kernmoment zu haben. Das ist der Haupteffekt eines Feldes, der Wirkung eines Stabmagneten vergleichbar. Die Beziehungsgeflechte der einzelnen Bausteine sind in ihren Betrachtungen aber nicht enthalten. Wie entsteht das Erdmagnetfeld und wie sind wir darin gelagert?

ICH spreche von den Feldlinien und den Formen des Magnetismus, welche die lineare Wirkung des Stabmagneten begleiten.

Kommen wir also zur Systemanalytik zurück und befassen uns noch einmal mit den gewachsenen Organen. Jedes Organ ist eine Datenlösung des externen Materieraums. Das hinterlagerte Material setzt sich aus Datenäquivalenten einer lebenden Masse zusammen. Es darf keine Brüche, keine unüberwindbaren Hindernisse und keine Lücken in der hinterlegten Datenarchitektur der Organe und Gewebe geben. Wir brauchen hierzu eine entsprechende Datendichte und Komplexität, die natürlicherweise mit einer ausreichenden Vernetzung der Mitspieler einhergeht. Hinzukommt ein neutraler Raum. Wir brauchen einen gemeinsamen Raum, in welchem wir alle Mitspieler geerdet sehen.

Jedes einzelne Kriterium, das die Evolution in den Körper hereinbrachte, und die, welche wir im Sinne der Gehirnaktivität verarbeiten, sind in Zonen außerhalb unseres Interesses überführbar. Man könnte das den gemeinsamen Raum der Kriterien nennen. Das, was alle gemeinsam haben ist der allgemeine Materieraum. Unsere direkte Umgebung erbringt eine verbindende Leistung. Wir können hier natürlich auch andere Arten in die Verantwortung nehmen. Andere Arten werfen ebenfalls Daten auf und tragen damit zum Gefüge und der Funktionalität der biologischen Gewebe bei.

Außerdem ist der Teil an biologischer Masse zu erwähnen, auf welcher unsere Entwicklungsstufe fußt, so dass wir uns auch als die Spitze der Evolution begreifen dürfen. Der Materieraum gilt als die Hintergrundmatrix jeglichen Lebens. Der Materieraum ist folglich auf vielfältigste Weise bereits von dem Vorangegangen gefasst. Die Kriterien sind Materieäquivalente. Sie sind in jeder Lebensform auf eine spezifische Art und Weise verarbeitet. Die Verrechnung von Feldäquivalenten, Materieäquivalenten und Datenfeldern unterliegt den Gesetzen der Physik.

Die unterschiedlichen Dimensionen, die von aktiven Arten ausgehen, sind wichtigste Faktoren der Software unseres Organismus. Die Architekturen der verschiedenen Arten bauen aufeinander auf. Vorangegangene Formen haben sich in Bereiche des neutralen Raums hineinentwickelt. Diese Teile des Raums der Datenarchitektur nutzbringend hinzuzufügen, endet wohl mit der Entwicklung von Formen. Es findet eine Anpassung an gegebene Verhältnisse statt. Aber auch Schutzfunktionen könnten hereinkopiert worden sein. Die tägliche Datenlast wirkt in erster Linie auf die Optimierung der Funktion hin. Der Organismus soll anhand der Umgebungsdaten optimal aufgestellt sein. Vermutlich gehen aus der Anpassung an den erweiterten Raum eingrenzende Hüllen hervor. Die Funktion der Organe muss von anderen Funktionen isoliert werden. Vielleicht dient der weniger betonte Raum der Hinterlagerung von Grenzgeweben. Die Haut oder die Faszien, die die Organe umhüllen.

Was wir hier zu denken versuchen, ist der allgemeine Raum. Wir wollen einen Bereich denken, der außerhalb unserer Bedürfnisse und Interessen liegt. Dieser Raum soll einen Teil unseres Bewusstseins immer dann aufnehmen, wenn sich die notwendige Konzentration für ein Ereignis auflöst. Dieser Raum soll die Kommunikation zwischen den Funktionen erleichtern. Wir lagern das Bewusstsein in angrenzende neutrale Bereiche aus, um Abstand von einer aktiven Funktion zu gewinnen. Nachdem wir uns etwas von der Funktion losgelöst haben, tauchen wir von der gewonnenen Neutralität aus in den Folgeprozess ein. So löst die Verdauung die Jagd ab. Dieses ist der Kommunikationsraum der Funktionen. Dieser Bereich ist kein Bestandteil der Funktion. Der Kontakt zu den Funktionen besteht aber fort. Die Software zur Hinterlagerung einer Funktion setzt sich wieder instand, verfolgen wir die Materie in den Bereich der notwendigen Kriterien zurück. Man hat sich von den Kerninteressen weit entfernt. Die Ich-Instanz spricht von einem neutralen Datenmantel. Der Datenmantel entspricht den Feldlinien, die mit dem magnetischen Kernmoment einhergehen.

Der Datensatz ist ebenfalls eine Beschreibung des Raums. Diese Datenlage setzt sich aus entfernten und weniger konzentrierten Kriterien zusammen. Es liegen keine essenziellen Interessen vor. Die Jagd und Nahrungsaufnahme weicht dem Putzen des Gefieders, weicht dem Dösen in der Sonne. Es ist eine Datenlage unseres Geistes, die uns faul sein lässt. Wir sind von den Kernmomenten des Korrelierenden Systems abgerückt. Wir befinden uns auf einer verbindenden Sphäre. So sieht man die notwendigen Arbeiten nicht. Die augenblickliche Architektur unseres Geistes enthält diese Qualia nicht. Man räumt ihnen keine Existenz ein. Für diesen Betrachter haben sie keinen Wert. Das Ich nimmt sie nicht wahr. Die Jagt und Nahrungsaufnahme weicht dem Putzen des Gefieders, weicht dem Dösen in der Sonne. Diesen Qualia unseres Geistes dürften philosophische Betrachtungen entspringen.

Der Fokus liegt aber in der Regel auf unserer Arbeit. Wir sind so isoliert wie konzentriert. Weichen wir jedoch von den Funktionen ab und suchen nach Gemeinsamkeiten im umgebenden Raum, so lösen sich die konzentrierten Felder auf. Wir können uns die Harmonie einer verbindenden Sphäre erarbeiten. Der gemeinsame Raum und die Unabhängigkeit von der Zeit sind grundlegende Phänomene eines funktionierenden Systems. Ein funktionierendes System kennt die Isolation des Einzelnen nicht. Es ist immer ein Ganzes. Jetzt ist es an der Zeit, von der Gleichzeitigkeit des Raums aus, die Art der Kriterien und ihre Verschränkungsweisen zu diskutieren. Was aber ist Philosophie? Was kann die Philosophie einem Datenraum dieser Organisation abringen, liegen doch unsere Interessen in höheren Funktionen verschränkt vor?

Was lässt sich zu den Beziehungen der einzelnen Momente sagen? Im Grunde liegt immer eine sehr hohe Zahl an Gleichzeitigkeit vor und auch der verbindende Raum ist zu sehen. Wir wissen heute, dass es sich um geschlossene Zirkel handelt. Sie gleichen den Feldlinien eines Stabmagneten oder denen des Erdmagnetfeldes. Die Darstellung des Organismus gelingt mit mehr oder weniger großen und kleinen Stabmagneten. Legen wir die Stabmagneten aneinander, so erhalten wir Gefüge mit einem fließenden Zentrum. Die Feldlinien werden sich in manchen Bereichen mehr, in anderen Bereichen weniger stark konzentrieren. Es bleiben uns die Möglichkeiten, die Feldlinien einer eigenständigen Datenordnung zu unterwerfen und eine Funktion zu etablieren oder aber die Leere des Raums selbst zu nutzen. Man denkt, hierbei eine unnötig gewordene Funktion auszulagern. Man verschiebt jedoch nur den Bewusstseinaspekt in Bereiche des Raums, die nicht an der Funktion beteiligt sind. Auch können Phasenübergänge von Ereignis zu Ereignis über einen neutralen und gemeinsamen Raum abgewickelt werden.

Jedes gefasste Kriterium ist dem Erdsystem entnommen. Es ist Teil des Erdmagnetismus und auch Teil unserer Wahrheit. Das physikalische Weltbild, das Menschenbild, das allgemeine westlich geprägte Weltbild, so sagt man, ist nichts weiter als ein Geistfeld, das sich aus der ökonomischen Anordnung von Kriterien ergibt. Es ist ein Bewusstseinsfeld aus den Materieäquivalenten unserer Interessen, die sich nach den Gesetzen der Physik in Summenfeldern zusammenlagern. ICH sehe da kein Problem, wie es manche in der mathematischen Logik sehen. ICH lasse die Kriterien in Feldern zusammenfließen. Es bilden sich Strukturen mit Wirkungen und Effekten heraus. Diese Summeneffekte bedingen die Kriterien, insbesondere die bewegte Materie wirkt bahnend, die Wirkung ausrichtend. Die bewegte Materie ist ein wichtiger Faktor. Sie richtet aus und ordnet an. Sie hält das Gefüge in Bewegung, bis alle Bausteine ihren Platz in der Architektur gefunden haben. Es kommt zu höheren Informationsdichten bis hin zu dichteren Strukturen im Feld. Die Mathematiker lassen sich gerne von diesen tragen. Aber auch die Logik lässt sich von der bewegten Materie in andere Bereiche der Felder tragen. Das sind einfache Effekte, die zu Lösungsarchitekturen führen. Der Ausbau der Felder zu Lösungsarchitekturen wurde auch schon an anderer Stelle beschrieben. Im Grunde liegt je nach Informationsgehalt der Felder, man betrachte die Existenz der anteiligen Kriterien darin, eine mehr oder weniger vollständige Beschreibung des Raums vor.

Lasst uns von den täglichen Aktivitäten des Lebens abrücken. Wir wollen der Funktion etwas Wind aus den Segeln nehmen. Dazu erweitern wir die Bausteine der Funktion, die Kriterien, in den angrenzenden Raum. Am einfachsten ist es wohl, die täglichen Aktivitäten in den Raum zu erweitern. Die Aspekte des Bewusstseins lägen dann außerhalb der Funktionsdaten im Erdmagnetfeld. Diese Betrachtung führte zu veränderten Qualia der Funktion selbst. Die konzentrierten Felddichten des täglichen Gebrauchs wichen einer stärkeren Betonung des umgebenden Raums.

Man könnte hier der Hüllenstrukturen habhaft werden. Hüllenstrukturen wie die Haut zum Beispiel, der Chitinpanzer der Insekten, die Faszien, die die Funktionen der Organe auf einen Bezirk begrenzen usw. Sie sind nur das Ergebnis einer Summe von Kriterien. Die zentrale Bedeutung ihrer Summenarchitektur ist die Darstellung einer Funktion. Wir haben auf der Grundlage von Daten eine Hardware errichtet, den Materieströmen ein gewisses Verhalten auferlegt. Der Zweck der Architektur ist ein geordneter, zentraler und zielgerichteter Materiestrom. Das Entstehen einer geordneten Peripherie ist nur die Folge dieser zentralen Datendichte. Der Ausbau der Daten der Peripherie zu einer funktionellen Hüllenstruktur ist daher sehr vielfältig. Zu bedenken wäre allenfalls, ob sich die verschiedenen Gewebetypen an eine spezifische Zusammensetzung der Kriterien halten. Wie wirkt ein Stein, wie wirkt ein Blatt, wenn wir uns die Feldäquivalente vorstellten und in Architekturen verbauten? Das Datenäquivalent eines Blattes wird man auf einer feineren Ebene verwirklicht finden. Man darf ihm den Charakter eines Zeigers zuschreiben. Das Blatt ist orientiert gewachsen und interpretiert somit die Struktur der Felder. Diese Form des gebundenen Elektromagnetismus trägt dann ebenfalls zur Aufklärung des Raums bei. Der gebundene Elektromagnetismus, welchen wir als Feldaktivität bezeichnen, wird, dem Auge oder anderen Sinnesorganen ähnlich, sofern wir ein konzentriertes und notwendiges Interesse an den essenziellen Dingen zeigen, dem Bewusstsein entsprechende Daten generieren.

Die Bewegungen des Blattes im Wind erhöhen den Aktionsradius unserer Zeigerfunktion. Die funktionellen Größen des Blattes und seine interne Dynamik werden bei der Verrechnung in Feldern den Mikrokosmos der Felder funktionell stärker prägen, als ein Stein, dem man seine Ecken genommen hat. Die Zeigerfunktion des Blattes genügt, um wichtige Positionen, zum Beispiel im Spiel des Windes, immer und immer wieder zu erinnern und zu betonen. Wir erhalten einen artenübergreifenden Komplex, der die Notwendigkeit aller Arten bedient. Insbesondere seine Effizienz, die Suchanfragen essenzieller Notwendigkeit zu bedienen, ist in dem Datenkomplex in hohem Maße verwirklicht. Somit sind auch kleinste Nuancen des Windes, Variationen eines Lufthauchs, wenn sie die notwendigen Datenlagen hervorrufen, dem Gefüge und Feldeffekt zugehörig und für das Funktionieren gleichfalls notwendig.

Aber auch der Stein verbirgt in seinem Entstehen wichtige Phänomene des Seins. Er trägt Daten zu vergangenen geologischen Begebenheiten in sich. Seine Art und Weise, mit den Elementen umzugehen, ist auch ihrerseits prägend. Wie verrechnen sich die verschiedenen Zeitstati der Ereignisse? Welche Kriterienstämme, Blatt oder Stein, verrechnen sich auf welche Weise, so dass daraus die Gewebetypen und Funktionen hervorgehen? Die täglichen Aktivitäten der Menschen gehören ebenfalls in die Programme unseres Organismus. Die Materie, so wie wir sie handhaben und funktionell in den Raum einordnen, dürfen wir ebenfalls Feldäquivalente nennen. Als tägliche Größen unseres Gehirns dürfen wir sie zu den Kriterien und Materieäquivalenten, Beschreibungen des Raums zählen. Wir haben natürlich auch das Weltgeschehen und Regionengeschehen im Kopf, in welche wir uns gebettet sehen. Wir werden daher auch von übergreifenden Raumarchitekturen und regionalen Phänomenen involviert sein. Sich von diesen motiviert oder gestartet zu sehen hat dann auch eine direkte Wirkung auf unseren Körper. Als wiederkehrendes Engagement spülen sie die alten Bestände durch und dienen den neuen Körpern zum Orientierten Aufbau.

Eine Erweiterung der Kriterien in den Raum schafft immer einen einenden Gegenstand. Eine Globalisierung der Betrachtung entlastet das Individuum von seiner Funktion. Es entbindet das Individuum von der Gefügebelastung des Korrelierenden Systems. Der Raum lässt sich in einer Weise erfassen, dass der Gott in uns zum Vorschein kommt. Es kommt der göttliche Raum zum Vorschein. Aus dieser Position darf man zurückblicken und sich fragen, welchen Sinn hat das menschliche Treiben für das Ganze. Es geht doch vielmehr um die organische Hardware, als um den Speisebrei, den wir durch den Verdauungstrakt treiben. **Es geht um den korrekten Aufbau der organischen Substanz, nicht um die tote Materie, die durch unseren Körper wandelt.**

Der Ausbau dieser Überschneidungen zu einer funktionellen Nebenarchitektur führt also zu einem unauflöslichen Gefüge der bestehenden Kernlagen.

Man könnte von einer zunehmenden Manifestation der zentralen Funktion sprechen, wenn sich die begleitende Datenlast in einem weiteren funktionellen Überbau zu organisieren beginnt. Die umliegenden Gewebe trügen einen bedeutenden Teil zur inneren Stabilität der Organe bei. Folglich könnten das Ausheilen von Schäden und die Wiederherstellung von Funktionen in Systemen von der Intaktheit der Umgebung abhängen. Die wechselseitige Determiniertheit kommt uns hier zugute. Die Kriterien und Felder der Umgebungen dienten als einwirkender Bauplan.

Die Organsysteme sind Datenlösungen des externen Raums. Wir setzen das Altern der Gewebe dem Wandel des externen Raums gleich. Wenn das System immer größere Volumina an Materie um den Globus bewegt, legt auch das organisierende Datenkonstrukt selbst an Masse zu. Wir haben ein geistiges System, das sich der Materie äquivalent verhält. Das organisierende Prinzip, falls man heute noch davon sprechen kann, besteht nur noch aus der Logistik der Betreiber. Die Globalisierung der menschlichen Architektur und ihre präzise Zielführung stabilisiert die Kernarchitektur. Wir erhalten eine steigende Gravitationslast. Die hoch geordnete Komplexität auf der Spitze der Evolution, ein die Welt umspannendes Gefüge. Leider kappt der Gravitationsmoloch Mensch seine Wurzeln in diese Lebendmatrix. Der Mensch isoliert sich von jeglicher Interaktion mit anderem Leben. Er ist nicht mehr vernetzt.

Die Organisation durch den Menschen führt zu steigenden Gravitationslasten. Ist das System erst einmal dem menschlichen Sein unterworfen, verliert jeder Zustand des Mangels und die damit einhergehende Notwendigkeit der Behebung den natürlichen Wert einer Feldbeziehung. Das Feldäquivalent eines Mangels oder Überflusses zeigt dann nicht die organisierende Wirkung. Die natürlichen Zustände, lassen wir sie als Feldäquivalente auf der Quantenebene siedeln, verlieren ihren organisierenden Status. Der menschliche Korpus vernebelt jeglichen Sinn natürlicher Feldbeziehungen. Die Vielfalt des Lebens ist ernsthaft bedroht. Die logische Mathematik fasst isolierte Komponenten in Feldeffekten zusammen. Diese Gebilde aus isolierten Massebahnen der verschiedenen

Wissensbereiche verhalten sich wie Kettenfräsen und Abraumbagger. Sie fressen sich in das Evolutionsgefüge höchster Komplexität und speisen das gegenwärtige Sein des Menschen. Diese linearen Gebilde, diese beschleunigte Materie, all das tote Material in den Köpfen der Menschen! Das wird noch teuer. Da bleibt kein Leben übrig.

Die natürliche Komplexität auf der Spitze der Evolution, ein Gefüge, das jegliches Sein akzeptiert, bedeutet Licht, Fülle, Glück. Ein Gravitationskörper, wie ihn der Mensch unter Ausschluss aller Mitarten und unter hohem Energieverbrauch auf- und auszubauen versucht, zeigt präzise Kernströme: Die Beteiligten verbringen ihre Existenz auf stabilen Bahnen; das Interesse an einem gesunden Umfeld ist gestört; kleine Fehler führen zu großen Wirtschaftsausfällen. Die Gravitation führt zu einer Verkürzung der Wegstrecken. Die Globalisierung führt zu immer schnelleren Verbindungen. Die großen Volumina bewegter Materie wirken äußerst manipulativ. Der eigene Wille fällt. Man wird zum Systemling. Der Konsum wird zum Materiephänomen und addiert sich zur Masse des Konzerngebildes hinzu. Auf der Quantenebene siedelnd sind diese massereichen Gebilde organisierende Gebilde. Diese Äthervolumina programmieren den Materieraum.

Das künstliche Konstrukt des Menschen wird zum Vorbild für die Natur. Jede Art kämpft für sich. Das Miteinander hört auf. Die vernetzte Komplexität ist im Sinne der Psychologie auch als psychedelischer Zustand zu sehen. Diese geistigen Phänomene opfern wir um des isolierten Menschenwillen. Das Geistige wird planbar. An die Materieströme des Wirtschaftssystems und der Spaßgrößen adaptiert erweist sich das Geistige als klares, durchgestyltes und berechenbares mathematisches Konzept. Schnelle, gleichbleibende und stark vereinfachte Datenlösungen, ohne abschweifende Betrachtungen dem Status Quo 24 Stunden am Tag verpflichtet.

Die zunehmenden Gravitationslasten ersticken die unerwähnt Gebliebenen. Wenn sich unsere Entwicklung in dieser Weise fortsetzt, werden wir weiter Arten an Komplexität verlieren. Der Wandel des Materieraums ist mit dem Altern eines

Organismus vergleichbar. Der Verlust an Arten hat etwas von Alzheimer. Der Materie fehlt der Pep. Das Gehirn arbeitet mit Materieäquivalenten. Dem Raum haften auch die Sichten anderer Arten an. Diese Volumina gehen dem Gehirn verloren.

Der Mensch isoliert sein Selbst und baut es gegen alle Hindernisse aus. Wir bewegen uns in diesen Wirtschaftsgebilden. Das sind gravitationsreiche Datengebilde, Datenmonster, Partikel des elektromagnetischen Spektrums. Diese Datenkörper besitzen Masse und Gravitation. Wir betrachten sie auf der Quantenebene und erinnern uns ihrer Möglichkeit, sich auf Selbstorganisation zu berufen. Wir erhalten hiermit einen Status Quo, der sich von der Quantenebene herauf selbstorganisiert. Wenn Sie wissen, wie es sich im elektromagnetischen Feld verhält, dann wissen Sie auch um die zerstörenden Wirkungen, die von den gravitativ mächtigen Feldern ausgehen. Das sind vor allem Adaptionserscheinungen geringerer Massen, die wir beobachten. Sie zeigen sich, zum Beispiel, in plötzlichen Beschleunigungen oder Ablenkungen der Materie. Aber auch eine Beeinflussung der Feldäquivalenz ist bei der Einordnung eines geringeren Materiekörpers anzunehmen. Eine Neuordnung des elektromagnetischen Datenhaushalts kleinerer Gebilde innerhalb der Struktur größerer Gravitationskörper und Datenlasten ist natürlich. Es besteht eine allgemeine Wechselwirkung der Feldäquivalenzen und ihrer Datenhaushalte. Vereinfacht sagt man: Materie wirkt aufeinander.

Globale Gebilde, wie sie die allgemeine Globalisierung hervorbringt, sind nicht natürlich. Diese Gebilde sind menschlicher Natur. Wir opfern, um sie am Leben zu erhalten, einen Großteil der natürlichen Ressourcen. Auch hierbei handelt es sich um elektromagnetische Phänomene. Wir dürfen sie der Datenebene zuordnen; sie organisieren sich von der Quantenebene aus. Das Ergebnis ist ein sich stetig verändernder Status Quo. Außer dem Menschen ist da nicht mehr viel. Ein paar Haustieren räumt man noch Möglichkeiten zur Existenz ein. Es ist eine Form der Selbstisolation, die der Mensch da betreibt.

Aber woher rührt dieser Hang sich von allem abzuschotten? Ist es die

Erkenntnis, dass das eigene Handeln anderem Leben von Nutzen sein könnte? Reiner Neid zum Motiv? Der Neid ist weit verbreitet, und manche Menschen machen nur mit, um dabei zu sein, keine Sanktionen zu verspüren, sich über anderen zu positionieren und mitreden zu dürfen. Der Mensch, der die gesamte Angebotspalette ausreizt, ist im Konstrukt hochwertiger angelegt. Er schafft es, über die materielle Besitz- und Konsumschiene Schnittstellen im bestehenden Gefüge einzurichten. Damit nimmt er an den Datenhaushalten der Konzerne teil. Der Datenkorpus der Konzerne ist etwas lichtvoller. Hier sind die Daten ein wenig dichter gepackt. Die Daten beschreiben eine bestehende Ordnung der Materie. Die Daten der Materieäquivalenz und begleitende andere Aktiva wechselwirken sehr stark. Man erhält lichtvollere elektromagnetische Phänomene. Es wird als angenehm empfunden, diese Trends mitzumachen. Es stellt sich eine menschliche Prägung des Raums ein, die dann auch erlebt wird. Je mehr Konsumenten aufspringen, umso vielfältiger gestaltet sich der Datenhaushalt um das Konsumgut. Die Freude an dem Erlebnis erweist sich als natürliches Geschehen. Es ist die Möglichkeit, den Datenreichtum um das Objekt durch dessen Konsum selbst zu erreichen. Der begleitende Datenmantel wird zu einem Gefühl der Freude.

ICH kann mir gut vorstellen, stellt man sich von einem Label unterstützt dar, dass sich manche auf Grund des geleisteten Hintergrunds zumindest innerhalb der geschaffenen Räume freier und besser fühlen. Der Verlauf der Materie auf geordneten Bahnen dürfte die Gehirntätigkeit unterstützen. Man könnte einen beschleunigten Aufbau der Felder des Gehirns mittels des Materiehaushalts unserer Konzerne anführen. Die Leistungen des Gehirns beruhen dann aber eben nur auf Strukturen dieser Art. Die Daten, die in die Ergebnisbildung einfließen, sind damit bekannt, und bedürfen keiner weiteren Nennung. Der Charakter eines solchen Ergebnisses lässt sich leicht aus dem eingeflossenen Datenmaterial ableiten. Das Ergebnis hat eine spezielle Färbung, abgeleitet aus den Säulen der Ergebnisbildung.

Problematisch ist, dass die Logik, wie ICH die Fassung von Inhalten in einem stabilen Ergebniskörper nenne, sich an den Kernströmen der eingeflossenen wissenden Inhalte richtet. Jede Summenarchitektur führt folglich zu einer Vernachlässigung von Daten. Vor allem die Randbereiche sind davon betroffen. Die Menge vernachlässigter Daten steigt an, wenn sie als Theoretiker nicht zu ihrer Ausgangsmasse zurückkehren, sondern immer nur eins obendrauf setzen.

Bestünde der wissende Geist fort, so wäre dieses zu verantworten. Das abgeleitete Produkt jedoch und sein Gebrauch, schneiden in den bestehenden Kosmos ein. Damit verändern sich die Materieströme unseres Status Quo, die der Quantenebene und die des Erdschwerefeldes. Beginnen Sie auf der geschaffenen Ebene erneut kreativ zu sein, sind bereits Teile des Datenhaushalts verloren. Was sie jetzt noch in ein theoretisches Gebilde eines wissenden Geistes fassen können, hat sich von der ursprünglichen Qualität des Datenhaushalts unserer Umwelt bereits entfernt.

Arbeiten Sie für einen Konzern an der Verfeinerung, Vertiefung und Differenzierung von Bestehendem, so dass Sie einfach nur die bestehende Technik als ihr Ausgangsmaterial verwenden, ganz allgemein einer Mehrung der Gewinne in Milliarden unterworfen sind, ist das Ziel natürlich ein anderes. Dieser Art des Seins folgen natürlich in absehbarer Zeit vorhersagbare Zustände. Das Problem ist die zunehmende Reduktion der Datenvielfalt, was die gelebten Datenhaushalte betrifft. Die Zahl des verschränkten Lebens reduziert sich. Wir verlieren an Komplexität.

ICH sehe die sich ausbreitende Dunkelheit. Das Gelebte bringt kein Licht mehr in die Seelen. Das sind alles nur Substitute, wie ein Fetzten Stoff, dem man einem ins Maul schiebt, um ihn am Reden zu hindern. Die tiefe Leere einer Depression, die wir rund um die Uhr mit Gütern des Konsums zu besetzen haben, um den Lebensfaden nicht ganz zu verlieren und um zumindest zufrieden zu sein. ICH denke, dass wir in diesen schweren, von lebender Vielfalt gereinigten Feldern, unseres Konsum- und Produktionsgeschehens auch Einbußen unseres Denkens zu verzeichnen haben. Vermutlich wird Wissen nicht mehr in dieser Form erworben, kann nicht mehr in dieser Komplexität der Natur abgespeichert dargelegt werden und ist daher mit den geringeren Ausgangswerten nur schwer wiederherzustellen.

Der Artenverlust bedeutet in erster Linie einen Verlust an lebender Intelligenz. Ein bestehendes Gefüge, in welchem sich, falls notwendig, ein jedes dem anderen in Richtung und Wirkung hinzuaddiert, in welcher Information zu den bestehenden Verhältnissen, als Geistkörper von einem Ort zum anderen transportiert wird, ringt für den Erhalt stabiler Lebensverhältnisse und stabiler Funktionen, ringt um jede Art. Ein auf Leben beruhendes und intelligentes System, das Datenvolumina generiert, die auf der Quantenebene die benötigten Komponenten zum Erhalt der Lebensverhältnisse induzieren, benötigt jede Art. Hier führen komplexe Verschaltungen zu einem höheren Sinn. Wir erhalten elektromagnetische Phänomene der Quantenebene. Die geistigen Qualia enthalten Informationen des Materiehaushalts. Sie sind die Bausteine der Selbstorganisation. Das System induziert sich seine Zustände selbst. Das ist ja großartig, jubelt der Hintergrund. Dann kommt mein Mallorca-Urlaub immer wieder. Das Problem sind die Müllhalden, die Flächenversiegelung und ähnliche Zustände. Denkbar wäre, dass derlei Zustände auf der Quantenebene zu wirken beginnen. Die Induktion der Quantenebene hätte zur Folge, dass sich nun auch die vier Elemente mühen, die gewollten Zustände herbeizuführen. Die Müllhalden und die Versiegelung von Flächen entstünden dann ganz von selbst.

Wir verzeichnen ein Anwachsen von Involvierten und Mitläufern dieses geistigen Geschehens. Es entsteht ein dem Gemeinschaftsgefüge dienlicher Sinn. Folglich bewegt sich immer mehr Materie in diesem Sinn. Das induzierende Konstrukt organisiert ein paralleles Fließen der bezeichneten Materie. Die Materie verhält sich, wie sie im Konstrukt verzeichnet ist. Damit dürfte auch die Masse des Konstrukts noch einmal ansteigen. Bedenkt man die Vielzahl verzeichneter Lebewesen, die sich nicht nur selbst bewegen, sondern auch Daten bewegen. Sie meistern ihren Alltag. Sie arbeiten und bewegen tagtäglich eine Unmenge von Dingen von hier nach da.

Die Summe ist ein einheitliches Feld, das – eventuell auch vom Anstieg der Masse abhängig – weiterhin geringere Kategorien günstig einordnet. Diese dient in erster Linie den Hauptströmen des Feldes. Die Einordnung in den Mainstream kostet das Datenäquivalent eine Menge Positionen. Es verliert wichtige Eigenschaften zur Kommunikation mit anderen Systemwerten. Das technische Konstrukt gleicht dem Mainstream an. Das technische Konstrukt unterbindet wichtige Kontakte der Eingegliederten. Es baut Rezeptoren für andere Lebenswerte und Schnittstellen in andere Räume zurück. Es isoliert und beschleunigt das Individuum. Es unterwirft jegliches Sein seinen Werten.

Vor allem geringere Arten und Spezialisten können mit der menschlichen Datenmatrix nichts mehr anfangen. Eine vollkommene Datenmatrix, wie sie im Miteinander aller Arten entsteht, bedingt auch die Eigenschaften der Klima- und Wetterverhältnisse. Die Sinnesleistungen aller beteiligten Arten bilden eine Datenmatrix. Die Datenmatrix ist irgendwo zwischen dem Dunklen Feld und der Materie anzusiedeln. Der Datenreichtum führt zu einer Komplexität, welche unglaubliche Phänomene der Natur zu programmieren weiß. Die Datenmatrix gehört in den Bereich der Selbstorganisation. Die verschiedenen Variationen in der Verschränkung der Daten bewirken das Auftreten der Eigenschaften im Status Quo. Die Luftfeuchtigkeit, Formen des Niederschlags, die Luftbewegungen und so weiter. Dabei ist es nicht auszuschließen, dass ein direkter Zusammenhang nicht nachzuweisen ist, weil es sich nur um eine Folge der Programmierung handelt. Aber manche Konstellation bringt Naturschauspiele der besonderen Art hervor.

Wir benötigten eine Hintergrundmatrix aus allen Datenwerten von allen Arten, ein Beziehungsgeflecht, das dem Menschen so psychedelisch fremd erscheint, eine Datenmatrix, die man fühlt, weil Kräfte und Spannungen in ihr herrschen, getragen und zusammengehalten von lebenden Organismen. Verschiedene Arten, Daten und Datenräume greifen ineinander. Es entstehen wahrnehmbare Felddichten. Fühlbar und sichtbar, erleuchtend, wärmend und beglückend scheinen sie nichts Unheilvolles zu sein. Die erhobenen Daten zu ihren Lebensbereichen scheinen sich in einem Maße zu verschränken, dass wir von einer Äthermenge unterschiedlicher Dichte, von einer Architektur der Kriterien, von einer Hintergrundmatrix allen Lebens sprechen können.

Diese Datenmatrix gleicht dem esoterischen Scheinwissen. Diese Äthermenge scheint das psychedelische Moment zu bewirken. Die Äthermenge scheint von den Individuen erfahrbar zu sein. Vor allem schwachen Geistern dürfte sie auch Fehlentscheidungen abverlangen. Die vorherrschende Architektur enthielte auch die Interessen anderer Arten. Ein anonymes Gefüge aus Daten und wirkenden Kräften wird sich auch einmal gegen das menschliche Individuum entscheiden. Die Wirkung des Datenäthers auf den Raum entspricht den wirkenden Feldkräften und fragt nicht nach der Zusammensetzung der Arten. Diese Ebene der Erkenntnis lässt uns so manche Störung von Computerfunktionen auf Datenfelder höherer Art zurückführen. Eine besondere Architektur der Felder ergäbe sich aus der Wahl der Kriterien. Eine unbekannte Zusammensetzung der Großfelder oder eine bewusste Neuinterpretation der sichtbaren Gebilde führte zu einem veränderten Datenfluss. Dabei könnte es Störungen in präsenten Gebilden des korrelierenden Systems geben.

Die Vorlieben der Menschen treten in den Hintergrund, wenn Feldstärken auftreten, welche die Existenz der Verzeichneten überhöhen. Wird die Existenz einer hohen Anzahl von Arten zu einer Feldeigenschaft und wird die Zahl der Arten als Systemzustand und ihre Existenz gesichert, kann ein Mensch, nur mäßig verzeichnet auch zu Fehlern neigen. Das Gefüge aus Kräften sicherte diesbezüglich die Existenz und Ordnung der verzeichneten Spezies und verursachte Unordnung in den angrenzenden Bereichen. Wir haben ein stetes Wirken und Einwirken externer Existenzen im Überlebenskampf auf die eigenen Positionen unserer Architektur zu meistern.

Natürlich gelingt es zu einem gewissen Grad, das Menschliche zu konzentrieren und Andersartiges auszuschließen. Selbst die Dummen erreichen innerhalb des geschaffenen Gefüges ein Konsumentendasein, das die Feldstärken befeuert und scheinbar keine großen Schäden verursacht. Dennoch ist die Lebendmatrix als Verbund aus allen Arten ein Stabilisator des Gewachsenen. Vor allem die Präzision der Erdströme und Elemente scheint eine Folge des etablierten Lebendgürtels zu sein. Die Datenmatrix bindet die Energien und fasst sie in komplexen

Zusammenhängen. Das zwingt die Materieströme auf ihre Bahnen und gibt den Elementen ihr Verhalten vor.

ICH fühle mich nicht weniger kreativ, weil ich die Äthermengen und ihre Formen des Ausdrucks studiere. Es ist zu bedenken, dass sich das entstehende Leben und die Evolution am Aufbau der Materie orientierten. Es ist davon auszugehen, dass die Datenmatrix eine sehr gute Grundlage für die Erkenntnisse der Zusammenhänge des Raums sein kann. Das sichtbare Datenäquivalent der Materie, vor allem wenn es sich der natürlichen Komplexität der Zusammenhänge zugehörig zeigt, ist das wertvollste Wissen. Wir haben die bewusste Substanz durch geeignete Fragen und eine geeignete Wortwahl, immer und immer wieder auf die Datenmatrix des Hintergrunds und ihre Architektur in den Geweben gerichtet. Das entstehende Bild in unserem präfrontalen Kortex haben wir in seiner Entwicklung über die Jahrzehnte hinweg verfolgt. Dabei zeigt sich das Wissen als wahres Datenäquivalent der biologischen Struktur. Das Ergebnis tritt aus der Evolutionsmenge heraus. Die Integration in die Komplexität des Datenhintergrunds bringt sichtbare Kortexdaten. In Übereinstimmung mit dem eigenen Organismus, dürften diese Betrachtungen keine Schäden verursachen. Erst die technische Ableitung und ihre Anwendung im Raum verändern den Materiehaushalt.

Der Quantenbereich und der Materieraum wären in einem fassbar. Man gewönne Einblicke in die Organisation des Status Quo. Darüber hinaus verstünde man die Zusammensetzung der Eugenikmengen. Man hätte Einblick in die Körperprotokolle, könnte die genetische Masse und ihre Schaltung verstehen. All dies könnte in Erfahrung gebracht werden, betrachtete man die Beziehungen des Datenmaterials zueinander und studierte die Evolution zum Menschen. Denn das technische Konstrukt bringt auch den Menschen mit geringeren Ausgangswerten Klarheit in ihre geistigen Lagen. Wir konstruierten ihnen eine Welt, in der ihr tägliches Handeln für sie folgenlos bleibt. Das geschaffene Gefüge erreicht eine schwere Kategorie der Substanz. Es gibt den Individuen klare Handlungsweisen vor und macht sie unabhängig von den Zielen anderer Arten.

Die Gleichschaltung von Materie im Sinne eines induzierenden Konstrukts, wächst sich zu einem einheitlichen Feld aus. Wenn wir von der Äquivalenz von Geistkörper und Materie ausgehen, dann wird dieses Feld, an Masse sehr viel reicher, eine Materieform ansprechen, die seinem augenblicklichen Zustand entspricht. Gravitationsreiche Felder werden gravitationsreiche Materiemassen organisieren. Eine Verbindung zu den geringeren Materieformen, aus welchen wir dieses mächtige Feld aufgebaut haben, bleibt natürlich bestehen. Sie agieren innerhalb der Grenzen, die wir ihnen gesetzt haben und bewegen sich auf den Bahnen, die das Großfeld belassen hat. Dann regnet sich die Tiefdruckzone aus, und es kommt erst einmal zu einer flächigen Involvierung durch die organisierten Großmassen. Sie haben sich alle an die Folgen der menschlich geschaffenen Gravitationskörper anzupassen. Die technischen Überbauten sind gravitationsreiche Datenmonster. Sie bezeichnen das Verhalten der Materie im Raum. Ist die bezeichnete Menge an Regen gefallen, beginnt die Instandsetzung der notwendigen Infrastruktur. Der Charakter der menschlichen Gebilde des Geistes schlägt sich in der Organisation des Raums nieder. Betrachten wir die Organisation des Wetters, so erhalten wir ausgedehnte Hochdrucklagen für unsere feierwütigen Spaß-People und kurzzeitige Starkregenfelder, die den Dreck in den Gully und den Rest vom Fest ins Meer spülen. Das Spiel der Elemente und die Macht der Zustände werden uns vor dem geschaffenen Hintergrund noch vor große Herausforderungen stellen.

Hierbei entstehen übergeordnete Materieeffekte und Masseimpulse. Die Induktion kann globale Phänomene erzeugen, wie sie dem Schmetterlingseffekt eigen sind. Im Unterschied zum Schmetterlingseffekt sind es hier jedoch exakte Pläne, die der Feinabstimmung, der Dosierung und Ausrichtung der Materieströme dienen, welche doch brauchbare Lebensverhältnisse induzieren sollten. Das System kann zum Beispiel massereiche Tiefdruckzonen heranführen, dass Regen fällt. Es kann auch Kältezonen einrichten, um Pilze abzutöten. Der Schmetterling kann hier allenfalls als Teil des Effekts aufgefasst werden. Wenn wir sie beobachten, wie sie auf den Luftwirbeln und Strömungen dahingleiten und sich bevorzugt auf eben unserer Blüte ganz besonders wohl fühlen, dann kann dieses Teil des induzierenden Effekts sein. Der Beobachter wird dieses Geschehen, als einzelnes Kriterium, isoliert von seinem Effekt, Schmetterlingseffekt nennen.

Die Selbstorganisation, wie sie hier beschrieben wird, beruht auf der gewachsenen Verschränkung lebender Organismen. ICH sehe das Tiefdruckgebiet über die Luftströmungen gleiten und mit leichten Flügelschlägen die Zirkulation ausgleichen. ICH sehe das Regengebiet an der Hausmauer sitzend, die Flügel ausgebreitet, Sonne tankend, um im richtigen Moment mit den erhobenen Zielkoordinaten den Schmetterlingsblüher anzufliegen. ICH sehe den Regen fallen. Aber wo ist heute der Schmetterling? Es handelt sich um eine lebende Intelligenz.

Glück beruht wie alle Gefühle auf einer gewissen Gleichzeitigkeit von Daten. Es handelt sich hier nicht ausschließlich um stabile Summenarchitekturen. Die Gefühle leiten sich vermutlich aus einem losen Verbund aus Daten, der nur im augenblicklichen Auftreten seiner Bestanteile eine fühlbare Wirkung erreicht. Die Kriterien und Faktoren, ganz allgemein die individuellen Daten des Raums unterschiedlichster Arten, liegen hier zur Einschätzung der Lage vor. Der Gehalt der Menge beeinflusst die Gefühlslage. Die Formel des Glücks ist ganz einfach. Sie lautet, sich auf zufriedene Lebewesen stützen zu dürfen. Folglich leitet man seine Glücksmenge von zufriedenstellenden Daten des Raums ab, nicht hungern, nicht frieren und nicht dürsten, den Tag in einer gesunden Umwelt erfolgreich bestreiten. ICH wünsche einem jeden die Fähigkeit und Möglichkeit, in seiner Umwelt glücklich wirkende Zustände aufzufinden und seiner Glücksmenge beizufügen. ICH wünsche mir einen Datenäther, der alle freundlichen Lebensbedingungen enthält. ICH wünsche mir einen Datenäther, dem man die notwendigen Daten einer Architektur des Lebensraums entnimmt, weil die gewünschten Bedingungen stets präsent und zugänglich sind. ICH wünsche mir, mit diesen Daten den Status Quo und den Lebensraum für alle erfreulich brauchbar zu gestalten.

Warum treibt der Mensch die Isolation von seiner Umwelt voran? Der

Versuch der Psychohygiene kann es nicht sein. Wer sich den absoluten Raum erschließt, schließt nicht aus, sondern alles mit ein. Wagt man sich in Regionen vor, in welchen die fassenden Instanzen ihre Datensätze freigeben, fügen sich diese dem Betrachter hinzu. Der Elektromagnetismus des Gehirns beruht auf Materiedaten. Es sind die täglichen Aktiva, die den Aufbau der Felder bewirken. Das Entstehen von Geist, das Entstehen eines wissenden Konstrukts oder eines Konzernkorpus geht aus dem natürlichen Additionsbestreben der Datenaktiva hervor. Wir bewegen uns hier im Bereich elektromagnetischer Felder und führen Kriterien, das sind Feldäquivalente funktioneller Zusammenhänge und allgemeine Materiedaten neuronaler Netzwerke in wissenden Architekturen zusammen. Der sichtbare Geist und ähnliche Phänomene sind eine höchst effiziente Lösung möglichst viele Daten möglichst ökonomisch zu fassen. Ein jedes Phänomen des Geistes – seien es nur unbewusste Felder – beinhalten spezielle Informationen zu unserer Umwelt. Sie werden im Umfeld einer Taucherausrüstung eher das Rauschen des Meeres verzeichnet finden, wie Sie Bergschuhe mehr mit dem Ruf von Bergdohlen verbinden werden. Die Gleichzeitigkeit verschiedener Aktiva verlangt, Bergschuhe und Taucherausrüstung zu verrechnen. Wir erhalten geistige Volumina spezifischer Daten, eines Reiseanbieters oder eines Sportartikelanbieters zum Beispiel. Wir erreichen damit die Involvierung ganzer Regionen.

Den absoluten Raum für sich zu erschließen, ist keine einfache Sache. Man arbeitet sich in Regionen vor, in welchen die fassenden Instanzen ihre Datensätze und Daten freigeben. Wir entwickeln uns ausgehend von unserem eigenen Geist in diese Bereiche hinein. Wir erreichen damit einen Grad an Involvierung, dass die Gesetze der Physik zu greifen beginnen. Das entwickelte wissende Konstrukt – der eigene Geist sozusagen – das geschaffene Wissen erreicht von seinem Kerngebiet aus eine Involvierung des Raums und des unbekannten Raums, so dass wir trotz der Summenarchitektur in unserem Zentrum in der Peripherie einem Gottesteilchen entsprechen. Wenn Sie ein massereiches Ich veranlassen, fremdes Wissen und andere Geistgebilde zu verstehen, wird es versuchen, mit eigenen Mitteln Ähnliches hervorzubringen. Identitäten greifen sofort, andere werden von den Feldern involviert, bis es schließlich zu Polungen kommt. Es reicht, für die involvierte Peripherie ein Gottesteilchen anzunehmen. Das Kerngebilde bleibt auf Grund des Additionsverhaltens ein dem Bewusstsein zugänglicher Körper aus Daten. Wir zählen hierzu die bei der Geburt vorherrschenden Daten, welche der gewachsene Organismus stabilisiert, aber auch die aktuellen Daten des Materieraums wie die täglichen Verrichtungen der Menschen und die der anderen Lebewesen, welche wir auf diesen Weg mitnehmen. Alle Daten des Zentrums erlauben uns, einen Blick auf die Peripherie zu werfen. Wir sehen mit zunehmender Entfernung den Grad der Abstraktion ansteigen. Dort herrschen die allgemeinen Verhältnisse der Materie im Raum, eine Einheit, die wir als maximale Integration unseres Ich in den Kosmos begreifen dürfen.

Sofern sich der Geist in Anlehnung zur menschlichen Anatomie und seiner Organsysteme entwickelte oder sich auch nur ein vom Gehirn getragener Elektromagnetismus herausstellt, so gilt für uns die berechtigte Annahme, dass das wissende Konstrukt von anderen übernommen werden kann. Der Entwurf eines Weltbildes ist meinem Geiste eigen. ICH habe mir eine Prägung durch die gegebenen Materieverhältnisse erarbeitet und damit ein entsprechendes Wissen vorgelegt. ICH möchte von äquivalenten Feldern, von Feldäquivalenten und einer Materieäquivalenz sprechen. ICH erhebe keinen Anspruch auf Vollständigkeit. Es handelt sich um Beispiele eines Miteinanders von Daten, welche diese Schlüsse erlaubten. Die logischen Ableitungen und Schlussfolgerungen stammen von einem menschlichen Betrachter. Das Bewusstsein des Betrachters, der bewusste Blick auf die Datenmenge und das, damit einhergehende Wissen, könnten selbst der Kitt und die verbindenden Feldkräfte bewirken. Dann darf als Folge menschlichen Treibens eine unnatürliche Wirkung, von den verrechneten Bausteinen ausgehend, vorhergesagt werden. Die Verrechnung der Daten in einem Korpus scheint Grenzflächen hervorzubringen. Das erzielte Wissen beruht auf einem ausgewählten Satz an Materiedaten. Eine wissende Datenordnung enthält folglich immer Favoriten, die dann unseren Status Quo bedingen, unsere Seelen berühren, Glück, Licht und Freude bereiten sollen.

Am günstigsten ist es für alle Beteiligten, wenn jegliches Mühen, in einer wirklichen Durchdringung des Geistes mit den vorherrschenden Materieverhältnissen endet. Jener Geist ist das reinste Verständnis von der Welt. Dieser Geistkörper kann von anderen übernommen und ausgearbeitet werden. Jegliche wissende Architektur, die sich auf gegebenen Daten des Materieraums stützt, kann man sich erarbeiten. Man erarbeitet sich den Raum. Man spannt mit Hilfe der gespeicherten Daten den zugehörigen Raum auf. Der Raum wird dann als der eigene erkannt und übernommen. Das Wissen zu verstehen, heißt, es in dieser Art darzustellen. Es lässt sich jetzt in dieser Zusammensetzung oder in abgewandelten Formen stets wiederherstellen.

Bei sich selbst beginnend endet das Verständnis des Fremdkörpers natürlich auch wieder bei sich selbst. Der eigene Raum wird zum fremden Raum wird zum eigenen Raum. Zeigt sich der wissende Datenkorpus erst einmal als geschlossener Raum aufbereitet, so zerfallen seine Ausgangslagen. Zurück bleibt dann ein Raum der eigenen Ausgangslagen und dem Wissen der Architektur des Konstrukts unserer Vordenker. Vermutlich löst dieses das Fallen der Systeme aus, wie ICH es vielfach beobachten konnte. ICH erkläre mir einen Dharma-Regen oder das Fallen kleinerer Sternchen – Sternschnuppen hat Jesus Christus sie genannt – mit der Auflösung der wissenden Konstruktionen, welche ihr Selbst ausmachen.

Warum es fällt und wann sie Aufsteigen wurde schon beschrieben. Wir befinden uns im Datenäther der Gehirne. Die Organisation einer Vielzahl von Daten dürfte zu funktionellen Dichten führen, die dem Assoziationskortex zuzuschreiben sind. Dieser sitzt in der äußeren Hirnrinde. Die Verrechnung einer Vielzahl von Kriterien und funktionellen Zusammenhängen führt uns zu Summengebilden, in welchen die täglichen Aktivitäten korrelieren. Daraus leitet sich auch die Möglichkeit der assoziativen Betrachtung ab. Diese Positionen gehören in die äußeren Gehirnwindungen. Wenn sie einen Geist erschaffen, der nicht mehr nur auf der Gefühlsebene agiert, so steigen die Felder in den Assoziationskortex, in die Rindenbereiche auf. Dieses kann als sein Auffahren in die Himmel betrachtet werden.

Das Aufschlüsseln eines fremden Datenkorpus mit dem Ziel, das enthaltene Wissen zu generieren und mit Versuchen zu einem entsprechenden Verständnis zu gelangen, führen zum Fallen der bestehenden Konstruktionen. ICH behaupte, was wir an Dharma-Regen und Sternschnuppen fallen sehen, ist das fremde Bewusstsein. Nachdem wir die wissende Architektur selbst hervorgebracht haben, werden die veralteten Bausteine unserer Vordenker nicht mehr gebraucht. Das Bewusstsein unserer Vordenker fungierte als Kitt und Klebstoff. Das Bewusstsein des Betrachters ist der Klebstoff, der das Wissen zusammenhält. Es wäre nie entstanden oder zerfiele in seine Bausteine, wäre die bewusste Betrachtung nicht. Es ist ein Stück Magnetismus mit Ladungen, die externe Wirkungen entfalten. Dieser Klebstoff wird nun nicht mehr gebraucht. Der aktuelle Status Quo scheidet ihn ab.

ICH behaupte, meinen Geist zu einer wissenden Ordnung gemacht zu haben. ICH behaupte, dass ICH und meine Bausteine in der Peripherie die Eigenschaften eines Gottesteilchens aufweisen, so dass wir, maximal in den aktuellen Raum integriert, hier oben bleiben, während andere nicht mehr gebraucht werden und zurückkehren können. ICH kann euch an dieser Stelle sagen: »ICH bin von oberen Bereichen, und ihr seid von unteren Bereichen.« Das Auf und Ab, das manche sehen, gehört in den Bereich des Datenäthers. Es ist ein funktionelles Geschehen, wenn Inhalte der Gefühlsebene und anderer Regionen in den klareren Assoziationskortex aufsteigen, oder ihr Wirken von neueren Datenvolumina besser geleistet wird und sie wieder absteigen.

ICH vermute, dass sich der geborene und heranreifende Geist mit dem embryonal und fötal erworbenen Datenhintergrund an die Analyse seiner Sinneseingänge wagt. Wir haben damit alle die Möglichkeit auf Datenlagen unserer Organe als Stabilisatoren unseres Seins zu verweisen. Dieses erklärt auch die Möglichkeit der Übernahme eines Geistes durch Dritte. Die Übernahme des vorherrschenden Geistkörpers durch angelegte Dritte benötigte eine Schaltung innerhalb des Gefüges. Die Schaltung rückte die täglichen Bausteine des Individuums und den Datenhaushalt drum herum in sein geistiges Zentrum. Der

Datenäther des übernommenen Geistes wechselt den aktiven Modus. Es rücken die täglichen Materieverhältnisse und die geistigen Aktiva des Individuums in den Vordergrund. Die Materieverhältnisse seines Organismus lieferten den stabilisierenden Hintergrund. Der Organismus dürfte selbst spezielle geistige Lagen hervorbringen. Der einfache Gebrauch der Organe, ihre Stärken, aber auch Schmerz kann die regelmäßigen Belastungen aufzeigen. Diese Datenlagen dürften ebenfalls in die Datenverarbeitung und Ergebnisbildung der Gehirne einfließen.

Es gibt Unterschiede in der Architektur der Organismen, wie es Unterschiede in den Seelenlagen gibt. Das liegt an den Interessen, die wir nicht selten von unseren Eltern übernehmen und ein Leben lang verfolgen. So wird uns im Erwachsenenalter manches belasten und anderes befreien. Im Grunde sind wir doch nur eine Datenmenge täglicher Aktivitäten. Die wenigsten haben doch die Reife ihres Geistes zum höchsten Ziel. Andere erreichen durch ihr tägliches Sein bereits eine höhere Auslastung des Raums. Es ließe sich in ihrem Lichte leben. Die Teilhabe am kulturellen Geschehen, die deutsche Nationalmannschaft zu unterstützen, ganz allgemein seine täglichen Daten in ein fremdes Geschehen einzubringen, um an der Organisation der Siege und Gewinne mitzuwirken, bringt uns eine Menge Erfahrungen, welche man, um vorwärtszugehen, nur auszuschlachten braucht. Man darf seinen Alltag dann, in dieser Weise organisiert, annehmen. Die Leistungen und Ergebnisse des Gehirns dürften dann ausschließlich in deren Richtung weisen und der Maximierung von Gewinnen dienen. Die geschaffenen Strukturen legen den Geist in Ketten, geben vielen aber auch Struktur und Sicherheit. Diese Organisation muss man natürlich psychisch und physisch ertragen können. Man erntet dann aber auch den Glanz der Siege, der den Raum in seiner Gesamtheit fasst und die Involvierten mit abbildet.

Nimmt man nicht an deren Leben teil, empfindet man das Licht ihrer Größe bzw. den organisierten Raum oft nur als Schatten. Aus Mangel an Interesse an den verschieden organisierten Bereichen, auf welche man, zur Bereicherung und zur Freude aller, ein maximales Volumen an Daten zu schalten versucht, bleibt ein unvernetztes Ich zurück. Ohne Vernetzung gibt es keinen Informationsaustausch. Das sind künstlich organisierte Räume. Sie vermitteln ausschließlich die Herstellungsweisen ihres Produkts und sammeln die Konsumentendaten zusammen. Ungenügend vernetzt bleiben sie außen vor. Manchmal erscheint es mir so, als träte der organisierte Raum in Konkurrenz mit meiner Freiheit. Ihre großen Siege entziehen mir Datenmaterial. Es fühlt sich an, als fehlte plötzlich etwas, das eben noch meinem Raum angehörte und nun unter fremder Verwaltung steht, eine Eintrübung meines Selbst vor dieser Form des Hintergrunds. Eine Einbindung in das Gefüge erreichen Sie nur, wenn Sie mitmachen, mit dem Konsum der Ware also. Ist das der Grund der zunehmenden Isolation der Menschen? Der Konsum der Gebrauchsgüter grenzt sie von ihrer natürlichen Umwelt ab. Es ist der geschaffene Datenhaushalt selbst, der keinen wirklichen Austausch mit anderem Leben zulässt. Die Einbindung in die künstlichen Welten löst sie aus den natürlichen Zusammenhängen der Schöpfung und des Evolutionsgefüges heraus und isoliert die Einzelnen voneinander. Es wird nicht einfacher für die Menschen, zu einer gemeinsamen Basis zu finden.

Hier greifen Positionen, wie ICH sie mir erarbeitet habe. Höhere geistige Positionen, die den Raum selbst zu verwalten beginnen. Mächtiges Wissen, welches ICH aus den Lagen des Status Quo errechnet habe. Aufgeschlüsselt, bildet das wissende Konstrukt den allgemeinen Raum ab. Die Darstellungen des Raums enthalten die Bewegungen des Einzelnen. Diese Geistkörper lenken die wirtschaftliche und technische Entwicklung eines Landes, einer Region, vielleicht sogar den Lauf der Welt. ICH werde keinen Schatten werfen. Der Kern meines Wissens trägt euer Alltagsgeschehen in sich. Die Kriterien, dem Status Quo entnommen, in wissenden Architekturen verarbeitet, bilden den Kern meines Gedankengebäudes. Ihr seid aber nicht nur Baustein, ihr seid der Zugang zum Licht selbst. Wer sein Selbst betrachtet, blickt in das Licht. Wer nachdenkt, dem bauen sich seine Schnittstellen zum umgebenden Raum, falls nötig zum aktuellen Status Quo aus. Die Ergebnisse sind Abbilder des aktuellen Materieraums. Sie sind ebenso lichtvoll. Das Licht ist purer Elektromagnetismus. Das Licht beruht auf einer gewissen Dichte an Daten und dem Wechselwirken der Daten.

Das tägliche Sein ist eines jeden Zugang zu dieser wissenden Architektur. Euer tägliches Sein ist der Weg, welchen das Licht nimmt. Dieses ist das generierte Wissen und jenes ist die Information, die ein jeder über seine Schnittstelle vermittelt bekommt. Es ist das eigene Leben, welches über die Art und Weise der benötigten Information entscheidet. Welche Datenmengen generiere ICH für meine Person? Wie sieht mein Alltag aus? Welche Themen bearbeite ICH? Die bestehende Ausdehnung meines Geistes bestimmt letztlich den Informationsgehalt der hereinfallenden Information. Die Beschaffenheit des Daten-Ichs ist die Schnittstelle in das wissende Konstrukt. Das wissende Licht fällt durch die persönliche Brille auf den Raum. Man bekommt seine eigenen Aktivitäten beleuchtet. Hier zeigt sich dann der Wert für den Empfänger. Es zeigt sich auch der Wert des einzelnen für die Gesellschaft. Der Gesamtkorpus wertet den Empfänger.

Die einfallende Information führt zu einem Bild der Lage. Wird das individuelle Gefüge in dieser Form angeregt, so schwingt es zunächst einmal in dem übergeordneten, aktuell aktiven Modus. Dann wird es aber auch dazu übergehen, in dem eigenen Gefügemodus zu schwingen bzw. zu diesem zurückkehren, wenn die verursachende Ordnung wieder abgestellt ist. Der ansetzende Raum kann auch durch das eigene Denken involviert sein. Hier verhält sich das Wechselwirken der Räume und korrelierenden Räume wie bereits erwähnt. Das Ganze gerät in Schwingungen, schwingt mit und kehrt mit dem gewonnenen Informationsgehalt zu seinem eigenen Gefüge zurück. Von fremd kann man nicht sprechen, weil wir über die Schnittstelle bekannt sind. Wenn mich ein aktiver Datenkorpus in Schwingung versetzt, so muss er sich nicht zwangsweise auf mein gesamtes Daten-Ich einschwingen. ICH bezweifle, dass sich alle als Größe des Raums begreifen, und ein entsprechendes Volumen besitzen, so dass alle meine Regionen in ihrer Weise schwingen. Vielmehr halte ICH vieles für viel zu oberflächlich, als dass sie meine Basis ausreichend involvierten und damit mein Kernich mit ihren Positionen erreichten, oder verändern könnten. So bleibe ICH und viele meiner Bausteine in Ruhe dem Status Quo verhaftet. Der Datensatz ist ein Äquivalent des Materieraums. Welche Macht kommt mir damit zu? Welche Verantwortung ergibt sich daraus für mich?

Für viele bleibt es ein unbewusstes Geschehen. Es ist reiner Elektromagnetismus. Die täglichen Aktiva sind in Feldern und speziellen räumlichen Architekturen verrechnet. Ab einer gewissen Dichte an Daten, wird das gesammelte Material sichtbar und auch fühlbar. Das optimale Volumen lässt dich auf Weltlinien blicken oder das gesuchte Wissen ableiten. Das sind mächtige Räume, die das Wissen vermitteln, welches als Summe der täglichen Aktiva durchaus für möglich gehalten werden kann. Der geringere Mitbürger, welcher nur wenig sein Eigen nennt, wird dieses als unbewusste Macht erleben. Er denkt nicht darüber nach, warum er im Augenblick in exakt dieser Weise handelt und funktioniert. Wahrscheinlich weiß er nicht einmal, dass es etwas darüber zu wissen gäbe. Es ist eine unbewusste, aber dennoch gewaltige Datenmenge, die ihn umgibt und sein Handeln im Raum vorgibt. ICH möchte es Information nennen, die auf ihn einstrahlt. Tatsächlich ist ›strahlen‹ die beste Bezeichnung für die Eigenschaften des Informationsflusses vom wissenden Konstrukt entlang der Kriterien in den Raum des Individuums.

Dieses Geschehen muss man nicht in Worte fassen. ICH möchte sagen man braucht niemandem einen Tinnitus zu schalten oder ihn in seiner Gedankenwelt mit Worten zu bombardieren. Das sind Besonderheiten des Gefüges, weil wir uns vermutlich der Zusammenhänge immer mehr bewusst werden. Die Datenmengen werden immer gewaltiger, die, die mit ihnen jonglieren, immer mächtiger, die psychischen Auffälligkeiten, Symptome und natürliche Eigenschaften der Ordnung immer deutlicher. Der kontrollierende Blick eines Vorgesetzten, vor allem aber stille Wertungen und unausgesprochenes Sollen setzen dem Individuum zu. Die Datenmassen der Konzernstruktur und anderer Datengrößen können dabei so stark schwingen, dass die Schwingungen über die Schnittstelle als Tinnitus in das Bewusstsein des vernetzten Individuums gelangen.

Das Individuum verhält sich, wie in der Architektur abgebildet, auf Grund der natürlichen Verhältnisse wie verzeichnet. Die unbewusste Involvierung des Einzelnen durch das umgebende Gefüge bleibt die Norm. Es reduziert sich allenfalls die Verwurzelung des Individuums in seiner natürlichen Umwelt und der Gesellschaft, so dass immer mächtiger werdende Komponenten immer weniger in Strukturen der Biodiversität ausgeleitet werden. Die Folge ist ein vermehrtes Entstehen psychisch aktiver Datendichten. Die psychisch belastenden Datendichten verbleiben in den geschaffenen Architekturen. Das System richtet sich gegen sich selbst. Der Betroffene schlägt wild um sich, er tötet vielleicht ein paar Menschen seines direkten Umfeldes oder zerstört Materie der bestehenden Architektur.

Es ist ein Wenig mit dem Urknall zu vergleichen. Eine scheinbare Programmierung der Substanz führt zu nicht tragbaren Datendichten, die der einzelne in der oben genannten Form verarbeitet. Es gleicht einer kleinen Explosion, wenn sich die Datendichten entladen. Vermutlich erzeugt sie das System selbst durch Projektionen Zuweisungen oder wenn wir in Gesprächen als schlechtes Beispiel genannt werden. All diese Beispiele erzeugen Wege in das andere Bewusstsein. Die Daten fließen auf den angelegten Bahnen zu der genannten Adresse. Sie zentrieren sich dort und bilden Systemspitzen. Sich in dieser Position als ein Ich begreifen zu müssen, führt diese Entladungen herbei. Einem Gottesteilchen wäre das nicht passiert. Es ankert stabil in seiner Umwelt.

Die Klarheit eines Wortes kann in das Bewusstsein vordringen, wenn Geistkörper und große Geistkörper zusammenarbeiten. Mancher benötigt zu seinem Wissen gewisse fremde Standpunkte oder wünscht sich Freunde und bekannte Größen als geistigen Hintergrund seiner Worte. Dann ist es besser, wenn man die Order in klaren Worten erhält. Ein Beispiel: »Können Sie dies für die Bundeskanzlerin noch einmal wiederholen?« Eine genügend dichte und komplexe Datenmenge, welche es zulässt, den Raum als Ganzes zu betrachten, genügt als Trägermedium für eine klaren Austausch von Information. Die bewusste Substanz, mit einer geeigneten Wortwahl und Fragestellung so in die Datenmatrix der Hintergrundprotokolle zu integrieren, dass in unserem präfrontalen Kortex ein klares Bild von den gegebenen Verhältnissen entsteht.

Der Elektromagnetismus geht mit ungeheuren Wirkungen einher. Dieses betrifft vor allem den geringen Baustein des Gefüges. Die wissende Architektur wird von den Kräften des Elektromagnetismus zusammengehalten. Zudem sind alle möglichen Formen von Technik, Maschinen und Motoren im Einsatz, die arbeiten, bewegen und produzieren. Das sind alles stabile Äquivalente eines vermeintlichen Wissens. Die Felder wirken auf ihre Bausteine. Man hat die Kriterien, Äquivalente des umgebenden Materieraums einer gewissen Ordnung unterworfen. Die Individuen bewegen sich auf den dazu gehörenden Bahnen. Wir nennen sie Massebahnen, weil sich die bestehende Ordnung auf ihre Art des Seins stützt. Das aktuelle Wissen bedarf ihrer Existenz. Eine Massebahn ist der Weg eines bewegten Objekts. Es bewegt sich in einem höheren Sinn. Die bewegte Einheit ist mit anderen Einheiten in Feldern gefasst. Wir erhalten folglich auch wissende Strukturen, so dass die bewegte Materie zusätzlich zu ihrer Materieäquivalenz, auch noch das erzeugte Wissen transportiert oder zum Beispiel an Funktionen zur Ergebnisbildung unserer Gehirne mitwirkt.

Es sind einfache Gesetze der Physik, die hier greifen. Das Denken erklärt sich einfach und lässt sich als Feldaktivität um den fragenden Korpus definieren. Das Ausgangskriterium erweitert sich in den Raum, wodurch dem suchenden Korpus hochwertigere Ableitungen und Handlungsweisen zugänglich werden. Soll ein bestehendes Wissen in den Stand gesetzt werden, so ist es notwendig die Architektur des wissenden Konstrukts instand zu setzen. Das beste Verständnis werden Sie mit den gleichen Kriterien und einer identischen Anordnung im Konstrukt erreichen. Damit wäre auch die Färbung des Konstrukts im Hinblick auf die Moral und die Ethik berücksichtigt. Davon abgesehen unterscheiden sich die Ausgangslagen der Anfragenden und ihre Entwicklung in den Raum nimmt immer einen anderen Weg. So gelangt man an die Struktur des Datenkörpers, mit welcher dieses Wissen einhergeht.

Die Instandsetzung des Wissens benötigt seine Zeit. Man benötigt die Kriterien, die individuellen Daten des Raums. Erst das Summengebilde macht das Wissen aus. Die Entscheidung zur Instandsetzung muss als eine Vielzahl ansetzender Wirkungen aufgefasst werden. Die Suche startet mit der Involvierung des individuellen Raums. Man stelle sich ein schwimmendes Stück Materie vor, welches von den ansetzenden Strömungen in Bewegung gebracht wird. Entscheidet man sich, das Wissen instandzusetzen, startet die Suche nach den benötigten Kriterien. Man sucht in den Datenhaushalten der Individuen nach den gewohnten Kriterien. Es ist, als drehte sich das Daten-Ich im mehrdimensionalen Raum oder als gingen von dem Konstrukt des Wissens Strahlen aus. Es wären die Strahlen einer einstigen Involvierung. Das wissende Konstrukt ist eine allgemeine Beschreibung des Status Quo. Das schwimmende Stück strahlt auf den gesamten umgebenden Raum aus und strahlt in das Daten-Ich ein. Wir involvieren den Raum und schaffen damit gleichzeitig stabile Positionen des individuellen Geistes. Es wirkt eine Vielzahl von Kräften, die eine exakte Positionierung des individuellen Raums innerhalb der wissenden Architektur bewirken.

ICH verweise hier auf die Quantenebene, welche sich als eine Form der Datenebene erweist, und die Wirkungen des Elektromagnetismus, die hier hereinspielen. Die Datenkörper verhalten sich ihren Ladungen entsprechend. Das Individuum manövriert sich in die Position der exakten Involvierung. Der involvierte Bereich ist ein Datenäquivalent des Materieraums. Dieser Teil des Raums erschließt sich nun dem Konstrukt. Die wissende Architektur vervollständigt sich. Das übergeordnete Wissen teilt sich dir mit. Das Ergebnis der fragenden Suche ist nicht nur die Installation des benötigten Kriteriums, sondern auch die Freischaltung des individuellen Raums. Vermutlich tragen auch das Denken und Handeln des Individuums in dem involvierten Raum zur benötigten Struktur des Wissens bei.

Wir halten hier noch einmal fest, dass die Feldaktivität des Konstrukts den Raum um das benötigte Kriterium aufbaut bzw. freischaltet. Die Feldaktivität ergänzt das Kriterium zum Raum, so dass dem Individuum das zugehörige Denken und Handeln, welches es in diesem Raum gewöhnlich macht, ohne fremde Begrenzungen bewusst oder auch nur unterbewusst zugänglich wird. Diese Klarheit des Raums und das, vom Konstrukt erzeugte Negativ einer gewohnten Handlung und eines gewohnten Denkens, führen in der Regel zur Ausführung der gewohnten Handlung. Die Handlung gleicht die Ladungen des Negativs aus. In Abhängigkeit zum umliegenden Gefüge führt das Individuum die Handlungen gewöhnlich aus, welche diesen Raum bestimmen. Wir sehen den Raum jetzt vervollständigt und sichern uns die Positionen der Materie und auch die dort vorherrschende Gesinnung als verstärkende Effekte. In dieser Form erreicht die wissende Architektur ihr Maximum.

Es gibt für das Individuum eine Vielzahl von Möglichkeiten, sich zu verändern. Vor allem die Freizeitaktivitäten befinden sich in einem steten Wandel, aber auch die Produkte werden ständig verändert. Die Struktur des Wissens erlaubt eine gewisse Flexibilität, was die Orientierung des Individuums im Raum betrifft. ICH möchte jetzt aber nicht den freien Willen ausrufen. Wir alle wissen, dass wir innerhalb des Gefüges nur eine gewisse Bandbreite an Handlungsweisen an den Tag legen, und nur selten ausbrechen.

Man kann sich die Basis natürlich auch in einer Weise verändert vorstellen, dass die Positionen der Materie und die Sichtweisen so stark vom Ursprünglichen abweichen, dass sich eine vollkommen neue Architektur einstellt. Der Gehalt an Information kann sich dabei in eine vollkommen andere Richtung bewegen, so dass wir ein Wissen ganz anderer Bereiche erhalten, obwohl wir immer noch der menschlichen Anatomie und ihren Funktionen verhaftet sind.

Dieses ist der Haken an der Geschichte. Alle geistigen Aktivitäten dienen in erster Linie dem Wohle unseres Körpers. Ausreichend Bewegung, Essen, Pflege und Ruhe sind die wichtigsten Faktoren. In das Gesundsein lässt sich eine Menge Zeit investieren.

Wer sich falschen Architekturen hingibt und dem schönen Schein des Angebots erliegt, vernichtet mehr, als er sich und anderen Gutes tut. Ein Geist, der den Kontakt zu seinem Körper verliert, der seine Organe und Organsysteme nicht mehr ordentlich hinterlagert, wird einen abweichenden Einfluss erzeugen. Dieser Organismus benötigt eine gute Strategie, die erworbenen geistigen Positionen, verarbeiten zu können. Die geistigen Positionen wirken zum Beispiel beim Entwurf der Bewegungsmuster mit. Aus der vorliegenden Datenmasse leiteten sich auch die Innervierungsmöglichkeiten der Muskeln ab. Sie sehen, dass das gelebte

Wissen, dass die Daten des Konstrukts, eine gewisse Architektur des Organismus fördern und eine andere hemmen.

Der Organismus wurzelt auf eine andere, auf eine natürlichere Weise im Raum. Das orientierte Wachstum liest die Daten des Materieraums aus. Es wäre denkbar, dass für eine korrekte Auslese eine Datenmatrix aus Bewusstseinsstoff gegeben sein muss. Die verschiedenen Lebensformen wären notwendig, um den Bewusstseinsstoff, um die Datenlagen und ihre Verflechtungen innerhalb des Raums und um die Materie zu erzeugen. Nur dieses Gefüge aus Daten erlaubte es, den Status Quo so auszulesen, dass wir embryonal ein stabiles Hintergrundfeld für unsere Funktionen aufbauen könnten. Die Ätherhülle aus Daten, die mit den Materiewerten einhergingen, wären zugleich das Bindematerial für die Daten des Status Quo. Diese wäre ein weiterer Schritt, den wir uns zu denken erlauben dürften. Das ist aus meiner Sicht ein einfacher Gedanke. Ein neuer Weg, eine neue Wahrheit. Ein absolutes Wissen gibt es nicht. Ein Aussterben wäre nicht notwendig, pflegten wir unsere Software.

Wir befinden uns bereits auf einem reduzierten Niveau. Die Datenlast, das Bindemittel, wenn wir so wollen, für den Aufbau des menschlichen Organismus, reduzierte sich mit jeder aussterbenden Art. Die Evolution startete mit dem Leben. ICH wähle das Edaphon als Basis für die Evolution. ICH sehe mich in dieser lebendigen Datenmasse wurzeln. Diese kleinsten Momente sind die Bausteine meiner Funktionen. Das Edaphon ist die einende Größe. Diese sehr kleinen Bausteine erlauben mir eine ausreichend flexible Datenmasse für die Feldfunktionen meines Organismus anzunehmen. Der lebende Mikrokosmos sondiert die tote Materie. Diese Fülle an Information macht den toten Raum zu einem lebenden Bewusstsein. Diese lebenden Oberflächen erleichtern dem menschlichen Geist das Erfassen von Objekten und Materiezuständen. Aspekte des Bewusstseins habe ICH diese geringsten Orientierungsleistungen einmal genannt. Einzeller wechselwirken mit ihrer Umgebung, bevorzugte Größen im Außenmedium, ein externes Interesse als Ergebnis eines internen Mangels.

Vermutlich richten sich die Momente und Feldstärken unserer Mikroorganismen entlang eines menschlichen Bewusstseins aus. Wir machen den Grad der Bewusstheit einmal von der Anzahl der Zellen abhängig, die in Organsystemen auf eine Weise gefasst sind, dass sich die Kernströme der notwendigen Funktionen ergeben. Die Funktionen der Organsysteme sind funktionale Felder. Man hat die elektromagnetischen Momente vieler Zellen zusammengefasst und als Resultat immer stärkere funktionelle Felder erhalten. Die funktionalen Felder hinterlagern unsere Organsysteme bzw. unseren Organismus. Hierin ist die Manipulation des Einzelnen zu einem höheren Ziel bereits enthalten. Die einzelne Zelle ist der Organtätigkeit verpflichtet. Ihre große Anzahl sichert die Funktion.

Wir sehen bei einem menschlichen Bewusstsein, welches Interesse am externen Raum zeigt und Ideen zur Gestaltung einbringt, bereits die Anpassung und Manipulation des Mikrokosmos gegeben. Das konzentrierte Interesse des Spielers am Ball wird sich die Bewusstseinsaspekte der Mikroben unterwerfen, so dass sie sich ebenfalls auf den Ball ausrichten. Ebenso wird sich jedes Bewusstsein die Information der toten Materie mit Hilfe des umgebenden Lebens nutzbar machen. Die Unterwerfung von geringeren Bewusstseinsaspekten unter das menschliche Treiben ist eine Voraussetzung für die Installation von Ideen zur Gestaltung des Materieraums. Natürlich gibt es natürliche und nichtmenschliche Seinsweisen, die sich ihre Lebensverhältnisse und ihre Existenz nicht gern zerstören lassen. Das maximale Durchdringen und Erfassen des Raums, genannt Denken, reduziert bestehende Datendichten und widersteht gewachsenen Zusammenhängen. Wir werden dann eigene Ideen vom Raum entwerfen können, wenn wir die alten Datenkonstrukte aufbrechen. Die Überwindung der geschaffenen Gebilde führt uns zu einer allgemeinen Betrachtung des Raums. Wir gelangen zu dem Raum an sich.

Er ist eine Lebendmatrix, Lebendwerte, Aspekte des Bewusstseins, die Substanz des Bewusstseins, gerichtete Feldwerte, funktionale Zusammenhänge, eine Bewusstseinsmatrix des Lebendgürtels, dem Status Quo anliegend. Die Befruchtung der weiblichen Eizelle startet das orientierte Wachstum. Zwei verschiedene Datensätze, weiblich und männlich setzen das Weltgeschehen fest.

Das orientierte Wachstum liest den Status Quo aus. Wir erhalten Information über Materie in Form von Materieäquivalenten. Die Kriterien, wie wir diese Daten auch nennen werden, werden von einer Hülle aus Bewusstseinsstoff begleitet. Eine Vielzahl lebender Organismen bringt ihre Sichtweisen und andere neuronalen Leistungen ebenfalls in den Materieraum ein. Die Verarbeitung dieser Daten sollte der Entwicklung des Menschen förderlich sein. Es wird leichter sein, Materiedaten zu vernetzen, die bereits ein Gefüge mit Vernetzungsmöglichkeiten begleitet. Dorthin habe ICH meinen Geist entwickelt.

Bis hierher bestehen jetzt bildliche Qualitäten des Gefüges und eines Wissens davon. Wir schaffen aus sehr viel geringeren Positionen ein übergeordnetes Bewusstsein. Eine möglichst große Anzahl von Bausteinen sichert das Überleben. Die elektrischen und magnetischen Momente der Geringsten richten sich innerhalb der Interessen und Ideen des Übergeordneten aus. Wir übertragen unsere Ideen und unser Wissen von der Welt auf die tote Materie. Die Bewusstseinsaspekte der Geringsten innerhalb der eigenen Ideen organisiert zu sehen, veranlasst mich anzunehmen, dass sie zu unserer Gehirntätigkeit und den allgemeinen Datenlagen der Organe, welche parallel zu einem externen Geschehen organisiert sein wollen, Daten beisteuern.

ICH sehe eine gegenseitige Abhängigkeit voneinander entstehen – Biodiversität. ICH vermute, dass jede komplexe Datenmasse, die zu ökonomischen Summenarchitekturen neigt, auch entsprechende Strukturen herausbildet, welche sich aus der bewegten Materie ergeben bzw. sich aus den materieäquivalenten Felddaten errechnen, so dass sich ökonomische Datenwege, hier auch Partikelverschränkung zum Elektron und Lichtteilchen denkbar, ergeben. Man bedenke, dass diese geringsten Bausteine einer menschlichen Überlegung jetzt mit der neuen Gestaltung leben müssen. ICH sehe eine gegenseitige Abhängigkeit voneinander entstehen. Die Geringsten werden die günstigsten Bedingungen menschlichen Handelns annehmen und zu ihrem Sein ausbauen. Es werden sich Arten um das menschliche Treiben sammeln, die die entstandenen Bedingungen leben lernen. Es gilt dem Status Quo Informationsbausteine zu entnehmen und in der Zelle entsprechende Datenäquivalente aufzubauen. Dann lassen sich auch die Programme unserer Geringsten in Abhängigkeit zum Status Quo darstellen, so dass sie adaptiert laufen.

Nun ist davon auszugehen, dass die Gestaltung eines Gartens zum Beispiel, eigenen Ideen und Vorstellungen folgend, jede Menge Begleitdaten mitinstalliert. Das sind der Gang zur Toilette, das Händewaschen vor dem Essen, das Telefonat mit der Freundin, die Hausaufgaben der Kinder, das eigene Projekt und so weiter und so weiter. Alle diese Daten spannen einen eigenen Raum auf. Die einzelnen Daten des Raums lassen sich miteinander verrechnen, so dass sich für das Summenkonstrukt ein gewisser Informationsgehalt ergibt. Diese Informationsvolumina sichern die Existenz seiner Bestandteile. Man kann mit dieser Informationsmenge den Gesamtraum aufspannen, in welchem wir als Individuum leben. Unser Garten ist ein mehr oder weniger aufgeklärter Teil des Gesamtraums. Im Grunde korrelieren die geistigen Aktiva in einem gemeinsamen Gefüge. Wir nehmen daher an, dass die besondere Klarheit einer Position als Anregung korrelierender Räume aufgefasst werden kann. Die eigenen Positionen drängen dann in das Bewusstsein, wenn sie eine Anregung durch korrelierende Dritte und deren Verhältnisse erfahren. So reichen die Eigenschaften des korrelierenden anderen – wie Präzision der Handlung, Klarheit durch besonderen Datenreichtum oder andere Wege des Denkens – oft in das eigene Ich herein. So schafft ein Umfeld klarer Geister bessere Bedingungen für den vernetzten Dritten. Eine Verschränkung mit den Daten anderer Arten zu lichtvolleren Gebilden ist ebenfalls möglich.

Eine Alzheimerproblematik darf nicht von der Art der Architektur abhängig gemacht werden. Die Erkrankung beruht auf einer ungünstigen Schaltung. Der Kranke ist dann nicht mehr korrekt vernetzt. Die Daten werden zu anderen Personen umgeleitet. Vielleicht reicht auch schon der Kauf seines Traumautos oder anderer Luxus, dass die Datenströme zu seinen Liebsten abgebrochen werden. Sicher aber ist eine Lenkungswirkung durch gerichtete Bewusstseinsmomente von und zu verschränkten Personen. Bekommt der Mensch Daten aus dem bewussten und unbewussten Umfeld zugespielt oder nicht? Bekommt er keine Daten zugespielt, verliert sich die organische Infrastruktur. Dies liegt an dem Verlust der aufgesetzten Feldaktivität, die in die organische Trägersubstanz hereinreicht und die Nervenzelle stimuliert.

Die Gleichzeitigkeit der Daten erfordert eine Verrechnung in Feldern. Wir sprechen von einem Korrelieren der Daten. Es werden sich Datenbahnen herausbilden. Die zugehörige Materie wird sich auf ihnen bewegen. Die Lebewesen profitieren von der gegenseitigen Bahnung in dem gemeinsamen Gefüge. Einer blickt nach oben, der andere zur Seite, der nächste kann gut riechen, wieder ein anderer verfügt über ein ausgezeichnetes Gehör, dieser ernährt sich von Kartoffeln und Salat, jener mag Erdbeeren und Paprika. Das Gehirn arbeitet mit Daten. Wir generieren alle Daten für die Gesamtarchitektur eines Geistes. Ein wissendes Konstrukt überspannt die individuellen Einzelereignisse. Es entsteht eine Gesellschaftskörper. Wir generieren Daten für einen gelebten Geist. Wir allein sind für die Vielfalt an Möglichkeiten verantwortlich. Mit dem, was wir beitragen, bestimmen wir den Charakter des Gesellschaftskörpers. Wir bedingen seinen Lebenswert, seinen Lichtgehalt und seinen Glücksfaktor.

Der Informationsgehalt hängt von der generierten Information ab. Es geht darum sein eigenes Sein in Abhängigkeit zu einem Gesamtraum organisiert zu sehen. Ein gewisser Datenreichtum unterstützt die Funktionen des Gehirns. Ein gewisser Reichtum an Daten ist der beste Weg die gelebten eigenen Positionen zu beleuchten. Sein Leben in das rechte Licht zu rücken, sollte jedermanns Ziel sein. Es ist wichtig dazuzugehören. ICH denke an eine Evolutionsarchitektur auf der Spitze der Artenvielfalt. Es ist die Art der generierten Information und die Art der Verschränkung, die das maximale Lichterlebnis hervorbringt. ICH denke an einen Grundaufbau allen Lebens, welcher sich einst und auch noch heute vom Materieraum ableitet. ICH denke, dass wir gemeinsamen Ursprungs sind. Wir sind auseinander hervorgegangen und haben uns nur in verschiedene Bereiche des Materieraums eingelebt. Wir dürfen uns auf einen gemeinsamen Kern berufen. Jedes Leben ist für sich einzigartig. Es handelt sich um eine spezielle

Datenarchitektur. Der lebenden Datenarchitektur schließt sich ein externer Raum an. Der externe Datenraum ist spezifisch für eine Art. Dieser Datenraum hängt von den Sinnesorganen und den bevorzugten Lebensverhältnissen ab. ICH denke, dass sich im Miteinander der Arten bei einem gemeinsamen Kerngebilde oder gemeinsamen Interessen, die verschiedenen Datenräume der Lebewesen zu lichtvollen Gebilden verschränken. Diese Gebilde des Lichts fördern die größte Freude und das höchste Glück zu Tage.

Was wir als Handelnde erschaffen, ist folglich von einem Gesellschaftsgefüge an Daten umgeben. Es beinhaltet unsere täglichen Wege, die wir durch Mauern und Zäune begrenzen, Lebensgewohnheiten, die sich nach der Möblierung unserer Wohnungen richten und nicht zuletzt an den Materieströmen unseres Organismus, wie zum Beispiel den Knochenbewegungen im Raum. Wir sehen unsere Bewegungen und Aktivitäten im Raum durch einen gegebenen Status Quo festgelegt. Daraus ergeben sich bei der Verrechnung der Daten unterschiedliche Eigenschaften der Datengewebe. Es entstehen begrenzende und leitende Datendichten. Die ruhenden Raumdaten werden zu leitenden Hüllen für die bewegten Raumanteile.

ICH möchte sagen, dass es für die Geringsten nicht leicht sein wird, wenn wir als Handelnde unser Tagwerk vollendet haben und zur Ruhe kommen, sich wieder einem normalen Leben zuzuwenden. Vielmehr vermute ICH, dass sich die menschlichen geistigen Positionen über längere Zeit auswirken. Und zwar in einer Form, dass sich die Geringsten bewegen, wie es das menschliche dominierte Gefüge erlaubt. Sie bewegen sich innerhalb des menschlichen Gefüges und halten sich damit auch an die Begrenzungen wie Mauern, Möbel oder verschlossene Türen, wie sie der Mensch zu beachten hat, will er nicht mit dem Kopf durch die Wand. ICH will sagen, dass sich im geistigen Gefüge Wege und Bahnen herausbilden, die die Partikel gerne gehen. Die Entwicklung dieses Systems orientierte sich an der menschlichen Anatomie. Es wird das externe Interesse des Individuums von funktionellen Feldern des Organismus erweitert dargestellt. Die Felder übertragen somit ihre Architektur und damit einen übergeordneten

Sinn, das ist die Funktion des Organs, auf das Kriterium. Wir erhalten eine Erweiterung eines externen Interesses durch ein gegebenes Feld.

Manches Kriterium wird nicht sofort den erforderlichen Ansprüchen genügen. Wiederholtes Überlegen führt dann zu einem Einschwingen des Ausgangsmaterials innerhalb der mehrdimensionalen Felder. Zeigt sich der Ausgangskörper, getragen von der umgebenden Feldaktivität, erst einmal brauchbar in den mehrdimensionalen Raum erweitert, das heißt installiert und an die bestehenden funktionellen Felder adaptiert, so lassen sich auch brauchbare technische Lösungen zum Gebrauch des Objekts ableiten. Das funktionelle Feld des Organismus ist nur ein Instrument, um das individuelle Kriterium in den Raum zu erweitern. Das Individuum sucht sein Objekt, aber vor allem den zugehörigen Raum, um die zugehörigen Handlungsweisen zu installieren. So wird auch das Funktional seine Lage und Form im mehrdimensionalen Raum verändern dürfen, wenn wir auf diese Weise an eine lineare Wirkung gelangen, die den benötigten Handlungsraum um das Kriterium, in bevorzugter Weise sichtbar macht. Die Funktion geht mit einer gewissen Feldstärke einher. Eine Vielzahl von Kriterien wird in Summengebilden organisiert. Das Resultat ist eine Feldstärke, welche als Summenarchitektur verstanden wird. Die Kriterien sind die Bausteine der Funktion. Diese Feldstärken hinterlagern die organische Substanz unseres Organismus. Das sind die übergeordneten Feldäquivalente unserer Körperfunktionen. Sie stellen eine übergeordnete Architektur des Zusammenspiels der Organe in der Einheit Mensch sicher.

Wer sich in diese Regionen vorwagt, hat seine individuelle Position im Raum längst aufgegeben und bewegt sich in starken elektromagnetischen Feldern. Diese Felder erweitern ein Objekt zu einem brauchbaren Stück Raum. Nun wollen wir das Kriterium aber nicht mehr in funktionale Räume unseres Organismus verfolgen, sondern wieder dem Bewusstsein des Anfragenden, und sei es nur ein knurrender Magen, unterstellen. Folglich schalten die funktionellen Felder, in diesem Fall eine Unterzuckerarchitektur, die Räume frei, in welche das Individuum etwas zu essen vorfindet. Die Räume frei geschaltet zu sehen, wird vom

Individuum bewusst als eigene Datenmasse, dem eigenen Ich unterworfen aufgefasst. Vor sich zu sehen, wo das Essen liegt, genügt, um – von der korrelierenden Gesellschaftsmasse angetrieben – sich dorthin zu bewegen. Diese Aussage legt geringste Materieereignisse unseres Körpers sichtbar dar. ICH sehe Materie in eine gemeinsame Richtung fließen. Bereits von einer Hintergrundarchitektur gerichtet, behält sie über eine längere Distanz die Form. Grundsätzlich geht jegliches Wissen mit spezifischen geistigen Qualia einher. Hier aber hat man das scheinbare Original vor seinem Dritten Auge. Bildgebende Verfahren legten die wirklichen Verhältnisse nicht klarer dar.

Man denkt darüber nach, ob es sich um das Lymphgefäßsystem handeln könnte, das durch ein Medikament in seiner Funktion betont sein könnte, so dass die vorliegende Beschreibung zu deren Sichtbarkeit führt. Die Aussage, Teile des Unterzuckermodells von der korrelierenden Gesellschaftsmasse angetrieben zu sehen, könnte ebenfalls für diese sichtbaren Dichten verantwortlich sein. ICH spreche immer wieder von der Programmierbarkeit der Substanz. Gemeint ist damit der Gebrauch einer gewissen Wortwahl, die Daten in einer gewissen Weise zueinander in Beziehung setzt, dass Phänomene des Geistes entstehen und für einen Beobachter fassbar werden.

Die Art und Weise, wie sich der Raum um das Kriterium hervorhebt, ist für den Handelnden nicht von Bedeutung. Wichtig ist, dass die Felder in unsere Körperarchitektur Eingang finden. Wir untersuchen nicht das Kriterium und seine Einbindung in den umgebenden Raum und auch nicht die Architektur der Daten, die unsere anatomischen Verhältnisse beherrschen; wir untersuchen das Kriterium und seine Einbettung in die Handlungsweisen. Wir sehen uns Arbeitsschritte, Prozesse und funktionelle Abläufe im externen Raum an, um ein Gebrauchsobjekt zu installieren. Die Art und Weise der einfachen Handhabung eines Objekts und das damit verbundene Materiegeschehen um das Objekt ist, was wir für das Individuum bis zur Bewusstwerdung anreichern, nicht die Eigenschaften des umgebenden Raums, der sich bei der Integration in den Datenhintergrund unserer Organe, den bestehenden Feldkräften entsprechend, als notwenig darstellt.

Hierin könnte die Fehlerhaftigkeit mancher Arbeit ihre Ursache haben. Es besteht nämlich eine Differenz zwischen dem Gebrauch von Technik und dem natürlichen Sein, welches durch die organische Substanz hervorgerufen wird. Die funktionellen Felder, welche die organische Substanz hinterlagern, erweitern das Kriterium auf ihre Weise in den Raum. Die Handhabung und technische Ausführung, die sich um das Kriterium installiert, werden daher immer den Einfluss der generierenden Ordnung zu verarbeiten haben. Die geistigen Protokolle bringen zwar die brauchbare Lösung hervor und bilden das Kriterium in diesem Licht ab, aber es wird in diesem Augenblick auch von den funktionalen Feldern der Organe beeinflusst. Sofern man diese nicht durch Üben und Training bereits unter Kontrolle gebracht hat, bekommt man es mit Wirkungen aller Art zu tun. Dieses Wirken mindert die Qualität unserer Arbeit. Am Ende aber zählt das Ergebnis. Wir wollen dem Nächsten nicht die Wirkungen unserer Organlagen und des Korrelierenden Systems verkaufen, sondern ein standardisiertes Produkt abliefern, das uns über alle natürlichen Wirkungen erhebt und jedem Kunden die begleitenden Materieereignisse vorhersehbar darlegt.

Das Entwickeln von Hochtechnologie bedeutet, die Folgen negativer Einflüsse abzuwarten, zu erkennen und abzuschaffen. Sollten tatsächlich Massebahnen des realen Materieraums zu funktionalen Feldern unseres Organismus verbaut werden, dann ist anzunehmen, dass die Behebung negativer Folgen eine Umgestaltung des Materieraums nach sich zieht, so dass die Vielfalt an Daten, und damit die Möglichkeiten, benötigte organische Strukturen ausreichend komplex zu hinterlagern, abnehmen. ICH sehe die entwickelten Produkte auf der Quantenebene siedeln. Die Quantenebene ist eine oberflächliche Betrachtung der Datenebene.

Man vernachlässigt immer noch die Eigenschaften der verrechneten Kriterien. Ein wirkliches Interesse zeigt sich erst mit der einsetzenden Feldaktivität. Im Grunde geht es doch nur um die Messbarkeit. Alle Beteiligten möchten messen, worum es geht. Es geht um ein paar wenige Parameter, die wir selbst hervorgebracht haben. Die entwickelten Instrumente reichen gerade einmal aus, um die gegebene Feldaktivität zu beobachten. Aber auch das Wissen zur Herstellung der Messinstrumente gleicht einem Datenkorpus. Die Technik selbst ist ein Stück Materie. Man zwingt Materie auf spezielle Bahnen, um ein gewisses Produkt zu erhalten. Dem Produkt schließt sich das produktspezifische Verbraucherverhalten an. Dem Verbraucherverhalten folgt eine gewisse Biodiversität.

Kleinste Organismen haben die Datenlagen eines sich veränderten Status Quo ebenfalls zu verarbeiten. Vermutlich sind es Eiweißverbindungen, mit welchen sie die veränderten Verhältnisse des Status Quo im Zellinneren anlegen. Wir interessieren uns zunächst einmal für die Datenvielfalt. Alle diese Informationsmomente zeigen sich in der Eiweißfertigung gebunden. Ein Informationsfeld umgibt den Eiweißkörper. Wir sehen nun auf der Grundlage der Eiweißkörper – sie zeugen von einer hohen Flexibilität im Raum – den Gesetzen der Physik folgend ein ökonomisches Feld entstehen. Wir lassen diesen Weg so stehen und wenden uns einer bereits bestehenden Hardware zu.

ICH kann nur dann von einer wirklich stabilen Hardware sprechen, wenn sich das hinterlegte Feld aus Kriterien des aktuellen Status Quo generiert. Wir sprechen dann von einer maximalen Adaption der Organtätigkeit an den Materieraum, wenn sich die Kriterien so in einem Feld anordnen, dass wir die entstandene Architektur ein funktionelles Feld nennen können. Die organische Substanz und ihre Materieströme sind hiermit optimal hinterlegt. Das Organ kann seine Funktion frei entfalten. Das Organ erfüllt seine Aufgabe.

ICH verstehe, dass die Arten eine gewisse Vielfalt an Materieäquivalenten, bewegter und unbewegter Materie, hervorbringen. Die Informationsfelder, die die Sinnesorgane der Arten hervorbringen, weisen einen nicht zu verwerfenden elektromagnetischen Adaptionsgrad auf. Hierin liegen die Möglichkeiten der Natur verborgen, die menschlichen Organlagen mit nichtmenschlichen Daten auszukleiden.

Man bedenke die Möglichkeiten! Entsprechende Bausteine erlauben uns, vom Großen ins Kleine zu gehen. Es erlaubt uns, eine hohe Elastizität bei maximaler Kraftübertragung zu beschreiben. Jegliche Belastung der biologischen Struktur setzt sich über die Datenarchitektur auf den Raum fort. Die Datenvielfalt erlaubt zu variieren. Vor allem in den Gebieten des Dateneinzugs ist die Möglichkeit der Varianz von Vorteil. Man bedenke, dass sich gerade hier ausreichend lebende und tote Materie befindet, die in unterschiedlichster Weise an den Stoffkreisläufen teilnimmt. Es wird in diesem Bereich eine große Bandbreite an biologischer Aktivität gegeben sein, womit für die gesunde Funktion und Leistung der Organe eine geeignete Wahl entsprechender Daten und Beziehungsgeflechte getroffen werden kann. Die Materie und ihre funktionelle Bewegung sollten gut darstellbar sein. Es gilt das funktionelle Feld aus der Basis heraus so zu speisen, dass sich die Ergebnisarchitektur des Organs errechnet. Wir bedürfen, um die bewegte Materie der Funktion korrekt zu hinterlagern, einer hohen Flexibilität des Einzugsgebiets. Seine Feldfunktionen mittels Mikroorganismen im Raum zu verwurzeln, erscheint am sinnvollsten. Ein Hoch auf das Milliardenheer der Mikroorganismen!

Man bedenke die Verwurzelung der menschlichen Organlagen im Materieraum. Man denke die eigenen Köperereignisse den Materieströmen unserer Umgebung, makrokosmisch wie mikrokosmisch, gleichgeschaltet. Man bedenke die Möglichkeit, das menschliche Sein mit artfremdem Datenmaterial zu vernetzen. Man bedenke die entstehende Komplexität. Man bedenke den Adaptionsgrad und die Verwurzelung der Organlagen im Raum. Es handelt sich um eine existentielle Notwendigkeit, die internen Grundlagen von den externen Materieereignissen seiner Umgebung abhängig zu gestalten. Es ist dann ein hoher Grad an Adaption zu erwarten, wenn wir dem aktuellen Status Quo mit einer Vielzahl an Arten eine maximale Zahl an Materieäquivalenten abringen und darauf die funktionellen Felder der Organe aufbauen.

Letztlich mündet das Ganze in der Biologie des Organismus selbst. Die organische Substanz ist die Hardware. Wie jede Materie hat sie ein direktes Datenäquivalent. Dieser Typ des Feldäquivalents ist auf Grund der begleitenden Hardware am stabilsten. Zusätzlich fordern wir, seine kleinsten lebenden Bausteine, das Milliardenheer von Mikroorganismen zu betrachten. Daraus ergibt sich für den Aufbau des Feldäquivalents, welches unsere organische Substanz hinterlagert, sich auf das notwendige Datenmaterial innerhalb des Status Quo beziehen zu können. Die elektromagnetischen Momente der Mikroorganismen, Aspekte des Bewusstseins, lassen sich damit auch als Aspekte des höheren Bewusstseins, mit allen Möglichkeiten der Wahrnehmung definieren. Hiermit besteht die Möglichkeit, sich vorab geistig im Raum zu positionieren und zu orientieren. Diese Daten, ICH wähle die gesunde Funktion, werden dann zum eigenen Sein. Im externen Raum wurzeln natürlich zunächst einmal die Funktionsfelder unserer Organe.

Zunächst einmal rein genetisch. Wir hinterlegen die Spermien mit dem Datenmaterial des augenblicklichen Weltgeschehens. Aktuelle Massebahnen unseres Interesses und des Korrelierenden Systems werden dem Weg der Spermien gleichgeschaltet. Der Status Quo wird nach der Befruchtung für die Entwicklung des Keimlings ausgelesen. ICH nehme an, dass die Verschmelzung der beiden Befruchtungssequenzen die Daten des Weltgeschehens bindet. Die weibliche und männliche Sichtweise auf den gleichen Raum, weil unterschiedlich, sollte an dem Mechanismus zur Zellteilung beteiligt sein. Man sollte von einer erfolgreichen Sättigung sprechen. Weiblich und männlich entwickelten sich in den peripheren Raum. Eine Entwicklung von den Kerndaten der Befruchtung in den peripheren Raum hinein, ließe die Datenmasse enorm anwachsen. Eine stabile, gesättigte und gesunde Architektur der Zelle ist das Ziel. Eine Zunahme der Datenlast über den funktionellen Hintergrund der Zelle hinaus erforderte die Zellteilung. Die Zellteilung halbierte das hinterlegte Datenmaterial.

Später reichen die Daten externer Interessenlagen in den Organismus hinein. Zum Beispiel die Daten der Arbeitswelt oder unseres Gartens, in welchem wir als Hobbygärtner tätig sind. Dabei entstehen spezifische Datenlagen unseres Alltags. Starke Übereinstimmungen der Daten mit der Architektur des Organismus halten ihn gesund. Abweichende Positionen werden ihn belasten. Die Feldmomente der Geringsten münden in die funktionellen Systeme der höher entwickelten Lebewesen. Die hereingenommenen Datenmomente und ihre Vernetzung bestimmen die Qualität und die Leistung des Organs.

Es ist nötig, seinen Datenhaushalt immer wieder an den Status Quo anzupassen. Sie erkennen, dass, werden Gifte zunehmend toleriert, dies vor allem an der Bekanntheit der Daten des Status Quo liegt. Die internen Felder aus entsprechenden Datenlagen des Status Quo aufzubauen, ist existenziell wichtig. Nur auf diese Weise erhalten die funktionellen Überbauten einen unantastbaren Wert. Nur auf diese Weise fließt die Materie in einer korrekten Weise hinterlagert durch unseren Körper. Der Status Quo hat ein exaktes Materieäquivalent. Natürlich befinden sich die Feldarchitektur und die biologische Hardware in einem wechselseitigen Miteinander. Sie stabilisieren sich sozusagen gegenseitig. Vor allem dann, wenn sich die Materie im Einfluss der Felder zu bewegen beginnt. Die bewegte Materie entspricht dann grob den Effekten der Summenfelder. Der Materiestrom verhält sich innerhalb der Felder koordiniert. Der Materiestrom überbrückt auch einmal konträre Positionen innerhalb der Datenlagen der Feldaktivität.

Dies führt zu ihrer Anpassung. Der Status Quo, hier ist ein lebender Organismus gemeint, hat sein eigenes Feldäquivalent. Das übergeordnete Feldäquivalent, die Hardware und ihre Funktion, gehen mit einer gewissen Feldaktivität einher. Gemeint ist hier das Miteinander vielfältiger Daten. Die Kriterien liegen hier, gebogen und gekrümmt, in Raum und Zeit vor. Das sind die Informationsmomente, die wir in Eiweißarchitekturen gebunden haben. Der Aufbau der Eiweiße orientiert sich an den umgebenden Feldern und Ladungen. Man bedenke die Möglichkeit der Schaltung. Umgebende Felder übertragen ihre magnetischen Momente auf die Eiweiße. Die Eiweiße organisieren sich in entsprechenden Feldern. Der Bereich des Einflusses dehnt sich aus. Vermutlich führt die exakte Ansprache und Einbindung der Eiweiße zu einer Feldverstärkung in Richtung der zu erreichenden Feldfunktion.

Die Verschränkung sehr vieler dieser Felder ergibt die Feldfunktion des Lebens. Die biologische Hardware ist ein mächtiger Datenspeicher. Auf diese Weise zeigen sich die Datenlagen unseres Organismus aktualisiert. Die Funktion eines Organs korrekt hinterlagern zu können, heißt zugleich das Organ korrekt zu hinterlagern. Am einfachsten ist es, die ganze Architektur auf die aktuellsten Verhältnisse des Status Quo abzustellen. Dieses ist die stabilste und gesündeste bzw. die funktionale Architektur, bis weit in den Status Quo hinein, in welchem das Datengebilde wurzelt.

Der Mensch hält auf Grund seiner Komplexität etwas länger durch und erneuert seine Daten mit der embryonalen Auslese des Materieraums. Die Generationendauer beträgt etwa dreißig Jahre. Die Mikroorganismen haben eine sehr viel kürzere Generationendauer. Die permanente Verfolgung durch den Menschen konfrontiert sie mit immer neuen Verhältnissen. Der Status Quo hält immer wieder etwas Neues für sie bereit. Es dauert etwas, die internen Verhältnisse des Stoffwechsels zum Beispiel auf der Grundlage der aktuellen Datenlagen, Ausbringung von Glyphosat zum Beispiel, adaptiert laufen zu lassen. Aber einige Spezialisten schaffen das.

Die entworfene Technik wird von einem geistigen Gebilde begleitet. Das Datengebilde gleicht einer Hülle, oder man sieht darin das Einzugsgebiet, aus welchem sich die Technikströme speisen. Wir benötigen ein gewisses Einzugsgebiet für Materieäquivalente aller Art. Wir haben die Datenäquivalente in wissenden Architekturen verarbeitet. Die richtige Anordnung der wissenden Datenfelder dient nun dazu, die Technikströme darzustellen. Die Kernströme der Hardware im täglichen Betrieb vor einem entsprechenden Hintergrund abzubilden, gelingt mit der beschriebenen Form der Daten- und Feldverschränkung. Wir haben ein Stück Technik geschaffen, das für seine Stabilität eine Menge Energie verbraucht, während seine Existenz auf geistigen Gebilden beruht, die der Datenebene bzw. der Quantenebene zuzurechnen sind.

Das Feldäquivalent der Materie siedelt ebenfalls auf der Datenebene. Auf der Quantenebene liegen folglich zwei Datenkörper gleichzeitig vor. Wir haben zum einen die Datenlagen unseres schöpferischen Geistfeldes, aus welchem die Idee geboren wurde und zum anderen den verwirklichten Technikkörper, die Hardware, welche für die Produktion steht. Was aber sicher bleibt und der Datenebene und der Quantenebene von nun an seine Materiekreisläufe diktiert, das ist die verbesserte und verfeinerte technische Lösung unserer einst so geistvollen Idee, der Maschinenkörper mit seinen Massebahnen. Wir haben ein Stück Technik geschaffen, das dem Status Quo seine Materieströme aufzwingt. Das Gebiet des Dateneinzugs, welche den Quantenkörper bedingen, entnehmen wir den beteiligten Fachrichtungen. Letztlich entpuppt sich die Quantengröße als eine stabile Größe des Status Quo. Die Quantengröße ist ein Stück Technik, welches mit hohem Energieaufwand Materie auf vorgesehene Bahnen zwingt. Dieses Geschehen gleicht einer Herrschaft des Geschaffenen über das Bestehende.

Das Geschehen stellt sich auf der Datenebene wie folgt dar: Man hat der Natur Kriterien entnommen und zu einem technischen Wissen verarbeitet. Wir können also von einem gewissen Einzugsgebiet der technischen Konstruktionen sprechen. Die Verarbeitung der Daten in technischen Konstruktionen hat stabile Materieströme zur Folge. Wir haben der Natur Kriterien entzogen. Damit entziehen wir ihrer natürlichen Komplexität das Material. Der Natur gehen wichtigste Datenlagen zur Organisation ihrer Vielfalt verloren. Es handelt sich um die Basisdaten der Evolution. Der Mensch ist das jüngste Produkt dieser Datenvielfalt. Der Mensch steht an der Spitze dieses Datenhaushalts. ICH vermute, dass neue geschaffene Materieströme auf die ursprüngliche Datenkomplexität zurückwirken. Als Folge der neu formierten Datenmatrix, welche das neue Materieverhalten generiert, ist eine reduzierte Wertigkeit im Hinblick auf die zu hinterlagernden, vorab bestehenden Lebensentwürfe und Lebensformen anzunehmen. Eine Destabilisierung der Organlagen ... vernichtend.

Die embryonalen Datenlagen, einer rein technischen Welt entnommen, formieren sich zu hochwertigen funktionalen Feldern. Aber wir wissen alle, wie manipulativ das vorherrschende System wirkt. Wir spüren es, wie sich die eigenen Meinungen, die eigenen Vorlieben und Ziele im Sog der gravitationsreichen Felder der Versorger wandeln und sich einem der richtige Weg und der Blick auf das wahre Sein verstellt. Siebzig Prozent der Bürger scheint in dieser Form zu funktionieren. Die tot manipulierte Masse dreht und wendet sich in den Marketingarchitekturen, bis sie dem Hauptstrom zufallen.

Kann es wirklich funktionieren, das gesamte Leben durch totes Material zu ersetzen? Reichen die Datengebilde des Menschen aus, um einen Raum zu gestalten, in welchem unsere inneren Organe zum Beispiel ihre Funktionen parallel zueinander ausführen können? Die Vorteile einer lebenden Architektur liegen in ihrer Flexibilität. Ihr Vermögen, auf äußere Reize reagieren zu können, vereinfacht die Darstellbarkeit höheren Lebens. Zu erwähnen ist, dass jegliches Leben, auch Insekten mit entsprechenden Geistkörpern leben müssen. Die Tiere transportieren diese Geistkörper von A nach B. Ihre Sinnesleistungen ergänzen den elektromagnetischen Datenkörper. Ein jeder kann sich selbst überlegen, welche Präzision, welche Eigenschaften dem Quantengefüge verloren gingen, ersetzten wir alles Leben durch tote Substanz.

Dies sind aber nur externe Muster. Hinzu kommt, dass es sich selbst um Leben handelt, welches als Vorbild für Leben gelten darf. ICH vermute, dass mit einer Veränderung der Bausteine Mängel der Funktionsfelder auftreten, vor allem auch deshalb, weil viele Bausteine auch zueinander in Beziehung stehen. Denn auch Hunger und Durst werden die Interessensgebiete verlagern und zu einer veränderten Zusammensetzung der Felder führen. Der Raum zeigt sich verändert betont. Die Organisation unseres Körpers fußt jetzt auf anderen Daten. Ein weiteres Beispiel sind die Mikroorganismen. Hunger und Durst werden sich auch hier in einem charakteristischen Feldmoment zeigen. Während der Trockenheit wird in der Zelle Tiefdruck herrschen, während in der Regenzeit Hochdruck herrscht. Wir versuchen auch hier, die Prozesse der Selbstorganisation zu verstehen. Wie zeigen sich die verschiedenen Zellzustände auf der Quantenebene? Wie summieren sich die Ladungen zu wirkenden Phänomenen der Selbstorganisation? Wie wirken Druckschwankungen über die Zellmembran auf der Quantenebene? Darf ich bei einer gedehnten Zellmembran auch eine Dehnung der Kriterien annehmen, welche die Evolution organisch binden und für den Organismus festhalten konnte? Kann dieses auch für die Sexualität angenommen werden? Ist der gedehnte Datenäther eine Vorstufe des Ereignisses in der Zeit? Gelingt es mit der Dehnung eines Gewebes, etwa der Zellmembran einer Mikrobe, das hinterlegte Datenäquivalent ebenfalls zu dehnen? Ein gedehntes Kriterium entspräche einer organisierenden Vorstufe. Es eröffnete die Möglichkeit mit anderen Werten geringerer Ätherdichte zu korrelieren und auf ein Ereignis im Jetzt des Raums hinzuwirken.

Das dunkle Hintergrundfeld könnte auch sehr viel dichter sein. Wie sich bei der Ansprache und Ausrichtung von Eiweißen oder Menschen im Marketingfeld zeigte, könnten günstige Passungen zu einem starken Anwachsen von Feldmasse führen. Addiert sich die Substanz der sich ausrichtenden Eiweiße zu der gegebenen Feldfunktion hinzu, hinterlässt dies bei mir als Betrachter des Vorgangs den Eindruck einer zunehmenden Leere. ICH vermute, dass sie mit den Raumbausteinen der Eiweiße zu tun hat, die sich dadurch aktivieren. Die Eiweiße sind die Träger von Informationsfeldern. Diese Informationsfelder könnten durch die Ausrichtung im Funktionsfeld aktiviert werden. Der Eindruck der Leere könnte einer Ausdehnung in den Raum gleichkommen. Die plötzliche Information des Raums, von den Eiweißen zusätzlich aufgespannt, könnte das Gefühl einer abnehmenden Dichte nur vortäuschen. ICH bleibe also bei der Reihe ›Additionsphysik, Substanz, Anstieg von Masse, Nachweis von Materie‹. Betrachtete ICH den Feldabschnitt des Additionsgeschehens längere Zeit, in der Form Hegels die Betrachtung als sein Denken auffassend, so entstand der Eindruck einer Flüssigkeit. ICH erkläre mir diese als die einsetzende Feldaktivität. Die Kriterien schwingen sich ein und, es entstehen Wellengebilde, die es wie eine Flüssigkeit wirken lassen.

Man muss hier auch mit wechselseitiger Darstellung arbeiten. Das eine steht für das andere. Es ist etwas aufwendig die aufgeklärten Bereiche zu installieren, um das Verhalten des Äthers in den zu beschreibenden Bereichen zu beobachten. Im Grunde sind es die bestehenden Grundkräfte der Materie selbst, welche den ausgedehnten Äther in die natürliche, von der Materie geprägte Form überführen. ICH vermute, dass sich unser gedehntes Datenmaterial in Bereichen qualitativ ähnlichen Äthers installiert. Von den korrelierenden Verhältnissen getragen, werden sie zu ihrer ausgeglichenen Existenz, der geordneten Materie vorrücken. Vermutlich wachsen die installierten Formen dort zu immer größeren Feldern heran. Ihre Wirkung erstreckt sich auf bestimmte Bereiche der Atomphysik, so dass sie dort existent sind. Es besteht die Bereitschaft der Felder, sich zu flächigen Strukturen des Status Quo zu entwickeln. Die Architektur der Atome ist hierfür flexibel genug. Man könnte von einer Schaltung des Innenlebens unserer Atome sprechen. Wir zögen atomare Bestandteile zur eigenen Konfiguration heran. Die Felder schalteten das Innenleben der Atome. Die Felder entwickelten sich zu Architekturen des Status Quo. Man erreichte die gängigen Verhältnisse und verpuffte dann als die mögliche Wahrheit im Jetzt des Status Quo.

Die Fertigung des Produkts geht ohne äußere Einflüsse vonstatten. Während der Fertigung des Produkts wird jegliche Umgebungsarchitektur ausgeblendet. Man friert nicht, man schwitzt nicht, selbst am Mittagstisch unterscheiden sich die Arbeiter kaum noch voneinander. Anonyme Fertigungsstraßen irgendwo auf der Welt produzieren für den Markt. Es gibt keine rechte oder linke Gesinnung, kein schattiges oder sonniges Gemüt. Die Produkte haben kein Umfeld, sie haben keine Heimat. Das Produkt vermittelt keine Zugehörigkeit. Es bietet keinen Identifikationsrahmen. Wir erfahren eine Reduzierung des eigenen Selbst bis hin zu einer Gleichstellung mit anderen. Alles, was zählt sind die Fertigungsströme. Beziehungslos anonym. Das ist es, was sie vermitteln. Beziehungslos anonym. Isolation. Vereinzelung. Gleichschaltung.

Der wirkliche Raum, der durch die Architektur verschiedenartigsten Lebens vielfach beschrieben ist, geht der Selbstorganisation als orientierende Größe verloren. Wir verlieren nicht nur die Daten der Sinnesorgane, sondern auch die internen Datenlagen, welche die Funktionen der Organe bedingen. Dieses System aus Daten, Feldern und ihren Wirkungen, welches sich in Jahrmilliarden in diesem Sonnensystem, in Abhängigkeit zum Schwerefeld der Erde und der nächsten Himmelskörper entwickelt hat, hatte die Präzision eines Uhrwerks. Der zunehmende Verlust an Daten verändert dieses Schauspiel der Natur. Wir selbst programmieren die Datenmatrix. Es ist nicht die Rache der Natur, welche uns heimsucht. Die Datenmatrix der Selbstorganisation verändert sich. Wichtigstes

Datenmaterial des Mikrokosmos wird nicht mehr erbracht. Insekten und Mikroorganismen werden durch Dünger und Herbizide stark dezimiert. Diese Daten fehlen der Selbstorganisation.

Die Datenlagen des Mikrokosmos reichen weit in die Architektur der lebenden Organismen hinein. Die Komplexität der Datenmatrix bestimmt die Beschaffenheit der Gewebe. Eine ansetzende Kraft involviert den gesamten Datenhintergrund bis in den letzten Winkel einer arbeitenden Mikrobe. Theoretisch zumindest, falls wir den Aufbau der Gewebe und ihre Evolution von einer aktuell wirkenden Datenlast abhängig betrachten.

Die elektromagnetische Substanz bestimmt das Verhalten der Materie. Auf Grund einer geringeren neuronalen Zellzahl zeigt sich der Datenäther des Mikrokosmos etwas anders in seiner Wirkung. ICH behaupte dies auf Grund der Tatsache, da sich die Sichten der Insekten bei Übertragung in mein Kopfkino in dieser unglaublichen Größe auftun, als hielte man einem die Zeitschrift direkt vor die Nase. Diesen kleinen Ausschnitt des Materieraums als überdimensioniertes elektromagnetisches Gebilde des Kopfkinos zu erleben, wirft die Frage auf, ob die Zelldichte der neuronalen Verarbeitungszentren von sich aus eine veränderte Wirkung im Zeitfluss der Selbstorganisation mit sich bringt?

Die Daten des Mikroorganismus und die Art der Verschränkung zu einer natürlichen Komplexität programmiert das Verhalten der Materie. Das Verhalten der Elemente wäre in einem großen Ausmaß von den Datendetails des generierenden Mikrokosmos abhängig. Natürlich sind heute die menschlichen Datenarchitekturen vorherrschend. Tatsächlich Programmieren wir damit auch die Chaossysteme. Wir sind also nicht der Rache der Natur ausgesetzt. Wir tragen die Verantwortung für den Datenmantel unserer Erde. Wir programmieren unsere Zukunft selbst.

Die nächste Katastrophe ist vorprogrammiert. Warum man sich von ihr verraten fühlt? Das liegt an der vorgenommenen Programmierung. Die erdachten und geschaffenen Massebahnen der Technik muss man nicht beschreiten und schon gar nicht fortschreiten. Der technische Fortschritt führt nicht in das gelobte

Land. Was wir in der Natur errungen, was wir ihr an elektromagnetischer Substanz abgerungen haben, ist kein Heilsbringer. Man gaukelt Ihnen mithilfe von Marketingstrategien eine heile Welt vor, die es gar nicht ist. Sie entreißen der Natur die Kriterien zur Darstellung ihrer Ideen. Sie opfern das Bestehende Ihren Wirtschaftsinteressen. Sie zerstören auch das Leben der Menschen, mein Leben und Ihrer aller Leben. Ganz langsam verändert sich alles. Dem Glück, das einem durch die Vielfalt einer gesunden Umgebung zuströmt, schieben Sie einen Riegel vor. Man steht nicht mehr als Teil eines Ganzen an der Spitze der Schöpfung. Man verkommt zu Teilen eines Produktionsgeschehens. Man ist in die dunklen und leblosen Wirtschaftsarchitekturen eingebunden und nimmt diese künstliche Programmierung eines Lebens hin. In dem Glauben, dass sich diese Programmierung als vorteilhaft erweist, hat man übersehen, dass sich mit dem Rückbau der Natur die organisierende Datenmatrix verändert.

Vor allem das Klimasystem und seine regionalen Untergruppen dürften sich sehr stark an die gewachsene Dynamik von Flora und Fauna angepasst haben. Das waren die wirklichen Errungenschaften, das ursprüngliche Chaos der Elemente auf dem Planeten allmählich in eine Ordnung zu bringen. Man hat dem Chaos elektromagnetische Substanz abgerungen und lebende Ordnungen erbaut. Man hat höhere Feldstärken und höhere Informationsdichten geschaffen. Das gegebene Datenmaterial hat die Evolution zum Menschen zugelassen. Die Natur hat die bisher größte Leistung erbracht. Das gesamte Datenmaterial in Feldern so zu organisieren, dass sie das Funktionieren des Organismus, umschlossen von Häuten und Haut, gewährleisten.

Es ist davon auszugehen, dass das Entstehen von Leben und die Evolution zu den Arten eine ungeheure Menge an Daten in Form von elektromagnetischer Substanz benötigten. Die Evolution allen Lebens geht mit einem Anwachsen der Datenmenge und dem Anstieg der Komplexität der Verschränkung der Daten einher. Das bestehende Leben stellt auf der Datenebene eine äußerste komplexe Datenmatrix dar. Es ist auch das Erdmagnetfeld als involvierte und übertragende Größe zu nennen. Das Klima ist somit eine von Flora und Fauna programmierte

Größe. Die lebenden Ordnungen zwingen das Klimasystem in eine stabile Adaption. Der komplexe Datenmantel aus Flora und Fauna, wie unsere Erde ihn trägt, ist eine Größe des organisierenden Prinzips. Sie wirkt sich in der beschriebenen Form auf das Klimasystem aus. Es hat sich eine Abhängigkeit des klimatischen Verhaltens von der Datenmatrix allen Lebens etabliert.

Wer ständig Kerben in diese Oberflächenkomplexität schlägt, braucht sich nicht zu wundern, dass sich mit der Datenmatrix auch das zugehörige Verhalten der Materie verändert. Es ist einfach nicht richtig, sich in dieser Form zu verhalten. Wenn die Chaossysteme dann zuschlagen, dann machen sie doch gerade das, was der Mensch vorlebt. Die Aufhebung der natürlichen Komplexität und die Formierung zu neuen Warenwerten, sogenannte technische Overlays, die wir neue Materieströme nennen, sind, als Produkte globalisiert, die Bausteine der aktuellen Programmierung. Wir sprechen hier von Phänomenen der Datenmatrix und es hört sich an, als spräche man von der Hardware. Was wir bei der Evolution von Technik etwas vermissen, ist die Akzeptanz des Bestehenden, welches sich bei der Organisation von Leben als Notwendigkeit herausstellt. Die Evolution konnte nur eine weitere Art einfügen, wenn sie mit dem Bestehenden in weiten Teilen übereinstimmte. Die Arten bedrängen sich daher nicht, sondern fördern sich.

Die Evolution ist die Adaption des Organismus an einen beliebigen Bereich des Materieraums. Die Form seiner Organe von den Daten dieser Bereiche abhängig organisiert zu sehen, führt uns zu verschiedenen Annahmen. Der Status Quo ist eine bestehende Wahrheit. Wir gehen davon aus, dass sich der Status Quo als bestehende Datenmatrix durch das geistige Gefüge aller Arten zieht. Jede Art erlangt mit der Adaption an gewisse Bereiche des Materieraums ein spezifisches Sein. Dieses Daten-Ich ist somit auch der Form der Organe verhaftet. Nehmen wir eine hohe Abhängigkeit der geistig analysierenden Ebene unserer neuronalen Netzwerke von der Datenarchitektur unserer Organe an, so können wir den Vorgang der Tarnung bzw. einen natürlichen Mechanismus erklären, der zum Schutz gewisser Datenlagen führt.

Jede Art macht sich in einer gewissen Weise unsichtbar für die andere, wenn sie ihr augenblickliches Sein ausschließlich mit Datenmaterial beschickt, welches in der Konfiguration der anderen nicht vorkommt. Geht man davon aus, dass die analysierende Ebene des Jägers selbst eine Sphäre der Evolution besitzt, wäre die Maus für die Eule unsichtbar. Dehnte man die Datensphäre durch Hunger auf angrenzende Bereiche des Raums aus, so gelangte man zu Bewusstsein. Die Architektur der Maus fiele in Bereiche unseres Bewusstseins. Es ist, wie es ist. Das vorliegende Daten-Ich bestimmt die Wahrnehmung des Individuums. Das Daten-Ich ist die wahrnehmende Instanz. Kommt Vergleichbares herein, wird es einem bewusst. Ein hungernder Organismus versucht natürlich, gewachsene Substanz heranzuführen und die eigenen Positionen zu speisen. ICH sage, dass der Hunger das Daten-Ich der Eule erweitert. Das Daten-Ich der Eule dehnt sich auf die Lebensbereiche der Maus aus. Es geht darum, aus dem angrenzenden Raum einen Mauskörper heranzuführen, um die Positionen des Eulenkörpers zu speisen. Man erreicht folglich durch die Aufnahme von geeigneter Nahrung Informationen des angrenzenden Raums, welche zum einen der Evolution geschuldet sind, aber auch das aktuelle Lebensumfeld unserer Nahrung abbilden. ICH nenne hier noch einmal den Status Quo als gemeinsames Kraftfeld, aus welchem die Evolution die Organsysteme formte. Es gibt gemeinsame Wurzeln und damit gemeinsame zentrale Materieströme. So können wir uns in Teilen entsprechen, uns aber auch in differenzierte Bereiche der beschreibenden Sinnesorgane zurückziehen.

Die Nahrungsdaten erweitern die Datensphäre des eigenen Organismus. ICH möchte aufzeigen, wie wertvoll der aufgeklärte Raum für die inneren Organe ist. Es geht mir darum, die funktionellen Materieströme der Organe zu befeuern. Es geht mir darum, die Architektur des Organs in Zeit und Raum so zu verankern, dass die Funktion des Organs auf Grund seiner Umgebungsdaten und Umgebungsarchitektur fehlerfrei vorhergesagt werden kann. ICH möchte auch die verschiedenen Leistungsmaxima unserer Organe von dem zu Grunde liegenden Datenmaterial abhängig machen. Zu erwähnen ist die Notwendigkeit der Phasenübergänge vom Magen zum Darm oder von der Niere zur Lunge hin oder wie immer sich die Organsysteme im Laufe eines Tages in ihrer Leistung hervortun, die wir darzustellen haben. ICH sehe in den Raumdaten anderer Arten, die wir uns durch die Nahrung erschließen, eine Erweiterung des Selbst und damit die Möglichkeit, die Phasenübergänge von Organ zu Organ mit einer minimalen Fehlerquote zu gestalten.

Der Umstand, sich in weiten Bereichen zu gleichen, so dass sich das Daten-Ich des einen durch das Daten-Ich des anderen erweitert darstellt, führt zu einer allgemeinen Betonung des Status Quo. Die verschiedenen Weisen der Wahrnehmung betonen den Status Quo. Gleichzeitig verpassen wir dem gemeinsamen Status Quo eine lichtvolle Hülle aus Daten. Die Lebewesen sind dem Status Quo verhaftet. Die Adaption an den Materieraum ist die Grundlage aller Funktionalität.

Das gemeinschaftliche Miteinander, steht für Gesundheit, Glück, Zufriedenheit und lange Lebensdauer. Vielfalt fördert sich gegenseitig. Das mächtige Summengebilde der Technik aber kennt nur noch sich selbst. Umgekehrt ist zu sagen, dass das Wort nicht ohne das Geistige bestehen sollte. Eine feste Wahrheit, wie sie der Status Quo darstellt, ist nun einmal nur so erfolgreich, weil sich alle Arten an die Materie adaptiert zeigen und ihr Sein diesen gemeinsamen Datenraum aufspannt. Sie hängen alle mit Leib und Seele an diesem Raum. Dies macht den Status Quo zu einer allgemein aufgeklärten Datenmatrix. Jede Art bewegt sich in dieser Matrix, wie es ihr möglich ist. Es ist für die Lebewesen sehr viel einfacher, sich an dieser lichtvollen, mit Wahrheit aufgeladenen Ätheräquivalenz des Status Quo zu beteiligen, wenn er sich als Mix lebender Systeme zeigt. Der aufgeklärte Raum besteht fort, wenn sich auch der Mensch in dieser Weise beteiligt. Es ist notwendig, die Sinne einzusetzen und der gewachsenen Komplexität entsprechende Datenvolumina abzuringen. Die Sinne sondieren die Datenarchitekturen und die gewachsenen Verhältnisse. Diese Sinneswerte sind Koordinaten der Selbstorganisation und stabilisieren den Raum. So dürfen wir auch für die anderen Arten ein korrektes Sein im Beziehungsgeflecht der Daten erwarten.

Auch das Wort drückt nur aus, was es soll, wenn es mit geeignetem

Datenmaterial hinterlegt ist. Der Zuhörer wird sich nur dann zu entsprechenden Höhen aufschwingen können, wenn das Wort mit der entsprechenden geistigen Substanz einhergeht. So wird ein Inhalt erst bezeichenbar oder bewusst, wenn er die nötige Dichte erreicht. Der Inhalt wird bewusst, wenn sich die geistige Substanz dem Zuhörer aufdrängt, so dass sich die Inhalte selbst benennen oder die geschaffene Geistesmasse eine Form des Wissens transportiert, welche man dann in Worte zu fassen versucht. Dies sind Beispiele, in welchen der Geiststoff zum Ausdruck gebracht ist. Hier ist es dem Zuhörer erlaubt, sich in diesem Gemenge aus Daten zu bewegen und für sich selbst Orientierung im Raum zu schaffen.

Dann sollte der Merz kommen und das Wirtschaftsgefüge noch stärker und klarer über die Freiheit und Rechte der Bürger stellen. Weil uns der Umgang mit dem Geist schon immer in den Bereich göttlicher Inspiration rückte oder an Geistesgröße und Geistesgrößen denken ließ, wollen wir die Leistungen unseres Gehirns von einer günstigen Adaption an den Materiehaushalt abhängig machen. Die Kriterien, mehr oder weniger sichtbar und damit bewusst bezeichenbar oder aber unbewusst vermittelnd, gelten als die Daten des täglichen Gebrauchs. Wir lassen die Addition der elektromagnetischen Substanz in Summengebilden zu. Wir sehen aber auch am Gebrauch von Begriffen, dass es sich dabei um Werte handelt, die in Raum und Zeit völlig verschieden voneinander sind. Der Nutzen für die Zuhörer hängt somit am Verständnis des Sprechers. Die Zusammensetzung der Hintergrundmatrix bestimmt den Wortgehalt des Sprechers. Wie sehr gleicht man dem wissenden Datengebilde ist eine grundlegende Frage der Erkenntnisfähigkeit. Wie sehen die eigenen Grundlagen aus? Welchen Weg schlägt man ein, um das eigene Datenmaterial zu diesen ausgezeichneten Phänomenen des Wissens zu entwickeln? Wie viel Zeit nimmt man sich für die Entwicklung eines Verständnisses? Welche Überschneidungen gibt es im gemeinsamen Raum, zeigt man die Adaptionsgrade der Einzelnen auf? Es ist zu sagen, dass die Nähe des Wortes zu seinem Materieäquivalent den Grad der Wahrheit zum Ausdruck bringt. Merz verliert gegen Annegret mit 49 zu 51. Es darf gesagt werden, dass es verschiedene Grade von Bewusstsein gibt. Aber noch wichtiger ist, die Werte zu betrachten, die bewusst werden. Merz verliert gegen Annegret mit 49 zu 51.

Die Daten, mit welchem wir unseren Körper füttern, erschließt uns den Datenraum anderer Arten. Unsere Essgewohnheiten erweitern unser Daten-Ich. Die Datenmenge ist der analytischen Ebene zuzurechnen. Was hier vorliegt dient der Bewusstwerdung. Externe Inhalte werden mit den Dateien abgeglichen. Deckungsgleiche Werte addieren sich zu besonders dichten Formen. Diese Datendichten drängen ins Bewusstsein. Verschiedene Arten detektieren und sondieren den Raum. Der bewusste Datenkörper erinnert seine Bausteine. Das bedeutet elektromagnetische Impulse für die beteiligten Arten, eine Involvierung ihres Seins. Die Maus und die Eule halten füreinander Bewusstseinswerte bereit. Die Biodiversität ist die Grundlage eines maximal betonten Status Quo. Damit fällt uns auch die Definition des eigenen Datenhaushalts leicht. Die gegebene Datenvielfalt erlaubt es uns, die eigenen Körperprotokolle so zu errechnen, dass sich die Materieströme der Organe optimiert verhalten.

Die Biodiversität des Status Quo ist das Qualitätssiegel der Hintergrundmatrix. Jede Art für sich ist ein Datenspeicher der Evolution. Die Sinnesorgane erheben ständig elektromagnetische Werte des Raums. Der Status Quo ist ein unglaublich klarer Wert. Der Status Quo ist die lichtvolle Wahrheit. In einer Datenmatrix aus beschreibenden Phänomenen zieht sich der Status Quo als sichtbare Wahrheit durch alle Organismen. Das Wechselspiel aus Beute und Jäger, der Genuss von Nahrung im Allgemeinen erweitert das Selbst. Die Kernströme gleichen sich, aber die Entwicklung zu Höherem gelingt nur mit einer wachsenden Datenmenge. Das Anwachsen der Datenmenge ist hier vor allem mit einer Ausdehnung auf den umgebenden Raum zu erklären. Der passende Datenwert, welcher gefunden wird, ist ein Wert des Status Quo, welcher von verschiedenen Arten und ihren Sinnesdaten angereichert ist. Der Status Quo ist das feste Medium. Hierauf bezieht sich die Ausdehnung.

Findet man einen passenden Datenkörper, so zeigt sich zunächst einmal eine

Bestätigung der eigenen organischen Substanz. Die Nahrungsmittelwerte sind auch Größen der Evolution. Sie verankern den Organismus in Raum und Zeit. Es kommt somit immer zu einer Bestätigung der organischen Substanz. Der zentrale Materiestrom, der dem Organ und seiner Funktion zugehört, besteht fort. Die gefundene Nahrung ist ein Datenkörper. Der gefundene Datenkörper ist somit ein passender. Er addiert sich zum Bestehenden. Der gefundene Datenwert ist ein entfernter. Der gefunden Datenwert weicht in Raum und Zeit ab.

Die Hereinnahme von entfernten Nahrungswerten in das Daten-Ich erlaubt es uns, bestehende Werte zu betonen und die Umgebungsarchitektur der Nahrungswerte als Netzwerke einer zu spezifizierenden Zukunft zu nutzen. Die Hintergrundmatrix unserer Organe kann vielfältig zusammengesetzt sein. Der Weg der Evolution wird der der Nahrungsdaten sein. Bei den Kleinsten beginnend bei den Größten endend. Die Arten zeigen sich in den Eigenschaften der zentralen Materieströme verwandt. Der Datenmantel, aus dem der Organismus seine Ordnung herleitet, breitet sich mit der Größe der Art in die Fläche aus. Der Einzeller wird sehr stark von seiner unmittelbaren Umgebung geprägt sein. Wir dürfen aber auch hier eine wachsende Abhängigkeit des umgebenden Raums von diesen doch sehr geringen Architekturen annehmen. Hier wird es vor allem die auftretende Masse sein, die in der Summe programmierende Felder erzeugt.

Größere Organismen unterscheiden sich auch in der Reichweite ihrer Sinnesorgane. Aber es dürften vor allem die Nahrungswerte und ihr Umfeld sein, welche im Sinne der Evolution wirksam sind. So entsteht auf der Suche nach Nahrung, während wir die zentralen Materieströme der Organe mit geeigneten Werten bestätigen, ein immer größeres Revier, welchem wir uns anpassten. Die Datenmenge der Evolution bedingt die Funktionalität des Organismus. Die größeren Lebewesen benötigen großflächigere Gebiete des Dateneinzugs. Die Felder, welche sich zur zentralen Wirkung und sichtbaren Funktion der Organe hochrechnen, werden sich immer weiter in die Fläche ausgedehnt haben und gleichzeitig in die Tiefe des Mikrokosmos hineinreichen.

Jeder Organismus besteht aufgrund von Evolution. Jahrtausendealte Daten bilden die Basiswerte. ICH sehe mich im Urgrund verankert. Ein Zeitphänomen, das mir erlaubt, an Orte des Datenäthers vergangener Zeit zu reisen bzw. auf der gleichbedeutenden physikalischen Ebene Wirkungen zu setzen. Sollte der Organismus genetisches Material dieser Zeit verwalten, so zeigt sich auch der Raum als solcher aufgespannt. ICH möchte den Organismus dort wirken lassen. ICH möchte diese alten Bereiche des Organismus von den aktuellen Verhältnissen und unserem natürlichen Bedarf involviert sehen. ICH möchte in den Bereichen sehr alter Daten Vorstufen der Ereignisse annehmen dürfen und über die Zeitkaskade in den Status Quo überführen. Man denkt, es gibt keine alten Daten im Organismus, denn er wird aus dem aktuellen Status Quo ausgelesen und somit immer wieder auf den neuesten Stand gebracht. Für das Verhalten der Elemente aber besteht kein Altern. Auch die Kräfte der Physik altern nicht, und so altern auch die funktionalen Felder nicht. Man kann zum Beispiel in die Welt der Mikroorganismen zurückreisen – nicht, weil sie sich ständig aktualisiert, sondern weil sie auf der Zeitskala schon so lange existiert.

Es geht hier dann auch um die embryonale Entwicklung. Es geht darum, sich die geringsten Basisdaten zu erschließen, um dann die Entwicklung des Lebens zu starten. Es liegt das älteste und geringste Leben neben dem jüngsten, dem Menschen vor. Wir starten auf der Ebene des Mikrokosmos und durchlaufen das gesamte Evolutionsspektrum bis hin zum Menschen, der jüngsten Architektur. Gibt es einen Zeiteffekt, der dieses Geschehen fördert? Gibt es etwas, das die weniger dichten Ätherformen zu dichteren Formen summiert und formiert? Gibt es eine natürliche Form der Ätherverdichtung? Gibt es ein Gesetz, welches identische Ätherformen zusammenführt? Streben die Felder freiwillig auf eine Kernordnung wie das Atom zu? Ist der Mensch selbst ein Atom, welches für die Darstellung seines Materiehaushalts, der Anpassung anderer Bereiche des Raums bedarf?

Ist die Materie der Gesetzgeber, das Overlay für den Datenäther? Ist es einfach das Gesetz der Gravitation, sich bis zur eigenen Sättigung zu bedienen? Ist der umgebende Äther ein Ausdruck der Sättigung der Materie? Besteht der Datenäther auf Grund der Ordnung der Materie? Setzt sich die innere Ordnung auf die Atome und die Umgebung fort? Oder ist die innere Dynamik der Atome Ausdruck eines äußeren Geschehens? In der Regel sollte sich die innere Dynamik auf die Umgebung fortsetzen. Es wird sich wohl um ein dynamisches Gleichgewicht handeln. Der Äther wird wohl mit verschiedenen Dichten reagieren. Je nachdem wo die Feldspitzen gerade liegen, wird das Atom der Sender sein oder zum Beispiel der Mensch, wenn wir geistige Überbauten schaffen, das Ganze zu erfassen versuchen und den zugehörigen Raum hierzu aufspannen. Dann werden wir uns auf die Feldgrößen jedes einzelnen Atoms stützen müssen, um die gesuchten Werte des Status Quo hervorbringen zu können.

ICH gebe ein separates System vor, das den Status Quo als Ganzes repräsentiert. Das Einzelne ist insofern nicht definiert, weil es als Bestandteil des Urfeldes gilt. Es gibt hier einen Grenzgänger, der den neutralen Wert des Urfeldes als Ausgangsmasse der Materie kennt. Die Masse beruht auf der Materie. Die Masse ist ein Summeneffekt der Feldverschränkung. Die Masse ergibt sich aus einer Vielzahl von Feldwerten, die das Atom aufspannen. Der Grenzgänger verhält sich manchmal wie sein Urfeld, ist damit unsichtbar, und zeigt sich dann wieder der Ordnung der Materie unterworfen, existent. Er klinkt sich ein und klinkt sich aus. Der Grenzgänger kann sich dem Urgrund zutun. Dieses kann vielleicht auch zu den bewussten Möglichkeiten des Denkens gezählt werden. Das Resultat des Denkens wäre eine veränderte Existenz im Gesamten. Der Grenzgänger könnte sich für einen Moment ausklinken und unterwürfe sich dann erneut den Feldern der materiellen Ordnung. Er startete seine Existenz erneut, jetzt unter veränderten Bedingungen des Raums. Die Zusammensetzung der aktiven Felder des Raums wäre eine andere. Er veränderte sein Bezugssystem, seine Sicht- und seine Herangehensweise. Wir sehen den Grenzgänger und Feldwert jetzt durch den umgebenden Materieraum definiert, oder den Raum beschreibend, was für große Denker angenommen werden darf, welche den Raum als einheitlichen Feldwert zu begreifen beginnen. Dieses ist ein Datenäquivalent des Status Quo.

Wenn ICH atomare Größen als stabile Teilchen für diesen Bereich annehme, so darf ich ihre Involvierung annehmen. Sie werden sich in ihrer Kernarchitektur von den geistigen Überbauten, welche sich letztlich alle auf den Status Quo beziehen, innerviert zeigen. Die Existenz der Felder bedingt ein spezifisches Verhalten der Atome und der internen Dynamik. Wir nehmen eine ausreichende innere Flexibilität der Atome an, dass sich alle denkbaren Phänomene, die auf Materieäquivalenten und ihren Feldern beruhen, darstellen lassen. Stellte man eine Architektur der Felder im Allgemeinen her, so dass das Datenäquivalent des Status Quo dem Urfeld verbunden wäre, so könnte man einen geringsten Feldwert des Urfeldes definieren. Der Feldwert des Teilchens erklärte sich aus dem Datenäquivalent der umgebenden Materie und einem Wert des Urgrunds, welcher sich in diesem Augenblick, von dem umgebenden Materieraum abhängig, organisiert zeigte. Trotz der Ausdehnung in den allgemeinen Raum, welchen wir für den Feldwert annehmen, sagen wir, er ist der geringste Wert des Urfeldes. Er ist durch das Feldäquivalent des Materieraums definiert und damit endlich. Das Urfeld selbst sollte einen größeren Feldwert besitzen, ging doch die Materie aus ihm hervor. Der geringste Wert des Urfeldes endete wieder als Urfeld.

Mikroorganismen sind lebende Gebilde. Sie unterhalten einen eigenen Materiehaushalt. Dieses zeigt sich auch auf der Datenebene. Die geringsten Feldwerte erheben die Mikroorganismen. Die funktionellen Werte unserer Organsysteme haben ihren Anfang im Bereich der Mikroorganismen und haben sich erst allmählich zu dichteren Feldwerten addiert. Die Funktion der menschlichen Organsysteme und die strömende Materie darin korrekt zu hinterlagern bedarf einer allgemeinen Vielfalt und eines größeren Einzugsgebiets. Wir wollen die Felder der Funktionen und vor allem die Notwendigkeit eines fehlerfreien Miteinanders der verschiedenen Kriterien noch einmal betonen.

Man kann sagen, dass sich das Leben in den Raum hineinentwickelt hat. Es kamen folglich immer größere, extern gelegene Materieströme zur Wirkung. Der Datenkern des Menschen hat sich von der Ursuppe wegentwickelt. Er ist im Raum aufgegangen und zeigt sich jetzt an gröbere Materieströme adaptiert. Jedoch braucht jedes System für die Rundung der funktionellen Felder und das präzise Ergebnis einen abstrahierenden Datenmantel. ICH denke hierbei an die

Datenhülle des Status Quo, die ihre lichtvolle Komplexität dem Miteinander der Arten verdankt, an einen abstrahierenden Datenmantel aus Mikroorganismen oder den Charakter des dunklen Urfeldes, wie oben definiert, welches das Ergebnis der Feldfunktion ebenfalls unverfälscht in der Reinheit des Materieraums zulässt.

Vermutlich finden die geringeren Feldwerte in den organisierten Bereichen, weil der Raum gesättigt ist, keinen Platz. Die gesamte Architektur dient der Darstellung der Organe. Die funktionellen Felder, welche die Hardware der Organe und ihre funktionellen Materieströme bedingen, beginnen im Raum der Mikroorganismen und sind auf eine gewisse Weise im Makrokosmos verankert. Der Weg des Menschen von den Mikroorganismen in den Makrokosmos hat sich in tausenden von Jahren vollzogen. Die Adaption an die Materie beruhte auf den gegebenen Daten, ihren Feldern und die Verfestigung mit organischer Substanz. Der Mensch ist ein Makroorganismus. Seine Existenz stützt sich auf gröbere Materiewerte.

Wenn wir ein Stück ihres Darms betrachten, welches sich regelmäßig kontrahiert, so tendierte ICH dazu, zu behaupten, dass es eine Datenmenge beansprucht, welche die Evolution hervorbrachte. Der Weg der Evolution beginnt im Mikroorganismus und endet im Makrokosmos. Wir lassen die geringen Bewusstseinsaspekte der Mikroorganismen zu immer größeren Werten anwachsen. Die Ausdehnung des Bewusstseinsfeldes auf andere Bereiche verändert den Feldwert der Kriterien. Die auftretenden Sinnesarchitekturen bringen bereits sehr dichte Formen des Elektromagnetismus hervor und lassen uns weite Teile des Raums erfassen. Die verschiedenen Interessenslagen führen zu einer Entwicklung der Organe in diese Bereiche, so dass auch das Erkennen und die Erkenntnisfähigkeit vor allem auf diese Bereiche angewandt wird. Die Additionsphysik lehrt uns, dass wir einem lebenden Organismus Teile des externen Raums hinzuaddieren dürfen.

Der organische Datenspeicher, der gewachsene Organismus wird sich an den hereingenommenen Daten orientieren. Das Auffinden von Nahrung, ihr Verzehr und ihre Verdauung können Erfolgswerte genannt werden. Wir finden die Erfolgswerte folglich extern im Raum vor. Diese Datenwerte sind Bestandteil des Lebendgürtels. Man spricht von einer gegebenen Biodiversität. Und wir finden sie in unserem Organismus vor. Orientiertes Wachstum führte zu einer organischen Verfestigung des Datengefüges. Das Interesse sein Bewusstsein auf weitere Bereiche des Raums auszudehnen, bringt neues Datenmaterial hervor. Das erworbene Datenmaterial geht in die leitende Architektur ein. Das orientierte Wachstum führt zu einer Anpassung der Form an die gegebene Architektur. Der Organismus hat an Datenlast zugelegt. Die Erfolgswerte werden intern organisch verwaltet. Die Nahrungsmittel sind selbst Datenträger dieser Art und unterhalten Beziehungen in den Raum. Sähe der Mensch etwas besser und fühlte die Beziehungswelten um seine Nahrung, entschied er sich für Vielfalt, Love and Happiness. Die Auswüchse geistiger Konstruktionen verhüllen diese Wahrheit. Die Technik isoliert den Menschen. Er entwickelt sich aus der Lebendmatrix heraus.

Wir berücksichtigen das Anwachsen der Datenmasse über die Jahrtausende. Unser Verständnis und Interesse verändern die Kriterien in Größe und Zeit. Das Orientierte Wachstum verfestigt das Datenmaterial in der organischen Form. Es gibt Formen geringeren und dichteren Äthers. Diese Faktoren erlauben es mir die Kontraktion des Muskels darzustellen. So kann man davon ausgehen, dass die Kontraktion von den Mikroorganismen bis in den erworbenen Raum des Makrokosmos einläuft, um sich dann wieder zu entspannen. Wir ließen die funktionellen Felder im Bereich des Mikrokosmos beginnen und haben im Laufe der Evolution auch die Daten des Makrokosmos erworben. Der gesamte Datensatz, vom Mikrokosmos bis zu den erworbenen Teilen des Makrokosmos, dürfte an den Ereignissen in unserem Körper beteiligt sein. Wir können sagen, dass das gesammelte Datenmaterial in einer gewissen Weise den Status Quo aufspannt. In Wirklichkeit haben wir eine funktionelle Größe geschaffen die Hardware genannt werden darf, dem Status Quo angehört und an der umgebenden Materie Arbeit verrichtet. Die Darstellung eines Ereignisses bedürfte des gesamten Datensatzes, von den erworbenen Teilen des Makrokosmos bis in den Mikrokosmos hinein. Das wird alles elektrochemisch mit Ladungsunterschieden verwirklicht.

Zu erkennen ist der systematische Zusammenhang. Die Evolutionsgrößen spannen den Status Quo auf. Es ist ein funktioneller Datenraum, der dem Status Quo sehr nahe ist. Der Status Quo zeigt sich in manchen Bereichen durch die Größen der Funktion stärker betont. Aber wir sehen, dass die Funktion der Hardware in demselben Raum ihre Arbeit verrichtet, aus welchem sie ihre Existenz herleitet. Der Raum, welchen die Daten der Evolution aufspannen, ist derselbe Raum, in welchem die dazugehörige Hardware ihre Arbeit verrichtet. Die Architektur des Gefüges bezeichnet das Verhalten des Organs selbst. Die funktionellen Gewebe und die strömende Materie zeigten sich dargestellt. Somit wäre der gesamte Materieraum abgebildet. Das Organ zeigte sich vollkommen integriert. Die Existenz des Organs und seiner Funktionen bezöge sich ausschließlich auf Daten des Materieraums. So erhielten sich die Form des Status Quo und die Organfunktionen gegenseitig. Das eine wie das andere erreicht sein Optimum nur durch die Aktivität des Korrelierenden.

Wie geht man mit dieser Erkenntnis um? Ist es sinnvoll, den Raum zu pflegen? Sollen wir die gewachsenen Beziehungen möglichst erhalten und seine Bausteine fördern, um dem Overlay und den Körperfunktionen eine möglichst stabile Datenbasis vorzuhalten? Die Schönheit, welche sich in den funktionellen Zusammenhängen der Natur versteckt, ist vollkommen. Die Schönheit liegt in der wechselseitigen Existenz. Dieser Gott ist in der Schönheit des Geschaffenen zu sehen. Ihm zu dienen, heißt somit, den Zusammenhängen zu dienen. Es wäre sinnvoller, diesem Gott zu dienen, als sich wöchentlich daran zu erinnern, dass es einen gibt. Versuch und Irrtum! Attract and kill! Das sind doch keine wirklich lebenswerten Botschaften. Damit fahren sie das System doch an die Wand! Sie haben die Menschheit in eine Lage gebracht, dass Gott nicht mehr erkannt wird. Dieses System hat nichts mehr von Gott. Vielleicht führt uns die Vernunft wieder irgendwann dahin, die Schönheit eines funktionierenden Ganzen zu verehren und ihm wieder zu dienen, diesem Gott. Diesem Gott der Vielfalt und vielfältig verwobenen Systeme. Diesem Gott gewachsener Gewebe und Funktionen. Dem Gott der Datenfelder und Feldstärken. Dieser vollkommenen Architektur. Dem

Gott eines komplexen Datengefüges, welchem ein Ort-Zeit-Schema eigen ist. Eine Welt, die nicht besser funktionieren könnte – so wunderschön.

Die Schönheit der Zusammenhänge ist ein tiefreichendes Gefühl. Das Datengefüge vermittelt dieses Gefühl. Es liegt eine diffuse Spannung im Raum. Ganz milde verspürt man den physikalischen Aspekt der Kräfte. Man fühlt den Zusammenhang der einzelnen Arten in Strukturen des Systems. Dabei ist jede Art selbst eine Architektur aus Kriterien. Die Schönheit erscheint mit als ein systemischer Zusammenhang. Die Kriterienwerte der Arten überschneiden sich. In diesen Bereichen entstehen systemische Felder aus Daten. Die Beziehungsgeflechte beruhen auf den täglichen Arten. Dieser interdisziplinäre Zusammenhang führt zu einer unglaublichen Tiefe des Gefühls. Es berührt mich auf ähnlichen Ebenen des eigenen Organismus. Das komplexe Datengefüge spannt den Status Quo auf. Die Schönheit, die ICH hier erlebe, stimmt mit meinem Organismus überein. Die Arten und Artenfelder gehen in gemeinsame Funktionen ein. Der Überbau der Funktion, eine wirkende Kraft, möchte ICH hier als Liebe bezeichnen. Auch wenn Sie das große Ganze nicht verstehen, verbindet Sie doch die Liebe. Die Schönheit, die ICH hier sehe und empfinde, ist das Funktionieren einer Gemeinschaft. Einer Gemeinschaft vieler Arten.

Heute feiern sie wieder Seine Geburt und legen damit den Grundstein, um ihn an Ostern zu erschlagen. Sie erinnern sich daran, alles totzutrampeln. Sie morden Ihn hin. Ihn, der ihnen diese Wahrheit aufgetan hat. Aber Seine Schönheit wird wieder auferstehen. Aber ohne euch. Wir sehen den hierfür notwendigen Raum gegeben. Es handelt sich um geringere Datenwerte, die in ihrer Dichte nicht die Feldwerte des Makrokosmos erreichen. Das heißt, die Feldstärke ist sehr viel geringer, die Masse und der Materiegehalt ebenso. ICH schreibe den geringen Feldwerten und auch dem Urfeld eine Masse zu. Das Fehlen einer stabilen Ordnung und das offen Flexible der Felder lässt sie uns schwer fassen. Das wird alles elektrochemisch mit Ladungen geregelt.

So werden die geringeren Datenwerte einfach etwas zusammenrücken und die Gestalt des gewollten Overlays annehmen. Das hieße, die Kriterien summierten sich zu stärkeren Feldwerten, denen des Makrokosmos ähnlich und hinterlagerten in der Summe die funktionelle Hardware. Das hinterlegte Datenmaterial zu betrachten, heißt doch nur, Gesundheit und Funktionalität der Tiefe einzufordern. Das Ganze dient dazu, dem Verhalten der Hardware einen gewissen Freiraum zu bereiten. Die Chemie und auch die Ladungen benötigen einen flexiblen Datenhintergrund. Wir wollen uns vor niemandem verantworten müssen. Die funktionellen Felder unserer Organsysteme sollen sich frei entfalten dürfen.

Natürlich weiß ICH, wie wir es auch wissen, demnach also auch Sie, dass die Betrachtung des hinterlegten Datenmaterials nicht nur das Verhalten der zugehörigen Materie erklärt. Das System wird an den bezeichneten Stellen für technische Eingriffe offen. Ein gedanklicher Überbau, wie ICH ihn denke, wird den Einzelnen erfassen und einordnen. Die wissende Architektur und der Einzelne darin werden zu einer Beschreibung des Raums. Das geschaffene Wissen ist eine Position der Allgemeingültigkeit. Das erfasste Individuum wird sich des beschriebenen Raums bewusst. Sie bewegen sich alle in der gleichen Fassung des Raums. Der gefasste Raum ist die neue Welt und die neue Wahrheit.

Wir versuchen den Weg der Umkehrung zu gehen. Jeder einzelne Punkt (0/0/0/0) des Raums definiert sich durch die umgebende Materie und ihre Feldwerte. Die vierte 0 besagt, dass wir uns vor dem Urknall befinden. Wir blicken vom Standpunkt des Urfeldes aus auf die materielle Welt. Die Felder und ihre Wechselwirkungen beginnen. Die Grundgesetze der Physik setzen ein. Der Status Quo, der Makrokosmos, der Raum an sich. Die ersten Felder, die wir vom Urfeld aus sehen, sind das Medium der beginnenden Selbstorganisation. Hier liegt eine Beschaffenheit der Substanz vor, welche es erlaubt, verschiedenste Felddichten darzustellen. Einfache Werte einzelliger Organismen, wie Unterzucker oder Wassermangel gehen mit dichteren Momenten einher. Aber auch Ziele des Menschen, wie ein Interkontinentalflug, bedürfen der Planung, Installation und Bereithaltung einer entsprechenden Infrastruktur. Nicht zuletzt ist jede Gewinnvorgabe ein Feldwert, der auf den einzelnen Bausteinen aufbaut und nur durch diese existent sein kann. Der Bewusstseinswert eines Organismus ist ein Feld eines räumlichen Materiebezugs. Dieser Materiebezug ist ein Teil des Status Quo. Es sind Koordinaten des Raums. Damit spannt sich der Status Quo auf. Alle Feldwerte, die von neuronalen Netzen, ganz allgemein von lebenden Strukturen erzeugt werden, gehen ausnahmslos mit veränderten Dichten des Mediums einher. Die Datenwerte siedeln, ihrer Dichte entsprechend, auf einer Ebene ähnlicher oder geringerer Dichte der Substanz. Außerdem ist eine Wirkung der verschiedenen Formen des Äthers auf die Organisation des Raums anzunehmen. Die Felder sind Teil der Selbstorganisation und wirken auf ihre Existenz im Status Quo hin.

Das Übergewicht der Materie behindert unser Denken. Für ein übergeordnetes Verstehen ist eine optimale Fassung des Raums zu erheben. Wir lassen es zu, dass sich die verschiedenen Feldwerte dieser Ebene zu Gemeinschaftsfeldern zusammenschließen oder sich auch partiell sofort der Materie anlegen, wenn es eine exakte Passung gibt und die Wahrheit des Raums gegeben ist. Ein optimales Erfassen des Raums ist erschwert. Zuerst sollte man die Organisation der Materie aus dem Dunklen Feld heraus beschreiben. Die Materie begleiten Felder. Der Aufbau der Materie bedingt diese Felder. Die Felder hängen von der Ordnung der Materie ab. Die Felder des Entstehens sind mit den Feldern der später einsetzenden Gesetze nicht identisch. Die Ordnung der Materie verhindert ein exaktes Erfassen der Hintergrundfelder ihres Entstehens. Das Erfassen der organisierenden Felder des Hintergrunds ist auch wegen unserer Sinnesleistungen, die in erster Linie dem Erfassen des Jetzt im Status Quo dienen, belastet. Wir verzeichnen einen gestörten Bereich, wenn wir von dem Urfeld auf die Materie hinübergehen und die Gesetze der so mächtigen Materie zu wirken beginnen.

Wir brauchen einen Weg des Entstehens in Richtung Materie und einen der Auflösung in Richtung Urfeld. Dazu ist es notwendig eine Richtung des Entstehens in der Zeit vorauszusetzen. Wir gehen mit dem Urknall in Richtung organisierte Materie. Wir organisieren das Urfeld um. Die entstehenden Materieformen weisen eigene Gesetze aus. Die stabilen Bahnen projizieren Felder in den Raum.

Am einfachsten wäre es, einen Kreislauf zu beschreiben. Dazu müsste ein Teil der Materie zerfallen oder Materiemasse in Schwarzen Löchern zurückverwandelt werden. Vielleicht reichen die Prozesse des Lebens in der Natur, um diesen Kreislauf der Selbstorganisation zuzulassen. Das entstehende Leben bindet Daten verarbeitet Energien, wird gefressen, verdaut, zerfällt, Humus bleibt zurück.

Auch die Evolution wiese auf eine Strömung in Richtung des Materieaufbaus hin. Die aufgeworfenen Datendichten wirkten von der Quantenebene aus. Die Datenwerte organisierten sich in höheren Feldwerten. Die kongruenten Anteile vernetzten sich. Die Datenäquivalente fänden in geeigneten Beschreibungen des Raums zusammen. Es läge ein Bestreben vor, dem Status Quo zu entsprechen. Die Evolution selbst wiese uns den Weg der Ordnung. Die Bindung von Energien wäre ihr eigen. Wir erlangten eine Programmierung des Organismus. Die Anpassung der Form an das aufgeworfene Datenmaterial und seine organische Verfestigung wäre dem Geschehen verwandt. Dunkle Energie, wird in der Form von Materieäquivalenten in lebenden Gefügen verbaut. Wir erhalten auch hier eine Wirkung von Daten der Ätherebene auf den Makrokosmos. Wir erhalten den adaptiert gewachsenen, den organisierten Organismus.

Dieses einfache Geschehen erlaubte uns, ein Einwandern von dunklem Feld in der Form von gegebenen Felddichten in die Ordnung des Materieraums anzunehmen. Und immer scheinen wir uns in diesem Zeitstrom zu befinden. Das dunkle Feld geht in Richtung Materie. Die Materie wird in den Schwarzen Löchern zurückverwandelt. Der Weg der großen Massen scheint der Zeit den Weg zu weisen. Die Feldmasse neuronalen Geschehens und auch anderer Bewusstseinsmomente unseres Organismus fließen in Richtung Materie. Sie wirken auf ihre Existenz im Status Quo hin.

Ich nehme einen Kreislauf dieser Energien an. Wir gehen von geringen Feldwerten des dunklen Feldes über einen Anstieg der Masse hin zur Materie. Wir erlauben uns, die Materie von größeren Systemen wie den Schwarzen Löchern wieder einzusammeln. In dieser Form läge ein bedeutender Faktor des Makrokosmos vor, der sich zum einen als Notwendigkeit zum Ausgleich der

Dichteunterschiede instandgesetzt haben könnte oder ein Aufgesetztes ist. Damit wäre es eine nachträgliche Entwicklung. Ein Gebilde der Summation der Materiefelder. Das System hätte sich erst nachträglich als Ruhelösung des Systems etabliert. Ein Additionsgebilde, welches auf einer Vielzahl sehr viel geringerer Felder beruht.

Die Bewegung von Organismen im Raum erzeugt möglicherweise ebenfalls Effekte. Wenn wir sehr alte Daten der Evolution als gegeben hinnehmen und die Veränderung der Form zu neuen Arten an einer Erweiterung des Datensatzes in spezifische Bereiche des Raums festmachen, so dürfen uns die zentralen Materieströme der Organfunktionen immer wieder in dieser Weise involviert erscheinen. Die Evolution hat eine sehr alte Adaption an den Materieraum in den Raum erweitert. Die Funktionen stützen sich folglich auf das Anwachsen eines Raumabschnitts. Die entwickelte Form der Arten beginnt im Mikrokosmos und endet im Makrokosmos. Die Entwicklung der Form erweist sich als Adaption an den Materieraum. Sehr früh beginnend, zeigt sich die Funktion des Organs nach Millionen von Jahren einem festen Bereich des Materieraums zuordenbar. Die Entwicklung der Form nahm den Weg vom Mikrokosmos in Bereiche des Makrokosmos. Die adaptierten Bereiche des Materieraums gelten als die Datensätze der Hintergrundarchitektur. Die gesammelten Daten dienen den funktionellen Feldern. Die Materiedaten bezeichnen in ihrem Zusammenwirken die organische Masse. Das Ergebnisfeld entspricht dem Materieverhalten im organischen Prozess. Das funktionierende Organ hat ein Feldäquivalent aus Daten. Die Daten sind Äquivalente des Materieraums. Ich nenne sie Kriterien und auch Faktoren. Natürlich ist der Mikrokosmos die Basis aller Datenlagen, auch der des Makrokosmos. Der Makrokosmos und sein Materiehaushalt sollten die jüngsten Daten der lebenden Architektur sein, welche als Größen der Evolution in die Gestalt des Organismus Eingang fanden. Wählten wir das Beladen und Entladen von Lkws und ihr Rollen über die Landstraßen und Autobahnen als Beispiel, so nehmen wir hierfür gleichgerichtete Wirkungen auf die zentralen Hauptströme unserer Organe an. Wir wollen damit aber nicht ausschließen, dass die grobe

Materie des Makrokosmos im Organismus auch auf tieferen Ebenen mit Daten des Mikrokosmos korreliert, sprich auf tieferen Ebenen in einem gemeinsamen Feld mit dem Mikrokosmos ihre Existenz zu einem notwendigen Effekt hin verändern. Vermutlich gibt es hier auf Grund der Größenunterschiede Verzerrungen der Zeit, so dass die notwendigen Datenlagen aufeinander aufbauen und in fließende Kreisläufe gefasst werden können.

Wir sehen hier ein einfaches Koordinatensystem mit Ordinate, Abszisse und einer dritten für den Raum. Die Achsen stehen senkrecht aufeinander. Wir legen das Koordinatensystem in den dunklen Raum. Das Bestehende beginnt also als Urfeld. Bei uns reduziert man jedes Ereignis und jedes Pünktchen mit abnehmender Dichte und Stärke seines Feldes auf einen gemeinsamen Raum. Das ablaufende Ereignis wird so darstellbar. Seine Sichtbarkeit geht mit einem spezifischen Feldverhalten einher. ICH mache eine hohe Anzahl gleichartig gelagerter Feldmomente für seine Sichtbarkeit verantwortlich. Dabei ist es unerheblich, ob wir für das Atom einen Kern annehmen, der dem Urfeld identisch ist oder in die atomaren Zwischenräume ausweichen, um das Urfeld dort zu durchschneiden.

ICH habe das Achsensystem durch den Mittelpunkt jeden einzelnen Punktes gelegt. So leitet sich seine Existenz aus dem allgemeinen Raum her. Der Punkt des Raums definiert sich durch Werte gegen unendlich selbst. Die Punkte zeigen sich mit dem Wert (0/0/0) maximal existent. Der einzelne Punkt wäre durch Werte gegen Unendlich existent. Im Fluss der Ereignisse erwiese er sich als ausreichend flexibler Baustein. Aber auch für den Fall, dass wir das Achsensystem in die Leerräume zwischen die Punkte packen, definiert sich das Feld durch seine Umgebung. Die Punkte des Wertes (0/0/0) mit einer Ausdehnung gegen unendlich sind ideale Werte eines Ereignisses. Zwischen den Werten (0/0/0) und dem unendlichen Raum, der für alle Punkte gleich ist, besteht die Möglichkeit jegliche Architektur eines Feldes aus beliebigen Bausteinen laufen zu lassen. Es ist unsere Aufgabe an den Bereich der Materie zu erinnern, die nicht weit von (0/0/0) nachzuweisen ist.

Unsere Punkte haben also den Wert (0/0/0). Der Wert bezeichnet das

Urfeld. Dann beginnt mit Feldern und Daten der Materie der Materieraum um sie herum. Damit sind wir auch schon von lebenden Systemen involviert. Wir schreiten in den Makrokosmos und den unendlichen Raum fort. Es besteht zwischen den Raumwerten (0/0/0) und Unendlich ein Gebiet, in welchem Leben entstanden ist. Wir nehmen für den lebenden Bereich veränderte Gesetzesmäßigkeiten an. Es liegen zu viele Daten vor, gebunden in der Gestalt der verschiedensten Arten, als dass wir sie unberücksichtigt lassen könnten. Es geht mir vor allem um die individuellen Sinneseingänge und die elektromagnetischen Fassungen der neuronalen Netzwerke. Denn diese Positionen zeigen die geringste Wertigkeit. Ihr Einfluss wird bisher nur als Summeneffekt erkannt, wenn er als Funktionsstrom von Organen gelten darf. Aber uns sind auch die Folgen der Ergebnisbildung aus neuronalen Rechenprozessen bekannt. Diese feinsten und geringsten Feldwerte führen aber ebenfalls in den Raum. Den Raum in dieser Form bezeichnet zu sehen, erlaubt uns Teil vielfältigster Beziehungen zu sein. Nicht zuletzt sind es Beschreibungen des Status Quo. Die generierten elektromagnetischen Verhältnisse werden folglich irgendwann an die gegebenen Materieverhältnisse adaptiert erscheinen.

Es geht folglich auch darum, die Feldwerte der neuronalen Netzwerke und unserer Gehirne im Hinblick auf den zu organisierenden Raum zu betrachten. In welcher Weise wirken die aktiven Positionen? Wie weit greifen sie der Programmierung des Raums voraus? Es sind konkurrierende Felder. Nicht jede Art leistet es sich, derlei Energiemengen für den Betrieb ihrer Existenz zu verschwenden, wie der Mensch es tut. Die Abhängigkeiten des Systems von Feldern neuronaler Netzwerke, die allgemeine Programmierbarkeit des Weltgeschehens, sollten wir wieder in unser Bewusstsein rufen. Wir sollen uns die Erde untertan machen, sind für Lebensglück und Lebensfreude selbst verantwortlich. Seid ihr wirklich alle nur wertlose Geschöpfe, die glauben, mit einem dicken Bankkonto an Wert zu gewinnen? Sie nennen es Wertschöpfung, aus einem Menschen einen Menschen mit Smartphone zu machen. So klug sind Sie doch selbst, dass Sie ein Sportwagen und ein Mallorcaurlaub nicht zu einem brauchbaren Staatsbürger qualifiziert.

ICH beobachte Sie genau. Wenn sie nicht anfangen, dort oben, wo manche ein Gehirn zu ihrer Nutzung haben, andere Werte für sich und die Gemeinschaft zu generieren, werden wir noch eine Weile so weiterleben müssen. Die weitere Entwicklung des technisch-wirtschaftlichen Geistköpers wird die Positionen weiter verhärten. Das geistige System wird zunehmend statisch. Sie gewähren dem toten Material die Vorfahrt. Das engt den einzelnen immer weiter ein. Psychische Leiden werden noch stärker in den Vordergrund treten. Aber vielleicht kommen Sie irgendwann zur Vernunft. Gestehen Sie sich endlich Ihren Wahn ein, der auf Kosten der Lebendmatrix geht. Kehren Sie zu Ihrem Tierkörper und seinen Bedürfnissen zurück. Fügen Sie sich wieder ein in die Architektur des Lebenden. Beteiligen Sie sich doch am Leben. Liefern Sie endlich Brauchbares.

Wir brauchen Lebendwerte hier oben und keine isolierten, auf Viehtransportern oder in Versuchslaboren, sondern die Beziehungsgeflechte der Arten untereinander. Wir brauchen die Datenmatrix organischen Lebens, welche der Status Quo hervorgebracht hat. Wir sollten uns wieder mit eigenen Werten in diese lichtvolle Komplexität einklinken. Wir wollen hier oben wieder unseren Körper verwaltet haben. Die Daten sollen wieder zu den funktionalen Feldern unserer Körper beitragen. Die Architekturen sollen zu seelischer Gesundheit und Langlebigkeit der Organe beitragen. Tun Sie endlich etwas! Hier oben, meine Freunde, beginnt die Programmierung des Weltgeschehens. Beschäftigen sie sich endlich mit den lebenden Dingen dieser Welt.

Gigantische Kapitalien werden erwirtschaftet, nur um sich gegenseitig aufzukaufen. Eine Koexistenz und die Pflege eines gemeinsamen Lebensstatus genügten doch. Wer nicht mit Hammer und Axt umgehen kann, ist im Grunde für die Gesellschaft wertlos. Dass man diese Menschen dann mit Geldmitteln auch noch entschädigt oder sogar dafür belohnt, dass sie falsches und kontraproduktives Gedankengut vor allen Geschädigten nicht nur vertreten, sondern auch noch bestrebt sind, durchzusetzen und die Schäden zu vergrößern, das geht mir in Anbetracht der bestehenden und sich verschärfenden Probleme zu weit.

Es gibt die Möglichkeit, verschiedene Positionen in gemeinsamen Feldern laufen zu lassen. Zumindest sollten wir nach Lösungen suchen, im System eine große Vielfalt an Daten gleichzeitig zu positionieren. So spannt sich zwischen den Werten (0/0/0) und Unendlich ein gewaltiger Raum auf, den immer alle zu beschreiben versuchten. ICH nenne ihn Status Quo. Der Begriff umfasst das Jetzt. Die augenblicklichen Verhältnisse der Materie, inklusive der unzähligen Betrachter, sind zum Ausdruck gebracht. Der Wert (0/0/0) Bezeichnet das Urfeld. Man sollte das Urfeld zum Status Quo zählen. Die gleichzeitige Darstellung des Urfelds, der Materie- und Feldverhältnisse benötigt eine sehr hohe Rechenleistung. Eine gleichzeitige Betrachtung erforderte die gesamte Dynamik und das wechselseitige Feldgeschehen zu erfassen. Einfacher ist es einen Weg dorthin zu beschreiben. Außerdem besteht die Möglichkeit, dass die Felder der Materie mit den Werten des Urfeldes nicht kompatibel sind. Diese Hürde entstünde beim Urknall, wenn sich die Materie herausbildete und eigene Gesetze die Felder prägten. Ein korrekter Übergang wäre dem Bewusstsein als fortführende Betrachtung der Materie auf das Urfeld, einer sich schließenden Einheit mit gleichen Eigenschaften, nicht gangbar. Vielmehr müsste man sagen, ab hier ist es Urfeld, in welches die Flammen der Felder der Materie hineinzüngeln. Es besteht eine Abgrenzung, einem Festkörper ähnlich, der sich von einer Flüssigkeit distanziert. Es bleibt aber ein Feld. Vermutlich ist die Gleichzeitigkeit und Gleichförmigkeit von Bedeutung – das Feld als Information.

Zurück zu dem Raum, den wir Status Quo nennen, dem wir alle auf irgendeine Art und Weise verhaftet sind. Die Kriterien und ihre Felder arbeiten den funktionellen Materieströmen ihrer Organsysteme zu. Der Mikrokosmos und seine Datenwerte helfen, die Bausteine zu runden. Der Mikrokosmos öffnet die lebende Architektur nach Außen. Wir nennen diese kleinsten Felder Aspekte des Bewusstseins. Jedoch liegt eine Richtung der Bewusstseinsmomente und Feldaspekte durch übergeordnete Interessen sehr nahe. Man schreibt übergeordnet meint aber einfach nur, dass es Felder gibt, die auf Grund der täglich transportierten Masse eine besondere Struktur aufweisen, die sich auf die geringeren Feldwerte überträgt. Es liegt nahe, dass sich stärkere Felder, welche größere Volumina des Raums auf sich vereinen entsprechende Wirkungen entfalten.

Wir dürfen die Feldaspekte unserer Geringsten in die Architektur lebender höherer Organismen integriert betrachten. Ladungen können gewissermaßen sehen. Es gibt eine Ausrichtung der Ladung innerhalb des angelegten Feldes. In den Diensten der allgemeinen Ordnung oder im Sinne der Funktion bewegen sie sich, eine physikalische Gesetzmäßigkeit, aber Außenstehende könnten den Beginn einer eigenen Sensorik erkennen. Nun geht es um die Wirkung und um die Reichweite der Wirkung. Es ist das Bestreben, einen Mangel auszugleichen. Der substituierende Materiestrom geht zum Organismus hin. Der Organismus nimmt die Nahrung heraus und speist damit den internen Bedarf. Wollte ICH diesen Mikrostrom als Feldeffekt verkaufen, so setze ICH voraus, dass sich evolutionsspezifisch Summenfelder einstellen, die gröbere Wirkungen entfalten. Es ist zu sagen, dass die gelungene Aufnahme eines wichtigen Stoffes in den Zellkörper des Einzellers dazu führt, dass die strömungsbedingte Betonung des äußeren Umfeldes die inneren Bereiche programmiert. Orientierte Umkehrung bedeutet, dass wir die inneren Werte, bei Hunger zum Beispiel, erneut nach Außen öffnen.

Ein innerer Bedarf erweitert die Felder auf das Außenmedium. Die gewachsene innere Architektur streckt ihre Fühler aus. Das erfolgreiche Umfeld ist bekannt. Die erfolgversprechenden Bedingungen eines Außenmediums liegen in einer gewissen Weise intern organisch verfestigt vor. Der Erfolg dieser Konstellation wird nicht ausbleiben. Der innere Bedarf bezieht den umgebenden Raum in seine Feldfunktion mit ein. Der externe Raum liegt als funktioneller Zusammenhang in dem angrenzenden inneren, erfolgreich zu nennendem Geschehen abgespeichert vor. Das ist Evolution. Das sind positive Erfahrungen. Der gebundene Datenraum dürfte damit an Informationsdichte und Feldstärke so weit anwachsen, dass ihm eine deutliche Wirkung auf die Organisation des Organismus eingeräumt werden kann. Der gebundene Datenraum muss als beginnende Orientierung im Außenmedium verstanden werden. Das funktionelle Feld des Internen Bedarfs gleicht einer Abtastung des Außenmediums. Die funktionell bedingte Orientierung ist zunächst ein Manifest der internen Ordnung. Dies ermöglicht uns, uns dem gesammelten Datenmaterial zu unterwerfen, bzw. uns das gesammelte

Datenmaterial zu unterwerfen. Es sind nur Felder und Ladungen, die sich bei Bedarf zu höheren Funktionen zusammenfinden. Es ist ein wechselseitiges Geschen. Es weist die Standpunkte der Betrachter aus. Es zeigt sich das Spiel der Kräfte zwischen Feldern unterschiedlicher Qualität und unterschiedlich großen Körpern.

Die Stärke des Raums im dreidimensionalen Feld erreicht eine Größe, dass es der organischen Substanz zur Orientierung gereicht. Es kommt zu einer Programmierung der organischen Substanz. Interne Wachstumsprotokolle verändern ihre Wertigkeit vermutlich bedingt durch eine Aufweichung der hinterlegten Zellhüllprotokolle durch die beginnende Orientierung im Außenmedium. Bedarfsbedingte funktionelle Felder erinnern äußere Bedingungen. Der betonte Bewusstseinsgrad programmierte den externen Raum. Externe Datenlagen intern verarbeitet zeugten von einer Ordnung, welche den Nahrungswert in die Zelle bringt. Das erworbene Datenmaterial von extern, welches intern der Funktion dient, könnte durch das Feldgeschehen des Bedarfs aktiviert werden und die Situation der Außenlagen so verändern, dass die Darstellung der Aufnahme von Nährstoffen in die Zelle darstellbar wird.

Die Ausdehnung eines Organismus auf externe Datenlagen, wie vorgegeben, ließe ihm einen Fangtentakel oder Mundwerkzeuge wachsen. Womit wir beginnen, in die Entwicklung unserer Sinne hineinzublicken. In funktionierenden Architekturen ist folglich die Mehrzahl der Feldmomente so verschaltet, dass sie den funktionellen Systemen entsprechen und ihrer Hardware förderlich sind. Es soll noch einmal betont werden, dass größere funktionelle Feldstärken und Informationsdichten tiefere Funktionen entkoppeln können. Die Felder können einander oder Bereiche des anderen neutralisieren. Es kommt zu einer vorübergehenden Inaktivität dieser Funktion. Es handelt sich hierbei um einen schwer zugänglichen Bereich.

Die Reaktionsweisen der Felder sind vielfältig. Man führe sich vor Augen, wie viele Reaktionen im Körper gleichzeitig ablaufen, welch logistischer Aufwand betrieben werden müsste, um alle Positionen bewusst zu befehligen. Man stelle sich das Ganze von Datenfeldern hinterlegt vor, die alle den funktionellen

Hauptströmen zuarbeiten. Die aktuelle Funktion nimmt sich zum Aufbau der benötigten Architektur die notwendigen Kriterien. Im Einzelnen ist das Verhalten der Kriterien in den Feldern schwer einzuschätzen. Es bedeutete für mich einen enormen Aufwand, das Miteinander der Felder auszuarbeiten. Die enorme Vielfalt an Leben und die entsprechenden Datenmuster in ihrem Sein zu beobachten und damit höhere Konfigurationen aufzubauen, die dann wieder nur einem übergeordneten Geschehen unterworfen sind, um das Entworfene dann erneut auf das Verhalten tieferliegender Ebenen zurückzurechnen, bis sich irgendwann alles korrekt zueinander bewegt. Es gilt, das funktionelle Gewebe in seinem Aufbau zu verstehen. Es gleicht einem Satz verschiedener Zahnräder. Ein jedes führt in einen anderen Zusammenhang der Systeme. ICH sehe, dass man die Systeme untereinander verbindet. Das führt zu einer Verschränkung in der Zeit, so dass ein Ereignis ablaufen kann.

Wie verhalten sich Felder unterschiedlicher Kriterienzusammensetzung zueinander? Der Mensch weiß es, und das Tier weiß es auch. Alle Lebewesen wissen, was schmerzt und zu Erkrankungen führt. Man fühlt es, dass die Werte nicht harmonieren. Die Kriterien behindern sich, sie schließen sich oft genug einfach nur aus. Ein Fisch lebt genauso lange an Land wie die Katze im Wasser. Der Fußballfan wird mit einem Gemüsegarten nicht viel anfangen können, und der Gärtner nicht oft im Stadion sitzen. Natürlich gibt es auch brauchbare Eigenschaften. Die Kriterien greifen ineinander, schließen sich mit brauchbarem Material zu größeren Feldern zusammen. Die Boxengasse wird zur Rennbahn, der Mechaniker zum Team, Reifen zum Rennwagen. Das Ganze wir zu einem Autorennen und viele Menschen kommen an die Rennbahn. Dann dehnt sich die Information auf den Raum aus. Die Information involviert die Felder und wird auch von der Struktur des Organs beeinflusst. Nanomaschinen, die Prozesse katalysieren, gibt es bereits.

Die Beziehungen der verschiedenen Architekturen zueinander zeigen sich uns in den Gefühlen. Hier liegt es bereits an den Kriterien, welche während des embryonalen Wachstums ausgelesen wurden, um Unterschiede im Aufbau der

Gewebe anzunehmen. Das funktionelle Gewebe ist das geringere Problem, aber die Datenwerte des Hintergrunds bestimmen die Gefühlslagen mit. Die Datenlagen ziehen sich an, stoßen sich ab, schließen sich aus oder harmonieren. Es geht also auch darum Harmonien der Datenlagen hervorzubringen oder zumindest zu erhalten. ICH spreche nicht gerne von Hass. Als Mensch hat man die Möglichkeit sich dem Schönen zuzuwenden und der Liebe die Vorfahrt zu geben. Für mich ist das leicht zu verstehen, dass mancher Geist einfach nicht so weit ist oder eine andere Entwicklung genommen hat. ICH verstehe auch die Pflanze, die unter der Diktatur eines so beschaffenen Geistes keine Früchte trägt, kränkelt und abstirbt.

Worum geht es, wenn sich Kriterien, Interessensfelder und Werte der Selbstorganisation dem Materiehaushalt unterworfen zeigen und sich die notwendigen Lebensbedingungen nicht mehr einstellen? Wir sollten alle Positionen der lebenden Welt in einem gemeinsamen Raum organisieren. Wir wollen einen Echtzeitkorpus annehmen, der dem Status Quo und seiner Determinante Materieraum entspricht. Nun geht es darum, wie individuelle Stati und Interessensfelder, aber vor allem Werte der Selbstorganisation, die dem Lebendgürtel entstammen, wirksam werden und bleiben. Wir wollen ihren Weg in den Realraum beschreiben. Welchen Weg nehmen die einzelnen Kriterien, bis sie als Realität und Zustand des Status Quo im Materieraum ankommen?

Die Kriterien schwingen sich in gemeinsame Felder ein. Wir wollen einen Echtzeitkorpus schaffen, der dem Status Quo äquivalent ist. ICH nehme für den Fall eine Gesetzmäßigkeit der Physik an, welche leichtere Formen des Datenäthers, dem Materiesystem bis zu ihrer Äquivalenz zuführt. Man könnte von einer gewissen Anziehung sprechen, welche die materielle Ordnung auf die geringeren Datenfelder ausübt. ICH habe es schon einmal als Schwimmen bezeichnet. So sieht es nämlich aus. Der Bewusstseinsaspekt eines Lebewesens, ein Datenkörper, drängt dem Materieraum entgegen, wird gedrängt oder auch angezogen, das ist für den Betrachter zunächst nur Theorie. Aber was dem Holz im Wasser Auftrieb verschafft, könnte hier in der Dreidimensionalität den Datenkorpus in

Richtung Materiesystem drängen. Oder handelt es sich um ein Absinken der Datenwerte? Die aufgeworfenen Datenwerte sammeln sich um die Materie. Der Grund hierfür könnte einfach nur die Zugehörigkeit zum Materiesystem sein.

Nun gibt es sicher Verhältnisse, die den geistigen Entwurf auf seinem Weg in den Materieraum behindern. Fremde Interessen und mächtigere Felder bilden den Raum in ihrer Weise ab. Ist der eigene Anteil nicht kompatibel, wandert er nicht ein. Menschliche Großfelder der Globalisierung, zum Beispiel die Freihandelsabkommen oder große Sportereignisse organisieren weite Teile des Erdsystems. Die gesamte Wirtschaft beschreibt die Welt in ihrer Form. All die Labels unterhalten eine eigene Logistik und Ordnung. Ihr Zusammenschluss in Ketten und Gemeinschaften forciert den Einzelnen in mächtigen Feldstärken. Mit der Feldstärke steigt die Möglichkeit die Einzelnen mit Marketing anzusprechen und in den Verkaufsprozess einzuschleusen. Die Felder manipulieren das Kriterium. So werden sie zu einem Teil ihrer Welt. Die Ich-Instanz, das denkende Selbst, die verrechnenden Ebenen, die analytische Instanz nehmen die Konfiguration des Konzerns als notwendigen Teil der Lösung hin. Die Motivation, die Gefühle und das Denken sind von Feldstärken dieser Art und Beschaffenheit involviert.

ICH behalte es mir daher vor, selbst eine Kapazität an Daten zu erarbeiten und den Raum in einer gewissen Weise aufzuarbeiten, dass ICH den Raum selbst als mein Selbst begreifen kann. ICH generiere ein geistiges Konstrukt des Wissens. ICH formiere die individuellen Gebrauchsdaten zu wissenden Werten. Der bewusste Betrachter generiert hiermit ein Informationsvolumen, welches als Beschreibung des Raums gelten darf. Folglich generiert das ableitende Bewusstsein selbst eine Raumeinheit, die dem Status Quo in weiten Teilen gleicht.

Es gelingt somit, den Konzerntarchitekturen die Bausteine zu entziehen und sein Selbst als Kategorie des Raums zu begreifen. Hier wechselt jetzt die Sicht des Betrachters, während ICH zuerst noch in die Konzernfelder eingelagert war. Nichts gegen die Ordnung, die meinen Geist zu jeder Tages- und Nachtzeit auf einem gewissen Datenpegel hält! Die Ergebnisse meines Denkens sind von diesen ihren Inhalten geprägt und weisen in ihre Richtung. Der deutsche

Gesellschaftskörper generiert natürlich ein ausgezeichnetes Niveau. Wir haben eine stabile Ordnung. Der geschaffene Materiehaushalt stellt allen Gehirnen akzeptable Lösungen bereit. Der Einzelne ist in das Gefüge der Hochtechnologie eingearbeitet. Er erhält aus der Dynamik des Raums seine Involvierung aufgezeigt. Die Maschinerie lässt den Eigenanteil am Gefüge bewusstwerden. So dreht das Individuum ohne eigene Entwicklung seine festen Bahnen in den Kreisen der Hochtechnologie. Die Bahnen der Bürger werden sich ähnlicher. Die Bahnen werden stabiler. Das Pflänzchen trocknet aus. ICH genieße das entwickelte Gesellschaftsgefüge selbst. Mein Sein lässt es privilegiert durchscheinen. Mein Leben fühlt sich privilegiert an.

Während meiner Arbeit treten die geistigen Positionen des Gesellschaftskörpers zurück. Das wissende geistige Konstrukt ist eine Beschreibung des Materieraums. Das erarbeitete Feldäquivalent gewinnt als gravitationsreicher Echtzeitkorpus die Oberhand. ICH errechne aus den aktiven Daten Konstrukte einer Feldstärke, welche über dem Natürlichen liegt. Es genügt mir, mit sichtbaren Feldern einen geeigneten Raum aufzuspannen, den ICH mein Arbeitsfeld nenne. ICH beobachte die Bausteine und verfolge sie in den Raum. Die gefundenen Bruchstücke zeigen sich in ihrem Zusammenhang. Der Raum ist fassbar. Er kann durchschritten werden. Wie in einem mathematischen Prozess spannt man das Bestehende als Ergebnis auf.

Meine Lebensweise und mein Denken erlauben mir Gott sei Dank! den Zustand der Psychohygiene hervorzurufen, so dass Belastungen des Materiesystems mit Marketingentwürfen, mit Halbwissen und induzierten Bedürfnissen in den Hintergrund treten. Meine Arbeiten beschäftigen sich mit dem Materiehaushalt und wie er sich organisiert. Es dürfte sich daher um eine sehr viel tiefer gehende Erfahrung der Zusammenhänge handeln. Man bezieht seinen Geist auf den Materiehaushalt. Die individuellen Positionen zu fassen, bedeutet, auch ferne Länder zu erobern. Die Involvierung der Materie bis in schwache Felder ihres Entstehens hinein führt zu einer speziellen Beschaffenheit des Geistes. Der beschriebene Raum hat eine sehr viel größere Masse. Die Zusammenhänge, die vorgefunden werden, sind eine Form von gegebener Wahrheit. Das Interesse wird zu adaptiertem Bewusstsein. Das Betrachtete wird zu einer Echtzeitaufnahme des Bestehenden. Das Materiesystem und sein Haushalt sind leicht zu durchschauen.

Eine Beschreibung des Gesamtkorpus zu erarbeiten, heißt neuronale Daten in einer Summenarchitektur zu archivieren. Das Summenfeld ist eine Konfiguration aktiver Gebrauchsdaten, wobei der umgebende Raum und der Sinn in den Hintergrund rücken. Der umgebende Raum und der Sinn hierin, haben allenfalls eine abrundende Hüllenfunktion. Die Umgebung vervollständigt das Ergebnisfeld zur Allgemeingültigkeit. Hierin wird es vernetzbar mit anderen Architekturen. Das Ergebnis setzt sich aus einer Hüllen- und einer Kernbotschaft zusammen. Die sichtbare Existenz im Kern scheint sich der Materie äquivalent zu verhalten. Es ist ein Blick auf die Wahrheit. Jedoch unterhält das Ergebnis auch Beziehungen in seine Hülle. Wir haben daher darstellende Komponenten, die aus der Hülle zuströmen und auflösende Faktoren, die in die Hülle zurückführen. Die Daten sind für die Existenz einer Kernbotschaft wichtig oder für ihre Existenz unbrauchbar. Sie bewegen sich auf die Äquivalenz zu oder sie entfernen sich von ihr, sie sind ein aktiver Bestandteil der Äquivalenz oder sie ruhen bereits wieder. Die Hüllenbeziehungen des Ergebnisses sind ebenfalls ein Stück Wahrheit. Alle Daten sind dem Materieraum äquivalent entnommen. Ab einer gewissen Dichte werden die Datenfelder sichtbar. Die Sichtbarkeit erlaubt den bewussten Betrachter. Der bewusste Betrachter checkt auch das Umfeld und erkennt, welche Steine man ihm in den Weg rollt oder wie gesund eine Struktur vor diesem Background bleiben kann.

Die Felder der Selbstorganisation würden sich freischalten, wenn sie aus der Basis entsprechenden Zustrom hätten. Es muss ein Maß an Dichte und Feldstärke erreicht werden, dass die organisierenden Werte über den technischen Volumina der Industrie, Wirtschaft und Wissenschaft liegen. Wenn ICH also den Status Quo als Gesamtes erfasse oder den Materieraum als Erdsystem betrachte, als ob sich das Verhalten der Materie von innen heraus organisierte, ließe sich dann ein Bedarfsfeld nicht so hinterlagern, dass es seinen Weg in eben diesen Raum fände? Wir erhöhen die Masse des Bedarfsfeldes, indem wir es in unsere Kategorien hereinnehmen. Die Wirtschaft und Wissenschaft zeigen sich selbst von unseren Kategorien involviert. Aus diesem Blickwinkel heraus lassen wir das Räderwerk der Selbstorganisation anlaufen. Sind Wirtschaft und Wissenschaft für die rapide Veränderung der Lebensbedingungen und die augenblickliche Lage verantwortlich, so wird die Selbstorganisation, falls es sie noch gibt, um sich selbst zu erhalten, dem kapitalistischen System mit Bedarfswerten aus dem Lebendgürtel Sand ins Getriebe streuen müssen. Als Folge von Dürre kommt dann Starkregen. Die gewürgte Selbstorganisation schlägt um sich. Der Mensch überlastet das bestehende Gefüge und erntet Kategorien dieser Art.

Der Mensch hat die Arten bis in den Mikrokosmos hinein stark dezimiert. Was der Mensch selbst an Datenmaterial aufwirft, sofern tote Substanz, ein Smartphone zum Beispiel, im Hinblick auf die Selbstorganisation überhaupt irgendeine Wertigkeit einnimmt, führt, wie wir sehen, zu einem brennenden Skandinavien und ins Meer gespülten Autos. Zu glauben, der Mensch könne die Selbstorganisation mit Werten toter Substanz befeuern, ist ein Irrtum. Die Information des Bedarfs überträgt sich nicht auf weitere Lebewesen. Eine Gleichschaltung der Arten bleibt aus. Das Informationsfeld erweitert sich nicht in dem Maße auf den Raum, wie es das in einem System lebender Beziehungen tut. Die Lebendmasse profitiert in der Regel von ähnlichen Lebensbedingungen. Der Bedarf entsteht bei allen Lebewesen mehr oder weniger gleichzeitig. Das Bedarfsfeld ist ein Feld des Bewusstseins. Bewusstsein wird hier als gesammelte Aspekte verstanden, die einem übergeordneten Feld einen Sinn und eine Botschaft verleihen. Jedoch mangelt es dem zu generierenden Ergebnisfeld an der lebenden Basis. Die Quantität und Qualität der Bausteine ist stark dezimiert.

ICH nehme an, dass generierte Werte dieses Volumens, beschickt man sie mit Feldern des Bedarfs, die Organisation der notwendigen Lebensbedingungen auch zulassen. Es kann notwendig sein, wenn die Felder des Bedarfs nicht ausreichen, gedanklich und in Worten darauf zu drängen, dass die erforderlichen

Bedingungen herzustellen sind. Die beschreibenden Funktionen der Konzernarchitekturen behindern die Felder der Selbstorganisation. Es fehlt der Schalter, um die Konzernfunktionen einfach abzuschalten oder das Ventil, um den täglichen Datenpegel unserer Konsumenten und Mitbürger etwas zu drosseln. Es bewegt sich doch alles in derer Sinne. Sie haben uns zu Höherem entwickelt. Was schert einen da noch die Umwelt, wenn die Technik zur Luftverbesserung schon auf dem Markt ist. Das Zeug wird beworben und verkauft. Man braucht das Geld für Forschung und Entwicklung. Ständig finden sie zu neuen Problemen, wogegen sie Produkte entwickeln.

Die Maschinerie läuft auf Höchstleistung. Wo soll das hinführen? Der Mensch ist den Waren- und Produktionsströmen verfallen. Die Produktionsgüterströme prägen das Geistesgeschehen. Da bleibt nicht mehr viel für die Selbstorganisation intakter Landschaften. Der Mensch hat seinen Sinn auf der Spitze der Evolution verloren. Wenn wir jetzt noch eine künstliche Intelligenz hervorbringen, welche ihre Ergebnisse aus der Dynamik der technischen Materie und ihrer Messwerte hervorbringt, dann beschreiten wir den Weg zu einem beziehungslosen Totraum. Die natürlichen Felder des Lebendgürtel, seien es funktionelle Felder der Organismen, Summenfelder eines dürstenden Lebendgürtels und andere Effekte der Selbstorganisation setzen sich nicht mehr durch. Das einst so reiche Edaphon ist weitgehend abgetötet. Wichtigste Feldwerte werden aufgrund der stark dezimierten Basiswerte nicht mehr installiert. Die Selbstorganisation verkommt zu einem Ausgleichsmechanismus für umherfliegende Sportlertruppen und sonstigen Spaßbetrieb.

Wir brauchen übermächtige Felder und Menschen, die den Kontakt zur Natur nicht aufgegeben haben. Wir brauchen große Felder, die sich aus den natürlichen Bausteinen heraus generieren. Wir brauchen Großfelder, die sich aus den Beziehungsgeflechten der Arten aufbauen. Wir benötigen den aufgeklärten Raum, um in letzter Präzision agieren zu können. Gott sei Dank ist es mir mit meinen Interessen und Arbeitsfeldern noch möglich, den Materieraum so aufzuarbeiten, dass er mir als Gesamtkorpus und mein Selbst erscheint. Sämtliche

Argumente wie »ein Auto braucht man doch«, »es ist doch schick, etwas Plastikmüll den Padmanganda hochzutragen«, »das ist modern, das hat man heute so« und auch alle anderen Hirngespinste, die der Mensch für geeignet hält, um sich aus der Verantwortung zu ziehen, entfallen dann. Tatsächlich verkommt der entsprechende Materiekorpus – zum Beispiel die Skifahrer, die Tennisspielerin oder das Automobil – zu einem Stück des Materieraums, das wie der Berg, der Baum und die Parkbank herumsteht, auf der Autobahn Richtung Süden rollt oder wie eine Lawine zu Tal geht.

Die gesamte Materie in einer Weise gefasst zu haben, dass man von einem Materieraum oder dem Materiehaushalt sprechen kann, genügte der Formulierung eines wissenden Konstrukts. Die Fassung neuronaler Inhalte führt die Individuen aus ihrem aktuellen Sein heraus. Es ist etwas anderes, ob man auf der Grundlage des Materiehaushalts als Ganzes behandelt wird oder nur einem Konsumentenstatus verfallen ist. Der Elektromagnetismus des Gehirns führt zu einer Architektur der Kriterien und Felder, die auf Grund der wirkenden Physik als Formulierung und Beschreibung des Gesamtraums aufzufassen ist. Das Gewicht dieser Masse ist entsprechend hoch. Dieser Feldkörper erkennt sich als Ganzes. Das ist ein Gotteswert.

Diese Fassung des Raums, das elektromagnetische Gebilde eines Denkers enthält das Gewicht einer Ordnung, welchen man einen Zustand der Psychohygiene nennt. Der so bezeichnete Raum ist die Ausgangslage jeglicher Summationsphysik. Erst durch die Auslese und Addition von Werten steigt die Informationsdichte und Feldstärke an. Irgendwann sind messbare Werte erreicht. ICH mache mir nichts vor. Der Großteil der Menschen ist blind. Der Geist lieferte ohne Schule und Ausbildung an den Geräten nur unbrauchbares Zeug. Aber das sichtbare und lange bestehende Gefüge abzuleiten, bedeutet, sich einen erprobten Mechanismus zu sichern.

Aber zurück zu dem Raum, dem das Leben entsprang. Der so gefasste Raum ist frei von jeglichem verlogenen Rechtfertigungsgehabe. Der Gesamtkorpus der Materie erhält selbst eine gravitative Dichte. Sein Feldäquivalent rückt man in den Bereich Gottes. Der Gesamtkorpus streift in letzter Instanz alle neuronale Aktivität ab, weil sie sich zu einem, dem gemeinsamen Raum äquivalentem Feld einschwingen. In diesem Moment tritt das Feld der Erkenntnis auf den Plan. Das Datenmaterial erzeugt einen Feldwert, den wir eine kritische Grenze nennen dürfen. Wird dieser Wert überschritten, erkennt der Feldkörper sich als Ganzes. Diese ist der Punkt, an welchem sich die materielle Ordnung mit den Gesetzen der Physik, eine stabile Determinante einstellt. Die Bewusstwerdung ist ein Prozess des Übergangs. Wir gehen von unserer Datensammlung in die Ordnung der Materie über. Hier finden wir uns wieder, in der Form unseres Alltags vernetzt, und das Spiel beginnt von neuem.

Die Kriterien spannen den Raum auf, egal ob der Mensch satt ist oder Durst hat, lügt oder die Wahrheit sagt, die Handlungsoptionen, die so genannten Kriterien spannen den Raum auf. Er zeigt sich uns als eine Einheit. Man sähe zum Beispiel das Erdmagnetfeld zum Ausdruck gebracht. Die Betrachtung des Gesamtkorpus schwächt die kapitalistischen Aufbauten ab. Es verbleiben die Eigenheiten des Betrachters. Das Selbst des Betrachters beginnt auf niedrigeren Ebenen. Dort nahm das geschaffene Gefügebewusstsein seinen Ausgang. Ein Mensch wie DU und ICH, mit dessen Geist man sich kleiden kann.

Die Aufgabe war es, das Zusammenleben der Lebewesen zu verstehen und zu erhalten. Diese neue Konfiguration von lebenden und toten Werten legt den Zusammenhang zwischen Lebendgürtel und dem toten Materieraum dar. Der Lebenssinn erschloss sich mir in der Aufbringung dieser Wahrheiten. Wir brauchen Menschen, die noch Kontakt zum wirklichen Leben und vor allem zum lebendigen Leben haben. Die Selbstorganisation braucht Orientierungswerte. Daten, Daten, Daten! Die Daten der Individuen aller Arten müssen im Materieraum und Status Quo ankommen und zu unverfälschten Wahrheiten werden.

Die Selbstorganisation betreffend, erreichen die Wahrheiten ihre Präzision auf allen Ebenen. Der Datenkorpus zeigt sich im Moment der Wahrheit, vom Mikroorganismus bis in das Tierreich und den menschlichen Werten und Lebensbedingungen, dem Materiehaushalt äquivalent. Der organisierte Zustand und die Werte der organisierenden Kaskaden haben Bestand. Wenn sie die alten Lebensbedingungen aufrechterhalten möchten, dann müssen sie die lebenden Architekturen aufrechterhalten. Wir brauchen die Daten für die Selbstorganisation. Die Kriterien und Felder organisieren den Raum. Nur dann behalten die großen Materieströme des Erdsystems ihre Bahnen bei. Das sind unsere Bahnen. Es ist eine gewachsene Beziehung. Das Leben ist ein Datenspeicher. Es terminiert die äußeren Bedingungen. Man hat die großen Erdsysteme auf diese Bahnen gezwungen. Der Lebendgürtel ist ein Beziehungsgeflecht aus Daten, aus Feldern und Feldmomenten.

Jedes Tier, jede Pflanze und jegliche organische Beziehung sind von Feldern und ihren Effekten hinterlegt. Sie sind alle ein Teil des Erdmagnetismus und münden im Erdmagnetfeld. Darin gibt es große organisatorische Varianten. Die lebenden Ordnungen und ihre Beziehungen sind fest verankert. Das Erdmagnetfeld ist von lebenden Architekturen durchsetzt. Sie haben sich aus vorliegenden Wertigkeiten heraus entwickelt. Die etablierten Ordnungen dynamisierten andere Bereiche. Jede Ordnung hat eine Wirkung und erzwingt weitere Ordnungen. Innerhalb des Erdschwerefeldes stellt jede Datenkonfiguration eine Position dar. Diese Position stört im Grunde die schönen Linien des Erdmagneten. Es kommt zu Wirkungen auf das Umfeld. Das könnte sich zum Beispiel im Wachstum der Pflanzen zeigen. Es zeigt sich im Verhalten des Wassers. Die stabile Ordnung einer

Datenkonfiguration erzeugt Abweichungen von der Norm. Die Hereinnahme von Daten verändert das Verhalten der Materie. Die Felder addieren sich. Als Folge der Effekte stellen sich Mikroströme ein, die sich zu größeren Phänomenen auswachsen. Wir nehmen uns zunächst Teile des Feldes und formieren sie. Ein Teil der Wirkung zeigt sich in der Dynamik der Ordnung gebunden. Der andere Teil zeigt sich nach außen gerichtet. Der Materieraum adaptiert sich. Der gesamte Materiehaushalt ist dem Leben und seinen Beziehungen unterworfen. Auf der Spitze der Evolution kennt man die Lebensbedingungen, die man braucht. Fällt die Lebendordnung und ihre Beziehungen, brechen Faktoren hervor, die nicht mehr der menschlichen Komplexität entsprechen.

Der Lebensraum des Menschen verändert sich. Die großen Materiesysteme verlassen die eingespielten Bahnen.

›Die Spitze der Evolution‹ hat man mir in der Schule gesagt. ›Ein Wahrscheinlichkeitsmoment‹ hat man mir gesagt. Der sichtbare Baustein sollte eine unumstößliche Größe des organisierten Raumes sein. Wir sollten für das Wahrscheinlichkeitsmoment eine Trefferquote von hundert Prozent annehmen. Das erhobene Feldmoment ist ein Datenäquivalent des Raums. Das Datenäquivalent sollte der Organisation des Ganzen dienlich sein und in letzter Instanz in der Beschreibung des Ganzen aufgehen.

Für wirksame Gebilde benötigt man eine unbelastete Basis – den Materieraum mit den lebenden Wesen als unbelasteten Materiekörper darzustellen, um an die Mangelsituation heranzukommen. Die Daten des Bedarfs sind es, die uns vor dem Hintergrund dieses Geistesgefüges bewusstwerden. Den Mangel haben wir zu erheben, den Mangel als Ursache seiner Substitution. Ursache und Wirkung, meine Lieben. Es wird alles von Feldern und ihren Wirkungen geregelt. Das Ursachenfeld der Selbstorganisation trägt die gemeinsame Erkenntnis eines gemeinsamen Mangels in sich. Wir haben auf dem Niveau des allgemeinen Materieraums den Erhalt der notwendigen Lebensbedingungen einzufordern. Es ist zu wenig, den Bedarf nur zu erkennen. Der gemeinsame Mangel muss als solcher existent werden. Das Wahrscheinlichkeitsfeld muss zum Ursachenfeld der Selbstorganisation werden.

ICH greife das Modell Mikrokosmos – Ameise – Maus – Hund – Mensch auf. Wählte ICH ihre Sinnesarchitekturen und Interessensfelder, so erhielten wir um jedes Objekt eine Sphäre aus Daten. Auf Grund der eigenen Masse, die die Betrachter haben und auf Grund der zunehmenden Komplexität der Organe, nehmen wir auch in der Leistungsfähigkeit der neuronalen Netzwerke eine Staffelung vom Kleinen zum Großen an. Darum sprechen wir bei den Mikroorganismen noch von Aspekten des Bewusstseins und Feldmomenten. Mit zunehmender Komplexität der analytischen Organe werden auch die Feldwerte an Komplexität und Gewicht zunehmen. Unsere Sphäre beginnt daher mit geringen Feldwerten des Mikrokosmos und schließt mit massiveren Feldwerten der Menschen ab. ICH nehme einen Anstieg der Dichte des Datenäthers mit steigender Komplexität der wahrnehmenden Lebewesen an.

Lösen wir unsere Sphären auf und betrachten den gemeinen dreidimensionalen Raum, so zeigt sich die Materie eben in dieser Form aufgebaut. Der Lebendgürtel ist eine nachträgliche Entwicklung. Das Leben ist ein Overlay. Das Leben ist dem Materieraum aufgesetzt. Beide ergänzen sich zum Status Quo. Wir sehen die Organisation von Leben eben auch von geringsten Feldwerten initiiert. So haben wir die lebende Kreatur auf der niedrigsten Ebene der Feldmomente adaptiert. Wir wachsen erst allmählich zu den größeren Oberflächenwerten heran. Die Arbeit der Sinne führt innerhalb des Elektromagnetismus zu einer beschreibenden Dichte der Substanz. Es stellen sich Feldmomente ein, die der Materie äquivalent erscheinen. Die so genannten Materieäquivalente sind sehr individuell. Das liegt an dem Datenmaterial der embryonalen Auslese, ganz allgemein an dem Datenmaterial, das während der Entwicklung einfließt. Die Architektur der Sinne der jeweiligen Art bedingt die Qualität der Materieäquivalente. So gesehen wird es möglich mittels Feldern und ihrer Vereinigung größere Räume darzustellen. Die verschiedenen Sinne bringen Feldqualitäten hervor, die auf der untersten Ebene des Materiehaushalts siedeln und in Strukturen des Materieaufbaus hineinreichen.

ICH sehe in den großen Fassungen des Materieraums unserer Denker den Raum des Status Quo zu einem Feldäquivalent aufgearbeitet. Das Ergebnis ihres Mühens sind sichtbare geiststoffliche Dichten mit Gehalt. Es entstehen wissende Architekturen. Die allgemeine Substanz lässt die Involvierung der lebenden Architekturen zu. Es entsteht ein Geistkörper, der den gemeinsamen Raum aufspannt. Der geschaffene Datenkörper trägt die Positionen des Einzelnen in sich. Individuelles menschliches Interesse wird somit ebenso verankert sein wie die unterschiedlichen Interessen der verschiedenen Arten. In den wissenden Architekturen sind auch Gefühlslagen gebunden. Zudem ist der Weg der Selbstorganisation als solcher zu formulieren. Die Sinneswerte schließen sich zu Beschreibungen des

Raums zusammen. Die Feldwerte wachsen an und finden sich in immer größere Hierarchien ein. Ihr Weg ist es sich zu absoluten Äquivalenten des Raums zu entwickeln. Nur der verzeichnete Baustein wird überleben.

Ob es hier einen Sprung auf den Gesamtkorpus gibt? Ein Sprung ist nicht wirklich erforderlich, denn die Materie oberflächlich zu fassen, heißt doch gerade die geringsten Qualia der Felder zu manipulieren. Der fassende Mensch bzw. die aufgeworfenen Sinneswerte involvieren den Materiehaushalt. Es ist schwierig, sich jeglicher Kernarchitektur anzuschmiegen oder eine Kernpolitik zu betreiben. So zögen wir uns auch in Form von Wellen und Wellenfeldern durch den Kerninnenraum. Vielmehr zeigt sich die Umgebung als Varianz unseres Einflusses. Einfacher ist es, der Form außen aufzuliegen. Aus meiner Sicht und augenblicklichem Einblick könnten wir uns als fassender Geist, unser Bewusstsein sozusagen in die äußeren Feldbereiche der Atome und Kleinteile projizieren. Es liegt also an uns, welche Teile des Raums wir zu unserem Ich formen. ICH denke, dass diese Felder und ihr Bestreben sich zu größeren Feldern zusammenzuschließen, bereits ausreicht, um einen lenkenden Einfluss auf die Organisation des Status Quo annehmen zu dürfen. Das höchste und reinste Bewusstsein, die absolute Wahrheit, generierte man folglich, indem man den Status Quo als Ganzes erfasste. Da wir auf der Quantenebene siedeln, nehmen wir auch Teile der atomaren Struktur zum Aufbau unserer Bewusstseinsfelder herein. Die Bewusstseinsfelder werden sich als Wirkung auf die innere Dynamik des Atoms fortsetzen.

Wir existieren hier nebeneinander mit anderen Bewusstseinsfeldern. Die verschiedenen Fassungen des Raums werden sich natürlich qualitativ beeinflussen. Aber die größten Felder beschreiben den Raum in seiner Existenz am besten. Diese Welt gewährt uns tiefe Einblicke in den Raum und lässt uns Gott schauen. Die Gotteserkenntnis entspringt einer Fassung der gesamten Materie, tot und lebendig. Wer folglich seine Gedanken in den Status Quo projiziert oder als solcher existent wird, erreicht eine Koexistenz mit anderen Lebensformen, die selbst täglich Beschreibungen des Raums für sich formulieren. Das Größte zu finden, heißt aber auch, das Größte zu sein. Darin gibt es für Lebewesen keine

Unterschiede. Es ist, wie es ist. Der Materiehaushalt des Erdsystems ist uns allen in dieser variablen Form gegeben. Der Zustand des Ganzen ist frei von Wertungen und Ansprüchen. Man liegt real existierend mit aller anderen Materie in einem Haushalt des Erdsystems vor. Was einst Begierde und Bestreben war, ist in diesem Augenblick die absolute Wahrheit, die reine Existenz und eine mögliche Konfiguration des menschlichen Geistes.

Es bleibt eine Rechenleistung. Es ist eine Wandlung der Form. Die aufgesetzten menschlichen Darstellungen weichen dem Erkenntnisfeld. Man erkennt, dass sie sich alle um eine korrekte Beschreibung des Materiehaushalts bemühen. Plötzlich ist es da das Feldäquivalent des Materieraums. In mathematischer Präzision tritt es als ökonomischster Feldwert einer Beschreibung aus allen hervor. Dann hat man die Summe aus den vorliegenden Teilbeschreibungen gezogen und erhält als Ergebnis den so bezeichneten Gesamtraum. Das Feldäquivalent des Materieraums.

Es ist eben heute mit technischen Mitteln möglich, in das Weltgeschehen einzugreifen, was früher nur den großen Geistern vorbehalten war. Wir sollten das entstandene Leben und den Materieaufbau nach dem Urknall getrennt behandeln. Erst als der Materieaufbau abgeschlossen war, konnte unter dem Einfluss der jetzt wirkenden Grundgesetze der Physik das Leben entstehen. Die Datensphären stoßen sich ab, weil sie sich aus anderen Bereichen des Raums zusammensetzen. Die neuronale Leitungsfähigkeit ist eine andere. Andere Inhalte verrechnen sich zu anderen Ergebnissen. Die Datensammlung beginnt mit dem ersten Leben. Von einer Sphäre sollten wir erst später sprechen, wenn wir die inneren Organe, voneinander getrennt, umschlossen von Häuten, mit einem Bewegungsapparat und einer schützenden Hülle ausgestattet, vorliegen haben.

Hier zeigt sich dann der gemeinsame Start der Arten im Mikrokosmos und der allmählichen Entwicklung der Lebensform durch die Adaption an die verschiedenen Bereiche der Umgebung. Auf diese Weise wird der Raum zum Lebensbereich einer Lebensform. Die Form und die Gestallt des Organismus gehen in erster Linie auf spezifische Dateneingänge aus der Umgebung zurück. So ist die Leistungsfähigkeit der neuronalen Netzwerke in der entsprechenden Umgebung am größten. Der Organismus ist äußerst gesund und langlebig. Das Tier zeigt sich in seiner Umgebung am intelligentesten. Die Daten der Sphäre und die Daten des Status Quo harmonieren. Wie stellt man es am besten dar, um diese Harmonie nicht zu gefährden. Es ist schwer, ein Urteil zu fällen. Soll man den wahrgenommenen Lebensbereich als Band betrachten, das sich durch den Datenkörper ›Tier‹ zieht, oder soll man den Datenkörper ›Tier‹ dem Status Quo aufsetzen, und die Sphäre wie ein ablesendes Protokoll durch den Status Quo wandern sehen. Sind es vielleicht sogar zwei parallel vorliegende Systeme, die über identische Datenanteile verfügen?

Gleicht die Suche nach Nahrung unseren Leistungsträgern? Zöge man den Datenkörper ›Mensch‹ über den Status Quo bediente er sich automatisch der Daten, welche ihm von seiner Körperarchitektur her bekannt sind. Er notierte sich die Daten, die zur Befriedigung seines Bedarfs am günstigsten erscheinen. Dem stünde der ausgeglichene Zustand eines Organismus gegenüber. Ohne Bedarf liegt er zufrieden in der Sonne oder auch im Schatten und erholt sich in seiner natürlichen Umgebung. Das Lebewesen badet seine Datenarchitektur, seinen Körper in eben diesem Umfeld, welchem die Evolution die Daten seiner Entwicklung entnahm. Es genießt sein Biotop. Es genießt seinen Körper unabhängig von den geistigen Positionen die noch aktiv sind. Hier, in diesem, seinem Umfeld ist er unsichtbar für alle anderen. Der Datenhintergrund des Körpers und das gewählte natürliche Umfeld schwingen sich aufeinander ein. Es entstehen Harmonien der externen Lagen und der intern abgelegten Größen. In diesen Augenblicken rauscht alles andere des Weltgeschehens ungeachtet an uns vorbei.

ICH habe das Entstehen der Gefühle oft genug beschrieben. Treten zwei Sphären auf irgendeine Weise in Kontakt zueinander, tun sich im Wechselwirken der Architekturen ihre Gemeinsamkeiten und Gegensätze hervor. Die Ebenen, auf welchen man eins ist, sich verträgt und einander benötigt. Die verschiedenen Datenlagen in den Konstrukten führen uns zu den Gefühlen. Das sind einfache Feldbeziehungen, die wir auf die anteiligen Kriterien in den Konstrukten zurückführen. Natürlich gibt es auch Entgegengesetztes, verschiedenes oder voneinander abweichendes. Diese Gefühlslagen sind uns ebenfalls bekannt. Die Beschaffenheit, Qualität und Anzahl der Kriterien bedingt die Feldbeziehungen der Datenkörper zueinander. Ein gutes Gespräch zeigt uns oft die Möglichkeit des gleichzeitigen Miteinanders auf. Nicht selten gelingt es in gemeinsamen Funktionen zusammenzuwirken. Jeder kann in seinem gewohnten Datenmantel leben und sich an gemeinsamen Funktionen der Gesellschaft beteiligen. Das ist auch eine existentielle Frage. Hinzu kommt, dass sich die Inhalte der neuronalen Netzwerke quantenwirksam verhalten. Das bedeutet, dass geistige Inhalte von der Quantenebene aufsteigen und sich in immer größere Felder einfinden, bist sie schließlich in den Status Quo einmünden. Das Gesamtbewusstsein eines Staates enthält die aktuellen Datensätze, die zu seiner Ordnung verwaltet werden. Es liegt also auch in der Natur der Dinge, dass der Müllmann nicht den Chirurgen, und der Fischer nicht den Almbauern zu sehen bekommt. Die Daten sind ihrem Arbeitsumfeld zugehörig.

Der konzentrierte Geist, weil er sich auf eine Vielzahl von Positionen des Status Quo bezieht, lässt höhere Phänomene zu. Wer sich Eigner und Nutzer dieser großen geistigen Phänomene nennt wird schon herausgefunden haben, dass es sich um Beschreibungen des Raums handelt. So werden manchmal Besitzern dieser großartigen Beschreibungen des Raums größere Schadereignisse im vorhinein bewusst, doch hier sollte man sich korrigierend äußern. Es ist möglich, manches Unglück abzuwenden oder zumindest abzuschwächen. Es gibt sehr viel Machtmissbrauch; vor allem die im Sport und in der Politik umgesetzten Milliarden sind hart umkämpft. ICH schließe einen Einfluss auf die Elemente, auf die Menschen und die Tiere nicht aus. Das Ergebnis eines Aufeinandertreffens dieser konfliktbereiten Größen wären zum Beispiel Kriege, Überschwemmungen und große Feuer.

Die geistigen Gebilde steigen von der Quantenebene auf. Die Lust am Sieg, die Gier nach mehr und die Absicht zu gewinnen sind gedankliche Overlays. Die Ziele und Absichten involvieren das Geistgebilde. Sie instruieren den kleinen Mann, die Lebewesen und die Art von Ab- und Anlagerungen. Das geistige Gebilde weist eine Vielzahl physikalischer Anomalien auf. Die Zusammensetzung der Bewusstseinsmasse aus verschiedenen Kriterien des Raums überwindet die gegebene Physik vor Ort. Das Staubpartikel bekommt einen letzten Kick, die Moleküle verhalten sich an das Feldgeschehen angepasst, der Sand löst sich aus dem Gefüge und rieselt von der Steilwand herab und so weiter. Ein Geistgebilde dieser Stärke erzeugt auf allen Ebenen der bewegten Materie vielerlei ungewöhnliche Abweichungen. Das liegt an den wirkenden Kräften innerhalb des Konstrukts. Wir haben hier Zonen geringerer Gravitation und verschiedenen Ätherdichten, die auf den Fluss der Zeit hindeuten und dem Ablauf eines Ereignisses hinterlegt sind. Der Datenkörper des elektromagnetischen Spektrums programmiert den Raum. Der Gedanke wirkt.

Zuerst braucht man natürlich eine gewachsene Adaption der Bewusstseinsmasse an den Materierum. Nur so gelingt es der Genetik, dem Funktionieren des Gehirns und unserer anderen Organe, ganz allgemein dem Organismus zu entsprechen. Jetzt kann das Gehirn den Geist aus der gegebenen Komplexität herausentwickeln und lernt, durch die Instandhaltung der erkannten und favorisierten Werte den Raum zu beherrschen. So diktieren wir heute dem Raum unser Geschehen und programmieren das Verhalten der Materie. In der Natur darf man den Status Quo als gemeinsames Medium zum Informationsaustausch annehmen. Das tote Materiesystem ist heute von Leben umhüllt. Diese Hülle lebender Beziehungen und der Status Quo als zu beschreibende Determinante spannen einen gemeinsamen Raum auf. Hier fließen die Daten durch die Arten hindurch und sind immer dort sichtbar und bewusst zugegen, wo sie den größten Nutzen bringen. Jede Art bleibt damit ihren Verhältnissen und dem Status Quo einer allgemeingültigen Informationsmasse verpflichtet.

Ein wichtiges Manöver, um die Sache verständlich zu gestalten, ist das

Denken in Sphären. Wir sagen, jede Art ist von einer Datenmenge der Evolution umgeben. Diesen Datenhintergrund nennen wir eine Datensphäre. Nun gehen wir davon aus, dass die augenblickliche Form des Organismus aus einer Adaption an den umgebenden Raum hervorging. In der Form der Lebewesen sind somit die jüngsten Daten ihrer Umgebung abgelegt. Damit besteht zwischen den Datensphären der verschiedenen Arten ein gewaltiger Unterschied. Vor allem die jüngeren Daten unterscheiden sich sehr stark. Der funktionelle Kern dürfte zu einem großen Teil auch aus sehr alten Daten herzustellen sein. ICH möchte sagen, dass sich die unterschiedlichen Lebewesen in ihrem Kern dienen. Es werden sehr alte Daten an den Kernlagen der Funktionen mitwirken. Diese Daten werden dem Status Quo von den Lebewesen äquivalent entnommen. Der Materieraum und Status Quo ist eine Determinante. Er hält zu jeder Zeit eine gewisse Kapazität an Daten vor. Damit ist stets eine Anzahl von Möglichkeiten gegeben, seine eigene Architektur und Sphäre aufzubauen.

Im Kern der alten Funktion gleichen wir uns also immer mehr. Wir werden uns immer ähnlicher, je weiter wir in der Zeit zurückgehen. Man kann sagen, dass wir uns in Kategorien der Urfunktion identisch sind. Wir lieben uns im Kern, ein gemeinsamer Anteil am Status Quo. Die Arten fördern sich gegenseitig. Sie dienen einander in der Nahrungskette. Hierbei ist der starke Unterschied der jüngeren Sphärendaten zu bedenken. Die Datensätze der jüngeren Sphäre werden stärker miteinander reagieren, weil sie sich stärker unterscheiden.

Die Ernährung ist dem Energiehaushalt zuzurechnen. Zehrt man den Datenkörper auf und zersetzt ihn, so tun sich die Gemeinsamkeiten im Status Quo hervor, welche der Nahrungskörper und der Verzehrende gemeinsam haben. ICH gebe die Restdaten, welche keine Entsprechungen im Status Quo aufweisen, zu einer thermischen Wirkung frei. ICH nehme für diesen Bereich nur eine geringe Stabilität der Kriterien an. Das Kriterium bzw. das bezeichnende Feld, wird sich in einer Reaktion der Architektur des Räubers anpassen, wobei wir eine energetische Abstrahlung erhalten. Diese energetische Bewegung erregte das Datengefüge der allgemeinen Hintergrundarchitektur.

Vielleicht gibt es in ferner Zukunft eine technische Ableitung dieses Zusammenhangs. ICH könnte mir vorstellen, dass man dieses technische Meisterstück einer Architektur aus Feldern zum Beispiel mit Sonnenstrahlen beschickt. ICH möchte, dass die Strahlen in ihre Wellenlängen zerfallen und sich dem Gefüge anpassen, während sich ihre Eigenheit als Wärmeenergie abstrahlt. ICH möchte, dass sie dem Gefüge gleich werden und ihr Sein sich in Energiewerten verliert. Hier fällt mir auch wieder die Elektronenproduktion ein. Wenn man in der Hüllenarchitektur eben diese Protokolle erstellen könnte, die das Elektron als ökonomischste Variante einer Konfiguration, aus den ankommenden Feldwerten zusammensetzten, wäre ein nächster Schritt getan.

Der Öko- und Biolandbau muss ausgebaut werden. In der Landwirtschaft müssen wieder mehr Arbeitsplätze geschaffen werden. Die Ernähung ist ein ausgezeichnetes Instrument, um in den Köpfen und im organisierten Volkskörper Daten des Biolandbaus zu installieren. Eine größtmögliche Biodiversität, vor allem auch des Edaphons, sichert die Datenwerte, welche sich zu den Bedarfsfeldern hochrechnen. So funktioniert die Selbstorganisation. So generierte man Wetterwerte und stabilisierte das Klima. Es heißt die Zukunft zu organisieren. ICH kaufe die Biomilch nicht, weil mir die grünen Wiesen und der Duft des Heus gefallen. Für mich besteht der Sinn darin, kein Gift und keinen Dünger auf die Felder fahren zu müssen. ICH kaufe Freilandeier, weil ICH weiß, dass davon auch Fuchs und Habicht profitieren. Was ihr hingegen schafft, ist ein künstliches Gedankengebäude, eine fremde Welt, an welcher keine Art und niemand mehr mitzuwirken weiß.

Nähert man zwei Sphären an, so lieben sie sich im Kern ihrer Funktionen, sie hassen sich aber in den Datenbereichen ihrer individuellen Form. Man erholt sich besser in seinem gewohnten Umfeld. Dort sind die Evolutionsdaten der Form gegeben. Man ist dort unsichtbar für den Fressfeind. Gleichzeitig ist man dem Status Quo äquivalent. Die maximale Entsprechung der Daten der Außenwelt und der inneren Werte der Architektur der Körperfunktionen bedingt die optimale Funktion und verringert das Altern. Verlässt man den Bereich der jüngsten Evolutionsdaten aber, wenn man zur Arbeit fährt oder sich in biotopfremde Bereiche begibt, so vergrößert sich der Unterschied zur eigenen Datensphäre. Es zeigen sich verschiedenste Symptome, die alle auf das Wechselwirken der Sphärendaten zurückzuführen sind. Anspannung, Stress und ein mulmiges Gefühl sind Beispiele einwirkender äußerer Verhältnisse. Das sind Reaktionen des Körpers auf den Kontakt zu anders beschaffenen Sphären.

Das Aussehen bzw. die Form einer Art hängt mit den Daten und den Datensummen zusammen. Die Sphären der Arten unterscheiden sich folglich. Die Daten des umgebenden Raums formten den Organismus. Die Architektur der Körperprotokolle beruht auf dem umgebenden Lebensraum. Der Lebensraum stützt die Architektur der Art. Der Materieraum und der Organismus bilden eine Einheit. Beinahe könnte man sagen der Lebensraum spannt den Organismus auf. Das hieße, die bewegte Materie des Lebensraums generierte Effekte innerhalb der Körperprotokolle der jeweiligen Art. Die Umkehrung wird ebenfalls Geltung besitzen. Der Organismus, sofern er sich durch seinen Lebensraum bewegt, erfährt eine Wirkung der Umgebung auf seine Körperprotokolle. Umgekehrt wirkt der bewegte Körper aber auch in anderen Systemen. Seine Sphärendaten locken sich in die Biosphäre ein. Er wird damit selbst zu einem Schaltenden und Bewegenden in anderen Systemen.

Man kann mit seinen Kollegen nicht immer gleich gut. Vielfach muss man sich um eine gute Atmosphäre bemühen. Manchmal ist es auch belastend. Man kommt unter Druck und gerät in Stress. Auch hier wirken die unterschiedlichsten Datenlagen auf die Körperprotokolle ein. Man sieht an den Reaktionen unseres Körpers, dass die Datenlagen die Funktion der Organe speisen. Man sieht, dass sich Sphärenprotokolle des Organismus mit externen Größen zu arrangieren haben. Der eine Gärtner spritzt das Gänseblümchen mit Glyphosat tot, der andere legt es sich in der Mittagspause auf das Käsebrot. Das sind unterschiedliche Welten, die hier aufeinandertreffen. Möchte man trotzdem miteinander, so sind die Gefühlsqualitäten und körperlichen Sensationen wechselwirkender Sphärendaten hinzuzunehmen.

Man fühlt sich im Umfeld der erworbenen Form am wohlsten. Wenn sich die Daten der Körperform mit dem Materieraum in Einklang bringen lassen, fühlt sich der Organismus am wohlsten. Manches genetische Konstrukt lässt sich heute nur noch mangelhaft umsetzen. Der Status Quo verfügt nicht mehr über die idealen Datenwerte, um die Körperprotokolle in ihre notwendige Form zu bringen. Wir sprechen von einer schwächeren Konstitution, anfällig für Erkrankungen und weniger leistungsfähig. ICH gehe so weit, zu sagen, dass Gesinnungen, welche jedem Tierchen und jedem Kraut mit Giften zu Leibe rücken, Lücken in die Architektur ihres Datenhintergrunds sprengen. Der Giftspritzer baut damit Gemeinsamkeiten zwischen dem Status Quo und den Körperprotokollen ab. Er reduziert damit zum Beispiel die Leistungsfähigkeit des Immunsystems. Obwohl wir eine geeignete Genetik hätten, verändern sich unsere Lebensbedingungen. Das Orientierte Wachstum liest den Status Quo aus. Das Funktionieren des Organismus beruht immer mehr auf technischen Daten. Der Organismus als Datenspeicher dient auch dem Gehirn zur Entwicklung des Geistes als Vorbild. Schatten legen sich auf die Seelen der Menschen. Es wird immer dunkler. Obwohl wir über eine optimale Genetik verfügten, wandeln wir den Materieraum immer stärker in ein technisches Gebilde um. Alles auf Kosten eines gesunden Lebens. Gesunde Daten, die in den Körper einstrahlen. Gewachsene, lichtvolle Komplexität. Das Glück zum Ziel. Eigene Datenwerte zum Ziel. Die Zeit zu Leben.

Der Beutegreifer ergänzt mit den Daten seiner Nahrung die eigene Architektur. Im Kern sind die Funktionen der Arten gleich. Sie lassen sich auf einen gemeinsamen Materieraum, einen gemeinsamen Ursprung reduzieren. Der gemeinsame Ursprung ist die Ausgangslage. Das ist der Bereich des Materieraums, welcher der Urformen der Funktion genügte. Erst allmählich haben sich die Organismen an andere Bereiche des Raums angepasst. Die Hereinnahme von Umgebungsdaten ist die Triebfeder der Evolution. Die Aufnahme von Nahrung führt auch heute noch zur Erweiterung des Selbst. Der Nahrungstyp bestimmt die Wirkung auf den körpereigenen Datenhaushalt. Grundsätzlich reichert sich die eigene Datensphäre mit den Datenwerten der Nahrung an. Sie erweitert sich.

Betrachten wir uns von dem Status Quo aufgespannt, so liegt ein Schwerpunkt auf den Nahrungswerten. Sie verdichten unsere Bezugsmasse und betonen den Raum. Sollten Effekte von dem Materieraum direkt auf den Organismus vorliegen, so dürfen auch die bewegten Werte des Nahrungsumfeldes mit zur Architektur gerechnet werden. Damit ist die Möglichkeit gegeben die gesamte Physiologie darzustellen. Die Mikrozirkulation und sehr viel tiefere Schichten unserer Existenz wären darstellbar. Kehren wir mit dieser Erkenntnis in den Materieraum zurück, so müssten wir die lebende Matrix möglichst vielseitig und artenreich gestalten. Dann lässt sich auch noch an der Spitze der Evolution aus dem Materieraum das benötigte Datenmaterial für die Funktionen auslesen.

Die Evolution eines Körpers startet an einem festen Ort. Seine Form verändert sich mit dem Materieraum, den er erobert. Wir gelangen über das Sammeln von Daten zu einer ganz spezifischen Form des Organismus. Wir verlagern unser Sein in andere Bereiche des Raums. Die erworbene Form der Organe ist dem erworbenen Raum ähnlich. Die Daten der Evolution sind dem Materieraum äquivalent entnommen. Die Daten des Materieraums und die Daten der Form gleichen sich. ICH werde jetzt um den Organismus eine Datensphäre aufspannen. Die jüngsten Daten der Formgebung lägen dem Organ am nächsten. Die jüngsten Daten beteiligten sich direkt an seinem Aufbau und seiner Funktion. Hierbei handelt es sich auch um den aktuellen Lebensbereich des Wesens. Der umgebende Raum enthält aber auch die Größen des Mikrokosmos, wo alles Leben begann. Aber wo begann das Leben wirklich? Wir haben unser Sein ein ganzes Stück in den Raum hinein verändert, den Mikrokosmos verlassen und verschiedenste Bereiche erobert, die Daten des Mikrokosmos mit Daten der Umgebung erweitert. Der Mikrokosmos aber war und ist immer da. Wir haben die Mikroorganismen als Basis der entwickelten Funktion. Heute gelten die Zellen als die Basis der Funktion. Die Zelle ist der Grundbaustein jeglichen Lebens. Die Zelle und der Mikroorganismus sind verwandt.

Die Zelle ist der Baustein funktioneller Systeme. Die verschiedenen Zelltypen sind Ausdruck einer Datenarchitektur. Die Funktion von Zelle und Organ ist eine

Additive von Kriterien. Die Qualität des Kriteriums und die Art seiner Verrechnung bestimmen die Funktion. Vermutlich kann anhand der Kriterien oder umgekehrt, vermutlich kann vom Organ auf die entscheidenden Kriterien geschlossen werden, will man mit der Lunge den Gasaustausch bewerkstelligen oder mit der Niere den Salz- und Flüssigkeitshaushalt regeln. Die Wirkungen der Felder beruhen auf den Kriterien, welche man in den Körper hereinkopiert. Die Kriteriensätze bauen sich zur Wirkung auf. In diesem Fall wird das Kriterium, welchen den Luftstrom als Teil seines Gefüges nennt, Arbeitswege der Lunge mit darstellen und die Datensätze, welche mit Wasser und sickerfähigem Untergrund zu tun haben, filterähnliche Systeme unseres Körpers mit aufbauen. Die Entwicklung der Datensätze in den Raum kann natürlich zur Abkopplung mancher Systeme führen. Funktionelle Gefüge teilen sich. Positionen der Erweiterung lösen sich ab und nehmen Teile der bestehenden Architektur mit. Finde die Quelle! Zunächst arbeiten die Kriterien noch in einer gemeinsamen Funktion zusammen. Plötzlich gewinnen die Ausgangsfelder bzw. der erweiterte Bereich ein Übergewicht an eigener Routine, die letztlich dazu führt, dass sich die Kriteriensumme der gemeinsamen Verbindung auflöst.

Die Kriterien der Funktion entflechten sich und fügen sich ihren Teilen hinzu. Der Datensatz der Erweiterung beginnt sich ebenfalls zu organisieren und nimmt auch die Anteile an der gemeinsamen Verbindung in die eigenen Feldfunktionen herein. Darum ist es erlaubt zu sagen, dass sich die Kriterien zu Effekten verrechnen, die wiederum die funktionellen Kernströme speisen. Wir wissen, dass die Beschaffenheit des Datenkorpus organisierend auf seine Hardware wirkt. Wenn sich eine Abspaltung einstellt, so aufgrund des Feldverhaltens und der daraus resultierenden Eigenschaften des Datenkörpers. Dieser Mechanismus kann in weitestem Sinne als Argument der Zellteilung aufgefasst werden.

Vermutlich handelt es sich hierbei um ein internes Feldgeschehen, das die Hardware sozusagen von innen heraus zur Zellteilung animiert. Man unterstellte dem Bakterium eine Form von geistiger Entwicklung. Im Laufe seines Lebens trüge das Bakterium eine Menge an Umgebungsdaten zusammen. In Korrelation zu günstigsten Körperprotokollen erführen sie eine Speicherung. Das gut laufende interne Geschehen wäre somit ein Datenspeicher vielfältigster, aber für das interne Geschehen günstigster äußerer Umstände. ICH nehme an, dass sich der anwachsende Datenkörper in Anlehnung an die physikalischen Gesetze immer wieder formiert, bevor er irgendwann die entsprechenden Wirkungen zur Teilung erreicht. Wir haben einen Evolutionskörper. Wir denken uns die organische Hardware immer von einem Feldverhalten hinterlegt. Ein Feldverhalten, das sich aus Kriterien und ihren Summen herleitet. Gleichzeitig überdauert diese Architektur aus Daten und Stoffen die Zeit.

So ist davon auszugehen, dass sich zusätzlich um die Hardware im Laufe des Lebens ein ungeheurer Datenmantel aus externen Erfahrungswerten aufspannt. Es kommt zu einem Wechselwirken dieser beiden Datenräume. Man kann von Hass und Liebe, einem gegenseitigen Abstoßen und Anziehen sprechen. Die Architekturen könnten sich passend ergänzen oder dem Gesetz der Sättigung entsprechend, sich lose drängend, auf Einlass warten. Das Gesetz der Sättigung besagte, dass manche Bereiche nicht mehr stärker mit Daten und Datenfeldern belastet werden könnten. Die Wirkungen zeigen sich auch in einem Bestreben, neue Ordnungen zu etablieren. **Es ist kein Freier Wille zu unterstellen!** Jegliches Streben des Einzelnen darf als Ausdruck eines gemeinsamen Summenfeldes gedacht werden. Das Wechselwirken der Datenmengen bringt treibende Verhältnisse hervor. Der Baustein zeigt sich von seinen Feldverhältnissen involviert und glaubt, an dem übergeordneten Geschehen ergänzend förderlich mitwirken zu müssen. Die Gesetze der Additionsphysik im Feld motivieren uns zu eigenem Handeln. **Einfache Wirkungen elektromagnetischer Felder, mehr ist da nicht!**

Die Evolution hat eine Datenmatrix voller Leben hervorgebracht. Die Lebendmatrix ist einer steten Aktualisierung durch Anpassung unterworfen. Dazu werden passende Daten des Raums in die lebenden Architekturen hereingenommen und neuformiert. Die Grundlage der Erweiterung dürften das Surfen im Raum und die Suche nach geeigneten Nahrungswerten sein. Die Evolution der funktionellen Felder der Organsysteme dürfte sich an den Nahrungswerten und der Suche danach orientiert haben. ICH stelle mir hierzu eine Abspaltung der Bewusstseinsmasse vor und hacke mich an geeigneten Orten in den Raum ein. Bekannte günstige Bedingungen sollten genügen, um seiner Bewusstseinsmasse Bezugspunkt zu sein und den übrigen Raum auf sich wirken zulassen. So gelangen Daten des Raums in das geistige System. Die Daten dienen zunächst der groben externen Orientierung. Die Daten sind aber auch Werte, die intern wirken. Äquivalente Datenmengen dürften sich gegenseitig verstärken. Vorherrschende und ähnliche Bedingungen des Organismus erlangten, mit externen Daten entsprechend hinterlegt, einen höheren Funktionsgrad. Man darf da auch Vitamine und sekundäre Pflanzenstoffe nennen.

Denn nicht nur ein humusreiches Gartenbeet mit Mikroorganismen, die Stoffe auf- und umbauen, mit Kapillaren, die die Feuchtigkeit aufsteigen lassen, mit Düften und Geräuschen aus dem direkten Umfeld, ja der Garten selbst, sind als direktes Datenäquivalent ein Kriterium des Elektromagnetismus des Gehirns und damit von Bedeutung. Denn das Vitamin oder die sekundären Pflanzenstoffe sind nur übergeordnete Fassungen derselben. Sekundäre Pflanzenstoffe, so nehme ICH an, sind zentrale Bausteine. Sie verkörpern nach abgeschlossener Additionsphysik die zentralen Feldstärken eines Summenkonstrukts. Wie zentral oder peripher sich die chemischen Körper im funktionellen Hintergrundgefüge positionieren können ist schwer abzuschätzen. ICH denke, dass Vitamine und sekundäre Pflanzenstoffe geeignet sind, das externe Geschehen und unsere täglichen Aktivitäten, welche wir als elektromagnetische Positionen in unseren Körper aufnehmen, in die zentrale oder periphere Position zu integrieren. Diese gliche einer steten Adaption der Körperprotokolle an den externen Raum. Sekundäre Pflanzenstoffe bezeichneten einen gewissen externen Raum. Strukturell gesehen, stünden sie für die Hauptdatenlast einer externen Bezeichnung des Raums. Man stellte dem Organismus mit Vitaminen und sekundären Pflanzenstoffen das Informationsgeschehen des externen Raums zur Unterstützung der körpereigenen Protokolle zur Seite.

ICH rate, sich hier die Qualität und Wertigkeit des hereingenommenen

Datenmaterials und seine Bedeutung für den Organismus zu beurteilen. Es kommt darauf an, wie gut sich das hereingenommene Material in die Körperprotokolle einfügt und wie tief es in den Datenhintergrund hineinreicht. ICH wünsche mir daher einhundert Prozent biologische Landwirtschaft und eine intakte Natur mit hohen Artenzahlen. ICH möchte Datenmaterial höchster Komplexität, zusammengesetzt aus den unterschiedlichsten elektromagnetischen Werten, die alle dazu dienen ein lebendes Gefüge zu unterhalten. Der Organismus und alle seine Lebensfunktionen sollen in seiner Komplexität, in Raum und Zeit darstellbar bleiben. ICH möchte mich mit meinen Nahrungswerten in die Tiefe der Komplexität einfügen. Ich möchte den Urgrund des Lichts mit geeignetem Material speisen. Hier wechselwirken die Daten zu Licht. Vorausgesetzt sie sind selbst ausreichend komplex. ICH rate zu hundert Prozent biologischer Landwirtschaft. Und halten sie den Verwässerer zurück. Wir sollten die Beziehungsgeflechte zwischen den Arten von Flora und Fauna nutzen. Auf der organisierenden Ebene unserer Körper ist dieses Datenmaterial von Bedeutung. So erhalten sie eine lichtvolle Architektur. Der Nutzen setzt mit dem Start des Lebens im Mutterleib ein. Die Gewebe und Organe reifen komplexer heran. Entsprechende Nahrungs- und Datenwerte zeigten dem Erwachsenen seine Urdaten auf. Es kommt zu einer Sättigung. Licht ist das Ergebnis.

ICH versuche gerade zu verstehen, warum mit diesem minderwertigen Essen so eine unbefriedigende Leere zurückbleibt. Aber das sind wohl diese beziehungslose Tiermast und die isolierten Fertigungsströme. Es ist ein Gefühl, das von dem elektromagnetischen Gebilde verursacht zu sein scheint. Der Organismus und seine zentralen Massebahnen werden zwar bedient, mehr aber auch nicht. Die Tiere ohne jeglichen Kontakt zur Außenwelt, Fließbandarbeit bei der Verarbeitung, von Menschen, die man selbst isoliert und hält wie das Vieh. Dieses Datenmaterial reicht gerade mal aus, um gröbere Kräfte und Materieströme zu beschreiben. Die Zelle und ihre Peripherie bleiben unberücksichtigt. Die Nährwerte reichen nicht hinab auf die Zellebene, erklären das Entstehen der Zellen und ihre Notwendigkeit für das Ganze nicht. Ein Datenkörper/Organismus lebt, weil man sehr viele Zellen so angeordnet hat, dass sie in ihrer Summe die unterschiedlichen Organe und ihre Funktionen bedienen. Er geht mit einem Gravitationsmoment einer. Wir haben alles, den Stoff, aus dem die Träume sind, Additionsphysik, Substanz, Nachweis von Masse und Materie. Der Organismus geht mit einem Gravitationsmoment einher. Die übergeordneten Funktionen, der Blutstrom zum Beispiel, ist sehr leicht mit geeignetem Material zu hinterlegen. Wir nehmen dazu einfach die gängige Infrastruktur der Menschen. Der gängige Warenverkehr reicht hierzu völlig aus. Wir transportieren die Nährstoffe an den Ort ihres Konsums und nehmen den Müll wieder mit. Ein einfach zu beschreibendes System. Woher aber kommt diese unbefriedigende Leere nach dem Essen?

Nehmen wir noch einmal die zentrale Funktion und umgeben sie mit einer Vielzahl kleiner Zellen. ICH rückte den Bereich des entstehenden Lichts weg von dem übergeordneten Zentralstrom in den Bereich der einzelnen Zelle. ICH beziehe mich auf die unmittelbare Umgebung der Zelle. Der Raum extern der Zelle dürfte dem Bereich des Lichts am nächsten sein. Die von Nahrungswerten gegebene Information dürfte auch die Zellstruktur und ihre Vorgänge beschreiben. Getragen von den Zellen dürften die Nahrungswerte aus den Zellen herausragen und mit dem Material der nächsten Zelle reagieren. Aber bereits bei der Darstellung interner Vorgänge scheint komplexeres Ausgangsmaterial komplexere und lichtvollere Architekturen zu bedingen.

Es fühlt sich an, als hätte der Lebensmittelmarkt gegessen und nicht ICH. Gibt es so etwas wie eine Zellsättigung mit Daten? Kann man es mit der bestehenden Hardware fühlen, dass das Datenmaterial nur bestimmte Positionen betont und ein Großteil der Werte fehlt? Der Einzeller und die einzelne Zelle sind Abbilder des Status Quo. Spannt man das Datenmaterial der Zelle zum Status Quo auf, so wird uns bewusst, dass hier Defizite bestehen. Es könnte allen bewusst werden, dass ein Mangel an Artenvielfalt zu einem Fehlen von Daten und den damit verbundenen Beziehungswerten führt. Die Zelle scheint sich mit Daten vollsaugen zu wollen, als möchten sich alle Funktionen zum Ganzen vervollständigen. Die

Zelle saugt das Datenmaterial in sich auf, hinterlegt damit ihre Hardware und versucht die funktionelle Software im Ganzen darzustellen. Das muss es sein. Das Gefühl der unbefriedigenden Leere. Die funktionelle Software liegt, getragen von der Hardware im Hintergrund. Die Datenwerte werden mit der Nahrung aufgenommen. Die Nahrungswerte aktivieren den Datenkosmos Zelle. Der Vorgang wirft die Datenmenge ›Status Quo‹ auf. Dennoch bewegen wir uns im Datenkosmos der Zelle. Es gibt Größen auf der Quanten- und Datenebene, die sowohl die Ordnung des Organismus als auch den Status Quo beschreiben. Die Datenmengen beider Bereiche sind einander äquivalent.

Wir sehen, dass der Artenhaushalt gestört ist und wir über die Nährwerte nur mangelhaftes Datenmaterial geliefert bekommen. Die funktionelle Datenmenge unserer Zelle wird nur mäßig involviert. Im Grunde wird die Zelle nur angesprochen. Die Funktion und auch die Zelle möchte ihre Software als Ganzes abgebildet sehen. Das ist ein Gravitationsmoment, das auf den einzelnen Nahrungswert wirkt. Die Zelle integriert den Nahrungswert und stellt damit seine funktionelle Software dar. Die Nahrungsmittel sind in ihrer Wertigkeit stark reduziert. Das eingehende Datenmaterial ist mangelhaft. Eine befriedigende Sättigung der hinterlegten Software durch die Ernährung zu erreichen ist kaum mehr möglich. Dazu bräuchte man die komplexen Datenmengen intakter Biotope. Es bleibt das Gefühl der Leere. Das elektromagnetische Moment in Worten: »Haben Sie etwas mehr? Vielleicht etwas Tiefergehendes?«

Die lebende Datenmatrix und der tote Materieraum bilden eine Einheit. Die Lebewesen und die elektromagnetischen Werte der neuronalen Gefüge fassen wir mit der toten Materie und ihren Gesetzen zum Status Quo zusammen. Die Schaltung der Gene wird mit Bezugswerten ebenfalls auf den Status Quo ausgerichtet sein. Es sind verschiedenste Adaptionsgrade der schaltenden Eugenikmenge an den Materieraum zu erwarten. Verschiedenste Kriterienzusammensetzungen der Eugenikmenge werden mit verschiedenen Wirkungen des Summenfeldes einhergehen. Der Aufbau funktioneller Werte eines Organismus darf von der Beschaffenheit der Datenmatrix abhängig gemacht werden.

ICH spreche von einer Position der Materie, wenn ICH mein Bewusstsein auf die Materie beziehe und die vorliegenden Verhältnisse mein Bewusstseinsfeld prägen, so dass sie zu internen geistigen Feldwerten führt. In diesem Fall lasse ICH es zu, dass das Verhalten der Materie extern eine bahnende Wirkung auf die Ordnung des Organismus erzeugt, welchem es augenblicklich entspricht.

Vor allem während der Entwicklung zum Embryo und darüber hinaus werden wir die geistige Menge als Hintergrund der wachsenden Organarchitektur verstehen. Die Bewusstseinsfelder verbinden externe Lagen des Materieraums mit gewachsenen internen Datenmengen. Wir erhalten damit eine Wirkung der externen Masse auf die interne Menge. Diese ist natürlich auch als Hintergrund einer funktionellen Größe von Bedeutung. Wenn das Wachstum abgeschlossen ist, unterstützen die Datenäquivalente vor allem die Funktion. Beispiele hierfür wären die Leistungssteigerung, die Heilung und die Instandsetzung der Funktion.

Man tritt nach der Fertigstellung des Organismus seine geistige Reife an. Wir gehen davon aus, dass sich der Datenhintergrund des Organismus und die geistige Entwicklung nicht voneinander trennen lassen. Vielmehr erlaube ICH mir, die geistige Entwicklung an die Hardware des Organismus anzulehnen. Weniger bedeutend hierfür ist die Komplexität des Datenhintergrunds. Entscheidend wird hierfür die entstandene, dem Gefüge übergeordnete Struktur und Funktion der Organe sein. Die externe Welt wird vor dem Hintergrund der internen Struktur und ihrer Funktion verstanden. Ein tiefergehendes Verständnis erlangte man, täte man es dem Gehirn gleich. Stütze man sich auf elektromagnetische Werte und ihre Verschränkung zu einer Architektur des Hintergrunds, könnte man Worte wie zum Beispiel Additionsphysik, Substanz, Nachweis von Masse und Materie oder das Entstehen von Geist eruieren. Das Weltbild veränderte sich.

ICH behaupte, dass die erworbenen geistigen Lagen und das jeweilige Weltbild dem Organismus dienen. Die eingehenden Sinnesreize belasten das analytische Gefüge so sehr, dass er sich im Schlaf von derlei Datenwerk erholen muss. Der Schlaf dient dazu, die geistigen Lagen wieder an den Organismus heranzuführen. Man erlebt eine Tiefenabstimmung des Datenmaterials mit dem

Organismus. Einseitige und belastende Sinneseingänge treten während dieser Zeit in den Hintergrund. Sinnesbilder sind sehr unvollkommene Sichten auf den Raum. ICH sage, der menschliche Körper ist ein organischer Datenspeicher. ICH sage, der Organismus ist eine adaptiert gewachsene Datenmenge. Die Komplexität seines Datenhintergrunds erlaubt uns, Bausteine so zu verarbeiten, dass daraus Eiweiße und Eiweißketten werden, welche sich in Anlehnung an den Datenhintergrund in ihrer Struktur weiter verfeinern. Das fertige Baby ist ein organischer Datenspeicher. Dieser Komplexität an Daten ist der Organismus mit seinen Strukturen und Funktionen aufgesetzt.

Nun gehen wir davon aus, dass jegliches externe Engagement zu einer Belastung der Geist-Körper-Einheit führt. Das externe Geschehen wird parallel zu den Körperprotokollen verwaltet. Es besteht eine hohe Varianz an Qualitäten in diesem Spektrum. Manche Datenmenge ermüdet unglaublich, eine andere wirkt hochenergetisch oder scheint der Quelle selbst zu entstammen. Wer diese lichtvolle Komplexität selbst erzeugen kann oder ihre Wirkung auf den Organismus schon einmal erfahren durfte, wird wissen, dass man vor diesem geistigen Hintergrund kaum Schlaf benötigt. Man kann auch nicht schlafen, selbst wenn man es wollte. Wir sind energetischer und benötigen kaum Schlaf.

ICH leite daraus ab, dass der Organismus Schlaf benötigt, um die Verbindung zu seinem, der gewachsenen Struktur hinterlegten Datenmaterial zu erneuern. Die isolierten Ereignisse des Tages wie zum Beispiel das Hacken des Gemüsebeets, um die Verdunstung zu reduzieren, sind im Vergleich zu der gewachsenen Komplexität des Datenhintergrunds, in welchem das Datenäquivalent ›Gemüsebeet‹ während verschiedener genetischer Programme vermutlich vielfach in den Organismus eingeflossen ist, nur eine betonte Herausstellung dieses Kriteriums. Das Kriterium ›Gemüsebeet‹, sofern wir es als Folge eines externen Geschehens betrachten, ist ein isoliertes Ereignis und tritt als solches mit der Komplexität des Datenhintergrunds in Wechselwirkung. Der Raum als solcher, die Datenmenge ›Beet mit Garten‹ tritt folglich mit der gewachsenen Software des Organismus in Wechselwirkung.

Ganz allgemein ist zu sagen, dass das Wechselwirken der Daten auch energetisch lichtvoll sein kann und man die Belastungen kaum wahrnimmt. Trotzdem bedeutet Arbeiten im Garten Arbeiten mit seinem Körper. Ein Kriterium herauszustellen, führt dabei immer zu einer Reaktion mit der gewachsenen Hintergrundmatrix. Wir ignorieren während der Arbeit die Hintergrundmatrix unseres Körpers. Trotz der Einbindung des Organismus führen isolierte Ereignisse zu einer Ablösung von der Hintergrundmatrix. Da kann man noch so biologisch orientiert sein. Die Arbeiten werden den physiologischen Datenspeicher belasten. Selbst wenn sie mit Kompost und Mikroorganismen arbeiten, die auf atomarer Ebene Stoffe umsetzen und mit den verschiedensten Mineralien jonglieren, so dass als Wechselwirkung mit der Hintergrundmatrix energetisches Licht einstrahlt, wird der Organismus strukturell belastet sein und Teile der Hintergrundmatrix zurückbauen. Die Ermüdung ist die Folge eines Übergewichts der Struktur. Das arbeitende Organ und die favorisierte Datenmasse, in diesem Fall die Arbeiten am Gemüsebeet drängen die Komplexität des gewachsenen Hintergrunds zurück. Der Organismus verliert seine Hintergrundmatrix. Ermüdung hieße hier das anfängliche Wechselwirken der internen und der externen Datenmenge durch das Übergewicht der arbeitenden Struktur zu nur einem externen Ziel zu reduzieren. Die Folgen längeren Arbeitens wären ein Abstumpfen der Hintergrundmatrix, ihre Anpassung an die arbeitende Struktur und ein Instandhalten eines Datenäquivalents externen Handelns über einen längeren Zeitraum.

Das Ziel wäre hier, die Kapillaren zu unterbrechen und die Verdunstung herabzusetzen, dass es die Mikroorganismen schön feucht haben und viele Nährstoffe herstellen. Das Datenäquivalent ist damit sehr komplex. Das aufgeworfene Datenmaterial dürfte sich auf Grund seiner Komplexität günstig auf den Körper auswirken. Eine Mütze voll Schlaf hieße die externe Belastung abzustellen. Jegliche Sinnesinformation, jeglicher Handlungsentwurf und Handlungsimpuls blieben aus. Die Hintergrundmatrix könnte sich erneuern. Der organische Datenspeicher könnte die Architektur seiner Hintergrundprotokolle zu seinen Wurzeln verfolgen. Einfache Gesetze wie die Gravitation, die Additionsphysik von Daten, ihre Ordnung in Feldern bis hin zu Wirkungen könnten den Zusammenhang bis in die Wurzeln des Datenhintergrunds klar herausstellen. Der gesamte Stoffwechsel, wenn wir in die Felder einblicken, ist im Grunde ein auf dem Elektromagnetismus beruhendes Kräftemoment einer günstigen Verschränkung von Daten. Die Eigendynamik regeneriert das Datenmaterial.

Für die Kommunikation der Feldwerte untereinander ist ein maximal aufgeklärter Datenraum vorauszusetzen. Eine Datenmatrix, wie ICH sie mir wünsche beginnt mit Feldmomenten des Mikrokosmos und verliert sich mit den Säugern auf irgendeine Weise im Raum. Mit diesem Datenkosmos vertraut zu sein, heißt, in den geringsten Feldwert seiner organischen Substanz einzuleuchten. Die Feldwerte, welche sich in einer maximalen Biodiversität verschränkt zeigen, verhalten sich im Hinblick auf die Funktionalität der organischen Hardware am günstigsten. Wir packen den gesamten bioenergetisch, elektromagnetischen, neuronalen Feldtyp als einheitliche Substanz der Lebewesen auf die Quantenebene. Wir schaffen auf der Quantenebene ein Abbild des Raums wie er von den Lebewesen vor Ort erlebt wird. Die generierte elektromagnetische Substanz liegt dort in einem Bereich zwischen dem sehr viel schwächeren Urfeld und der Materie vor. Die Feldaktivität der Materie hat ihre Ursache jedoch in den Grundkräften. So beruht unsere Existenz auf dieser Ebene auf einer Adaption der Feldaktivität der Materie an unseren Geist. Wir können folglich ein Wissen von der Materie erwerben, wenn wir die adaptierten Größen in die Tiefen der Materie hinein verfolgen. Wir können aber auch eine geistige Dichte schaffen, die auf die Materie selbst wirkt. Die adaptierte und unserem Geist unterworfene Feldaktivität der Materie trüge unsere Information weit in die Felder der Materie hinein. Vermutlich resultiert aus den erzwungenen Feldwerten das Gesicht des Status Quo. ICH behaupte nicht, die groben Eigenschaften der Materie selbst zu verändern. ICH behaupte, dass das Gesicht des Raums von der Datenhülle der Atome abhängt, mit welchen man sie umgibt. Das Gesicht des Raums verändert sich, wenn sich die Information verändert, welche ICH auf jeglichen Atomkern übertrage. Hier erkennt man dann die Verantwortung der Eliten am derzeitigen Weltgeschehen und die Möglichkeit der Einwirkung.

Auf diese Weise errechnet sich eine lichtvolle Komplexität. Diese Komplexität macht uns unsichtbar für jegliche Schadware. Dafür muss jedoch jeglichem Leben eine Form von Bewusstsein zugestanden werden. Es verhielte sich wie eine Programmierung, die sich einfach aus der gewachsenen Beziehung des Datenspeichers und dem Status Quo ergibt. Es handelte sich um eine von Feldwerten gesteuerte Suche. Eine, von einem Bedarfsfeld induzierte Suche nach substituierenden Werten. Die Sphäre hätte in ihrer adaptiven Hülle zuerst die Bewusstseinsaspekte von Mikroorganismen und dem gesamten Edaphon, bevor sich Werte von Pflanzen und größeren Tieren, folglich größerer Datenwerte in Gewicht und Masse zeigten, um den Organismus in seine Art zu überführen. Gut integrierte und gut vernetzte Lebewesen sind auf Grund der Komplexität ihres Datenmantels vor programmierten Angriffen besser geschützt. Die Firewall ist mangelhaft, wenn der Mikrokosmos, die Pflanzen und Tierwelt einen nur geringen Anteil haben. Ist dieses der Fall, dringen die Bedarfsfelder anderer Arten leichter in die Körperprotokolle ein. Die eigenen Bedarfsfelder können ebenfalls zur Eintrittspforte werden. Der Kontakt eines Bedarfsfeldes mit geringer Komplexität in den externen Raum genügt dann oft, dass ein Jäger oder eine andere Schadware auf den Organismus aufmerksam wird.

Außerdem versorgt die Datensphäre einer hohen Arten- und Individuenzahl die Organsysteme mit den notwendigen Daten des Raums. Ein Status Quo höchster Biodiversität erlaubt den Feldwerten untereinander in Beziehung zu stehen und Information auszutauschen. Die Funktionen gehen fließend ineinander über. Hier besteht die Möglichkeit der Feldwerte miteinander zu kommunizieren und möglichst ungestört ineinander überzugehen. Hier sind zum Beispiel die Organmengen gemeint, die sich im Tagesverlauf verändern, um die benötigten Leistungsmaxima zu gewährleisten. Aber auch für die genetischen Mengen ist die Darstellung innerhalb des Status Quo notwendig. Vor allem sind die Phasenübergänge der einzelnen Entwicklungsschritte darzustellen. Die Datenkörper der eugenischen Masse lösen einander ab. Die eugenische Masse ist ein Äthermoment. Die eugenische Masse ist dreidimensionales auch in der Zeit verankertes elektromagnetisches Gebilde aus Daten. Die eugenische Masse ist eine Ansammlung von Kriterien. Jede Datensammlung stellt einen gewissen Bezug zum Materieraum her. Das gesamte Leben und das gesamte Geschehen in einem Organismus stehen über einen Datenhintergrund mit dem Materieraum in Beziehung. Der Organismus scheint an den Materieraum adaptiert zu sein. Ebenso scheinen es das neuronale Geschehen, die neuronale Feldaktivität und die geistigen Leistungen im Allgemeinen zu sein. Die Innervation von Muskeln dürfte ebenfalls von den geistigen Qualia beherrscht sein.

Der Nervenimpuls scheint die Informationsmenge des Geistes an die ebenfalls gewachsene organische Masse heranzutragen. Der Nervenimpuls scheint die Information des bezeichneten Raums auch um die Muskelzelle aufzuspannen, so dass sich unterschiedlichste Kräftequalitäten erreichen ließen. Die Nervenzelle ist das Ergebnis der Evolution, erhält ihre spezifische Form von dem hinterlegten Datenmaterial. Das Längenwachstum der Nerven sollte an Kriterien einer linearen Ausdehnung geknüpft sein. Das Datenmaterial fügte sich so zusammen, dass sich eine längliche Struktur an Substanz herausbildete, welche der Evolution Ursache war. Das Datenmaterial dürfte unabhängig von seiner zentralen Beschaffenheit, welche uns organisch gebunden als Nervenzelle erscheint, auch zu Satellitenordnungen neigen. Wir hätten ein Grundrauschen des Gehirns. In der Peripherie des Datenmaterials, aber extern des organischen Trägermediums, bildeten sich freie Elektronen. Das Elektron wäre eine ökonomische Variation der Substanz. Die Ordnung des organischen Speichers ginge mit einer speziellen Architektur des Datenhintergrunds einher. Die Dichte und Konzentration des Datenmaterials liese uns auch noch in ummittelbarer Nähe der Nervenzelle, außerhalb des organischen Mediums Zustände der Substanz annehmen, welches Dichte und Struktur eines Elektrons förderten. Der Kontakt zwischen Elektron und Software des organischen Materials entspricht einer gegenseitigen Involvierung.

Erst das Denken bzw. das bewusste Instandsetzen von geistiger Aktivität zur Projektgestaltung oder Handlungsplanung führte zu einer Voreinstellung der Kriterien des benötigten Raums und der benötigten Optionen darin. Auch Hunger und anderer Bedarf setzen diese Mechanismen einer Feldaktivität in Gang. Es kann auch von fremden Positionen ausgelöst werden, wenn diese korrelieren. Für viele bleiben die Motive ihres Handelns und das Wissen um die Voreinstellung unbewusst. In dieser Form überwindet man bewusst Distanzen und bindet sich an Objekte im Raum. Das neuronale Gefüge hielte die notwendigen Daten bereit und die aufsitzenden Elektronen sorgten für die Instandsetzung der entsprechenden Bildwerte. Das wandernde Elektron verfügte die lineare Ausdehnung des Bildwertes, zum Beispiel die Fahrt zur Arbeit. Man spräche von einer Involvierung des organischen Speichers durch das vorübersausende Elektron. Das planende Bewusstsein stellte sich das benötigte Datenmaterial heraus. Es gibt auch eine Lenkung durch Dritte. Dann bekommt man das lenkende Datenmaterial aus dem bestehenden Gefüge Dritter bereitet.

Vermutlich wirken an der Darstellung des Raums, der Küche zum Beispiel, sehr viele Neuronen mit. Mit unterschiedlicher Lage und Ausdehnung dürfte sich auch die Evolutionsdatenmasse geringfügig von der Nachbarzelle unterscheiden. Dennoch oder gerade deshalb ist hiermit das Datenmaterial für eine Fassung des Raums gegeben. ICH frage mich, ob die einzelnen Zellinformationen sich soweit angleichen, dass sie eins werden. Wäre das der Fall, würde die Aktivität der einzelnen Zelle zurückgestellt. Das Feld müsste in seinem Volumen anwachsen und sich ausdehnen. Ein Aufblähen des Datenkosmos erklärte die Vordatierung auf der Zeitachse. Dies hieße Daten geringerer Ätherdichte wären die Vorstufen von Daten höherer Ätherdichte. Vielleicht wird das Material der einzelnen Zellen in eine gemeinsame Aktivität von Elektronen übersetzt. Man möchte den Raum als Ganzes aufspannen und die gewünschte Handlung darin ablaufen sehen.

ICH halte es für möglich, dass der bewusste Wert und auch Bewusstseinswerte ihre Existenz aus einer Manipulation der geringeren Feldstärken unserer Teilchenphysik erhalten. Dort wo die Feldstärke der Teilchen am geringsten ist, setze sich das Bewusstseinsfeld fest. Der Bewusstseinswert wäre ein Oberflächenwert der stabileren Materie. Es zeigte sich ein Oberflächenrelief. Dieses, so setze ICH es für meine Leistungsträger fest, setze sich aus den schwachen

Feldern ihres Entstehens, von dem dunklen Urfeld kommend, und den, die Ordnung der Materie begleitenden Feldern zusammen. Die Feldaktivität um die Materie muss in diesem Bereich nur schwach genug sein, den manipulierenden Geist zu integrieren. So könnte eine exakte Beschreibung des dazwischen liegenden Kerngebiets der Materie unterbleiben. Alles bliebe am funktionieren. SIE könnten die Objekte erfassen, ein Bewegungsprogramm zum Greifen entwerfen, oder die Daten in Formen des Wissens erheben und sprachlich aufarbeiten. Ohne hinter die Kulissen des dunklen Urfeldes dringen zu müssen und ohne die Materie in ihre Tiefen zu folgen, fänden sie sich im Raum zurecht.

Diese Übergänge müssen innerhalb des Status Quo darstellbar sein. Die funktionellen Mengen sollten möglichst harmonisch ineinander übergehen. Die Funktionen sollen einander ablösen. Hier gelange ICH an eine Datenmenge, welche mich über ein Wiener Schnitzel nachdenken lässt. ICH verfolge seine Zubereitung in der Küche. In einer ganz spezifischen Abfolge wird das Fleisch in Mehl, in Eiern und in Semmelbröseln gewendet und dann in der Pfanne ausgebraten. ICH sehe mir die Entstehungsräume der Zutaten an. Das Getreide für das Mehl und die Semmelbrösel, die Hühnerhaltung für das Ei, und ein Mastbetrieb für das Fleisch. Die Rohstoffe kommen alle aus landwirtschaftlichen Betrieben und gehen dann in die Verarbeitung. ICH sehe einen ungeheuren Apparat aus Technik und Arbeitern, die an dem Entstehungsprozessen der Produkte mitwirken.

Es wird geschlachtet, gemahlen, gebacken und viele Kilometer transportiert. Die benötigte Materie ist ständig in Bewegung. Diese Vorgänge laufen heute zu einem großen Teil gleichzeitig ab. War es früher anders? Wir wollen mit unserer Betrachtung den zugehörigen Bezugsraum aufspannen. Wir sehen das gebratene Schnitzel von diesen Daten begleitet. Das Wiener Schnitzel umgibt eine Datenhülle. Es speist sich aus der Fläche der Kern. Die Produktionsfläche speist viele Kerne auf vielen Tellern. ICH denke darüber nach, weil doch Arbeitsteilung herrscht, wie sich die geistigen Aktiva der verschiedenen Bereiche in einer gemeinsamen Architektur darstellen ließen. Womöglich ist die Summenarchitektur einem Vorgang in unserem Körper gleichwertig. Ein Wiener Schnitzel unterstützte dann die Funktion der Organe. Die Herstellerdaten fänden in einer besonders günstigen Architektur zusammen, und wirkten auf die Organisation des Wiener Schnitzels hin. ICH denke darüber nach, welche Formen von Wirkung sich in der Datenhülle bzw. dem gestaffelten Konstrukt der Teilschritte auftun könnten. Wie verrechnen sich die einzelnen Phänomene? Welchen Wert hat die Architektur für den Körper? Welche Organe werden wo und auf welche Weise in ihrer Funktion unterstützt? Das Produkt durchläuft verschiedenste Entwicklungsstufen. Der Transport ist gestaffelt. Eine davon ist der Weg in meine Küche und die Zubereitung selbst. Der Raum und die zeitliche Staffelung der Materieereignisse, welche in der Existenz des Schnitzels münden, könnten eine bedeutende Größe neuronaler Prozesse sein oder die Ereignisse der Organe hinterlagern.

Die letzten fünfzig Jahre haben sich die Lebensmittelkonzerne bei den Landwirten bedient. Und auch die anderen Größen unserer aktuellen Lebensweise bereichern sich auf Kosten unserer Landwirtschaft. Ihre Milliardengewinne saugen an der Existenz von Flora und Fauna. Das Land blutet aus. Sie agieren wie das Feuer das raubend über das Land zieht. Damit soll jetzt Schluss sein. So etwas wie eine Wertschöpfung gibt es nicht. Es gibt nur Gleichgewichte. Wir sollten ihr Gewinnstreben und das Heer der Party-People in die Schranken weisen, Sie, die den Niedergang unserer Lebensgrundlagen hochjubeln, Sie, die am Tropf der Biosphäre hängen. Gibt es die gute alte Zeit noch?

Hat das Wiener Schnitzel damit eine besondere Gravitation erworben oder sollen wir von einer Pumpenwirkung des Gefüges in Richtung Schnitzel sprechen? ICH meine die Herstellerräume, welche sich um das Schnitzel aufspannen. Die verschiedenen Komponenten bringen unterschiedliche Zeitfenster in die Datensphare um das existente Schnitzel ein. Am Ende verschwindet es. Gabel fur Gabel, Bissen für Bissen. Wie sieht der Datenkörper auf der Quantenebene aus, der das Schnitzel umgibt. In welcher Form profitiert der Organismus von dem Datenmaterial? Wenn Sie einen Bissen abschneiden, repräsentiert dieser die gleiche Informationsmenge wie das ganze Schnitzel. Wie organisieren sich die Herstellerräume, wenn sie das Schnitzel in kleine Stücke schneiden und diese dann beliebig anordnen? Krümmen sich die Daten und spannen wieder den Status Quo der Herstellerräume auf oder gehen die Datensphären der einzelnen Bissen eigene Strukturen ein. Bilden sich durch die Anordnung in einem Haufen höhere Funktionen heraus? Sogenannte Overlays, die vielleicht nur noch die gewichtigen Materieereignisse unserer Erzeugerstrukturen berücksichtigen. Summeneffekte die, die Hauptmassebahnen verkörpern, vielleicht den Strukturen des Organismus selbst zuarbeiten.

ICH halte Biodiversität für unbedingt notwendig. ICH halte die Anwesenheit von Beziehungsfeldern, wie sie unter den Arten bestehen für notwendig. ICH meine nicht die Beziehungen innerhalb des Status Quo. Als Beispiel dient ein Fußballspiel. Es kommen dann auch noch gleich die Würstchenbude und ein Bierausschank hinzu. Welches natürlich auch den Müllmann erfreut. Nein! ICH spreche von den Daten, welche in den Arten gleichzeitig vorliegen. Die Daten des Status Quo, welche von mehreren Arten gleichzeitig verwandt werden, um das Funktionieren ihrer Organe zu hinterlegen. Diese Daten, betrachten wir sie auf der Datenebene, finden sich in gemeinsamen Strukturen zusammen. Die so bezeichnete Materie organisiert sich in dichteren Formen.

Die Daten ordnen sich nicht beliebig im Raum an, sondern sind von den gegebenen Verhältnissen vor Ort geprägt. Das Einfliegen einer Art erzielte eine deutliche Wirkung auf die vorliegende Struktur. Dieses Wechselspiel der Felder tut der Ordnung gut. Es bestätigt, erhellt, regt an, ordnet, fasst in stabilere Architekturen. Wir regenerieren einfach schneller und schalten schneller ab, wenn wir in den Artenreichtum der Natur eintauchen. Dort liegen viele Daten in natürlichen Beziehungsfeldern vor. Diese Daten sind dem Organismus in Teilen bekannt. Sie unterstützen die eigene Architektur und erinnern die wirklich notwendigen Zusammenhänge der körperlichen Ordnung. Daten sind langlebiger, wenn sie eine regelmäßige Betonung erfahren. Jede Art betont den Raum auf ihre Weise. Die lebende Architektur reicht auch in unseren Körper herein. Die Positionen überschneiden sich im Status Quo. So vernetzen sich die verschiedenen Arten untereinander und halten sich gesund und den Lebensraum gesund. Hier erkennt man dann auch die Möglichkeit zu übergeordneten Bedarfswerten.

Reduziert ist auch der Lärm, der doch nur technischen Firlefanz einer Wirtschaftselite entstammt. Es kann sich ein jeder vorstellen, dass da oben nichts als Leistungsdruck und Gewinnstreben emittiert wird. Nun durchläuft die Information das Gefüge bis zum Individuum. Es mag sich durch das individuelle Sein, den Sportwagen, die schicke Wohnung und die neuen Googles gut anhören und auch gut anfühlen, aber sie verändern die Datenmatrix und die Körperprotokolle. Einen wirklichen Schutz vor Schadware bietet nur die Verschränkung der eigenen Daten mit einer Vielzahl anderer Arten in einer gelebten Komplexität. In diesen Datensätzen zeigt sich die wirkliche Moral. Es ist die Moral und Ethik eines natürlich gewachsenen Datenmantels. Dringen die Daten einer wirklichen Biodiversität in das Ich des Menschen vor, berühren die Daten die Seele und öffnen den Blick auf die Urdaten unseres Organismus, dann hellt sich alles auf und es entsteht eine ungewöhnliche Harmonie und Bedürfnislosigkeit.

Wenn ICH sehe, wie die Bildschirmchen Ihrer Smartphones die Kopfkinos besetzt halten. Wenn ICH sehe, wie sich Ihre Ich-Instanz von einem Bildschirmchen zu einem Paraboloid der Sendestation umstellt, und sie mit einer so beschickten Ich-Instanz wie kleine Kinder unterm Weihnachtsbaum erstrahlen, dann frage ICH mich, ist es so schön, von oben herab senden zu dürfen, auch wenn man mit seiner besten Freundin am anderen Ende nur ein Teil des Feldes ist und ein paar Wellen austauscht? Sieht so die Zukunft aus? Ist das eine der verbleibenden Möglichkeiten, glücklich zu sein? Mit tausenden anderen in der Form von Parabolspiegeln von Funktürmen herab zu strahlen?

Ein Quellfluss zum Beispiel, falls wir von den Datenäquivalenten einer Quelle, verbaut in den Architekturen verschiedener Arten, sprechen, spricht durch seine Eigenbewegung auf der Ebene dieser Beziehungsfelder somit gleichzeitig eine Vielzahl von Lebewesen in ihrem Sein an. Der mehrfach bezeichnete Quellstrom wiese einen Summeneffekt aus. Die beschriebene Architektur unterstützte die Eigenbewegung des Individuums. Die Strömung führt in Feldern zum

Informationsaufbau. Das Feld verbindet verschiedene Bereiche der Architektur. Die Wirkung des Quellflusses ist eine bewegende, welches dem Effekt des Summenfeldes entsprechen dürfte. Es lassen sich Datenkörper anstoßen, transportieren oder in ökonomischere Positionen manövrieren. Ein von lebenden Arten stabilisiertes Feld, bzw. eine dichtere Struktur auf Grund einer Anhäufung von identischem Datenmaterial, dem Status Quo äquivalent entnommen. Identische Datenäquivalente des Materieraums, Größen der Evolution, verschiedenen Arten eigen, installieren auf der Quantenebene Beziehungsfelder mit sichtbar dichteren Strukturen.

Gelebte Biodiversität geht mit einer Datenmatrix einher, die uns in die Lage versetzt, die Funktionalität der Organe zu gewährleisten und der embryonalen Auslese als Repertoire zu dienen. Das Höchste und Lichtvollste ist die Erkenntnis der Evolutionsspitze. Die Vielfalt allen Lebens, dem Status Quo ähnlich verhaftet, durch gleiche Datenlagen in Beziehung tretend, erzeugt eine Datenmatrix, die wir die Grundlage unserer Existenz nennen dürfen. Der Organismus erkennt seine Daten. Im Grunde ist Geist nicht viel mehr als eine Art und Weise, die Daten der Architektur unseres Körpers zu interpretieren. Die externen Daten werden zum Abgleich, zur Analyse und zur Beurteilung hereingenommen. Der Idealzustand für ein geistiges Wesen wäre, wenn das extern erhobene Datenmaterial der Körperarchitektur intern entspräche. Dies hieße, nicht zu altern.

Jedoch haben wir zu unserer Orientierung im Raum die Sinnesorgane entwickelt. Sprich, der Blick auf die externe Welt liefert uns immer nur Ausschnitte einer augenblicklichen Umgebung. Diese Daten sind folglich in die Architektur der Körperprotokolle zu integrieren. Die erhobenen Daten haben einen Anteil am Gesellschaftskonstrukt. Auf den Raum ausgelegt, so dass sich dieser aufspannt, sehen wir dann aber doch, dass sich alles irgendwie um den Organismus Mensch dreht. Es geht darum ihn zu ernähren und zu pflegen. Er braucht Entgiftung und Erholung.

Aus dem Blickwinkel der Körperprotokolle ist es am sinnvollsten, die externen Eingänge mit der Hintergrundarchitektur der Organe in Gleichklang zu bringen.

Dies betrifft unser Denken und Handeln. Das Gehirn wertet das extern erhobene Datenmaterial so auf, dass es den Körperprotokollen möglichst ähnlich ist. Wer etwas Wissen und die Fähigkeit zur Erkenntnis mitbringt, tut sich leichter. Denn unser Denken und Handeln sollte der organischen Substanz unseres Körpers dienen. Die Erkenntnis externer Zusammenhänge führt zu einer geringeren Fehlerwahrscheinlichkeit. Gewachsene Zusammenhänge zu überblicken, führt in den Bereich der Körperprotokolle. Das organisierte Datenmaterial der Körperprotokolle ist mit den externen Zusammenhängen so zu hinterlagern, dass sie möglichst eins sind. Es floss eine Fülle an Datenvolumina in die Körperprotokolle ein. Aber nur die brauchbaren Anteile zeigen sich in die Architektur des Menschen verwoben. In der Funktion des Ganzen zeigen sich seine Teile betont. So zeigt sich dieser Anteil auch im Materieraum und in anderen lebenden Architekturen betont.

Wir sollten uns die Möglichkeit vor Augen führen, die Eingänge externen Geschehens geistig so aufzuarbeiten, dass sie den Körperprotokollen immer ähnlicher werden. Die Einheit aus Geist und Körper wäre gegeben. Der Raum extern wäre ›vom Gehirn fehlerfrei erfasst‹ zu nennen, wenn er die organisierte Substanz unseres Körpers zum Ausdruck brächte. ICH meine, wüsste man die exakte Zusammensetzung unserer Körperparameter, veränderte dieses auch den Blick auf den Raum. Man könnte die optimale Zusammensetzung der Körperprotokolle lehren. Vor dem Hintergrund dieses Wissens, täte sich jeder Blick auf den Raum und jeder akustische Eingang als Wertigkeit innerhalb der Beziehungsfelder hervor.

Dies führt uns zur organisierten, körpereigenen Substanz. Es wäre zu erforschen, welche Materieäquivalente dem Raum entnommen wurden und auf welche Art und Weise sie in die menschlichen Architekturen einflossen. Diese Erkenntnis gäbe uns die Möglichkeit, den Raum so zu gestalten, dass sich die Lebenserwartung stark erhöhte. Dieses reduzierte die Fehlerwahrscheinlichkeit, welche als Abweichung von den Körperprotokollen verstanden wird. Der Körper selbst, sich seiner Hintergrunddaten bewusst, sähe auf den externen Raum. Diese

Wahrheit erzielt die höchste Lebensqualität. Dieses Datenmaterial generiert die Beziehungen. Diese Konfiguration bedingt menschliches Leben. Alles andere interferiert zu Licht. Das technische System hingegen ist nur eine Ableitung des bestehenden natürlichen Gefüges. Es ist eine Idee, die ihre Existenz aus den Beziehungsfeldern der Arten herleitet. Das technische System ist ein programmierter Materiestrom, der die korrelierenden Materieströme der natürlichen Ausgangsmasse nicht mehr sinnvoll vollendet.

Das Gehirn hat der Datenmatrix Werte entnommen und für seine Lösungsarchitektur verbraucht. Diese besonders dichte Form programmiert eine neue Massebahn. Das technische Gebilde ist ein Overlay. Es verfälscht die natürlich gewachsene Datenmatrix. Der neue Materiestrom stellt die Systemzusammenhänge verändert dar. Der definierte Materiestrom liegt wie eine Narbe im Gefüge. Die geschaffene Technik verändert die Umgebungsarchitektur. Es handelt sich um keine lebende Architektur. Das Produktionsgeschehen ist in Raum und Zeit nicht mehr verankert. Es unterwirft das gesamte Gefüge auf welches sich der denkende Mensch bezog. Es unterwirft die Bausteine, Daten, Ätherformen und die Beziehungsgeflechte der Arten in Raum und Zeit einer materiellen Echtzeit.

Der technische Materiestrom taktet den Raum. Wenn wir also über die Bewusstwerdung von Werten sprechen wollen, dann sollten wir uns um einen gemeinsamen Raum bemühen. Wir brauchen eine gemeinsame Datenmatrix. Wir sollten uns möglichst nahe an dem Lebendigen bewegen. Einfache Werkzeuge sind ja noch in Ordnung, aber Maschinen und ihre Entwicklung bis hin zur Hochtechnologie, die uns jeglicher Teilhabe an den natürlichen Strukturen berauben? Warum soll sich der Mensch nicht mit seiner Hände Arbeit, seiner eigenen Sinnesarchitektur und eigenem Denken direkt in die Datenhülle des Status Quo einbringen? Warum sollte der Duft, der Geschmack, die Akustik, oder die Lichtverhältnisse nicht zu sichtbaren Wahrheitswerten der Kopfkinos aufsteigen. Oder um Lösungswege aus der Krise zu installieren: Warum müssen derlei Größen des Kopfkinos wieder regional erhoben werden? Warum benötigt die Selbstorganisation für die Regelung der Verhältnisse vor Ort regionale

Datenwerte? Warum sollten regionale Komponenten wieder zu Koordinaten eines gemeinsamen Raums werden? Warum sollten wir die Datenhülle des Status Quo nicht wieder mit Sinneseindrücken aus lebenden Verhältnissen aufspannen?

Das elektromagnetische Phänomen ist ein Bestandteil der Selbstorganisation. Sind intensive Geruchserlebnisse und auch das Geschmackserlebnis, ein auf einer komplexen Datenmasse beruhendes Geschehen? Ist sowohl die Zusammensetzung der analysierenden Ebene des Gehirns als auch die Zusammensetzung der detektierten äußeren Verhältnisse für die weitere Kartographierung des Raums Bedingung? Dürfen diese Datenmengen absolute Datenmengen genannt werden, wenn es darum geht, Regengebiete heranzuführen? Ist nur diese absolute Datenmenge geeignet, einen Raum aufzuspannen und ein Summenfeld des Bedarfs hervorzubringen, welches dann exakt von einem Regengebiet der benötigten Masse und Ausdehnung substituiert wird? Dann fiele das mächtige Summenfeld des Bedarfs in sich zusammen und seine Feldstärke zeigte sich wieder auf die Haushalte der lebenden Architekturen verteilt. Dieses ist die Datenebene der Selbstorganisation. Die Programmierbarkeit der Substanz ist gegeben, falls wir die Quantentheorie und die Relativitätstheorie in diesem Beziehungszusammenhang bestehen lassen.

Wir benötigen regionale Koordinaten für die Selbstorganisation. Saisonale Geruchs- und Geschmackserlebnisse können nicht großartig genug sein. Ein auf Vielfalt beruhendes elektromagnetisches Phänomen der direkten Umgebung ist ein gängiger Faktor der Systemstabilität. Die Lebensmittelarchitektur ist ein notwendiger Baustein der regionalen Programmierung. Die Sinnesleistungen halten das System gesund. Zurück in die Region. Zurück zur Natur. Zurück zur Biodiversität. Wir erheben Daten für die Organisation des Lebensraums. Der Datenmantel der Biodiversität, ist der einzige gangbare Weg eines freien Geistes. Die lebende Hülle des Status Quo beinhaltet ein für alle zu durchdringendes elektromagnetisches Spektrum. Diese Datenmatrize beinhaltet die Wahrheit, die zu erobern eines jeden großen Denkers würdig ist, und auch unter den verschiedenen Arten gibt es Charaktere, die älter werden und sehr viel weiser enden.

Die Eigenschaften der menschlichen Architektur aber lassen sich benennen. Die Wirkungen auf ihre Bausteine sind bekannt. Das sind zum Beispiel die Verkabelung, die Leiterverbundenheit, die Isolation, die Chipidentität, eine Verpackung unter Schutzatmosphäre, dieses Transportwesen, das den Menschen seiner Heimat beraubt, ihm eine Umgebung und Identität vorenthält. Man könnte vieles tun, um den Datenkorpus der Menschen wieder regional zu verankern. Mit der regionalen Vernetzung gelänge vermutlich die Wiederherstellung von grundlegenden Eigenschaften der Datenmatrix, welche der Selbstorganisation zugehören. Für dieses Verständnis muss die Quantentheorie und Relativitätstheorie als ein Raum darstellbar sein. Größere Zusammenhänge innerhalb des Erdsystems würden ersichtlich, bedeutende Eigenschaften erneut installiert.

Ein Beispiel soll diesen Zusammenhang veranschaulichen. Wir sitzen hier bei einem Glas Apfelsaft und diskutieren das Wetter. Wir betrachten die Feldfrüchte, die wir bis zur Ernte im Herbst gut versorgt haben wollen. Der Apfelsaft stammt wie die dafür verwendeten Äpfel aus Neuseeland. Dann hat man den Saft in China eingedampft und die pulverisierte Substanz nach Europa geflogen. Hier hat man das Pulver wieder mit Wasser angerührt und abgefüllt. Nun sitzen wir hier bei einem Glas Apfelsaft und philosophieren über das Klima. Vermutlich verstehen Sie es nicht, wie die Buchstaben von der Tastatur in das Display gelangen. Sie können die Wege der Daten, die Sie nehmen, nicht nachvollziehen. Geben Sie ›Regen‹ bei Google ein und senden Sie es ab.

Früher hätte man mich der Hexerei angeklagt und verbrannt. Aber ICH sage Ihnen, wenn Sie eine Logistik unterhalten, die Fertigungsstraßen in Neuseeland betreibt und das Produkt nach China hinüberschaufelt, dort eindampft und die Trockensubstanz nach Europa bringt, um es, mit Wasser versetzt, unter den Menschen zu verteilen, so fehlt Ihnen jegliches Verständnis. Sie kennen die Wege nicht, die die Daten nehmen. Was halten Sie von Spuren, die Sie hinterlassen, und den Wegen, die Sie anlegen und dann gewohnheitsmäßig nehmen. ICH versichere Ihnen, es handelt sich um massive Störungen der Datenmatrix. Die Selbstorganisation arbeitet mit einem Gefüge voller Narben, Narben, die Sie einzufügen für notwendig erachten. Die Organisation des Lebendgürtels mit dem zugehörigen Verhalten der Elemente steuert kein allmächtiger Gott, dem man alles in die Schuhe schiebt. ICH spreche von der Programmierbarkeit der Substanz. ICH spreche von einem Lebendgürtel, der den Datenhaushalt der Selbstorganisation dominieren sollte. Getragen von Feldern und Feldstärken, von Ladungen und Beziehungen, induziert der Bedarf seine Substitution. Dieser Apfelsaft, in Europa getrunken, stellt eine massive Störung des regionalen Datenhaushalts dar. Diese Narbe in der europäischen Datenmatrix bedingt ein Missmanagement der Selbstorganisation auf allen Ebenen.

Das sind alles unglaubliche Hürden, die der menschliche Geist zu überwinden nicht mehr im Stande ist. Es fehlen die gewachsenen Beziehungen der lebendigen Architekturen. Es fehlt das individuelle Mitwirken an einem gemeinsamen Lebensraum. Der Artenschwund führt zu einem Datenschwund. Die Datenhülle des Status Quo dünnt aus. Die gemeinsame Datenmatrix, welcher wir zugehören, so dass unsere Seele Licht erhält und tiefe Freude empfindet, verliert an Qualität. Der begleitende Schaden gleicht dem Bild von Morbus Alzheimer.

Wie soll denn die Aktivität des einen den anderen noch sinnvoll anregen? Was erhalten wir als Ergebnis ihres Wechselwirkens? Was dringt in das eigene Bewusstsein vor? Was dringt in das Bewusstsein anderer Arten vor? Sind die eigentlich noch vernetzt? Ist ein wechselseitiges Korrelieren der Artendaten noch erwünscht, oder steht dem Wirtschaftssystem mittlerweile jeder Bewusstseinsgrad eines Denkenden und alle Bewusstseinswerte des Lebendigen im Wege? Glück, Freude, Schmerzfreiheit, Zufriedenheit, eine Sättigung der Zellsubstanz und seelische Gesundheit lässt sich von dieser lichtvollen Datenmatrize der gelebten Biodiversität ernten. Man sagt, wer diese Weisheit erlangt hat, kehrt zu den Irrtümern dieser Welt nicht mehr zurück. Sie nennen es die Quelle, und tatsächlich verliert man in diesem Licht den Sinn für das Eigene und nicht selten auch die Orientierung. Dieser Datenmantel, der sich um den Status Quo aufspannt, ist das Material eines organischen Datenspeichers. Der gesamte lebende Bereich, welcher sich durch die Hereinnahme von Daten zu seiner Form entwickelt hat und das Mühen des Lebendigen im Raum um die tägliche Existenz bedingen den Datenmantel des Status Quo. Hiermit ist der einzelne korrekt hinterlagert und dient mit seinem Leben dem korrelierenden Umfeld.

Sie isolieren, kodieren, verschlüsseln, verpacken, schützen, schirmen voneinander ab. Das eine wie das andere verhindert die Erkenntnis eines Zusammenhangs. ICH sehe die Wunden des Gefüges. Das Konstrukt der Entwicklung hat den Lebendwerten die Daten entrissen. Die Fertigungsstraßen fressen sich in die Datenmatrix des Lebendigen hinein. Das Produkt verhält sich beziehungslos zu unserem Lebensraum. Sein Umfeld vergiftet, verpackt, verschlüsselt, verbraucht, Abfall. ICH sehe die sich ausbreitende Dunkelheit. Das Licht fließt in übergeordnete, künstliche Räume ab.

Während sich die Wissenschaften voneinander abgrenzen und sich auf ihren Gebieten immer tiefer isolieren, entstehen Summenarchitekturen mit eigenem Charakter. Die Wissenschaften entreißen dem Systemgefüge, was ihnen Geld und Macht verspricht, um es dann den gefundenen anderen, jetzt Systemwerte eines Menschenwissen hinzuzufügen. Herausgelöst aus den systemischen Zusammenhängen, erreichen sie in den Summenarchitekturen Werte an Masse und Feldstärke, deren Existenz mit einem hohen Verbrauch an Ressourcen einhergeht. Was wir für wissenswert halten, sind oft nur isolierte Betrachtungen eines spezifischen Materiebereichs. Die anderen Faktoren, welche sich im Hintergrund zu gemeinsamen Feldstärken addieren, bleiben unerkannt. Die Positionierung in Raum und Zeit, welche das eigentliche Funktionieren des Miteinanders bedingt, verliert an Substanz. Das Funktionieren der Komplexität liegt an der Organisation der Daten. Die Organisation der Daten in Feldern führte zu organischen Datenspeichern. Die gewachsenen Datenspeicher unterhalten, artspezifisch, Beziehungen zum Status Quo. Die vielen Daten in gemeinsamen Feldern bedingen auch Beziehungen der Arten untereinander. Die Datenmatrize, die sich um den Status Quo aufspannt, ist eine gewachsene Verschränkung von Daten. Alles Lebendige wirkt an einem organischen Datenspeicher mit. Dieser organische Datenspeicher bedingt das Klima und das Wetter.

Dieses Geschehen verankert den spezifischen Faktor und auch den wissenschaftlichen Baustein in Raum und Zeit. Das macht den Wert der Komplexität aus. Es macht das sichere Miteinander der Arten aus. Diese Ordnung geht aus der Archivierung der Daten in Feldern hervor. Ihre ökonomische Verschränkung und spezifische Architektur regelt das System mit Feldstärken. Das ist in lebenden Systemen möglich, weil sie einen Stoffwechsel unterhalten. Jede Art ist auf ihre Weise in Raum und Zeit verschränkt. Das jeweilige Sein einer Art zeigt sich in Ort und Zeit von dem Sein der anderen Art getrennt. Hier gab es den freien Willen noch. Er zeigte sich von Gott gegeben. Der freie Wille war ein individueller Datensatz, von Feldern und Feldstärken zum Ausdruck gebracht. Das eigene Verhalten war Ausdruck einer gesunden Ordnung. Der Mensch war ein Teil der Schöpfung. Sich der göttlichen Gesetze zu erfreuen, hatte seine Berechtigung. Jeder Materiestrom ist von Feldern organisiert zu betrachten. Was Sie an bewegter Materie sehen, ist der Haupteffekt der hinterlegten Datenarchitektur. Bedenken Sie die Störung des natürlichen Gefüges, wenn Sie etwas davon entnehmen und in anderen Zusammenhängen neu formieren.

Die Wissenschaft addiert den gefundenen Wissenswert zu den anderen Wissenswerten, die hierfür ebenfalls ihre Einbindung in ein gemeinsames Gefüge aufgeben mussten. Es entstehen neue Architekturen mit veränderten Eigenschaften und veränderten Wirkungen auf ihren Urgrund. Der Verlust der gemeinsamen Komplexität macht sie unberechenbar. Die neuen Architekturen der Wissenschaft unterscheiden sich von den alten, natürlich gewachsenen Lebensbedingungen. Die natürliche Komplexität war groß genug, uns zu inspirieren. Die natürliche Komplexität und das Verhalten seiner Bausteine waren die Basis unserer technischen Ableitungen. Die Natur war als Vorbild immer gut genug. Die permanente Entwicklung führt das technische Gebilde jedoch in die Isolation. Heute wohnt der ursprünglichen Komplexität der Datenmatrix eine Produktionsarchitektur inne. Das Verhalten der Produktionsgüter und der Warenströme ist ein abgekapseltes Geschehen, dem auch der Mensch sein neues Sein zu verdanken hat. Der künstliche Materiestrom der Güterproduktion stellt den Urgrund seiner

Bausteine, deren wahre Existenz vor massive Herausforderungen. Die übernatürliche Gravitationslast der geschaffenen Architektur bringt manches Problem mit sich.

Das Produkt wird zur Konkurrenz im Raum. Plötzlich stört das Alte. Das Datenäquivalent des Produktionsgeschehens bringt den Haushalt der Biotope in Bedrängnis. Wissenswertes wird aus dem natürlichen Gefüge herausgelöst und in Summenarchitekturen neu formiert. Die technischen Ableitungen erinnern diese. Die Fertigungsstraßen arbeiten Tag und Nacht, rund um die Uhr. Ihre ständige Präsenz führt zu allgemeinen Belastungen und Störungen der Organismen und ihres Zusammenlebens. Das Korrelieren der Daten in Feldern und gemeinsamen Feldstärken ist gestört. Der gemeinsame Lebensraum auf der Spitze der Evolution darf höchste Datenvielfalt genannt werden. Das Miteinander der Daten in komplexen Systemen mit Felder und Feldstärken, welche das System zur höchsten Präzision aufbauten ist verloren. Eine Datenmatrize der Selbstorganisation, welche alles und Jedes aufgrund seiner Daten, in Feldern organisiert, von gemeinsamen Feldstärken betont und aktiviert, dorthin führt, wo es seiner Aufgabe im Raum entspricht, ist Gott gleich.

Der wissenschaftliche Konsens zeigt sich dominant gegenüber den natürlichen Phänomenen und Ordnungen. Das Datenmonster unserer zivilisierten Welt bringt einige ungünstige Folgen mit sich. Die zentralen Hauptströme sind beschleunigt. Die Datengebilde sind mehr als dicht mit Information bepackt. Die Informationen sind aus dem natürlichen Zusammenhang herausgerissen, so dass anderen Arten und auch mancher Mensch eins vor die Fresse bekommen. Die Informationen, welche in das Bewusstsein drängen sind dann hauptsächlich diese beschleunigten Werte der industriellen Kernströme. Andere Arten haben nichts davon, selbst der Mensch ist darin isoliert von allem anderen. Das Miteinander der Arten in einem gemeinsamen System ist verloren. Hier addiert sich nichts mehr zum Licht. Der Industriekörper verhält sich wie die rotierenden Massen eines Schredders. Die Räder des Konsums drehen sich auf Kosten derer, die nur leben wollen. Wenn die Klimasysteme diese Programmierung aufnehmen und der Regen in einer Form niedergeht, wie sie der Formierung der Substanz in technischen Größen entspricht, dann schlagen die Chaossysteme und die Elemente in einer Woche spürbar tiefere Wunden, als es Fortschritt und Entwicklung in einem Jahrzehnt tun.

Das gilt für den Bau der Maschinen, wie es für die Herstellung der Produkte und ihren Konsum gilt. Wenn derlei Datenbahnen die geistig seelische und die körperliche Ebene hinterlagern, oder gar als das Maß aller Dinge gelten, verliert das übrige Gefüge an Flexibilität und Komplexität. Der Gebrauch der Produkte wie auch die Daten der Herstellerbahnen schneiden tief in unsere Seelen ein. Die standardisierten Massebahnen unterwerfen individuelle Vorlieben. Die bewegten Massen sind die Grundlagen unseres Denkens. Die bewegte Materie dient dem Gehirn zum Aufbau von Lösungsarchitekturen.

Die Systemzusammenhänge innerhalb der belebten Natur schwinden. Wir verlieren zunehmend an geistiger Flexibilität und Komplexität. Die stupiden Massebahnen der Fertigungsstraßen ruinieren die Einzugsgebiete. Die Systemzusammenhänge schwinden. Die Architektur biologischer Gewebe und Systeme verarmt. Die Materiebahnen der Produktionsanlagen zerreißen die Systemzusammenhänge. Die Substanz hinterlagert fortan die Produktionsarchitekturen. Die verbindende Substanz biologischer Systeme ist in Jahrmillionen gewachsen. Sicher dürfen wir die Grundgesetze der Physik als erste Grundlagen nennen. Hier aber geht es um das entstandene Leben. Es geht hier um die Verhältnisse der Daten intern, als Leben organisiert, und auch um die Daten eines externen Engagements. Die täglich aufgeworfenen Daten hereinzunehmen, die Felder damit zu beschicken und die Formen des Elektromagnetismus organisch zu binden, diesen Reichtum an Daten, diese Vielfalt, den Materieraum abzulichten, diese Artenvielfalt, identische Kriterien in den Funktionsfeldern verschiedener Lebensformen. Kriterien unterschiedlicher Auflösung beschreiben die gleiche Materie. Verschiedene Kriterien haben gemeinsame Raumanteile. Benachbarte Kriterien lassen sich erweitern, bis sie sich berühren und schließlich in einem gemeinsamen Raum aufgehen. Die Kriterien verschiedener Lebensformen, die Kriterien eines verschiedenen Raumbezugs, verbinden die Datenlagen anderer Arten zu einem gemeinsamen Raum. Eine Vielfalt an Daten, welche den Raum unterschiedlich beleuchtet, aber immer dem Status Quo als Ganzes verpflichtet ist.

Das Wissen, dass der gleiche Raumanteil in verschiedenen Lebensformen gleichzeitig verbaut sein kann, führt uns zum Verständnis gewachsener Beziehungen. Das Kriterium bezieht sich auf die gleiche Materie, obwohl es einer anderen Sinnesarchitektur entstammt und in verschiedenen Organismen verschieden verbaut ist. Es zieht sich ein Faden durch die verschiedenen Lebensformen. Das sind Datenlinien, Kriterienfelder, Kraftfelder, Datengespinste. Kein Wort trifft es genau. Die Daten, welche in den Lebensformen archiviert sind, beschreiben den gemeinsamen Raum. Wir sehen zwischen den Lebensformen eine gewachsene Beziehung. Der gemeinsame Anteil am gemeinsamen Raum spannt diese Beziehungen auf.

Wenn wir die Kriterien verschiedener Arten zu einem Informationsvolumen verrechnen, werden wir ein elektromagnetisches Phänomen erhalten, welches eine höhere Masse erzielt, eine höhere Gravitation erreicht und damit eine höhere Wirkung auf sein Umfeld erzeugt. Diese werden auf der Quantenebene, im Hinblick auf den zu organisierenden Materieraum, eine höhere Wertigkeit erzielen. Aus einfachen Datenäquivalenten, den Kriterien, wie sie die Sinnesorgane und der Bewusstseinsbezug hervorbringen, werden gravitationsreiche Raumpartikel. Die gravitationsreicheren Raumpartikel kommen den wahren Materieverhältnissen sehr nahe. Sie bleiben eine Beschreibung des Raums. Man könnte sich auch als Grundlage der Programmierung ausmachen. Der Geist vermittelt zwischen der biologischen Masse und der umgebenden Materie. Die Bewusstseinsmasse ist interne Größe und externer Materiebezug zugleich. Das Verhältnis der Daten gemeinsamer Bereiche zeigt sich am Besten in dem Status Quo ausgedrückt. Die Sichtweisen der Lebensformen wirken bei der Selbstorganisation mit.

ICH möchte mich nicht zufällig im Raum bedienen, sondern ein Stück Materie von verschiedenen Arten elektromagnetisch erfassen lassen und dieses

Stück elektromagnetischer Information dem direkten Feldäquivalent der Materie, dem Materieäquivalent des eben so bezeichneten Raums zur Seite stellen. Während ICH das Materieäquivalent als reines Feldäquivalent der Materie betrachte, das auf Grund der physikalischen Gesetze existiert, erscheint mir das elektromagnetische Phänomen der neuronalen Netzwerke als Ausdruck einer beschreibenden Sensorik nicht weniger bedeutend. Die allgemeine Sensorik der Lebensformen liefert mir einen unglaublichen Pool elektromagnetischer Größen. Die Daten entstammen ganz einfach ausgedrückt, zunächst einmal einer biologischen Architektur. Alles Leben behandelt den gegenwärtigen Status Quo in seiner Form. Das Ganze ist eine große Mühle, so dass das Elektromagnetische immer größere Räume immer großartiger beschreibt.

Alle Phänomene münden in den Status Quo. Es ist die Materie des Raums, welche die ansetzenden geistigen Entwürfe annimmt. Der Status Quo ist eine alles übergreifende Wahrheit. Wir leisten alle unser Tagwerk. Die umgebende Materie behält das Sagen. Diese Phänomene organisieren den Status Quo. Die geistigen Positionen und die Grundkräfte der Physik liegen ganz nahe beieinander. Aus diesen Positionen heraus organisiert sich der Raum. Aber nicht alle Phänomene beherrschen den Raum. Der Großteil der Individualdaten ist unvollkommen und wandelt sich im Miteinander größerer Felder sehr stark ab. Nicht alle Wünsche finden in ihrer Reinform im Status Quo zum Ausdruck.

Ist es einfach nur schmerzhaft, solange ein Informationsunterschied zur eintretenden Wahrheit besteht? Erlischt der fehlerhafte Gedanke, wenn sich das Zeitfenster schließt? Wie sind wir in andere Felder eingebettet? Wer zwingt uns seine Interessen auf? Bin ICH es, der das Gesamte mit einem Geistesgebilde überspannt, der alten Welt eine neue diktiert, von welcher jeder Bürger, jedes Leben Baustein ist? In welcher Weise mahlen die großen Felder ihre Zukunft? Zehrt der Untergang geringerer Positionen an der organischen Substanz der betroffenen Akteure? Wandeln sich die geistigen Entwürfe im wechselseitigen Miteinander? Auf welche Weise?

Die gelebte Biodiversität enthält viele wichtige Parameter der

Selbstorganisation. Die dichteren Beziehungsfelder, welche die Arten überspannen, erscheinen mir besonders erwähnenswert. Die generierten Feldstärken gehen mit speziellen Wirkungen einher. Die Feldstärken packen die Kriterien dichter zusammen, so dass sich der bezeichnete Raum betont zeigt. Diese Beziehungsfelder bekunden gemeinsame Interessen. Gemeinsame Kriterien, gemeinsames Lebensumfeld, gemeinsame Interessen. Die entstehenden Feldstärken sind das Ergebnis von Überlagerungen. Auch der Materieraum hält die Lebewesen zusammen. Alle Ideen und geistigen Entwürfe beruhen auf Kriteriensummen. Sie alle münden in den Materieraum. Identische Kriterien und Kriterienteile halten die Lebensformen zusammen.

Die Kriterien, vor allem die, welche die Lebewesen gemeinsam haben, gelangen über die organisierenden Kaskaden in den Bereich der beschriebenen Materie. Alle Lebensentwürfe wechselwirken und kreisen hoch bis in den gefassten Materiebereich. Alle Lebewesen stehen über die globale Architektur des Status Quo bzw. über das Erdmagnetfeld in Verbindung. Die geistigen Positionen geben der Materie einen Datenmantel. Die handelnde Lebensform ist selbst ein Materieereignis. Ihre Eigenbewegung muss als organisierendes Phänomen angesehen werden. Obwohl die Idee zur Bewegung dem Geistigen entspringt, ist die Bewegung selbst ein Einzelereignis des Materiehaushalts. Die geistigen Positionen speisen den Datenmantel, während die bewegte Materie wie folgt auf sein Datenumfeld wirkt. Die bewegte Kreatur stellt eine Massebahn dar. Die bewegte Materie hat selbst eine bahnende Wirkung auf das Gefüge.

Das Haustier nimmt den Raum für sich in Anspruch. Der begleitende Feld- und Datenkorpus konkurriert mit den anderen Architekturen. Es werden sich besonders bestehende Identitäten betont zeigen. Die Betonung zeigt sich und sie stellt sich im Sinne der Selbstorganisation als wahr heraus, wenn sich die Kriterien des Organismus mit den Ideen des Geistes decken und sich irgendwann ein Echtzeitstatus mit dem Materieraum einstellt. Das elektromagnetische Phänomen erreicht als direktes Äquivalent den Materieraum. Die Betonung erzeugt das dichtere Phänomen. Das dichtere Phänomen dient der Selbstorganisation des gemeinsamen Raums. Das Lebewesen und sein Datenumfeld ist, falls keine schwerwiegenderen Phänomene auftreten, ein Phänomen der Selbstorganisation. Während der embryonalen Entwicklung dient der Materieraum als Matrix und Gerüst für das Orientierte Wachstum. Der fertige Fötus hat sich die Daten des Materieraums vielfach ausgelesen. Die Befruchtung wird bereits von einer Datensphäre begleitet. Das Leben und seine embryonale Entwicklung werden von einer Datensphäre begleitet. Wir nehmen die ökonomischen Polungen und ladungsabhängigen Schaltungen der Datenfelder nur ungenügend war. Wir sehen die Datensphären hauptsächlich von den fertigen Systemen dominiert. Nach der embryonalen Entwicklung erfahren wir die erworbene Informationsmenge nur noch als Basis der funktionellen Datenlagen. Die Hardware hat das sagen. Das biologische Gewebe hat unsere Aufmerksamkeit. Sein Aufbau, seine Lage, seine Funktion für das Ganze gehört zu unserem Schulwissen.

Die Feldäquivalente der Materie und elektromagnetische Momente, Resultate einer Wechselwirkung sind die ursprünglichste Information, welche als Bausteine einer Hintergrundordnung beginnenden Lebens angenommen werden können. Erst sehr viel später liegen die Daten in Feldern organisiert vor. Diese ökonomischen Architekturen bedingen die Feldfunktionen und bilden die Funktionsfelder unserer Organtätigkeit. Die Gleichzeitigkeit der verschiedenen Architekturen führt zu einer Herausstellung gleichwertiger Daten und zu einer Betonung des Raums. Die betonten Anteile der Sphären werden sich dichter organisiert zeigen. Die herausgestellte Dichte enthält Effekte zur Förderung der genannten Bedingungen. Es zeigen sich uns auch Strukturen. Wir finden in diesen Feldeffekten Materieströme, hauptsächlich gleichgerichtet, verarbeitet. Die Förderung eines Einzelnen könnte somit auch einen systematischen Zusammenhang zur Grundlage haben. Das Wachstum einer Pflanze könnte sich in dieser Weise angeregt zeigen.

Es wäre möglich, dass sich die Struktur des Feldes unabhängig von seiner Zusammensetzung bereits fördernd zeigt. Aber vermutlich liegt es auch an der Wahl der Bausteine, ob es das Pflanzenwachstum fördert oder den Automobilabsatz ankurbelt. Es wird auch am Grad der Vernetzung und an der Art der Vernetzung liegen, in welcher Weise eine Struktur aus Kriterien auf den Materieraum einwirkt. ICH behaupte, das Datenmaterial fördert sich selbst. Es strebt seiner Entsprechung im Raum entgegen. Die Existenz der Daten auf der Quantenebene ist eine Bedingung für eine spätere Existenz im Raum.

Für mich besteht die Möglichkeit mich darin als bewegtes Objekt zu sehen oder diese Daten als Freiraum für meinen Geist zu betrachten. ICH wähle selbst, womit ich mich gerne beschäftige. ICH wähle selbst, wen oder was ich zu der Hintergrundarchitektur meiner Gehirnaktivitäten zählen möchte. Den Hund oder die Katze, die Orchidee oder den Kaktus, die Karotte oder die Gurke oder einen lieben Menschen. Jegliches Leben generiert Daten, die einem in Beziehungen zur Wechselwirkung gereichen. Es sind auch die Geringeren zu erwähnen, welche sich auf den gleichen Raum beziehen. Sie beschreiben den Status Quo in ihrer Form. Die aufgeworfenen elektromagnetischen Phänomene sind ebenfalls ein Bestandteil des Datenmantels. Die Massebahn eines Haustieres wird von Orientierungsleistungen im Raum begleitet sein. Das Leben ist selbst eine Kriterienmenge. Während der Bahn durch den Raum werden sich die Daten der Körperprotokolle in die reale Umgebung einfügen. Man könnte auch sagen, dass sich der Organismus Äquivalenzen mit dem umgebenden Raum notiert, oder der Organismus bestätigt seine Hintergrundprotokolle mit Information aus seiner Umgebung.

Betrachten wir den Materiehauhalt, so erblicken wir ein lebendes Objekt, welches sich in Bewegung findet. Gleichzeitig erhalten wir elektromagnetische Status der Sinnesorgane. Das bewegte Objekt liefert zu seinen Körperdaten noch Sinnesdaten seiner nächsten Umgebung mit. Auf der Quantenebene sehen wir den Tierkörper und die Daten aus seiner Umgebung, eine Auslese gewissermaßen so beschaffener Sinnesorgane. Die Eigenbewegung durch den Raum gleicht einer Anregung der eigenen Positionen. ICH erlaube mir die Positionen anderer Lebewesen wahrzunehmen und meiner geistigen Architektur hinzuzufügen. Wir haben identische Anteile an einem gemeinsam genutzten Raum. Die identischen Anteile am Raum sind wie Datendrehkreuze zum gegenseitigen Informationsaustausch. Wir haben es jedoch nicht nur mit Sinnesleistungen zur Aufklärung des Raums zu tun, sondern auch mit den analytischen Mengen der neuronalen Netzwerke. Diese bedienen zum Beispiel Bedürfnisse des Körpers. Sollte der Umherstreifende Durst haben, ist der aufgeklärte Raum zusätzlich mit der Suche nach einer Wasserquelle behaftet. Sollte er seinen Durst eben gelöscht haben, so wird auch dieses als eine Architektur seines Geistes, zumindest vorübergehend in die Materie seines Weges einstrahlen.

Es gibt aber auch ein Wechselwirken mit bestehenden Raumdaten, mit dem Haustier zum Beispiel. Läuft das Tier durch den Raum können seine Wahrnehmungen in die Raumdaten des Menschen hereinreichen. Was, wenn die Katze auf die Maus trifft? Es wird auch gejagt und gefressen, verfolgt und geflüchtet. Der bewegte Körper zeigt eine besondere Wirkung auf der Quantenebene. Wir sprechen von einer Bahnung. Das entspricht dem Rückbau von unbrauchbaren Daten und einer Betonung von brauchbarem und bekanntem Material. Wie zeigt sich eine Verfolgungsjagd von Tom und Jerry auf der Datenebene? Es zeigt sich zuerst die Sichtweise der Maus, gefolgt von der Sichtweise der Katze. Die Kriterien der Maus sind als elektromagnetische Status ebenso zu bedenken wie die Kriterien der Katze. Wir haben hier zweierlei Beschreibungen des Materieraums, die in einer sehr kurzen Zeit aufeinander folgen. Der Raum des Status Quo wird eben an dieser Stelle die Positionen der Maus, gejagt von den Positionen der Katze, abbilden müssen. ICH sehe in der Jagd so etwas wie eine gröbere Abstimmung der Datenkörper. Vor allem die Schnelligkeit, mit der sich die Körper durch den Raum bewegen, wird eine besondere Wirkung auf der Quantenebene und die Datenfelder dahinter erzeugen.

ICH begreife mich als Mensch und möchte meine Sichtweise auch nicht weiter verändern. Wir blicken daher hinter die Kulissen. Die dunkle Energie erweist sich als Feld und damit auch als Information. Dieses Informationsfeld bestand bereits vor dem Urknall. Es lässt sich bereits zum Urknall hin und auch kurz danach, in Richtung der zu organisierenden Materie eine Quantenebene annehmen.

Jedoch zeigt sich quantenähnliches Verhalten auch nachdem die Materie manifest wurde und sich größere Körper mit Masse bildeten. Die Materie, tot oder lebendig, führt zu besonders gearteter Information. Die Quantenebene, aber auch die Datenebene, zeigt sich von nun an von den Feldern der Materie geprägt. Die Geschwindigkeit, mit der sich die beiden Tierkörper durch den Raum bewegen lässt nur die groben Übereinstimmungen ihrer Sichtweisen zur Geltung kommen. Die feinen geistigen Architekturen, welchen die Sinnesorgane in der Regel in Ruhe Existenz verleihen, treten zurück.

Die groben Identitäten des Raums beider Arten werden sich besonders betont zeigen. Die geistigen Betrachtungen des Ruhenden, weichen den groben Materieverhältnissen des Beschleunigten. Der Lebensbereich der Maus und der Lebensbereich der Katze unterscheiden sich. So verliert die Architektur der Katze ihren Einfluss, wenn die Maus in das Dornengestrüpp eintaucht. Die Architektur der Maus hingegen gewinnt an Bausteinen. Beide Datenräume, die Wohnstatt der Katze und die Wohnstatt der Maus sind stabile Teile des gelebten Status Quo. Der Status Quo mit seinem Materiehaushalt ist das Ziel unserer Reise. Wir wollen die organisierenden Datenkörper in den Status Quo münden lassen.

Beide Architekturen existieren nun entfernt voneinander. Sicherlich schläft mancher und lässt die Aktivität des anderen ohne die Leistungen seiner Sinnesorgane über sich ergehen. Aber es muss auch die Gleichzeitigkeit der neuronalen Leistungen gewährleistet sein. Wir nehmen hierfür das Korrelieren der Daten in Feldern an. Das Korrelierende System erlaubt es, das eigene Sein mit dem anderen Sein abzugleichen und Gemeinsamkeiten zu betonen. Die Katze und die Maus verlassen nun ihr Versteck. Sie bringen ihre Gebrauchsdaten mit und weisen gleichzeitig noch Verknüpfungen mit den korrelierenden Datenräumen auf. Die Kenntnisse vom gemeinsamen Raum sind artspezifisch. Beide Datenkörper, Maus wie Katze haben eine Beschreibung des gemeinsamen Raums entwickelt. Hier erkennt man es ganz deutlich, versucht man dem Kontext Bestand zu geben, erlischt das gesamte Wissen. Es handelt sich um ein mehrdimensionales raumzeitliches Gebilde, welches nur als Gefüge wirklich existent ist. Sobald man ein

Einzelnes daraus hervorholt und den Versuch der Niederschrift beginnt, bricht das gesamte Volumenwissen sofort zusammen.

Die Katze kommt aus dem Versteck und hat ihre Gebrauchsdaten mit dabei. Gleichzeitig enthält ihr Gefüge aber auch Daten der Maus, eines sehr viel geringeren Materiekörpers. Es ist ein Phänomen des Korrelierenden Systems, dass sich Eigenschaften der Feldaktivität austauschen. Bewegte Massen können sich zueinander addieren. Die Bahnung der bewegten Masse führt zu gemeinsamen Freiräumen. ICH kann mir auch die Betonung funktioneller Lösungen im Raum vorstellen, wenn sie in ihrem Aufbau verwandt erscheinen. Der Kauapparat, der Magen, die Verdauung, das Kreislaufsystem von Herz und Lunge zum Beispiel, ließen sich sehr einfach anhand der Materieverhältnisse in eins fassen.

Die Katze trifft erneut auf die Maus und die Jagd beginnt. Es erscheint uns natürlicher, dass die Katze die Maus jagt. Es fällt uns leicht, die zeitliche Abfolge der Daten im Raum zu denken. Jagt die Maus die Katze, so müsste man die Daten des gravitationsreichen Katzenkörpers in die Datenlagen der Maus überführen. Die Zeit liefe rückwärts, von gröberen zu geringeren Ätherwerten. Wir beginnen bei den Raumwerten der Maus aus Gehör, Geruch und den Barthaaren und lösen diese dann durch die Kategorien der Katze ab. Die Leichtigkeit, mit der dies zu denken ist, beruht vermutlich auf der Abfolge der Materiekörper. Der relativ kleinen Maus folgt eine relativ schwere Katze. Handelt es sich um ein Gesetz, vom Kleinen zum Großen zu gehen? ICH halte mir immer die elektromagnetischen Status vor Augen, die zu erheben sie gewohnt sind. ICH versuche, mir den Raum, mit welchem ihre Existenz einhergeht, und die Ausdehnung ihres Geistes vorzustellen. Darf auch hier der Status Quo als mächtigste Bedingung angenommen werden? Gehen alle erhobenen Daten, dem aktuellen Materieraum im Schwerefeld der Erde entgegen? Erreichen alle Datenkörper früher oder spater eine Entsprechung mit dem Materieraum? Führt uns die geistige bzw. elektromagnetische Involvierung der Kerndynamik im physikalischem Sinne zu geschlossenen, den Materieraum beherrschenden Feldern?

Es gilt, sich mit seinem Datenkörper so durch das Gefüge zu bewegen, dass sich immer größere Entsprechungen mit dem Status Quo herausbilden. Am Ende der Architektur stehen der eigene Organismus und das lebende Tier als Werte eines organisierten Ganzen. Das elektromagnetische Körnchen einer Maus wird sich sehr leicht in die elektromagnetische Architektur eines gravitationsreicheren Katzenkörpers fügen. Das elektromagnetische der Katze wiederum wird sich in das geistige Geschehen des Menschen fügen müssen. So sehen wir die einzelnen elektromagnetischen Werte in größeren Kategorien aufgehen. Es geht nicht nur um die zunehmende Ätherdichte oder Flächenwerte, die von den Mikroorganismen bis hoch zu den einzelnen Tierarten, kaskadenartig organisiert sein wollen. Es sind auch rein menschliche und rein tierische Handlungsentwürfe denkbar, die die Kerndynamik von der Quantenebene aus involvieren, aber erst frei geschalten werden, wenn sie sich zu jenem sichtbaren Raum aufgeschaukelt haben, dass sie als Prägung der Kerndynamik, aber übergeordnet sichtbar werden. Das Sichtbarsein seines Anteils an einer Welle oder eines Teilchens ist nicht unbedingt Vorraussetzung für die Handlung selbst. ICH halte es aber für möglich, dass ein elektromagnetisches Moment entsteht, das einzelne Kriterien der Kerndynamik zu einem Abbild des Raums addiert, dass wir es auf der Daten- und Quantenebene als zusammenhängendes Feld vorliegen haben und es gleichzeitig als gültige Beschreibung des Status Quo zulassen. Gewisse Kriterien der internen Dynamik der Kerne fügten sich zu Beschreibungen des Raums zusammen. Es wird eine spezifische Auswahl an Kriterien getroffen, die der Architektur des zu beschreibenden Raums angehören. Das beschreibende Feld wird die Kerngebilde durchziehen. Dieses teilchenübergreifende Feld steht vermutlich mit den Kernkräften in Beziehung. Eine Art von Handlungshorizont täte sich auf, in welchem man sich frei und gefahrlos bewegen könnte.

Wir betrachten die Datenarchitektur aus Mikroorganismen, anderem Leben, Katze und Maus im Einfluss der Elemente. Wie bemächtigt sich das Feuer dieses Raums? In welcher Weise zeigt sich der Regen von den gegebenen Sinnesarchitekturen beeindruckt? Welche Datenanteile hebt der Wind hervor? Wie ist die wärmende Sonne und wie der kühle Schatten einzuordnen? Welche

Zeitfenster gehen mit den Tag und Nachtschwankungen einher? Es zählt immer das vorliegende Datenmaterial, welches durch die Felder der Materie bzw. die Sinnesorgane erhoben wird. Natürlich zählt auch, dass durch die Evolution konfigurierte Datenmaterial des bestehenden Organismus, wobei wir die Funktionen unserer Hardware als Overlays begreifen müssen. Im Grunde sind wir nur zum Erhalt dieser Lebensfunktionen und daher in ganz spezifischer Weise an Bereiche der Außenwelt adaptiert.

Das wechselseitige Auftreten von Regen, Wind und Sonne führt zu einer übergeordneten Prägung aller Lebewesen, unabhängig davon, welche Bedingungen sie favorisieren. Extreme Werte führen uns immer wieder vor Augen, dass es zum Untergang aller führen kann, wenn Lobbyisten oder einzelne Arten das Übergewicht bekommen. Während sich die Kinder im Schwimmbad lautstark vergnügen, verdursten die Alten in den Heimen. Extreme Werte erzeugen Leid. Die Ausgelassenheit schwindet. Ohnmacht und Lethargie breitet sich auch unter Spasspeoplen aus. Extreme Werte zeigen uns den Wahnsinn mancher Personengruppen auf. Das Lebensziel, vor allem das geschaffene Datenmaterial, ist keine Erkenntnismasse, die dem Ursprung des Lebens und unserer Evolutionsspitze gleichkäme. Der aufgesetzte Kapitalismus trichtert ihnen ein, was ein schickes Leben ist. Eine Geistesmasse, die dem Auskommen unseres Organismus und dem Optimum der Zusammenwirkenden Organfunktionen gleich wäre, so dass wir in einer so geprägten Umwelt unsere Organfunktionen erkennen könnten, ist augenblicklich nicht gegeben. Das aufgeblähte künstliche Datenmaterial der Spass-People, kommt ein Starkregen mit Blitz und Donner, führt zu nichts anderem als flüchtenden Menschen mit Toten und Verletzten.

Das Datenmaterial der Veranstalter lässt dann nur diese Niedergeschlagenheit zu. Das geistige Konstrukt der Zivilisation und die Datenphänomene ihrer Hochtechnologie. Sie sitzen dann niedergeworfen von einem natürlichen klimatischen Phänomen am Straßenrand und suchen nach ihren Angehörigen und Freunden. Es fehlt ihnen die Einsicht in die Zusammenhänge. Sie wissen nichts von ihrer Programmierung, die den Wahnsinn auf die Spitze treibt. Das verwandte

Datenmaterial ist falsch. Es fehlen die vielen Arten des Lebendgürtels, welche in ihren Beziehungsfeldern die energetischen Materieereignisse der Urzeit verarbeiteten. Die Beziehungsfelder zu reduzieren und über sie hinwegzuregieren, setzt die Qualität der Lebensbedingungen herab. In zunehmendem Maße wandelt sich das einst so präzise adaptierte Verhalten der Elemente in unkoordinierte und beziehungslose Hammerschläge mit lebensbedrohlichem Charakter. Bei Vielen steht noch das eigene Auto vor der Tür und sie planen bereits den nächsten Urlaub. ICH hörte schon einige sagen: »Für uns reicht es noch. Die folgenden Generationen haben es dann eben schwerer.« Eine vollkommene neue Strategie. ICH wusste nicht, dass sie sich ihrem Irrsinn jetzt ergeben haben, und so weitermachen wollen. Daran muss ICH mich erst noch gewöhnen.

Es wird vermutlich so sein, dass sich eine Mohnblume, die von den Arten auf dem Weg durch ihr Revier kontaktiert wird, gesünder und leistungsfähiger ist. Dieser Mehrwert an Leistungsfähigkeit wächst ihr aus den Datenarchitekturen der Maus und der Katze zu. Im wechselseitigen Miteinander der Datenfelder wird es auch rotierende Momente geben. Diese könnten einen hebenden Effekt innerhalb des gewachsenen Systems haben, der sich in der Summe noch verstärkte. Innerhalb dieser Architektur werden sich auch Inhalte und Kräfte einstellen, die die Existenz der Blume fördern. Die Jagd der Maus und der Katze durch das Revier wird auch die Mohnblume berühren. Die Daten der Katze und der Maus werden auch in die Architektur der Daten und Felder der Mohnblume hereinreichen. ICH sehe die Ruhekommunikation zwischen Maus und Mohnblume und zeitlich versetzt die Ruhekommunikation der Katze mit der Mohnblume bei der Jagd durch das Revier zusammenrücken.

Wir haben jetzt die Mausdaten – erinnere ebenfalls das Korrelierende –, gefolgt von den Katzendaten – und bedenke das Korrelierende – durch den Raum hetzen. Wir haben hier eine gemeinsame Richtung der lebenden Raumkörper Maus und Katze, wobei das Größere dem Kleineren folgt. Der Datenmantel der Maus ist so geartet, dass die erworbenen Raumdaten der Katze aus dem Korrelierenden System die Installation der eigenen Software mit einer zentralisierenden Wirkung auf die Hardware hin und die korrekte Koordination des Mauskörpers durch ihre Welt erlauben. Die Katze kann die Koordination ihres Körpers durch den Raum ebenfalls mit Mausdaten aus dem Korrelierenden System vorinstallieren und dann der eigenen Ordnung folgend den Katzenkörper optimal durch das Unterholz steuern.

Für die Mohnblume aber bedeutet dies, dass die Daten der Maus und die Daten der Katze, die in der Regel zeitversetzt und unabhängig voneinander erbracht werden, plötzlich zusammenrücken und eine irgendwie geartete Einheit bilden. Die Mohnpflanze fühlt sich im Augenblick des Vorbeirauschens von der Wurzel bis zur Blüte beachtet. Der Datenhintergrund der Pflanze, die Architektur der Kriterien in Feldern und Strukturen zeigt sich von der Wurzel bis zu der Blüte angeregt. Die Mohnblume sieht den Mauskörper von dem gravitationsreicheren Katzenkörper abgelöst. Ebenso wird sich die Wechselwirkung mit den Datenäquivalenten der beiden Tierkörper darstellen. Die Datenkörper der beiden Tiere lassen sich in die Raumbetrachtung der Pflanze überführen. Aus der Sicht der Pflanze lässt sich ihr Datenmantel in die Datenkörper der beiden Tierwelten ausdehnen. Das entstehende Datengefüge aus Tier- und Pflanzendaten enthält vermutlich Wachstumsfaktoren. Es handelt sich hier um Feldmomente, die die Architektur der Pflanze oder der Tiere begünstigen.

Ebenso zeigen sich die Daten des Mantels der beiden Tiere in diese Ordnung gebracht. Den Wurzel- und Bodenaufnahmen der Maus folgen die Blüten- und Stängelbilder der Katze. Wir haben auch die Kernarchitektur von Maus und Katze zu bedenken. Beides sind Säugetiere. Sie haben ähnliche Organe, verbunden mit ähnlichen Funktionsfeldern. Der gravitationsreichere Körper drückt dem geringeren sein Feldverhalten auf. Der große organisiert den kleinen mit, und sie verschmelzen zu einem gemeinsamen Äußeren.

Wir sehen in den unterschiedlichen Ätherdichten von Katze und Maus auch einen Zeitfaktor gegeben. Natürlich sehen wir infolge der Jagt den geringeren Datenwert von dem größeren Datenwert der Katze abgelöst. Aber was bedeutet es für die Mohnblume, wenn sich ihr zuerst die Interessenfelder der Maus zeigen und anschließend die der Katze hereinwirken. Sollte die Katze die Maus auffressen, was ja öfter der Fall sein soll, wie wirkten sich die Datenäquivalente dieser Vorgänge in der Hintergrundordnung der Mohnblume aus?

ICH sehe im Umfeld der Mohnblume geringere Datenwerte in mächtigerere Datenwerte übergehen, während wir die Mohnblume als bestehende Existenz selbst als eine Art von Zentrum begreifen, welches sich in Abhängigkeit zu seiner Umgebung organisiert zeigt. Es drängt sich die Vermutung auf, dass sich die geringeren Werte zu immer größeren Datenwerten entwickelten. Es scheint einen ständigen Wandel vom Kleinen zum Großen zu geben. Als zeigten sich uns hier die einfachsten Prinzipien der Physik und des Lebens im Allgemeinen, vergleichbar der Entwicklung der Grundkräfte nach dem Urknall bis zu der Ordnung der Materie hin. Wir beobachten auch hier, wie sich Momente der Ursubstanz zu gewichtigeren Phänomenen mit anderen Eigenschaften zusammenschließen. Dieses ist auch ein System vom Kleinen zum Großen. Und scheinbar auch von unten nach oben. Auch zeigt sich die geringere Mausmasse von der größeren Katzenmasse abgelöst.

Beide Arten erheben Sinneswerte. Die elektromagnetischen Werte der Sinnesorgane, welche die Mohnblume betreffen, geben der Blume gleichzeitig Halt und Stabilität. Das System, mit und auch ohne Jagd, räumt der Mohnblume eine Datenexistenz ein. Der entstandene Datenkorpus wirkt auf sein Zentrum hin. Irgendwann kommt man damit im Materieraum an, und wir treffen an diesem Ort eine Mohnblume an. Auf dem Weg von der Quantenebene in den realen Raum wird sich die Feldaktivität unseres Datenkörpers an seinem zentralen Baustein, der Mohnblume, orientieren. Wir gehen von einem günstigen Einfluss des Datenkörpers auf die pflanzliche Architektur aus. Die Zell- und Materieereignisse der Pflanze bringen den Datenkörper in die möglichst günstigste Lage. Die Materieereignisse ebnen in diesem Fall den Daten den Weg. Umgekehrt gewährleisten die vorherrschenden Datenlagen eine für das Gefüge günstigste Ausführung des notwendigen Geschehens. Die Kriterien und Kriterienfelder begünstigen ein spezifisches Verhalten der bewegten Materie. Die Bewegung der

Materie darf Verhalten im Feld genannt werden. Die Materie hat auf Grund ihrer Trägheit ein gewisses Übergewicht.

Es gibt jedoch auch definierte, berechnete, auf konkreten Ätherfeldern beruhende, geschaffene und programmierte Massebahnen. Je mächtiger das erzeugte geistige Phänomen ist, umso präziser wird es die Endmassebahn der Materie voraussagen. Das organisierende Moment eines geistigen Konstrukts, welches Weltlinie genannt werden darf, wird sich seinem Meister auch im geringeren Alltag zeigen. Das Alltagsverhalten von Materie zeigt sich dann oft besonders auffällig, kommt wie ein Zufall daher, zieht unsere Aufmerksamkeit auf sich, versetzt uns in Staunen und wir erfreuen uns der Beobachtung dieser Wahrheit. Dabei ist es das Äthergebilde eines schaffenden Geistes, welches uns erfreut.

Der Einblick in die Weltlinie vermittelt uns die Freude. Es ist die Datenmenge dieser Wahrheit, die nicht nur die Welt in eine Richtung führt, sondern auch die Materieereignisse unseres Alltags verwaltet. So zeigt sich uns das vom Zufall hin und her geworfenen Stück Materie, welches dann doch seine Lage findet, als eine auffällige Entsprechung des programmierenden Ätherfeldes. Wir erfahren über diese auffällige Bewegung, vielleicht das Hin und Her einer Diskussion, in der die Parteien ihre Weltfelder durchzusetzen versuchen. Vor allem im Bereich einer Wahrscheinlichkeit von 50 Prozent harmonieren die großen Felder in der Basis so stark, dass sie in diesem Fall beide abwechselnd Einfluss auf das Materieverhalten nehmen.

So münden die konkurrierenden Ätherfelder, nachdem das Stückchen Materie eine stabile Lage gefunden hat, letztlich in dieser Weise in den Status Quo ein. Wir sehen den Wert der Felder berücksichtigt. Ihr gemeinsames Wirken in Bezug auf die Materie ist zielführend. Aber es gelten die Grundgesetze der Materie, und der Staubpartikel wird sich beliebig und ökonomisch den gegebenen Verhältnissen entsprechend ablegen. Seine Zeigerwirkung bleibt jedoch erhalten. Ein fallender Ast zum Beispiel, eine Schneeflocke oder ein Blatt wird zunächst der Schwerkraft gehorchen, aber auch auf Gefügeeffekte einzugehen haben.

Hat es seine stabile Lage am Boden erst einmal erreicht, wird sich eine Zeigerwirkung einstellen. Die Zeigerwirkung drückt vermutlich die ansetzenden Felder aus. Vermutlich sind die Wirkung der Schwerkraft, die Gravitation des Objekts selbst und das ansetzende Gesellschaftsgefüge bei der Bildung und der Ausrichtung des Zeigerfeldes von Bedeutung.

ICH kann mir die Einstellung individueller Positionen innerhalb des Zeigerfeldes vorstellen. Man kann sich die Bearbeitung individueller Bedürfnisse in der Form einer Datenaktivierung auf Anfrage darin vorstellen. Das Zeigerfeld diente allen Arten, aber vor allem profitierten die verzeichneten Größen von der Klarheit der dargelegten Information. Das gemeine Artenspektrum eines Biotops dürfte die Existenz und die Sichtbarkeit der benötigten Verhältnisse darin zur Lokalisation in Raum und Zeit nutzen. Das Datengefüge sucht sich immer, dem Status Quo anzulegen. Der Status Quo ist das Ende der Selbstorganisation. Die Datenäquivalente fügen sich in den Realraum. Der Realraum ist das Datenäquivalent des Status Quo. Vermutlich gibt es hier einen Kontakt zum Schwerefeld der Erde. Das ist der organisierte Raum.

Die konkurrierenden Parteien gehen in einem Ergebnisfeld auf und finden sich als neu geordneter Materiehaushalt wieder. Die Harmonie der wirkenden Kräfte ist wiederhergestellt. Die positionierte Materie ist jetzt ein Teil dieser neuen Welt. So zeigt sich uns das Spiel der großen Felder in unserem Alltag. Die Freude entspricht einer gefühlten Datenmenge. Diese Gefühlslage tritt auf, wenn die Weltlinie oder die Feldaktivität, welche zu ihrem Ausdruck findet, auf Grund einer zufälligen Äquivalenz des Materieverhaltens zugänglich wird. Das auffällige Verhalten der Materie drückt die abwechselnde Angehörigkeit zu beiden Einflusssphären aus. Der Beobachter dieses Schauspiels wird sich der wechselwirkenden Datenfelder bewusst. Diese abwechselnde Zugehörigkeit der bewegten Materie zu etwa gleichstarken Feldern führt uns über die Beobachtung des Verhaltens, zu der Möglichkeit, die Endmassebahn einer Weltlinie bewusst zu erleben. Gleichzeitig erlebt man das unverblendete Einstrahlen wechselwirkender Felder als geistiges Highlight. Diese Beobachtungen führen zu weiteren Einblicken in die Organisation des Raums.

Die Maus deckt den Wurzelbereich ab und die Katze orientiert sich von weiter oben aus. Die Daten beider Arten greifen ineinander. Die Kriteriengröße scheint auch eine Rolle zu spielen. Die geringeren Datenwerte scheinen von höheren Feldwerten abgelöst zu werden. Die geringeren Kriterien scheinen in den größeren Feldwerten aufzugehen. Womöglich spielt auch der Felddruck, der vom Katzenkörper ausgeht, eine Rolle. Der Katzenkörper wird unter Energieverbrauch am Laufen gehalten. Man könnte den gesamten Katzenkörper als Endmassebahn eines Datenhintergrunds begreifen. Die Materiedaten sind in Feldern verarbeitet. Die Zusammensetzung der Kriterien bestimmt die Wertigkeit der Felder. Wir erreichen im Variieren der Kriterien die spezifische Architektur zur Hinterlegung der jeweils notwendigen Materieereignisse des Lebewesens. Es handelt sich um einen gewachsenen Zusammenhang. Die embryonal erworbenen Datenlagen unserer Organe werden mit dem richtigen externen Engagement optimal hinterlegt. Die Organe werden in dieser Form die besten Leistungen erbringen.

Die Vorgänge in unserem Organismus laufen auch vor einem Schatten noch sehr stabil. Das Hantieren mit chemischen Giften und Düngern oder kraftvollen Motoren mag die Komplexität unseres Körpers nur wenig in Frage stellen. Das hängt vor allem damit zusammen, dass der embryonal erworbene Datenhintergrund des Erwachsenen in seiner Komplexität zunächst einmal abgeschlossen und organisch gebunden ist. Unser zielgerichtetes Handeln führt zu einer Verschränkung der täglichen Daten in Feldern. Wir erhalten das Korrelierende System mit Feldeffekten und Strukturbildung. Das gesamte Gesellschaftsgefüge mit seiner Infrastruktur, dem Transportwesen und den verarbeitenden Betrieben gleicht aber mehr dem Verdauungsapparat, dem Blutstrom und den Ausscheidungsorganen, als dem Datenhintergrund einer undifferenzierten Zelle kurze Zeit nach der Befruchtung.

Wir erkennen hier, dass der Datenhintergrund sehr wohl durch die Andersartigkeit von Daten oder einer fehlenden Kooperationsfähigkeit von Bausteinen gestört sein kann, so dass der Aufbau der kleinsten Zellereignisse krankt. Manche

Beziehungen in der Form eines Korrelats können auf Grund des Fehlens eines Partners nicht aufgebaut werden, andere Beziehungen werden durch fremde Stoffe gestört, und wieder andere Stoffe passen gar nicht zum natürlichen Rest. Man sieht hier, dass Leben durch unangebrachtes Datenmaterial sehr wohl verhindert werden kann. ICH behaupte, dass sich mancher Zelltyp und so mancher Mikroorganismus und die Materieereignisse darin nur aus ganz spezifischem Datenmaterial aufbauen lassen. Man kann sicher einen Lastwagenfahrer das Gaspedal durchdrücken lassen und ihn als motivierenden Impuls für das Gesellschaftsgefüge betrachten. Der bewegte Dreißigtonner ließe sich auch Kategorien unseres Körpers gleichsetzen. Wir hinterlagern damit die Darmentleerung oder die Blasenentleerung. Wir dürfen die bewegte Materie unserer täglichen Aufgaben als Bausteine einer gewissen Feldaktivität eines Gesellschaftsgefüges verstehen. Aber liefert ein Dreißigtonner genügend Datenmaterial, um die Architektur einer Zelle zu hinterlegen oder als Vorbild für ganze Organsysteme gelten zu können?

ICH habe immer den Eindruck, dass die Feldmomente, Kriterien und elektromagnetischen Werte, die die funktionellen Felder zur Hinterlagerung der Organe bedingen, beliebig gewählt werden könnten. ICH denke dabei an Auspuffanlagen und Autoreifen. Im Augenblick der Niederschrift kehrt es sich aber wieder um, und ICH denke, mir fehlen die Komplexität der Biotope und die gewachsenen Beziehungen allen Lebens zur optimalen Entwicklung eines Embryos. So halten wir die Evolution zunächst einmal aus dem Ganzen heraus. Die Evolution benötigt vermutlich eine maximale Vielfalt an Daten, um Wege des Auf-, Aus- und Umbaus gehen zu können. ICH schätze, dass sich eine Auspuffanlage nicht so einfach in das Gefüge lebenden Datenmaterials einbauen lässt. Funktionell gesehen wird die Evolution hier enden und man bewegt sich in Richtung der Abgasanlagen.

Können uns eine Schachtel Zigaretten und anderer Müll am Straßenrand tatsächlich Datenräume aufspannen, die sich mit anderen dieser Größen zu einer Zellarchitektur verarbeiten lassen? Der fertige Organismus wird mit erhöhten

Feinstaubwerten zurechtkommen müssen. ICH bedenke aber auch die gewachsenen Beziehungen zwischen den Lebensformen eines Biotops. Die Beziehungsfelder, die sich aus dem täglichen Datenmaterial ergeben, die elektromagnetischen Momente, welche Größen der Evolution waren – wie verhält es sich, wenn diese Zusammenhänge zwischen den Lebensformen innerhalb des Systems nicht mehr gegeben sind? Es ist anzunehmen, dass das System Lebensvielfalt generiert, so wie die Schwerkraft vertikal wirkt eine horizontale Wirkung im Raum erzielt. Die Beziehungen der Arten untereinander scheinen einen horizontal gelagerten Druck zu verursachen. Dieser Druck wird dem aufstrebenden Datenmaterial als Leiterbahn dienen. Die Kriterien lagern höchst ökonomisch in Feldern zusammen. Es kommt zur Strukturbildung mit verfestigter organischer Materie. Das Datenmaterial mündet in einer Endmassebahn. Das gesammelte Datenmaterial hinterlegt die Materieereignisse der Zellen. Wir münden in funktionelle Felder.

Die flexiblen Teile des Atomkerns werden sich zu Feldern und immer größeren Feldern zusammenschließen. Die innere Feldaktivität der Atomkerne, so dass wir ihrer Ordnung entsprechen, wird sich darauf ausrichten dem Raum als Ganzes zu dienen. Wir sprechen von Interessensfeldern, die sich im Materieraum aufspannen lassen. Sie geben dem Status Quo eine Richtung oder erweisen sich als wiederkehrender Status.

Sollte es sich bei den Feldern der Biotopbeziehungen artenübergreifend um wichtige Parameter der Gewebearchitektur handeln, möchte ICH nicht darauf verzichten müssen. Man könnte damit das Wachstum zu einer abschließenden Rundung veranlassen oder Sehnen im Knochen verankern. Ganz allgemein diente dieses Datengefüge dazu, Beziehungen ungleicher Art mehrdimensional zu hinterlagern. Die Resultante hieße funktionale Größe. Nachteilig könnte sich der Verlust an lebender Komplexität auf das Immunsystem auswirken. Mögliche Schadware könnte den Organismus leichter auffinden, entern und die funktionellen Systeme befallen, deren Datenhintergrund ebenfalls reduziert und in seiner Komplexität vermindert ist.

Kann ICH also davon ausgehen, wenn mir beim Wandern eine Bierflasche und die Reste eines Happy Meal von McDonalds auffallen, dass sich die Datenräume um die Objekte harmonisch ergänzen? Haben wir hier vielleicht sogar einen Gefügewert, der sich auf das embryonale Wachstum auswirkt. Kann es sein, dass die beiden Herstellerräume zunächst im Verbraucher zusammenfinden und dann gemeinsam in den Straßengraben münden. Es ist klar, dass die Pommes in der Mundhöhle zerkleinert und dann mit dem Bier im Magen vermengt werden. Aber lässt sich mit den Daten auch ein Nerv hinterlagern? Auch Nerven beginnen blind im Gewebe und senden Daten aus ihrer Umgebung zum Zentrum hoch. Hat also die Brauerei etwas von der Umgebungsinformation der Bierflasche erhalten, eine sogenannte Straßengrabeninformation? Auch die Rundungen und Übergänge der kleinsten Blutgefäße ließen sich im Bauplan unterstützen.

Der Menschheit geht etwas verloren, wenn wir die Gleichschaltung der Konzernstrukturen mit dem menschlichen Organismus auf die Spitze treiben. Werden Embryo und Fötus in einer technisierten Welt noch ausreichend ausreifen? Wird es uns gelingen, mit einer technischen Matrix ausreichend Datenmaterial zum Aufbau eines lebensfähigen Menschen bereitzuhalten? Die Felder, Daten und Existenzen, die in den funktionellen Feldern des Organismus Verwendung finden, sollte man zu erhalten versuchen. Ihr Bestreben, sich in eine gemeinsame ökonomische Ordnung zu fügen, führt uns zu massereichen Feldstärken und erhöhten Informationsdichten. Die entstehenden Effekte gleicher Richtung und Wirkung bauen die funktionellen Größen auf. Die Daten hinterlegen das Verhalten der Materie. Es gelingt, Ordnung in das Chaos zu bringen. Ein funktionelles Gefüge, welches der Materie ein gewisses Verhalten auferlegt, dürfen wir auch die Beschreibung einer Endmassebahn nennen.

Alle notwendigen Materieereignisse unseres Körpers sind von Daten in Feldern hinterlegt. Die gewachsenen Beziehungen der Daten in den Feldern sind für einen reibungslosen Ablauf von Bedeutung. Die Bausteine der Funktionen möchte ICH erhalten. Wenn ICH mich dann aber in den Status Quo begebe und mich als Geist der künstlichen Überhöhung und der technischen Formung der Grundkräfte verpflichte, dann vermitteln mir diese Materieströme die gleichen

Gefühlsregungen. Als Positionen meines Geistes räume ICH ihnen eine Existenz ein. Damit drängen sie sich mir als notwendiger Lebenswert auf. Obwohl die Maschinen und technischen Errungenschaften das gewachsene Datengefüge umwälzen und den eigenen Kategorien unterwerfen, erscheinen sie dann doch liebenswert.

Tatsächlich prägt das Vorliegende meine Haltung und Meinung. Die Gesinnung gegenüber den existenten Bausteinen meines Geistes, die wir das Ich und das Ego nennen, darf sich aber nicht im Egoismus verlieren und bestehende Existenzen ruinieren. Es ist jegliche Kontrolle des Status Quo durch die Quantenebene verloren gegangen. Die Datenaktivität der Geringsten über die Mechanismen der Selbstorganisation in einen kontrollierten Status Quo münden zu sehen, ist nicht mehr möglich. Diese geistigen Positionen liegen bei den Menschen nicht mehr vor. Stattdessen haben wir übergroße Grundkräfteformer geschaffen, die den Puls der Zeit vorgeben. Dieses ist es, was der Mensch verkörpert. Die Zerstörung unserer Wurzeln hier sind vor allem die Eugenikmengen und das Zusammenspiel der elektromagnetischen Werte allen Lebens wird zum Lebensstandard erhoben. Wir finden uns allenfalls noch als Plastikmüll, die Straßenränder, Flüsse und Ozeane erobernd, und leben selbst in Reinräumen. Sie fühlen es selbst, und Sie wissen es auch: Der Charakter eines Lebens und der Lebenswert orientieren sich an dem was, man ist, denkt und tut. Diese Grundkräfteformer stören die Verbindung zur Datenmatrix. Sie setzen die Wertigkeit und die Funktion der Datenebene herab. Die Möglichkeit zum Selbsterhalt ist verloren. Sich seine Existenz im Status Quo von der Datenebene aus zu sichern, ist für keinen Baustein der Lebensgemeinschaft mehr möglich.

Die Überwinder der Grundkräfte, deren Entstehen sie nicht lehren, zerstören den Kontakt zu den gewachsenen biologischen Systemen. Die Überwinder vernichten die Beziehungen zwischen den Lebensformen. Die maximierten Grundkräftewandler passen nicht in das System Leben. Da wird es ziemlich einsam, wenn man sich die Ordnung der Grundkräfteformer auf der Quantenebene ansieht. Sie erkennen die Ursache der Dunkelheit, die sie uns zurücklassen. Eine energiefressender Moloch zwingt die Materie auf vorgefertigte Bahnen. Beziehungslos zerreißen sie die Gefüge, wälzen alles um und ebnen alles ein. Auf welchem Weg soll denn das Licht der Quelle noch zu den Menschen vordringen? Sie verschleiern mit ihren künstlichen Architekturen die gewachsenen Inhalte und ihre Beziehungen. Sie hemmen den Quell allen Lebens.

Großveranstaltungen als Glücksarchitektur? Jeder kann tun und lassen, was er will. Ihre Jachten werden größer und Ihre Frauen jünger! Alles auf Kosten derer, die nur leben wollen! Diese Grundkräfteformer produzieren ungeheure Verluste an Lebensqualität. Das Glück ist gefühlte Datenebene. Die Komplexität der Datenebene ist der wahre Reichtum. Das Licht ist eine Kategorie des Elektromagnetismus. Hier sind elektromagnetische Momente in Feldern verschränkt. Wir sehen die Wellen und Strukturen. Das einstrahlende Licht ist ein Maximum an Genuss. Es ist das Größte, das ein Mensch erleben kann. Hierbei ist die Vielheit der Daten aller Lebensformen von Bedeutung.

Der Wert der Daten kann an der sensorischen Aufklärung festgemacht werden. Haben Sie ein Vogelpärchen in der Garage nisten, ein Wespennest unter dem Dach, mehren vielleicht Fliegen oder andere Insekten die elektromagnetische Datenlast um ihre täglichen Lieblinge. So zeigte sich der Raum sensorisch stärker aufgeklärt. Der Datenkorpus um das Gebrauchsobjekt wäre bis in den Mikrokosmos hinein beschrieben. Der organisierte Raum zeigte sich von der Quantenebene und der Ordnung der Materie gleichermaßen involviert. Die sensorischen Erhebungen aus dem Tierreich wären ein zusätzlicher Faktor der Stabilität. Der so bezeichnete Raum ist eine Koordinate. Dieser Datenabdruck ist eine persönliche Kennung. Die Zusammensetzung erleichtert es dem Schicksal, seine Arbeit zu tun. Das Organisierende Prinzip bezieht sich auf das bestehende Datenmaterial. Damit wird die Beschaffenheit des Datenstatus zu einer persönlichen Freiheit. Der persönliche Datenstatus wird zur Schnittstelle in den Raum. Der organisierte Raum gibt seine Wahrheit über das Gefüge und ihren Datenstatus an Sie weiter. Jede geistige Entwicklung benötigt entsprechende Status, welche dann in das Licht geführt werden.

Das geliebte Objekt kann auch zu einem Schatten werden. Vermutlich sind wir vom Generator des Lichts zu weit entfernt. Das kann sein, wenn falsche Sichtweisen und falsche Reden das Gefüge krümmen. Der Raum könnte auch zu wenig aufgeklärt sein. Es läge eine zu geringe eigene Wertigkeit innerhalb des elektromagnetischen Spektrums vor. Ein Artenmangel reduzierte die Beziehungsgeflechte zusätzlich. Man kann sich das Licht als Folge einer Wechselwirkung mit anderem Datenmaterial vorstellen. So bräche sich die Information des Gefüges am eigenen Datenmaterial. Licht strahlte in die Seele ein. Es scheint sich um einen mechanischen Vorgang zu handeln, der entfällt, wenn Sie das eigene Sein durch eine Verweigerung von Kontakten in die Umwelt herabmindern oder Sie ihr Leben auf Verbraucher- und Konsumentenstrukturen aufbauen. Hier entfällt das Wechselwirken voneinander verschiedener Datenmengen. Der hochentwickelte Verbraucher empfindet nur noch, was ihm durch das Produkt vermittelt wird.

Es wird nicht das Fahrrad und der Ferrari sein, die hier zum Licht verschmelzen. Vielmehr vermute ICH, dass es sich um den begleitenden Raum handelt, der das entsprechende Datenmaterial zum Licht beisteuert. ICH vermute, dass die Beziehungen der Objekte zum umliegenden Raum von Bedeutung sind. Allein der Gebrauch des Objekts durch verschiedene Personen bereichert den Datenmantel. So können sich auch verschiedene Standorte in der Stadt in einer Prägung des Objekts niederschlagen. Sollte sich also die Datenlast um das Objekt mit den Datenhüllen anderer Objekte verrechnen, so ist eine lichtvolle Komplexität als Ergebnis mit dem Objekt unseres Alltags im Zentrum denkbar.

Denkbar sind für mich mehrere Variationen des Erfassens geistiger Positionen. Für die wahrscheinlichere halte ICH den direkten Umgang mit den individuellen Aktiva. Jedoch kommt es zu keiner Verrechnung, sondern einer Lokalisation des Objekts in Raum und Zeit. Mein Gegenüber mag mich mit der geistigen Position ›Ferrari‹ konfrontieren, aber wir wissen, er steht in der Auffahrt, und wir interessieren uns mehr für die Frau am Swimmingpool daneben. ICH möchte damit sagen, dass es uns gelingt, mit derlei Positionen den Raum an sich wie einen

Regenschirm aufzuspannen. Es besteht dann natürlich die Frage nach dem Verbleib der restlichen Daten.

Denkbar ist für mich auch, die Begleitdaten um das Objekt in Raum und Zeit zu lokalisieren. Dieses Vorgehen führt uns ebenfalls in den allgemeinen Raum, von welchem aus man dann auf sein geliebtes Objekt schließen könnte. Dies scheint mir nicht ganz so genau zu sein. Vor allem wenn wir auf das Seelische, die Psyche und die Feldfunktionen des arbeitenden Gehirns eingehen, sollten wir doch bei den prägenden Inhalten, die uns am nächsten sind, beginnen. ICH lokalisiere die täglichen Aktiva in Raum und Zeit und spanne den Raum als solchen auf. Der generierte Raum ist am einfachsten als Status Quo zu bezeichnen. Hier sind sich die Daten und die Materie äquivalent. Eine Datenmenge dieser Art bezeichne ICH auch als Einheitsraum. Die Datenmenge des Realraums verhält sich äquivalent zu seiner Hardware. Der vom Gehirn erzeugte elektromagnetische Status eines Gesamtraums zwänge die Begleitdaten in die ökonomische Ordnung des Lichts. Jetzt stellt sich die Frage ihrer Vernetzung. Der erzeugende Geist wird jeglichen Bezug zu seinem Körper und einer Welt aus belastenden Einzelpositionen ablegen und das Licht dieser Ebene als die höchste Wahrheit für sich beanspruchen.

Aber in welcher Form gelangt das Licht der Wahrheit an den Einzelnen heran? Wie sollte der einzelne den täglichen Datenraum gestalten, um die Datenwerte von Glück und Zufriedenheit zu ernten? Meiner Ansicht nach gibt es verschiedene Leistungstypen. Die Gehirne arbeiten nicht alle gleich. Man erkennt dies an den Worten, die Sie gebrauchen. Sie lenken und leiten die Datenströme und manipulieren die Aktivität der Felder ihres Gehirns. ICH spreche also nur für meinen Weg, den Raum zu erfassen. ICH versuche meinen Geist in einer Weise zusammenzusetzen, dass es meiner Sache dienlich ist.

Wenn wir den Elektromagnetismus des Gehirns schon auf die Quantenebene setzen, dann sollten wir auch alle anderen elektromagnetischen Phänomene, welche diesem Raum angehören, Wechselwirkungen mit Mikroorganismen und die Sinnesleistungen anderen Lebens zum Beispiel, mit einbeziehen. Wichtig ist meiner Ansicht nach die Aufklärung des Raums. Die Beschaffenheit des

Phänomens ist der Schlüssel zu allen anderen Eigenschaften. Darunter fällt die Durchlässigkeit für Licht, die Eignung als Informationsleiter und die Fähigkeit sich stabil zu integrieren, um als Wegweiser der Selbstorganisation zu wirken. Man könnte in diesem System aus Daten auch von Vernetzung sprechen. Das Datengefüge der Quantenebene ist auch von dem Elektromagnetismus der leistenden Geister, Denker und Handelnden geprägt. Die Phänomene der Quantenebene bestimmen letztlich den Materiehaushalt des Status Quo.

Wenn es gelingt, den Raum quantentechnisch durchgehend klar in Raum und Zeit zu beschreiben, so ist er auch für das Licht als elektromagnetisches Phänomen durchgängig. Die korrekte Beschreibung des Raums erschließt dem Beschreibenden die umliegende Datenaktivität. Die Wahrheitsmenge erlaubt, das Phänomen der wechselwirkenden Begleitmenge zu erleben. Lichtvoll erstrahlt der gelebte Status Quo dem, der heute formuliert, wie es sich morgen ereignet. Eine gewisse Datenvielfalt dürfte ausreichen, um sich korrekt zu vernetzen. Aber das Entstehen der Lichtkörper zu besitzen, dafür muss man einiges leisten. Man muss diese Wahrheit des Status Quo selbst hervorbringen. Nur wer das Geistgebilde studiert, wer, was, wann mit wem und wo, wird nach der Analyse der Zusammenhänge in der Lage sein, dieses auszuschließen und jenes neu zu kombinieren, um ein Datengebilde zu schaffen, welches den Status Quo in der gewollten Weise hervorbringt.

Das entstehende Licht ist ein Phänomen des leistenden Gehirns. Der Datenkörper, welcher den Status Quo hervorbringt, ist dem ihn Generierenden bewusst, während der Rest unseren Präsentanten zujubelt. Tritt der Status Quo in die Phase ein, in welcher er dem bezeichnenden Geistkörper äquivalent wird, so sollte das Gefüge der Atomkerne bis hin zu den planetaren Systemen in der elektromagnetischen Beschreibung verzeichnet sein. Diese Äquivalenz ist so bedeutend, dass es die Begleitdaten in eine lichtvolle Komplexität zwingt. Vermutlich ist dies ein allgemeines Prinzip. Das Begleitmaterial findet in ökonomischen Ordnungen zusammen. Die lichtvolle Komplexität wird auch mit dem entstehenden Leben einhergehen. Spielt man die lebenden Datenspeicher im

Sinne der Evolution fort, so werden immer mehr Daten hereingenommen und müssen entsprechend archiviert werden.

Wir nehmen daher parallel zu der gewachsenen organischen Substanz eine Datensphäre an, in welcher die Vielfalt an Begleitdaten in Ordnungen des Lichts vorliegt. Zumindest ist das Gehirn in der Lage, wenn wir in der Tiefe der organischen Substanz nach den Datenlagen unseres Ursprungs suchen, bei stabilem organischem Overlay, die begleitende Datensphäre, indem wir den Datenbestand in eine Form der Existenz bringen, soweit zu verdichten, dass wir von einer lichtvollen Komplexität sprechen können.

Dieses Zusammenhangs wird man sich bewusst. Der fassende Geist stabilisiert in einem bewussten Phänomen des Wissens seine Bausteine. Gleichzeitig ist das Gefüge aus individuellen Objekten und anderen Zuständen des Geistes eine Bezeichnung für den Raum. Das Gefüge aus Daten spannt den Raum auf. Die wissende Architektur bezeichnet den Raum. ICH behaupte, die Bilder im Kopf, ob abstrakte Volumina oder klare Begriffe des Wortes, haben ihren Wert. Sie erhalten ihre Sichtbarkeit vor dem Hintergrund aller aktiven Volumina. Die Objekte des genormten Individuums sind Inhalte der aktuellen Arbeitsspeicher. Das Geistesgefüge unserer Denker ist ein berechnender Supercomputer. Aus den Größen des Raums gehen wieder Größen des Raums hervor. Wie großartig uns die generierte Wahrheit nach ihrem Eintritt letztendlich erscheint, wird an dem Ausgangsmaterial des fassenden Geistes und der eigenen Positionierung gegenüber diesen Größen liegen.

In welcher Form gelingt es unserem Genie, die Zukunft der Welt zu fassen, und was passiert mit dem Eintritt dieser Wahrheit mit all den Daten? Die Idee, das Weltgeschehen in großen Teilen vorwegzunehmen, enthält die Annahme, dass alle, die verzeichnet waren, und auch die, welche uns gegenüber in einem veränderten Sinn erscheinen, allein auf Grund ihrer Existenz an dieser Wahrheit teilhaben. Und obwohl sie mit dir am Tisch sitzen, wird die Beschaffenheit ihres Geistes das Licht der Wahrheit färben. Was ihr Sein bestimmt und vor allem, zu welchem Zweck und für wen sie es tun, wird einen großen Einfluss darauf haben, welchen Weg das Licht nimmt. Das Licht läuft die Substanz entlang. Das Licht ist ein Phänomen des organisierten Raums. Die Begleitdaten des Raums scheinen zu Mustern des Lichts zu interferieren. Abhängig von dem individuellen Anteil verspürt man mehr oder weniger davon.

Der stabilisierte Raum zwingt die Begleitdaten in diese lichtvolle Komplexität. Die Gesamtbeschreibung einer Zukunft gilt mir im Jetzt des Eintritts als absolute Wahrheit. Der Verzeichnete erkennt sich als Baustein des Raums. Diese Bausteine spannen den Siegerraum auf. Er zeigt das beabsichtigte Gesicht und enthält das individuelle Sein. Die Begleitdaten organisieren sich in einer lichtvollen Komplexität. Der Materieraum als Ganzes, der Status Quo und seine Begleitdaten, werden hier als zusammenhängende Matrix allen Lebens erkennbar. Wir haben die Objektdaten und den begleitenden Sinn. Wir haben den Raum an sich und das Licht.

Aber wo entsteht das Licht? Wir nennen die individuellen Geister Brudersphären. Wir nennen die Fernbedienung für den Fernseher einen Objektstatus, der vielen Nutzern eigen ist. Aber wie steht es mit der Umgebung der Fernbedienung? Der eine hat Mineralwasser auf den Tisch stehen, der andere ein Glas Wein. Manche haben eine Schale Knabberzeug herumstehen. Bei manchen brennt eine Kerze auf dem Tisch. Abgesehen von den Objekten des Raums, ist noch jedes mit einem vom Nutzer formulierten Sinn aufgeladen.

Aber auch voneinander abweichende Objekte können im Zentrum der Brudersphären vorliegen. Wie verrechnen sich also die Daten der Brudersphären? Verrechnen sich die zentralen Bausteine zu einer Kernlösung? Schwingen sich die Objekte, der umgebende Sinn und der umgebende Raum in dichtere Formen des Elektromagnetismus ein? Bleiben die Objekte dem Raum verhaftet und spannen diesen auf? Die lichtvolle Komplexität wäre ein begleitendes Phänomen der materiellen Ordnung.

Wie müssen wir in diesem Raum organisiert sein, dass das entstandene Licht nicht nur vorbeisaust, sondern bis zu unseren Lieblingen, den Objekten unseres Alltags vordringt und in unsere Psyche einstrahlt? Das Kriterium ist ein elektromagnetisches Phänomen. Es ist ein Raumäquivalent. Es meint das elektromagnetische der Feldaktivität. Es ist ein Stück Information. Hierzu gehören zum Beispiel das Objekt, die Beschaffenheit seiner Umgebung und die Sinnzusammenhänge. Die Beschaffenheit des Kriteriums in Bezug auf die Verteilung der Materie wird darüber bestimmen, wie kurz- oder langwellig das Phänomen ist, bzw. welche Wellenart es zum Licht beiträgt. Die Ausbreitung des Lichts in diesem elektromagnetischen Medium behält vermutlich die Wellenform bei, die es zu seinem Aufbau leistet. Es hängt also durchaus davon ab, wie das eigene Ich beschaffen ist bzw. welche Daten und Beziehungsgeflechte auf der Datenebene auf den Erhalt und die Organisation des Status Quo hinwirken. Dieses sind wichtigste Parameter für das Entstehen des Lichts und auch für das Vordringen des Glücks in die Seele.

ICH mag die Datenebene. ICH beobachte sie gern, die elektromagnetischen Momente und feinen Datenfelder. ICH mag auch dichtere Phänomene von größerem Wert. ICH mag auch die Materie, obwohl sie den feinsten Energien und Feldern ihre Ordnung diktiert. Es kostet mich Zeit und Energie, den Vorgang der Gleichsetzung von menschlichem Körper und Wirtschaftskörper abzulegen und zu den wahren Gesetzen des Zusammenwirkens dieser Datenvielfalt in diesem Organismus vorzudringen und zu verstehen. Hier versteht man auch den geistigen Wandel. Während wir uns auf der Quanten- und Datenebene mit den wirklichen Daten und ihren Beziehungen zueinander befassen, setzt man sich sehr viel später mit der gewachsenen Funktion auseinander. Man vernachlässigt die Existenz der Daten und betrachtet die biologischen Systeme, zu welchen sie verbaut sind. Man betrachtet die wirkenden Kräfte und nutzt das Offensichtliche für künstliche Nachbildungen.

Abschließend will gesagt sein, dass ein Unterschied in den Standpunkten besteht. Während sich das eine Gehirn mit den Daten und den Ebenen der Selbstorganisation des Raums befasst, befassen sich die anderen Gehirne mit der Materie und den groben Kräften, die ihre innere Ordnung nach außen kehrt. Während die einen den Datenkosmos als die Grundlage allen Lebens betrachten, setzen die anderen auf die Materie und erfreuen sich der gefundenen physikalischen Eigenschaften. Während die einen mit der Datenvielfalt der Quantenebene die Strukturen und den inneren Aufbau der Materie darstellen, erzeugen die anderen Technologien, um die Physik der Materie zu überwinden. Während die einen feinste Felder und Datenbeziehungen betrachten, die in Richtung der Grundkräfte wirken und den Raum organisieren, spielen die anderen mit den Grundkräften und ihrer Überwindung.

Wer seine Meinung und sein Wissen aus Geringerem ableitet, wird auch Geringeres ernten. Wir haben hier eine Mohnblume. Sie ist ein Bestandteil beider Welten. Die Katze wird von der schönen Blüte sprechen, die Maus wird die stabile Wurzel im Auge haben. Die Pflanze hat selbst auch ein Verständnis von Raum und Zeit. Die zwei Tierkörper kommen vorbeigerannt. Am Ende zeigt sich die Mohnblume in Raum und Zeit ebenso organisiert. Die Daten wandeln sich von geringeren Kriterienwerten zu ausgedehnten Summenwerten. Wir gehen davon aus, dass der organisierte Katzenkörper einen höheren Druck auf seine Kriterienmenge erzeugt als der organisierte Mauskörper. Vermutlich wird dieses Geschehen von der Schwerkraft verstärkt, der während der Entwicklung entgegengewirkt wird. Der fertige Katzenkörper funktionierte jedoch auch in der Schwerelosigkeit. Aber auf welche Weise und wie lange? Wir haben die orientierte Entwicklung des Embryos. Die Protokolle des Wachstums werden dem Materieraum entnommen. Unser Sein ist folglich auch eine Architektur, die in das System Gravitation integriert ist. Es stellt sich so dar, dass die Schwerkraft der Erde ein wichtiger Parameter zur exakten Passung der Hintergrundprogramme der Ereignisse in unserem Körper ist.

Entfällt dieser Faktor des systematischen Zusammenhangs, reduziert sich die Wertigkeit der Beziehungen der übrigen Felder zueinander. Es fehlt das Bestreben aller Bausteine, der Schwerkraft zu entsprechen. Die Wirkungen der Grundgesetze der Materie gelten, aber die Richtung der kleinen Felder, im Sinne dieser großen Architektur zu wirken, bleibt aus. Wie soll sich ein Baustein verhalten, dem sein Ergebnis, das Ganze, abhandengekommen ist? Der Baustein braucht das Ganze. Einem Summenfeld anzugehören, heißt, Richtung und Wirkung zu haben.

Man müsste sich die Frage stellen, wie die Quantenaktivität in der Schwerelosigkeit aussähe und welche Wege sie in den Status Quo nähme. Jagt die Maus die Katze, so müssten die Daten des massereicheren Körpers in die Daten des geringeren überführt werden. Das kommt in der Natur sicher nicht sehr häufig vor. Es geht mir auch nur darum, zu erkennen, wie sich die Datenkörper aufbauen und sich zueinander verhalten. Der geringere Feldwert eines Mikroorganismus zum Beispiel addiert sich augenblicklich zu den stärkeren Feldwerten hinzu. Die Daten integrieren sich in die stärkeren Felder und wirken augenblicklich an deren Ordnung mit.

Zu sehen, dass sich Bewegtes in Bewegtem organisiert, lässt einen systematischen Zusammenhang vermuten. Dieser Zusammenhang gründete sich auf den entstehenden Feldstärken. Die Kriterien fügen sich in höchst ökonomischen Ordnungen zusammen. Wir sprechen dann von einer Architektur der Daten und ihrer Felder. ICH betone, dass alles Leben Teil eines Summenfeldes, genannt Gravitation der Erde, ist. Dieses Summenfeld ist ein wichtiger Parameter der Selbstorganisation und der Organisation von Organismen.

ICH habe hier besonders die Bewusstseinswerte vor Augen. Hierzu zähle ICH die Feldwerte, welche die Sinnesorgane erheben. Es gilt, einen gewissen Raum zu überblicken, welchen wir dann als bewussten Feldwert bezeichnen. Es kann sich jede Lebensform Datenmomente des Wissens und eine Weltanschauung erarbeiten. Die Maus und die Katze werden sich, wie jede andere Lebensform, ein Bild von ihrer Umwelt machen. Sie werden sich für die Weite ihres Reviers interessieren und in den Mikrokosmos hineinreichen. Sie werden sich den Raum in beide Richtungen erschließen. Alle Lebewesen versuchen, sich zu integrieren. Ihr Sein beruht auf einer maximalen Adaption an den Raum. Die verschiedenen Lebensformen greifen ineinander. Die Datenräume stimmen sich aufeinander ab. Es handelt sich um eine Gesetzmäßigkeit der Physik, die den Realraum zum Ergebnis hat. Die Kriterien und Feldwerte der einzelnen Wesen stimmen sich aufeinander ab. Sie orientieren sich dabei am Materieraum. Natürlich steht am Ende der Status Quo, die Schwerkraft, der organisierte Raum an sich.

Der organisierte Mensch ist ein Abbild des Datenkosmos aller Bewusstseinsformen. Seine Architektur beruht auf einer enormen Datenkapazität. Der menschliche Organismus ist ein Datenkörper, der die Daten organisierter Formen vor ihm übernommen und in seiner Weise fortgeführt hat. Die Evolution hat die Datensammlung in Richtung des Menschen erweitert und in organischer Substanz archiviert. Die täglich aufgeworfenen Daten der verschiedenen Arten scheinen von Bedeutung für die Evolution zu sein. Die Datenfelder blicken in dieser Form in den Raum ein. Die gesamte menschliche Architektur wurzelt in dieser Weise im Raum.

Die Aktivität aller Lebewesen, hierzu zähle man die neuronalen Eingänge der Sinnesleistungen, aber auch die Botschaften aus dem organisierten Organismus, werfen eine ungeheure Fülle an Datenmaterial auf. Stellen wir den Menschen an die Spitze der Evolution, so kleidet sich sein Körper in einen ungeheuer komplexen Datenmantel. Der Datenmantel ist eine höchst komplexe Beschreibung des Materieraums. Alle Felder und Hintergrundprotokolle für unsere Organstrukturen und ihr Funktionieren leiten sich aus dem umgebenden Raum her. Der gesamte Organismus, die Funktionen, Kräfte, Richtungen und Wirkungen, liese sich in funktionelle Felder und diese weiter in das eingeflossene Datenmaterial zerlegen, so dass wir zu einer spezifischen Beschreibung des Materieraums gelangten. Einige Teile des Raums lägen konzentrierter vor. Weniger wichtige Evolutionsgrößen träten weniger hervor. Andere Kriterien scheinen die Felder zu runden, ohne gebraucht zu werden.

So gesehen ist jede Lebensform eine spezifische Sammlung von Daten. Jegliches Leben schließt seine Entwicklung in einem gewissen Spektrum des Raums ab. Eine spezifische Umgebung, angefangen bei den Mikroorganismen bis zu all den anderen Lebewesen, so scheint es, ist nötig, dass die gewachsenen Hintergrundprogramme ihre maximale Leistungsfähigkeit erreichen. Artenvielfalt ist ein

Garant für die maximale Adaption der Hintergrundprotokolle und funktionellen Felder der Organsysteme aller Lebenden an den Materieraum. Die neuronalen Positionen Dritter sind im Spektrum des Elektromagnetismus auch auf der Ebene der Materie verhaftet. So hat jeder Evolutionskörper, sei es eine Maus, eine Katze oder ein Mensch einen direkten Bezug zu der Quantenebene.

Jegliches Denken, aber auch die Sensorik innerhalb unseres Körpers wirft Datenwerte auf. Innerhalb des Datenkörpers der Evolution involvieren diese Datenwerte die Quantenebene. Die Datenwerte sind das Ergebnis der Evolution. Wir generieren auf der Quantenebene Positionen, die die Evolution in dem Organismus zusammengetragen hat. Die Betonung von Materiewerten innerhalb des Status Quo hat einen direkten Einfluss auf die Ordnung desselben. Die generierte Feldstärke dient auch anderen Lebewesen. Diese können dann Aktive des betonten Bereichs genannt werden. Das, von Dritten generierte, Datenmaterial bereichert die betonten Werte. Es wirkt vermutlich augenblicklich aus dem betonten Bereich direkt auf den auslösenden Körper zurück.

Vermutlich werden in dieser Weise Systeme des Immunsystems oder allgemein spezifische Lagen von Organsystemen hochgefahren. Diese sind nur Beispiele. Zunächst reicht es aus, zu wissen, dass es Möglichkeiten einer Wechselwirkung dieser Art geben könnte. Man denke hier an elektromagnetische Datenwerte, die der Evolution dienten. Die aufgeworfenen Feldmomente der lebenden Architekturen gehörten alle in einen Bereich des Materieraums. ICH nehme eine einfache Addition der Größen an. So könnte der Bereich von einer Katze aktiviert, von einer Maus durchrannt, von einem Käfer durchwühlt, von einer Ameise durchstöbert und von den Mikroorganismen besiedelt sein, und all die erhobenen Datenwerte des neuronalen Spektrums addierten sich. Wir erhielten Datenwerte des elektromagnetischen Spektrums die verschiedensten Informationen zu ein und demselben Bereich des Materieraums enthielten. Reihte man die Datenwerte einfach aneinander, so dass sie der Materieverhaftet blieben, so ergäbe sich ein elektromagnetisches Gebilde, bestehend aus den Sinneseindrücken von Katze, Maus Käfer, Ameise und Mikroorganismus.

Man könnte damit ein Stück Darmwand mit den Darmzotten inklusive der eintretenden Nährstoffe hinterlagern. Der Durchtritt von Nährstoffen in die Darmzotten könnte von dem Datenmaterial der Mikroorganismen beschrieben sein. Aber wir können damit nicht nur den groben Aufbau des Darms erklären. Es zeigt sich auch die Möglichkeit die verschiedenen Datenwerte der Tierchen in ein funktionelles System zu packen. Damit ließen sich Gewebe auf verschiedenartigste Weise innervieren. Natürlich dienten auch hier die aufgeworfenen Sinnesdaten zunächst einmal der Evolution als Gerüst. Dann aber lassen sich die Gewebe in ihrer Struktur verändern. Sie könnten sich zusammenziehen und erweitern, öffnen und schließen. Hier ist es vermutlich die Gleichzeitigkeit verschiedenster Vorgänge in verschiedensten Lebensformen, die sich auch auf Grund ähnlicher Materieströme aufeinander abstimmten.

Man kann sich jetzt sehr gut vorstellen, was es bedeutet, in artenreichen Landschaften Energie zu tanken. Es bedeutet einfach nur, ungeeignetes Datenmaterial durch die Daten lebender Architekturen zu ersetzen. Anstatt sich mit toter Eintönigkeit zu belasten, hinterlagerte man die eigenen Körperprotokolle plötzlich mit dem Datenmaterial lebender Architekturen und ihren Sinneseindrücken. Die Zusammenhänge und Beziehungen der Evolution schwingen sich ein, die Arten stimmen sich aufeinander ab. Die Daten bereichern sich gegenseitig. Die funktionellen Architekturen entsprechen sich in ihrer Form. Der Raum wird in eine Einheit überführt. Das Licht fällt herein. Man wird frei, gesund und glücklich.

Leider drängt man das Lebendige immer mehr zurück. Die tote Substanz beginnt zu regieren. Lasst uns noch einmal die Quantenebene involvieren. Das elektromagnetische Spektrum neuronaler Leistungen aber auch einfache Zustandsänderungen von anderen Zelltypen reichen aus, um Wertungen des Raums zu erzeugen und die für das Leben wichtigsten Positionen herauszustellen. ICH denke hierbei vor allem an Wasser. Das Wasser ist immer wieder nachzureichen, damit das Leben weiterhin existiert.

Artenvielfalt garantiert eine maximale Adaption an den Materieraum. Der neuronale Elektromagnetismus involviert die Quantenebene. Wir spannen mit den generierten Datenwerten einen gemeinsamen Raum auf. In dieser Form steht der Raum für die Formulierung gemeinsamer Interessen offen. Das Klima ist ein Teil dieser gewachsenen Ordnung. Dieser Zusammenhang kann gut als Selbstorganisation aufgefasst werden. Neuronale elektromagnetische Positionen und Zustandsfelder der Organismen beschreiben den Raum. Die elektromagnetischen Werte wechselwirken. Die elektromagnetischen Momente schließen sich zu größeren Feldern zusammen. Sie fügen sich in eine gemeinsame Existenz. Sie werden dem Materieraum äquivalent. Das Ziel der gesamten Feldaktivität ist es dem Status Quo zu entsprechen. Dieser gemeinsam getragene Feldwert ist gleichzeitig ein Attraktor. Er entspricht einer essentiellen Notwendigkeit der Lebewelt.

Die elektromagnetischen Momente bekleiden also nicht nur passende Materieformationen, sondern wirken auch an der Organisation des Materieraums mit. Die Feldwerte des Durstes wie zum Beispiel der Kapillardruck haben auch selbst Wirkung und tragen vor allem als flächige Summenwerte sinnvoll zur Organisation des Raums bei. Der beschriebene Raum kann ein Bereich der Selbstorganisation, die elektromagnetischen Lebendwerte darin können Positionen der Selbstorganisation genannt werden. Es geht darum, eine exakte Beschreibung des Raums zu erhalten bzw. das entworfene Konstrukt mit dem Materieraum zur Deckung zu bringen. Die alles umfassende Größe und absolute Wahrheit ist das absolute Einssein der beschreibenden Momente mit dem Status Quo. Hierzu werden sich beide Größen, das elektromagnetische Datenäquivalent der Materie und die Materie selbst aufeinander abstimmen müssen. Das Elektromagnetische wird den aktuellen Zustand der Materie akzeptieren müssen, so wie die Materie die neue Wahrheit der Quantenebene und des Elektromagnetismus zu registrieren hat.

Was können wir daraus lernen? Wird es irgendwann möglich seine Tiefdruckgebiete zu lenken? Vielleicht kann man das Verhalten von Tiefdruckgebieten in nächster Zukunft schon programmieren. Jeder Verkehrsteilnehmer bekäme einen kleinen Bildschirm in sein Auto, und sollte es irgendwo in Europa zu trocken werden, wird der zu beregnende Teil Europas auf den Monitoren der

Verkehrsteilnehmer angezeigt. Obwohl der Mensch in seiner Aktivität frei bleibt, kann man doch von einem veränderten Sein des Individuums sprechen. Man nenne sein Ich nun ein Tiefdruckgebiet. Auf diese Weise liese sich ein Volumen an Fahrern generieren, deren Sein man als Tiefdruckgebiet definierte, welche sich einem Zielgebiet zu bewegten. Man hat die Mikroorganismen auf den Feldern stark ausgedünnt. Der Kunstdünger und die Gifte setzen dem Edaphon mächtig zu. Vielleicht lassen sich ohne all das Leben keine geeigneten Werte für die Selbstorganisation des Klimas und seiner Wetterkonstellation erzeugen.

Wir versuchen es damit, die Regionen einfach zu benennen. Sagen wir die südliche Hälfte Deutschlands. Jeder Verkehrsteilnehmer Europas hat jetzt auf seinem Bildschirm die südliche Hälfte Deutschlands markiert bekommen. Eine regenreiche Wolkenfront erscheint ebenfalls auf dem Display. Das persönliche Sein nenne man jetzt ein regenreiches Tiefdruckgebiet. Während er fährt, egal in welche Richtung, flösse das Tiefdruckgebiet in die untere Hälfte Deutschlands. Oder sollte man sie gleich so programmieren, dass alle, die in Richtung südliche Hälfte Deutschlands unterwegs sind, ein Wolkensystem auf das Handy oder den Monitor eingespielt bekämen? So dass wir mit all der bewegten Masse an Menschen einen Effekt erzeugten, der der gerichteten Annäherung der Tiefdruckgebiete diente. Man könnte von einem Äquivalenzprinzip ausgehen, so dass mit der genannten Masse an Menschen und Kraftfahrzeugen ein äquivalentes Volumen Regen derselben Masse generiert würde. Der Gebrauch von Navigationshilfen machte es möglich, eine Vorauswahl unter den Verkehrsteilnehmern zu treffen. Man könnte die Wertung auf Verkehrsteilnehmer legen, die wirklich in Richtung der zu bewässernden Regionen unterwegs sind. Man hinterlegte das Tiefdruckgebiet mit einem dynamischen Vektor. Diese Idee vervollständigte den geschaffenen Datenmoloch des Menschen.

ICH denke oft über die Programmierbarkeit der Substanz nach. Das geistige Geschehen hat eine unglaubliche Wirkung auf den Status Quo. Der Geistkörper setzt sich ausnahmslos aus individuellen Kriterien zusammen. Wir nennen den Datenkörper Geist, weil er ab einer gewissen Kapazität sichtbar und fühlbar wird. Wir sprechen von einer wissenden Architektur. In dieser Architektur fügen sich individuelle Kriterien höchst ökonomisch in Summenfelder. Wir sprechen von Informationsdichte und Feldstärke. Man kann von einem Anwachsen der Masse und mehr oder weniger stabilen Materieformen sprechen. Viele dieser Materieformen erobern als Produkte den Raum. Sie gelangen in die Haushalte der Menschen und verändern ihr Leben. Sie verändern den Materiehaushalt. Die geistigen Volumina programmieren die Materieströme dieser Welt.

Wir wollen hier ein elektromagnetisches Phänomen erzeugen, welches das Individuum relativ unberührt lässt. Dennoch soll sich aus vielen Einzelnen ein masseäquivalenter Feldeffekt errechnen, der ein Regengebiet eines entsprechenden Volumens heranführt. Wir wollen die Vielzahl der Individuen und ihre Mobilität nutzen, und ihrem individuellen Leben eine übergeordnete Weltlinie aufsetzen. So könnte man jedem Handybetreiber das Display entsprechend besetzen, und das individuelle Sein in diese Richtung verändern. Die gesamte Mobilität führte in diesem Fall zu einem Richtungsvektor.

Die alten Systeme waren gewachsene Systeme. Die Evolution hat das entstandene Leben weiter an den Raum angepasst. Die Evolution hat dem Raum Daten entnommen und sie in einem lebenden Organismus neu formiert. Die Materieströme der Welt haben sich verändert. Die Materie wird von den Lebendsystemen auf geeigneten Bahnen gehalten. Die entstandene Komplexität band eine Menge Energie. Die lebenden Architekturen haben dem globalen Oberflächenströmen viel Bewegungsenergie abgerungen. Es ist eine Beziehung zwischen den lebenden Ordnungen und den chaotischen Oberflächensystemen entstanden. Das globale Oberflächensystem beruhigte sich. Es wird von den lebenden Ordnungen und den Beziehungswerten in Zaum gehalten. Die lebende Ordnung gewährleistet die Ordnung des klimatischen Überbaus.

Ob sich die Tiefdrucksysteme von derlei Effekten wirklich angesprochen fühlen oder ob unsere Bildschirmofferten nicht doch ins Leere schießen, bleibt vermutlich ungeklärt. Denkbar wäre zum Beispiel auch eine Verfälschung der natürlichen Programmierung. So könnten Positionen der Selbstorganisation, von einem System der Biodiversität instandgesetzt, durch die irrsinnigen Mengen an transportierter Masse auch unkenntlich werden. Die feinen Stellschrauben der Selbstorganisation wären, von den Autofahrern und den transportierten Warenwerten überrollt, ganz einfach nicht mehr zu hören. Der Leerraum, den wir mit einem Mangel an Wasser in einem System der Biodiversität erzeugten, könnte durch das große Aufkommen an transportierter Fremdmasse unkenntlich werden. Der Attraktor könnte von anderen Materiewerten substituiert werden und an Wirkung verlieren.

VON DER PROGRAMMIERBARKEIT DER SUBSTANZ

Philosophisches Denken ist nichts, womit man reich wird. Es ist vielmehr die Freude am Denken. Man betrachtet das geistige Phänomen und sein Verhalten. Es sind wahre Gedankenabenteuer, auf die man sich einlässt. Aber man fühlt sich gut damit. Es ist keine ganz einfache Sache, Brauchbares herzuleiten, das dem Stand der gesellschaftlichen Entwicklung entspricht und sofort umgesetzt werden kann. Zumindest aber handelt es sich um einen geistigen Hintergrund, vor dessen Licht auch andere Fachbereiche höhere Wahrheiten erlangen. Das Phänomen des elektromagnetischen Spektrums, welches wir vor dem inneren Auge betrachten, nährt sich selbst. Das abgeleitete Wissen verändert den Geistkörper. Die Ursache liegt zu einem Teil in der höheren Wertigkeit, aus der wir alle schöpfen und unser Verhalten abändern. Physikalische Gesetze wirken auf das individuelle Kriterium. Die Erweiterung des individuellen in den Raum aber auch die Zusammensetzung mit vielen weiteren Positionen erlaubt uns ein günstigeres Verhalten des einzelnen anzunehmen.

Jeder weitere Aufruf eines Gedankens kommt einer wiederholten Ableitung gleich. Die Architektur des Phänomens vermittelt ein bestehendes Wissen. Das betrachtende Bewusstsein formiert die wissende Architektur. Der bewusste Betrachter stabilisiert das Wissen und damit den verursachenden Datenkörper. Der wissende Datenkörper ist stets im Umbau. Ausrichten, eingliedern, anpassen und erweitern sind gängige Ereignisse. Das hängt mit der Verrechnung der Materiedaten in den Feldern zusammen. Die Felder wirken auf die einzelnen Kriterien und auch die bewegte Materie trägt zu den Wirkungen und Kräften in den Feldern bei. Das entwickelte Wissen steht für ein spezifisches Verhalten der gefassten Individuen.

ICH erinnere mich hier an diese Glaskugel, in der sich ständig Blitze entluden.

Im Zentrum der fußballgroßen Glaskugel befand sich ein tennisballgroßer schwarzer Körper, von dem dieses Blitzgebilde ausging. Das Blitzgebilde waberte durch den Raum und verlief sich dann flächig an der Innenwand des Glaskörpers. In eben dieser Weise zeigt sich mir die Organisation des menschlichen Organismus. Die zentrale Kugel setzen wir dem menschlichen Körper gleich, der dicke Teil des Blitzes gleicht der Infrastruktur der Organe und das flächige Auslaufen an der Innenwand der Kugel gleicht der Zellebenen und ihren Ereignissen. Gleichzeitig spreche ICH den Aufbau der Materie an, bei der sich dieses Prinzip ebenfalls sehr gut zur Veranschaulichung der Verhältnisse eignet. Die interne kleine Kugel wäre hierbei die Hardware der Materie, während die Felder aus dem Raum heraus entstehen und zu Strukturen zusammenfließen und der Materie Grundgesetze und Masse geben. Natürlich kehrt sich nach dem Entstehen der Materie die interne Ordnung nach Außen. Das Entstehen der Materie aus dem Raum heraus und das Wirken der Grundgesetze scheinen in einem schmalen Bereich zu harmonieren.

Dieses Prinzip der Materie, sich aus dem Raum heraus zu organisieren, um dann die innere Ordnung in Form von Kräften nach Außen zu kehren, scheint auch dem entstandenen Leben eigen zu sein. Jeder durchläuft während seiner Entwicklung zum fertigen Organismus verschiedene Adaptionsgrade an den Raum. Die Teile des Raums, welche wir vermehrt hereinholen, bestimmen am Ende die Funktion und die Gestalt der Hardware. ICH spreche von einer spezifischen Adaption und Verankerung in gewissen Bereichen des Materieraums.

ICH möchte noch einmal auf den Glaskörper mit den Blitzen und den Aufbau der Materie zu sprechen kommen. Man kann den Glaskörper der Materie gleichsetzen. Wir nähmen die Elektrode im Zentrum heraus und ließen das Blitzgefüge praktisch aus dem leeren Raum heraus entstehen. Wir hätten somit im Kern eine Reihe von Kriterien, welche sich in ihrer Anordnung flexibel zeigten und sich mit den benachbarten Kernen zu räumlichen Feldern zusammenschlössen. Wir generieren alle Information in Form von elektromagnetischen Feldern. Die erzeugten Gefüge unserer Gehirne streben alle dem Status Quo entgegen. ICH behaupte, dass die Felder und elektromagnetischen Status auf ihrem Weg in den Status Quo vielfach Schaltungen in den Kernen verursachen. Der Zusammenschluss der Kriterien zu Feldern und noch größeren Feldern und die Einleitung derselben in die Kernstruktur bis hin zum Urfeld selbst erscheinen mir gegeben. Der Mensch ist ein Datenkörper, der sich wie die Materie aus dem Raum heraus organisiert und als fertiger Körper interne Ordnungen in Form von Kräften nach Außen kehrt.

Es gilt festzuhalten: ICH gehe davon aus, dass sich die Tiere im gemeinsam genutzten Raum stark miteinander vernetzten. Gerüche, Duft- und Fraßspuren, der Jagdtrieb und die Vorsicht des Gejagten liefern genug Daten und Feldmaterial, um die umgebende Materie zu involvieren. Die verschiedenen Arten liefern einander genug Beweise ihrer Existenz. Eines jeden Sein fließt als eine besondere Form des Elektromagnetismus in die Materie ein. Außerdem ist der gleichbleibende Raum von sich aus eine feste Größe. Der Raum besteht unabhängig von den verschiedenen Sichtweisen der Arten in seiner Weise fort. Bewegen sie sich nun beide in ihre Wohnstatt, so werden ihre geistigen Architekturen dennoch über die vorherrschenden Materieverhältnissen des gemeinsam genutzten Raums in Verbindung stehen. Dennoch wird die direkte Interaktion der Arten irgendwann abreißen und jede Art wird sich im Schutz ihrer Behausung der Brut- und Körperpflege widmen. Hier tritt dann die Stückelung des Raums mehr in den Vordergrund. Anstatt des großen allgemeinen Überblicks rücken die Fellpflege, der Vorratsspeicher oder der Nachwuchs in den Fokus.

Hetzt man gemeinsam durch den Raum, so zeigen sich zumindest bei beiden der Herzschlag und die Atemfrequenz erhöht. Es ist ja bekannt, dass man sich mit ein bisschen Sport das Höhere angleichen kann. Die Arterien hin und wieder kräftig durchzuspülen, macht Sinn. Das gleicht die Felder funktional an. Das individuelle Sein tritt zurück. Die übergeordnete, transplantierbare Größe, das abstrakte Feld, das sich in seiner Funktion nicht vom Nächsten unterscheidet, zeigt sich nicht angreifbar. Ein bisschen Sport integriert das individuelle Sein in die Datenlast des Funktionsstroms. Die individuelle elektromagnetische Größe zeigt sich der Endmassebahn äquivalent. In diesen Status erhoben bleibt sie unerkannt. Man befindet sich im Fluss. Das wirkliche Materieereignis bahnt dem Elektromagnetischen den Weg. Man entscheidet selbst, ein Stück mit dem Strome zu gehen oder in relativer Ruhe zu bleiben.

Die geringeren Interessensfelder im gewohnten Heim lassen sich immer auch als Kriterien auffassen. Die Kriterien gehören als elektromagnetische Phänomene zur Gehirntätigkeit. Die Kriterien können aber auch auf die Wurzeln der funktionellen Felder zurückgeführt werden. Die Datenfelder, vor allem ihre Summenwerte sind den Materieereignissen unseres Körpers hinterlegt. Man darf die funktionellen Felder in die einzelnen Kriterien zerlegen. Anschließend sieht man sich ihre Lage im wirklichen Raum an. Erst das einzelne Materieäquivalent bezeichnet den Raum in einer Weise, dass wir die Verwurzelung der funktionellen Systeme im Raum sehen. So wie die Kriterien im Raum vorliegen, kann man sie als den Ursprung allen Lebens und als die Bausteine aller höheren Funktionen verstehen. Die Materieverhältnisse des Status Quo sind die Matrix aller Funktionen. Der Materieraum und Status Quo ist eine Art von Antrieb. Das lebende Gefüge, aber auch funktionelle Zusammenhänge technischer Art dürften die Erneuerer der Hintergrundmatrix unseres Körpers sein. Die bewegte Materie, die technischen Daten, aber auch das System der Lebenden mit all ihren Zielen liefern das Material, das wir für die tägliche Auffrischung unserer Hintergrundprotokolle benötigen. Das Zusammenspiel der Elemente und die Wiederkehr der Verhältnisse ist die Grundlage funktionierenden Lebens.

Folglich ist anzunehmen, dass die aufgesetzte Kernordnung stabil bleibt. Die Feldfunktionen, welche die Ereignisse und Hauptereignisse unseres Körpers hinterlagern, bleiben annähernd gleich. Die generierende Basis befindet sich in einem steten Wandel. Das bedeutet, dass auch die Kriterien und ihre Zusammensetzung leichten Veränderungen unterworfen sind. Das Funktionsfeld gestaltet sich hingegen relativ stabil. Man bedenke die Veränderungen während der Summenbildung oder die Wirkung umgebender Felder im Allgemeinen. Grundsätzlich haben wir es aber mit einem lebenden organischen Datenspeicher zu tun. Die

Daten sind in einer spezifischen Form der Gewebearchitektur gebunden. Die Kriterien arbeiten alle der Funktion des Organs zu. Aus einzelnen Kriterien entstanden Felder. Die Felder erzeugten Effekte. Sie summierten sich zu Architekturen mit spezifischen Wirkungen. Das Wirken schloss sich zu Kreisläufen.

Diese Datenarchitekturen hinterlagern die Materieereignisse unseres Körpers. Die Endmassebahn ist das sichtbare Ergebnis der Evolution. Die Endmassebahn ist das Ergebnis eines gewachsenen Datenhintergrunds. Die Endmassebahn hat ein Feldäquivalent. Der Datenhintergrund bewirkt die Ereignisse unseres Körpers. Der Organische Speicher kann durch ein bisschen Sport einen höheren Adaptionsgrad der Hintergrunddaten an seine organische Substanz einfordern. Man kann durch eine geeignete Ernährung seinen bewussten Bezug innerhalb des Raums verändern. Giftfreie Erzeugerstrukturen mit einer hohen Artenvielfalt reichen vollkommen aus, um als Spielwiese für den Datenhintergrund unseres Organismus zu gelten. Das Feld wurzelt auf vielfältigste Art und Weise im Materieraum. Der Gesetzgeber sollte mehr Verantwortung übernehmen und den Datenhintergrund des Organismus gesund erhalten. Dazu gehört eine flexible Datenmenge mit ausreichend Puffermöglichkeiten für die funktionellen Systeme.

Das übergeordnete Feld ist trotz seiner Stabilität variabel in seinen Bausteinen. Wir erhalten diese Stabilität auch für die organische Hardware, sofern wir den hinterlegten Datenhintergrund mit unserem externen Engagement nicht gefährden oder den Datenhaushalt im Allgemeinen nicht dauerhaft verändern. Die externen Variationen schlagen sich auf die Grundlage des organischen Speichers nieder. Auf der Ebene des organischen Datenspeichers ist jegliches Datenmaterial darstellbar. Das Datenmaterial unseres Arbeitsspeichers und Positionen unserer Nahrungsmittel sind ideale Beispiele hierfür. Die Darstellung dieser Positionen erfolgt auf der Grundlage des organischen Datenspeichers. Der lebende Datenspeicher ist flexibel genug, entsprechendes Datenmaterial anzulegen und seine Brauchbarkeit im Hinblick auf das Funktionieren des Organismus einzuschätzen. Grundsätzlich ist davon auszugehen, dass die Babys nach der Geburt und auch die Kinder nur die Felder der organischen Funktion, das Overlay des Datenmaterials sozusagen, als Basis für ihre ersten Schritte in die Welt zur Verfügung haben. Vermutlich ist es das gespeicherte Datenmaterial, welchen ihr externes Begreifen gegenübergestellt wird. Es kommt zu einer Art von vergleichender Gleichsetzung. Dieses ist ein Feldgeschehen. Das funktionelle Feld der Organe legte ein Feld um das externe Objekt. Das Objekt dehnte sich vor diesem Hintergrund in den Raum aus und verdeutlichte dem Kind das natürliche Vorkommen und seinen Gebrauch. Das funktionelle Feld des Körpers erwiese sich als Vorbild und Lehrer. Die funktionellen Felder unserer Organe erzeugten ein Bild von dem externen Objekt.

Jegliches geistige Fassen externer Größen, jegliches unserer Interessen, kann zerlegt, bis in den organischen Speicher zurückverfolgt werden. Die geistigen Architekturen können wie Atomkerne aufgebrochen werden und die Kriterien entlang ihres Wirkens in den Raum zurückverfolgt werden. In diesem Raum wurzelt auch unser Organismus. So überschneiden sich die Daten unseres Organismus und die Daten unserer Hobbys, Arbeiten und Interessen im zugehörigen Raum, dem Status Quo. Stellen wir unser externes Wirken und Treiben und die gespeicherten Daten unseres Organismus in den Status Quo ein, so werden wir Übereinstimmungen und Abweichungen finden. ICH gehe davon aus, dass hohe Entsprechungen den Organismus gesund erhalten, während ein schneller Wandel des Status Quo, Fehlverhalten und unangebrachte geistige Positionen den Organismus belasten. Schlecht darstellbares Datenmaterial bewirkt einen höheren Abstand zu den Körperprotokollen. Betritt man den Status Quo und sieht man sich die ausgelesenen Daten für die Körperprotokolle an und legt die menschlichen Interessen und Aktivitäten darüber, so erkennt man eine mehr oder weniger starke Diskrepanz der beiden Positionen. Setzt man die Kriterien wieder zusammen bekommen wir wieder die ursprünglichen Feldstärken und das ursprüngliche Feldverhalten. Die beiden Datenkörper beginnen wieder aufeinander zu wirken. Das gewachsene System des Organismus versucht das Wechselwirken mit den künstlichen Datenmengen des menschlichen Ringens auszubalancieren.

Der Mensch hat viele dieser Feldeinheiten geschaffen. Bedenken Sie die Freizeitindustrie. Der Technikwahn hat alle Lebensbereiche erobert. Die Feldkörper unserer technischen Errungenschaften gehen mit einer gewissen internen Ordnung einher. Eine gewisse Architektur der technischen Feldkörper erlaubt uns eine gewünschte Massebahn zu erzwingen. Ungünstige Wechselwirkungen mit den Hintergrundprotokollen unseres Organismus sind daher nicht ausgeschlossen. Wichtig ist es, sich ausreichend zu erholen. Die Körperprotokolle gehören aufgefrischt. Dazu gibt man seinem Körper am besten die Daten, welche während seiner Entwicklung aus dem Raum ausgelesen wurden. Gehen Sie raus an die frische Luft. Betrachten Sie den Status Quo im Wandel der Jahreszeiten. Notieren Sie den Einfluss der Elemente auf die Bausubstanz. Kontrollieren Sie die Dachrinnen auf Stabilität und Funktion. Schneiden Sie das tote Holz aus den Büschen. So schaffen Sie Platz für Neues. Sehen Sie sich das Herbstlaub an, wie es der Regen aufweicht, die Sonne es trocknet und der Wind vor sich hertreibt. Generieren Sie einfach Daten, welche dem Köper aus der Evolution bekannt sein dürften. Werden Sie Gärtner. Generieren Sie Daten, nicht für andere, sondern für sich selbst.

Wir können davon ausgehen, dass die künstlichen Welten des Menschen von andersartigen biologischen Systemen und Lebewesen noch stärker abweichen. Die künstlichen menschlichen Systeme sind aufgrund ihrer starken Abweichung für diese Lebewesen noch schädlicher. Welcher Vogel würde den Bus nehmen oder welcher Feldhase unter Lebensgefahr zum Basislager des Padmanganda aufsteigen. Viele unserer täglichen Aktivitäten unterliegen keiner Notwendigkeit. Viele Aktivitäten haben kein Ziel von essentieller Bedeutung, sind nur Verschwendung. Die täglichen Aktivitäten verrechnen sich zu Summenwerten. Aber auf Grund eines wachsenden ziellosen Spaßanteils, verändern sich die Gefühlslagen der Konstrukte. Das Summenkonstrukt generiert in dieser Zusammensetzung ungeeignete Impulse für den Rest der Lebewelt. Ja, ja! Es ist doch alles in Ordnung! ICH weiß doch auch, dass Sie als Vertreter dieser Feldstärken diese Wahrheit kennen, und Ihnen der Manipulationsgrad dieser Feldstärken, unabhängig von der Zahl der Erkrankten und psychisch Belasteten, gar nicht hoch genug sein kann.

Die gefühlten Werte, die heute von dem Gesellschaftskörper ausgehen, trüben den natürlichen Weg und verstellen den Lebenssinn. Sehen sie sich die Probleme der Menschheit an, welche unsere Politiker vor sich hertragen. Das derzeitige Konstrukt vermittelt auf Grund seiner Zusammensetzung falsche Werte. Das Konzept ist in seiner Zusammensetzung nicht zukunftsfähig. Natürlich! Entschuldigung! Es gibt eine Zukunft! Das menschliche System ist in großen Teilen ein elektronischer Totwert. Das Kopfkino ist die Ich-Instanz des Menschen. Die Inhalte der Kopfkinos sollten individuelle Einzelereignisse sein. Aus diesen täglichen Handlungsoptionen errechnet sich das Gesamtbewusstsein einer Nation.

Diese Feldstärken gehen mit Gefühlen einher. Die Wertigkeit der Gefühle leitet sich aus den Kriterien her, welche von den Kopfkinos tagtäglich eingespeist werden. Die Quantität und Qualität der Kriterien entscheiden über den moralischen Wert der Konfiguration. Sollten sie neun Esser von Hundefleisch und einen Fan von Schweinefleisch im Zehnerpack anzubieten haben, so wird der generierte Feldwert einem Elften Mitbürger sagen Hundefleisch ist ganz in Ordnung. Manchmal gibt es aber auch Schwein. Die qualitativen Inhalte dieser Feldstärken beruhen auf der Art der Kriterien, die sie aufbauen. Das Gefühl sagt mir, es sei gut sich in dieser Weise im Materieraum zu verankern. Das Gefühl, ob etwas Gut oder Böse ist zeigt uns die Kriterienzusammensetzung des Staatskörpers an. Das Gesamtbewusstsein unseres Staatskörpers ist ein Feld einer gewissen Stärke. Das Bewusstseinsfeld errechnet sich aus den individuellen Einzelereignissen, an welchen unser Bewusstsein haftet. Der Gesamtdatenkörper hilft uns Entscheidungen zu treffen. Der Bewusstseinskörper ist ein Supercomputer. Er berechnet geeignete Mussebahnen für sein Funktionieren. Wir erhalten Handlungsimpulse aus dem Gefüge. Er ist Motivation und moralische Instanz.

Ursprünglich war die Lebensvielfalt hochkomplex organisiert. Das leitende Gefüge war allen Lebewesen ein Kompass. Darin war die Rücksicht auf anderes Leben ebenso enthalten wie der Gedanke, sein Leben zu bestreiten, sich zu ernähren und fortzupflanzen. Der Datenkosmos reichte von dem kleinsten Windhauch bis zu Bewusstseinswerten der Mikroorganismen. Es war ein Meer aus Daten, in Feldern und Beziehungsfeldern organisiert. Mit den vorhandenen Daten konnte noch der geringste Lufthauch programmiert werden, sofern es seiner essentiell bedurfte. Heute übertrumpft der Mensch alle natürlichen Konfigurationen mit Energieverbrauch und bewegter Materie in Masse. Das aufgesetzte System hat der übrigen Welt nichts mehr zu sagen. ICH spreche von der Systemkonformität aller Lebensbereiche, die einst harmonierten, sich aufeinander abstimmten. Ein jedes hatte sein Aktivitätsmaximum und nahm sich dann für andere zurück. Der Mensch rackert rund um die Uhr. Selbst nachts wandern sie noch mit Fackeln die Berge hoch und gehen mit Stirnlampen Skifahren.

Das künstliche Treiben der Menschen, das wir bereits als Status Quo ausmachen, generiert einen Bewusstseinswert einer Feldstärke, der weit über das Akzeptable hinausgeht. Das Gefüge hat eine Feldstärke erreicht, dass ICH von Diktatur, Manipulation und Unfreiheit sprechen muss. Man entzieht Ihnen die Datenfülle als Glücksmoment. Man zwingt Sie auf vorgefertigte Bahnen. Wie die Schweine in den Mastställen und die kopfüber aufgehängten Hähnchen, die in die elektrisch geladenen Tauchbecken fahren, ist Ihr Tagesablauf nur noch leere Routine. Wie kann ICH noch von Demokratie sprechen, wenn eine totmanipulierte Masse den weiteren Weg bestimmt? Der Kontakt dieser Individuen zur Natur besteht darin, diese zu stören. Das Gesamtbewusstsein der Menschen setzt sich aus diesen individuellen Einzelleistungen zusammen. Das geschaffene gravitationsreiche Datenmonster, welches allem Leben ein Führer und Kompass sein sollte, zeigt falsche Wege auf. Flora und Fauna sind in den übergeordneten Feldern der Menschheit nicht mehr vertreten. Wie könnte etwas Kompass sein, das keinerlei Kontakte in diese Bereiche unterhält?

Wie könnte man auf dieses Datenmaterial noch Werte von Ethik und Moral gründen? Die Gefühlswelt des Menschen gegenüber seiner Umwelt ist erkaltet. Schlecht darstellbares Datenmaterial reagiert sehr viel stärker mit den körpereigenen Protokollen. Die Folge wechselwirkender Felder könnten

Gewebeschwächen, Entartungen oder ein ungenügend arbeitendes Immunsystem sein. Das hängt immer damit zusammen, welche Kriterien Sie von außen in den Körper hereinholen. Wie sich die Datenkörper zueinander verhalten, die wir aufeinander wirken lassen, hängt von der Ordnung der Kriterien in den Feldkörpern ab. ICH nehme an, dass es vor allem die gemeinsame Nutzung von Lebensräumen ist, die sich harmonisierend zwischen den Feldgrößen aufspannen lässt. Wenn sich gleiche Datenmengen um Individuen zweier Arten aufspannen, anders gesagt: die Kriterien, welche die Organfelder abrunden, die also nicht mehr direkt an der Kernfunktion beteiligt sind, die abstrahierend isolierende und integrierende Peripherie der Funktion, wie verhalten sich die peripheren Räume zweier Arten oder zweier Organe zueinander?

ICH nehme die Monaden oder die Sphären meiner Vordenker und reichere in ihrer Peripherie unbekanntes Umland eines Status Quo an. ICH hätte gerne eine Abstoßungsreaktion zweier Sphären unterschiedlichen Kerns aber ähnlicher Hüllendaten. Als Hüllendaten nehme ICH das unbekannte Umland an. Je weiter Sie sich von Ihrem Arbeitsplatz entfernen, umso unpassender werden Sie sich vorkommen. Das geht uns allen so. In der Peripherie aber sind wir alle gleich. Kann die Physik das mit Ladungen erklären? Der Effekt wäre, dass sich die Hüllenmomente harmonisierten, während sich die Kerne auf Distanz hielten.

Dieses abstoßende und harmonisierende Moment entfiele im Umgang mit den Menschen. Die Ursache liegt in dem starken Wandel seines Lebensraums. Der Mensch hat sein Hüllenmoment vollkommen verändert, auch seine Kernfunktionen, wir sprechen von den inneren Organen, die sich vermutlich zunehmend aus Daten der geschaffenen Fortschrittswelt zusammensetzen. Der Mensch verändert seine Hüllendaten so stark, dass an eine gemeinsame Biosphäre mit anderen Arten kaum noch zu denken ist. Es ist nicht nur das Kerngebilde, das sich in seiner Datenzusammensetzung immer stärker von seinen Ursprüngen entfernt, es ist auch die gelebte Peripherie, die in ihrer Zusammensetzung immer lebensfeindlicher wird. Die Peripherie baut sich zunehmend aus Daten künstlicher Produkte auf.

Jedes Sportgerät und jeder Freizeitartikel ist von einer Datenhülle aus Produktionsgütertechnik umgeben. Wer in dieser Form sein Kopfkino besetzt, dem könnte man auch einen Morgenstern (Waffengattung des Mittelalters) in die Hand drücken. Die Felder der Produktionsgütertechnik wirken innerhalb der geistigen Gefüge. Sich mit anderen Arten innerhalb der Biosphäre einzuschwingen und eine Form des Einsseins zu erreichen, ist unmöglich geworden. Das bestehende Gefüge gleicht einem Morgenstern. Damit schlagen Sie gegen das Leben.

So verhält es sich auch mit den Feldern der internen Größen und den Feldern unseres externen Engagements. Sofern sich die Datenkerne in der Peripherie ähneln, sich harmonisch überschneiden, gegenseitig bestätigen oder sogar identische Räume aufspannen, werden die funktionellen Kerngebilde völlig unbelastet neben den Größen externen Handelns bestehen können.

Meine Theorie zu den physikalischen Ladungen lautet (für Sphären einer gemeinsamen Biosphäre): Innerhalb der Sphäre gibt es Materieströme, die auf das funktionelle Zentrum zuströmen. Dieses ist der Ausdruck einer intakten Feldaktivität. Der Zustrom dient der Stabilität der Kernordnung. Die Kerne der Sphären können sich, trotz gemeinsamer Hüllenmomente, aus Materieströmen unterschiedlicher Art speisen. Die Zusammensetzung, Überlappung, identischer Anteil usw. mögen die Qualität der Wirkung bedingen, hier gilt es aber vereinfacht festzuhalten: Griffen die zentrumsgerichteten Materieströme der Sphären ineinander, so legten sich die peripheren Gebiete der Sphären übereinander. Dies hieße, die Sphären griffen so weit ineinander, bis ihre peripheren Identitäten den bezeichneten Raum gemeinsam aufspannten.

Hier zeigt sich mir: Kommen mehrere Sphären zusammen, so addieren sich die mehrfach genannten Anteile am Raum. Ist Addition das richtige Wort? Irgendwie fallen die Felder ineinander. Das Ergebnis wird gegenüber den anderen Positionen eine höhere Wertigkeit ausweisen. Es zeigte sich mir, dass ein Baustein der in mehreren Monaden existent ist eine scheinbar höhere Ordnung erreicht und sich dominant gegenüber weniger bekannten Werten verhält. Es kann sein, dass dieses das Moment ist welches die Sphären aneinanderbindet. Der Vorgang der Verrechnung der Felder brächte eigene Strukturen hervor. Als mögliches Beispiel wäre das Elektron zu nennen. Eigene Ordnungen, die auf dem Weg zu ihrem Kern entstünden, um diesen dann in einem gewissen Abstand auf Bahnen zu umlaufen. Denkbar wäre auch eine Auflösung dieser Position mit zunehmender Annäherung an ihre Kerne. Der Grund hierfür wäre in die Kernfunktion einzugehen.

Anders verhielten sich die Materieströme, die aus dem Kern heraus der Peripherie zuströmten. Die Kernordnungen unterschieden sich und somit auch die Kriterien der Funktion. Näherten sich die Sphären an, begännen die herausströmenden Kernwerte der Sphären, aufeinander zu wirken. Die unterschiedlichen Kernwerte zweier Sphären lehnten einander ab. Während die Monaden peripher harmonierten, bliebe eine gewisse Distanz der Kerne zueinander erhalten. Natürlich kann auch hier variiert werden. Die unterschiedlichen Qualitäten der Wirkungen beruhten auf der spezifischen Architektur. Welche Kriterien sind wie verbaut, auf welche Materieform bezieht sich die Existenz des Kriteriums usw.? Um die Anwendbarkeit zu verdeutlichen, kann man sich unterschiedliche Elemente vor Augen führen oder Lebewesen gegenüberstellen – Fisch, Vogel, Wurm. Worin unterscheiden sie sich? Welche gemeinsamen Daten binden sie aneinander? Es geht darum, das chemisch-physikalische Verständnis zu erweitern, aber auch die Komplexität einer intakten Biosphäre zu verstehen, der natürlich auch der Mensch angehört. Und noch einmal! Unabhängig von einem funktionierenden Kerngebilde brauchen sie vor allem eine verbindende Peripherie. Das betrifft die einzelnen Leberzellen, die Nierenzellen und auch die Zellen der Milz, die hier so harmonisch beieinander liegen. Diese gilt natürlich auch für die inneren Organe, die sich trotz unterschiedlicher Aufgaben zu lieben scheinen. Es scheint sich um ein natürliches Prinzip zu handeln die zentralen Funktionen in eine gemeinsame Peripherie zu überführen. Die Haut, so sagte man mir, sei das Tiefste. Die Haut ist von der zentralen Funktion der inneren Organe am weitesten entfernt. Sollte das Bein des Tisches draußen auf der Terrasse in irgendeiner Weise in die Kernordnung der Organfunktion eingeflossen sein, so ist es die Weinflasche im Weinkeller, die wir als abstrahierende Peripherie oder Tiefe der Haut bezeichnen müssten. Denn das Glas Wein, das wir an diesem lauen Sommerabend gemeinsam trinken, kommt gerade aus der Flasche im Keller. Auch wenn wir hier nur von einem Tischbein sprechen, so sprechen wir doch von den Daten der Evolution. So wird das Tischbein zu einem Tisch und die sich auf dem Tisch abspielende Dynamik erweist sich als Datendrehkreuz in den gesamten Raum. Auf diese Weise wird der Weinkeller zu einer Satteliteninformation des Tischbeins. So gelangen sie in die Peripherie. Diese Form der Information rundet das zentrale Geschehen der Funktion. Die Funktion der Zelle isoliert sich auf diese Weise.

Die Funktion des Organs für den Körper abstrahiert sich. Eine großflächige Integration in den Raum verschleiert die eigene Existenz und lässt jegliche Interaktion mit andersartigen Größen zu. Auf diese Weise wurzelt der Organismus Mensch im Raum. Deshalb nennen sie die Haut das Tiefste. Von den zentralen Funktionsfeldern der Organe ausgehend reicht sie am weitesten in die Tiefe des Raums hinein. Vielleicht gehören auch noch die Weinberge, die Lebewelt und ihre Bewirtschaftung durch den Menschen in die Hindergrundmatrix der Haut. ICH habe noch nicht darüber nachgedacht. So gelangen wir von einem Tischbein, das der Funktion am nächsten liegt, zu einem Tisch und über die Objekte darauf in den Raum. Die Daten werden sich verschränken und in eigene Ordnungen zusammenfinden. So gelangt man kaskadenartig von einer Kernfunktion über verschiedene Ebenen unterschiedlicher Organe und Ordnungen zu dem abschließenden Bild der Haut.

Die neuen Generationen entnehmen ihre embryonalen Entwicklungsdaten dem bestehenden Status Quo. Wir nehmen an, dass sich die geistige Entwicklung vor den Hintergrundfeldern der so gewachsenen funktionellen Felder unseres Organismus vollzieht. Lehnt sich das erworbene Wissen und die gesamte technische Entwicklung tatsächlich an die funktionelle Hardware unseres Organismus an, so ist leicht zu verstehen, dass ein Großteil des Datenmaterials unberücksichtigt bleibt. Wir beobachten die Materieströme und Ereignisse unseres Körpers, studieren den Aufbau der Gewebe und beschäftigen uns mit den Funktionen für den Körper. Für ein allumfassendes Verständnis der Zusammenhänge ist dieses zu wenig. Es ist zu wenig, ein Summenfeld bzw. die Endmassebahn der Materie zu beobachten, die wir hier als Effekt und Ergebnis der Additionsphysik unserer Daten und Datenfelder betrachten. Man kann sagen, dass sich eine Wissenschaft, welche diesen Weg eingeschlagen hat, immer stärker isoliert. Die Zusammensetzung der Felder zu missachten und nur mit den bestehenden Größen zu verfahren, löst den Datenkörper immer mehr aus seinem natürlichen Gefüge heraus. ›Natürlich‹ bezeichnet hier den aktuell bestehenden Status Quo. Wir werfen einer Wissenschaft, die ausschließlich mit bestehenden Konstrukten des Wissens arbeitet, vor, Summengebilde immer noch stärkerer Feldstärken hervorzubringen.

Bestehendes Wissen zu verarbeiten, ohne über die Zusammensetzung und die Architektur der Felder nachzudenken, schafft stärkere und noch stärkere Summengebilde. Die Feldstärken erzwingen ein gewisses Verhalten des Status Quo. Noch stärkere Feldstärken überwinden das persönliche Selbst noch schneller und zwingen die Involvierten auf die vorgezeichnete Bahn. Das natürliche Selbst der Person hüllt sich in einen künstlichen Datenmantel. Dieser Datenkörper wird unabhängig von dem natürlichen Kern der Person zu ihrem Sein. Daher fordere ICH, endlich Messinstrumente zu entwickeln, welche die verantwortlichen Datenkörper identifizieren. Nicht die Person selbst ist verantwortlich zu nennen. Der aufgesetzte Datenkörper programmiert das Verhalten. Der Datenmantel programmiert das Selbst. Das Hintergrundgefüge gibt die Betrachtungsweisen vor und enthält die Handlungskonzepte. Das ist nicht so schizophren, wie Sie denken. Das Messorgan für derlei Zustände fehlt und muss entwickelt werden. Der Mensch muss endlich Herr der Entwicklung werden. Kein Selbstbetrug, kein blindes Dahinreiten auf unbekannten Größen des Unterbewusstseins.

Die Addition der Felder und der Vorgang der Summenbildung ist eine ökonomische Gesetzmäßigkeit der Physik. Die Bausteine verrechnen sich. Die feinen

Bestandteile ihres Ursprungs, Daten, die der Vernetzung der Bereiche dienten, oder die Zufuhr und Abfuhr von Materie, die der Aufrechterhaltung der inneren Ordnung, der Stabilität und der Ökonomie dienten, verlieren in der nächsthöheren Summe an Substanz. Die Architektur und auch die Zusammensetzung verändern sich. Wir verlieren an klar gegliederter Peripherie zugunsten eines definierten Hauptstroms. Das Anwachsen des Hauptstroms, glauben manche, ist ein Grad für das Wissen, das sich erreichen lässt. Das neue Summenkonstrukt eines entworfenen Wissens, das wir aus bestehenden Feldkörpern als logische Folge der Summenbildung ableiteten, verliert Anteile seiner vorhergehenden Zusammensetzung. Wir erhalten eine weitere Reduktion der Komplexität zu Gunsten eines neuartigen Hauptstroms. Der Geistkörper mit den Produktionsgüterströmen in seinem Zentrum greift weiter um sich.

Der Mensch ist den Produktionsgrößen angegliedert. Seine Lebenswelt glänzt nun mit neuartigen Materieereignissen, die Ursprüngliches ablösten. Wir erhalten ein Anwachsen der Hauptströme bei einem gleichzeitigen Koordinations- und Steuerverlust. Es fehlen einfach die Daten einer klar gegliederten Peripherie. Das bedeutet eine zunehmende Entkopplung der Klimagrößen. Die Klimagrößen sind nicht mehr an den gewachsenen Sinn gebunden. Die ursprüngliche Programmierung durch gewachsene Biotope bzw. der Sinn der Notwendigkeit einer Bewässerung ist nicht mehr programmierbar. Die einstige Komplexität und Leichtigkeit der Biosphäre ist zu einer Datenlast geworden, die alle Möglichkeiten der Disposition verloren hat. Wer glaubt, aus Bausteinen des Bestehenden erneut Summen bilden zu können, ohne erneut Verluste hinzunehmen, der irrt. Die Klimaereignisse halten sich nicht mehr an Regionen, weil die Daten zu ihrer günstigsten Position in den Konstrukten nicht mehr mitgeliefert werden.

Ganz findige Köpfe denken hier schon an die Programmierung der Regenfelder. Vermutlich handelt es sich bei diesen fortführenden Ideen um Lösungsansätze, um Optionen der Feldaktivität. Zufällige herausragende Dichten wechselwirkender Wissensfelder dürfen für Emittenten von Information gehalten werden. Jede zufällige Dichte interferierender Felder wird einen Impuls für seine Bausteine bedeuten. Die individuellen Größen werden in eine aktive Form des Unterbewusstseins versetzt. So entsteht eine regionale oder auch globale Menge. Die Menge beschreibt den Raum. Die verzeichneten individuellen Lebenspositionen spannen den Raum auf. Die Menge fördert das eigene und bekämpft das Fremde (eine physikalische Wirkung in Worte gefasst).

Eine herausragende Dichte wechselwirkender Inhalte kann aber auch als geistige Leistung verstanden werden. Wenn ICH mit wissenden Inhalten in diesen Bereichen arbeite, können Dichten entstehen, die als klare Menge in mein Bewusstsein dringen. Die Inhalte auf den Raum ausgelegt zeigen uns, dass der Überbau ebenfalls diesem Raum angehört. Der Überbau ist nur eine scheinbar günstigere Lösung. Man macht Gewinne auf den bestehenden Ebenen, blendet aber die Nachteile in den anderen Bereichen aus. Wer räumt also nach der Party all den Dreck weg? Als Obermenge und gewichtige Lösung der Ordnung wird eine herausragende Dichte wieder die bereits favorisierten Bereiche des Raums und ihre Materieströme zur Grundlast haben.

ICH als geistig tätige Person kann schon sagen: »Das war jetzt eine Zufallsdichte, die das System in der gewohnten Weise fortschreibt.« Weil ICH mich an der Betrachtung des geistigen Phänomens erfreue. Die Dichte wirkt auf die Fläche seines Entstehens. Die Dichte aktiviert die gewohnten Handlungsimpulse in den Haushalten. Verändert, aber nicht spürbar verändert, programmieren sie die Zukunft. Vor allem die Masse der unbewusst Angeschlossenen ist ein kaum zu überwindender Faktor. Die breite Masse kennt den Charakter der Summenarchitektur nicht. Der Großteil der Menschen wird die Gefühlsqualitäten, die mit dem ersten Auftreten eines Großfeldes einhergehen, nie selbst in Erfahrung bringen können. Manche dürfen das am eigenen Leib erfahren. Das Wohlstandsstreben und der überzogene Reichtum mancher bringt viele der Schwächeren in unglückliche Lebenslagen. Vergiftung, Zerstörung, Enteignung, Vertreibung, um einige zu nennen, sind Parameter, die sich in der Summe der Betroffenen als Gefühlqualitäten der zukunftsweisenden Großfelder niederschlagen.

Die Menschen, welche über die Möglichkeiten verfügen, in diese großen wegweisenden Summengebilde einzublicken, sollten versuchen ihr Zustandekommen zu erfassen und festzuhalten. Es ist keine Schande auf seinem Wege zu irren, wenn man sich der Wahrheit verpflichtet hat. Zuerst belächeln sie einen, dann wird man angegriffen und dann biegt man auf die Siegerstraße ein. Der Charakter der Felder erschließt sich uns auch aus den Gefühlsqualitäten. Die Beschaffenheit der Kriterien bestimmt die Gefühlsqualitäten. Wir, die wir die Felder betrachten und wegweisende Berechnungen vornehmen, sind auch für den Charakter der Felder verantwortlich. Die gelebte Armut am Rande der Natur scheint mir hierfür am besten geeignet zu sein. Das einfach Mechanische, das leicht zu Verstehende scheint das Gefüge am durchsichtigsten zu gestalten. Die Kriterien, welche ICH täglich in den Status Quo erhebe, leuchten die hintersten Winkel meiner Hintergrundprogramme aus und tun meiner Seele wirklich gut. ICH setze meinen Weg in dieser Weise fort und beobachte, dass die große unbewusste Masse auch für diese Färbung eines gesellschaftlichen Überbaus zu gewinnen ist. Hier sieht man, dass das Unterbewusstsein ein vortreffliches Mittel ist, um die Welt zu verändern. Darum bette ICH mein Sein auf ein möglichst natürliches Leben nahe am Busen der Natur. Das ist, so meine ICH, die höchste Lebensqualität. Diesen Genuss erlaube ICH mir, der Gesellschaft auf diesem Wege aufzutun. Meine geistigen Qualia enthalten dieses einfache Leben.

Noch stehen wir der Entwicklung hilflos gegenüber. Wir haben zu viel Unterbewusstsein in der Lenkung der Massen. Gebt ihnen Messinstrumente, und die Welt wird sich verändern. Das Wissen, das unsere Wissenschaftler schaffen – Ausnahmen sind die wahren Genies, die das Gefüge betrachten und Erklärungen hervorbringen, die die Existenz des Einzelnen enthalten – stellt eine Gefahr dar, denn es lässt viele unbewusst agieren und nur auf der Welle der bestehen Produktionsgütertechnik surfen, jeder Interferenz hinterherlaufen, die in ihr Gehirn dringt. Die entwickelten Inhalte interferieren. Erhöhte Dichten der Produktionsgütergesellschaft erreichen ihr Unterbewusstsein. Sie gaukeln ihnen scheinbar noch bessere Lösungen vor. Die Produktionsgütergemeinschaft favorisiert sich selbst, grenzt Fremdes noch zerstörerischer aus, reduziert seine Vielfalt und schreibt ihren Weg fort. Der Charakter der Aorta auch in den Kapillaren, so scheint ihr Motto zu sein. So ist das nicht richtig. In der Nähe der Erfolgsorgane richtet man sich nach dem Bedarf der Organe. Hier geht es um die Funktionen der Organe. Hier betont man die Handlungen des Einzelnen für die Funktion. Jeder einzelne ist ein Individuum und muss es sein. Diese Datenvielfalt liefert das notwendige Material, um die Funktion zu stützen.

Ausgelacht und angefeindet stehen wir einem Selbstbetrug ungeahnten Ausmaßes gegenüber. Hilflos gegenüber dem Unterbewusstsein der Masse, den Gesetzen der Physik nicht gewachsen. Die normalen Menschen sind es, die eins und eins zusammenzählen und damit den großen Wurf landen wollen, sie sind verantwortlich für das sinnlose Auflaufen und Anschwellen der Felder, ihrer Feldstärken und haben die Programmierung des Materieraums zu verantworten. Ab heute zumindest, weil ICH es hier schreibe und Unkenntnis ihr Vorgehen nicht weiter entschuldigt. Es gibt doch nur zwei Wege. Entweder sie setzen sich stundenlang allein ins Auto, manche davon täglich, machen Party auf Mallorca und essen feine Früchte aus Übersee, oder sie pflanzen einen Apfelbaum, legen sich einen Nutzgarten an und pflegen ein gesundes Verhältnis zu ihrer Umwelt. Sie brauchen sich doch nur für einen der beiden Wege zu entscheiden. Sollten sie sich nicht stark genug für diese weit reichende Entscheidung fühlen, so nehmen sie ihre Religion zur Hand. Ohne Fleischfabriken und tausende von Flugmeilen wird man doch auch hundert Jahre alt.

Wir sind der Hardware der Produktionsgüter verhaftet. Diese Adaption erzeugt Bewusstseinsgrößen, die der einzelne nicht mehr zu überblicken vermag. Die Existenz der Wirtschaftskörper gründet sich auf die Summe vieler. Der Mensch scheint der natürlichen Feldaktivität dieser Datenkörper nichts entgegenzusetzen zu haben. Innerhalb der natürlichen Feldaktivität dieser Körper kommt es zu Wechselwirkungen von Inhalten. Das Ergebnis sind Felddichten, welche Information in das Gefüge auswerfen. Teilweise entsteht Wissen, das an Fremdartigkeit und Lebensfeindlichkeit nicht zu übertreffen ist. Diese Menschen erkennen nicht mehr, dass das Gefüge diese Optionen selbst hervorbringt. In Wirklichkeit handelt es sich um die Grundlagen ihrer Gehirntätigkeit. In Wirklichkeit bringt das Gefüge die geistigen Qualia der Lösungsstrategien selbst hervor. Die emittierten Lösungsstrategien erfordern dann allenfalls den Erhalt des Bezugsraums, aber in der Regel führen die vorgeschlagenen Wege zu einem weiteren Rückgang der Kriterienvielfalt. Das liegt an dem Ergebniskörper, welchen sie aus den hervortretenden Dichten der wechselwirkenden Inhalte ableiten.

ICH nehme an, dass vor allem erhöhte Felddichten in unser bewusstes Unterbewusstsein hereinreichen. In den Bereich der Wechselwirkung treten dann auch bereits herausragende Dichten. Das hieße, Felder mit gerichteten Materieströmen wechselwirkten mit Feldern ähnlicher Kapazität zu noch höheren Dichten. Diese hervortretenden Dichten reichten in das Bewusstsein vieler herein. Und zwar nicht nur in der Form eine aktuelle Lebensposition eines Bürgers in einen aktiven Bewusstseinszustand zu versetzen, sondern in der Form der Dichte selbst, die als übergeordnete Menge angenommen werden darf. Die übergeordnete Menge emittierte eine Information, die die wechselwirkenden Inhalte gleichzeitig abbildete. Diese übergeordnete Informationsmenge zöge eine Anpassung des Status Quo nach sich. Diese Menge ordnete seine Kriterien in den Status Quo ein. Es stellte sich eine neue Ordnung ein, die der Zusammensetzung der Wechselwirkung gliche. Natürlich läuft das alles über ein Gehirn, das entsprechende Verhältnisse zur Anlage der Datendichte und zu ihrem Verständnis mit sich bringt. Ein Gehirn, welches diese aufgetretene Position einer natürlichen Feldaktivität für genial genug hält, um sie technisch umzusetzen. Aus diesem Grunde dürften fortführende Positionen, die aus Felddichten vorherrschender Gebiete hervorgehen und scheinbar geeignete Lösungsansätze ausweisen, die Vielfalt gegenwärtigen Lebens in der verbindenden Peripherie noch weiter herabsetzen.

Wir erhalten eine neue Ordnung des Status Quo. Die ursprünglichen Inhalte sind in ihrer Wertigkeit erneut etwas zurückgesetzt. Die Dichte abzuleiten, führte zu einer veränderten Betonung des Raums. Die verarbeiteten Kriterien entsprechen dem bewussten Materiebezug. Die verarbeiteten Kriterien verändern sich. Zum Beispiel kommen natürliche Inhalte der Wildnis nicht mehr vor. Wie könnte ein Gras mit einer Autobahn konkurrieren, wenn der Betreffende morgens in sein Auto steigt. Gehen Sie doch selbst einmal vor die Tür. Wo finden sich denn noch Werte in der Natur, die uns wirklich berühren. Die Datenkörper der Konsumgesellschaft kennen nur die eigene Existenz. Getragen von übermächtigen Feldstärken und den Gesetzen der Physik wird alles andere nicht nur ignoriert, sondern gestört, bedrängt, verdrängt und seiner Existenz beraubt.

Alles, was sich hier so negativ darstellt, sind im Grunde Feldoptionen des Gehirns. Lässt man den Verbraucher unaufgeklärt vor sich hindümpeln, macht man sich mitschuldig. Ohne die Kenntnisse der Gehirnphysik ist er ein unbewusst schuldig Handelnder. Wir brauchen endlich eine Messtechnik. Lassen sich die Felder nicht aufgliedern, wie man das weiße Licht in Spektralfarben aufbrechen kann? Anstatt die Wellenlänge zu bezeichnen, lässt sich vielleicht ein Schwankungskoeffizient ausmachen. Anstatt den Ausschlag der Welle zu messen, müsste man Modelle entwickeln, wie die Kriterien aneinandergelegt sein könnten, damit sich die Wellen und Wellenfelder in diese Ordnung ergeben.

Das gelebte Gesellschaftskonstrukt hat diese Wertigkeit erreicht. Die aufgesetzten Feldstärken beherrschen ihre Bausteine. Die Handlungsweise des Verbrauchers, sein Denken und seine Gewohnheiten sind Ausdruck der aufgesetzten Feldstärken. Das Individuum ist sich der Einbettung seiner Kriterien in höhere Feldstärken nicht bewusst. Die verzeichneten Inhalte überhöhen sich zum Schaden der nicht verzeichneten. Das Feld vermittelt Ethik und Moral. Das Feld ist Handlungsweiser und Richtwert. Nicht der Einzelne ist verantwortlich, denn der einzelne hat ein Gehirn. Und dieses Gehirn arbeitet in der bezeichneten Weise. Darum sage ICH euch, es gilt zuerst einmal, in die Zusammenhänge einzutauchen, zu erkennen und zu verstehen. Erst jetzt kann man sich für eine korrekte Zusammensetzung der regierenden Feldstärken entscheiden. Die aufgesetzten Feldstärken sind psychoaktiv und wirken auch auf die Hardware, unseren Organismus. Die Zusammensetzung des Gesellschaftskonstrukts entscheidet über Glück, Zufriedenheit und Wohlbefinden der Menschen. Es ist die Vielfalt der Daten die Lebensfreude generiert. Die gelebte artenreiche Biosphäre steht für einen Datenhaushalt, der die Gemüter bewegt. Das miteinander der Arten erzeugt diese lichtvolle Komplexität, welche das eigene Sein in eine Wolke von Daten des Glücks hüllt. Das ist spürbare Lebensqualität.

Natürlich lässt sich auch mit allerlei technischem Schnickschnack eine Datenhülle aufspannen. Sie ist aber nicht kompatibel und hinterlässt fühlbar eine Leere. Man geht mit einem latenten Burnout oder einem Anflug von Depression durch das Leben. Es fehlt die Interaktion der Positionen, das Wechselspiel der Datensphären und ein lebendes Beziehungsgeflecht. Glaubt man, es endlich geschafft zu haben, so wird man von der rapiden Entwicklung überrascht und erneut abgehängt. Ist der Markt gesättigt, verändern sie den Trend. Anderes kommt in Mode. So wachsen die Müllhalden und unsere wertvollen Ressourcen schwinden. Im Grunde müsste man den Entwicklungsstand einfrieren, die bewegte Masse in Tonnen reduzieren und sich dem Erhalt des Status Quo verpflichten.

Mir kam in der Zeit meines Werdens Vieles zu Ohren. Unter anderem sagte man: »Es wird wohl kaum einen Deutschen geben, der all dies zu fassen im Stande ist.« Andere sagten: »Die Deutschen haben ihn.« Heute, nach zwanzig Jahren immerwährenden Interesses, blicke ICH zufrieden auf meine Entwicklung zurück.

Der Transportstrom in der Aorta ist hervorragend, aber wie sieht es mit der Beschaffenheit der funktionellen Gewebe aus? Wie gestaltet sich die Peripherie, in welcher die Funktionen und Systeme ineinandergreifen und gleichzeitig voneinander isoliert werden? Gelingt es, den funktionellen Hintergrund zu runden und die Funktion von den anderen Systemen ausreichend zu isolieren? Das sind Fragen, die auftauchen, wenn Sie das Datenmaterial der Evolution zurückdrängen und Teile davon durch künstliche Welten und technische Konstruktionen ersetzen.

ICH unterstelle unseren Politikern und diesen Menschen eine Hörigkeit und Abhängigkeit ihrer Gehirntätigkeit von Größen, die sie selbst geschaffen haben.

ICH behaupte, dass das Wechselwirken der Felder unserer Produktionsgüter Optionen unserer Gehirntätigkeit generiert. Diese Felddichten emittieren Information, die weit in unsere Gehirne hereinreicht. Die Gehirntätigkeit dieser Menschen wird hauptsächlich von den Größen wechselwirkender Produktionsgütermengen beherrscht. Darin liegt auch die Gefahr. Werden die emittierten Beziehungsgrößen nämlich nicht bewusst erfahren, erkannt und beurteilt, so schreibt sich deren Weg fort. Es besteht eine ernstzunehmende, sich vertiefende Abhängigkeit von Produktionsgüterströmen. Die Wechselwirkung der Größen bestimmt unsere Gehirntätigkeit. So schreibt sich der Ausbau deren Existenz fort. Wir laufen toten Konzepten hinterher, welche von Felddichten der Produktionsgüter ausgehen.

Das Leben und die Organisation einer lebenswerten Umwelt sind unter diesen Umständen nicht verhandelbar. Wenn die Wissenschaft sich weiterhin auf das tote Kapital stützt, um daraus noch toteres zu machen, wird man bald von einem Grad der Existenzgefährdung des Menschen sprechen. Dominiert von ihren lieb gewonnenen Spielereien werden sie versuchen, diese Gefährdung auf einem geringen bis mäßigem Maße einzufrieren. Aber bei dieser Erwärmung allein im letzten Jahrhundert? ICH gebe Ihnen einen Rat: Kehren Sie den großen Transportgefäßen Ihres Körpers den Rücken. Gehen Sie hin zu den Kapillaren. Studieren Sie die kleinsten Gefäße, wie Sie die Zellen der Organe umspülen. Hier lernen Sie die Erfolgsorgane kennen. Hier erkennen Sie, was jede Zone ihres Körpers leistet und benötigt, um gesund zu bleiben. Hier erleben Sie den wirklichen Charakter der Gewebe. Halten Sie diese Region gesund und leistungsfähig, und Sie haben alles für eine intakte Umwelt getan.

Die einstige Ausdehnung des Geistes entlang seines Wirkens können wir auch umgekehrt gehen. Wir folgen dem Kriterienfaden bis zu unserem Ausgangspunkt. Das ist das Kriterium der embryonal erworbenen Gleichstellung. Wir kehren zu der Datenmasse zurück, welche für den Aufbau des Organismus aus dem Materieraum ausgelesen wurde. Wir haben gleichwertige Informationsmengen. Das embryonal Erworbene hat natürlich andere Grundlagen. Die gesammelten Daten dienen in erster Linie der biologischen Funktion. Die biologische Funktion ist ein Overlay. Die Grundwerte aber beschreiben die Materie und den Materieraum selbst. Der Materieraum ist die wirkliche Information, die wir mit uns umhertragen. Die Materie generiert das Informationsfeld. Das Materieäquivalent ist die stabilste Information. Der Materieraum ist die natürliche Hintergrundmatrix.

Wir kehren unserem Schulwissen den Rücken und kehren zur eigentlichen Substanz unseres Körpers zurück. Auf diese Weise erhalten wir die reinste und höchste Wahrheit. Der Aufbau der Materie stellt uns die Grundkräfte und Grundgesetzte. Diese Beziehungswerte der geringeren Materiefelder der Ursubstanz liefern uns die notwendigen Effekte zur Verrechnung der Kriterien. Sie zeigen uns die Möglichkeit der Verrechnung der elektromagnetischen Momente in Feldern auf. Man muss die Daten nur richtig zueinander in Beziehung setzen und mit organischem Material auskleiden, und es lebt. Die wirkliche Wahrheit dient dem Leben. Die Rauminformation der organischen Substanz ist dem Status Quo äquivalent. Wir stellen den gesunden Organismus und seine Funktionen ganz nach oben. Sofort erscheinen uns die Daten der funktionellen Felder als höchste Wahrheit. Dieses ist die Form des Lichts und des Glücks. Es gelingt, den Materieraum durch die Brille des Organismus zu betrachten. Alle externen Datenmuster, die bestehenden externen Architekturen, Beziehungsgeflechte und Wechselwirkungen sind Voraussetzung für die Auslese embryonaler Entwicklungsdaten und eine hochwertige Vernetzung derselben zu möglichst stabilen funktionellen Feldern des menschlichen Organismus.

Alle Daten sind sowohl in der Biologie des Organismus als auch extern im Materieraum in der richtigen Zusammensetzung vorhanden. Diese Betrachtung rückt den Materieraum in ein Licht, so dass er die internen funktionellen Felder des Organismus direkt speist. Auf diese Art wurzeln wir im Materieraum. Es ist unser Bewusstsein, welches wir im externen Raum einrichten. Die generierte Information wird Entsprechungen in der gewachsenen organischen Masse haben. Es wird zu Anregungen der gewachsenen organischen Masse durch das Wechselspiel mit den neuronalen Aktiva kommen. Wir gehen von einem Einschwingen des organischen Umfeldes aus. So erhalten wir immer auch eine Gleichstellung oder eine Abstimmung der externen Menge des Status Quo und der internen Menge der organischen Hardware. Wir halten es auch für sinnvoll, dass sich die Kriterien und Raummengen zu Einheitsräumen einschwingen. Diese Einheitsmengen sollten immer den Aufenthaltsort bzw. unser Interessensgebiet bezeichnen. So ist der Körper auf die lokalen Begebenheiten, Gefahren und Aufgaben eingerichtet. Die generierte Information beschreibt den externen Status aktuell.

Wir fangen mit unseren Sinnesorganen und dem gerichteten Bewusstsein einen Teilbereich des Raums ein. Jedes unserer Interessen bringt mit den Kriterien die ganze Komplexität der gewachsenen Beziehungen eines Biotops mit in die organischen Speicher. Jedes dieser Kriterien ist als Notwendigkeit des Lebens und als ein Akt der Evolution in der organischen Masse abgelegt und mechanisch gebunden. Aber es gilt auch die Komplexität des externen Raums zu berücksichtigen, welchem jedes dieser Datenschnipsel entnommen ist. Es bestehen vielfältige Beziehungen zwischen totem und lebendigem Material. Das Zusammenspiel der Elemente verursacht verschiedenste Zustandsformen. Alle Zustandsvariationen und Konstellationen der externen Welt gehören dem entnommenen Kriterium an. Wir gehen von gewachsenen Reaktionen der organischen Hardware aus, die sich vor dem Hintergrund der Zustandsvariationen unseres Kriteriums und den Variationen des begleitenden Raums ableiten ließen.

ICH sehe jedes Kriterium der organischen Masse von der Materie des externen Raums gestützt. ICH möchte jedem elektromagnetischen Phänomen eine Entsprechung des Raums anhängen. Die Betrachtung der organischen Substanz führt uns folglich immer in den Status Quo. Man darf sich ruhig auch einmal vom Erdkörper aus orientieren. Wir betrachten die einzelnen Eiweiße und sehen, dass die Datenäquivalente des Erdkörpers auf vielfältigste und unterschiedlichste Weise in der Architektur des Lebens verarbeitet worden sind. ICH blicke auf zwei Eiweißfragmente, die beieinander liegen. Jedes von ihnen umgibt eine Datensphäre. Die Datensphären neigen dazu, sich zu verschränken, und tun es auch. Der ursprüngliche Sphärendruck ist Teil des Erdkörpers. Das sind die Gravitation und die gewachsenen Beziehungen. In die Verschränkung der Sphären fließen wieder die Materieverhältnisse des Erdkörpers ein. Es entstehen folglich Werte des Zusammenhalts. Es ist der Druck, die Daten in eine Ordnung zu bringen. Es kann sehr befreiend sein, seinen Feldkörper in eine höhere Struktur einzubinden. Der Existenzkampf verliert sich im Höheren. Einige Verhaltensanpassungen der Randbereiche während der Integration des Feldkörpers, und schon hat man Ruhe. Man wird zum Repräsentanten des beherrschenden Feldes.

Der Zwang, sich von einem Eiweißspeicher abhängig zu organisieren, zwingt die Sphärendynamik zu den bekannten Effekten. Der Zwang, welcher der stabile Erdkörper den Datensphären abverlangt, entlädt sich in neuen Kategorien. Wir fassen die entstehenden Modi hier ganz allgemein als Feldaktivität zusammen. Wir erhalten eine oberflächliche Wahrheit. Das heißt, dass sich sichtbare Werte herausbilden. Die Sphärendynamik orientiert sich in diesen Bereichen sehr stark an den Materieverhältnissen des Erdkörpers. Dann gibt es aber auch tiefer liegende Wahrheiten. Die tieferen Wahrheiten zeigen sich kaum, weil hier unterschiedliches Datenkapital vernetzt ist. Eine Entsprechung mit dem Materieraum nachzuweisen, ist für das einzelne Kriterium schwierig. Hier stehen mehr die Vernetzung des Datenmaterials und die Strukturbildung im Vordergrund als die Gemeinsamkeiten des Sphärenhintergrunds mit dem Materieraum. Es geht hier in erster Linie um eine Vernetzung der Eiweiße und die Festsetzung von Information in den Feldern der Bindungsenergien. Natürlich schreibt man die Entwicklung zur organischen Masse fort. Eine immerwährend einwirkende, sich stetig wandelnde, aber doch wiederkehrende Informationsmenge schreibt die Adaption an den Materieraum fort, wobei sich die Funktion und die zugehörigen Materieereignisse herausbilden. Wir können also reißfeste Gewebe und Faszien beschreiben, aber auch die Materieereignisse unseres Organismus mit Datenfeldern hinterlegen.

Wir erhalten ein Lebewesen, das man zum Gravitationsfeld des Erdkörpers zählt und sich als Teil seines Materiehaushalts begreift. Der Status Quo ist der Generator des Lebens. Der Erdkörper ist auch die Mutter der Gravitation. Ihr ist der Materiehaushalt eigen. Die parallel hierzu laufenden Datenspeicher des Lebens sind dem ständigen Druck des Feldgenerators ausgesetzt. Die Datensphären und ihre Beziehungsfelder sind dem Felddruck des Erdkörpers ausgesetzt.

Handelt es sich um eine Gesetzmäßigkeit? Wir schreiben dem geringeren Datenkörper eines Mikroorganismus eine geringere Ätherdichte zu. Die Maus wird bereits größere Bereiche zu überblicken im Stande sein. Die Dichte der generierten Informationsmasse wird sich mit dem Anwachsen des organischen Speichers verändern. Der organisierte Mauskörper dürfte bereits einen gewaltigen Druck auf seine Datensammlung erzeugen. ICH sehe die gesammelten Daten in Feldern organisiert. Die Feldeffekte und Summenfelder hinterlagern die Biologie der Maus. Die zentralen Materieereignisse des Mauskörpers, vor allem die bewegte Materie werden die Felder beherrschen.

Die Katze wird die Bereiche zu ihrer Organisation noch weiter ausgedehnt haben, und der Mensch überbrückt Zeit und Raum. ICH schreibe den menschlichen Datenmengen, den wissende Kriterienmengen, den wissenschaftlichen Dichten und den wirtschaftlichen Feldstärken eine sehr hohe Informationsdichte zu. Unser Organismus verfügt ebenfalls über einen Datenhintergrund. Die Gewebe und ihre Funktionen gehen aus der Verschränkung von Daten hervor. Die Felder wirken auf die Moleküle. Die Zusammenlagerung der Moleküle richtet sich nach den Ladungen, welche die Feldbeziehungen hervorrufen. Die Komplexität ist das Gerüst und der Bauplan. So zeigt sich mir der Aufbau der funktionellen Gewebe. Die Materieereignisse darin sind das Ergebnis des Datenhintergrunds. Das bewegte Material der Architekturen stimmt sich aufeinander ab. Es entstehen Summenwerte gleicher Richtung, welche den dynamischen Ereignissen unserer Biologie hinterlegt sind. Somit besteht eine tiefergehende Beziehung zwischen der bewegten Materie extern und den Materieereignissen in unserem Organismus. Vielleicht lassen sich auf diesem Wege Herz Kreislauf Erkrankungen besser verstehen.

Wir wissen alle, dass wir mit den Daten irgendwann im Materieraum ankommen werden. Die Daten werden ihre Entsprechung im Materieraum vorfinden. Die Datenkonstrukte und die Materie werden für eine kurze Zeit in Ort und Zeit Eins sein. Die Ergebnisfelder unserer Geistesaktivität erscheinen zu einem hohen Grad an die Materie adaptiert zu sein. Nach einer Phase der Selbstorganisation entweicht das errechnete Ergebnis als echtes Materieäquivalent in den Materieraum. Es speist nun als Teil des Materiehaushalts das Erdschwerefeld. Das Geistige soll nur im Groben die Lösung für den Raum vorgeben, wobei die Dominante der Grundgesetze, eine Ordnung der Physik, das Gefüge prägt. Das Geistige wird zu einem Repräsentanten der klassischen Physik. Wir opfern die Inhalte des geistigen Entstehens und gehen zu einer Existenz im Status Quo über. Die gewachsene organische Masse bleibt als Repräsentant der erworbenen Daten existent. Wir erinnern uns daher hauptsächlich der Funktionen, weniger der tieferen Lagen der gewachsenen organischen Substanz, die sich natürlich mit den aufgesetzten Funktionen verändert.

Aber wie verrechnen sich die Datenwerte auf dem Weg in den Status Quo? Gibt es so etwas wie einen Hebeeffekt oder eine Pumpenwirkung auf die umgebenden Strukturen? Gibt es da etwas, das den Geistesentwurf dem Materieraum entgegentreibt. Eine Auftriebskraft? Drängt das geistige Phänomen in den Raum? Ist es der hohe Adaptionsgrad an ein bestehendes materielles Umfeld, welches einen errechneten Entwurf ebenfalls in den Status Quo hereinnehmen möchte?

Ja! Es ist das bestehende Umfeld. Das Ergebnisfeld trägt in seinem Kern die Botschaft einer neuen Ordnung für den Materieraum, während die Grundlagen der Berechnung Äquivalente des Materieraums sind. Bei einer bestehenden Äquivalenz mit großen Bereichen des Materieraums organisiert es die Botschaft seiner Architektur. Es ist der bestehende Status Quo, der die Wirkung erzeugt. Der Status Quo erzeugt das größte Äquivalenzfeld. ICH denke hier auch an das Feld der Schwerkraft. Nimmt das Gehirn bekannte Verhältnisse des Status Quo und errechnet daraus das Summenfeld einer gewissen Erkenntnis oder Absicht, so ist es ein **physikalisches Gesetz**, dass der Geistesentwurf einer Selbstorganisation durch die bestehenden Materieverhältnisse unterworfen wird. Ein möglichst großer Anteil des Summenkonstrukts an dem bestehenden Status Quo sichert das Entstehen seiner Kernbotschaft. Das Äquivalenzfeld, welches den Status Quo in idealer Weise beschreibt, der Gott hinter den Dingen sozusagen, hebt den geistigen Entwurf in seinen Rang. Das Äquivalenzfeld, welches den Status Quo in einer idealen Weise beschreibt und in einem hohen Maße mit der Schwerkraft verwandt ist, ist Gott gleich. So steht es geschrieben. Dann wird auch das Geheimnis Gottes gelüftet sein.

Sollten wir die Schwerkraft tatsächlich eine Instanz des Realraums nennen, so müsste ICH fordern, dass das gesamte Feldgeschehen des Quantenraums einen Hang zum Schwerefeld aufweist. Über die verschiedenen Adaptionsgrade und materieäquivalenten Felder strebte man der maximalen Äquivalenz mit dem Materiesystem bzw. dem Ganzen entgegen. Dieses System ist von den Grundgesetzen der Materie geprägt. Wenn der geistige Entwurf von der Welt, ein so genanntes Bewusstseinsfeld, und die Bausteine, welche es bedingen, durchlaufen sind, liegt es als materielle Ordnung des Raums vor. Beinahe sähe es so aus, als blieben die Teile des Bewusstseinsfeldes, welche die inhaltliche Adaption an die Materie erreicht hätten, dieser verhaftet. Tatsächlich besteht die Möglichkeit, dass das Bewusstseinsfeld, welches wir auf die Materie extern beziehen und welches zu ausgedehnten Formen des Raums anwachsen kann, auch ein Phänomen der Quantenebene ist.

Wir haben also eine feinstoffliche Ebene in der Quantenhierarchie einzuziehen, die wir noch nicht in den Bereich der Grundgesetze einstellen. Diese Ebene bringt die Felder der Materie zum Ausdruck. Das Gehirn ist aber auch selbst ein Feldgenerator. Die Leistung neuronaler Netzwerke besteht in der Gewinnung von Datenwerten in der Form von Feldäquivalenten. Dabei sind die individuell erbrachten Größen von unterschiedlicher Bedeutung. Es gibt geringere Werte, die sich zum Beispiel aus der Handhabung von Objekten oder dem Gebrauch von Werkzeugen ableiten, es gibt aber auch Besitzer großer und mächtiger Architekturen. Hier zeigt sich wieder, dass große Werte den Organismus schonen. Scheinbar erlaubt ein dichter und ausgedehnter Datenmantel den eigenen Organismus schonender zu betreiben und auch im Raum geeigneter zu koordinieren. Man altert weniger.

Stellt der Denker das bewusste Betrachten, während der Gartenarbeit zum Beispiel, ein und beschäftigt sich mit anderen Dingen, so könnten die Teile des wissenden Feldes den Zusammenhalt verlieren und sich der Materie anlegen, welcher sie als Materieäquivalent entnommen wurden. Das Materieäquivalent ist eine Prägung des Bewusstseinsfeldes durch die Materie. ICH nehme auch Information von Dritten, angereichert mit ihrer analytischen Software, ihrem Denken, Vierten und Fünften, usw. in meine geistigen Entwürfe herein. Der geistige Entwurf ist eine Additive. Die Summe hat eine höhere Feldstärke als das einfache Materieäquivalent. So erhielte das Konstrukt eine Wirkung auf sein Umfeld. Ohne Betrachter zerfiele der Summenwert in seine Teile. Die wissende Bewusstseinsdichte büsste seine Feldstärke ein. Die Materieäquivalente fielen den Materieverhältnissen des Status Quo zu, aus welchem sie durch Prägung des Bewussteinsfeldes hervorgingen.

Haben wir lebende Verhältnisse, so haben wir immer auch Betrachter. Der Feldkörper eines bewussten Betrachters durchläuft die verschiedenen Status des Materieraums. Die bekannten Inhalte installieren sich im Status Quo. Der Geistkörper verliert die bekannten Inhalte an die Materie. Die organisierende Wirkung der Summenfunktion besteht jedoch fort, oder wird von einem bewussten Betrachter immer wieder heraufgerufen. Das berechnete Ergebnis entsteht als Folge der Selbstorganisation. Die zugehörige Ordnung integriert sich an Hand der bekannten Inhalte in den Raum. Der Materieraum ist jetzt in einem Volumen beschrieben. Die neuen Materieverhältnisse stellen sich nun als ein Raum dar. Die zentrale Botschaft hat sich mit den bestehenden Inhalten harmonisiert. Die zentrale Botschaft ist nun Zustand. Sie sind eine Entsprechung des Raums. Die Materieverhältnisse liegen nun als organisierter Raum vor. Es herrscht Harmonie. Für diesen Moment der Harmonie dürfen die Verhältnisse Schwerefeld des Erdkörpers genannt werden.

Vergliche man die Feldstärken der verschiedenen Feldtypen, die sämtlich auf das Urfeld zurückgingen, so stellte sich das Urfeld als das schwächste heraus. Das Schwerefeld der Erde wäre etwas dichter und gliche dem Urfeld am meisten. Dann kämen die Bewusstseinsdichten der lebenden Betrachter und die Zustandsdichten lebender Organismen. Das alles Beherrschende jedoch ist die Materie. Sie unterwirft das Urfeld einer eigenen Ordnung. Es ist so viel an Substanz des Urfeldes in bewegter Ordnung gebunden, dass wir als Wechselwirkung der Felder die Quantentheorie erhalten. Auf den Quantenfeldern werden wir jegliche Felddichten vorfinden. Hier dürften das Urfeld und das Schwerefeld nahe beieinander liegen während sich Quantendichten und Bewusstseinsdichten in ihrer Existenz abwechseln.

So wäre es auch denkbar, dass die Bewusstseinsdichten den Quantenfeldern aufschwömmen. Getragen von einer massiven inneren Ordnung der Materie, brodelten die Bewusstseinsdichten in den Feldern der Quantenregion vor sich hin und zielten darauf ab, einer Entsprechung im Status Quo zuzufallen. Bewusstseinsdichten unterschiedlicher Ausdehnung und Dichte brodelten in dem Quantenschaum vor sich hin. Eine oberflächliche Identität mit der Materie genügte als adaptierendes Moment. Die Bewusstseinsdichte verankerte sich in einer gewissen Weise im Schwerefeld als eine seiner Kategorien. Genauer gesagt, adaptierte sich das Bewusstseinsfeld an einen identischen Bereich des Materieraums, welcher in seiner Gesamtheit das Erdschwerefeld in seiner Form bedingt. So dass wir uns mit den einzelnen Kategorien in Vorstufen des Erdschwerefelds befänden. Der Quantenschaum brodelte weiter und gewährleistete unseren bewussten Geistesdichten die notwendige Mobilität zu unserer Entwicklung in den Raum. Dabei scheint es eine Position der Darstellbarkeit zu sein, die sich im Inneren des Atoms abzeichnet, sich dann aber auf Grund annähernd identischer atomarer Prägungen globalisieren lässt. ICH schriebe den Atomen die Eigenschaft zu, unterhalb der bekannten internen Dynamik eine Ebene zu besitzen, welche es erlaubt, Werte des Status Quo, die bezeichnenden Kriterien und auch größere Zusammenhänge zu verwalten und auch abzubilden.

Nähme ICH mein Datenäquivalent als Betrachter heraus, so zeigte sich das gesamte Materiesystem als relativ statischer Bereich zwischen dem Urfeld, den Quantenfeldern, welche der Materie zuzurechnen sind, und dem Schwerefeld der Erde, welches natürlich auch Ausdruck der Materie ist. Das Schwerefeld der Erde gleicht dem Urfeld. Es könnte ähnlich beschaffen sein. Man vergleiche es mit dem Informationsfeld eines Schwarmverhaltens, welches eine Vielzahl von Individuen erzeugt. Außerdem muss gesagt werden, dass das Materiesystem ständig in Bewegung ist. Die bewegte Materie könnte die Datenkörper, bis diese ihre Entsprechung gefunden haben, auch vor sich herschieben. Der stabile Materieaufbau und seine interne Ordnung sicherten die Tragfähigkeit. Die Geisteswerte und Bewusstseinsdichten lägen dem Quantenschaum auf und suchten ihre Existenz im Raum. Die Existenz im Raum bezeichnet einen Gegenwert innerhalb des Materieraums. Unsere geistigen Leistungen und Ergebnisse bekleideten den Status Quo. Der Status Quo zeigte sich in diesem Sinne organisiert.

Das Wort ›suchen‹ drückt die Eigenheit des Bewusstseinsfeldes aus, sich an einen bezeichneten Inhalt anzulegen. Der Wunsch, die eigene Ordnung aufzugeben und sich dem Materiehaushalt zu unterwerfen und von nun an die Schwerkraft zu speisen, scheint von Ladungen getrieben zu sein. Es besteht ein Bestreben, erhöhte Arbeitsdichten eines Geistes oder die einer wiederkehrenden Wechselwirkung immer und immer wieder mit dem Materiehaushalt zu harmonisieren. Höhere Dichten elektromagnetischer Felder organisieren sich einen Gegenwert im Materiehaushalt. SIE bestehen dann als Materiehaushalt fort und speisen in die Felder der Schwerkraft ein.

Da werden wir nächste Woche wieder eine Meldung erhalten, dass sie das Verständnis des Materieaufbaus ein gutes Stück nach vorne gebracht haben. Heute ist die zweite Dezemberwoche 2019. ICH bestelle mir eine Pizza. Die Bestellung klinkt sich in die bestehende Hardware ein. Pizzaofen, Bleche, Teig. Tomatensauce. Gewisse Bereiche des Raums geraten in Bewegung. Der Teig wandert auf das Blech, die Sauce, die Zutaten. Die Pizza wandert in den Ofen, und schon liegt sie auf dem Teller vor mir. Wir lernen daraus, dass sich der geistige Entwurf einer Pizza zunächst einmal an der bestehenden Hardware orientiert. Es gelingt dem Geist, sich in die bestehende Struktur einzuhacken. Die Pizza hat bereits in der bestehenden Hardware als elektromagnetisches Gebilde unseres Geistes Existenz. Aber erst nachdem die notwendigen Materieereignisse durchlaufen sind, zeigt sich unser Traum im Status Quo verwirklicht.

Der geistige Entwurf ist im Materieraum angekommen. Guten Appetit! Es handelt sich um eine gewisse Konstellation des materiellen Umfeldes, welche das Traumgebilde der Quantenebene in eine wahrzunehmende Größe des Materieraums transformiert. Der Gast verspeist die Pizza. Ein Teil der Pizza wird als Wärmeenergie vom Körper abgestrahlt.

Wie sieht das aus, wenn die elektromagnetischen Gebilde der neuronalen Netzwerke ihrem Sein im Materieraum entgegen gehen? Die Möglichkeit der Rotation um alle Achsen wird eine notwendige Eigenschaft sein. Wir wollen den Ladungen, Wirkungen und Richtungen der Felder entsprechen und uns möglichst ökonomisch eingliedern. Womöglich zeigen sich die Architektur und der Status Quo in ihrer Leistungsfähigkeit verbessert. Der menschliche Datenkörper wird auf Grund der bekannten Grundlasten dem Materiesystem anhaften. Nun gilt es zu beobachten, wie sich die Idee des Neuen als Entwurf des Materiehaushalts und das Lebensziel verwirklichen. Die Bestandteile unseres Denkens, welche dem Materieraum direkt äquivalent sind, sollten die Ursache eines Bestrebens sein, welches das Summengebilde im Raum installiert. ICH meine, dass sich ein Wissen, welches das Resultat einer günstigen Summenarchitektur von individuellen Kriterien ist, auf Grund des stabilen Anteils am Raum unter dem Einfluss der Gesetze im physikalischen Feld, zu einer Architektur des Raums entwickelt. Dazu wird das geistige Konstrukt technisch abgeleitet und es kommt im Status Quo zu einer Anwendung.

Der Kernwert des Wissens, welcher noch keine Entsprechung im Raum hat, dürfte auf Grund der eingelagerten individuellen Kriterien, die dem Materieraum anhaften und das wissende Kerngebiet bedingen, ein Bestreben aufweisen, sich selbst in den Status Quo hineinzuentwickeln. Die abgeleitete Technik mit den neuen Materieströmen forcierte die Bedingungen seiner Existenz. Zunächst benötigten wir natürlich die individuellen Gebrauchsdaten, um das Zentrum der Erkenntnis vom globalen Raum heraus möglichst allgemeingültig zu definieren. Ist das wissende Konstrukt aber erst einmal stabil und es wird technisch abgeleitet, so erhalten wir ein materielles Overlay. Die Materie zwingt den Geist. Das Produkt erobert den Verbraucherraum und verändert die Materieströme.

Plötzlich steht die neue Technik mit ihrem Materieverhalten, weiten Teilen seiner geistigen Urarchitektur entgegen. Es greift die Erkenntnismasse an und baut sie zu ihren Gunsten um. Zulässig ist ab jetzt nur noch das Overlay und die günstig gelagerten Kriterien, welche den programmierten Materiehaushalt um das Overlay begünstigen. Dabei gehen eine Vielzahl an gewachsenen Beziehungen an die neuen Materieströme im Verbraucherraum verloren. Der Mensch scheint etwas besser gestellt zu sein, weil wir unser Denken und unsere Erkenntnisfähigkeit in die Hintergrundfelder seines Organismus legen. Der Erkenntnisprozess legt sich folglich an die Materieereignisse und die Funktionen des Organismus an. Aber selbst wenn wir dem Overlay der Materie entsprechen, verliert die Gewebematrix dennoch an funktioneller Qualität.

Darf die Grundsubstanz der Materie folgen und sich ihrem Aufbau unterwerfen? Darf das neuronale Netzwerk in seiner Architektur als Weg in den Raum gelten? Ist die Wahl der Kriterien während des Aufbaus der organischen Substanz eines Neurons bereits entscheidend für spätere Leistungen des Gehirns? Lässt sich aus den Kriterien und Feldern, welche der Struktur und der Funktion des Neurons hinterlegt sind, der Status Quo aufspannen? Diese Fragen sind nicht leicht zu beantworten. Die organisch gebundenen Kriterien dienen zunächst einmal der Hinterlagerung der Hardware. Die Anordnung der Kriterien bedingt die Funktion des Neurons. Damit hat die Architektur des Neurons und die Art der Kriterien sehr viel mit der Generierung eines Ausgangsfeldes zu tun. Man könnte von einer Grundlast an Datenfeldern sprechen, die zur Steuerung des Organismus gebraucht wird. Alles weitere an externem Engagement bis hin zu besonderen Geistesdichten beruht auf der Hereinnahme von externen Daten und ihrer Verrechnung in den Feldern.

Natürlich besteht auch hier ein Zusammenhang zwischen dem Material des organischen Speichers und den Daten des Korrelierenden Systems. Die Daten der eigenen Arbeitsfelder, getragen vom Korrelierenden System, werden die organische Masse stimulieren. Die Datenfelder involvieren die Architektur des Neurons. Dieses führt zu einer Volumenzunahme der organischen Masse. Man hat das mittlerweile feststellen können. Man spricht auch von der Atmung der Neuronen. Es ist ein Schlaf-Wach-Rhythmus, den wir hier beobachten. Die Neuronen werden etwas voluminöser, wenn man sie mit mächtigeren Geistfeldern umgibt. Wenn die neuronalen Netzwerke während der Nacht auf ihre Grundlast absinken, ist das Volumen der Neuronen am geringsten.

Findet unser elektromagnetisches Phänomen, unser Entwurf von der Welt, gestützt von einem organischen Datenspeicher in die Welt? Grundsätzlich ist von einem physikalischen System auszugehen. Die Quantentheorie und die Relativitätstheorie hängen wechselseitig zusammen. Wenn der Mensch also seine Idee im Raum verwirklicht hat, befinden wir uns wieder im Status Quo. Alle Gesetze gelten wieder. Der Mensch gehört zum Materiehaushalt des Erdschwerefeldes. Das Gehirn arbeitet immer noch mit Materieäquivalenten, und die Entwicklung des nächsten Embryos orientiert sich an den neuen Verhältnissen des Raums. Betrachtet man den Menschen als Architektur der Quantenebene und das geistige Konstrukt als Datengröße der Quantenebene, so erscheinen mir die Räume, die sie aufspannen doch gleichwertig zu sein. Die beiden Systeme liegen einfach nah beieinander. Belassen wir es dabei. Wir haben bei den Synapsen eine Art von Atmung entdeckt. Vielleicht passt der organische Speicher seine Geburtsdaten an das aktuelle Datenaufkommen an. Vielleicht deutet der Volumenzuwachs auf einen Mehraufwand hin, parallel zu der Datenlast des organischen Speichers auch noch die Daten des aktuellen Status Quo zu verwalten.

Alles andere wird beim Start eines Lebens neu erworben. Während der Entwicklung des Embryos wird zum Aufbau der organischen Hardware der Status Quo ausgelesen. Das Ergebnis ist ein organischer Speicher für die Daten des Status Quo. In jeder einzelnen Nervenzelle sind die Daten des Status Quo in einer spezifischen Weise archiviert. Die Verschränkung der Daten in Feldern führt über die Strukturbildung zu der Architektur der organischen Substanz. Damit gelangen wir zu der Form und zu der Funktion der Zelle. Der organische Aufbau der Zellen und neuronalen Netzwerke weist eine hohe Affinität zum Raum auf. Die Raummenge, gespeichert in der organischen Substanz, wird an der Datengrundlast für das neuronale Feldgeschehen beteiligt sein. Umgekehrt werden unser Denken und die Größen des Gesellschaftskörpers in die Raummenge der organischen Hardware hereinreichen, was den Volumenanstieg der Nerven bei neuronaler Leistung erklärt.

Der Geistkörper besteht aus zwei Teilen. Ein Teil des Geistkörpers beruht auf der bestehenden Hardware. Er ist der biologischen Substanz verpflichtet. Der Feldkörper hinterlagert sozusagen den lebenden Körper als funktionelles Feld. Der andere Teil ist dem biologischen Feldkörper aufgesetzt. Man kann diesen Bereich den Bereich der aktuellen Arbeitsdaten bezeichnen. In diesem Teil des Feldes bringen wir die Daten des externen Raums zur Wechselwirkung, so dass sich vielerlei nützliche Positionen für den Nutzer einstellen. Größere Mengen externer Daten könnten zum Beispiel in ökonomische Feldwerte zusammenfallen. Wir verarbeiten hier Daten des externen Raums. Die Koordinierung unserer täglichen Aktivitäten ist hier von Bedeutung. Manche erschaffen sich ein Bild von den Zusammenhängen in der Welt. Während der erste Datenkörper seine Geburtsdaten und seine Entwicklungsdaten umfasst, ist der zweite Datenkörper ein aktuelles Feldäquivalent des Status Quo, welches vom Gehirn erarbeitet wird. Die zwei Datenkörper liegen parallel zueinander vor. Der Geist bewegt die Materie. Hier ist es ersichtlich.

Es können schlimme Fehler auftreten. Das ist dann der Fall, wenn Phänomene unseres Arbeitsspeichers nicht mehr auf den Hintergrundfeldern der organischen Masse schwimmen, sondern in die Organisation des Organismus, nicht nur hereinreichen, sondern einbrechen und übernehmen. Eine gealterte Menge an Geburtsdaten begünstigte die Übernahme der Organischen Masse bzw. ihres Datenhintergrunds. Das kann der Beginn schwerer Erkrankungen sein. ICH sehe hier auch Alzheimer. Das Ich zeigt sich nicht mehr von seinen Geburtsdaten hinterlagert. Der allgemeine Raum hat sich die letzten hundert Jahre so weit verändert, dass die Gefügemasse heute andere Wurzeln hat. Die aktuelle Technik und ihre Darstellung bedienen nur noch die Adaption an das oberflächliche organische Overlay unseres alten Menschen. So reißt der aktuelle Strom aus Gesellschaftsdaten jegliche geistige Regung, welche das Ich einst prägte, einfach mit sich fort. Es ist alles im Fließen, die individuellen Anker im Status Quo sind verloren. Der Hundertjährige hat sich ein hohes Maß an Entsprechungen mit dem aktuellen Status Quo erhalten. Das hundertjährige organische Overlay funktioniert noch, weil die aktuellen Betrachtungen unserer Zeit die alten Kriterien günstig fassen. Die alten Materieströme sind den neuen Materieströmen ähnlich. Es handelt sich um zwei geistige Mengen, die sich zufällig so arrangieren lassen, dass sie das oberflachliche hundertjährige Overlay noch mit abbilden.

Ein Teil der Idee von der Welt besteht bereits als der bekannte Status Quo. Hierin liegen die Ausgangslagen des Geistes verhaftet. Das Ergebniskonstrukt der Gehirnaktivität ist jedoch nur ein elektromagnetisches Phänomen. Es mag als elektromagnetisches Phänomen auf der Quantenebene existieren. Dieser Datenkörper hat aber noch keine, ihm entsprechende Materiearchitektur im Raum. Folglich geht es um die Entwicklung in den Raum. Es geht darum seinen Platz im Raum zu finden. Die Form der Eingliederung ist ein physikalisches Geschehen. Die aktiven Gesellschaftsfelder nehmen die individuelle Anfrage auf und integrieren sie in den Modus der täglichen Aktivität. Hierin eröffnen sich Wege die notwendigen täglichen Arbeiten zu erledigen.

Gibt es Ladungsunterschiede zwischen den beiden Komponenten der wissenden Architektur? Wie sind die Ladungen innerhalb des geistigen Konstrukts verteilt? Man vergleicht hier die Felddichten der beiden Komponenten! Die Materie, der wir verhaftet sind, wird uns vermutlich integrieren. Wir werden uns in das Feldäquivalent der Materie fügen. Somit wird unser Geist in diesen Bereichen selbst zum Materieäquivalent. Wir denken an eine stabilere und größere Felddichte. Wir gehören hier der Materie, einer höchst ökonomischen Ordnung an, die für sich stabil ist und Masse ihr Eigen nennt. ICH möchte einem homogenen Feld nicht eine Teilbarkeit unterstellen, wenn an dieser Stelle seine Einheitlichkeit gefordert wird. Aber jegliches Ich und jedes Sein darf dieses Feld als sein Bewusstsein begreifen. Ein homogenes Feld wirkt für alle seine Bausteine sinnstiftend. Das Feld stabilisiert das Ich und stiftet Bewusstsein.

Obwohl wir nur eine Singularität betrachten, besteht natürlich immer auch das Interesse der Physik an neuen Materieformen. Es stellt sich die Frage nach einer künstlichen Fertigung, den Grundlagen einer Stabilität und den Eigenschaften des Materials. Sollte einer dieser Korpuskeln künstlich hergestellt werden und es zu einem Massenauftreten kommen, welcher Kategorie von Materie gehörte dieses Teilchen dann an? Wir hätten eine dichtere Form des Teilchens und eine weniger dichte Form des Materieteilchens. Der dichtere Teil unseres Geistkörpers wäre der Materie verhaftet, und der weniger dichte Teil des geistigen Phänomens wäre ohne entsprechenden Gegenwert. Wir versuchen also, den geringeren Feldwert in den adaptierten höheren Wert zu überführen. Zumindest ist ein Kreislauf zu erstellen, dass sich Neuartiges in einem Status nascendi kreieren lässt und sich dann den Weg in die adaptierte Form sucht. Es ist eine Form der Selbstorganisation, wenn sich Felddichten einer Interferenz zum Beispiel oder die geistigen Entwürfe unserer Denker ihren Weg in den Materieraum suchen. Von der Idee zum Produkt, wie es sich mit unserem Sprachverständnis ausdrücken lässt.

Grundsätzlich dürfen wir von einem Materieteilchen ausgehen. Ein Teil unseres Teilchens wäre durch den Raum verwaltet und der andere Teil des Teilchens wäre nicht durch den Raum verwaltet. ICH möchte von einer stabilen, der Materie unterworfenen, massereichen Kernarchitektur und einer weniger dichten Äthersphäre sprechen. Das Geschehen beider Bereiche fassen wir unter dem Begriff der Feldaktivität zusammen. Grundsätzlich ist unser Teilchen geeignet, den Raum zu beschreiben. Wir sehen eine Vielzahl von Kriterien in den wissenden Konstrukten verarbeitet. Leider gelingt uns damit nur eine grobe Fassung des Raums. Wir schließen dabei viele der Systemzusammenhänge aus. Wir bemühen uns nicht einmal darum, sie zu verstehen oder zu berücksichtigen. Das generierte Teilchen soll trotzdem als Beschreibung des Raums fungieren. Es soll ein Gottesteilchen sein, mit welchem sich der Raum und der zukünftige Raum aufspannen lassen.

Vermutlich erraten Sie selbst, was passiert, wenn Sie beliebige Kriterien ihren funktionellen Zusammenhängen entreißen und zu neuen Feldern verrechnen. Sie schaffen damit neue Endmassebahnen. Als Ergebnis der neuen Architekturen zeigen sich uns im gewohnten Materieraum neue Materieströme. Und da es sich um keine wirklichen Gottesteilchen handelt, welche die neuen Materieereignisse produzieren, ist davon auszugehen, dass sich der Unterschied, der zu den natürlichen Formen der Gottesteilchen besteht, sich in ungewohnten Materieereignissen entlädt. Für die Auszeichnung zum Gottesteilchen müsste ICH die Anerkennung des allgemeinen Schadstoffeintrags und eine Plastikmüllsphäre einfordern. Aber weder sind Sie Götter, noch kennt man Verantwortliche. Der Dreck, den unser Gottesteilchen verursacht, verwurzelt es immer tiefer im Materieraum. Und schon bald wird es wieder ein wirkliches Gottesteilchen sein. Die Spitze der Evolution steht auf einer zunehmend brüchigen Basis!

Was? Wovon wollen Sie die Spitze sein? Eine unglaubliche Gesinnung, welches dieses Netzwerk aus Industriegiganten hervorbringt. Produktiver Wahn nennt man das Getriebensein von unüberschaubaren Volumina. Das ist nicht mehr die Aussage eines vernünftigen Menschen. Diese Gehirne haben sich von ihrem Organismus abgelöst. Diese Gehirne und ihre aktuelle Software, entscheiden gegen das Leben. Die Software sichert ihre Existenz. Dieser Mensch entscheidet für das Fortbestehen des technischen Korpus und sichert seine Evolution.

Da steckt kein Mensch dahinter. Das ist kein Mensch, der widerlegt werden könnte. Das ist die Struktur einer Summenarchitektur. Ein Overlay. Es unterliegt nicht der Kontrolle durch den Menschen. Die Maschinenwelt mit all ihren Materieereignissen und Massebahnen generiert das Overlay. Es hat sich eine menschlich verständliche Struktur herausgebildet. Das Bewusstsein des Menschen ist den Materieereignissen der Maschinenwelt verhaftet. Die vielen elektromagnetischen Positionen der einzelnen Gehirne bilden den Raum als Ganzes ab. Was die Ganzheit der Maschinenwelt an Informationsgehalt hervorbringt, wenn wir die vielen adaptierten Geister zu einer Einheit verrechnet sehen, ist eine Verallgemeinerung ihrer Wohlstandsziele. Das Ganze der Maschinenwelt mit seinem mächtigen Energieverbrauch, den Materieereignissen und Massebahnen der Produktionsstraßen ist der Motor dieses Wachstumswahns. Jeder einzelne Bürger trägt mit seinen Wünschen und Zielen zu dem Summengebilde bei. Die Materieereignisse der Maschinenwelt sind die Grundlage der Produktion dieses Wahns.

Der Einzelne hängt mit dem, was er tut, mit drin. Sein Arbeitsbereich leistet die Funktion einer Schnittstelle. Sie lastet wie ein Fremdkörper auf seiner Seele. Man haftet an seinem Arbeitsbereich. Die Schnittstelle ist der Schlüssel zur Seele und zum Sein des Individuums. Dieser individuelle Datenraum erschließt sich, wenn man die einzelnen Arbeitsbereiche zu einem Gesamten fasst. Die Maschinenwelt als Ganzes, betrachtet man die Datenmasse, die wir uns über die Schnittstellen der Beschäftigten generieren, produziert mit ihren Materieverhältnissen nicht viel mehr als ein Summenbewusstsein. Dieses allgemeine Bewusstsein, Summe aller aufgeschlossenen Seelen, sagt im Grunde nur: »Halte mich am Laufen!« Das Summenfeld stiftet den Teilen seiner Basis Bewusstsein. Impulse gehen von den großen Feldern aus. Erregungsimpulse laufen entlang seiner Kriterien. Das individuelle Sein wird bewusst. Das integrierte individuelle Sein wird in den hinterlegten Feldern von motorengetriebenen Materieströmen zur Handlung vervollständigt. Der freie Wille erfasst das Individuum und die Handlung läuft makrokosmisch ab.

»Halte mich am Laufen!« sagen Existenzangst, Spaßfaktor, Mehrwollen, Machtstreben. Es gibt keine Verantwortlichen. Alle Daten werden zentral verwaltet. Jedes Gehirn tut, was es kann. Das Gehirn beschäftigt sich den ganzen Tag mit elektromagnetischen Feldern. Für das Gehirn scheint von geringer Bedeutung zu sein, welche Daten es für das Individuum generiert. Das individuelle Sein ist für das Gehirn unbedeutend. Vielmehr scheint das Gehirn darauf bedacht zu sein, dass sich die elektromagnetischen Felder in einem harmonischen Gleichklang befinden. Was sie den freien Willen nennen, ist eine erworbene Form der Existenz. Der Freie Wille ist eine Datenmoment. Das individuelle Material ist zur allgemeinen Kommunikation und Abstimmung mit anderen Daten in Feldern abgelegt. Aktive Felder, als Beispiele gelten hier die Wahl zum Bundestag, ein Fußballspiel oder einfach nur Hunger oder Durst, erregen ihre Basis. Die aktiven Felder sprechen das individuelle Sein an. »Essen Sie und trinken Sie!«, spricht das Bedarfsfeld ihres Organismus und weist die gegebenen Positionen an. Das Gehirn ist der Wandler. Das Gehirn übersetzt das Bedarfsfeld ihres hungernden und dürstenden Organismus in einfache Handlungsweisen.

Es liegt alles in der Natur der elektromagnetischen Felder. Alle Motive werden von Feldern induziert. WIR erregen nur den individuellen Anteil darin. Das Individuum handelt in der verzeichneten Weise. Das ist der freie Wille. Die Schnittstellen sind Materieäquivalente. Die Materieäquivalente beschreiben die Materieverhältnisse an den Arbeitsplätzen. Die Einheit der Daten liefert eine exakte Beschreibung des Industriegiganten. Diese funktionelle Einheit generiert ein Bewusstsein des weiter so! Nun haben die großen Bosse, Manager und Vorstände nichts anderes zu tun als die Materieverhältnisse dieser Giganten zu fördern und zu erhalten. Vermutlich sind sie sich dieses Zusammenhangs nicht bewusst. Aber die Konzernstruktur als Ganzes summiert in ihrem Hintergrund die Seelenlagen der Menschen. So erhalten wir aus der Involvierung der Einzelnen einen dominierenden Background, der uns selbst zu willenlosen, außer Kontrolle geratenen Nichtstuern degradiert. Wie eine Mühle am plätschernden Bach, die glaubt, es wäre eine große Leistung, die Mühlsteine anzutreiben.

Die Hochrechnung der psychisch geistigen Phänomene unseres Lebens- und Existenzkampfes zu einem Alles beherrschenden Äthermodul, das sich über die Produktionsstraßen, der Endmassebahnen eines geistigen Gebildes, selbst erhält, führt zu diesem geistigen Hintergrund, den wir heute »demokratisch« nennen – eine willenlose, fernmanipulierte Masse, die die Architektur der Maschinenwelt als den Motor eines produktiven Wahns anerkennt. Ein jeder darf sich in die Äthermasse gefasster Daten hüllen und es sein Ich nennen. Die Materieereignisse der Maschinenwelt sind die Grundlage des produzierten Wahns. Die

Materieereignisse der Produktion und Fertigung liegen im Zentrum der adaptierten Seelen. Die Produktionsstraßen fassen die vielen beteiligten Bausteine zu einer Gesinnung zusammen. Das sind mächtige Felder, welchen wir angehören. Die Hauptlast entsteht bei der Herstellung der Produkte und ihrem Konsum. Wir sind Getriebene eines zentralen Materiestroms, während uns das umgebende Funktionsfeld »Halte mich am Laufen!« ins Ohr flüstert. Man kann die aufgeworfene Information nur noch als produzierten Wahn begreifen. Man wird von seinen Sünden losgesprochen, wenn man kräftig mitmischt, den Morgenstern schwingt und kräftig auf die Lebendmatrize einschlägt.

Was? Welches soll Ihre Spitze zur Basis haben? Das erinnert mich an kleine Kinder, die auf Müllhalden spielen. Da trag ich dann doch lieber etwas Plastikmüll zum Basislager des Padmanganda hoch. Die Umkehrung lehrt mich von dem Leerkörper des wissenden Korpus auf die Materie zu blicken, der ICH verhaftet bin. ICH schätze die Programmierbarkeit der Substanz. Der Form Substanz geben! Der Substanz Form geben! Während die höheren Adaptionsgrade bereits der Gravitation folgen und sich der Materie äquivalent verhalten, werden die Daten ungünstiger Lagen ohne eine direkte Entsprechung weiter auf eine materielle Existenz hinwirken, wirkt der Unterschied, der mit dem Abstand zur äquivalenten Kernmenge ansteigt, auch als Motor der Selbstorganisation. Die massive Ordnung der Materie lässt nichts Unpassendes herein. Unser wissendes Konstrukt verhält sich auf der Quantenebene noch wie ein elektromagnetisches Phänomen. Auf seiner Reise in den Status Quo zeigt sich dann aber doch die Reichweite seiner Ausdehnung.

Manche Teile unseres Konstrukts haben eine Entsprechung im Bestehenden. Diese Teile unseres Geistwerks haben sich der Materie des Status Quo angepasst. Sie gelten als hoch integriert und der Ordnung der Materie gleichgestellt. Derlei involvierte Materie stellt die Ausgangslagen unseres Denkens dar. Andere Teile unseres Ergebniskonstrukts liegen nur als elektromagnetisches Phänomen vor. Wir befinden uns damit ebenfalls auf der Quantenebene. Dieser Teil unseres Ergebnisdenkens hat keine direkte Entsprechung im Materieraum.

Wir konkurrieren im Gefüge der Gottesteilchen um Raum. Wir ersetzen den natürlichen Aufbau des Erdkörpers und seine Gottesteilchen durch die Teile eines geistigen Entwurfs. Das elektromagnetische Phänomen ist zwar in seinen Bausteinen nachweisbar, in Teilen adaptiert, in Teilen lose, es liegt aber noch nicht als wiederkehrendes Ereignis des Materieraums vor.

Als ob ein Druck auf das fremde Material bestünde, seinen Standort zu wechseln. Der Leerkörper verhält sich wie das fünfte Rad am Wagen. Der freie Teil gehört ebenfalls zu unserem Ergebniskonstrukt. Könnte es sein, dass der Erdkörper den Leerkörper auf Abstand hält? Der freie Teil unseres Entwurfs zeigte sich, von der massiven Ordnung der Materie auf Abstand gehalten und zufällig in diesen Bereich hereinragend. Das hieße dann, es wirkten mehrere Kräfte auf unsere lose Datenmasse. Der Bereich, in welchen das Datenfeld hineingedrückt wird, verleibt ihn sich auf Grund des stabilisierten Unterschieds nicht ein. Man darf die unterschiedliche Feldaktivität auch Ladungsdifferenzen nennen. Die zweite Kraft wäre die Gravitation. Die Gravitation des Erdkörpers zöge das elektromagnetische Phänomen in den Bereich der Materieäquivalenz, wenn sich dort eine Entsprechung fände. Die Kriterien der Kerndynamik schließen sich zu ausgedehnten Feldern zusammen. Dabei überwindet man die äußere Struktur der einzelnen Kerne und schafft räumlich zusammenhängende Felder. Diese Felder nehmen die günstigste Lage ein um das Erdschwerefeld in seiner Struktur zu speisen. Eine entsprechende Flexibilität der inneren Kernaktivität ist anzunehmen. Entsprechend dichte und stabile Phänomene wirken auf eine materielle Existenz im Status Quo hin. Zeigt sich die Äthermasse bestrebt seiner Materie äquivalent zu werden? Darf man dieses Bestreben Gravitation der Materie nennen? Möchte sich das Datenfeld der Materieordnung hinzufügen und als Materieäquivalenz im Raum aufgehen? Verhält es sich wie eine Pumpe? Wird der entsprechende Zustand des Status Quo herausgepumpt? Noch haben wir nur einen Datenkörper der Quantenebene. Der Datenkörper aber wird vom Status Quo aus generiert. Der Materiehaushalt induziert die Quantenebene.

Die Grundbedingungen des Datenkörpers sind nach wie vor Äquivalente des

Materieraums, während sich der Leerkörper, ein Arrangement von Daten, erst zu einem Zustand des Materieraums entwickeln wird. Wir können unser externes Interesse immer vor den groben Feldeffekten der Hauptmassebahnen betrachten. Es gehört sozusagen zum System, einzelne Kriterien bereits bestehenden Feldern auszusetzen, die Ergebnisbildung abzuwarten, um dann im Zuge des Korrelierenden Systems erfolgreich zu handeln. Der Materiehaushalt des Kriteriums zeigt sich dem Gesellschaftsgefüge angepasst. Das Bewegte und das Unbewegte des Kriteriums addiert sich zu den bestehenden Feldeffekten des Gesellschaftsgefüges.

ICH möchte, dass Sie sich diesen Aufbau eines Organismus aus Daten und Feldern immer vor Augen führen können. Der Erdkörper, das Lebewesen und seine neuronalen Leistungen zählen zum Materieaufbau der Erde. Sie speisen das Magnetfeld derselben. Die neuronalen Leistungen gehören in das Daten- und Quantenfeld. Der Organismus ist aus Daten des Status Quo aufgebaut. Beide Kategorien sind Bestandteil des Gravitationsfelds der Erde. Darf also der Entwurf einer Datenmenge des Geistes ebenfalls darauf hoffen, irgendwann eine direkte Entsprechung im Raum zu haben? Bringt uns die Äquivalenz mancher Teile der geistigen Architektur mit der Materie dem Erscheinen des gewollten Ereignisses näher? Bleiben die Datenfelder der äquivalenten Materie verhaftet und steigen damit in die Kategorie des Status Quo auf? Sind es die bestehenden Ausgangslagen unseres Geistes, welche weitere Entsprechungen der Materie mit den Bausteinen des Geistes gerne aufnehmen? Der Unterschied, den der geistige Entwurf zum bestehenden Raum aufweist, dürfte, getragen von elektromagnetischen Ladungen, dem geistigen Gebilde fliehende Eigenschaften in Richtung seiner Hardware geben. Haben wir hier also ein geistiges Gebilde, welches dem Status Quo zustrebt? Auf welche Weise beeinflussen sie auf ihrem Weg ihr Umfeld? Orientiert sich das System an der Dichte der Felder und ihren Strukturen? Erzeugt das Aufsteigen von Daten in den Raum auch noch andere brauchbare Phänomene? Handelt es sich um einen Hebevorgang der Substanz? Wirken die aufsteigenden rotierenden Datenkörper anregend hebend?

Verleiben sich die Datenkörper auf ihrem Weg nach oben geringeres Material elektromagnetisch ein. Integriert sich das geringere Datenmaterial auf Grund bestehender Entsprechungen in den mächtigeren Datenkörper? Vielleicht gibt es auf irgendwelchen Wissenschaftsfeldern offene Fragen, die sich durch das Verhalten dieser Bereiche erklären lassen?

ICH möchte derlei durchsichtige Datenphänomene den Schlüssel für das Verständnis der Selbstorganisation nennen. Der Daten- und Quantenraum soll mit dem Relativitätsraum in einem Gebilde darstellbar sein, eine Einheit bilden. Dazu ist es notwendig, die Datenordnungen und ihr gesetzesmäßiges Verhalten zu studieren. Wir gehen davon aus, dass die Selbstorganisation einer speziellen Ordnung der Datenkörper bedarf, um das Bestehende in der bekannten Weise fortzuführen. Von Art zu Art übergreifend, können wir den gegenseitigen Nutzen erhobener Raumdaten annehmen. Beide Arten, die Katze und die Maus, haben einen verwandten Körperbau. Unter einer Trockenheit oder dem Eintrag von Umweltgiften werden beide gleich leiden. Wir können daher annehmen, dass sich die Notwendigkeit von ausreichend Wasser aus ähnlichen funktionellen Architekturen herleitet, welche auf einer gewissen Art von Verschränkung der Kriterien und ihren Feldern beruht. Dieses Konzept erlaubt es, eine generelle Kernarchitektur der Säugetiere, im weitesten Sinne gilt das für alle Lebensformen, anzunehmen. Eine gemeinsame Kernarchitektur anzunehmen, heißt zugleich, dass die Lebensverhältnisse, der Lebensraum, die täglichen Daten einer Art mit den Daten einer anderen Art ergänzt werden können.

Das Leben an sich ist eine organische Masse, welche sich auf verschränkten Raumdaten organisiert. ICH nehme daher an, dass sich das Summenfeld, welches den lebenden Organismus ausmacht, mit den Daten der anderen Mitspieler ergänzen lässt. Dieser Organismus ist kompletter als andere. Bedenkt man derlei Datenarchitekturen im Hinblick auf die auszuwertenden Sinneseingänge, so darf davon ausgegangen werden, dass deren Analyse in entsprechenden Raumqualitäten mündet. Das hieße, die Sinne erzeugten auf Grund der vorliegenden Daten einen hochwertigeren Eindruck von der Umgebung. Die Eingänge der

Sinnesorgane leuchteten in das bestehende Gefüge ein. Das bedeutet, dass sich mit den Sinnesdaten der Raum im Allgemeinen anregen lässt. Damit geraten nicht nur unserer eigenen Daten ins Schwingen, sondern auch die Daten und Datenräume anderer Arten. Wir regen fremdes Datenmaterial mit an. Das Menschliche zeigt sich als Raum. Für die anderen Arten ist dieses die Möglichkeit oder der Impuls zur Installation der eigenen Handlungsweisen. Das angeregte Datenmaterial entspricht einem wissenden Hintergrund.

Das Räderwerk der Selbstorganisation arbeitet dann sehr viel präziser. Alle Beteiligten profitieren von einem vielfach aufgeklärten Raum. Die Ergebnisse der neuronalen Netzwerke sind hochwertiger. Ihre Leistung besteht in der Verarbeitung von Daten. ICH lagere in die geistige Architektur der Felder Daten ein, und setze sie den wirkenden Feldern aus. Im Grunde ist der Vorgang der Ergebnisbildung als besondere Feldaktivität zu verstehen. Das augenblickliche Sein des Individuums erweitert sich im Feld. Es wird innerhalb der Architektur entsprechende Lagen einnehmen und baut sich so zu einem Raum des Verstehens aus. Ob sich die Daten eines Haustieres hier angliedern oder man eine Löschung geringerer Formen durch gewaltigere Massen und Datenkörper annimmt, wird von Fall zu Fall verschieden sein. Man müsste hierzu die Datenlagen der Ausgangsfelder studieren. Vermutlich gibt es eine Raumäquivalenz innerhalb der gemeinsamen Biosphäre. Denken ist ein Vorgang bei welchem sich das Individuum von einem gewohnten Feldäquivalent aus in den Raum einhackt. Dadurch spannt sich um das Materieäquivalent der zugehörige Raum auf und lässt die Ableitung eigener Lösungen zu. Das System korrelierender Daten ist hier mit bestehenden Lösungen dienlich.

Der gemeinsam genutzte Raum führt zu einer sehr starken Beziehung der Arten untereinander, ist folglich ein lokales Geschehen. Man könnte einem Datenphänomen dieser Art eine äußerst präzise Wirkung in Bezug auf die Selbstorganisation des Raums zuschreiben. So könnte man eine Verteilung der Regenmassen annehmen, die dem Charakter und den Bedürfnissen jeder einzeln genannten Art des Datenphänomens entspricht. Wir wollen nicht die Verbreitung des Löwen globalisieren; Tiere und Pflanzen sollen verbleiben, wo sie sind. Die Betrachtung der Welt durch den Menschen hingegen führt zu einer oberflächlichen Vernetzung, die ausschließlich menschlicher Natur ist. Es reicht in diesem Fall, zwischen Hardware und Software zu unterscheiden. Das bedeutet, die Materie zu achten. Nicht gegen den Baum zu fahren, niemanden einzuparken, nicht in Menschenmengen zu rasen, die Feuerwehrzufahrt freizuhalten und eine Rettungsgasse zu bilden. Es gilt, den Fluss der Materie zu gewährleisten. Doch es wurde ein massereicher Datenkörper geschaffen, der die Materieverhältnisse weltweit vorgibt. Ein Bezug auf den zwischenmenschlichen Raum oder gar auf eine Vernetzung von Arten in deren Lebensraum hinzuwirken fehlt. Frei oder nicht frei lautet das Motto der Wirtschaftsströme. ICH bin ein Warenstrom, lauten heutige Identifikationsmodelle. Haus, Auto, Jacht, Jacht mit Heli sind Ausdruck der Wirtschaftsordnungen.

Wie soll das normale Leben ohne Kommunikation existieren? Man wird von den Wirtschaftsströmen hinweggerissen und fortgespült. Das sind die Lebensbedingungen von heute. Die globalen Wirtschaftsströme reißen immer tiefere Furchen in das natürliche Informationsgefüge. Der Materiestrom schafft sich sein Flussbett. Die Endmassebahn aller geistigen Leistungen überträgt seine massive innere Ordnung auf seine Umgebung. Die massiven geistigen Architekturen fördern Bekanntes und hemmen Unbekanntes.

Die Kriterien sind gefügebildend. Sie bauen ganze Beziehungswelten auf. Die Beziehungsfelder binden große Mengen an Bewegungsenergie. Diese Gebilde sind quantenmechanisch wirksam. Die erhöhten Datendichten, Kräfte und Ladungen sind wichtigste Parameter der Selbstorganisation. Diese Felder bringen gemeinsame Interessen zum Ausdruck. Übergeordnete Notwendigkeiten installieren sich. Übergeordnete Feldäquivalente der Materie betonen Bereiche des Raums. Materieäquivalente Felder führen die entsprechenden Materieströme heran. Die elektromagnetischen Phänomene der Selbstorganisation sind existenziell. Ihre Präzision und Anwenderrichtigkeit beruhten auf dem Datenmaterial, welches ihr Erscheinen bedingt. Die Präzision der Selbstorganisation hat ihre Ursache in der Komplexität des Datenmaterials. Jede einzelne Art, die sich in die Felder einbringt, unterliegt augenblicklich den Gesetzen der Physik. Es ist eine Eigenschaft der Felder gemeinsame Interessen herauszustellen. Das Feldäquivalent ist in der Lage, den notwendigen Materiestrom herbeizuführen und in einer gewissen Weise auch anzuleiten. Wir erwarten die existenzielle Bedrohung in einer Weise zu substituieren, dass die Einspeisung noch in den geringsten Bereichen des Datenkörpers den notwendigen Bedarf zufrieden stellend organisiert.

Wir erwarten den Transport der benötigten Materie bis in die hinterste Region der Involvierung. Erinnere DICH der Trockenstarre der Mikroorganismen, der dürstenden Maus und der dürstenden Katze. Der Datenkörper der Selbstorganisation enthält alle Bereiche ihres Alltags. So zeigt sich auch der Niederschlag von dem Datenphänomen der Quantenebene programmiert. Sie können sich gut vorstellen, dass ein jedes dieser Tierchen für korrekte Lebensverhältnisse steht. Keine dieser Lebensformen will sich von einem Starkregenfeld den Nachwuchs ertränken oder die Ernte verhageln lassen. Das ist der Vorteil eines Konstrukts aus vielfältigsten Arten. Der entstehende Datenkörper bzw. der so bezeichnete Raum darf als Phänomen der Quantenebene betrachtet werden. Der vielfach aufgeklärte Raum ist eine Position der Selbstorganisation. Der Attraktor zieht die verwalteten Positionen und Zustände des Raums nach sich. So verzeichnen wir auch eine Programmierung der Niederschlagsverhältnisse.

Die aufgeworfenen Daten stehen alle für die Stabilität der Lebensverhältnisse. ICH erkenne an den teilnehmenden Arten lokale Marker eines übergeordneten Geschehens. Jede einzelne Art, die wir in das Gefüge hereinlassen, nimmt mit seinen Daten augenblicklich an der Selbstorganisation des Raums teil. Wenn wir einen Datenkörper zulassen, welcher die Sinnesleistungen einer Vielzahl von Arten bis hinunter zu den Bewusstseinsaspekten der Geringsten enthält, so haben wir alles getan, um eine Zielarchitektur möglichst sinnvoll im Sinne der Selbstorganisation in Raum und Zeit zu verankern. Wir denken an eine Organisation des Materiehaushalts, dass das Essentielle und Existentielle der Arten immer und immer wieder aufgeworfen wird. Wir erhalten dann einen dreiwöchigen Landregen, der in jede Ritze dringt.

Einige Parameter, um ein durchgängiges Gefüge bereitzustellen: Die unterschiedliche Ätherdichte der erhobenen Daten, die Feldstärke, die archivierte Information, die biologische Hardware, der Raum an sich. ICH versuche, in den großen Architekturen auch das Geringere sinnvoll verarbeitet zu sehen. Wir betrachten das Lebenselixier Wasser. Trifft es auf einen Mikroorganismus in Trockenstarre, so saugt sich dieser augenblicklich voll. Trifft das Wasser jedoch auf einen menschlichen Organismus, so dauert es Minuten, Stunden, ja Tage bis wir die letzten dürstenden Zellen erreicht und aufgefüllt haben. Das Wasser gelangt über den Magen in den Darm, von dort in das Blut und wird dann auf den Organismus verteilt. Die Wasseraufnahme in die einzelne Zelle ist auf Grund der bestehenden Architektur der Daten und Felder verzögert. Das Wasser wird sich entlang der funktionellen organischen Größen ausbreiten. Betrachten wir die Bausteine der Evolution zum Menschen, so ist heute nur noch die organische Substanz von Bedeutung. Was alle sehen können ist die Funktion der Organe. Wir nehmen die Materieereignisse in unserem Körper war, die sich uns in direktem Zusammenhang mit seinem Funktionieren zeigen. Niemand interessiert sich für den Datenhintergrund, wir sehen aber alle das Wasser durch die fertige Hardware fließen. Das wichtigste Feld wird das direkte Materieäquivalent aktiver Organe sein. Die Hardware prägt die Software. Jedoch sind auch die geringsten Datenelemente, welche die großen Felder speisen, von Bedeutung. Zunächst bauen wir den Körper aus einzelnen Zellen auf, um die Architektur der Organe und ihr Funktionieren abzubilden, und jetzt nutzen wir die Funktion der Organe, um das Wasser bis in die hinterste Zelle zu transportieren.

ICH möchte auf die Datendichte, die Feldstärken und die bewegte Materie kommen. Der Mensch braucht sehr viel mehr Zeit, um das Wasser auf den Körper zu verteilen. Die entsprechende Dichte der Daten verlängert das Geschehen. Es dauert sehr viel länger, das Wasser an die benötigte Zelle heranzuführen. Die Ätherdichte, die ein Einzeller erzeugt, ist sehr viel geringer. Seine Beschreibung des

Raums, ICH möchte die Eindrücke Bewusstseinsaspekte nennen, sollten nicht sehr viel mehr als eine elektromagnetische Wechselwirkung sein. Die gegenseitige Prägung von innen und außen führt zu einem gemeinsamen Materieverhältnis. Die beiden Zahnräder können nur noch miteinander. Regnet es, füllt sich die Zelle auf, wird es zu trocken, fällt sie in eine Trockenstarre.

Wir wollen uns die Datenäquivalente des Menschen und der Einzeller einmal auf der Datenebene ansehen. Nehmen wir an, es kommt zu einer Trockenheit und beide bekommen allmählich Durst. Wir schalten noch eine Katze, eine Maus und eine Fliege dazwischen. Der generierte Datenkörper hat Durst. Natürlich muss die Biosphäre die Tiere enthalten, dass sich ihre Lebensgewohnheiten aufeinander abstimmen, gegenseitig befruchten und eine Beziehung der Daten entsteht. Wir lassen unseren Datenkörper bei den Mikroorganismen beginnen. Die Einzeller stellen bereits eine lebende Architektur dar. Ihr Verhalten gleicht aber dem ihrer Umgebung. Sie haben genug Wasser für ihren Stoffwechsel, wenn es ausreichend feucht ist. Sie trocknen aber auch aus, wenn es zu trocken wird. ICH erlaube mir, ihnen nur Aspekte eines Bewusstseins zuzusprechen. Diese dichteren Momente an Daten und Feldern nenne ICH grob gegenseitige Wechselwirkung von innen und außen, ein elektromagnetisches Moment, welches außen und innen ohne gravierende Eigeninteressen gleichzeitig abbildet. Man kann ein elektromagnetisches Moment nicht wie ein Sinnesorgan betrachten. Aber man könnte den Raum von diesem elektromagnetischen Moment aus überblicken und ein schwaches Kriterium annehmen.

Das Kriterium bildete den Materiebereich seines Entstehens ab. Das Kriterium fasste folglich Teile des Einzellers und die wirkenden Bereiche des Außenmediums zu einem Stück Information zusammen. Die Wechselwirkung eines aktiven Stoffwechsels mit dem Außenmedium wird differenziertere Momente hervorbringen. Nehmen wir für die Daten der Fliege einfach den Raum an, den sie durchfliegt. Als weitere Koordinaten für den Raum nehmen wir ihre Ruhedaten hinzu. Besonders intensive Datenfelder generieren sie mit dem Stempel ihres Rüssels von den Oberflächen, die sie betasten.

Der Mensch betrachtet sein Externes losgelöst von dem Räderwerk. Der Mensch hat Datendichten und Feldstärken kombiniert, so dass die Hintergrunddaten seines Körpers in dem großen Funktionieren aufgehoben sind. Die Innereien des Menschen stehen untereinander in Verbindung. Die menschlichen Interna formen sich zu einem harmonischen Ganzen. Die wichtigsten Materieströme des Körpers bleiben trotz widrigster äußerer Umstände bestehen. Eine direkte Wechselwirkung mit der Außenwelt kann so nicht mehr gesehen werden.

Wir blicken nicht mehr wie ein Mikroorganismus auf den Raum, der von seinem inneren Zustand auf sein Umfeld schließt. Wir sind mehr als ein Häufchen Salze, das die Feuchtigkeit anzieht. Wir können auf Grund der hohen Kriterienvielfalt und der Informationsdichte der Felder die übergeordneten Materieströme immer darstellen. Die massiven Massebahnen unseres Körpers, sind nicht nur Materieereignisse einer Summenarchitektur. Das hinterlegte Feld ist in seiner Zusammensetzung variable. Vor diesem Datenhintergrund sind wir uns des äußeren Raums bewusst. Die massiven Materieströme unseres Körpers und auch geringere Materieereignisse nennen wir eine Endmassebahn. Die Endmassebahnen sind das Ergebnis der Summenfelder. Die bewegte Materie erweist sich als Summeneffekt einer gewissen Feldaktivität. Diese massiven Materieströme sind relativ stabil. Das verleitet uns dazu, eine gewisse Freiheit bei der Wahl der Kriterien des Feldes anzunehmen. Es besteht die Möglichkeit, den bewussten Bezug in andere Bereiche des Raums zu erweitern oder sogar körperfeindliche Phänomene um die Materieereignisse des eigenen Organismus aufzuspannen.

Das umliegende Systemgefüge führt die isolierte Betrachtung einer Massebahn immer ad absurdum. Jegliche Lebensform ist ein Datenschatz ungeheurer Vielfalt. Die internen Ordnungen, die sich in ein Ganzes fügen, machen sie zu einer nicht überschaubaren logischen Masse. Die Logik führt uns immer zu den gleichen Verhältnissen. Jeglicher Blick auf den Status Quo ist in Abhängigkeit zu den Körperprotokollen zu betrachten. Die extern erhobenen Daten sind somit immer auch die internen Daten. Die Bearbeitung der externen Daten führte über eine Kaskade von Feldfunktionen zu den Endmassebahnen. So ist zum Beispiel der Blutstrom ein Summeneffekt, und die Organfunktionen sind das Overlay einer unglaublichen Datenmenge. Diese einfachen Feldfunktionen betrachten den Datenhintergrund nicht ausreichend differenziert. Sie nutzen nur die richtungweisenden Effekte des Feldaufbaus in Richtung der Ergebnisbildung. So gibt es einen Rechenweg, der sich von den Effekten tragen lässt, die spezifische Information des Raums abstrahiert, und mit der Endmassebahn endet. Das Blut wäre so eine Endmassebahn. Das Verhalten des Bluts ist von dem Summeneffekt hinterlagert oder einfacher gesagt dem Datenmaterial aufgesetzt. Während der erste Denkansatz noch die Zusammensetzung und das Entstehen der Summeneffekte enthält bezeichnet das Aufgesetztsein bereits die Wirkung des Materiestroms auf sein Umfeld. Die Funktion des Blutstroms oder einer anderen Massebahn tritt in den Vordergrund. Es wird die Funktion innerhalb des Organismus diskutiert, während die Materieäquivalente, Kriterien und Materiebezüge jeglicher Art, Größen des funktionellen Datenhintergrunds vernachlässigt werden. Es gibt also noch den Königsweg einer tiefergehenden Logik. Diese beschäftigt sich mit den Daten, die dem Raum äquivalent entnommen wurden. Jegliche Feldfunktion ist nur ein Effekt einer günstigen, weil ökonomischen Verrechnung von Daten. Jedem Organ in unserem Körper, jeder Art und jeder Beziehung zwischen den Arten und den Organen liegt ein spezifisches Arrangement an Daten zu Grunde. Hinzu kommen die neuronalen Positionen der Lebewesen. Die hier gemeinte Logik ist bemüht die Architekturen in ihre Bestandteile aufzugliedern und den gemeinsamen Raum herauszuarbeiten. Wir halten nicht an einem Summeneffekt und dem zugehörigen Materiestrom fest, sondern gehen mit den einzelnen Kriterien der

Architektur direkt in den Raum, dem sie die Evolution äquivalent entnommen hat. Dieser Raum ist durch die Wiederkehr der Verhältnisse und durch die Mehrfachnennungen der verschiedenen Arten unterschiedlichster Größe, vielfach aufgeklärt. Dieser Raum enthält die Information für die wirklichen Antworten auf unsere Fragen. Wie so oft handelt es sich um eine Datenmenge. Diese hier ist in ihrer Zusammensetzung aber variabel. Man kann von der Matrix des allgemeinen Raums auf ungünstige Entwicklungen des Status Quo schließen. Man ordnet dann ungünstige Wirkungen einem veränderten Materiebezug zu. Der veränderte Materiebezug im Raum wird sich über die gegebene Feldhierarchie bis auf die Organe und Funktionen unseres Organismus auswirken.

Die Gleichschaltung erfolgt oft durch ein übermäßiges externes Engagement. Zufällige Parallelen eines externen Engagements und interner Werte, wir sprechen von einer Verknüpfung ähnlicher Feldwerte auf der Basis der Physik, führt zu einer Übertragung des Externen auf das Interne. Der Charakter, das Denken, die Ethik und Moral, und alle anderen Eigenschaften übertrügen sich an der Stelle der Zusammenlegung. Wie soll ICH schreiben? Die externen Daten sind an dieser Stelle eingebrochen. Die hinterlegte Datenmatrix, die unseren Körper am Laufen hält, ist an dieser Stelle durchbrochen. ICH verweise hier auf das Immunsystem. Das Immunsystem stellt sich hier wie ein hochkomplexes Feld dar. Es erreicht seine Komplexität durch die Verschränkung einer Vielzahl von Kriterien. Der Organismus wurzelt vielfältig im Raum. Ein korrekter Raumbezug schützt die Kernwerte des Organismus. Das Immunsystem bezöge sich während seiner Arbeit auf die dargestellten externen Materieverhältnisse. Der Aufbau künstlicher Welten wirft die Frage nach einer gelungenen und ausreichend komplexen embryonalen und fötalen Entwicklung auf. Körperfremde Materiebezüge und zufällige Gleichstellungen der künstlichen Welten oder eines externen Bezugs darin können zu einem Krankheitsherd im Organismus werden. Das Risiko steigt für den alten Menschen, weil auch seine Hintergrundarchitektur gealtert ist. Die Qualität des Immunsystems dürfte also durch den veränderten Materiebezug abnehmen. Irgendwann hängt das Leben nur noch an einem seidenen Faden.

Das Immunsystem zeigt sich hier einfach als Feldfunktion. Die Komposition an Daten ist so großartig, dass für krankhafte Verhältnisse kein Platz ist. Die Art des Virus sich auszubreiten, hat folglich mit der Verschränkung verschiedenster Kriterien, wie wir sie als Datenhintergrund unseres Organismus annehmen, nichts zu tun. Während er den Raum überbrückt, haben wir Einzelbausteine dieses Raums so stark verschränkt, dass ein Eindringen in den Datenhintergrund unmöglich wird. Er kann allenfalls in die Materieereignisse des Organismus eindringen, aber sich nicht in die Komplexität der Datenverschränkung einarbeiten. Ein gesunder Organismus und ein intaktes Immunsystem wehren jedoch ab, bevor der Organismus erreicht wird. Es ist eine Form der Selbstorganisation von der Quantenebene aus. Die Architektur des Datenhintergrunds ist in einer Weise organisiert, dass die Existenz für einen pathogenen Keim für den Status Quo, von der Quantenebene aus nicht organisierbar ist.

Die Denker, welche die Feldeffekte zur Endmassebahn hin nutzen, werden immer mit den Folgen des Aufgesetzten zu tun haben. Das künstliche Overlay technischer Neuerungen diktiert dem Datenhintergrund die neuen Materieverhältnisse. Die neuen Massebahnen wirken auf den Datenhintergrund. Sie wirken angleichend. Sie transportieren Information und drehen die Datenkörper in Positionen der Eingliederung. Die fließende Materie bringt die Datenkörper in Positionen der Vernetzung mit dem übrigen Feld. Damit müssen sie leben. Das macht sie auch so überzeugend und überlegen. Aber wir wissen: Je schwächer der menschliche Organismus wird (erreichte Komplexität der Datenverschränkung während der embryonalen Entwicklung) und je höher die Ähnlichkeit zwischen dem hinterlegten Material (Architektur des fertigen Organismus) und den externen geschaffenen künstlichen Beschäftigungsfeldern wird, um so einfacher wird es für externe Verhältnisse, ihren Sinn, Wert und Charakter ganz einfach ihre Eigenschaften auf den Organismus Mensch zu übertragen. Das kann gut gehen. Die Indizien sprechen zwar gegen den Datenkörper, der das leichtfertig in Kauf nimmt, der Beweis muss aber erst erbracht werden.

Da ihre Gehirne aber alle am Blutstrom bzw. der entwickelten Infrastruktur hängen, ist der Beweisweg folgender: Die Infrastruktur und die bewegte Materie darauf geben ihnen den richtigen Weg vor. So sagt es die Feldfunktion des Gehirns. Wir beobachten also das Diktat der Overlays, bis es sich soweit in die Lebensgrundlagen hineingefressen hat, dass wir es mit Sicherheit behaupten können. Die vorherrschenden Bedingungen lassen kein menschliches Leben mehr aufkommen. Ist es der Reiz am Krieg, der Nervenkitzel des Überlebenskampfes, ein

Wettstreit mit Artgenossen auf Augenhöhe unter lebensfeindlichen Bedingungen? Bin ICH der einzige Feigling und alle anderen schlagen munter drauf los?

Die Daten der Bereiche, mit welchen wir uns beschäftigen, können schützen, bestätigen und fördern, aber auch belasten, hemmen, behindern und der Biologie der Gewebe schaden. Der Mensch ist auf Grund seiner Größe sehr robust. Er kann – künstlich ernährt und beatmet – jahrelang mit Rumpfleistungen seiner Organe leben, zumindest der fertige Mensch. Wir werden erst in Erfahrung bringen müssen, ob sich der menschliche Embryo nur vor dem Hintergrund einer intakten Lebendmatrize vollständig entwickelt oder ob das System unabhängig von der Außenwelt agiert. Der fertige Mensch erreicht – wenn die Reife und Entwicklung vor dem Hintergrund der Lebendmatrize genügend komplex organisiert ist – eine Stabilität, dass er seinen Körper über Jahrzehnte mit körperfremdem Datenmaterial konfrontieren kann. Das ist der freie Wille. Er mag ein paar Lebensjahrzehnte kosten, die Lebensgrundlagen zerstören, aber wir sind frei. Das kann ein Insekt oder ein Tier nicht von sich behaupten. Sie sind exakt auf diese Datenwelt angewiesen, welche die Evolution in ihren Körpern verbaut hat. Trifft das nicht auch auf den Menschen zu? Gute Frage, aber Sie wissen doch, es sind im Augeblick tausende Flugzeuge weltweit in der Luft. Was glauben Sie, welche Antwort dieses Gefüge induziert. Menschen, die ihr Flugticket bereits in der Tasche haben, Menschen, die die Diskounterblätter mit den Anzeigen der Tourismusindustrie durchblättern. Noch billiger, noch billiger! Bis wieder einer dieser Riesen in die Knie geht und tausende Menschen in den Paradiesen festsitzen. Was glauben Sie, bekommen Sie von diesen Menschen als Antwort zu hören? Ja oder nein?

Der fertige erwachsene Körper hat die Freiheit, sich mit Dingen zu umgeben, die im Spaß machen. Die Ursache hierfür liegt an der Masse an Daten, die in einer Architektur des Hintergrunds verschränkt sind. Der Summeneffekt, der das Materieereignis bedingt, ist somit nicht antastbar. Das Materieereignis der Funktion beherrscht seinen Datenhintergrund. Der Organismus ist ein Overlay, das mit Energie am Laufen gehalten wird. Man kann sagen, dass die Materieereignisse autonom und abgekoppelt vor der Komplexität ihres Datenhintergrunds ablaufen. Die Massebahnen des lebenden Overlays erzeugen eine Art von Ausgleichsflackern. Sicher werden verschiedenste Ebenen vorhanden sein, in welche die Ereignisse bzw. der begleitende Datenhintergrund in homogene Felder, Kräfte und Strukturen mündet. Aber es gilt auch, energetische Verluste darzustellen oder den genetischen Datensatz zu betrachten, noch bevor wir uns zu einem Organismus aus Milliarden von Zellen entwickelt haben. So ist zu behaupten, dass ein kleiner Teil der Daten die Verwurzelung der Funktion im Raum als eine Art von Flackern in Formen des Materiebezugs preisgibt.

Dieser unglaublichen Datenvielfalt und ihrer Komplexität der Verschränkung verdanken wir unsere Freiheit. Optionen der Gehirnfunktionen, wie Summeneffekte strömender Materie oder der Zusammenschluss von Einzelereignissen zu größeren Feldern dürfte oberflächlich genug sein, dass wir die Komplexität des Datenhintergrunds nicht gefährden. Wir bleiben also gerade deswegen so lange stabil, weil wir unser Denken auf die Großereignisse unseres Organismus beziehen. Selbst zu der Analyse der Sinnesdaten dürften wir uns in dem aufgesetzten Overlay bzw. dem entstandenen Datenäquivalent aus einer Vielzahl von Kriterien bewegen. Dieses System erlaubt einen gewissen Grad an Freiheit. Das grobe Materieereignis wird aus diesem Grunde immer ausreichen, die wahrgenommenen Bausteine einer äußeren Welt, so in die hinterlegte Feldaktivität einzulagern, dass sie nicht in Abhängigkeit zu der Kriterienzusammensetzung unserer Körper beurteilen werden müssen. Es reicht aus sie vor dem Hintergrund des Summeneffekts zu betrachten, also in Korrelation zu unserem Organismus seiner Anatomie und den funktionellen Materieströmen.

Es ist aber viel zu kurz gegriffen, den Lkw-Verkehr auf Deutschlands Strassen dem Blutstrom gleichzusetzen, ICH nehme an ihr Gehirn ist bereit, so weit zu gehen, und zu sagen; Ja, alles ist am Fließen und soweit ganz gut. Dass aber das Blut in der Lunge Gase austauscht, in der Leber entgiftet, in der Niere entsalzt und nicht nur Versorger, sondern auch Entsorger ist und den Flüssigkeitshaushalt einschließlich des Immunsystems managet, das zu begreifen und anzuwenden, bedeutet einen langen Weg. Wenn Sie also von Hochtechnologie und einem gangbaren Entwicklungsstand sprechen wollen, dann müssen Sie Systeme entwickeln, welche viele Faktoren des menschlichen Organismus gleichwertig abbilden.

Wir gehen von den Bewusstseinsaspekten der Mikroorganismen, die einen gemeinsamen Materiehaushalt mit dem Außenmedium entsprechen, weg und haben die Freiheit, uns extern wie beliebt zu orientieren. Das ist es aber nicht. Wie der Einzeller direkt mit seiner Umgebung harmoniert, so ist auch der menschliche Organismus nur so gut, wie seine Umwelt den benötigten Kriterien der lebenden Architektur seiner Organe gleichkommt. Wir wissen, dass manche Daten erholsamer sind als andere. Wieder andere machen Angst und stressen den Körper. Wir wissen, dass ein Schluck Wasser dienlicher ist als ein Schluck Likör. Wir wissen, dass pflanzliche Daten mehr dem Eigenen entsprechen als der Festtagsbraten zur Weihnacht. Auch dürfte der ganzen Tiermast, wie betrieben, Datenmaterial anhängen, welches nicht nur Ekel und Abneigung erwirkt, sondern auch noch die Datenlagen der menschlichen Organe mangelhaft beschickt.

Wenn wir diese Einheit nicht mit dem Verstande vollführen, existiert sie nicht mehr. Würden die Gewinne nicht dazu benutzt, sich gegenseitig aufzukaufen, sondern in den Lebensraum und die Biosphäre reinvestiert, so wäre der Kreislauf geschlossen. Das Datenmaterial, welches man der Lebendmatrize entzogen und in einem Konstrukt technischen Wissens neuformiert hat, vervollständigte sich, indem es seine Einzugsgebiete mit den erwirtschafteten Geldmitteln stabilisierte und ausbaute. Die gesamte technische Infrastruktur ist als Teil der Lebendmatrize zu begreifen. Dies erforderte natürlich eine Reinvestition des erwirtschafteten Kapitals in die Gebiete des Dateneinzugs. Der Aufbau, Erhalt und die Pflege eines artenreichen Lebensraums erhielten uns den Stoff aus dem die Träume sind. Der Finanzmittelfluss gliederte die Lebensräume an und plötzlich erscheint die Lebendmatrize wieder als gangbarer Weg.

Der Kapitalstrom wandelte den Materiebezug und das Gesellschaftsmuster im Allgemeinen. Lasst uns nun ein gemeinsames Interessensfeld aufbauen. Das Heranführen eines Regengebiets wäre nun wieder darstellbar. Der Wirtschaftsapparat träte nun hinter die Lebendmatrize zurück. Der Bereich der Lebewelt erführe eine Aufwertung durch die Kapitalströme, die ihr zuflössen. Wir hätten eine Struktur in der Struktur geschaffen. Man hätte die Datensätze der Wirtschaftssysteme, so wie wir sie einst der Matrix entnommen haben, wieder in die Lebendmatrize eingeordnet. Die Lebewelt erhielte ihre geistige Existenz zurück. Damit wäre die Lebewelt als Datensatz wieder auf der Quantenebene präsent.

Natürlich ginge das auf Kosten all der schönen Dinge, die wir geschaffen haben, die vor dem Hintergrund der neuen Werte an Strahlkraft einbüßten. Hier sieht man, dass allein der Geldstrom Dinge wertvoll und glänzend macht. Also zurück mit dem Geld zur Natur, in die wir unsere Gebrauchmittel- und Kapitalschmieden nun eingelagert sehen. Eine Investition der erwirtschafteten Kapitalmittel in die natürliche Region, der die Datensätze einst entnommen wurden, stellte die Datensätze gleich. Die Datensätze der technischen Formierung wären der Natur nun an Wertigkeit gleichgestellt. Man überblickte den Raum wieder als Ganzes. Das System wäre wieder zugänglich für die Werte der Selbstorganisation. Der einheitliche Raum ist nun einmal die beste Matrix für die Selbstorganisation. Jetzt kann ICH sagen: »Der Einzeller wechselwirkt mit dem Außenmedium. Dabei entstehen elektromagnetische Momente unterschiedlicher Dichte, welche wir auch Aspekte des Bewusstseins nennen. Die aufgeworfene Ätherdichte darf als Kriterium zur Einstellung des Datenkörpers in Raum und Zeit angenommen werden. Die Werte des Mikrokosmos scheinen in der Zeit sehr früh zu wirken und auf den Ort als letzte Feinabstimmung einzugehen.«

Ein Geldfluss in die natürliche Ursuppe der höchsten Artenvielfalt ließe den natürlichen Materiebezug zu. Die Bereiche, die von der Notwendigkeit eines Regengebietes in höchster Not sprechen, wären auf Grund des Geldtransfers eine Wertigkeit gegeben, dass der Konzern als solcher eine hochwertige Spur, es darf schon etwas mehr sein, einen Weg für ein ausgedehntes Regengebiet in diese Region mittels Geldtransfers angelegt hätte. Wenn ICH von dem Transfer von Geldern spreche, dann meine ICH den Aufbau einer hohen Artenvielfalt. Da müssen zum Beispiel geeignete Maschinen für die Pflege dieser Artenvielfalt entwickelt werden und man muss Arbeitsplätze schaffen. Nicht mehr das Auto, mit dem sie zur Arbeit fahren, ist von Wert, sondern die Artenvielfalt, die das Datenmaterial für die Selbstorganisation liefert. Auf der Grundlage einer geschlossenen Matrize lassen sich wieder Programmierungen vornehmen. Wird es zu trocken, betrifft der Status ›Durst‹ immer mehr Lebewesen. Daraus entsteht das Feld eines gemeinsamen Interesses. Der Zustrom von Wasser in den Organismus ist das Ziel. Diese Feldarchitektur kann nun auch von den Massebahnen der Konzernarchitekturen unterstützt werden, die den Großteil ihrer Gewinne in den Ausbau der Artenvielfalt in den verbleibenden Bereichen mit Biolandbau investieren. Der Raum kann sich wieder ohne Hürden und technische Grenzgebilde aus einer geschlossenen Matrix heraus selbst organisieren. Regen zieht heran und bewässert die Bedürftigen.

Jegliche technische Neuerung entreißt dem Lebendgürtel Kriterien. Sie benötigen die Daten für ihre künstlichen Gebilde. Die erneute Formierung verändert die Zusammenhänge. Das Ergebnis ist eine neue Endmassebahn, die dem Datensatz aufsitzt. Die Endmassebahn diktiert von nun an der Ursubstanz allen Lebens die neuen Materieverhältnisse.

Sie? Ja! Sie! Sie Gott sie! Sie Allgemeinwohl einer tot manipulierten Masse. Schwer verwundet gehen ursprüngliche Beziehungen zu Grunde und lebende Architekturen verschwinden. Der Materiekörper wird auf der Quantenebene immer als übergeordnete Struktur gelten. Die Materie wird selbst auf das Datengefüge wirken. Die Materie überträgt ihre massive innere Ordnung auf ihr Umfeld.

Der bewegte Körper ist zunächst einmal in eigenem Sinne unterwegs. Er befriedigt seine Bedürfnisse. Er gelangt aber auch in das Einzugsgebiet größerer Spieler. Sofern er nicht gefressen wird, so versucht man ihn doch in ein aktuelles Geschehen einzubinden. Der Einzelne hat also auch noch Daten des Weltgeschehens zu verarbeiten. Die wechselseitigen Wirkungen der Interessen zu beurteilen, ist schwierig. Aber es ist davon auszugehen, dass die natürlichen Bedürfnisse oder die angeborene Bedürfnislosigkeit durch derlei Aggressoren gewandelt werden. Nur die gelebte Armut, welche ihren Reichtum in der Natur vorfindet, kann davor schützen. Sich mit fremden Interessenfeldern durch den Raum zu bewegen, führt natürlich zu veränderten, oft überzogenen, ja sogar zu falschen, in die Irre leitenden Betrachtungen. Die Brille, durch die sie die Welt erblicken, ist eine des Kapitalismus, eine Brille der Gewinnsucht und des Egoismus.

Die Ökonomie der Felder führt zu Strukturen. Die Feldstärken der massereichen Gravitationsmonster gleichen sie an. Es kommt zu einer Struktur in der Struktur. Die Gesetze der Physik wirken. Die individuellen Positionen fügen sich ökonomisch exakt in die Architektur der Konzerne. Die großen Konzernarchitekturen spannen vielleicht sogar das Weltgeschehen auf. Der Energieverbrauch des Motors ist unheimlich. Die geschaffenen Architekturen zwingen die Materie auf ihre Bahnen. Der Kapitalismus kennt aber nur Geldmittelströme, die er zu vergrößern versucht. So zerstört er eine lebenswerte Biosphäre, die nichts kostet, und beschwört Größen herauf die einem das Leben kosten, weil man sie trotz ausreichender Finanzmittel nicht beherrschen kann, was das Ganze natürlich noch profitabler macht. Dieses kleine Wort ›profitabel‹ geht mit einem schizophrenen Umschlag der Geistesmasse einher. Die nun vorherrschenden Geisteslagen vermitteln das Gefühl des richtigen Weges. Und schon glauben alle, vom Herrn bis zu seinem Hund und dessen Floh, so weitermachen zu dürfen. Aber dieses ist ein ausgebrannter Geist. Dieser Geist beruht auf einer Fülle toter Produktionsgüter und ihrer Fertigungsströme.

Die vernetze Komplexität der Biosphäre bricht auseinander. Die gebundenen Energien werden frei. Die Felder und Strukturen des Systems lassen viel zu viel der erwirtschafteten Geldmittel abfließen. Es kommt mir vor als brennt die Sonne auf den Kontinent, und die Wärme wird nachts in die Atmosphäre abgegeben. Es ist niemand mehr da, der die Sonnenstrahlen in Zucker umwandelt. Mir fehlt die Vernetzung der Arten zu einem brauchbaren Lebenselixier. Der aufgesetzte Kapitalismus fasst harmonierende Systeme der Biodiversität so massiv falsch, dass auf Grund der Existenz des übergeordneten Schwachsinns, bedenkt man die bestehende Ausbreitung des Sachverhalts, keine Rückkehr zu den bestehenden Größen der Beziehungsgeflechte möglich wird. Die Struktur in der Struktur wird von der übergeordneten Struktur gebahnt. Ist das System erst einmal installiert, betreibt die übergeordnete Struktur Raubbau an den geringeren Strukturen. Die Bahnung der geistigen Interessen der geringeren Strukturen wird von den Materieströmen der massereicheren Großsysteme erreicht. Der Materiebezug der geringeren Strukturen ist regional verhaftet und wir mit Sinnesleistungen bekräftigt. Die Bahnung des Gefüges durch die massereichen Großsysteme könnte man auch den Motor der Selbstorganisation nennen. Leider stellt der ungeheure Energieaufwand, die Beschleunigung und die überzogenen Leistungsbedingungen der ›Rund um die Uhr-Gesellschaft‹ eine unglaubliche Belastung für alle Lebewesen dar. Die Programmierung beherrscht die Gesellschaft. Lebenswertes geht verloren.

Die bewegte Materie hat auf Grund seiner Ordnung eine organisierende Komponente. Man bedenke, dass alles Datenmaterial und die Ergebnisse seines Wechselwirkens den Status Quo zum Ziel haben. Am Ende aller Wirkungen soll die gesamte Datendynamik in einem Äquivalent des Materieraums münden. Die tote wie die lebende Materie hat ihren Anspruch auf den Raum. Man darf die Materie organisiert nennen. Die Grundsubstanz, aber auch das darauf aufbauende Datenmaterial ist in spezielle Ordnungen gefasst. Wir erhalten ein relativ ruhendes Gehäuse, welches man einer internen Dynamik aufgesetzt sieht.

Bewegt sich ein Organismus durch den Raum, werden die begleitenden Felder und vor allem die Daten und Kriterien, aus welchen sich die Felder aufbauen, ihre Umwelt begeisten. Wir erhalten eine Förderung von Bekanntem und eine Vernachlässigung von Unbekanntem. Man spräche besser von Konkurrenz, Hemmung oder sogar einem entzündlichen Rückbau von fremdartiger Datensubstanz. Der Sinneseindruck wird so selbst zum schädigenden Ereignis. Er schädigt den trillernden Vogel, die zirpenden Zikaden und die summenden Bienen. Was soll ein flüchtiger Sinnesreiz aus der Natur bewirken. Was wollen sie von ihrem Produktionsgüterstatus über den Inhalt ausgesagt bekommen? Die Maschinerie läuft weiter. Der nächste Lkw donnert heran, das nächste Flugzeug lässt das unverbrannte Kerosin ab. Was glauben sie bleibt da noch übrig. Die Botschaft an die Natur und ihre Lebewesen lautet folglich ganz einfach: ´ Ihr seid in diesem System nicht existent. `

Diese Botschaft ist ein einfacher Feldstatus. Er resultiert aus der Wechselwirkung der eingelagerten Sinnesreize mit dem Produktionsgüterstatus. Jeder aufgeworfene Sinnesreiz aus der Natur wird von der Rund um die Uhr Architektur angegriffen, niedergerungen, ausgegrenzt, abgesondert. Müsste man die Zustände in Worte fassen oder könnte sie als Stimmen hören, dann lautete das etwa so: »Du hast dich wohl in der Straße geirrt! Verzieh dich! Du gehörst hier nicht hin! Geh mir aus der Sonne! Du stehst im Weg!« Es greift dich an. Es schwächt dich. Ein Virus reist auf diesem Wege an und bringt deine Art vollends zur Strecke. ICH sehe sie mit Geldmitteln Maßnahmen zur Bekämpfung von Schäden und Umweltschäden ergreifen, ihre Ursachen aber weiter ausbauen. Der Weg der Muße und des freien Lebens rückt in weite Ferne. Stattdessen versuchen sie den letzten Harz IV-Fritzen auch noch in einen Flieger nach Thailand zu packen.

Wenn wir die Beziehungsfelder der Arten in ihre Kriterien zerlegen, zeigt sich uns der Raum, welchem die Kriterien äquivalent sind. Der Raum welcher sich mit den Kriterien aufspannen lässt, ist der von lebenden Architekturen involvierte Raum. Der Raum strahlt immer dann ein starkes Gemeinschaftsinteresse aus, wenn sehr viele betroffen sind. Entweder ist eines jeden Existenz gefährdet oder sie verfolgen ein gemeinsames Ziel. Der gemeinsame Raum strahlt den gemeinsamen Bedarf aus. Die Individuen der verschiedenen Arten bewegen sich dann im Sinne dieses Bedarfs. Somit ist es nur ein Warten, bis die nachgefragten Zustände den Materieraum erfassen.

Die Ätherdichten, vor allem die ausgedehnten, haben einen hohen Integrationswert. Die Ätherdichten bedienen das Zeitfenster zur Ursubstanz hin. Sie stellen die Verwurzelung des organisierenden Phänomens im Raum sicher. Wir schreiben dem ausgedehnten Äther ein sehr viel früheres Stadium des

Urknalls zu. Wir sehen uns den ausgedehnten Äther bis zur Ordnung der Materie hin verdichten. Wir finden diese geringen Ätherdichten aber auch nach dem Urknall. Nach dem Urknall kann diese sehr geringe Ätherdichte, auch als Feldwirkung der Materie verstanden werden. Die Felder werden mit zunehmender Distanz zu ihrem Materiekörper schwächer. Diese Ätherformen gehören in den Bereich des Materieaufbaus. Es dürfte sich auch um die Formen eines Status nascendi handeln. Die verschiedenen Ätherdichten wirken an der Organisation des Status Quo mit. Die ausgedehnte Ätherdichte, so scheint es zu sein, reagiert früher auf den Materieraum. Die Formen des Äthers sind sowohl in der Zeit als auch im Raum verankert. Ein möglicher Einfluss auf die Ätherdichte mag entwicklungsgeschichtlich bestehen. Aber auch der Informationsdruck, der in einem Organismus herrscht, mag die Sinnesarchitektur und damit die Äthermenge in ihrer Zusammensetzung beeinflussen. Diese weniger dichten Formen des Äthers werden vor allem von den geringeren Lebewesen – hier ist der Gravitationskörper, also die Masse des Organismus gemeint – aufgeworfen. Gemeint sind Formen des Edaphons oder kleine Insekten, die Aufgrund einer weniger dichten Datenarchitektur auch geringere Summeneffekte zur Hinterlagerung ihrer Biologie erreichen. Sie wechselwirken direkt nur schwach mit dem Außenmedium. Die internen Verhältnisse der Mikroorganismen hängen sehr stark von den Bedingungen ihrer äußeren Umgebung ab.

Wenn es sich beim Urknall um eine stabile wiederkehrende Architektur handelte, die nach immer den gleichen Gesetzen abliefe, könnte man den nachfolgenden weniger dichten Formen der Materiefelder eine organisierende Wirkung in Richtung ihrer Materie zuschreiben, obwohl die Materie eigene Gesetze hervorbringt, und die Wirkung zu verkehren scheint. Die Lebewelt hat gemeinsame Interessen. Das sind existentielle Interessen. Luft, Lebensraum, Wasser und Nahrung. Jegliche Reduzierung des Angebots führt zu beträchtlichen Veränderungen der organisierenden Feldmasse. Jeder Mangel führt zu einem Aufbau von übergeordneten Feldern. Die Felder wirken auf die Herstellung der existentiellen Lebensraumfunktionen hin. Wasser, Nahrung, Luft, Lebensraum. Der

Raum ist in dieser Weise lebend involviert und organisiert. Die Zusammensetzung und Architektur der Felder betonen den Raum. Ihre Feldstärke weist die Richtung ihrer Wirkung an. Weniger Lebewesen bedeuten geringere Feldstärken. Geringere Feldstärken bedeuten den Verlust an organisierenden Mitteln.

Betrachten wir den lebend involvierten Raum, so sehen wir die gemeinsamen Interessen der lebenden Architekturen. Die lebenden Architekturen und auch die Interessensfelder liegen auf der Quantenebene wie energetische Haufen vor. Es sind Bestandteile der Selbstorganisation des Raums. Reduziert sich das Artenmaterial, verändert sich das Ergebnis der Selbstorganisation. Das zieht massive Veränderungen des Materieraums nach sich. Der Datenkörper setzt sich nun aus dem reinen Feldäquivalent der Materie und einer Prägung durch die lebende Umwelt zusammen. Die Datenfelder der Selbstorganisation beinhalten nun auch die Existenz umgebenden Lebens. Das Erdschwerefeld wird von diesen kleinen Materiefeldern und den geringeren sensorischen Einlagen gespeist. Das messbare Feld der Erde ist ein Summenfeld. Jegliches zeigt sich von der Schwerkraft betroffen. Alle Daten sind folglich auf eine gewisse Art und Weise einem höheren Feld zugehörig. Das Elektromagnetische der neuronalen Netzwerke zeigt sich darin verwaltet.

Sehen wir das Kriterium zunächst als Eigentümlichkeit des Körperbaus, so finden wir über das externe Engagement zu denselben Kriterien im Außenmedium. Die externe Betrachtung bleibt der Materie verhaftet. Der Materieraum erinnert unser Vorgehen. Unser Vorgehen ist die Grundlage aller nachfolgenden Ereignisse. Wir erliegen den Verhältnissen der Materie. Wir erhalten eine Diktatur der Materie. Die Diktatur der Materie verbindet die elektromagnetischen Einzelleistungen. Das Erdschwerefeld aber auch die atomaren Feldstärken zeigen sich hierbei als leitende Strukturen, die eine gewisse Ökonomie und Ordnung einfordern. Die übergeordneten Felder bewirken die Gefühle. Die individuellen Kriterien fügen sich in die Ökonomie der Felder. Die elektromagnetische Substanz findet in festen Architekturen zusammen. Die Gefühle sind wirkende Feldkräfte. Das einzelne Kriterium vernimmt die umgebende Architektur in der

Form von Feldkräften. Der Gefügewert ist eine Informationsmenge, dem das individuelle Kriterium angehört. Die Informationsmenge ist ein abstrakter Feldwert. Der Feldwert überträgt sich auf sein Kriterium. Das integrierte Kriterium fühlt den Gefügewert.

Das Gefühl repräsentiert eine Kriterienmenge. Es ist die allgemeine Ökonomie der Felder, es ist die günstigste Anordnung der Kriterien, es ist der bessere Weg, der erfühlt werden kann. Liebe, Freiheit und Erfolg sind gefühlte Feldwerte! Das heißt die Materiewerte sind so angelegt, dass sie alle in die gleiche Richtung weisen. Auf diese Weise entstehen unterstützende Feldwirkungen, die so genannten Effekte. Diese gehören auch in den Bereich der Gehirnfunktion. Der vermeintliche Glaube, richtig zu handeln, kann als Folge der künstlich geschaffenen Positionen und der einsetzenden Ökonomie in den Feldern erklärt werden. Von den Summeneffekten getragen, fühlt man sich frei, erfolgreich und richtig wichtig! Natürlich gibt es auch Gehirnfunktionen, die von dem Entgegengesetzten profitieren. Es wird auch immer Störungen der gelebten Ordnung geben. Das Entgegengesetzte wird es immer geben und auch die natürliche Ordnung, die beides enthält. Im Grunde aber gibt es nur das soziale miteinander. Der kluge Wechsel aus Arbeit und Ruhe hält den Organismus im Gleichgewicht und gesund. Hier sind die Übertretungen der Menschen zu benennen. Als Folge wandelt sich das Klima. Die neuen Wetterphänomene, die Entwertung der Böden, der Verlust der Wälder, die zunehmende Hitze gefährden die Trinkwasserbereitung. Import- und Exportströme bringen schöne Effekte i Bezug auf die Feldordnung der Gesellschaft hervor. Der Mensch braucht sich kaum noch selbst zu bewegen. Ihm wird von den industriellen Großlasten der Weg gebahnt. Eine Vernetzung von Daten, wie sie in artenreichen Biosphären vorherrscht, hat der Mensch nicht mehr zu fürchten

Die Angst verkörpert das Gegensätzliche. Angst ist der gefühlte Verlust der eigenen Existenz. Angst hat man vor fremden Architekturen. Sie strecken ihre Fühler nach uns aus. Fremde Architekturen wollen unsere Raumauffassung in ihre Raumauffassung wandeln. Man hat Angst davor, sein eigenes Selbst, ohne

Wiederkehr, in etwas anderes wandeln zu müssen. Die Erneuerung allen Lebens bedarf der Auflösung aller gewohnten Beziehungen und auch in den Nahrungsketten ist der Verlust des einen der Zugewinn des anderen. Das Gefühl ist Ausdruck der umgebenden Substanz. Das Gefühl ist eine repräsentative Feldqualität. In den Feldern sollten alle Lebewesen und ihre Gewohnheiten berücksichtigt sein. Das gibt das richtige Gefühl, die rechte Ethik und eine echte Moral.

Man empfindet anderes Leben nicht nur als eine externe zufällige Begleiterscheinung, sondern dem eigenen Körper zugehörig. Die wirklichen Erbringer der elektromagnetischen Substanz sind die geringeren Organismen. Die auftretende Ökonomie bei der Verrechnung der Kriterien in Feldern führt im Zusammenhang mit der Materie zu ersten Strukturbildern. Das Ergebnisfeld enthält Ereignisse unterschiedlicher Zeitfenster und zeigt Dichteunterschiede in der Substanz. Entwicklungsgeschichtlich zeigen sich hiermit die ersten Architekturen zu den Organfunktionen gelegt. Das fertig entwickelte Organ enthält eine Menge verschiedener Feldmuster. Wir verstehen darunter Materiedaten in Form von Materieäquivalenten, aber auch neuronale Lagen, wie sie die Sinnesorgane hervorbringen oder sie auch bei Arbeiten im Umgang mit der Materie aufgeworfen werden. Die Materie wird von Daten dieser Art begleitet. Zu einem gewissen Grad sollten auch Begleitdaten, die durch irgendwelche Mikroorganismen aufgeworfen werden und der Materie anhängen, in die Entwicklung der Organe eingegangen sein.

Das heißt, dass alle Daten Bestandteil der körpereigenen Programme und der organischen Architekturen sind. Derlei Datenlagen können im Verbund als Grundlage der Organfunktion genannt werden. Das Organ und seine Funktion ist das Ergebnis einer Ansammlung von Daten. Die Kriterien sind in Architekturen verschränkt. Eine Architektur aus Kriterien bildet den Hintergrund des funktionierenden Organismus. Man darf das Feinstoffliche auch Substanz nennen. Die Form der physikalischen Verschränkung ist von einer ungeheuren Ökonomie geprägt. Die Kriterien schließen sich zu gemeinsamen Feldern zusammen. Ihre Dichte und Masse führt zu dem Begriff der Substanz.

Das Geistige einer Lebensform gleicht einer Betonung des Materieraums auf eine ihr eigentümlichen Art und Weise. Es ist das geistige, das elektromagnetische der Nervensysteme, das von der Architektur der biologischen Masse stabilisiert wird. Die Hauptmasse der Daten liegt gebunden als biologische Struktur vor. Es ist also kein Wunder, dass sich auf neurologischem Wege vor einem solchen Hintergrund sichtbare Architekturen der Außenwelt anfertigen lassen. Diese Welten sind für eine Art spezifisch. Die Räume überschneiden sich natürlich. Jedoch ist die generierte elektromagnetische Substanz von unterschiedlicher Beschaffenheit. Sie variiert von Organismus zu Organismus, und von Art zu Art. Trotz eines Äquivalenzprinzips wird die vollkommene Gleichmäßigkeit nicht erreicht.

Wir erhalten unterschiedliche Zeitfenster. ICH sage, dass die Bewegung von Materie in unterschiedlichen Systemen nicht immer identische Energiemengen verschlingt. Obwohl eine alles überblickende Gesamtarchitektur der Zusammenhänge nie bestehen wird, wird auch die Zeit eines Materieereignisses immer eine andere sein. ICH spreche hier wieder die verschiedenen Ätherqualitäten, der von den Lebewesen generierten Datenvolumina an. Räumt man diesen Qualitäten eine Wirkung bei der Programmierung des Materiehaushalts ein, so dass wir eine Existenz auf der Datenebene und der so beschaffenen Quantenebene zulassen, ...!

ICH gehe soweit zu sagen, dass die verschiedenen Qualia, Formen und Übergänge, welche vom Geringsten bis zum Menschen herauf als elektromagnetische Beschreibungen des Raums gelten dürfen, in der Lage sein müssen, Positionen des Quantengefüges einzunehmen und gleichzeitig eine Verbindung zum Materiehaushalt innezuhaben. Auf diese Weise lässt sich die Entwicklung eines neuronalen Datengebildes oder eines übergeordneten gemeinsamen Interessensfeldes einer entsprechenden Feldstärke ereignisbildend in den Raum verfolgen. Ein theoretisches Gebilde entwickelt sich über verschieden Ebenen der Materieäquivalenz zu einem Ereignis des Status Quo.

Die Lebensräume der verschiedenen Arten überlagern sich. Wir können die Schnittmengen als deren Gemeinsamkeiten ausweisen. Jeder beschäftigt sich auf seine Weise mit dem umgebenden Raum. ICH sehe in dem vielfach aufgeklärten und gemeinsamen Ausschnitt des Materieraums, ein Materieäquivalent, das von den Positionen der lebenden Umwelt involviert ist. Jedes Materieäquivalent ist von lebenden Organismen umgeben. Jede Lebensform gestaltet die Umgebung auf eine, ihr eigenen Art. Die geistigen Positionen des lebenden Umfeldes verändern die Beschaffenheit des natürlichen Materieäquivalents. Die ursprüngliche, rein physikalische Prägung der Felder, verarbeitet nun auch noch die Wirkungen eines lebenden Umfeldes. Es speichert ansetzende Gefügebedingungen und erinnert die Interessen des umgebenden Lebens. Allein die Anwesenheit eines beurteilenden Organismus ist ausreichend, um dieser Feldverschränkung auf der Quantenebene Vorrang einzuräumen. Die Beschaffenheit und Qualität des Organismus und seiner Funktionen sind hierbei von Bedeutung. Seine Gesundheit ist das Datenäquivalent der Quantenebene heute, ist der Zustand des Materieraums von morgen.

LEISTUNGSFÄHIGKEIT NEURONALER NETZWERKE

Es gibt einen gemeinsamen Raum, und es gibt einen persönlichen Raum. Dieses gilt auch für die verschiedenen Arten. Wenn sich unsere Lebensbereiche überschneiden, werden sich die aufgeworfenen Daten gegenseitig bestätigen. Sie finden ihre Übereinstimmung im Status Quo. Man stelle sich eine geschlossene Datenhülle vor. Man stelle sich den Materiekörper von einer Vielzahl von elektromagnetischen Erscheinungen der Lebewelt und ihren Interessen umhüllt. Es verhält sich wie mit einer Schneedecke, auf welche sich die Wintersportler tummeln. Keiner fragt mehr nach dem Tiefdruckgebiet oder der Wolke ihres Ursprungs. Sie bahnen sich alle ihren Weg durch die Datenlast. Der umgebende Datenmantel ist geeignet auch andere Wege einer Beschreibung zuzulassen oder sogar eine Prägung durch andere Materieverhältnisse aufzunehmen. Die betroffenen Individuen merken natürlich die erzwungenen Abweichungen. Ein jeder fühlt die Bedrohung seiner Existenz, ein jeder fühlt, wenn sich das eigene Sein in anderen Ordnungen krümmt, verbiegt, staucht und dehnt. Wir verweisen hier auf die Körperprotokolle, die ebenfalls aus dieser Substanz aufgebaut sind und parallel zu dem generierten Weltbild und seinen geistigen Werten verwaltet werden müssen. Wen wundert es also, dass wir so viele kritiklose Mitläufer haben. Sie fügen sich. Denken vermeiden, dichtere Netzwerke verhindern! ICH nenne sie gerne die totmanipulierte Masse. Das ist ein ganz besonderer Typ von Menschen, der mit der klaren Struktur des Wirtschaftswissens zu einem vollwertigen Bürger aufsteigt. Er kann damit seine Bildungsdefizite ausgleichen und läuft weniger Gefahr, sich in den Irrtümern einer Gefügekomplexität einer artenreichen Biodiversität zu verstricken.

Wir können hierin das Entstehen weiterer Funktionen oder ihre Entwicklung fortgeführt sehen. Wir bleiben also nicht den diversen Sichtweisen irgendwelcher

Tierchen verhaftet, sondern erlauben es uns innerhalb des elektromagnetischen Datenmantels frei zu agieren. Wir Menschen bilden die Materieverhältnisse anders ab. Wir werfen einen anderen Blick darauf. Unser Wertemantel hat sich stark gewandelt. ICH spreche von einem Wandel des Materiebezugs. Die veränderten Sichten sind natürlich Teil der genetischen Wachstumsprotokolle. Wir schneiden die spezifischen Sichten der Arten zusammen und erreichen Arten übergreifende Datenphänomene.

GENETISCHE SICHTEN

Hier ist nicht der Ausblick von einem Storchennest gemeint oder die Sichtweise eines Igels, der sich seinen Weg durch das hohe Gras bahnt, obwohl dieses natürlich auch Teile der genetischen Protokolle sein dürften. Nein, hier sind autonome Geistkörper gemeint, die an ein Gen gebunden sind. Genetisch gespeicherte Grundlasten schrauben sich zum Beispiel die Bäume hoch, einer Wendeltreppe ähnlich. Oder sie laufen horizontal die vertikalen Flächen entlang. Wie sensorische Abtaster wirken diese auf mich. Die elektromagnetische Substanz – das sichtbare Phänomen – scheint diese Art der Daten in den Organismus hereinzukopieren oder zumindest ein orientiertes Wachstum an derlei externen Größen zu ermöglichen. Zumindest ist es ein richtender Impuls, der eine Wirkung auf die Grundlast ausübt. Es könnte sich auch um eine Instandsetzung handeln. Der Gefügekörper betont den Datensatz in einer Weise, dass sich funktionelle Zusammenhänge herausstellten. Die Instandsetzung von Funktionen könnte von diesen genetischen Mengen geliefert werden.

Diese Art der Raumbetrachtung lässt uns in Funktionen einblicken und ihr Entstehen erklären. Es entstehen völlig neue Kategorien der Raumbeschreibung. Die diversen Arten liefern die elektromagnetische Grundlast der funktionellen Menge. Der Lebendgürtel spannt eine Datenhülle um die Materie auf. Jede Art leistet ihren Beitrag. Das Miteinander der Kriterien führt zu gemeinsamen Wirkungen. Die Summenfelder erreichen die Ordnung einer Funktion.

Die Leistung neuronaler Netzwerke wird sich im gemeinsam genutzten Raum in erster Linie in der gegenseitigen Bestätigung der gemeinsamen Funktionen wie zum Beispiel die der Atmung oder die der Verdauung bewegen. Ein jedes trägt einen gewissen Datenrahmen zur Beschreibung des Raums bei. Jeglicher Dateneintrag ist somit immer eine Bereicherung für die anderen Lebewesen. Zum einen frischt er die Vernetzung, innerhalb des gemeinsam genutzten Raums, mit anderen auf. Zum anderen liefert er der anderen Art Datenmaterial und frischt damit seinen Anteil an der Funktion auf. Es ist ein hoch integratives System. Das System wirkt artspezifisch.

Der organisierte Organismus liegt im Zentrum des Geschehens. Das Datenmaterial organisiert sich in den Funktionsfeldern. Wir organisieren das Overlay Organismus vor einer gigantischen Datensammlung. Die geringsten Feldwerte erlauben uns eine maximale Adaption der Körperprotokolle an den Materieraum. Dabei ist es unerheblich welcher Art das Datenmaterial ist und welche Lebensform es aufwirft. Wenn wir die Datenebene und Quantenebene betrachten so ist es doch gerade die Selbstorganisation, die jegliches Material zur Organisation der höheren Felder heranzieht.

So sind es auch die Körperprotokolle und die Lebendbeziehungen, die von dem Datenmantel des Lebendgürtels profitieren. Die Matrix, je abstrakter oder je kleiner die Bausteine und Bewusstseinswerte sind, die wir vom Raum erheben, welche die Datenmatrix aufbauen. Je abstrakter und geringer die kleinsten Feldwerte sind, umso großartiger lassen sich die einzelnen Bausteine zu den funktionellen Feldern verschmelzen. Bei Verschmelzen springen meine Physikergeister an. Sie wollen eine Art der Fusion zur Energiegewinnung hervorbringen. Bei Aussagen dieser Art springen diese sofort an. Wir bauen jetzt aber Körperprotokolle auf und suchen sie möglichst gesund und effizient zu gestallten.

Wir nennen das Lebewesen ein Ich. Seine Interessen und sein Lebensraum sind wie eine Datenhülle. In diese Datenhülle strahlen die Lebenswelten der anderen Architekturen herein. Der Organismus ist ein lebender Datenspeicher. Die Datenlast wird von der lebenden organischen Masse zusammengehalten, ja sogar einer Ordnung unterworfen. Wir haben also stabile Kernlasten, die an den Materiehaushalt der Organe gebunden sind. Wir haben aber auch periphere Felder mit geringer Dichte und Feldstärke. Die Daten, besonders die, der angrenzenden Arten, haben eine adaptive Wirkung. Der Datenmantel stimmt uns auf die Materie ein. Hier beginnt die Organisation der Ordnung. Im Zentrum der Ordnung ruht der Organismus. Die Abspaltung von Bewusstseinsmasse erlaubt es uns, den Raum zu bereisen und Daten in dem Raum zu erheben. ICH nehme eine automatische Zentralisierung von interessanten und essentiellen Aspekten an.

Im Allgemeinen wird das gesamte externe Engagement aufgrund der vorliegenden Verhältnisse im Zentrum der Konfiguration, dem Ich, ausgelöst. Der Organismus ist ein Datenspeicher mit funktionellen Feldern als Overlay. Die evolutionsbedingten Mehrfachnennungen scheinen diese besonderen und sichtbaren Dichten zu begünstigen. Der Organismus ist ein Datenspeicher. ICH möchte von einem gravitationslastigen Datenspeicher sprechen. Eine lebende organische Ordnung sitzt der Datenlast auf. Die Feldfunktionen und der allgemeine Betrieb halten alles zusammen. Wir führen Nahrung zu und geben Energie ab. ICH könnte mir vorstellen, dass ein gerichtetes Bewusstseinsfeld auf der Suche nach Nahrung brauchbare Nährwerte erkennt. Das abgespaltene und suchende Bewusstsein wird externe Daten innerhalb des organischen Datenspeichers betonen. Der organische Datenspeicher dürfte notwendige Werte als Antwort der Suche herausstellen. Die passende Antwort auf einen notwendigen Bedarf dürfte im Hinblick auf eine zu vervollständigende Körperfunktion deutlicher hervortreten als gesättigte Funktionsfelder. Gesättigte Funktionsfelder unseres Organismus hätten keine besondere Wirkung. Das suchende Bewusstseinsfeld hat von einem gesättigten Funktionsfeld keinen Betriebsbefehl für den externen Raum. Gesättigte Funktionsfelder bestätigten den externen Raum in seiner Beschaffenheit und der Zusammensetzung der Artenvielfalt.

Man tut seinem Körper etwas Gutes, wenn man die umgebenden Lebensverhältnisse immer wieder in sich aufnimmt. Einen wichtigen Anteil liefern immer die Mitbewohner, da sie ihre Interessen und Sichten ebenfalls dem Raum entnehmen. Ihre Daten sind daher ein wichtiger Bestandteil des organisierten Raums. Deshalb gehört in das System eine maximale Datenvielfalt. Diese Konfiguration ist im Hinblick auf die bewegte Materie am strengsten definiert. Die Masse ist auf stabilen Bahnen gefangen. Der Bürger verlässt seine Umgebung ungern, die Regengebiete ziehen verlässlich heran. Haustiere sind gern gebrauchte Daten lieferanten. Ihre Sinne gehen sehr viel tiefer. Die menschliche Ordnung organisiert sich vollwertiger. Man altert nicht so stark. Es schmerzt weniger.

Das Geistige einer Lebensform ist eine Betonung des Materieraums. Auf eine, ihrer Art eigentümlichen Weise erhebt die Lebensform Daten im Raum. Die Materie behält das Sagen. Der Elektromagnetismus der neuronalen Netzwerke wirkt auf der Quantenebene. Von der Quantenebene aus organisiert sich der Raum. Das abschließende Endfeld, in welchen alle Konfigurationen münden ist das Erdsystem, das Sonnensystem, unsere Galaxis. Der Materiehaushalt des Erdsystems ist ein Einheitswert. ICH möchte das Feldäquivalent nicht mit dem Schwerefeld der Erde vergleichen. Während sich die Gravitation nämlich als Oberflächenfeld zeigt, welches sich aus den anderen Grundkräften errechnet, zeigt sich der neuronale Apparat vermutlich von den Ausgangslasten beeindruckt. Der Elektromagnetismus des Gehirns wird vermutlich nur auf einer speziellen Ebene des Materieaufbaus siedeln. Es ist auch davon auszugehen, dass die Menschheit mit ihrer Weisheit noch nicht am Ende ist und noch weitaus bessere Theorien hervorbringen wird. Bis es aber so weit ist, wird uns die geschaffene Brille den Blick auf noch größere Zusammenhänge erschweren.

Das Feldäquivalent unseres Erdsystems enthält auch das Gravitationsfeld. Es ist bewusst so formuliert, weil ICH Materieäquivalenz und Schwerefeld nicht vergleichen möchte. Der geistige Entwurf eines Lebewesens wird als Eintrag in das Gefüge betrachtet. Die geistigen Aktiva werden in Teilen seinem materiellen Umfeld und auch der hinterlegten Software seines Organismus entsprechen. Folglich werden die Felder des Gehirns und anderer neuronaler Netzwerke dem Status Quo in Teilen entsprechen und in anderen Teilen widersprechen. Hierin liegen bereits wichtigste Parameter der Selbstorganisation verborgen.

Die Gemeinsamkeit der Daten wird den Raum der Wahrheit bedienen und vermutlich die Gesundheit der vorkommenden Lebensarchitekturen fördern. Wir sollten die Daten der anderen Arten als Bereicherung des allgemeinen Raums und des eigenen Denkens einstufen. Die aufgeworfenen Daten sind wichtigste Parameter für die Selbstorganisation. Eine Anreicherung von Daten in Feldern, welche die Grenze zum Bewusstsein überschreiten. Ein Anstieg der Masse über die Grenze der Nachweisbarkeit. Das Entstehen von Zusammenhängen,

Beziehungen und natürlichen Verhältnissen, wie den Gefühlslagen. Die angereicherte Masse zeigt sich auf diversen Ebenen strukturell gebunden. Zunächst einmal physikalisch gebunden in den Naturgesetzen, aber auch organisch durchsetzt und in gewachsener Weise die Organe begleitend. Wir sprechen von Gefügewirkungen. Die Gefügewirkungen verändern sich mit dem Materiebezug. Der Wandel des Materiebezugs wandelt die Datenlast. Damit verändert sich das funktionelle Gefüge. Wir stellen damit das Auge scharf und bedienen die Peristaltik der Verdauungsorgane. Im Grunde ist der gesamte Organismus ein riesiger Datenspeicher. Man hat die Daten der optimalen Funktion zusammengetragen.

Hier zählen vor allem die Gemeinsamkeiten der Arten. Die Datenmasse des Speichers, aber auch die täglichen Gebrauchsdaten, beziehen sich auf die gleichen Materieverhältnisse. Sie beschreiben den gleichen Raum. Das Wirken der Organismen in einem gemeinsamen Raum führt zu einer Überschneidung der geistigen Architekturen. Die organisierten Datensphären halten sich jedoch gegenseitig auf Distanz. Das mag an ihrer Architektur liegen. Insbesondere die Strömungen, die eigene Zirkel und Ladungen bedingen. So gehen sich die Lebewesen in der Regel aus dem Weg, obwohl sie ihre Interessen auf den gleichen Raum beziehen. Diese Form der Vernetzung sichert jedem seinen Platz zu. Umgeben von einer Datenhülle des eigenen Selbst, nimmt jeder Baustein seine Position für die Selbstorganisation ein. Die Artenhüllen sollten voreinander schützen. Keine Art sollte in diesem System in den Lebensbereich der anderen Art eindringen können. Das wird von den wirkenden Feldern des Datenmantels geregelt. Eine exakte Befolgung der Datenlage ist in diesen Bereichen existentiell. So fallen lästige Störer weg.

Es handelt sich um eine höchst komplexe Vernetzung von Daten. Wir können von Beziehungsfeldern sprechen, die wir auf der Datenebene und der Quantenebene annehmen. Aus diesen Bereichen heraus programmiert sich der Raum. Eine höchst komplexe Vernetzung. ICH sehe in dieser Form der Vernetzung die Bindung von Bewegungsenergie. Die Materiedaten sind in abgeschlossenen lebenden Architekturen, in Lebensgemeinschaften und Beziehungsfeldern archiviert. Die kleinen Viecher sind Stoffwechsler. Sie sind an spezielle Bedingungen gebunden und bauen Stoffe um. So haben wir das Erdreich für die lebenden Mikroorganismen und Kleintiere durchtränkt. Dieses Geschehen, welches sich exakt aus der Datenlast des Gefüges ableitet, nennen wir Selbstorganisation. Wir haben eine Aufgliederung der bewegten Großmassen erreicht. Das dient der Lebewelt. Die Datenmatrix, welche die Lebewelt aufspannt, programmiert die Verhältnisse auf unserem Erdball. ICH spreche auch von der Selbstinduktion der Materie. Das Zerreißen dieser dynamischen Vielfalt. Die Substanz, wie sie hier bezeichnet wird, ist Bewusstseinsmasse. Die Substanz entsteht in Folge der Datenanreicherungen in Feldern. Die Substanz ist Geist, ist verdichtetes Datenmaterial, ist Feldmasse.

Die geistige Substanz darf auch als Beziehung gedeutet werden. Die Arten bzw. die Hintergrunddaten der Körperprotokolle überschneiden sich. Die verschiedenen lebenden Architekturen teilen sich den gemeinsamen Raum. Die Daten der Arten gehen Beziehungen ein. Diese zeigen sich ebenfalls als dichteres elektromagnetisches Phänomen. Diese Werte wirken auch auf die Psyche. Sie beteiligen sich an der Gehirnfunktion. Die Komplexität der Zusammenhänge hat schon so manches Assoziativ hervorgebracht und analoge Mechanismen in unserem Organismus aufgeklärt.

Wir betrachten das Ganze als Wandlung der Substanz. Die Produktfertigung, die Warenströme und das Verbraucherverhalten nennen wir eine Endmassebahn. Die Endmassebahn ist das Ergebnis der künstlichen Gefüge unseres Geistes. Die Ideen und Entwürfe unseres Geistes sind den natürlichen Kriteriengeflechten entnommen. Zusätzlich erhöht man noch die positiven Eigenschaften und minimiert die negativen. Das nennt man Entwicklung. Aber je stärker sie die natürlichen Datenbeziehungen in eine gewisse Richtung umformen, umso schlechter lassen sie sich in das System des Lebendgürtel integrieren. Die Betonung mancher Eigenschaften geht auf die Kosten der verschiedenen Lebensformen und ihrer Biosphärenbeziehungen. Vermutlich werden mit der Betonung von Eigenschaften auch der Schadstoff und Abfall immer gefährlicher. Die gewandelte Substanz lässt sich nicht mehr integrieren.

Ein Gedankenblitz oder eine Idee benötigt eine gewisse Kapazität an Daten, so dass sie auch bewusst wird. Der Anteil an der innovativen Substanz ist im gefertigten Produkt aber nicht mehr sehr hoch. Wir haben allenfalls noch funktionelle Aspekte, die sich in Teilen mit der gewachsenen Evolutionsmatrix überschneiden. Unsere Theoretiker und Beobachter haben sich eine eigene Welt aufgebaut. Wir haben den Weg des Humusaufbaus verlassen. Was in unserer Umwelt zurückbleibt und sich dort ansammelt, ist die aufgeworfene Datenlast. Bedingungslos reihen sie Gefundenes der verschiedenen Fachbereiche in die fertigenden Architekturen ein. Die Neuprogrammierung hinterlässt Unbrauchbares. Es zeigt sich in keinem Verhältnis zu dem umgebenden Lebenden. Die verbrauchte Feldsubstanz, ungenutzt, unverstanden und beziehungslos, sammelt sich als Verpackungsmüll und Wohlstandsdreck in der Biosphäre an. An Silvester 2018 habe ICH eine handvoll daumennagelgroße Hartplastiksplitter, messerscharf aus dem Rasen aufgesammelt. In einer Zeit, in welcher man sein Feuerwerk auf Polizisten, Feuerwehr und andere Einsatzkräfte abschießt, darf dieser splitternde Hartplastiktyp verkauft werden. Eine wirklich interessante Entwicklung.

ICH sehe eine Behinderung des natürlichen Systems durch die vorherrschenden Datenkörper und eine beinahe Unmöglichkeit derlei technische Lösungen vollkommen zu verstehen. bzw. aufzulösen. Die einfachste Ausführung eines Smartphones ist kein Faustkeil. Das technische Wissen aufzugliedern und zu seinem Ursprung zu verfolgen, ist kaum mehr möglich. Das Gebiet unseres Dateneinzugs verliert auf Grund der vorherrschenden Architektur seine natürliche Komplexität. Man hält die Materieströme der Technik mit hohem Energieaufwand auf stabilen Bahnen. Manche laufen aus wirtschaftlichen Gründen rund um die Uhr. Diese schneiden tief in die Region ihres Dateneinzugs ein. So wie sich Flüsse in die Landschaft eingraben.

Es zeigt sich der Verlust von Systemzusammenhängen. Die Kriterien, welche im wissenden Konstrukt genannt sind, zeigen sich beschleunigt. Das genannte Kriterium zeigt sich von den Massebahnen der Technik hinterlagert. Die Transportvolumina der Rohstoffe, der Produkte und Verbraucher sind enorm. Es errechnet sich für die Feldaktivität dieser Ordnung eine ungeheure Masse an bewegter Materie. Wenn wir die Daten der Kategorien Rohstoffbeschaffung, Herstellung der Produkte und Verbraucherverhalten in einem Datenkorpus verschränkt sehen, liese sich dann eine Aussage über die Masse des elektromagnetischen Phänomens treffen? Bringen unsere Mathematiker und Physiker so etwas fertig? Gibt es eine Äquivalenztabelle? Wie viel Masse hat sein Datenäquivalent auf der Quantenebene? Reicht es die Beschaffenheit des fassenden Geistes zu kennen, um auf die Beschaffenheit des gefassten Objekts bzw. Inhalts zu schließen?

Die Datenebene darf, betrachtet man die Summenfelder und ihr Wechselwirken, auch Quantenebene genannt werden.

Zusätzlich verzeichnen wir den Verlust von Systemzusammenhängen. Der Zusammenhalt der Arten in einem Verbund schwindet. Das Technikwissen hinterlagert die Bausteine, welche zu seiner Konstruktion verbraucht sind. Das generierte Wissen zeigt sich in der Zusammenlegung der Kriterien bereits verändert. Man entzieht den ursprünglichen Architekturen der Natur die Kriterien. Die Kriterien finden innerhalb des Technikwissens zu einer veränderten Anordnung. Zusätzlich nehmen wir noch eine Prägung des technischen Datenkorpus durch die laufenden Maschinen an. Die künstlich erzeugten Massebahnen drücken der wissenden Architektur noch einen zusätzlichen Stempel auf. Wir haben die Kriterien ihren Ursprungssystemen entzogen. Die Technikströme führen zu einer weiteren Isolation, Verdichtung und Beschleunigung. Die Materieströme der Maschinen hinterlagern zu müssen, bedeutet, sich erneut krümmen und verbiegen zu müssen. Hohe Standards wurden geschaffen. Ein möglichst verschleiß- und wartungsfreier Auswurf identischer Produkte wird eingefordert. Die Kriterien, ursprünglich

Teil komplexer lebender Systeme, werden technischen Produktionsstraßen untergeordnet.

Sollte hierin die Ursache der zunehmenden Isolation der Menschen liegen? Ist hierin der Untergang unserer Flora und Fauna korrekt beschrieben? Ist hiermit der Weg des Menschen, sich über alle zu erheben, richtig beschrieben? Wir zerstören einfach nur die Systemzusammenhänge, drücken dem Menschlein ein Produkt mit völlig entfremdeten Massebahnen in die Hand und verdonnern ihn zu einem Verbraucherverhalten, welches keinerlei Einbettung in begleitende Lebensraumfunktionen hat. Ja, das ist der Untergang. Es vollzieht sich eine Wandlung des Materieraums. Es treten neue Formen von Materie auf. Wer die Kriterien den alten Systemen entreißt und sie in neue Ordnungen fügt verändert den Materiehaushalt des Makrokosmos. ICH möchte darauf verweisen, dass die Art und Weise der Zusammensetzung der Kriterien, auf der Datenebene, zu vollkommen neuen Materieformen führt.

Die Darstellung der Rohstoffströme, die Darstellung der Herstelleraktivitäten, der sich ein entsprechendes Verbraucherverhalten anschließt, benötigt nicht mehr alle Bestanteile des Systems. Der Dateneinzug in den Gebieten höchster Komplexität mündet in einer Masse ungebrauchter Datenvolumina, die das Ursprungsystem bedienten und nun nicht mehr gebraucht werden. Wir stellen die Massebahnen des menschlichen Konsums von der Biosphäre losgelöst dar. Die gewachsene Komplexität an natürlichen Systemzusammenhängen, gerät damit in Vergessenheit. Die Verpackungsindustrie setzt noch einen oben drauf. So wie die Strukturen der Haut die funktionellen Einheiten umschließen, die Organe an sich voneinander trennen und sogar den gesamten Körper einhüllen, so werden auch die Produkte sicher eingepackt. Die Verpackungstechnik und das Verpackungsmaterial benötigt ebenfalls Raum. Die Erkenntnismengen der Technik haben ihre Einzugsgebiete. Sie beruhen ebenfalls auf geistigen Architekturen, die wir den Datenhierarchien der Organismen und ihren Beziehungswelten abgerungen haben.

Die biologischen Ursprungssysteme haben enorme Datenverluste hinzunehmen. Der Eintrag von Mikroplastik und sonstigem Plastikmüll in die Biosphäre ist kein Ersatz für die umprogrammierten Basisdaten. Der ganze Dreck, der von den künstlichen Strukturen erzeugt wird dringt immer tiefer in die Biosphäre ein. Das ist der Charakter des geschaffenen Gottesteilchens. Die künstliche Architektur stabilisiert die Materieströme. Das Gottesteilchen, dem wir eine Hüllenstruktur aus diversen Abfällen geben, trägt diesen in die Biosphäre hinaus. Das Gottesteilchen beginnt es sich dort gemütlich zu machen. Das viele Mikroplastik und auch die anderen Schadstoffeinträge, bringen auch der Biosphäre den neuen Gott. Jedes Schadstoffpartikel erhöht die Konzernpräsenz. Jeder Schadstoffartikel wirkt auf die Biosphärendaten ein. Bereits auf der Datenebene beginnt die Konkurrenz für die Beziehungsgeflechte der Biosphäre.

Der Schadstoffgürtel organisiert den Konzern in der Mitte unseres Gottesteilchens. Die Mitte der Ordnung beginnt sich bereits in der Peripherie zu organisieren. Das belastet die Gefügebeziehungen der Biosphäre. Die technische Formierung und die gewachsenen Biosphärenbeziehungen parallel zu verwalten heißt im Grunde nur, dass sich das schwächere Gefüge der Struktur des stärkeren anpassen muss. Das bedeutet, dass der gesamte Mikrokosmos der Zellphysiologie gestört wird. Man wird Gefügeschwächen und Funktionsverluste verzeichnen. Der Organismus wird auf der Datenebene angegriffen. Die funktionelle Software wird durch die künstlichen Architekturen soweit geschwächt, bis wir eben von einem geschwächten Immunsystem sprechen müssen. Die eigene Datenkonfiguration dient der Analyse von fremder Schadware. Die hinterlegte Software unseres Organismus bedingt zum einen die korrekte Abwehr, steuert dann aber auch die Beseitigung von eingebrochenem Fremdmaterial. Werden die internen Protokolle des Organismus den Datenmengen eines externen Engagements immer ähnlicher und schwindet die Komplexität unserer zur Firewall vernetzten Evolutionsmenge, können sich technische Wertigkeiten, Eigenschaften und Leistungsprinzipien der Hintergrundprotokolle unseres Organismus leichter bemächtigen. Das externe Engagement wird zur genetischen Menge und wird auf Zellebene selbst Ereignisse schalten.

Wir wissen heute, dass die Datenlagen des Hintergrunds das Verhalten des Makrokosmos verursachen. Dann zeigt sich der Kreislauf geschlossen. Der Makrokosmos ist das Ergebnis der Datenwelt der Quantenebene. Die Daten, Datenwerte, die Felder und Feldwerte induzieren auf der Quantenebene den Raum des Makrokosmos. Wir programmieren selbst was uns am Ende noch bleibt. Das Geschaffene zeigt sich entzündlich. Was in den wissenden Konstrukten nicht enthalten ist wird angegriffen. Es wird in Frage gestellt. Der Unterschied der geschaffenen Ordnung zu den Urtypen biologischer Vielfalt hat eine Größe erreicht, dass nicht dazuzugehören mittlerweile eine gesundheitliche Belastung bzw. Gefährdung der Existenz bedeutet.

Die Datenordnungen greifen einander bereits auf der Quantenebene an. Nun sehen Sie sich nur einmal die Diesel betriebenen Feinstaubschleudern an, die lärmend über unsere Straßen rollen und im Gegensatz hierzu all das verletzliche Leben. Sie erkennen selbst, wer hier wen angreift. Die Felder bewegter Masse, die den Erdball umspannen erzeugen Feldstärken, die Nichts mehr mit der Harmonie in Gottes Schöpfung zu tun haben. Die Menschen haben jegliche Moral hinter sich gelassen. Sie bereichern sich an den irregeleiteten Massen. Die Totmanipulierten nennen sich demokratisch gelenkt. Die Existenz der Demokratie stützt sich auf die technischen Strukturen und das angeschlossene Verbraucherverhalten. Diese kanalisierten und schön geformten Geister verhindern jegliche Entwicklung.

Die Verbraucher gleichen einem Gottesteilchen. Sie haben alle die gleiche Struktur und spannen mit ihrem Verbraucherverhalten den Raum auf. Und obwohl die Produktionsstandorte sehr weit entfernt sind, erinnert uns der Plastikmüll in unserer Umwelt tagtäglich an die Wahrheit. Das Geschaffene gehört nicht dazu. Es sind Fremdkörper im Garten Eden. Die Daten der natürlich gewachsenen Matrix erhalten durch die Formierung in den technischen Systemen einen anderen Stellenwert. Der Unterschied zu diesem Stellenwert ist es, den unsere Gottesteilchen als Restmüll in die Umwelt ausbringen. Wer ein Gottesteilchen definiert oder auch nur neue Materieformen entdeckt, wird auch die Frage nach dem

Gott stellen müssen, der diese geschaffen hat. Nehmen sie dieses kleine Stückchen Plastik, für das Auge gerade noch sichtbar, und sehen sie genau hin. Hierin versteckt sich der neue Gott. Nehmen sie die Feinstäube und sehen sie genau hin. Da sehen sie den neuen Gott.

Aber wie schon geschrieben steht, wer zu viele Götter ansammelt, dem wird sich auch der wahre Gott zeigen. Es gibt das Richtige und es gibt das Falsche. ICH brauche natürlich keine Götter. ICH beziehe mich auf meinen Körper. Es gilt die internen Daten der Körperprotokolle mit den externen Daten der Umwelt in Einklang zu halten. Bewegung an der frischen Luft, Sonne, eine entsprechende Ernährung und sein Umfeld im Hinblick auf diese Ziele entsprechend zu gestalten, genügte dem Gehirn. So zeigte sich das Körper-Geist-Problem in eine Körper-Geist-Harmonie verwandelt, und als alleinige Aufgabe verbliebe dem Gehirn, die Identität der internen Datenlagen und der externen Datenlagen zu bestätigen und sich darin zu bewegen.

Aber erklären Sie jemand, der in einem Slum aufgewachsen ist, dass es sich um einen Slum handelt. Erklären Sie den Menschen, dass das, was bei ihnen dort oben vorliegt, ihre Moral und Ethik bereits vorwegnimmt. Sagen Sie der totmanipulierten Masse, dass sich das Gehirn an die Materieströme adaptiert verhält und sie ihr einfaches Denken im System gefangen hält. Wer könnte das mit seinem Ereignishorizont verstehen, wenn die höheren Feldstärken der Produktionsstraßen spezifische Nutzerdaten erzwingen und die Wege des Feldaufbaus programmieren? So bleiben sie immer in die Wirtschaftskreisläufen eingebunden und lehnen alles ab, was die Beziehung der Daten in dem Großfeld der Wirtschaft offenlegen könnte.

Das ist die Quantenebene, das ist die Datenebene. Das technische Wissen ist bereits eine besondere Architektur von Daten in Feldern. Das abgeleitete Produkt ist ein Stück dauerhafte Materie. Ihre tägliche Existenz wird mit einem sehr hohen Energieaufwand und leistungsstarken Motoren aufrechterhalten. Ohne einen technischen Zwang zerfielen die künstlichen geistigen Werte sehr schnell, und wir kehrten in die Nähe einer funktionierenden Lebendmatrize zurück. Die Technik generiert Feldstärken, die haben keine Konkurrenz. Auf der Datenebene fragt keiner nach der wirklichen Zusammensetzung des wissenden Datenkonstrukts. Wir befinden uns auf der Quantenebene. Hier gelten die mächtigsten Felder. Der Informationsfluss der bewegten Materie wird in Masse gerechnet. Das sind Felder, die man nicht gegen sich haben möchte. Fragen sie doch einmal nach ihrem augenblicklichen Sein. Da gibt es keine wirkliche Konkurrenz. Wer sie nicht ihr Eigen nennt, geht vor die Hunde.

Die gelebten geistigen Architekturen stehen sich freundlich oder feindlich gegenüber. Wir sprechen von einem notwendigen Wechselwirken, was die Gehirnfunktion betrifft. Bedarf der Organismus aber ebenfalls dieser Wechselwirkungen? Vermutlich nicht! Es wäre günstiger, dem Organismus zu entsprechen oder seine Architektur zumindest zu bestätigen. Dabei ist das Ergebnis nicht so sehr von Bedeutung. Es ist vor allem die Zusammensetzung der Kriterien in den Feldern, welche Existenz beschert oder Leben gefährdet. Es sind vor allem die geistigen Architekturen, die viele Existenzen ausschließen. Viele berufen sich auf ein Stück Hochtechnologie. Man spricht nicht davon, dass die Entwicklung der Produkte und die Produktionslogistik eine Vielzahl von natürlichen Gefügequalitäten an sich reißt und in der eigenen Weise formiert. Das bedeutet für den Nutzer, dass er einen Teil seiner tiefen und feinen Verwurzelung im Materieraum aufgibt? Die Grundlast des Gehirns reduziert sich. Die alles einenden Harmonien, die elektromagnetischen Felder und Kräfte, die das einzelne in ein Ganzes fügen, die große Natur, das unverstandene Gefüge, geht in technische Gebilde über.

Das gewachsene System kennt nur den gesunden Wechsel aus Belastung und Erholung. Das Gefüge hält für alle gewisse Leistungsspektren zur Verfügung. Eine Dauerbelastung, wie sie der Mensch betreibt gibt es in der Natur nicht. Jeder bekommt seine Chance aktiv zu sein. Jeder hat ein Recht auf Existenz. Gewisse Werte rund um die Uhr aufrechtzuerhalten ist schon etwas asozial. Schadstoffe und Abfall sind das Ergebnis ihres Unwissens. Das mangelnde Verständnis in der Tiefe der Einbindung der entwickelten Formen hinterlässt eine Menge

Restmüll. Die feinen Fäden der Datenfelder zerreißen vor dem Hintergrund des extrahierten Wissens. Das einst so breit aufgestellte System des Lebens, welches als einziges Endprodukt eine Menge wertvollsten Humus hinterließ, scheint seinen Stellenwert verloren zu haben. Die Datenfelder sind umprogrammiert, die richtige Verschränkung der Artendaten zu funktionierenden Biosphärefeldern wird damit unterwandert. Es zeigen sich Ausfälle in den Beziehungsfeldern. Das bedeutet für die Betroffenen, dass ihre Existenz auf schwachen Beinen steht.

Das einst so feine Datenmaterial ineinandergreifender Felder und Harmonien verliert an Stabilität. Das extrahierte Wissen, genauer gesagt die Erkenntnismasse, die wir noch dem natürlichen System zurechnen, dürfte sich in technischen Errungenschaften formiert wie der sprichwörtliche Sand im Getriebe verhalten. Dem Produkt fehlt jeglicher Zusammenhang mit der natürlichen Matrix, welcher man sie entrissen hat. Es ist nicht integrierbar. Der unpassende Datenballast produziert sein eigenes Endprodukt. Anstelle von Bodenfruchtbarkeit erhalten wir Schadstoffe und Plastikmüll. Das ist der fehlende Zusammenhang der Daten. Das einst so reiche Leben und die Verschränkung der Daten in komplexen Systemen weicht dem Eintrag von Plastikmüll und anderen Abfallstoffen. Es wird das Unverständliche einem überschaubaren Mechanismus geopfert. Mit anderen Worten: Man produziert viel Müll.

Besser wäre es zu sagen: Bei mir gehen auch noch Daten unserer Geringsten ein und wirken an der Aufklärung und dem Erhalt des Datenstatus mit. Sollte es stimmen, dass sich die Aktivitäten der Geringsten, das Verhalten des Edaphons zum Beispiel, auch an die menschliche Anatomie halten, so hätte dieses einen bedeutenden Wert für die Gesundheit des Menschen. Dann wirkten sie am Datenhintergrund unseres Körpers mit. Ihre Eigenbewegung förderte die Körperprotokolle. Demzufolge wirkt sich die Hochtechnologie auf die Architektur unserer Gewebe aus. Die Artenvielfalt geht verloren. Die Verschränkung der verbliebenen Daten hat nicht mehr dieselbe Qualität. Mit den veränderten Qualia der geistigen Komplexität verändern sich auch die Innervation der Muskeln. Bereits während der embryonalen Entwicklung wird die Gewebearchitektur in ihrem Aufbau und in der Komplexität der Datenverschränkung verändert. ICH darf annehmen, dass selbst kleinste Plastikpartikel von einer Datenhülle umgeben sind. Die Produktionsstandorte, die Transportlogistik, die Verpackungstechnologie, das Verbraucherverhalten usw. dürften Aktive der Datenhülle genannt werden. So fragt man sich kann das viele Mikroplastik die vielen Mikroorganismen ersetzen. Lässt sich auf den Datenhüllen des Mikroplastiks ein lebendes Overlay installieren. Sind die künstlichen Datenwelten für ein Funktionieren zukünftiger Lebensformen ausreichen.

ICH möchte hier noch anführen, dass Menschen dieser Datenkonfiguration nicht mit Absicht das letzte Biotop ausheben. Sie lassen ihre Hunde freilaufen, sie dringen in ihrer Freizeit in Brutgebiete vor und jagen den letzen Wachtelkönig davon. Das sind sie nicht selbst, das ist die besondere Konfiguration der Daten in technischen Gebilden, welche sie zu Elefanten im Porzellanladen werden lässt. Verantwortlich hierfür sind die technischen Gebilde, welche man sich zu repräsentieren erlaubt. Das Datenmaterial wissenschaftlicher Erkenntnisse hat man der Komplexität der Natur, hat man den Beziehungsgeflechten lebender Systeme abgerungen. Das Datenmaterial wird neu formiert und gelangt dann als technische Ausführung in den Status Quo. Die Konfiguration der Daten ist in technischen Lösungen derart verändert, dass wir sie parallel zur gewachsenen Biosphäre nicht schadlos betreiben können. Die technischen Konfigurationen dominieren die Materieereignisse und die Massebahnen des Status Quo.

Ein Mensch dieser geistigen Konfiguration steuert das Biotop unbewusst an. Er fühlt den Weg als den richtigen. Alle großen geistigen Leistungen sind der Natur abgerungen. Die großen Denker bezogen sich auf höchst komplexe Beziehungsfelder der lebenden Architekturen. So konnte sich der Mensch die Schönheit dieser Funktionen für sich selbst zu Nutze machen. Der Endverbraucher neigt als Repräsentant der Technik dazu, die natürlichen Gefüge anzusteuern, weil große Denker sie diesen äquivalent entnommen haben. Diesen Zusammenhang gilt es zu erkennen und dem gegenzusteuern.

Das Äquivalenzprinzip gilt hier nicht. Die Entwicklung von Quantenfeldern in den Raum, so dass sie dem Status Quo äquivalent erscheinen, ist hier also ein Schuss in den Ofen. Hier muss der Gesetzgeber stärker eingreifen und das Problem der schwachen Wechselwirkung im Hinblick auf das arbeitende Gehirn erkennen. Die krasse Abhängigkeit des arbeitenden Gehirns von dem vorliegenden Datenmaterial und die geistigen Lösungen der Menschen dieser Konfiguration, die wir als freien Willen bezeichnen, führen dazu, dass immer mehr diese technischen Gebilde in Mitten der Natur zu finden sind. Die Art der Datenkonfiguration und ihr Entstehen aus biologischen Zusammenhängen macht ihre Repräsentanten glaubend, dass sie dort hingehören. Dabei gehört die Technik nicht dorthin, auch nicht der Repräsentant technischer Lösungen, sondern allenfalls der Geist, der diese Ressource zur Gewinnung neuer Erkenntnisse nutzen möchte. Die gewachsene Biosphäre ist der Ort der höchsten Datenvielfalt. Die gewachsene Biosphäre ist ein Ort höchster Ökonomie und höchster Ökologie. Wir sollten mehr dieser Ressource vorhalten und auch im Lebensumfeld des Menschen Strukturen größerer Artenzahlen für den Konsum bereithalten. Was weiß eine Fliege von der Welt vor fünfzig Jahren? Wie werden sich unsere Kinder einmal an die gute alte Zeit erinnern? Wie werden sie die Welt an ihre Nachkommen übergeben? **ICH sage euch: Man lebt nur einmal. ICH mache aus meiner das Schönste.**

ICH gehe davon aus, dass sich eine Vielzahl von Entscheidungen, man spricht im Tierreich von Instinkt, und Handlungsweisen aus dem bestehenden Gefüge ableiten. Das Tierchen wird sich bewegen, wenn sich der Flur zeigt, das Gemüse in den Topf wandert, es wird den leeren Hals der Gieskanne nutzen, oder sich dem Strom des Wassers anschließen, oder gar dem gießenden Menschen, der von Pflanze zu Pflanze geht oder die bewegte Materie als Summeneffekt verstehen und sich in Harmonie mit den Feldern, getragen vom Fluss der Daten ebenfalls bewegen. Alles zu verstehen leitet sich aus dem Korrelieren der Daten in Feldern ab. Die Materie bahnt der Materie den Weg. Gebahnte Wege bleiben gebahnte Wege, und werden von Geringeren genutzt. Gebahnte Wege dominieren das Denken der Geringeren.

Die Räume, die sich oft um ein Objekt aufspannen und in Architekturen gefasst sind, können als übergeordnete Freiräume aufgefasst werden. Wir können sie aber auch als Diktat verstehen, wenn wir das individuelle Sein in Wirtschaftsordnungen gebunden sehen, deren Feldstärken den Einzelnen umgarnen. Die Feldaktivität mit ihren Kräften und Wirkungen zwingt sie in die Konsumentenbahn. Wer die Harmonie in der Natur sucht und sich entsprechend ernähren will braucht deshalb einen starken Willen. Es dauert sehr lange bis die Natur die Führung übernimmt und die anfallenden Arbeiten einfordert. Ein wirkliches Miteinander stellt sich erst nach Jahren ein. Die Weinstöcke und Obstbäume wollen erzogen sein. Der Ertrag vieler Bäume setzt erst im zweiten Lebensjahrzehnt ein. Eine wirkliche Beziehung aufzubauen, erfordert, die Weintrauben und Beeren zu ernten und zu verarbeiten. Die Früchte des eigenen Gartens sind die hochwertigste Nahrung, die man haben kann. Davon zu essen, ist einer der wichtigsten Bausteine des Systems.

Die Frucht ist ein Stück Datenspeicher. Die Frucht erinnert auf ihre Weise den umgebenden Raum. Jedes Gemüse, jede Beere, jede Traube jeder Apfel liefert ihnen Daten. Es sind der Materie äquivalente Daten. Sie entsprechen dem Funktionieren ihres Lebensumfeldes. Vom eigenen Garten zu essen fördert das natürlichste Prinzip. Die Gleichschaltung der Nahrungsaufnahme mit allen anderen Lebewesen ihres Gartens führt zu einem mächtigen Prinzip. Man bahnt sich gegenseitig den Weg zur Nahrungsquelle. Die Kartoffel und die Gurken für den Menschen, die Raupen für die Meisen, den Wurm für die Amsel und die Maus für die Katze. Ein jeder programmiert den Ablauf seines Tages, er sucht und findet seine Nahrung. Im natürlichen Miteinander korrelieren die Daten aller Arten in einem System. Es ist der aufgeklärte Raum, der für unsere Anfragen durchgängig wird. Es ist die Kartoffel für den Mittagstisch, die den anderen Mitspielern ihre Quellen sichtbar macht. Es ist die Raupe im Schnabel der Meise, welche der Katze die Maus lokalisiert, den Wurm der Amsel näherbringt und dem Menschen den Kartoffelsalat aufzeigt. Die Klarheit der Daten ergibt sich aus der gegenseitigen Anregung im Korrelierenden System.

Wenn Sie erst einmal zwanzig oder dreißig Jahreszyklen durchlebt haben, die Weinstöcke alle Jahre beschneiden, den Wein keltern und trinken, die Erdbeeren jäten und als Kuchen oder Konfitüre genießen, die Obstbäume pflegen, einen Apfelkuchen backen und die Apfelschalen auf den Kompost geben, dann stellt sich ein wirkliches Miteinander der Arten ein. Nicht nur die kleinen Bakterien in ihrem Darm fordern die Tiefkühlpizza, es entstehen auch auf dem Kompost Abhängigkeiten. So fordert die Gemeinschaft der entstandenen Biodiversität um die Apfelschalen über kurz oder lang von Ihnen, einen Apfelkuchen zu backen. Die existentielle Notwendigkeit für die Biosphäre bedeutet für Sie eine ungeheure Leichtigkeit des Seins, die es zu erleben lohnt. Das Kuchenbacken wird zum Vergnügen. Das ist mit einer Tiefkühlpizza nicht zu vergleichen.

Wer es schafft, ein tragfähiges Gefüge zu schaffen, welches viele Arten beherbergt, wird von der gegenseitigen Bahnung der natürlichen Interessen und Vorlieben begeistert sein. Das ist eine Philosophie fürs Leben. Wer die Natur um sich herum ausreichend komplex organisiert, beginnt dazuzugehören. Die Natur übernimmt jetzt selbst die Führung. Man kann nicht mehr so einfach in den Urlaub fliegen und auch das Golfen und das Tennisspiel weicht dem Glas Wein in der Gartenlaube. Die Natur fordert die anfallenden Arbeiten ein. Es ist eine Art von Diktat. Die greifenden Mechanismen gleichen denen der Werbung. Die verschiedenen Arten bahnen sich gegenseitig den Weg. Sie bahnen auch den Weg des Gärtners. Ab einer gewissen Komplexität wird ein Garten zum Paradies. Das System Garten übernimmt die Führung. Die Datenarchitekturen und Zusammenhänge beziehen dann den Menschen mit ein.

Man geht nicht mehr gerne raus, das Biotop hält einen zu Hause. Man verbleibt lieber im System und macht seine Arbeit. Es zeigen sich spürbare Vorteile. Man scheint vom Elektromagnetismus des Korrelierenden Systems beherrscht zu sein. Sobald ein Label seine Werbung platzieren kann, öffnen sich den potentiellen Konsumenten die Tore und Zufahrtswege. So ähnlich gestaltet sich ein Leben im Einklang mit der Natur. Es besteht ein gewisser Zwang das Notwendige zu wollen. Die Arten versuchen spezifische Architekturen zu erreichen.

In erster Linie wollen sie ihre Existenz gesichert und Zustände des Mangels beseitigt haben. Die auftretende Architektur stellt die zu bearbeitenden Bereiche heraus. Die Notwendigkeit führt zu einer Klarheit der Daten, dass sie bis in das Bewusstsein vordringen. Die bezeichneten Inhalte werden sichtbar und sind in Worte fassbar. Für viele Menschen bleibt es aber unterbewusst und leitet sich nur aus der Gleichzeitigkeit mit anderen Daten innerhalb des Korrelierenden Systems her. Diese Menschen sehen selbst nicht. Sie haben es nicht geschafft, sich im Gegenüber zu installieren. Vor allem in jungen Jahren zeigt sich oft schon im Gespräch oder im Wettkampf, wer sich wem mitteilen darf. Diese Art der Programmierung wird es vermutlich sein, welche es erlaubt, das eigene Sein von Fremden erleuchtet zu sehen.

Das Miteinander aller Arten führt zu diesen Mechanismen. Auf diese Weise gelingt es dem Gefüge das Notwendige für sein Funktionieren bereitzustellen. Es zeigt sich eine gewisse Macht. Die Datenarchitekturen und Beziehungsfelder erzeugen eine spezifische Wirkung. Es ist eine Form des Willens, die scheinbar von der Komplexität und der Ordnung der Daten ausgeht. Der Summeneffekt scheint das Gesamte zusammenzuhalten und sich nach Außen als organisierte stabile Feldarchitektur zu verkaufen. Der Mangel einer Art oder einer Gruppe von Arten erzeugt ein Negativ der benötigten Architektur. Ein Mangel der lebenden Architekturen erzeugt innerhalb des Datengefüges den Leerraum der benötigten Ereignisse. Eine Art von Unterdruck oder negative Gravitation, einem Attraktor ähnlich, programmiert den benötigten Vorgang der Materie extern. Von den Feldern des Leerraums geht ein geringer Zwang aus. Ein leichtes Wollen zur Handlungsausführung ist zu verspüren. Wie ein kleiner Magnet induzieren die wartenden Lebewesen die rettende Handlung. Das ist der Weg des Sieges. Der elektromagnetische Sog kann als Hintergrund der eigenen Ziele erkannt werden. Das Ergebnis ist ein Erfolg für die gesamte Biosphäre. Der handelnde Mensch erhält eine komplette Integration in das Gefüge. Als Folge erhält man Daten aus allen vernetzten Bereichen.

Diese Daten strahlen in die Seele hinein. Diese Daten bilden eine gewisse

Grundlast für das geistige Wohlbefinden der Menschen. Man könnte sagen, die Daten bilden den Stoff des Glücks und der Zufriedenheit. Ein alternativer Datenträger des Kommerzes installiert sich. ICH erkenne Ihr Argument an, aber im Vergleich lehnt sie doch zum Verkäufer und ist nicht als Lösung für die Gemeinschaft gedacht. Nehmen Sie die Wünsche der Kinder. Zuerst wird das Ding hochgejubelt, und unbedingt müssen Sie es haben. Nach einer Woche liegt es bedeutungslos im Garten. Nach vier Wochen verstaut man es dann in der Garage. Nach einem Jahr versucht man, es zu verschenken, und nach fünf Jahren wirft man es auf den Müll. Das ist keine Methode, um die Biodiversität zu fördern. Man spricht dann von Plastik zersetzenden Bakterien und Bioplastik, das schneller verrottet. Soll das Ihren Traum von der heilen Welt stabilisieren?

Jegliches Sein profitiert von einer gemeinsamen Architektur. Wir sind bestrebt, die bestehenden Räume mit dem Notwendigen zu ergänzen. Wir lassen uns immer wieder gern an die notwendigen Arbeiten heranführen. Das Getriebensein wird nicht als Manipulation durch scheinbar niedere Lebewesen empfunden, sondern zeigt sich als Ausdruck einer gewollten Architektur. Mein tägliches Handeln geht mit einer gewissen Biodiversität einher. Es spannt sich ein Raum aus verschiedenartigstem Leben um mein Ich auf. Es entsteht eine Architektur aus Phänomenen neuronaler Netzwerke, die das Licht in meine Seele einleiten. Existentielle Nöte bzw. die Erneuerung ihrer Lebensbedingungen gleichen einem Befehl an den Menschen doch endlich dieser Tätigkeit nachzugehen.

Beschleunigung, Krümmung und auch Gegenströmungen bis zum Verlust der eigenen Position dürfen bei entsprechender Feldaktivität genannt werden. Die Gesetze der Physik dienen auch der Ordnung. So verhindert man Unfälle, schützt vor Verletzung und dient der Ökonomie. Wir umgeben uns mit Mauern und Zäunen, mit Sichtschutz und Lärmschutz. Diese Mauern bestehen auch in unserem geistigen System fort. Wer schafft es, verstellte Wege zu gehen, neue Blickrichtungen anzulegen, das Weiterreichende zu hören, Veränderndes zu denken? Wer besitzt die entsprechende Technik, Begrenzendes aufzulösen, wer die notwendigen Grundlagen, Neues hervorzubringen. Wem gelingt es, die Zusammensetzung der Kriterien so weit zu verändern, dass sich die makrokosmischen Zyklen verändern. Auf welches Materieverhalten stützt sich dieses Gehirn? Wer bezieht sich auf welches Materieverhalten?

Die Art und Weise, wie Sie die Felder Ihres Gehirns beschicken, bestimmt das Ergebniskonstrukt. Welches Materieverhalten nennen Sie Ihr Eigen? Wie verhält sich die Materie, woraus sich Ihre Gehirnaktivität herleitet? Die Grundlagen der Gehirnaktivität leisten die elektromagnetischen Felder und die bezeichnete Materie darin. Der Elektromagnetismus bringt das Verhalten der Kriterien in den Feldern zum Ausdruck. Effekte und Phänomene der Additionsphysik sind von dem Verhalten der Materie in den Feldern abhängig zu machen.

Ihr Materiebezug zeugt dann auch davon, ob er sich für das Gefüge bezahlt macht. An Ihrem persönlichen Materiebezug erkennt man, inwiefern Sie sich an den bestehenden Architekturen orientieren. Leben Sie ein Leben innerhalb von Grenzflächen, oder gelingt es Ihnen, den Raum an sich zu überblicken? Indem sich die geringeren Organismen an das Gefüge des Menschen halten, bestätigen sie natürlich auch den genutzten Raum des Menschen und halten ihn aufgeklärt. Es gibt unter allen intelligenteren Formen, die Mittel und Wege finden, sich über bestehende Grenzen, welche die Gefüge auferlegen, hinwegzusetzen. Sie verlassen die vorgegebenen Bahnen der Materie, die sie zu überbrücken im Stande sind.

Grundsätzlich gilt für das Datengefüge: Wollen Sie einen Summeneffekt queren oder ihn gegen eine andere Funktion eintauschen, so ist die Programmierung einer Lücke bzw. eines Durchtritts anzuraten. Die kleinen Tierchen warten hier, bis der Mensch an der Fußgängerampel grün bekommt, und setzen damit ihren Weg fort. Auch ist es oft ein existentielles Mühen, so dass ein Risiko verbleibt, an dem menschlich geprägten System zu Grunde zu gehen. Aber eine geistige Programmierung, wie sie der Wille erzwingt, manipuliert auch niederere Wesen trotz möglicher Gefahren zu einer Ausführung der Handlung. Wir bekommen dann eine Bahnung. Der Wille etwas zu tun verändert den Materiebezug. Die bewusste Betonung des Raums verändert sich. Der Wille verändert den

Materiebezug im Raum. Die Kriterien bezeichnen dann diesen Raumabschnitt. Das Gefüge verändert sich in seiner Zusammensetzung dann so weit, bis sich der beabsichtigte Weg darstellt. Das motiviert das Individuum zum Handeln.

ICH möchte sagen, dass der kreative Mensch in seinem Garten zu einer Verschränkung sehr vieler natürlicher Positionen führt. Der Ausbau der Biodiversität führt zu vielfältigsten Beziehungsgeflechten. Diese kleinen Tierchen und Einzeller gestalten ihren Alltag ebenso erfolgreich. Die Notwendigkeit hat für sie einen existentiellen Anspruch. Folglich steigt auch ihr Wille, dieses zu tun mit dem Bedarf an. So tun sich immer wieder Lösungen auf, eine übergeordnete menschliche Bahnung zu kreuzen. Vor allem das gesamte Bodenleben, genannt Edaphon, dürfte eine wichtige Rolle für die menschlichen Körperprotokolle spielen. Der gesamte Mikrokosmos ist der Raum, welcher alle Datenlagen aufnimmt. Folglich können die übergeordneten Programme, hier noch einmal mit lebenden Aspekten des Bewusstseins hinterlegt werden. Der Materieumbau im Mikrokosmos liefert wichtigste Daten um die Overlays in allen notwendigen Varianten erfolgreich zu gestalten. Die menschlichen Protokolle der Organfunktionen zum Beispiel, wurzeln hier ohne jegliche Hürden eines künstlichen Gefüges. Vermutlich stärkt diese Architektur das Immunsystem und hält uns frei von externen Lagen, die nur ihre Produkte in die Haushalte ausschütten wollen. Die Mikroorganismen dürften an der Harmonie der Körperfunktionen mitwirken. Ihre Flexibilität dürfte Systemspitzen abrunden und extreme Ladungswerte verhindern. Die gewachsenen Beziehungsgeflechte erreichen eine Komplexität, dass sich vor dem Hintergrund aller lebenden Organismen vor allem auch die menschlichen Körperprotokolle ungestört betreiben lassen.

Es gibt den Mechanismus, welcher die Feldwerte meines Organismus auffängt und in entsprechende Reaktionsweisen des Edaphons ausleitet. Das harmonische Miteinander der Organe, Funktionen und Systeme ist damit gegeben. Was kann uns also Schlechteres passieren, als diese Grundlagen zu verlieren? Ein Wissen, welches die Basis außer Acht lässt, gefährdet die gesamte Ordnung. Ein jeder benötigt eine korrekte Verwurzelung im Raum, die er uneingeschränkt mit den anderen Mitspielern teilt. Nur die Gemeinsamkeit zeugt Beziehungsfelder. Nur vor einem gemeinsamen Hintergrund lässt sich der Raum in verschiedene Organe einteilen, deren Funktionen zusammenhängend darstellen und in ein Ganzes fügen. Nur die Beziehung bindet freie Energien, kühlt das überhitzte System, reduziert die transportierte Masse und entschleunigt das System. Den Interna der Moleküle ähnlich, deren Atome sich Elektronen teilen, verschränken sich in Beziehungsfeldern die Kriterien und teilen sich den gemeinsamen Anteil am Raum.

Wer sich auf sinnloses Zeug stützt, der stützt sich auf mangelhafte und ungenügende Positionen. Das Spielzeug der Party-People passt nicht in die Beziehungsfelder. Der Objektstatus der Party-People unterhält keine Beziehung zu seinem Umfeld. Den Kriterien fehlt der gemeinsame Anteil am Raum. Es stellt sich kein brauchbarer Zusammenhang mit anderen Arten im Raum heraus. Es bauen sich keine Beziehungsfelder auf, die brauchbare Feldstärken für die Selbstorganisation lieferten. In menschlichen Feldern werden die Kriterien parallel verwaltet und mit einem hohen Energieaufwand auf ihre Bahnen gezwungen. Der Lebendgürtel aber braucht eine gemeinsame Datenmatrix. Wir benötigen einen gemeinsamen Hintergrund. Es ist von Bedeutung, dass er von lebenden Architekturen gespeist wird. Das lebende Bewusstsein generiert Daten. Das Lebendige erhebt Daten für die Matrix. Es vermittelt auch seine Organlagen und handelt, um seinen Bedarf zu sichern. So entstehen Werte für die Selbstorganisation, welche die lebensnotwendigen Umweltfaktoren stabil halten.

Das tote Material reagiert weniger stark. Ein paar physikalische Wechselwirkungen der Körper vielleicht. Stimme von rechts: »Heil dir, Wolfgang!« ICH: »Einen schönen guten Morgen!« Das Nationale ist im Hinblick auf den zu beschreibenden Raum das bessere Materieäquivalent. Das reicht bis in das Genetische hinein. Wenn wir die Faktoren betrachten, welche die unterschiedlichen Rassen hervorbrachten, so landen wir entwicklungsgeschichtlich doch gerade in deren Heimatregionen. Die Faktoren der Evolution sind genetisch verankert. Schwarz bleibt schwarz, rot bleibt rot, gelb bleibt gelb und weiß bleibt natürlich weiß, falls man nicht durcheinander poppt. Es lässt sich aber auch durchregieren, und die Zuwanderer werden mit der Region vertraut gemacht. Wir bringen ihnen die gewohnten Strukturen bei. ICH gehe davon aus, dass sich mit den erworbenen Zuwanderern auch ihre Herkunftsländer involvieren lassen. Das Wissen, das die Menschen hier erwerben, sollte auch die Strukturen in ihrer Heimat stabilisieren und entwickeln.

ICH versuche nur, die nationalen Bestrebungen in Europa zu verstehen. Diese sind das Resultat eines exakt gefassten Raums. Die wissende Architektur, welche ICH hervorbringe, gelänge es das Körper-Geist-Problem als gelöst zu betrachten, suchte den Raum in einer Weise zu beschreiben, dass jegliches Objekt, tot oder lebendig, möglichst an diesen Ort verbracht wird, an welchem es seine maximale Entsprechung mit den Hintergrunddaten seines Organismus erreicht. Der Bereich von der Quantentheorie bis in den Bereich der Relativitätstheorie wird bereits überblickt. Das gesamte Gebiet kann als einheitlicher funktioneller Raum dargestellt werden. Wir gehen davon aus, dass sich der Materieraum von der Quantenebene aus selbst induziert. Wir legen das elektromagnetische der Gehirne ebenfalls in diesen Bereich und erkennen, dass jedes Objekt und jeder aktive geistige Inhalt eine Wirkung auf das elektromagnetische Gefüge der darstellenden Ebene erzeugt.

Sie verstehen also, dass das genetische Material und auch die Sprache ihre Entwicklung auf Grund der damals gegebenen Umweltfaktoren gemacht haben. Der Organismus ist ein Datenspeicher und auch die Sprache diente dazu, das Umfeld zu bezeichnen und möglichst einfach mitzuteilen. Wir können davon ausgehen, dass die umgebenden Materieverhältnisse in Form von Daten in unseren Organismus einflossen. Ebenso wird sich auch unser Denken an entsprechenden Strukturen orientieren. An diesen Strukturen wirken natürlich auch andere Arten mit. Sie beschreiben ebenfalls den Raum und wirken mit ihren Daten an der neuronalen Feldaktivität und an Erkenntnisprozessen mit. Wir beobachten auch größere menschliche Organisationen, die sich auf den Raum beziehen und vorteilhafte Wege für sich programmieren. Es entstehen Phänomene der Bahnung. Das bedeutet, dass viele Individuen ebenfalls auf die Bahnen mächtigerer

Organisation einschwenken. Das Individuum verliert folglich seine Flexibilität und Freiheit sich auf den eigenen Raum zu beziehen. Die Anpassung an deren Infrastruktur spannt dann auch noch gleich die Produkträume auf. So ziehen sich plötzlich Grenzgebilde und Leiterbahnen durch das Leben des Individuums. Das Produkt bedingt ein spezifisches Verbraucherverhalten. So schließt man Sie an den Konzernkorpus an. Das funktionelle Feld des Konzernkorpus verändert die Datenflüsse des Gefüges. Es kommt zu einer Umbenennung der Adressen und der Region des Dateneinzugs.

Die gelebte Biodiversität liefert Ihrer Seele nun keine Daten mehr. Die natürliche Grundlast Ihrer Seele reduziert sich. Das Individuum verliert die Position, die Mitte einer zentralen Datenordnung zu sein. Der Konzern rückt in das Zentrum vor. Das Verbraucherverhalten unterwirft Sie der Aktivität der Konzerne. Die Feldaktivität der Konzerne schafft klare Strukturen. Das mag den geringen Geist aufwerten, aber wir stellen doch eine Umprogrammierung des Datenflusses fest. Die Grundlast an Daten der menschlichen Seele reduziert sich. Die gelebte Biodiversität, deren lichtvollen Datenhintergrund ICH gerne als die Quelle, als die Quelle des Lichts begreifen möchte, wird Ihnen weggenommen. Das Verbraucherverhalten verdrängt die Daten der Biodiversität aus Ihrer Seele. Das Verbraucherverhalten um die Produkte bildet die Peripherie des Konzernkorpus. Die Architektur der Biodiversität wird von dem funktionellen Feld des Konzerns abgelöst. Nun steht nicht mehr der Mensch im Zentrum der Datenordnung. Der Mensch thront nicht mehr als echtes Schwergewicht auf der Spitze der Evolution und dominiert das Gefüge der Evolution, jetzt sitzt ein Konzern im Zentrum einer Datenordnung aus Verbrauchern und ihren Produkten.

Der Datenverlust ist dem Artenverlust gleichzusetzen. Das eine bedingt das andere. ICH bezweifle, dass der Mensch seine Position als Schwergewicht innerhalb einer gelebten Biodiversität aufrechterhalten kann. Die Architektur Biodiversität, der wir als Mensch vorsitzen, wird von einem Verbraucherraum abgelöst, dem ein Konzern vorsitzt. Der Einheitsbrei, den die Konzerne mit ihrer Gleichmacherei erzeugen, kommt dem Datenhintergrund auf der Spitze der

Evolution nicht gleich. Außerdem fehlen Identifikationsmodelle, so dass man sich den Quellenhintergrund der Konzerndaten ableiten könnte. Die Gesundheit der Seele lässt sich nicht mit Konsum und Produkten erkaufen. Wir belasten den Quellenhintergrund der Evolution unseres Organismus. Jeder Artenverlust mindert deren Wertigkeit. Wir entfernen uns von der Evolution der Datenfelder und ihren lebenden Vernetzungen. Die Quelle verliert weiter Werte. Die Seelen werden noch dunkler werden.

Wir betrachten die Gültigkeitsbereiche der Quantentheorie und die der Relativitätstheorie in einem Raum. Das gesamte Gefüge lässt sich auf den dunklen Raum oder ein Urfeld reduzieren. ICH erlaube mir, den menschlichen Geist als eine zusätzliche Ebene zwischen dem Urfeld und den Quantenfeldern einzuziehen. So kann ich alle Objekte der Materie und auch größere Volumina wie funktionelle Zusammenhänge fassen. Die Selbstorganisation des Raums mit induzierten Feldwerten, wie sie das Wechselwirken von Körpern aufwirft, gelebte Beziehungen oder die Beschaffenheit mächtiger Geister hervorrufen, nehme ICH als notwendige Bedingung in das Konstrukt des Verstehens herein. Wenn wir also eine exakte Beschreibung des Raums vornehmen, dann hat jede Form der Materie ein bezeichnendes Feldäquivalent. Wir nehmen die günstigsten Feldwerte für die einfachste Beschreibung an. Auch die Selbstorganisation oder das Gottesteilchen ist am einfachsten darstellbar, wenn sich der menschliche Organismus mit regionalen Inhalten umgibt. So ist jede einheimische Lebensform ein Marker des Raums und Teil des Gottesteilchens, während Überregionales und Transkontinentales außergewöhnliche Phänomene erzeugt.

Die Gottesteilchen transkontinentaler Art und internationaler Beziehungen, haben Oberflächenwerte dieser Distanzen zu verwalten. Das bedeutet, dass das Teilchengefüge immer auch eine programmierende Struktur dieser Art besitzt. Diese Spur im Datenkosmos wird zur programmierten Struktur der Selbstorganisation. Auf diesem Wege wird sich auch andere Materie organisieren und ähnliche Eigenschaften zur Überwindung der Distanz aufzeigen. Der Mensch ist regional entwurzelt und von diesen globalen Massebahnen hinterlegt sehr leicht in der Konsumspur zu halten.

Der Gefügewert, den ICH erstelle, beruht auf den individuellen Externa, also den Datenwerten der täglichen Handlungen, eventuell noch körperlichen Datenlagen und Gefühlen der Individuen. Aber es handelt sich um eine Beschreibung des Status Quo. Wir landen bei einem Feldäquivalent des Status Quo. Das direkte Materieäquivalent des Erdsystems ist im Hinblick auf seine Wertigkeit der mächtigste Datenblock. Es ist der Gravitationskorpus. Der Raum der plötzlich als Ergebnismasse entsteht, wenn man die individuellen Inhalte fasst und das Gehirn plötzlich erkennt, dass damit der allgemeine Raum, so wie er vorliegt, gemeint ist. Vor diesem Hintergrund zeigen sich dann auch die Lebensformen beurteilt. Gehören sie hierher oder bezeichnen sie als Datenspeicher der Evolution andere Regionen. Der gewachsene Organismus ist hier als Datenschwergewicht einzuordnen. Der Datenspeicher der Evolution ist die Basis eines aufsitzenden Overlays. Der Organismus und die Datenlagen der funktionellen Protokolle, sind mit den Faktoren tief in ihren Heimatregionen verwurzelt.

Das löst aus meiner Sicht die nationalen Bestrebungen in der Welt aus. Das nationale ist das klarere Datenäquivalent. ICH meine ist die Basis erst einmal in der beschriebenen Weise gefasst, so dass wir die individuellen täglichen Inhalte zu einer allgemeinen Feldäquivalenz des Materieraums aufgearbeitet haben, so wird es für den Politiker schwierig sein sich nicht auf diesen Raum zu beziehen. Der Politiker wird seine politischen Positionen ebenfalls aus individuellen Einzelleistungen generieren müssen. Der Materiebezug des Wählers beschreibt den Raum. Die bezeichneten Materieverhältnisse hat der Politiker zu vertreten. Der tägliche Materiebezug des Wählers spannt ihm seinen Raum auf. Natürlich kommt es hier zu einer Gleichzeitigkeit der Datenmengen. Die wissenschaftliche Fassung von meiner Seite liegt als Lösung für den Raum vor. Nun bewegen sich auch die Kleingeister mit ihren Inhalten darin. Der wissenschaftliche Feldüberbau kennt natürlich auch eine gewisse Feldaktivität, die den Einzelnen zusammen mit den anderen zu einer ganz gewissen Betonung des Raums aufarbeitet. Der wissenschaftliche Feldüberbau enthält somit auch Datenwege und Strukturen von Verrechnungswegen der Inhalte in den Status Quo. Der wissenschaftliche Überbau enthält eigene Betrachtungsweisen. Bewegt man sich als Politiker in dieser sehr allgemeinen Fassung des Raums, bekommt man natürlich auch den wissenschaftlichen Überbau zu spüren. Die politische und die wissenschaftliche Menge wirken aufeinander.

Es ist etwas Physikalisches. Wie so oft sind es die Felder, in welchen der einzelne mit seinen täglichen Bestrebungen und Aktivitäten verstrickt ist. Die Felder bestimmen, ob sich die Magneten anziehen oder abstoßen. Die Felder spannen die Gefühlslagen um das anteilige Kriterium auf. Der anteilige Mensch fühlt den Feldwert, in den er eingelagert ist. Der Feldwert sagt ihm, wann er ein Mitläufer ist und wann nicht. Das richtige Handeln wird mit einem Gefühl der Freiheit belohnt. Handlungsweisen, die der allgemeinen Struktur entsprechen spannen im Sinne aller den Raum auf. Dieses Datenphänomen löst diese Begeisterung aus. Wer das Fremde niederringt oder entfernt, gelangt zu einer anderen Erkenntnis des Raums. Ohne die genetischen Datensätze fremder Arten ist das Beziehungsgeflecht der höchsten Artenzahl, die Biodiversität am wertvollsten.

Sie nennen mich einen Rechten, einen Ökofreak, Naturschützer, einen Quertreiber. Das sind gewachsene Datenräume und natürliche Lebenswelten. Das sind geistige Architekturen, die ICH zu generieren habe. Es ist ein richtiger Krieg, den ICH hier führe. Es ist ein Kampf der gewachsene Datenmatrix alles Lebendigen gegen ihren Untergang. Der Kampf findet auf der Daten- und Quantenebene statt. Es ist ein Wechselwirken der Felder. Die Protokolle der Technik ringen mit den Protokollen der Lebendmatrix um Speicherplätze. Es ist ein Kampf des Bösen gegen das Gute. Immer mehr Lebewesen sterben immer schneller. Die Errungenschaften des Geistes führen zu einer Programmierung des Raums. Leben, so mit Essen und Atmung scheint darin nicht vorgesehen zu sein.

Betroffen von den sichtbaren Effekten an der Oberfläche sind die Bausteine darin. So zeigen sich die Kriterien, ohne ein Wissen in Feldern organisiert zu sein, den Wechselwirkungen der verschiedenen Architekturen ausgesetzt. Ein jedes reagiert auf die Richtung und Stärke der Feldwirkungen. Ein jedes addiert sich dem Fluss der Daten hinzu und erhöht die Informationsdichte. Das Individuum installiert, schaltet, gibt Wege frei und zeigt sich an der Ausbreitung von Information, zum Beispiel in der Form einer Welle, beteiligt. In einer gewissen Weise orientiert sich das Individuum an der Wirkung der Felder. Die Felder richten das Individuum aus und gliedern es ein. Das individuelle Kriterium zeigt sich den wirkenden Kräften unterworfen.

Der Organismus birgt eine ungeheure Datenlast in sich. Der Organismus beherrscht seinen Datenhintergrund. Der Organismus sitzt einer organisierten Datenmasse auf. ICH möchte Objekte in einer Form betrachten können, dass sich ihre Datenäquivalente installieren und den Raum auf der Quantenebene induzieren, so dass er sich von dort aus selbst organisiert. ICH möchte die Inhalte meines Geistes als Raum existieren sehen. Wir erfassen den Materieraum elektromagnetisch. Wenn wir also individuelle Inhalte hacken und in unsere Beschreibung des Raums hereinnehmen, so handelt es sich um ein Gebilde des elektromagnetischen Spektrums. Wenn das Gehirn dann erkennt, dass es sich um den Materieraum handelt, der hier bezeichnet ist, dann stellt sich dieser Reinwert ein. Das Gehirn erkennt anhand der Daten, dass es sich um den Materieraum handelt. Das Ergebnis ist vielleicht sogar der Reinwert des Erdkörpers. Diese Form der Summe trägt keine Wertungen in sich.

Das hat etwas mit der Ökonomie der Gravitationsprotokolle zu tun. Die Verhältnisse, welche zur Umpolung des Erdmagnetfeldes führen, zeigen sich hier als Bestandteil der Ökonomie. Die Daten aus anderen Regionen der Welt erscheinen vor diesem Hintergrund falsch. Der Organismus ist ein Datenspeicher. Jeder Organismus ist ein Datenspeicher der Evolution. Über die Jahrmillionen hinweg haben sich die äußeren Verhältnisse vielfach abgespeichert. Der Organismus ist wie ein Festkörper, der auf Grund seines Datenhintergrunds gewisse Eigenschaften verkörpert. Die Wirkung, dass uns das Fremde fremd erscheint, gleicht dem Phänomen des Auftriebs. Das Phänomen des Auftriebs ist von Schwimmhilfen bekannt oder gibt den Skifahrern und Tourengehern mehr Sicherheit. Mit Airbags schwimmen sie in einer Lawine oben auf. Einen Schwimmkörper unter Wasser zu halten, ist nur mit einigem Kraftaufwand möglich.

ICH fasse die Quantentheorie und die Relativitätstheorie in einem gemeinsamen Raum funktionell zusammen. Das System der Selbstorganisation organisiert den Raum. Dabei sind die einfachsten und beliebtesten Lösungen, wenn sich die Datenäquivalente am Ort ihrer Materie befinden. Das sind auf Grund der physikalischen Wirkungen die einfachsten und ökonomischsten Lösungen. So wird eine störungsfreie Organisation des Materieraums von der Quantenebene aus am einfachsten mit den vertrauten Datenarchitekturen und Bausteinen der Region gelingen.

Wenn Sie aber das Wetter hier in Europa mit Feigen aus Kapstadt und mit Kiwis aus Neuseeland und anderen Regionen definieren wollen, ist das nicht so einfach. Diese fernen Phänomene so zu fassen, dass es hier in Europa zu passenden Wettervorhersagen kommt, schaffen vermutlich, wenn überhaupt, nur geübte Spieler. Der organisierte Raum, das Erdsystem als solcher verstanden, möchte seine Daten am Ort ihrer Äquivalenz haben. Der Erdkörper hat sein Datenäquivalent. Das ist eine Gesetzmäßigkeit. Die aktiven Daten schließen sich zum definierten Datenäquivalent des Erdkörpers. Der geschlossene Feldmantel des Erdkörpers weist den fremden Datenkörper ab. Er schwimmt dann wie der Airbag in der Lawine obenauf.

Zusätzlich wird sich aus den Feldwirkungen eine Tendenz errechnen, welche den fremden Feldwert der bezeichneten Region zuführen möchte. Der fremde Datenkörper strebt unter natürlichen Vorraussetzungen seinem Materieäquivalent entgegen. Die Daten möchten dem Materieraum äquivalent werden. Sie organisieren und sichern sich im Raum die eigene Existenz. Dieses Wechselspiel der Felder, besonders der unterschiedlichen Datenwerte darin, kann sich auch in Feindseeligkeit zeigen. Felder die miteinander konkurrieren. Kriterien, die sich in ihrer Existenz gefährden oder physikalisch gesehen einfach nur am falschen Platz zu sein scheinen, lösen Konflikte aus. Der Datenkörper schwimmt wie der Airbag obenauf. Vermutlich entsteht im Wechselspiel mit der umliegenden Ordnung eine Wirkung, die den Datenkörper abweichender Zusammensetzung in die Nähe seiner Materieäquivalenz treibt. Das Gefühl, welches mit diesen Feldern einhergeht, ist, nicht dazuzugehören. Vielleicht ist es auch Heimweh, wenn die gespeicherte Datenlast seiner äquivalenten Materie möglichst nahe sein möchte. Natürlich liegt es in der Natur aller elektromagnetischen Entwürfe, sich eine Entsprechung im Raum zu sichern. Viele unserer geistigen Positionen werden in der allgemeinen Mechanik der Felder untergehen. Ganz oben drehen sich Räder, die sich nur noch in Milliardenwerte fassen lassen. Diese Feldwerte haben Vorrang. Auch die Physik bestätigt die Macht, der meist global aufgestellten Industriegiganten. Aber auch große Geister können weltweite Installationen schaffen. Sie unterhalten ebenfalls Ordnungen, sogenannte wissende Architekturen, die ähnliche Feldwirkungen erzeugen.

Wir wissen jetzt, dass die Felder das Kriterium beherrschen. Die Beschaffenheit der Felder geht mit unterschiedlichen Gefühlsqualitäten einher. Ebenso ist das Wechselwirken von Feldern einzuordnen. Die verschiedenen Anbieter konkurrieren miteinander, die verzeichneten Interna im Raum zu verankern. Es herrscht ein ständiger Kampf um eine Existenz im Raum. Die Motivation, etwas zu tun, entspringt der Architektur der Felder. Die verschiedenen Feldqualitäten gehen mit entsprechenden Gefühlen einher. Der Wille sucht das eigene zu verankern. **Frage aus dem Äther: »Ist das leicht zu verstehen?« Antwort: »ICH** übe **mich darin seit** über **zwanzig Jahren. Solange befindet sich Umbandan auf der Suche nach dem Sinn seines Hierseins.«**

Das reicht bis in das Genetische hinein. Die Prägung einer Rasse hängt von regionalen Faktoren ab. Wenn sich Menschen in ein anderes Land aufmachen, bringen sie Kriterien und Daten ihrer Region mit. Die geistigen Grundlagen der neuen Länder wissen nichts von den Bedingungen der Ursprungsländer. Wenn hier fremde Positionen auftauchen, die sich keinem direkten Moment des Raums zuordnen lassen, treten Spannungen im Miteinander der Felder auf. Es liegt in der Natur der Felder, sich wechselwirkend auszutauschen. Je mächtiger die aktuellen Fassungen des Status Quo sind, umso stärker werden sie auf das

Fremde, nicht Bezeichnete einwirken. Das gefasste Individuum vertritt den gemeinsamen Gesellschaftskörper nach außen hin. Seine Eigenschaften, welche von der Kriterienzusammensetzung bedingt sind, übertragen sich abstrakt in der Form der Gefühle. Unser Gesellschaftskörper ist eine fühlbare Datenarchitektur. Er teilt sich den involvierten Bereichen oft nur abstrakt in der Form gefühlter Inhalte mit. Dieses liegt auch an ihrer Bildung. Je großartiger ihr Verständnis vom umgebenden Raum und den beteiligten Größen darin ist, umso klarer und einfacher wird auch ihr Weltbild sein. Sind sie der Raum selbst, dann dürfen sie mithören, beurteilen und lenken.

Mein Geist hat eine Ausdehnung erreicht, die mich über das nationalsozialistische Hitlererbe hinausblicken läst. ICH behaupte, ein Wissen hervorzubringen, welches diese Regionen mit einbezieht. ICH werde einen wissenden Geistkörper schaffen, der die Distanz überwindet, so dass auch das Fremde, weil es gefasst ist, zum Bekannten wird. Diese Flexibilität ist uns allen gegeben. Der Einzelne ist es, der sein Verhalten verändern muss. Das Wissen von der Welt ist ein Summengebilde. Das individuelle Verhalten und die erhobenen Daten bedingen letztlich den Charakter und die Werte des Summenkonstrukts. Die großen Denker haben selbst die Möglichkeit sich in Bereiche ihres Interesses einzuarbeiten. Die Gesetze der Physik fassen die Kriterien in Felder. Es entstehen wissende Architekturen, in welchem auch das Individuum und seine täglichen Aktiva berücksichtigt sind. Die Einbindung aller Individuen führt zum allgemeinen Raum. Diese Allgemeingültigkeit lässt mich erneut an das Gottesteilchen denken. ICH nehme eine gewisse Stabilität seines Kerngebildes an. Das abgeleitete Wissen selbst wird einer der wichtigsten Stabilisatoren sein. Der bewusste Betrachter dieser Datenmenge wird selbst zum Stabilisator des Wissens. Dieses darf für den Fall angenommen werden, dass das generierte Wissen vor dem Hintergrund der menschlichen Anatomie entstanden ist. Der Organismus hinterlagert vielleicht sogar selbst Strukturen des wissenden Kerngebildes, während wir in einer externen Welt Daten generieren, um den eigenen Weg zu berechnen.

Gefordert werden muss, dass sich der allgemeine Materieraum auf der

Grundlage der gesammelten Kriterien aufspannen lässt. Der wissende Datenkorpus des Typs Gottesteilchen wird in seinem Kern die Flexibilität besitzen müssen, die täglichen Aktiva der Individuen bereitzustellen, aber auch in den allgemeinen Raum zu schalten, wenn wir das Wissen in einer Reinform erzeugen möchten, dass es der höchsten Integration in den Materieraum, sich sozusagen an diesen adaptiert zeigt oder noch besser sich als dieser selbst erweist. Eine solche Datenmenge könnte die Oberfläche unseres Körpers, die Haut hinterlagern. Die Peripherie unseres Gottesteilchens hätte einen einend integrierenden und zugleich einen begrenzenden Charakter. Die Kerndaten hinterlagerten die Organe, die Peripherie verlöre sich bedeutungslos im Raum.

Wenn wir uns auf den Weg begeben, die Größen der Evolution zum menschlichen Organ zu verfolgen, sollten wir uns des Zusammenwirkens einer Vielfalt an Materieinformation aus dem umgebenden Materieraum bewusst sein. Abgesehen von der Funktion der Organe, die wir grob an deren Materiehaushalt beobachten können, bleiben die einzelnen Kriterien, welche in der Summe die Feldfunktion der Organsysteme ergeben, schwer zugänglich. Und obwohl wir das embryonale Wachstum als hochkomplexes Geschehen verfolgen können, können wir nur theoretische Datengebilde aufstellen, welche in der Summe den Materiehaushalt der Organe und ihr Funktionieren bedingen. Diese theoretischen Gebilde sind zunächst sehr einfach zu gestalten. Wir brauchen Grenzgewebe mit der Möglichkeit des Stoffdurchtritts.

Und obwohl der Blick auf die Welt immer ein Blick auf das Gesamte ist, bleibt doch unser Standpunkt eine zufällige Konstellation der vereinnahmten Kriterien. Wir sehen, die Datenlagen variieren innerhalb einer möglichen Zusammensetzung, auch in Abhängigkeit zu dem Leistungsbedarf der Organe. Der Großteil sind Grenzflächen, die einen gewissen Stoffaustausch zulassen. Es wird sich also um Oberflächensysteme der Erde handeln, die hier herein kopiert wurden. Manche lassen das Wasser einsickern, andere leiten es ab. Mikroben, die ihre Arbeit tun und andere Daten, die in einem 90 Grad-Winkel auf die Datenoberfläche einwirken und durch sie hindurcharbeiten, wären geeignete

Lösungen, um in der Summe einen Membrandurchtritt mit darzustellen. Sollte die geistige Entwicklung tatsächlich in die Richtung unserer Organsysteme weisen. Gemeint ist hier natürlich in die Vielzahl der Daten einzutauchen, die während des Wachstums aus dem Materieraum ausgelesen werden, erweiterte sich das Weltbild des Menschen enorm. Die Erkenntnis des Raums, welchem das Organ und sein Organismus ihre Existenz verdanken, welchem der Mensch letztlich selbst angehört, ist beeindruckend.

Die gesammelten Daten erscheinen wie ein lichtvolles Durcheinander. Schließlich sind es einzelne Kriterien, aus welchen man die verschiedenen Funktionen unserer Gewebe aufbaut. So erscheint uns der Blick auf die Welt nur als zufällige Variation einer Vielzahl von Möglichkeiten. Eine Kombination aus Kriterien, vielleicht sogar wiederkehrender Verhältnisse, so dass wir von Mehrfachnennungen ausgehen können, liegen der Form des Organs zu Grunde. Diese Sammlung aus Daten spannt uns einen Raum auf, den wir Lebensraum nennen dürfen. Die Datenlagen der Organe betonen den Raum. Er wird zu unserem Zuhause. Das ist gelebte Heimat. Diese Datensammlung ist zugleich eine Bewusstseins- und Erkenntnismasse. Von ihr aus Beurteilen wir die Nützlichkeit der äußeren Verhältnisse. Der Summeneffekt ist immer auch eine technische Größe. Im Vergleich zu den Kriterien, die immer individuell sind, ist der Effekt des Summenfeldes übertragbar.

Die Erkrankung eines Organs zu erkennen, bedeutete, die Kriterienzusammensetzung als eine der Schwachstellen zu erkennen. Dennoch ist auch das korrelierende Geschehen von Bedeutung, das immer wieder an diesen Zusammenhang heranführt. Scheinbar gibt es eine Schwachstelle im eigenen System, das in Korrelation zu den Spitzenleistungen anderer Systeme Überlastung anzeigt. Es wird natürlich auch an den täglichen Eingängen liegen, ob und wie ihr System erkrankt. Was Sie täglich riechen, hören, fühlen und sehen, kann Sie krank machen oder auch gesund halten und glücklich machen. Wer sehr hohe Ansprüche an seinen Körper stellt, wird natürlich auch als erstes auf seine Defizite aufmerksam. Sie können natürlich auch als erstes reagieren und diese Belastungen abwandeln oder beenden.

Das wissende Konstrukt breitet sich von bestehenden Positionen und Koordinaten in den Raum aus. Die Strahlen erreichen das Kriterium des Individuums. Es ist die Schnittstelle, welche das Individuum in das Konstrukt unterhält. Die maximale Präsenz des Wissens vervollständigt das individuelle Kriterium zum Raum und schaltet ihn frei. Sein Kriterium und den zugehörigen Raum frei geschaltet zu sehen, gleicht offenbar einem Handlungsimpuls. Es sind die Effekte, die hier zum Tragen kommen, wie sie sich aus dem Miteinander innerhalb des Korrelierenden Systems ergeben. Es ist die gleichzeitige Bewegung der involvierten Masse und Materie. Der gemeinsame Sinn, das gemeinsame Ziel, das gemeinsame Wissen, die gleichzeitige Bewegung.

Das Wissen erreicht sein Maximum mit der Freischaltung der individuellen Räume. Auf diese Weise existiert ein Wissen, das der Materie äquivalent ist. So lässt sich auch im Lichte anderer Leben, die ihr Sein bereits zum Raum ausgebaut haben. Es lässt sich im Lichte anderer leben. Es wird sich nicht vermeiden lassen, dass in unserem Geiste vor allem fremde Interessen herumspuken. Das bringt die Natur der geistigen Funktionen mit sich. Die Arbeitsweise des Gehirns verstehen zu wollen, aber vor allem ein ausreichendes Spektrum an Daten und Inhalten generieren zu können, deren Wechselwirken zu brauchbaren Ergebnissen führt, ist ein sehr schöner Weg. Wer darauf Wert legt seinen Körper möglichst effizient und unbeschadet durch den Tag zu steuern, wird sich um eine maximale Aufklärung seiner Umwelt bemühen.

Eine zufriedenstellende Nutzung des Raums durch alle Lebewesen erfordert auch eine entsprechende Aufklärung des Raums durch alle Lebewesen. Für ein glückliches Miteinander müssen die Daten zu allen Bereichen des Raums zusammengetragen werden. Nur die maximale Datenfülle einer hohen Artenvielfalt verspricht die Installation von klaren Wegweisern. So kann die Datenmatrix für jede Art so aufgearbeitet werden, dass man im Strome des täglichen Miteinanders auf ganz natürliche Weise als Teil des korrelierenden Systems an sein Ziel getragen wird. So kann auch jede einzelne Art in ihrer Vollkommenheit dargestellt und die Architektur ihres Seins und die des Organismus in vollkommenster

Weise hinterlegt werden. Nur der vollkommene Datensatz der Evolution bedingt die maximale Leistungsfähigkeit.

Manche kehren mit besonderen Objekten ihren Reichtum nach außen. Viele Objekte werden so zum Liebhaberstück. ICH nenne diese Objekte Gefügeblocker. Das führt zu einer Omnipräsenz dieser Objekte. Dieses geht auf Kosten der Gefügeflexibilität. Die günstigste Hintergrundmatrix für den benötigten Informationsfluss eines Organismus ist eine Lebendmatrize. Der aufgeklärte Raum ist eine gewachsene Komplexität. Das Leben an sich enthält alle Daten des Raums und spannt die Hintergrundmatrix für den benötigten Informationsfluss auf. Die technischen Gebilde aber sind vor allem Toträume. Die Produkte, die das Gefüge nicht selten mit einem mehr oder weniger stabilen Objektstatus belasten, nenne ICH Gefügeblocker. Als Folge der Wechselwirkung mit den übrigen Daten des Gefüges stellt sich um das präsentierte Objekt ein Glitzerfaktor ein. Es ist natürlich auch eine Frage der Moral, ob man sich auf diese Weise in das Gefüge einbringen möchte. Die Gefügeblocker verhindern den Informationsfluss innerhalb der Lebendmatrize. Das Produkt ist ein Teil der Wirtschaftsarchitektur. Der Konsument spannt den Konzernkorpus auf. Damit stoßen sie in die Lebendmatrize vor und bedrängen diese.

Hinter dem Produkt steht ein immenses Geflecht aus Materieströmen, die mit immensen Energiemengen auf künstlichen und technischen Bahnen gehalten werden. Das ist wie eine Waffe. Die Physik der Felder stabilisiert den Konzernkorpus. Die Materieströme der Produktionsgüter rotieren um das Produkt. Wer glaubt, diese Konfiguration in die Lebendmatrix hinaustragen zu müssen, ist ein Soldat des Teufels, der auf die Schöpfung Gottes einschlägt. Die Felder beider Welten konkurrieren miteinander. Man schlägt die Lebendmatrize mit den eigenen Kriterien. Isoliert und dem Sinn enthoben, in dem Wirtschaftskonstrukt neuformiert und mit wahnwitzigen Energiemengen auf Kurs gehalten, haben sich die einstigen Kriterien der Lebewelt, im physikalischen Feld des Fortschritts, zu einem dominierenden Faktor der Quantenebene entwickelt. Man stellt jegliche gewachsene Ordnung der Biosphäre und auch die lebende Architektur darin in Frage. Man gibt den Kleingeistern Waffen in die Hand.

Das ist eine Hochrüstung der Individuen zur Gleichheit. Smartphone und Sendemast – die Individuen mögen sich damit über die Biotopstrukturen hinwegsetzen. Der Einzelne mag seine Natur leugnen und die natürlichen Netzwerke abstreifen. Man löst den Menschen aus dem natürlichen Gefüge der Biotopbeziehungen heraus und führt ihn dem klaren Treiben der Wirtschaft zu. Das Smartphone als Objektstatus, das den menschlichen Geist zu einer Konzernarchitektur aufspannt. Jegliches Produkt geht mit den Erzeugerstrukturen einher. So erhalten die Geister alle die gleiche Formierung. Das Individuum wird offen für die vorherrschenden Felder. Die klaren Betreiberräume, welche auf mathematischer Präzision beruhen, sind sehr gut mit Geldwerten zu erfassen. Die klaren Zusammenhänge und die hohen Feldstärken garantieren einen ungestörten Informationsfluss. So ist der Verbraucher zu jeder Zeit für die Interessen und Informationen der Betreiber erreichbar. ICH sehe die sich ausbreitende Dunkelheit. Die Konzerne entreißen Ihnen auch noch die letzte Minute kostbaren Lebens und hinterlassen ausgebrannte und leere Hüllen.

ICH kämpfe für das Licht. ICH möchte die Wertigkeit der Biosphäre stark anheben und den Konzernkorpus integrieren. Das geschieht am besten mit der Lenkung von erwirtschafteten Gewinnen in diese Bereiche. Wir könnten wieder zu Gliedern der Biosphäre werden. Geldströme sind anscheinend wegweisend und generieren übergeordnete Zusammenhänge, die von allen akzeptiert sind. Das könnte man sich nutzbar machen. Es geht mir um die Datenvielfalt, die sich zu einer lichtvollen Komplexität verrechnet. Die Daten bedeuten Glück, Freude und Gesundheit. Sie verankern den Menschen, geben Zugehörigkeit und ein Zuhause. Die Daten und ihre Beziehungsgefüge sind quantenmechanisch wirksame Gebilde. Sie binden Energien, formen sich zu Strukturen, führen zur der Beschaffenheit und dem Verhalten der Materie. Die aufgeworfenen Daten schließen sich in Beziehungsfeldern zusammen. Die täglichen Daten der Arten bilden Strukturen. Diese Strukturen sitzen dem Elektromagnetismus der neuronalen Systeme und den Gehirnen auf. Die neuronalen Gefüge spannen Räume auf. Das sind Daten der Quantenebene. Sie programmieren den Raum.

ICH sähe die Energien gerne in einer Lebendmatrix gebunden und die Elemente so programmiert, dass die notwendigen Lebensbedingungen dargestellt sind. Stürme zu Winden, Starkregen zu ergiebigem Landregen, Depression und Leere zum Glück der Datenfülle. Die lichtvolle Komplexität der Biodiversität scheint aber abhandenzukommen. Damit geht auch der Effekt verloren, den wir als Wechselwirkung der Erkenntnismasse mit der Biotopmenge angeben. So scheinen ihr Parteienlabel und andere bildliche Werte von besonderer Bedeutung vor allem dann besonders sichtbar und scheinbar richtig zu erscheinen, wenn sie mit dem Datenhintergrund einer Biosphäre interagieren. Nur handelt es sich hier nicht um einen Gedankenblitz, der sich als kurzer Impuls einer zufälligen Feldaktivität errechnet, sondern um eine langfristige Installation einer Infrastruktur, die den reaktiven Gegenpart seiner Existenz beraubt.

Es ist also nur ein kurzes Aufleuchten als Folge einer Wechselwirkung mit Biotopstrukturen. Ihr Gegenüber dürfte ihr Engagement nicht als Unterstützung erfahren, sondern als Quelle der Bedrohung ausmachen. Wenn Sie dies begreifen, kann die Menschheit einen Schritt nach vorne tun. Wenn diese Wechselwirkung erlischt, weil die Umwelt zusammengebrochen ist, erscheint Ihnen die geschaffene Struktur wieder öde und fahl. Dieser Funken Freude, der ihnen als Effekt der Quantenebene zweier wechselwirkender Datenmengen zukommt, ist nicht auf der Grundlage eines Miteinanders entstanden. Die Gehirnfunktion der reaktiven Herausstellung in dieser Weise zu nutzen, ist purer Missbrauch. Auf der anderen Seite der reaktiven Gemeinschaft herrscht Vernichtung und Tod.

Ein bisschen gleicht es dem nikotinabhängigen Raucher. Wenn sich im Gespräch mit mir höhere Räume aufbauen, greifen wir an der Feldarchitektur seines Gehirns an. Es reibt und knirscht. Die Sucht setzt ein. Der aufgeworfene Großraum und das individuelle Gemenge suchen in eine gemeinsame Massebahn des Makrokosmos zu münden. Er beginnt, nach der lösenden Massebahn zu suchen. Das Rauchen einer Zigarette ist die Lösung. Das Nikotin gleicht die Räume an, und sie finden den Raucher als ein gemeinsames Materieäquivalent im Raum vor. Auch die Entwicklung des Geistes ist im Grunde nur eine Wechselwirkung mit den bestehenden Materiemengen. Es entsteht eine Adaption des geistigen Gefüges an die Materieverhältnisse und gelebten Beziehungen. Der Geist ist in diesem Fall das schwächere Glied. Er fügt sich in die gegebenen Verhältnisse ein. Er erfährt eine Prägung durch die umgebenden Materieverhältnisse. Bezeichnen wir es als geistiges Reifen den Raum in dieser Weise zu erobern. Man gelangt zu einer tiefen Weisheit, wenn man den Raum in Echtzeit erfassen und als eigene Ordnung begreifen darf. Der Wissenschaftler in mir studiert das Datengefüge.

Es handelt sich um psychogene Datenmengen. An den Flächen des Kontakts zweier Datengebilde entstehen immer Reibereien, außer sie gleichen sich und münden in den gemeinsamen Raum. Wenn Sie sich mit Ihren künstlichen Architekturen in die Biotope vorwagen, erfahren Sie zunächst einmal eine Anregung Ihres eigenen Selbst. Die Komplexität der Hintergrundmatrix eines Biotops stellt immer eine Herausforderung dar. Natürlich dringt hier ein stärkerer Aggressor in eine friedvolle Lebewelt ein. Die Anregung durch den gewachsenen Datenhintergrund ist daher nur eine zeitweilige. Die Konfrontation der Biotope mit den künstlichen Architekturen bedingt den Rückbau der gewachsenen Beziehungen. Die Belastung der offenen Landschaft mit den technischen Spielereien lösen die gewachsenen Beziehungen der Datenarchitekturen auf, und die Populationen brechen irgendwann zusammen.

Damit entfällt der Glücksfaktor. Ihre Tätigkeiten wirken ausgelutscht und abgegriffen. Sie kommen aus der Mode. Der Kontrast zu den natürlich gewachsenen Datenmengen geht verloren. Die Beziehungen werden gestört und Arten verdrängt. Der Effekt der Wechselwirkung einer künstlichen Architektur inmitten der Natur mit der umliegenden Datengemenge der gewachsenen Biodiversität ist geschwunden. Der Widerstand der Lebewelt ist gebrochen und der Glücksfaktor, ein psychogenes Moment wechselwirkender Datenmengen, erloschen. Es verbleibt die menschliche Infrastruktur. Ausgekühlt, kommt es aus der Mode. Scheinbar lässt es sich nur gut verkaufen, wenn im Hintergrund die psychogenen Verhältnisse wechselwirkender Datenmengen vorliegen. Dieses

Glücksmoment ist es, welches sie im Augenblick der Installation empfinden. Solange die Umwelt noch Material zur Wechselwirkung bietet, ist es hip.

ICH möchte die künstlichen Konfigurationen unserer technisierten Welt kurz zurückstellen. Viele Seelen leiden mitunter darunter. Die Lösung ist, sich die Zugehörigkeit zu einem Biotop zu erarbeiten. Das ist natürlich ein ganz anderer Lebensstil. Da darf man wieder mit den Hühnern ins Bett und die aufgehende Sonne erleben. Es ist erfrischender. Man lebt gesünder. Die Kontakte mit seiner Umwelt liegen als Daten vor. Man ist dem ausgelaugten, übermüdeten und verschlafenen Volk voraus. Das sind zwei verschiedene Welten. Man kann sie auch mit Gott und Teufel vergleichen oder in Kategorien wie Gut und Böse einteilen.

Erarbeiten Sie sich die Biotopzugehörigkeit, sind Sie für die Welt des Kommerzes kaum noch erreichbar. Wenn sich der Nebel aus Daten der vielen Arten eines Biotops und ihren Beziehungen als geistiger Hintergrund zeigt, fällt die Macht der Konzerne. Als Folge schwinden die Zwänge der aufgesetzten Wirtschaftsordnung. Man lässt die Einkaufstour, die chronischen Schmerzen schwächen sich ab, man zählt nicht mehr zu der angegliederten Peripherie, die die Interessen im Zentrum der Ordnung stabilisieren. Umgekehrt gilt natürlich das Gleiche. Besteht Ihr Geist nur noch aus technischen Konstruktionen und Sie nehmen diese Konfiguration an Daten als Ihr Ich an, werden Sie zum Feind der Lebendmatrize. Die Datenlagen sind nicht kompatibel. Der Mensch bleibt in seinen technischen Seelen verhaftet. Die Daten aus der Natur passen nicht herein. Die Daten aus der Natur werden abgeschieden. Müsste man die Feldwirkungen mit Worten wiedergeben, spräche man von Gleichgültigkeit und Interesselosigkeit. Die technisch konfigurierte Seele hat ihre Analysefähigkeit in Bezug auf die Natur eingebüßt. Das Zwitschern eines Vogels kann als Sinneseingang nicht mehr angelegt werden und wird damit auch nicht mehr wahrgenommen.

Es besteht ein großer Unterschied zwischen der Konfiguration der technischen Welt und der gewachsenen Architektur der Organismen und ihren Beziehungen. Betrachtet man die Konfiguration der Daten in technischen Systemen und setzt sie der Datenarchitektur der natürlichen Biodiversität gleich, so erkennt man den

Konflikt. Die neu formierten Kriterien verändern die Materieströme. Man setzt sie der Lebewelt entgegen. Dahinter stehen immense Energiemengen. Das ist als hielten sie mit dem Gewehr auf ihren Nachbarn an, drückten ab und schleuderten ihm eine stück Metall entgegen. Nur befinden wir uns auf der Datenebene oder der Quantenebene. Der Krieg findet im Verborgenen statt. Dort hat ihn noch niemand bemerkt. Der wissende Datenkörper der Wissenschafts- und Wirtschaftsarchitektur enthält immer weniger Daten der Biosphäre. Wir steuern auf eine psychotische Leere eines Ausmaßes zu, die der Menschheit das Licht ausknipst. Bald wird das Körpergeistproblem nicht mehr existieren. Geist und Körper haben jetzt den gleichen Datenhintergrund. Eine Wechselwirkung verschiedenster Größen zur Erzeugung von Licht bleibt aus. Wir sitzen im Dunkeln.

Der aufgespannte Raum der Technik hat keinerlei Bezug zu der Lebendmatrize und doch wollen sie auf der Quantenebene parallel verwaltet sein. Wie könnte das funktionieren? Natürlich – nicht nur der Verbraucher muss angegliedert werden, sondern auch sein Lebensraum und die Biosphäre. Gifte und Dünger passen natürlich nicht hierzu, aber biologisch wirtschaftende Betriebe könnte man problemlos in einer Weise aufwerten, dass Artenvielfalt zum Thema wird. Die scheinbare eigene Dummheit zu erkennen ist das erste Ziel. Es werden immer fremde Interessen in unseren Gehirnen herumspuken. Dem anderen den Wunsch von den Augen abzulesen ist doch Bestandteil jeder Beziehung. Das eigene Verhalten geht mit einer gewissen Biodiversität einher. Wenn in Ihrem Magen-Darm-Trakt Bakterien siedeln, die sich von Tiefkühlpizza ernähren, dann ist es doch nur logisch, dass sich Ihr Einkauf als existentielle Notwendigkeit dieser Tierchen darstellt. Die Macht der Gewohnheit ist eine auf Einzelinteressen gründende Feldaktivität. Ein jeder Biodiversitätsbaustein verknüpft eine existenzielle Bedrängnis mit dem Ausbleiben der gewohnten Handlungsweisen. Aber auch die korrelierenden menschlichen Aktiva erheben die fehlende Handlung in den Status eines zu besetzenden Leerraums und fördern die Bereitschaft zur Handlungsausführung.

Selbst Haustieren und Pflanzen gesteht man heute zu, sich in geistige

Konstrukte einzuhacken und sich in das Bewusstsein des Menschen zu rücken. Es ist die Notwendigkeit für die Existenz der anderen, die diese scheinbare Macht über uns heraufbeschwört. Entsteht hier Hass auf Tiere und Pflanzen, weil sie unsere Handlungsweisen vorwegnehmen. Ist man am Ende noch dümmer als das Vieh? Wir sitzen alle in ein und demselben Boot. Den Menschen allein gibt es nicht. Ein jeder ist seines eigenen Glückes Schmied. Warum sollten wir uns also nicht für Artenreichtum, für Datenreichtum und für geistige Phänomene aus einer gesunden Umwelt entscheiden? In einem Garten mit maximaler Artenzahl und ausreichender Biodiversität ziehen alle an einem Strang. Hier darf das menschliche Bewusstsein als übergeordneter Faktor gelten, weil es auch für die anderen Lebewesen spricht. Wer sich Kräuter zieht, Gemüse- und Obstanbau betreibt, erhebt selbstgenügend brauchbare Daten, dass auch anderes Leben darin Orientierung findet. Ein solches Bewusstsein mit all seiner Lebewelt hat Vorrang. Die hohe Artenzahl und die damit einhergehende Datenlast bereichern sein Denken und Handeln. Wir ziehen hier alle am gleichen Strang. In diesem Strang täglicher Aktivitäten besteht ein wechselseitiges Miteinander. Die geistigen Positionen der verschiedenen Arten regen sich gegenseitig an. Sie motivieren einander. Gleichzeitig vervollständigen die aufgeworfenen Daten den Raum der anderen Art. Das System wird präziser. Neuronale Leistungen dieser Bezugsmasse sind hochwertiger. Die Orientierung im Raum ist vor diesem Datenhintergrund für alle einfacher.

Das ist die wahre Architektur des Geistes. Gesund und glücklich erstrahlt man vor diesem Datenhintergrund. Hier greift man auch auf das Verhalten der Elemente zu. Es geht darum, zu erkennen, dass der gegenwärtige Zustand in einen brauchbaren, weil essentiell, zu wandeln ist. Der Strang, an dem wir alle ziehen, erhält seine Existenz aus unseren täglichen Aktivitäten. Dieser Strang ist ein Attraktor der Quantenebene. Hier, in diesem Strang, unter den verschiedenen Arten herrscht ein reger Informationsaustausch. Die Grundlage jeglicher Organisation ist das gegenseitige Verständnis. Bildliche Qualitäten reichen hier aus, um sich auf einen notwendigen Zustand zu einigen. So wird das Datengebilde der höchsten Artenvielfalt zum stärksten Faktor. Das geistige Bild des zu organisierenden Zustands hat aufgrund aller beteiligten Lebensräume, die ihn anstreben, eine sehr viel dichtere Ausgangsmasse. Er ist sozusagen eine Feldarchitektur in dem Strang der Existierenden, an dem wir alle gemeinsam ziehen. Es verhält sich wie das Ergebnis einer Rechnung, das die Beteiligten auf Grund der erforderlichen Lebensverhältnisse und der optimalen Qualia ihres Körpers, weil bekannt, vorwegnehmen können. Das Ergebnis ist nur ein bekannter Datensatz, der sich dann aber, auf Grund der allgemeinen Feldaktivität, insbesondere der darin fließenden Daten, hierzu zählen alle beteiligten Lebendgruppen, im Status Quo seine Entsprechung schafft. Die Koordinate, nicht nur dreidimensional im Raum, sondern auch in der Zeit verankert, fördert den Zustand vor Ort zu Tage. Vermutlich verliert der Attraktor mit dem Eintritt der Materieäquivalenz seine Stabilität und zeigt sich dann auf die optimierten Zustände der Lebewesen verteilt. Die Koordinate verliert sich als Materieäquivalent im Raum. Die ursprüngliche Betonung fließt nun auf andere Bereiche über. Das Wohlbefinden der Lebewesen stellt nun wieder das Aktiv der Lebensarchitektur dar. Das Negativ, ein durch Kommunikation und Informationsaustausch aller beteiligten Organismen erzeugter bildlicher Feldwert hat sich in dem erreichten Zustand aufgelöst.

ICH sehe Regionen des Tourismus, die vergessen, dass sie Regen brauchen. Das mag in Regionen mit ausgedehnter Flora und Fauna noch gut gehen. In einem gesunden biologischen System erreicht der allgemeine Bedarf sehr schnell die kritische Masse und es entsteht ein massives Summenfeld. Der gemeinsame Feldeffekt erreicht einen Feldwert, dass er auf der Ebene der Selbstorganisation die natürlichen Größen und Lebensbedingungen installiert, organisiert und erhält. Aber in mediterranen Raum mit ausgedünntem Bewuchs und wenn der Urlauber, noch zu Hause, schon von Sonne und Hitze träumt, das geht nicht gut. Diese Kinder unseres Geistes enthalten kein Fädchen mehr, an welchem sich ein Regengebiet heran führen ließe.

Wir ziehen alle an demselben Strang. Manche haben alle Fäden aus der Hand gegeben. Sie verbringen ihre Freizeit mit Spaßartikeln. Ist es die Erkenntnis, dass wir selbst auch nur ein Teil des Ganzen sind, den Tieren und Pflanzen gleichgestellt? Wenn ich den Eindruck habe, dass ein Käfer mein Interesse erwecken und mich zu sich hohlen kann, nur um mir zu sagen: »Du bist ein Dummer, ich habe dich in den Garten geholt«, rechtfertigt das nicht ihn totzutreten. Tatsächlich muss ich mir eingestehen, dass ich ohne eigenes Ziel, scheinbar nutzlos hier draußen stehe. Oder stiehlt dir ein Rotkehlchen ein paar Minuten deines Lebens, holt dich aus dem Haus und lässt dich ein paar Walnüsse knacken, weil dabei auch für den Vogel kleine Stückchen abfallen. Bedingt die Erkenntnis der eigenen Manipulierbarkeit, vor allem durch diese scheinbar niederen Kreaturen, die Haltung der Menschen gegenüber diesen Wesen. Obwohl sie der Lebewelt selbst angehören, tragen sie einen ungeheuren Hass auf die Lebewelt in sich. Vermutlich ist dem Menschen die Erkenntnis, dass wir Teil des Ganzen sind verloren gegangen. Wir werden es uns zur Aufgabe machen müssen, den Informationsfluss und die Möglichkeit des Informationsaustausches im System wiederzuerlangen. Vor allem der Weg zu einer gemeinsamen Botschaft der Lebendmatrize wäre eine bedeutende Größe. Nein! Die Menschen, die sie aus ihren Lebensverhältnissen gerissen haben, um sie mit Smartphone, Flachbildschirm und PKW zu echten Menschen zumachen, sind hierfür unnütz.

Die gegenseitige Abhängigkeit in einem gemeinsamen System kann genutzt werden. Es ist nur genial, sich die Vorteile des geistigen Miteinanders zu sichern. Oder mögen Sie nur keine Äpfel? Nein! ICH liebe Äpfel, und wenn Wespen und Schwebfliegen an warmen Tagen im Frühjahr mich drängen, einen Apfel zu schälen, damit sie an die Fruchtsäfte herankommen, dann danke ICH ihnen für diese Erfahrung geistiger Qualia. Die motivierenden Geistfelder bringen mehr Glück in mein Leben, als es der technische Schnickschnack oder die Wohnungskatze mit ihren Katzenfutterdosen je tun könnten. Der eingehende Datenwert berührt meine Seele tiefer und strahlt intensiver und lichtvoller in meinem Inneren als es die hoch entwickelten Gefügeblocker je tun könnten. Ein Objektstatus, dem eine Hülle aus Produktionskategorien anhängt. Ein künstlich aufgeblähter Datenkörper mit Marketingstrategien und Imagewerten spannt sich um die Objekte auf.

Diese Gefügeblocker entheben sie den natürlichen Systeminterna. Der anregende Informationsaustausch unter den Arten in einer biologisch einwandfreien Umwelt ist kaum mehr denkbar. Überall findet man vom Menschen vorgezeichnete Massebahnen. Die künstliche Beschleunigung macht sie zum Gesetzgeber für das gesamte Umfeld. Es gibt keine Regionen, keine Räume und keine Heimat mehr. Wir leben Leiterbahnen, Strukturen künstlich beschleunigter Materieströme. ICH sehe die sich ausbreitende Dunkelheit. ICH sehe ihre leeren Hüllen, eingeklinkt in den Strom. Aber nur innerhalb eines bestehenden Gefüges können sie sich dir mitteilen. Wenn ihre Nahrung der deinigen entspricht oder dem gleichen System entnommen ist. Unsere Früchte sind von den Bäumen vor dem Haus, nicht in Schutzatmosphäre eingeschweißt, aus fremden Ländern herantransportiert. Der Informationsaustausch unter den Arten, den Menschen eingeschlossen, gelingt, wenn sie alle zusammen in einem gemeinsamen System mitwirken. Das Miteinander führt zu Beziehungen innerhalb des Systems. Der Raum ist aufgeklärt und liegt als Datenäquivalent vor dem inneren dritten Auge vollkommen klar vor. Das nenne ICH eine korrekte Software. Diese Datenmatrix macht aus jedem knurrenden Magen eine ›Hier ist etwas zu essen-App‹.

Wenn der eine den anderen ernährt, steht man sich auch nicht im Weg. Man geht sich sogar aus dem Weg. Außer, man ist lebensmüde. Die Erkenntnis, dass sie in einem funktionierenden Gefüge die Macht der Manipulation besitzen, sollte uns aber nicht beschämen. ICH erkenne in diesem Geschehen oft den besseren Apfel. Der Geruch und der Geschmack der Früchte, vermutlich auch ihr Nährwert, nehmen zum Teil überraschende Qualitäten an. Die Betrachtungen dieser Tierchen werfen ein enormes geistiges Kapital in Form von elektromagnetischer Masse auf. Bereits das Wachstum von Nahrungswerten wird sich an der bestehenden Datenlast des Gefüges orientieren. Aber auch um die gewachsene Substanz aufzubrechen und die Geruchs- und Geschmacksqualitäten bis in diese Tiefen zu erleben, benötigt eine entsprechende Beschaffenheit unseres Geistes. Den Geschmack in Erfahrung bringen zu können, erfordert eine Beschaffenheit des Geistes, die uns zur Anlage des gewachsenen Datenkörpers befähigt. Nur dann bringt der Bioapfel seine Wertigkeit innerhalb der Seele und der Hintergrundprogramme in seiner Gesamtheit zur Anlage. Nur dann fühlt man seine eigene Geistesarchitektur von des Apfels Datenmantel hinterlegt, bestätigt und gestärkt. Die Geschmacksqualitäten sind weniger gut mit Zigaretten und Fernbedienung in Erfahrung zu bringen. Manche weisen den Apfel zurück, weil sie dann ihr augenblickliches Sein vor Augen geführt bekommen. Die Seele möchte von innen heraus erstrahlen und trifft auf diesen Fremdkörper und Schattenspender.

Wer es schafft, sich von den gedanklichen Fehlergebilden zu lösen und in eine höhere Ordnung einzutreten, wird störungsfreier durch sein Leben geleitet. Hierzu verhilft ihnen der Datenmantel ihrer Nahrungsmittel. Die Erkenntnis und auch das Wissen, dass der Geist, die Software und auch das System zum Optimum aller organisiert waren, ist viel zu wenig ausgeprägt. Man fühlt sich dümmer als das Viehzeug. Zum Teil manipuliert und herabgesetzt, schämt man sich eines scheinbaren geringeren Wertes. Und doch richten wir eine geistige Plattform für unsere Haustiere und pflanzlichen Mitbewohner ein. So können wir ganz grob ihre Wünsche verstehen. Mancher bindet die Pflegetätigkeit in die Regelmäßigkeit der Tagesabfolge ein, und schützt sich auf diese Weise vor Übernahmen durch eine durstige Pflanze oder ein hungriges Haustier.

Der gute Mensch, der allen und allem dienlich ist, wird ein ähnliches Niveau erlangen können. Er wird eine überdimensionierte Plattform der Wahrheit sein, auf welche die Informationen eingehen, anlegt, verstanden und dann auch beurteilt werden. Viele andere, die sich eine andere Geistesgröße erarbeitet haben oder in der Wertigkeit unter den gängigen Informationsvolumina liegen, können diese auch nicht in verständlichen Qualitäten darstellen. Sie sind vielleicht selbst nur ein Baustein dieser Information und leben ihr Leben in diesen Kategorien. Dann bleibt der Spuk unbewusst. Zusätzlich wird die Gefügeinformation oft noch durch falsches Reden und Meinen belastet. Das führt dann auch zu Fehlern im Denken. Die Ergebnisse unseres Denkens entstammen der vorherrschenden Ordnung. Diese Kategorien erlauben nur das Existente, das gegenwärtig Mögliche, das Aktuelle und Moderne. Manche positionieren sich durch falsches Reden und Meinen in minderwertigeren Bereichen. Die Adaption der Gehirne an diese Materiebereiche führt dann aber auch zu Ergebnissen, die nicht viel besser sind als der Zustand der Ausgangsmasse. Das sind von der Gesellschaft programmierte Zustände. Man erwirbt sie durch das kindliche Spiel. Der elterliche Einfluss lenkt diese. Die Erziehung durch die Gesellschaft wirkt ein. Am Ende zieht sie die Nachbarschaft in den Dreck. Die Freizeitangebote und sozialen Medien ringen um ihre Freiheit. So wird aus einer göttlichen Informationsmasse, nennen wir sie intakte Feldgrößen der ursprünglichen Paradiesgärten, ein tot manipulierter Einheitsbrei.

Noch immer schreiten wir voran und bauen unser Weltbild aus. Die Wissenschaft bohrt immer tiefer und ringt dem Quantenkosmos neueste Details ab. Damit erweitern sie den Gravitationskörper in diese Bereiche und die Bahnen, auf welchen sich die Materie heute bewegt, werden noch stärker determiniert. Sinnvoller wäre es, endlich die Vereinigung aus Quantentheorie und Relativitätstheorie zuzulassen. Es wäre sinnvoll zu erkennen, dass es sich um Diebstahl und Raubbau an der gewachsenen Datenarchitektur allen bestehenden Lebens handelt. Wir sollten erkennen, dass sich der Makrokosmos aus den bestehenden elektromagnetischen Werten herleitet. Nur ihre tägliche Existenz auf der Quantenebene in der Form des Elektromagnetismus sichert dem Vorhandenen die Existenz im Makrokosmos zu. Vielleicht wäre es sinnvoller, gesunde Lebensräume zu gestalten. Vielleicht sollten wir beginnen, eine physiologische Entsprechung zu unserem Organismus aufzubauen. Wir brauchen Arbeitsplätze in der biologischen Landwirtschaft. Wir müssen auf heimischen Bioanbau setzen. Für den Grundwasserschutz, für die Lebensvielfalt, für exakte Niederschlagsverhältnisse, für mehr Lebensqualität, Glück und Zufriedenheit. Übernehmen Sie endlich Verantwortung. Fangen Sie an, die Zukunft zu gestalten.

Vermutlich ist das augenblickliche physikalische Weltbild für diese Entwicklung verantwortlich. Vor allem hier in dieser Tiefe des Materieaufbaus, in welchen uns die neuronalen Leistungen adaptiert erscheinen, haben sie besondere Formen der Materie entdeckt. Nein! Diese Materieformen lassen sich gestalten. Auf Grund der Adaption des menschlichen Geistes auf dieser Ebene, sind wir in der Lage, in Abhängigkeit zu unseren Körperfeldern selbst Formulierungen dieser Materieformen vorzunehmen. Es ist daher möglich den Geistkörper der Gesellschaft in die Nähe eines Gottesteilchens zu rücken. Rein physikalisch ist der wissende Datenkorpus eines bestehenden Weltbildes, auf der Quantenebene aktiv. Der Gesellschaftskörper verändert dort alle bestehenden Beziehungen und unterwirft die Daten seiner Architektur. Das Bestehende organisiert sich aus dem Existierenden darin. Das ist die fehlende Erkenntnis.

Die Geistkörper sind purer, nennen wir es formstabilisierter Elektromagnetismus. Das gewachsene neuronale Netzwerk wird auf Grund des Datenhintergrunds noch von einem, peripher aufsitzenden Elektromagnetismus begleitet. Der aufsitzende Elektromagnetismus wird von der gewachsenen Hardware stabilisiert. Die umgebende Feldaktivität lässt somit höhere und niedrigere Felddichten zu. Diese Felddichten gehören entweder dem Nutzer selbst, weil er sich den Bezugsraum der entsprechenden Größen erarbeitet hat, oder die Nutzer sind in anderen Unternehmungen öffentlicher oder privater Art organisiert. Ihr Feldwert dürfte dann im Vergleich zu der Summenarchitektur um einiges geringer sein. Vermutlich ist das adaptiert gewachsene Nervengewebe ein Datenspeicher. Die gespeicherten Daten bilden die Basis der Funktion. Wir bewegen uns zunächst einmal im Datenhintergrund des gewachsenen Nervengewebes. Abstrahiert durch den begleitenden Elektromagnetismus sind wir in der Lage darin die Ausgangswerte für höhere Feldarchitekturen zu sehen.

Damit ist auch der Zeitgeist zur Zeit unserer embryonalen Entwicklung von Bedeutung. Aber es sind Felder, die in stabilen funktionellen Strukturen münden, welchen eine Form des Elektromagnetismus aufsitzt. So lässt sich der Vorgang der embryonalen Entwicklung, hier als Gebrauchsfunktion noch einmal beschreiben. Das ist der, dem Nerv aufgesetzte Elektromagnetismus. Die begleitenden Felder sind sehr variabel. Es lässt sich hereinnehmen was man will und sehr gut bearbeiten. Der Informationsdichte der Felder kann so hoch sein, dass sie sichtbar werden. Folglich können die Felder betrachtet und deren weitere Entwicklung bewusst verfolgt werden.

Die Feldstärken entsprechen einem externen Materiebezug, der selbstverständlich im Datenhintergrund der Nervenzelle seinen Ursprung nimmt. Vermutlich wächst der Feldbezug zuerst im Datenhintergrund der organischen Zellmasse an. Der Feldbezug entspricht einem externen Materiebezug. Folglich sind wir dabei, den Raum extern zu erfassen bzw. durch Adaption eine möglichst exakte Klassifizierung vorzunehmen. Jetzt zeigt sich das Modulieren der Felder. Dehnt man den Materiebezug im externen Raum noch weiter aus, scheint sich die generierte Datenmasse selbst zu organisieren. Der generierte Korpus dürfte sich von dem Hintergrund der organischen Masse ablösen und wie ein Metall über einem Supraleiter schweben. Die organische Masse ist ein Feldgenerator. Der Datenkorpus könnte wie ein Objekt auf einem Magnetfeldschweben, in Teilen natürlich seinem Leiter verbunden, aber in den Raum erweitert auch modulieren und dann selbstorganisiert erscheinen. Hier beginnt man dann an die Quelle zu denken. Die Quelle, der Urgrund allen Seins, entpuppt sich hier als Zustand des Gehirns.

Die Felder wirken auf den gesamten Hirnkosmos. Die gesamte variable Materie könnte sich in den Feldern zu deren Ausgleich bewegen. Atome, Moleküle, Eiweiße, was vorliegt zeigte sich den Feldern in ihrem Verhalten angepasst. Das sind natürlich Hochleistungsrechner. Das ist eine Gehirnphysik der Extreme. Für die täglichen Aktivitäten reichen auch geringere Feldstärken aus. ICH möchte noch einmal darauf hinweisen, dass ein Großrechner ein Großrechner ist. Die Ergebnisse dieser Präzision werden nur erreicht, weil wir die Größen der Individuen täglich erobern und zu einem Raum aufspannen. Dieser Raum lässt uns die Zusammenhänge auslesen. Der Bürger kann davon ausgehen in den wissenden Geistkörpern organisiert zu sein. Daraus entwickelt sich ein Lebensstil. Das WIssen wird zu einem Konzept der Gesellschaft. Jeder kann sich diesen Schuh anziehen.

Die Wirkung dieser Datenmasse auf den geringeren Geist ist erheblich. Falls er einen plötzlichen Zugang zum Gesamten schafft, hinterlässt das einen bleibenden Eindruck. Das Individuum, falls es den Weg der geistigen Entwicklung sucht, wird von seinem Gefüge aus immer wieder selbst in bestehende Datenmassen einblicken. Das Licht der Konfiguration kann aber auch über die Schnittstelle in die Körperbanken des Individuums einstrahlen. Es könnte sich um eine kommunikative Verschaltung in Wort und Bild handeln. Das Denken und Handeln des Einzelnen könnten sich so günstig zeigen, dass es mehr ist als nur eine Schnittstelle. Für den Fall einer maximalen Entsprechung empfindet man die umgebende Datenlast als befreienden Raum. Die eigene Ausgangslage bestimmt die einwirkende Datenmenge. Die eigene Position und Haltung ist der Schlüssel. Der richtige Schlüssel öffnet diese Räume. Das einstrahlende Licht ist nur ein physikalisches Geschehen. So gibt es unterschiedliche Qualitäten. Wenn ein Lebender unter uns weilt, der für sein Land und die Menschen höchste Erkenntnismengen und Geisteswerte generiert, wird das Leben des Einzelnen natürlich auch glücklicher. Der Einzelne wird von mir erfasst und zum Teil meines Arbeitsspeichers. Das Individuum wird zum Teil des sichtbaren Gefüges. Sichtbar liegt die wissende Architektur in meinem Vorderhirn. Dort liegt das Zentrum der Betrachtung. Das verzeichnete Individuum erwirbt alle Eigenschaften des aufgespannten Raums. Das Individuum wird zu einem Teil des aufgespannten Raums und bewegt sich darin als ein Selbst.

Der Datenkörper ist eine Ordnung der Quantenebene. Die Entwicklung des Datenkörpers bis in den Raum ist eine Form der Selbstorganisation. ICH spreche von einer Programmierung des Makrokosmos von der Quantenebene aus. Das Individuum empfindet den organisierten Raum des Status Quo als verbesserte Lebensqualität. Das Individuum agiert als Teil einer optimalen Lösung. Es empfindet den programmierenden Datensatz bzw. den organisierten Status Quo als Glücksfall. ICH spanne um das Individuum eine wissende Datenarchitektur auf. Jedes Individuum darf sich als Teil dieses Raums verstehen. Das Individuum lebt eine optimale Lösung des Raums. Die korrekte Programmierung des Individuums beruht auf dem organisierenden Datensatz. Der aufgespannte Raum befreit von einwirkenden Altlasten geringerer Konfiguration. Der Datensatz bringt Licht in die Seele. Der organisierte Raum belohnt die Individuen mit einem verbesserten Lebensgefühl. Aus einem gemeinsamen Raum fallen dem Individuum mehr Daten zu. Ein gemeinsamer Raum steht für weniger Schmerz und Leid und bringt die Freude und das Glück zurück.

Der Objektstatus, den zum Beispiel ein Smartphone erzeugt, führt in einen Raum der Gleichschaltung. Modern und in neuem Design ist das diesjährige Modell der Renner. Es verblasst aber sehr schnell vor dem neuen Hintergrund der Entwickler. Zum telefonieren gut, als Glücksmagnet unbrauchbar. Die Entwicklung des Marktes ist viel zu rapide, so dass man mit seinem Modell schon bald in einen Rückstand gerät und der Glitzerfaktor verblasst. ICH möchte die Industriemechanik nicht noch stärker betont haben. Eine weitere Umprogrammierung der Datenwerte schadet nur. Man entzieht der Lebendmatrize Datenwerte, die in den technischen Formulierungen vollkommen andere Wertigkeiten erhalten und den gewachsenen Beziehungen des Lebendgürtels dann in weiten Bereichen entgegenstehen. Verminderte Immunleistungen und Krankheiten sind die Folge.

ICH möchte den Wirtschaftskörper nicht noch stärker auf der Quantenebene verankert haben. In Geldwerten, Arbeitsplätzen und Steuermitteln lässt sich das nicht bemessen. Wir sollten im Gesellschaftskörper das Lebende wieder mehr forcieren, damit es innerhalb des Makrokosmos wieder an Wert gewinnt. Wenn es gelänge, wieder mehr Menschen in die Natur zu bringen, sei es durch Arbeitplätze oder mit geeigneten Nahrungswerten entsprechende Datenräume aufzuspannen, erhöhte das auch die Lebensqualität für die örtliche Flora und Fauna. Vor diesem Datenhintergrund wachsen Pflanzen dann gesünder. ICH möchte das Kopfkino der Menschen anders besetzt sehen. Die Ich-Instanz soll nicht rund um die Uhr mit Hochtechnologie besetzt sein. ICH weiß sie zürnen jetzt, um ihre Psychologieinstanz zu bedienen, anders gesagt, der gängige Feldkörper zeigt sich von der oben aufgeworfenen Substanz in Frage gestellt. Das wirkt hier als empörten sie sich und wären äußerst entrüstet. Es ist aber nur das Wechselwirken von Daten verschiedener Gesellschaftsformen, der Sie übrigens auch selbst angehören. Sie stehen sich im Wege, konkurrieren um Daten oder bezögen sich selbst gern auf die gewachsene Schönheit manches systematischen Zusammenhangs. Diese Datenarrangements einfach etwas lockerer sehen. Das gegensätzliche nicht gleich als Hass nach Außen kehren. Das kostet Arbeitsplätze und mindert unsere Gewinne. Ja, ja!

Wenn sie aber die Ich-Instanz der Menschen nicht wieder an der gemeinsamen Software des Lebendgürtels beteiligen, dann bricht das System Lebendgürtel, das adaptierte Klimagefüge eingeschlossen, zusammen. Dann herrscht der Mensch allein. Der Datenmoloch eines künstlichen Gesellschaftsgefüges wird physikalisch gesehen zum Gottesteilchen. Die Quantenebene beherrschend, generiert der Elektromagnetismus, der Geiststoff der Gehirne, das Gesellschaftswissen, die Bestandteile seines Seins, als allein existierende im Makrokosmos.

Ohne dieses Wissen sind Sie machtlos. Die Inhalte der Kopfkinos spannen den Raum auf, welche den Status Quo im Jetzt bedingen. Ohne einen Blick auf die Datenebene der Kopfkinos sind Sie machtlos. Da hilft es nichts, die Ergebnisse und negativen Folgen des Gesellschaftskorpus zu diskutieren. Sie müssen jetzt auf die Inhalte der Ich-Instanz der Bürger schauen. Die toten Gefügeblocker müssen raus. Sie müssen schon gestalten wollen und das dann auch tun. Wir brauchen mehr Lebendbezug als tote technologische Masse in den Kopfkinos. Nur mit Lebendbezügen lässt sich eine entsprechende Matrix aufspannen, so dass Leben auch weiterhin funktioniert. Nur der Lebendwert, als Elektromagnetismus der Quantenebene auferlegt, bringt diese Existenzen und die bestehenden Beziehungen und Gleichgewichte in den Makrokosmos zurück. Bekennen Sie sich zu Ihrer Macht. Erkennen Sie die Materie, die sie täglich transportieren. Erkennen Sie den Materiebezug Ihrer Gehirne und die Feldlasten, die Ihre Gehirne ansammeln, aber vor allem: Erkennen Sie den totmanipulierten Bürger, die Ohnmacht gegenüber den Verhältnissen. Die Mächtigen, das sagt ja schon das Wort, haben die Macht, Verantwortung, Veränderung.

Es gibt ja sehr viele Wahrheiten, und jedes Gehirn verfügt über andere geistige Konfigurationen. Denken Sie doch einmal an den Verlust von Lebensjahren.

Welches Verhalten kostet Sie Lebensjahre? Fernsehen, Schichtarbeit, falsche Ernährung, Bewegungsmangel, Luftschadstoffe und andere Zellgifte. Das aber haben wir uns die letzten Jahrzehnte aufgebaut und mehren es noch immer. Jetzt liegt es am einzelnen Bürger, sich davor zu schützen. Ob es gelingt, liegt an den geistigen Vorraussetzungen, die ein jeder mitbringt und erworben hat. Wer die geistigen Hürden meistert und sich darüber hinaus entwickelt, schmiedet sein eigenes Weltbild. Das sind die wenigsten. Die Mehrheit ist totmanipulierte Masse, die den eingeschlagenen Weg kritiklos erleidet. Die Totmanipulierten generieren eine ungeheure Datenmasse. Damit erweitert sich die Konzernarchitektur in den Raum. Das Gravitationsmonster gleicht einem Gottesteilchen. Seine Existenz beruht auf Datenwerten des Verbraucherraums. Der Raum schreibt sich in dieser Weise fort. Das Gottesteilchen ist eben exakt durch diesen peripheren Verbraucherraum definiert.

Es ist umgekehrt. Die Konzernstruktur im Zentrum zwingt den Verbraucher in der Peripherie auf dafür vorgesehene Bahnen. Jeder Physiker wird Ihnen bestätigen, dass die Peripherie vom Verhalten des Kerngebildes geprägt ist. Es handelt sich um eine zentrale energiereiche Ordnung, die von Feldern begleitet ist. Die Felder schwächen sich mit zunehmendem Abstand vom Zentrum ab. Massereiche Strukturen im Zentrum und Materie auf Bahnen bestimmen das Bild. Die Felder begleiten nur die interne Dynamik, sind Ausdruck derselben. Diesen Raum als Ausgangslage der neuronalen Netzwerke zu verstehen, die geistigen Leistungen von dort aus auf den Materieraum wirkend zu sehen, und den Zustand des Makrokosmos zu beschreiben, ist schon ein Wunderstück. Es entspricht meinem bewussten Sein. Während Ihr Geist an den Materieverhältnissen der Produktionsgüter haftet, rufen sie nach dem Verbraucher. Der Verbraucher, der Verbraucher. Der Verbraucher soll es also richten.

Wie wird dieses geistige Gebilde aussehen? Man belohnt ein Gehirn mit viel Geld dafür, dass es die Produktionsgüter verkörpert. Dann spannt dieses Gehirn den Raum bis zu den Verbrauchern auf, indem es diese verantwortlich macht. Auf diese Weise entsteht eine Betonung der Peripherie. Sie hüllen Ihr wahres Sein in einen Nebel aus Verbraucherdaten. Sie scheinen außerhalb zu stehen und wirken etwas distanziert von dem Gebilde. Sollte Sie der Verbrauchernebel, auf Grund ihres Produktionsgütergefüges abscheiden? Trotz allem fließen Ihnen Gelder zu. Der Konzern liegt gut getarnt im Zentrum der Gravitation. Das Geld der Herren zu erwirtschaften, dafür ist der Verbraucher verantwortlich. Das ist eine Gute Idee den Verbraucher für die Geldströme in die Verantwortung zu erheben. Das lenkt vom Konzern im Zentrum ab und festigt die Tarnung seiner Existenz.

Sie gehören als Verbraucher nicht in den Produktionsgüterraum und als Repräsentant der Produktionsgüter nicht in den Verbraucherraum. Darum stehen Sie davor. So wie sich große Denker auf den Raum beziehen, so scheinen auch sie den Raum, von den Produktionsgütern, dem Schadstoffgürtel bis hin zu den Verbrauchern zu verkörpern und über die Positionen darin verfügen zu können. Diese Struktur des Raums versorgt sie mit Geldmitteln. Sie sagen, die Peripherie solle doch auf die zentrale Ordnung einwirken. Die Information soll plötzlich von unten nach oben fließen. Das mag das Produktionsvolumen betreffen. Wenn viel konsumiert wird, wird viel produziert. Es fließt viel Geld, und es wird viel Profit gemacht. Vieles wird aber nicht einmal gebraucht. Es wird nur konsumiert. Sie konsumieren als Freizeitbeschäftigung, weil der Druck dazu besteht.

Der Verbraucher soll es richten. Das ist eine Erfindung dieser Menschen. ICH verurteile niemanden. Wir alle wissen, dass es sich um reine Gebilde aus Daten handelt. Felder mit Feldstärken, Strukturen, in welchen Information in Form von Materieäquivalenten fließt, Gravitationsmuster und Positionen wechselwirkender Felder. Jegliche Feldaktivität kann als Option der Gehirnphysik gewertet werden, die der Vernetzte vermeintlich zu beherrschen glaubt. Diese Nebelhülle aus Daten weiß, wer oder was er im Augenblick gerade macht und ist. Sie gehören diesem Datenriesen an. Sie sind ein Teil desselben. In welchem Strome der Mensch treibt, mancher rudert, und was die Person zum Ausdruck bringt, wird von diesen Datenkonfigurationen, den Feldern und eingelagerten individuellen Größen, geleistet. Die Worte bringen nur die aktuelle Konstellation der Materieverhältnisse zum Ausdruck. Steht Materie gegen Materie erzeugt es Hass. Treibt man im gleichen Strome kann ein gemeinsamer Weg auch zur Liebe werden. Das individuelle Kriterium ist in einem geistigen Phänomen organisiert.

ICH weiß selbst, dass es kaum möglich ist, zu verändern. Der Geist klebt an den Materieverhältnissen. Stellt man seine Gehirnfunktionen auf diese Positionen ab, führt das immer wieder nur zu Lösungsansätzen, die erneut die gleichen Positionen enthalten. Dann verlagern Sie die Verantwortlichkeit in den peripheren Raum. Der Konzern dominiert den Raum einschließlich des Verbrauchers. Dadurch, dass Sie den Verbraucher in die Verantwortlichkeit erheben, hüllen Sie das Kerngebilde in eine Datenhülle. Die Produktionszirkel tarnen sich. Damit werden sie unantastbar. Wir wollen die Struktur und den Aufbau des Gebildes diskutieren. Einem Raum dieser Stabilität sollte eine neue, sozusagen künstliche Materieform zu Grunde liegen. ICH rücke die Produktionsorte in das massereiche Zentrum. ICH sage, die massereichen Gravitationsmonster sitzen tief im Kern. Dann werden sich Konfigurationen geringerer Materiewerte anschließen. Das sind die Vertriebsstrukturen, Filialen, welche die Verbraucher bedienen. Dann schließen sich die Haushalte an.

ICH betrachte den Datenkörper und muss ein exaktes Verhältnis der Massen annehmen. Es dürfte sich um ein Prinzip handeln. ICH nutze den Äther als Mittel zur Überbrückung von Zeitfenstern. Ein Teilchen der Physik, soeben kreiert. ICH packe drei Kategorien, den zentralen Konzern, die in der Fläche verteilten Filialen und die Verbraucher beispielhaft in einen Korpus. Um daraus eine Feldeinheit zu machen, die einem Teilchen nahekommt, kaschiere ich das gestörte Verhältnis der Kategorien mit verschiedenen Dichten des Äthers. Es gelänge so auch Zeitverhältnisse hinzubiegen. Die Verhältnisse müssten klar dargelegt werden. Im Augenblick tendiere ICH zu sagen, dass auf Grund der hohen Volumina, die bewegt werden, die Herstellung von Produkten aus Rohstoffen schneller geht, als ihr Transport zu den Filialen, und sich noch schneller ereignet als der Einkauf der Haushalte.

Innerhalb des definierten Teilchens korrelieren die Materieströme. Die Materieströme der verschiedenen Kategorien werden parallel verwaltet. Die Kriterien werden sich folglich bei der Verrechnung im Feld entweder ausdehnen oder verdichten müssen, um die Harmonie als Feldeinheit zu gewährleisten. Zu bedenken ist, dass wir den Raum an sich zu beschreiben haben. Der Status Quo soll, obwohl alle Materieereignisse in einem Partikel gefasst sind, noch einheitlich organisiert erscheinen. Folglich führen wir die äquivalente Feldinformation der Kategorien gestaucht oder auch erweitert in einem homogenen Feld zusammen. Die bewegte Materie könnte sich wie Feldlinien um den Korpus anordnen. Verschiedene Ätherdichten erlaubten uns die Ereignisse so in der Zeit aufeinander abzustimmen, dass es im Raum keine Brüche gibt und alles harmonisch ineinanderfließt.

Der Zeitfluss scheint sich hier senkrecht darzustellen, vermutlich innerhalb des Gravitationsfeldes. Die Architektur der Zeit mündet in einer Vereinigung der Felder. Die Felder fließen in den Status Quo ein. Hier wird die vertikale Zeit zu einer horizontalen, sprich die Programmierung des Status Quo auf der Quantenebene zeigt ihr Gesicht in einer Oberflächendynamik. Die unterschiedlichen Ätherwerte der Kriterien erreichen innerhalb des Status Quo die normale Dichte eines Materieäquivalents. Das gesamte Oberflächengeschehen ist ein dynamisches Gemenge. So können die verschiedenen Kategorien des Status Quo parallel verwaltet werden, auch wenn die Materieverhältnisse nicht exakt stimmten.

ICH betrachte ein Verhältnisprinzip der Massen als gegeben. Die schweren massereichen Ströme tief im Kern korrelieren mit Materiewerten mittlerer Masse und diese mit den Werten der Verbraucher. Hätten wir aber tatsächlich einen mehr oder weniger stabilen Feldkörper aus diesen drei Kategorien anzunehmen, so sollte wir auch eine gewisse Dynamik des Gefüges annehmen. Auf Grund der gemeinsamen Architektur und den Eigenschaften der Felder kann sich keine der Kategorien isoliert verhalten und es stößt ein Ereignis das andere an. Was eventuell von Bedeutung sein könnte, sind die verschiedenen Ätherdichten der Ereignisse. Folgte man einer Geraden vom dichten Äther in Bereiche geringerer Dichte, so könnte man irgendwie so etwas wie ein Bestreben festmachen, das die Ereignisse in dieser Form ablaufen lässt. So könnte man feststellen, dass die geringeren Ätherwerte ablaufen wollen, wenn die maximalen Ätherwerte dieses auch tun, etwa die Botschaft »wir geringen Werte laufen ab, weil wir damit die Ereignisse der dichteren Ätherwerte speisen«, als fahre die Lok an und ihr Zug setzte sich bis auf den letzten Wagon fort. Hier ist es aber umgekehrt. Der letzte Wagon stößt die Bewegung an. Zumindest trägt das Gefüge dahinter diese Tendenz in sich – vor dem Hintergrund der Gleichzeitigkeit im Status Quo. Sicher besteht auch ein Zusammenhang mit der Schwerkraft. So sähe die geschaffene Einheit auf der Quantenebene aus, welche der Mensch zur Beschreibung des Raums verwendet. Vereinfacht gesagt: »Wo gefahren wird, da wird auch gefressen.« Das sagt der Verhältnissatz über den Verbraucher aus. Der Mensch ist die schwächste Größe in dieser künstlichen Architektur. Er gleicht der Feldaktivität weit abseits der Kernordnung. Hier lassen wir die Kernordnung ausschleichen. Die Zufuhr von Nahrungsmitteln ist die letzte der Kategorien, die erfüllt werden muss, um die Verhältnismäßigkeit der Massen in dem Korpuskel sicherzustellen. Essen gilt hier als Bestanteil der Ordnung.

ICH sehe, dass sich die Konzernrepräsentanten die Verbraucherräume anschließen. Eine Verantwortlichkeit des Verbrauchers kann dann auch nur für den Geldfluss angenommen werden. Viel Geld fließt dabei an die Herren, welche ihrem Sein als Konzernrepräsentant gerne auch noch die Verbraucherräume hinzufügen. Indem man einen Kreislauf aus Geldmitteln und Warenwerten instrumentalisiert, lenkt man von den Konzernwerten ab. Wir haben jetzt den Konzerndaten im Ich der Repräsentanten die Verbraucherräume angeschlossen und indem wir den Verbraucher in die Verantwortlichkeit gehoben haben, verantwortlich das Geld für die Bosse zu erwirtschaften, gleichzeitig eine Struktur von Geldströmen und Warenwerten installiert, in welchen die Konzerndaten scheinbar unter den Tisch gefallen sind. Auf diese Weise tarnen sie ihre Machenschaften und schützen ihre Existenz. So war das natürlich nicht gemeint. Nur weil Sie uns die Konzerndaten verschweigen, handeln sie doch nicht automatisch vorsätzlich oder grob fahrlässig. Das habe ICH nicht gesagt. Das entstammt Bereichen ihrer eigenen Erkenntnisfähigkeit.

Ihre Tarnung fliegt auf, wenn wir uns ansehen, wofür Sie das Geld benötigen. Darin zeigt sich das Verbraucherverhalten, wovon Sie behaupten, es solle die Welt regieren. Jetzt bitte ICH Sie, die Produktionsgüterformierung einmal hinter sich zu lassen und diese in Ihre Verbraucherwerte zu wandeln. Die Ich-Instanz Ihrer Person spannt den Raum nun mit Werten des eigenen Konsums auf. Der Verbraucher soll es denn auch richten.

Das Geld darf nicht mehr entfremdet werden. Die Gewinne müssen in die Hüllenstruktur fließen. Die Lebensräume der Verbraucher müssen gepflegt werden. Der Aufbau einer Biodiversität mit höchsten Artenzahlen wird zur Aufgabe der Gesellschaft. Die Gewinne, welche diese Art der Datenkonfiguration abwirft werden für den korrekten Betrieb der Hülle aufgewendet. Wir sollten den Begriff und Zustand ´ Betreiber der Hülle ` einführen. Wir sollten viele der Arbeitplätze in diese Bereiche verlagern. Ein ordentlicher Betrieb der Hülle ist zu gewährleisten. Dazu gehört die Reinhaltung der Böden für ein gesundes Trinkwasser. Der Anbau von Lebensmitteln in Bioqualität wird Gesetz. Im Bereich der Landwirtschaft und Landespflege werden Arbeitsplätze geschaffen. Die Gewinne, welche unser Gottesteilchen abwirft, werden in den Verbraucherraum investiert. Der Erhalt, die Pflege, der Auf- und Ausbau lebenswerter Strukturen ist das Ziel. Das Gehirn für kontraproduktive Standpunkte zu belohnen ist der Vernunft gewichen.

Nach Immanuel Kant gilt es so zu leben, dass es als Maxime für alle anderen gelten kann. So nehmen sie doch ihre Lebensverhältnisse und fordern den Ausbau dieser Strukturen. Es ist doch nicht notwendig sich um die Existenz derer zu bemühen, die sie mit Geldmitteln versorgen. Der Grad ihrer Notwendigkeit sorgt doch selbst für den Erhalt der Struktur. Wenn der Verbraucher an allem schuld ist, dann definieren sie sich doch einmal als Verbraucher. Lösen sie ihren Geist von den Produktionsgütern und den angeschlossenen Verbrauchern. Wir wollen sie als Verbraucher kennen lernen. Der Verbraucher soll es richten. Das weist tatsächlich in die richtige Richtung. Wir suchen den Verbraucher in ihnen. Dieses sind die Datensätze, die zu vertreten, wir uns von den Regierenden wünschen. Seien sie Verbraucher! Entscheiden sie sich für diese Verhältnisse. Das sind

Lebensverhältnisse! Dann gelingt es, wie Kant fordert, die gelebten Strukturen in ihrer Wertigkeit heraufzusetzen, zu fördern und auszubauen.

Die Konzernstruktur ist nur existent, solange sie dem peripheren Raum diktiert. Nur die Bosse können aus dem Verbraucherraum heraus die Unternehmen lenken. Nur die Bosse können die Verbraucherräume gesund und lebenswert halten. Ein Diktat ist nur solange möglich, wie ihre Geister an den Materieverhältnissen der Betriebsstrukturen kleben. Erlauben wir uns mit künstlichen Kerngebilden auf die Peripherie einzuwirken oder dem Raum eine Form aufzuerlegen, dann fügt man den bestehenden Systemen Schaden zu. Eine Umkehrung ist nur möglich, wenn sich der Materiebezug ihrer Gehirne grundsätzlich verändert. ICH fordere eine Verlagerung des Materiebezugs in die Verbraucherräume. ICH wünsche mir die Gehirne unserer Entscheidungsträger von Daten einer korrekten Lebensmittelherstellung hinterlagert. ICH wünsche mir mehr Lebensqualität. Das Menschsein an sich sollte zum wichtigsten Inhalt geistiger Aktivität werden. ICH möchte aus Ihnen natürlich keine Psychopathen machen. Die Datenarchitektur, die Sie sich antrainiert haben, verfügt über ganz großartige Feldoptionen, einer Feldstärke weit über dem natürlichen Gefüge. Manche Aussagen sind dann auch nur noch zu dulden, weil wir wissen wie tief der Morast ist, in dem Sie stecken. Einen Vorhang aus Geldmitteln vorzuziehen, mag das Gewissen beruhigen. Ein dickes Bankkonto enthebt Sie aber nicht der Verantwortung. Wir alle wissen, dass das was ein entsprechender Hintergrund, ihrem parallel aufgesetzten Gefüge an Worten abringt, sehr wohl als wahnhaft ausgelegt werden kann.

Vor dem Hintergrund korrekt ausgeführter Hintergrundwelten, zwingt sie ihr, ins Irrseits der Materieverhältnisse gerückte Geist zu Worten, die dem Volk als Wahrheit nicht mehr zu vermitteln sind. Man könnte auch sagen ihr Handeln bedroht den Menschen mit dem Tod. Es ist zu sagen, dass die Differenzen der künstlichen Wirtschaftsgebilde und den Feldern der Lebendmatrize zuweilen zu groß sind, um noch gemeinsam in den Status Quo zu münden. Die entwickelte Hochtechnologie wird zu einer Gefahr für den Körper. Die beiden Datengefüge konkurrieren miteinander. Die Lebendmatrix ist mit der künstlich geschaffenen

Menge nicht kompatibel und doch sollen beide in den gemeinsamen Raum münden. Die Konkurrenz der beiden Systeme macht sich bemerkbar. So erscheinen die Wirtschaftsprotokolle vor dem Hintergrund der Lebendmatrize oftmals psychotisch entfremdet. Das führt zu einer Bedrohung aller Lebenden. Die Aussagen dieser Menschen, na, was soll ich sagen, vielleicht sollte man diesen Forschungszweig und diese Form der Materieverhältnisse ganz einfach einstampfen.

Da hat man oft den Eindruck, man ist auf etwas sensationell Neues gestoßen, und dann erkennt man ganz plötzlich, dass das Gesagte auf einen Bereich des Materieraums passt. Es ist wie eine exakte Passung. Man sieht, dass sich das geistige Gebilde plötzlich an den Raum anlegt, irgendwie einrastet. Vor diesem Hintergrund blitzen die wahren Strukturen des Jetzt für einen Moment auf. Der Materieraum, so, wie er ist, war von mir nur gut beschrieben und liegt als solcher bereits vor. Das könnte der Fall sein, wenn man die Positionen der Individuen fasst. Der Datennebel, der sie während meiner Arbeiten umhüllt ist wie ein leichter Anflug von Schizophrenie. Natürlich werden sie mich nicht als das ihre erkennen. ICH strahle allenfalls durch ihre Arbeitsbereiche in ihr Ich ein. Die Individuen dürfen ihre Arbeitsbereiche und Leistungsgrößen in meinem Datengefüge hochfahren. Und plötzlich bemerke ICH, dass ICH große Bereiche des Makrokosmos beschrieben habe.

ICH denke, das ist eine Wissenschaft jenseits des Messbaren. Eine Versuchsanordnung bestünde darin, die geistigen Arbeitsschritte zu programmieren. Es ist wichtig, sich immer wieder auf das Datengefüge zu beziehen, von Strukturen des Korrelierenden Systems zu sprechen, Daten zu Inhalten zu verschmelzen und diese in Architekturen des Geistes zu archivieren. Und plötzlich, siehe da, passt der Datensatz auf den Makrokosmos. Wie schreibt man, um zu verändern? Wie kann man die Struktur des Hintergrunds darlegen? Wie für alle verständlich machen? Wie lässt sich die Struktur des Hintergrunds neu programmieren? Immer wieder lehrt mich die Erfahrung, dass Motoren ihren Dienst versagen, weil hier Daten in einer Weise zu lebenden Architekturen verarbeitet sind, dass dieser doch relativ bescheidene Datensatz der Hochtechnologie parallel nicht verwaltet werden kann. Ein Paar Marienkäfer, ein paar Hamster oder eine Ringelnatter, die mit ihrem gelebten Datensatz einer weiteren Bearbeitung durch die Motorenarchitektur im Wege stehen. Es scheint, dass die Elektronik oder der Zündfunke für den Makrokosmos nicht oder nur ungenügend stabil definiert ist. Der Datensatz der lebenden Architektur, vermutlich auch das gelebte Sein konkurriert auf der Quantenebene mit dem Datensatz der Motorsense. So schließen sich technische Funktionen bereits auf der Quantenebene aus und sind für den Makrokosmos nicht definiert. Der Zündfunke verlässt die Bahn seiner Funktion. Ist das ein Wissen, das wir brauchen oder eine Erfahrung, die uns beschämt und die wir nicht haben wollen.

Anscheinend gibt es Gefügebeziehungen innerhalb des Artenhaushalts, die so stark zusammenhalten, dass Motoren an diesem Zeitort nicht ausreichend stabil definiert sind. Die Motoren stottern, zünden fehl, gehen aus und springen so auch nicht mehr an. Zwei Datenordnungen konkurrieren. Das Sein des einen schließt das Sein des anderen aus. Die Selbstisolation, in die sich der Mensch aufmacht, hat Vorbildfunktion. Der gravitationsreiche Datenkörper des Menschen erzeugt bereits auf der Quantenebene künstliche Strukturen. Die künstlich beschleunigte Materie wirft Grenzgebilde auf, noch bevor wir ihre Folgen im Makrokosmos diskutieren dürfen. Die Beschleunigung ist dabei das größte Hemmnis, um erfolgreich Beziehungen einzugehen. Das Problem gilt vor allem auch für die geringeren Arten. Weniger massereiche Ordnungen verlieren in den Kategorien der beschleunigten Menschheit selbst das Maß für die Zeit, werden mitgerissen und hinweggefegt. ICH spreche von den Datenlagen auf der Quantenebene. Die natürlichen Beziehungen der Artengesellschaft leiden. Das menschliche Konstrukt bedingt auch die Orientierungslosigkeit der Lebewesen. Die, weil ausgeschlossen und ungenügend vernetz, nicht mehr nur keine Nahrung finden, sonder auch die Nahrung, die noch besteht nicht mehr finden. Hinzu kommt die unnatürliche Geschwindigkeit, die das menschliche System auferlegt.

Wir brauchen die Erkenntnis, dass der Geist eine Vielzahl nichtmenschlicher Komponenten enthält. Bedenkt man das orientierte Wachstum des Embryos, bei welchem die Daten des Materieraums ausgelesen werden, steht einer nachfolgenden Entwicklung des Geistes in der orientiert gewachsenen Form nichts mehr im Wege. Wir erobern die externe Welt, ein jeder auf seine Weise. Man erwirbt mit den Jahren einen gewissen Reichtum an Daten, die im günstigsten Fall mit dem Körper harmonieren. Der Geist besteht nicht nur aus menschlichen Komponenten. Eine ungeheure Vielzahl an neuronalen Netzwerken und Sinnesarchitekturen erheben ständig Daten. Sie erzeugen in ihrer Gesamtheit ein Bild des Raums, extern wie intern. Wir sollten uns vor Augen halten, dass wir nicht nur den externen Raum organisieren, sondern auch den internen Raum. Veränderungen des Status Quo betreffen folglich auch die internen Vorgänge unseres Körpers.

Ein Modulieren der Felder erlaubt stets neue Ansätze, die ausgelesenen Daten in veränderter Lage erneut einzuweben. Man erreicht verschiedenste Adaptionsgrade des Datenmaterials an den Status Quo. Die eingehenden Daten verschränken sich in Feldern. Es kommt zu einer Bildung von Strukturen, die die biologischen Gewebe hinterlagern. Diese gewachsene Einheit aus Daten des Status Quo und der biologischen Hardware konfrontiert unser geborenes Kind mit den einsetzenden Sinnesleistungen. Es bringt Koordinaten und Schnittstellen in den gegebenen Fundus an Daten ein. Diese entwickeln sich in zunehmendem Maße zu einer Beschreibung des Raums, zu einem eigenständigen Bild von der Welt. Dieses geistige Konstrukt aus Daten dient der Orientierung im Leben. Es liefert uns die geistigen Grundlagen, die Welt zu beschreiben und damit auch zu erkennen.

Es ist schwer zu sagen, inwieweit die orientiert gewachsenen Datenverhältnisse seines Organismus in den Aufbau der geistigen Bereiche hineinwirken. Aber ICH möchte annehmen, dass sich die eingehenden Sinnesreize vor dem Hintergrund des orientiert gewachsenen Gewebes behaupten müssen. ICH möchte sagen, dass die Hintergrundmenge des Organismus um den Sinneseingang einen Raum aufspannt. Die wirkenden Felder der Hintergrundmatrix bauen die eingehenden Sinnesleistungen zu einem Gebilde des Raums aus. Diese Werte des Raums organisieren sich in Feldern. Sie bilden Strukturen des Machbaren.

Das sind auch Strukturen des Denkens. Einfache Feldoptionen der Ergebnisbildung. Die entstehenden Felder und Datendichten sind Strukturen der Gehirnfunktion. So entstehen verschiedenste elektromagnetische Werte. Sie haben alle ihren Ursprung im Bereich der Sinne, orientieren sich dann aber an den gewachsenen Körperprotokollen. So gelangen wir zu Formen der Betrachtung des externen Raums, welche mehr oder weniger ausgedehnt, den Feldern unseres Organismus entsprechen. Wir haben also die Möglichkeit uns in alle Bereiche des Raums einzuhacken, und bleiben doch im Rahmen der funktionellen Felder unserer Organlagen.

Wir könnten auch sagen, dass wir den Sinneseingang sehr viel ausgedehnter innerhalb des Raums angelegt sehen. Dieses wäre eine Folge des Summeneffekts, eine das Kriterium übergreifende Größe. Das Hintergrundfeld der organischen Substanz, und das Materieereignis unseres Organismus, das als Overlay dem Hintergrundfeld aufsitzt, verfügten die erweiterte Betrachtung des Sinneseingangs und seine Anlage im Raum wie es den funktionellen Systemen unseres Organismus entspräche.

Natürlich stellt sich die Frage nach der Zusammensetzung der Felder. Wer sich aus dem eigenen Garten mit Kräutern und Salaten versorgt, das umgebende Leben und seinen Lebensraum schützt, pflegt und erhält, wird keine große Gefahr für das Leben darstellen. Aber der Rückbau der Biosphärenbeziehungen wird lebensbedrohlich. Weil das externe Engagement, das der Mensch zeigt, nicht mehr die notwendigen Daten für das Leben enthält. Isoliert und ihrem Sinn enthoben, in der Zeit verzerrt und versetzt, werden die Kriterien zur Erkenntnismasse neuer Technologien. In dieser Konstellation zeigen die Kriterien ihre vernichtende Wirkung. In dieser Formierung programmieren sie den Materiehaushalt neu. So versucht der Mensch die Wege und Mittel der Vernichtung als sinnvolles Element der Lebensbewältigung und im Hinblick auf seinen Organismus als nützliches Korrelat zu verkaufen.

Auf dem Strome der Vernichtung treibt der Mensch seinem Ziel entgegen. Irgendwann ist der Datenmantel der Lebendmatrize so dünn, dass die orientierte

Auslese während des embryonalen Wachstums nicht mehr das Datenmaterial vorfindet, welches zum Aufbau des Organismus notwendig wäre. Der Wert der ausgelesenen Kriterien reduziert sich mit jeder Art, die am Beziehungsgeflecht um dieses Kriterium beteiligt war und als Datenerbringer entfällt. Welche Daten führen wir also zur allgemeinen Koordinierung unseres Körpers im Raum zusammen und welche ziehen wir zur Lösung von Problemen heran? ICH nehme an, dass wir einen Großteil der zum Aufbau der Felder benötigten Daten der gelebten Umwelt entnehmen. Es werden hauptsächlich externe Größen sein, welche die Felder prägen. Wir berufen uns auf das natürliche Korrelieren geistiger Aktiva und ihr Wechselwirken innerhalb eines Gesellschaftsgefüges.

ICH versuche daher, den Datensatz meiner täglichen externen Welt in maximalen Gleichklang und natürliche Harmonie mit den gewachsenen Inhalten meines Körpers zu bringen. Zeigt sich eine Erkrankung, so gehe ICH davon aus, dass die benötigten Datenanteile, welche der Funktion des Organs hinterlegt sind, in falschen Verhältnissen vorliegen. Möglich ist auch, dass sich auf Grund einer geringeren Anzahl von Kriterien eine Schwächung oder ein Ausbleiben von Effekten und auch der gewohnten Funktion einstellt. ICH blicke hier auf das Wirken eines Medikaments, wie es meine Art des Seins erlaubt. ICH möchte hier von einer Tiefenwirkung sprechen, weil es sich um Daten handelt, welche die funktionellen Felder unserer Organe betreffen. Aber erst die Architektur ihrer Summe lässt uns die menschliche Anatomie erkennen. Hier herrscht eine oberflächliche Äquivalenz der Daten mit den biologischen Geweben und der darin bewegten Materie. Die Prozesse des Lebens sind den Strukturen des Summenfeldes äquivalent. Das ist es was wir an Biologie direkt vor Augen haben. Aber abseits der biologischen Funktion, wo die zentralen Kräfte und das zentrale Ereignis der Funktion ihre Ursprünge haben, können durch fehlerhafte Materiebezüge Irrtümer entstehen. Warum sich im Raum unangebrachte Positionierung unseres Geistes einstellen will ICH hier nicht erörtern. Diese fehlerhaften Positionierungen im Raum führen zu veränderten Summenfunktionen. Die

Ereignisse der Organe laufen nicht mehr in ihrer Präzision ab. Die Funktion ist beeinträchtigt. Man ist erkrankt.

In der Tiefe der Architektur liegen die Anfänge der Evolution. Die Funktion des Organs wurzelt auf vielfache Weise im Materieraum. Deshalb spreche ICH von einer Tiefenwirkung, die wir hier brauchen, um das zentrale Ereignis gesund darzustellen. Es gilt die Urdaten wieder herzustellen. Der korrekte Materiebezug innerhalb des Materieraums liefert die Basisdaten für die Funktion der Organe. Nur vor einer korrekten Zusammensetzung der Daten stellt sich das zentrale Ereignis der Organe gesund dar. Oberflächlich nenne ICH das, weil wir nur auf der Spitze der Summe korrekter Daten (genetisch veranlasst) diese totale Hinterlagerung der organischen Substanz erreichen. Es gibt ein Optimum an Äquivalenz. Am Anfang stand die gewachsene Orientierung. Die optimale Hinterlagerung der Gewebe ist eine orientiert gewachsene Menge. Die embryonale und fötale Entwicklung orientiert sich an dem Materieraum. Diese gewachsene Orientierung entspricht unserer Geisteslage, bevor wir die Welt mit unseren Sinnen zu erkunden, mit Sprache auszudrucken und mit Mathematik zu beschreiben versuchen.

Erst die geistige Entwicklung bringt etwas Leben in die Beziehung zwischen dem Körper und seinen Hintergrunddaten. In der Regel führen die oberflächlichen Betrachtungen der Summenereignisse zu keinen größeren Problemen. Die Wurzeln der Ereignisse liegen sehr viel tiefer in der Architektur des Datenhintergrunds und entziehen sich der Betrachtung durch die normalen Sinne. Ein einseitiges externes Engagement kann natürlich schon zu einem Problem für die vernetzten Werte in der Tiefe werden. Vermutlich immer dann, wenn die Kriterien des gewachsenen Datenhintergrunds über ihre natürliche Verwendung im Gefüge dauerhaft in den Raum erweitert betrachtet werden müssen. Eine dauerhaft erweiterte Betrachtung von Kriterien einer Funktion könnte störend auf die Funktion selbst wirken. Dauerhafte Verlagerungen des Bewusstseins konnten entstehen, wenn damit Positionen des Korrelierenden Systems erfolgreicher arbeiteten. Die Erweiterung eines Kriteriums über den natürlich genutzten Rahmen der

Funktion hinaus wäre von Ladungen und Gravitation eines externen Engagements verursacht. Ein dauerhafter und fremdartiger Systembezug zöge allgemein einen veränderten Bezug der Bewusstseinsmasse um das Kriterium nach sich. So ist anzunehmen, dass ein externes Engagement und das Korrelierende Gesellschaftsgefüge auch auf den Datenhintergrund der organischen Substanz, welchem das Kriterium auch angehört, zu wirken beginnen.

Eine Schwächung bzw. Störungen der Physiologie sind anzunehmen. Die Verschiebung der Bewusstseinsmasse in andere Bereiche hätte andere Datenlagen zur Folge. Der veränderte Materiebezug veränderte die Qualität der Funktion. Wir sind uns der Möglichkeit bewusst, dass wir medizinisch Daten hinzufügen und die funktionellen Felder wiederherstellen können. Ein Missmanagement auf der Datenebene durch erworbene geistige Lagen, fehlerhaft wirkende Positionen anderer Art, zum Beispiel Aussagen Dritter oder Positionen des Korrelierenden Systems, werden medikamentös überbrückt und im Hinblick auf die Funktion in ihrer Wertigkeit zurückgesetzt.

Parallel hierzu zeigt sich natürlich auch ein verändertes Denken. Wir liefern dem Geist und damit seiner Hintergrundarchitektur nur ein paar Daten, und schon läuft der Organismus wieder rund. Ganz grob gesagt, verabreiche ICH ein Medikament, verabreiche ICH die Struktur des Konzerns. Wir adressieren die Herstellungsverhältnisse um das Medikament an ein Organ. Ganz genau gesagt sind es die Feldäquivalenzen und Daten der Materie, welche die Vorgänge innerhalb des Konzerns exakt wiedergeben, die wir dem Organismus zuführen, wobei wir die geschwächte Funktion besonders hinterlegt darstellen.

Der abstrahierende Äther, dieser der Trance ähnliche psychedelische Zustand, in welchen uns starke Biotopgemeinschaften aufnehmen können, ist doch ein Genuss, in welchen man gerne eintaucht. ICH fühle mich doch nicht manipuliert. ICH fühle mich von den göttlichen Datenmassen der Beziehungsgeflechte in meinem Sein erweitert aufgelöst, von meiner Alltagslast befreit und inspiriert. Für mich gibt es nur das Miteinander. Wenn ich in den andersartigen Datenkosmos eintauche, zur Entspannung zum Beispiel, dann heißt das nicht, dass ich verträumt an meinem Arbeitsplatz sitze. Dort bin ich selbst höchst konzentriert und erfasse den notwendigen Raum zur Koordination der notwendigen Abläufe.

Sie haben Angst davor, dass Sie der Datenäther der Natur einer anderen Bestimmung zuführt. Sie wollen sich vor einer Trance schützen, die ihnen das menschliche Treiben vernebelt. Eine Trance, die stärker ist als die geschaffenen menschlichen Kategorien der Testesser und Hochjubler und den Bürger der sinnlosen Alltagshetzerei enthebt. Die natürliche Biotopmatrix entkoppelt Sie. Das macht Sie nicht zu einem abgehängten Individuum, sondern zu einem freien Geist. Es gibt nur einen Status Quo und eine Lebendmatrix, die der befruchteten Eizelle zur Orientierung dienen. Jegliches Leben entnimmt seine Entwicklungsdaten dem Status Quo. Die Entspannung tut gut. Es ist gesund, in seinen eigenen Entwicklungsdaten zu baden. Sie fürchten es, aus diesem Rauschzustand der Datenbeziehungen nicht mehr klar hervorzugehen. Sie tun ja gerade so, als verlören sie Ihr Hirn an die Tier- und Pflanzenwelt und fänden Ihr Smartphone nicht mehr. ICH habe mich damit abgefunden. Ein ordinäres Festnetz tut es auch.

Die Selbstisolation des Menschen scheint diese Probleme zu lösen. Wenn da nichts mehr anderes ist, dann manipuliert mich nichts, und es steht niemandem Nichts mehr im Wege. Dieser Niemand aber ist ein Datengebilde. Wie ICH schon sagte, das Verhalten, die Meinung und Haltung hängt grundsätzlich von der Beschaffenheit der Geistkörper ab, die wir repräsentieren. Die Art und Weise wie man im Materieraum verankert ist bestimmt die Zusammensetzung des eigenen geistigen Konstrukts und letztlich auch das Gesellschaftskonstrukts. Es liegt also auch an uns selbst etwas auf die Beine zu stellen und Position innerhalb des Gesellschaftskörpers zu beziehen. Die tot manipulierte Masse fährt unter wechselnden Fahnen mit unterschiedlicher Geschwindigkeit auf demselben Kahn in dieselbe Richtung. Das Leben hängt oft nur an einem seidenen Faden. So manche Entscheidung ließe sich vor einem günstigeren Hintergrund errechnen und so mancher Sieg erringen, wenn die nötige Komplexität unsere Kernaussage hinterlagerte. Lasst uns also eine möglichst große Vielfalt an Daten erheben und sie zu einer lichtvollen Komplexität addieren, dass ein jeder darin sein Glück finde. Es sollte unser wichtigstes Anliegen sein, den Raum für Frage und Antwort gängig zu halten. Das wäre die Grundlage einer glücklichen Existenz aller hier verzeichneten Lebewesen.

Aber was haben wir geschaffen? Eine Menge von Ordnungen. Sie alle wollen durch Gesetzestexte, Verträge, Gebrauchsanweisungen, Richtlinien und Paragraphen stabilisiert sein. Man zwingt die gesamte Materie und die damit einhergehenden Daten auf spezielle Bahnen und versucht sie dort zu halten. Das Monster wird in seinem Kern immer dichter und massereicher. Sie schließen immer mehr Wesen aus. Darunter ist nicht nur die Vernichtung von Flora und Fauna zu verstehen, sondern auch der Ausschluss von immer mehr Menschen, aber auch weitere Ableitungen der wissenden Geistkörper zu fordern. ICH möchte es anders formulieren: Die Addition mathematisch ähnlicher Gebilde – verschiedene Fachbereiche und ihre Wirtschaftsgebilde – drängt immer mehr immer dichter in einem Kerngebiet zusammen. Das unvollständige physikalische Weltbild verhindert es, den Kreislauf zu schließen. Der Bereich zwischen Quantentheorie und Relativitätstheorie ist immer noch nicht definiert. Es wird hier sehr viel zerstört und umprogrammiert. Der Zusammenhang müsste aufgeklärt werden und das System verständlich gemacht werden. Nur so wird das Richtige erkannt und vermutlich auch umgesetzt.

ICH sehe die sich ausbreitende Dunkelheit. Liegt doch der Kern allen Übels in dem übergeordneten menschlichen Treiben. So gibt es eine Menge nutzloser Dinge, die der Biodiversität nicht von Nutzen sind. Die Existenz dieser Dinge im Makrokosmos dient dem Zeitvertreib. Das sind fehlgeleitete Interessen, um für andere Geldwerte zu schöpfen. Unser Handeln sollte eine maximale Artenvielfalt zum Ziel haben. Wir sollten den Bioanbau im eigenen Land allein wegen des Grundwasserschutzes und der vielen Arbeitsplätze bis an die Grenzen des Möglichen ausbauen. Was würde es für all die Menschen bedeuten, wenn man sie wieder mit Daten aus gesunden Lebensbereichen speiste. Nahrungsmittel. Lebensmittel. Verschaltete man die Menschen mit dem Lebensmittel in gestaltete Lebensbereiche der gesunden Vielfalt, so stiegen die geistige Gesundheit und auch die Immunleistungen der Konsumenten wieder an. Das kann schon sein, dass dieses auch die geistige Position, Haltung, Meinung und den Charakter der Person festigte.

Wollen Sie den Weg gehen? Weg von ausgebrannten leeren Hüllen mit freiem Willen hin zum wahren Menschsein. Es wird ein Datenkörper der Chemie- und Arzneimittelbranche sichtbar. Scheinbar ist das die Gefügeantwort auf meine Frage. ICH würde es als ein klares ›ja‹ deuten. Aber man hört mich kaum. ICH sage euch an dieser Stelle: Es sind Räume des Lichts, in die der Einzelne gebracht wird. Das sind befreiende Wahrheiten. Aber wenn sich das System erst etabliert hat und die entworfene Technik zur Anwendung kommt, beginnt es zu altern, wie die Gedankengebäude unserer Vorfahren. Wir werden unser Denken wieder an den technisch verursachten Materieströmen ausrichten. Dann wird das System wieder zum Gefängnis unseres Denkens. Kein Geist, und wenn er über Inhalte wie Aufbau, Herstellung, Recycling, von der Grundsubstanz verursacht und allgemein gegeben verfügt, wird darüber hinausblicken. Selbst wenn er mit Gottesteilchen hantiert und alles nur Mögliche zu verwalten und gleichzeitig zu betrachten im Stande ist, wird doch nur die gegebenen Ämter und Positionen ereichen.

Wenn wir es nicht schaffen, das Gefüge für uns arbeiten zu lassen, und wieder diejenigen das Sagen haben, welche sich die Taschen vollstopfen und unser aller Ressourcen verschleudern, dann wird die geistige Ordnung und neue Welt wieder in die der Geschäftemacher umgemünzt. Das sind die eigentlichen Schattenmacher. Sie glauben, sie müssen uns ihre Ideen diktieren und schaffen doch immer mehr Abgehängte, welchen sie auch noch die natürlichen Lebensgrundlagen und das natürliche Glück zerstören. Dann wird wieder einer kommen. Es wird der Eine sein. Ein Einziger, der sich der Inhalte der Individuen bedient, und den Raum als Ganzes aufspannt. Die Hardware unserer Technik wird ihre Position als Teil der gelebten Software verlieren. Dieser geistige Überbau wird die künstlichen Gebilde der Wirtschaft ihrer Macht entheben. Die Manipulation des Individuums in eine Richtung entfällt. Das Diktat technischer Funktionen endet.

Man geht in dem Einheitsraum der neuen Welt auf. Das Individuum befreit sich und sein Denken.

Bis zu seinem Kommen findet ein steter Rückbau der lichtvollen Komplexität statt. Die technische Hardware wird wieder zu unserm Gefängnis. Ein von technischen Funktionen und gepressten Einzelteilen determinierter Geist. Die Freiheit besteht nicht in der Zerschlagung der Technik. Der generierte Gesamtraum ist eine geistige Position. Gelingt es, dieses Materieäquivalent aus einer entsprechenden Bezugsmasse hervorzuholen, so bedeutet das die Gleichwertigkeit jeglicher Materie in dem bezeichneten System. Niemand betreibt eine eigene Existenz auf die Kosten anderer. Keine Konfiguration verdrängt die andere. Alle liegen sie im Erdsystem nebeneinander. Es ist eine geistige Fassung, die jeder Existenz seinen Platz im Erdsystem aufzeigt und belässt. Was, wenn der Umbau des Materiesystems zu gravierenden Veränderungen der Kernkräfte führt.

ICH sage, dass es sich hierbei um Leben handelt. ICH sage euch, dass Leben aus Leben hervorging. Das bedeutet es durchläuft bis zu seiner vollständigen Funktionalität eine gewisse Reife. Hierbei wird eine gegebene äußere Komplexität in innere Organsysteme umgerechnet. Der Vorgang der Befruchtung ist in eine Reihe von Feldäquivalenten integriert. Große Bereiche des Raums sind während dieses Vorgangs aktiv. Hier startet die Auslese des Materieraums. Die Teilung der Zelle setzen wir einer Dopplung des umgebenden Datensatzes gleich. Zu einem späteren Zeitpunkt der Entwicklung werden wir den begleitenden Datensatz als richtendes Protokoll des Wachstums erkennen. Wir sprechen dann von einem Orientierten Wachstum und einer Auslese des Materieraums.

Diese Art der Datenverwaltung lässt sich natürlich auch aus der Sicht der Physik betrachten. Wir sehen in der Verschränkung der Kriterien den Bauplan der Gewebe verwirklicht. Die Art und Weise der Verschränkung der Kriterien führt zu einer gewissen Feldaktivität. Die Feldaktivität beruht auf allen nur denkbaren Gesetzen der Datenverrechnung. Ein Bewusstseinsaspekt kann hier ebenso mit einem Materieäquivalent in Beziehung treten wie sich die Materieäquivalente in

Feldern zusammenfinden. Innerhalb der Feldaktivität lassen sich alle Kräfte und Wirkungen darstellen und beobachten, die wir aus der Physik kennen.

Der spezifische Gewebetyp unterliegt einem spezifischen Bauplan. Hier sind es vor allem die Kriterien, die entsprechende Muster des Raums mit sich bringen müssen, dass in ihrem Summenfeld entsprechende Begleitarchitekturen entstehen. Die Begleitarchitekturen können wiederum notwendige Kräfte und Ladungen in sich tragen, um mit anderen Stoffen in Wechselwirkung zu treten. Sie sehen, dass das Summenfeld die notwendigen Kräfte zur Hinterlagerung der biologischen Substanz und Masse hervorbringt. Die Qualität der Gewebe hängt von der hinterlegten Software ab. Man darf sich hier also getrost einer Vielfalt von Feldeffekten sicher sein, die aus den Beziehungen der Kriterien untereinander hervorgehen und die Funktionalität der Gewebe gewährleisten. Wir sehen Gottesteilchen, aber auch Kernkräfte, Ladungen und auch funktionelle Beziehungen, wie es zum Beispiel die Angel an das Wasser zieht. Das sind alles geistige Bilder, Kriterien, Elektromagnetismus. Eine Steckerverbindung herstellen, dass die Maschine ihren Energieverbrauch decken kann.

Die Verbindung aus Quantenraum und Relativitätsraum gelänge, wenn wir die gleichzeitige Darstellung der Materieverhältnisse auf der Quantenebene zuließen. Wir sprächen von einem Materie- oder einem Feldäquivalent der Materie. Wir benutzten den Begriff Feldaktivität, der auch das Miteinander der Gottesteilchen fasst. Dieses enthielte natürlich auch die Möglichkeit geistige Phänomene, entwickeltes Wissen und andere geistige Konstruktionen wirksam auf der Quantenebene anzusiedeln. Wir nennen diesen Vorgang orientiertes Wachstum. Wir lesen den Materieraum aus. Wir erzielen die Gleichzeitigkeit des Raums. Die Formulierung der Grundsubstanz ergibt die Materie. Sie gibt der Erde ihre Gestalt. Der Mensch ist ebenfalls eine Formulierung der Grundsubstanz. Hier sind jedoch Kriterien unseres Interesses, wir nennen sie auch Feldäquivalente der Materie, in Informationsgebilden zusammengeflossen. In ihrer Gesamtheit hinterlagern sie den menschlichen Körper. Wir haben hier eine Software, die sich äquivalent zu ihrer Hardware verhält. Von einigen Betonungen und Wertungen, die ihn als Art charakterisieren, abgesehen, ist der Mensch also ebenfalls eine Datenlösung. Das nenne ICH die Gleichzeitigkeit des Raums. Man könnte den Menschen in Parameter des Raums aufschlüsseln. Wir erhielten eine Beschreibung des Materieraums mit einigen Betonungen, wie sie der Art eigen sind.

Der Entwicklung aller Arten ist die Orientierung am externen Raum eigen. Am Anfang sprechen wir noch von Aspekten des Bewusstseins. Externe Verhältnisse wirken auf die Mikroorganisation der Mikroorganismen ein. Aber auch das reine Wechselwirken von Feldern, aufeinander einwirkender Körper, darf als sensorische Auslese gedacht, als Aspekt des Bewusstseins gesehen, in die interne Software integriert und mit einer Wirkung auf die Hardware einhergehend, betrachtet werden. Der Mensch ist eine Datenlösung, formuliert aus Komponenten des Materieraums. Das Summengebilde, in welcher die Substanz geordnet, und dem Menschen in der Form einer Datenlösung entspricht, erweist sich als sehr individuell. Sie unterliegt dem eingeschlagenen Weg, der sich aus Sympathien für gewisse Verhältnisse des externen Raums ergibt. Dieses spricht die Differenzierung der Arten während der Evolution an. Erarbeiten sie sich auch ein paar Extremwerte der eingehenden Interessenslagen. Es meint aber auch den Weg zu einer spezifischen Beschaffenheit der Seele.

Die Bildung der Seele geht ebenfalls mit intensiveren Bezügen innerhalb des Materiehaushalts einher. Wie sehr hierbei die Konkurrenz hereinspielt oder sich der Wille zur Macht zeigt, bedarf keiner wissenschaftlichen Arbeit. Wir erlauben uns einen gewissen Einfluss der Gesellschaft anzunehmen. Nicht alle gehen neue Wege. Viele bleiben auf den alten Pfaden und verzichten auf die Teilhabe an der Gesellschaft. Ihre geistigen Positionen sind oft überholt. Das alte Denken und Reden ist nicht mehr gesellschaftskonform. Die getroffenen Aussagen auf dieser Grundlage tragen keine Früchte. Es gibt keine Nachkommen. Diese Lebensformen, dieses Sprechen und Denken werden anderen Formen weichen.

Der Vorgang der Seelenbildung gleicht einem dauerhaften Interesse an der externen Welt. Sich eine Adaption an gewisse Materieverhältnisse zu erarbeiten oder sich innerhalb gesellschaftlicher Zwänge zu bewegen ist der Weg eines jeden. Die Weise die Umwelt wahrzunehmen hängt von der Beschaffenheit der Sinnesorgane ab, führt dann aber auch über die Datenbanken der analytischen Instanzen. Diese Ätherfelder und tieferen Seelenlagen führen zu einem spezifischen Denken und Wahrnehmen der Welt. Die Einordnung der externen Verhältnisse ist damit eine bereits gegebene. Dieses sind orientiert gewachsene, vererbte und erworbene Muster. Der Materieströme darin werden wir nicht mächtig werden, aber wir sehen Feldqualitäten, die sich immer und immer wieder zu Ergebnisräumen gleicher Qualität und Beschaffenheit aufrechnen. Diese Qualia bestimmen das Denken und Sprechen der Individuen. Diesen Qualia ist bereits die Wahrnehmung eigen. Es ist daher schwierig die Datenbanken zu verändern. Von der gegebenen und gewohnten Wahrnehmung so weit und vor allem dauerhaft abzurücken, dass die Felder auf Grund eines Datenüberhangs modulieren, wird selten gelingen.

Setzen wir der natürlichen Architektur auf der Spitze der Evolution den gegenwärtigen Status Quo entgegen. Der Wandel des Materieraums ist zu berücksichtigen. Wir sollten bereits während des orientierten Wachstums Rückschritte in unserer Gewebearchitektur einkalkulieren. Die Qualität der Gefügearchitektur nimmt ab. Die gewohnte Datenlast und die Komplexität ihrer Vernetzung reduzieren sich auf Grund des Artenschwunds. Die gegenwärtigen Freuden unserer Spaßgesellschaft, ihre Sichtweisen und Werte in einem Konstrukt verarbeitet zu sehen, produzieren dann auch die entsprechenden Ableitungen. ICH erwarte Defizite auf der feinstofflichen Ebene. Unregelmäßigkeiten in der Wahl der Kriterien und ihren Vernetzungseigenschaften bestimmen die Quantengravitation und reichen als Summenarchitekturen auch in höhere Eigenschaften der biologischen Gewebe hinein. Ganz allgemein gesagt, beruhte mancher Bauplan eines Eiweißes auf den Kriterien eines vom Menschen geschaffenen Materieraums. Sicher kann eine Vielzahl aktueller Größen von den Eiweißfabriken hergestellt und die Datensätze stofflich gebunden werden. Die Ladungen des Feldäquivalents bedingten das Bewegungsverhalten der Eiweiße. Die Eiweiße liegen ungebunden in der Zellflüssigkeit vor. Sie beteiligen sich also an einer möglichst ökonomischen Matrixarchitektur. Die Eiweiße adaptieren die Zellordnung an den externen Raum. Man darf auch von der Hardware der Zelle sprechen oder die Summenintelligenz zum funktionierenden Ganzen verfolgen. Die Darstellbarkeit der internen Funktionsabläufe wird durch die Datenvolumina erreicht, welche die Eiweiße begleiten. Die Datenfelder sind flexibel genug, um sich in Architekturen einzufinden, die zum Beispiel den Eintritt durch die Zellhülle in die Zelle unterstützen.

Natürlich sehen hier viele die Möglichkeit, mit Eiweißen gewisse Datenmengen zu binden und sie in die Zelle einzubringen. Es handelt sich um eine medizinische Anwendung. Man stabilisierte funktionelle Abläufe. Die Summenintelligenz dieser Eiweiße ist wohl einem Haufen von Gottesteilchen gleichzusetzen. Die Eiweiße werden die Raumdaten in Position bringen, welchen ihr Bauplan zu Gunde gelegt ist. Wenn wir den Körper mit spezifischen Raumdaten fluten, dann um eine spezifische Funktion hervorzurufen. Das plötzliche Ausschütten von Raumdaten in den Körper, bedeutete, der gegenwärtigen Theorie folgend, eine Betonung von Parametern des externen Raums, welche in der Summe zu einem Kerngebilde zusammenfließen, welches zur konzentrierten Hinterlagerung also der Programmierung einer Funktion des Organismus führt.

Wenn es sich um entzündliche Formen handelt, dann sind es wohl Raumdaten, die dem Körper nicht guttun. Vermutlich sind im Bauplan des Eiweißes verletzende Raumdaten enthalten. Dieses kann ihre Ursache im Aufbau des Eiweißes haben, bzw. in den Raumdaten, die mit der Herstellung des Eiweißkörpers gebunden werden konnten. Natürlich können auch externe Raumdaten oder der Datenhintergrund anderer Menschen die eigene Ordnung stören. Und doch ist anzunehmen, dass zur Organisation des Organismus mit Eiweißen und Hormonen zum Beispiel, die Kriterien innerhalb des strukturellen Aufbaus von Bedeutung sind. ICH nehme an, dass vor allem bei einem Wechselwirken der funktionellen Felder der Eiweiße, die Art des Kriteriums von Bedeutung ist, weil sich aus ihrem Miteinander die Wirkungen ergeben, die letztlich das Bewegungsverhalten des Eiweißes bedingen. Die Art und Weise wie sich aus den gebundenen Kriterien größere Felder aufspannen, man könnte auch Ladungen dahinter vermuten, wirkt sich auf das Verhalten der Eiweiße aus. So könnte der Bedarf im Zellinneren eine spezifische Anordnung der Eiweiße hervorrufen, woraus sich eine Schaltung in den externen Raum ergäbe. Dann lägen Zustände des Inneren mit Ereignissen des Externen als Daten in einem Gefüge beisammen. Es fände die Programmierung der Passung statt. ICH erwarte, dass sich der Materieraum extern so weit wandelt, dass sich die Felder des Bedarfs intern korrekt ansteuern lassen. Es wird sich ein Datenträger einstellen, der den Raum des Bedarfs mit den externen Zuständen in einer funktionellen Verbindung darstellt. Es zeigt sich uns eine funktionelle Lösung, der beide Räume angehören. Das benötigte Material wird von extern zu den Orten des Bedarfs intern transportiert.

Das ganze System beruht auf Daten und Datenlagen. Jeder Bedarf wandelt die analytische Instanz. Das Datenmaterial des Bedarfs ist in Gebilden der Physik verschränkt. Das heißt es werden wirkende Felder entstehen. Das verschränkte Datenmaterial erfährt eine Betonung. Damit programmiert sich der Hintergrund für die Interpretation der Sinnesleistungen. Die Vorgabe einer wahrnehmenden Instanz sichert aber nicht nur das Erkennen der benötigten Lösung, es richtet die Sinne auch auf die wahrzunehmenden Verhältnisse ein.

Wir haben jetzt das Datenmaterial eines Zellbedarfs, seine Konfiguration als quantenwirksames Kraftfeld, mit den Datenhüllen der Eiweiße zu einem gemeinsamen Raum aufgespannt. Wir erkennen in dem Kraftfeld des Bedarfs eine betonte externe Orientierung. Zusammen mit dem Datenhintergrund der Eiweiße erzeugen wir eine Dichte der Information, die der analytischen und organisierenden Ebene dient. Wir erlauben uns den Raum aufzuspannen, in welchem das erforderliche Ereignis ablaufen kann. In diesem Moment ist auch das Ereignis in seinem Ablauf festgelegt. Das Ereignis wurde in Jahrmillionen als Faktor der Evolution in den Körper hereinkopiert. Der gesamte Organismus ist auf diese Verhältnisse angepasst. Installiert sich der Raum, dann programmiert sich das Ereignis. Oder das Leben erlischt.

Das Datenvolumen, das sich um das Eiweiß aufspannt, betrachten wir es auf der Quantenebene, dürfte als Folge der Interaktion mit anderen Datenvolumina sehr viel höhere Räume in der Form gemeinsamer Datendichten induzieren. Wir sehen von den Gemeinsamkeiten der Interakte Impulse ausgehen. Gemeinsamkeiten gehen mit höheren Dichten einher. Dieses begünstigte die Aktivierung dieser Räume und erleichterte den Aufbau gegebener Beziehungen. Wir hätten also mit Einweißkörpern im Inneren des Körpers ein spezifisches Verhalten der äquivalenten Materie extern beschrieben. Wisse, dass es sich um gewachsene Systeme handelt. Die Datenräume der Eiweiße haben sich zu einem Feldkörper verschalten. Nun kann auf die darin bezeichnete Materie zugegriffen werden. Jetzt kommt das Kraftfeld ins Spiel, welches der Mangel in der Zelle hervorruft.

Das Kraftfeld wurzelt ebenfalls im Materieraum. Jetzt können sich die Kräfte von den Kriterien auf den Raum ausdehnen. Es entstehen höhere Räume, die nach dem notwendigen Materieereignis, zur Befriedigung des Bedarfs, fahnden. Diese ist ein gewachsenes System. Evolution heißt eine wechselseitige Abhängigkeit der Größen ist entstanden. Der Organismus hat sich an wiederkehrende Ereignisse angepasst.

ICH sollte einen Faktor der Zeit einführen. Die Zeit verliefe vom dichteren zum geringeren Äther. Die Zeit verliefe von Phänomenen des dichten Äthers in Richtung der natürlichen Feldstärke der Materieäquivalenz. Wir befänden uns in einem Zeitstrom. Es bestünde ein natürliches Interesse höhere Dichten in geringere zu überführen. Vermutlich zerfallen die Summengebilde auf ihrem Weg in den Raum in dem sie sich in wirkliche Materieäquivalente wandeln. Sie werden mit der Materie deckungsgleich, beschreiben die Ereignisse, indem sie sich diesen in den bekannten Dimensionen anlegen. Das hieße, die hohe Dichte des Bedarfs ginge in eine spezifische Lösung des Raums über und schaltete das Ereignis frei. Die Zufuhr der Substanz von Außen beginnt. Der Mangel wird behoben.

Die Materiedaten wandeln sich so weit, dass sich die Dichten des Mangelfeldes in der Adaption an den Materieraum erschöpfen und das zuführende Ereignis darstellbar wird. Dieses führt dann über die hinterlegte Software zur eigentlichen Funktion, die wir haben wollen. Die Vorgänge sind nicht exakt voneinander zu trennen. Sie fließen ineinander. Manche Reaktionen werden daher heftiger ausfallen, manch schwächer und andere werden unterbleiben. Unglaublich dieses Gebrumme die ganze Zeit. Das kann einem die ganze Freude an der Arbeit nehmen. Außerdem führt es zu einer Dummheit, die unglaublich ist.

Wir wissen heute, dass sich alle Vorgänge aus einer hinterlegten Software herleiten. Diese Software ist darauf ausgelegt, externe Datenräume aufzubauen und darin Beziehungen zu schalten. Auf Grund der Eiweißlagen bezieht sich der Körper dann auf eine bunte Vielfalt von Materieereignissen im Raum. Auf diese Weise entstehen die Programme, um die Vorgänge in unserem Organismus zu hinterlagern. Als Beispiel wählen wir das Immunsystem. Wir brauchen eine Killersoftware für unseren Organismus. Es sollen Eindringlinge bekämpft werden. Wir sehen uns das Jagdverhalten in der Tierwelt an. Der Marienkäfer räumt unter den Blattläusen auf, die Raubwanze sticht einen Kartoffelkäfer an und der Grüne Tiger dezimiert den Kohlröchling. Gelingt es dem Organismus sich auf derlei Ereignisse des Weltensystems zu beziehen, wird sich eine Software dieses Charakters etablieren. Das Immunsystem des Menschen auf der Spitze der Evolution dürfte zu seiner Hinterlagerung derlei Mechanismen aus der Umwelt ausgelesen und in seine körpereigenen Abwehrlagen investiert haben. Mit Kriterien dieser Art könnten man geeignete Summeneffekte erzeugen, um daraus Abwehr und Angriffsmechanismen aufzubauen.

Es werden durch interne Bewusstseinsdichten externe Bezüge hergestellt. Externe Betonungen führen natürlich zu einer Kontaktaufnahme durch andere Systeme. Verschiedenste Arten bringen sich ein. Die Nahrungsketten zeigen sich. Es treten Befruchtungs- und Bestäubungsleistungen auf. Der aktive Datenraum unserer Funktion erweitert sich. Die Vorgänge und Ereignisse unseres Organismus gestalten sich dann optimal, wenn sich die ausgelesene und orientiert gewachsene Software im Bedarfsfall auch wiederherstellen lässt. ICH nehme den optimalen Ablauf einer internen Reaktion für den Fall an, dass sich im externen Raum die benötigten Beziehungsgefüge einstellen lassen und einstellen.

Das Immunsystem erreicht seine maximale Effektivität, wenn sich das gewohnte

Beziehungsgeflecht aus Kriterien einstellt, das wir dem externen Raum fötal und embryonal abgerungen haben. Für die Funktion benötigt man das spezifische Verhalten aller beteiligten Datenerbringer. Das Verhalten liegt in der Form einer Feldäquivalenz vor. Man fasst die einzelnen Momente in Summenfeldern zusammen und erhält dann das Funktionsfeld, mit welchen wir die eigentlichen Vorgänge im Organismus hinterlagern. Die Feldfunktion, welche das Eiweiß verkörpert, ist ein Informationsgefüge mit zentralen Wirkungen.

ICH möchte hier trotzdem die Effizienz des Immunsystems und vor allem die Qualität seiner Antwort von der Beschaffenheit der hinterlegten Software abhängig machen. ICH weiß, dass wir Funktionsfelder mit ähnlichen Ladungen und ähnlichem Feldverhalten auch chemisch herstellen oder bekannte Eiweiße nachbauen können. ICH verweise hier auf die Ausbildung von Resistenzen. Die kleinen Viecher münzen unsere Transportlogistik, Verkehrs –und Infrastruktur in ihre eigene um. Sie beziehen dann interne Funktionen auf das Verkehrs- und Transportwesen der Menschen. Wenn Daten der menschlichen Infrastruktur in die Zelle hereinkopiert werden, so dass sie zum Datenhintergrund der Zellvorgänge werden, tritt Resistenz auf. Diese Datengruppen bleiben trotz der Gifte erhalten. Diese Datengruppen gehören dem Gifthersteller, dem Gifthändler und natürlich auch dem Giftspritzer an. Vor diesem Datenhintergrund lassen sich die Gifte tolerieren und Zellfunktionen bleiben intakt.

Ist ein Vorgang beendet oder eine Reaktion abgelaufen, so lösen sich die Summeneffekte auf. Die Beziehungsfelder der Kriterien zerfallen. Die Kriterien verlieren sich im Raum. Nun tun sich andere Reaktionen hervor. Und wenn es sich auch um keine essentielle Notwendigkeit handelt, so dient der externe Raum der befruchteten Eizelle zur Orientierung. Orientiertes Wachstum gewährt die Adaption aller Funktionen an den Materieraum. Lesen wir während der fötalen und embryonalen Reife jedoch nur technische Systeme aus, dann stellt sich die Frage, ob die Peripherie ausreichend vernetzt wird und die organische Substanz unter diesen Bedingungen ihre Arbeit macht. In welcher Weise sich die ansässigen Firmen untereinander vernetzten müsste man prüfen. Vielleicht pfeifen noch irgendwo ein paar Spatzen von den Dächern. Es stellt sich dann natürlich auch die Frage nach der Wirkung eines Medikaments. Sollten tatsächlich äußere Ereignisse involviert werden, so dass sich der Funktionsraum einer Software so weit erhöht, dass sie sich in einer notwendigen internen Reaktion entladen, dann werden wir irgendwann Konformität mit Konformität bekämpfen müssen. ICH sehe Qualitätseinbusen bei den Wirkweisen auf Grund der Konformität aller beteiligten Datenlagen. Die Viren, Bakterien und Pilze agieren jetzt ebenfalls auf dieser Grundlage. Sie haben sich den Einheitsbrei genetisch einverleibt. Das Immunsystem erkennt seine Feinde nicht mehr. Sie verteidigen auf dieser Ebene sehr erfolgreich ihre Existenz gegenüber den Giftmischern. Sie sagen: »Ja, ja, natürlich! Produktionsgüter und Infrastruktur. Das haben wir jetzt auch.«

Man braucht für den Aufbau der Produktionsorte einen entsprechenden Plan. Auch für die Produkte braucht man einen Plan. Für diesen Plan benötigen wir entsprechende Bausteine. Diese entnehmen wir unserer Umwelt. Erst jetzt darf man sich an die Differenzierung der organischen Substanz heranwagen. So wird dann auch die Hardware den gestellten Anforderungen gerecht. Immer dann, wenn es sich um Leben handelt, stellt sich die Frage: »Wie sehr müssen die verarbeiteten Bausteine selbst einen Lebendbezug aufweisen?« Da es sich um eine fortwährende Dynamik handelt, sorgen wir mit einer ausreichenden Komplexität dafür, dass immer genug Datenmaterial zum Aufbau eines funktionellen Hintergrunds vorhanden ist. Innerhalb einer gesunden Feldaktivität sind alle Möglichkeiten, Vorgänge unseres Organismus präzise darzustellen, gegeben.

Möglicherweise sind hier Lebendbaussteine geeigneter, weil sie selbst leben. Ihre Sensorik beruht auf einer eigenen Entwicklung. Die Evolution hat andere Datenbereiche verarbeitet. Andere Bereiche des Materieraums gingen als Feldäquivalente in die Architektur des Organismus ein. Andere Arten nehmen nicht nur andere Bereiche des Materieraums herein, sie liefern diese auch in anderen Qualitäten. So zeigte sich das Menschliche zusätzlich mit den Daten und Feldwerten anderer Architekturen verstärkt. Wir schreiben jedem Leben einen freien Willen zu. Dieses bedeutet im Grunde nur, sich den aktuellen Feldqualitäten entsprechend zu verhalten. Man erhebt Daten, um einer notwendigen Funktion zu dienen, der Ladung eines Feldes zuzugehören, oder einfach nur, um den Hintergrund für das Verstehen eines Sachverhalts zu vervollständigen.

Nicht zu liefern kostete Lebensjahre. ICH gehe davon aus, wenn sie es unterlassen, die gewohnten Daten zu erbringen, man auf ihren Organismus zugreift. ICH könnte mir vorstellen, dass das Fehlen einer Echtzeitbeschreibung zu einer Involvierung ihres Organismus, durch ein übergeordnetes Gesellschaftsfeld zum Beispiel, führt. Vermutlich wird das Ausbleiben der Daten, durch spezifische Eiweißlagen in unseren Zellen kompensiert. Die Eiweiße stellten dann diese Architektur des Raums zur Verfügung. Das Verhalten der Eiweiße wird sich an den aktiven Felddichten ausrichten. Das darf natürlich nicht zur Dauerbelastung werden. Vermutlich belasten unpassende Ordnungen des Gesellschaftskörpers die Funktionen des Organismus. Ein gehäuftes Einwirken kann Erkrankung hervorrufen. So zeigt sich mir der freie Wille auf der Zellebene. Wir sollten jegliches Leben schätzen, nicht nur unsere Haustiere. Das Lebendige reagiert auf die großen Felder. Das Leben erhebt Daten und speist die hungrigen Felder. Das entlastet den Menschen.

Sollte sich das Konstrukt des Lebens vermehrt aus toten Daten aufbauen, insofern schon während der Reife des Keimlings nur noch Daten rein technischer Materieereignisse ausgelesen werden, verlieren wir dann nicht die Möglichkeit des Kontrasts und krassen Unterschieds? Erblindet die Menschheit dadurch nicht? Man stelle sich vor, sie wollen Muster ihres Gehirns aktivieren, so dass sie ihre Arbeitsdichten, bewusst oder unbewusst, erreichen. Die benötigten Inhalte sollen vor einem Hintergrund möglichst klar hervortreten. Ist es da nicht von Bedeutung, dass sich die Daten des Hintergrunds möglichst stark von den darzustellenden Inhalten unterscheiden. Zudem erfordert eine Projektionsfläche des Arbeitsspeichers, wie ICH sie mir vorstelle, vielfältigste Daten einer lebenden Biosphäre mit den Gesetzen der Feldphysik auf grandioseste Weise in Architekturen des organischen Hintergrunds verschränkt und vernetzt. Nur so kann die Stabilität der organischen Substanz, die wir hier als Träger gedanklicher

Protokolle, darzustellender Ereignisse und größerer Inhalte zu betrachten haben, als geeignete Matrix eines Arbeitsspeichers angesehen werden. Wir haben im Gehirn eine Trennung wichtiger Funktionen von dem allgemeinen Arbeitsspeicher. Es gibt verschiedene Areale und Zentren, die spezielle Aufgaben erfüllen, wie das Atemzentrum zum Beispiel. Manche Organe haben sogar eigene Taktgeber und arbeiten autonom, von dem Gehirn losgelöst.

Aber es muss eine mögliche Übernahme der Architektur des Hintergrunds unserer organischen Masse durch externe Inhalte und Größen in Betracht gezogen werden. Je geringer der Unterschied der beiden Datenmengen zueinander ist und je mehr sich die embryonal erworbene Datenmenge und die entwickelten externen Größen gleichen, um so einfacher werden sich die externen Errungenschaften der körpereigenen Hintergrundprogramme bemächtigen können. Die Wahrscheinlichkeit einer Adaption der externen Mengen und die Übertragung von Information auf das körpereigene Gefüge bis hin zu schweren Erkrankungen wie Krebs werden vorstellbar.

Ein Zusammenrücken von externen Werten der Gesellschaft und den internen Werten der Körperprotokolle führt zu einem Erblinden der Menschheit. Tatsächlich verliert das Gehirn die Funktion des krassen Gegensatzes. Entfällt der Unterschied der externen Gesellschaftsgrößen zu den Hintergrundprogrammen verlieren wir die Möglichkeit der sichtbaren Herausstellung. Ist der Hintergrund jedoch so komplex organisiert und so andersartig beschaffen, dann wird der aufgeworfene Inhalt nicht integriert. Als Ergebnis der Wechselwirkung erreichen wir sehr schnell eine brauchbare bewusste oder unbewusste Arbeitsdichte. Im Grunde leistet das Gehirn nur eine mehr oder weniger günstige Adaption des Bewusstseinsfeldes an die gegebnen Materieverhältnisse. Das Gehirn stützt sich in erster Linie auf gegebene Ereignisse. Die Beobachtung und das Beschreiben von Materieereignissen nennen wir Wissensbildung. Wir haben also einiges vor uns, wollen wir das Materieereignis als das Ergebnis einer Feldfunktion betrachten. Dieses führte nämlich zu der Frage nach der Zusammensetzung der Felder. Welcher Materiebezug tritt immer wieder und vor allem so in Erscheinung, dass er die hinterlegte Software maßgeblich mitprägte. Welche Kriterien flossen während der Evolution hauptsächlich in den Datenhintergrund ein. Die Evolution ist ein kontinuierlicher Vorgang der Adaption an den Materieraum. Scheinbar kopierten wir Ausschnitte intakter Lebensgemeinschaften und ganzer Beziehungswelten in unser Hintergrundgefüge herein. Dieser Umstand erleichtert es uns, die einzelnen Bausteine miteinander zu verknüpfen. Die Addition in Feldern ist einfacher, weil die Bausteine auf Grund der Lebendmatrix, der sie angehören, eine gewisse Architektur und Ladung mit sich bringen. Sie wollen sich wieder so verschränken wie es in ihren gewachsenen Biotopnetzwerken von Vorteil war. Entnimmt man einem gewachsenen Biotop einen Baustein, so verfügt dieser über die Architektur einer Ladung. Die Ladungsarchitektur entspricht den Feldbeziehungen der Gemeinschaft. Diese Feldbeziehungen fließen bei der Verrechnung der Kriterien erneut in die Summe mit ein.

Das Fehlen eines Unterschieds zwischen den externen Gesellschaftswerten und der Hintergrundmatrix der Organfunktionen könnte aber weitere negative Folgen aufwerfen. Wir veranschaulichen das Gedachte mit einem Beispiel. Der Organismus hat sich während seiner embryonalen Reife an den externen Größen orientiert. Orientiert eingewachsen sind Daten des Flugverkehrs, Gewerbegebiete und Parkplätze, fahrende Autos, Lkws und Tankstellen. Aus diesen Daten besteht die Hintergrundmatrix für unsere Organfunktionen. Die Daten sind ausreichend komplex vernetzt, so dass sich vor ihrem Hintergrund ein Summeneffekt stabilisieren lässt, den wir Endmassebahn nennen. Die Endmassebahn ist unser Organismus und die Materieereignisse darin. Alle Materieereignisse unseres Organismus wären ein Overlay der oben genannten Komponenten und der daraus entstandenen Hintergrundmatrix.

Wir nehmen nun gesellschaftliche Modi und individuelle Größen, die ebenfalls die oben genannten Kriterien enthalten sollen. Unser geistiges Engagement im externen Raum beruht also ebenfalls auf Flugverkehr, Gewerbegebieten und Parkplätzen, fahrenden Autos, Lkws und Tankstellen. Verliert das Gehirn jetzt nicht die Funktion des Kontrasts. Verlieren wir dadurch nicht die klare Darstellbarkeit vor einer komplex organisierten Hintergrundmatrix. Ist das eine Form des Alzheimer? Die alltäglichen Daten des Gebrauchs werden vor dem Hintergrund nicht mehr als solche erkannt. Das Gehirn erblindet. Außen und Innen werden gleich. Der Mensch erliegt seinen internen Programmen. Das Materieereignis seines Körpers ist als Overlay in seiner Zusammensetzung sehr viel mächtiger. Der externe Inhalt wird vor diesem Hintergrund nicht mehr erkannt. Er wird von dem Feld des Hintergrunds verschluckt und verschwindet.

Das betrifft vor allem alte Menschen. Der Wandel ihrer Umwelt, des Lebensraums und der Biosphäre lässt ihre korrekte Verwurzelung im Raum schwinden. Das Overlay übernimmt die Führung. Es verbleiben die größeren zentralen Materieereignisse, wie der Blutstrom, die Urinbereitung und die Darmtätigkeit. Diese Ereignisse sind assoziativ am stärksten belastet. Außerdem besteht wie beschrieben ein organischer Zusammenhang, also ein Geist-Körper-Problem, wie man auch gerne sagt. Diese Materieereignisse dürften am stärksten mit den Lkws, den Flugzeugen und den fahrenden Autos im Hintergrund harmonieren. Da aber die komplexe Verschränkung der Hintergrundmatrix nicht mehr wie in jungen Jahren vorliegt, wird der eingehende Sinnesreiz nicht mehr als isolierte externe Größe vor einem komplexen Hintergrund verstanden, sonder vom Datenstrom der Hauptereignisse verschluckt. Es gibt keinen Ansatzpunkt einer mitteilbaren Datendichte.

Zu bedenken ist auch, dass junge Menschen heranreifen, die die Materieereignisse wie Blutstrom, Urinbereitung und Darmtätigkeit ihres Körpers auf den aktuellen Daten des Materieraums abstellen. Auf diese Weise entsteht eine gewisse Konkurrenz für die Alten. Die jungen Felder beschreiben das Weltensystem durchwegs mit aktuellen Kriterien und auf ihre Weise. So wird es für den Alten notwendig neuartiges Datenmaterial vor einem veralteten Datenhintergrund zu betrachten und zu bewerten. Am stabilsten bleiben die großen Ereignisse des Organismus, da man die Hinterlagerung mit den oben genannten Datenquellen auch geistig assoziativ sehr gut leisten und verstehen kann. Die großen Ereignisse unseres Körpers beruhen auf Summeneffekten. Sie sitzen einem Gemenge aus Daten auf. Ihr Verhalten orientiert sich an dem Summenfeld.

Ein bisschen ist es auch mit Autismus zu vergleichen. Die hereinkommende Datenmenge ist von zu geringem Wert und Volumen, als dass es durch ein Gehirn, das mit unglaublichen Volumina jongliert, eine Bewertung erführe. Hier ist es aber die Annäherung der Werte, so dass sich der eingehende Sinnesreiz nicht mehr von seinem Hintergrund abhebt. Das liegt an der verlorenen Komplexität. Die Singularität eines Sinnesreizes findet innerhalb der Komplexität des Hintergrund nicht mehr die Betonung, so dass er sich isoliert hervortäte. Vielmehr verschluckt ihn der Einheitsbrei ohne jegliche Wechselwirkung. ICH will dies nur niedergeschrieben haben. Mir gefällt der Gedanke. Und wenn es sich auch anders verhält. Das Denken dieser Sachverhalte zu lehren ist erlaubt. So dürfte ein Verständnis der Zusammenhänge auch für die andere Seite von Bedeutung sein, ohne dass sie gleich ihr Weltbild einreißen müssten.

Versuchweise habe ICH der Brummerei von rechts etwas zugehört. Die übertragende Datenmenge scheint außerhalb meines Selbst zu liegen. Sie fühlt sich fremd an. Es aktivierte sich darauf eine räumlich wirkende Datenmenge in meinem präfrontalen Kortex. Diese bezeichnete ICH meinem Ich zugehörig. Sie sagte wortwörtlich: »Ich bin nicht blöd.« Dann aktivierte sich ein weiterer Datenträger in meinem Raum etwas rechts oberhalb davon. Seine Botschaft lautete. »Ich bin Deutscher.« Diese Datenmenge, so scheint es mir, gehörte ebenfalls meinem Selbst an. Diese Brummerei rührt vielleicht doch von amerikanischen Datenmengen her. Das Brummen könnte natürlichen Ursprungs sein und zum Beispiel das Ergebnis zweier wechselwirkender Großräume sein. Das Publikum der Oskar-Verleihung könnte so einen Großraum aufspannen. Dieser Großraum zeigte sich unabhängig von meinem Informationsvolumen gewachsen und organisiert. Natürlich könnte es sich auch um Länderräume und Länderinteressen handeln, die auf diese Weise ineinandergreifen.

Der Kontakt der beiden Großräume bzw. das Verhalten während des Kontakts der betroffenen Daten an der Peripherie der Datenmengen könnten dieses brummende Schwingen auslösen. Wer kann schon sagen, wie man dran ist, so lange er die andere Seite nicht genau kennt? Wer kann schon sagen, welche

Phänomene ihm entgegenstehen, wenn er sie nicht wie hier beschrieben bekommt? Wer kennt schon die Vielfalt der Phänomene und ihre Ganzheit? Womöglich gibt es heute keinen Gott mehr, weil der Mensch die Räume so global organisiert, dass diese Datengrößen kein übernatürliches Phänomen mehr zulassen. Wir sind alle in künstliche menschliche Gebilde eingebettet. Wir werden von Materieströmen in Feldern manipuliert und von Gesetzen der Feldphysik und ihren Effekten auf Konsumentenbahnen gehalten. Der immense Energieverbrauch und die bewegten Güterströme schließen einen Gott aus. Das Übernatürliche als abstrakte Lenkung zu begreifen ist in einer Welt ohne Freizeit und allumfassender Fremdbestimmung nicht mehr existent.

Diese peripheren Flächen des Kontakts ziehen sich wie Risse durch das Gefüge. Hier zeigen sich tiefe Spalten im Gefüge des Weltensystems. Womöglich sind es die Tiefen der Gefechtslinien, auf die sie im Kriegsfall ihre Bomben werfen. Wie ein Arbeiter, der einen Riss in einem Werksstück ausschleift und reinigt, um dann eine Schweißnaht darüber zu legen. So könnte man die Funktion wieder herstellen oder eine höhere Ordnung in Stand setzen. Wie sie sehen, springen Verteidigungsmechanismen an, die die Verhältnisse in ein wahres Licht rücken. Es muss sich folglich um einen Angriff gehandelt haben. Natürlich wird es sich um konkurrierende Datenmengen handeln. So könnte ICH mir vorstellen, dass in einem funktionierenden System korrelierender, optimal gestalteter Größen, bereits Formabweichungen eines Materiestroms genügen, um von den korrelierenden, optimal gelagerten Bausteinen als Abweichung betont und herausgestellt zu werden. Bin ich denn eine Abweichung, die man anbrummt? Scheinbar! Ja! ICH bin die aufgetretene Anomalie! Wir haben einen Wesenskern in Abhängigkeit zur übrigen Welt.

Eine Lebensweise, welche die Bausteine ihrer Architektur regelmäßig erinnert, erreicht ein höheres Alter. Gegen ein hohes Alter ist kein Kraut gewachsen. Man kann nur zusehen, dass man es lange bleibt. Diese artenübergreifenden Systeme unserer natürlichen Umgebung runden letztlich die, im Materieraum gelagerten Organsysteme in einer übergeordneten und harmonischen Weise ab.

Auf diese Weise gelingt es auch intramolekular Phänomene des Datenüberganges zu schaffen. Manche Bereiche des Raums hat man einst als unnütze Fülldaten bezeichnet. Sie dienen heute abseits der Kernarchitektur, die bewegten zentralen Massen in Kreisläufen zu organisieren. Diese scheinbaren unnützen Außenbereiche dienen der Kommunikation der Funktionen untereinander. Wir gelangen über diese gemeinsame Schnittmenge zu anderen Funktionen. Das Bewusstsein lässt sich entlang dieser Erdmatrix in andere Bereiche überführen. Andere Kriterien betonen andere Funktionen. Die Materie ist die Infrastruktur für unseren Geist. Wir dürfen in diesen Bereichen faul sein. Man kann hier frei von Interessen den unwichtigen Raum auf sich wirken lassen. Es ist ein Ruhemodus für ruhende Funktionen.

Diese verbindenden Hüllensysteme könnten zu allen möglichen Funktionen ausgebaut worden sein. Sie können heute der Fortbewegung dienen, einen Panzer darstellen oder andere Verteidigungssysteme hervorgebracht haben. Diese Raumanteile gehören nicht der eigentlichen Funktion an. Es sind benachbarte Zonen, in die wir einfließen, wenn keine Notwendigkeit für die Funktion besteht. Wenn der Feldstatus der Funktion erlischt, dann endet auch die Einbindung der Kriterien, welche dem Funktionsfeld angehören. Eine gewisse Basislast an Daten ist dem organischen Gewebe natürlich eigen. Leistungsmaxima sind hingegen ein Sonderfall. Sie sind oder sie sind nicht. Ohne eine geordnet ablaufende Funktion und ohne die Kriterien einer Ordnung zu unterwerfen befinden wir uns im freien Raum. Das Kriterium könnte sich, so kann man sagen, erholen. Das Kriterium integrierte sich in das Ganze des Materieraums. Es lüde sich innerhalb des natürlichen Schwerefeldes mit Information seiner aktuellen Umgebung auf. Das Funktionsfeld profitierte bei einer erneuten Rekrutierung der Kriterien von einer leistungsstärkeren Feldprägung. Das einzelne Kriterium wäre sehr viel reaktionsfreudiger, es wäre mit mehr Information aufgeladen und brächte ein breiteres Wirkungsspektrum mit sich.

Es lassen sich auf diese Weise Phasenübergänge organisieren. Damit lässt sich die unterschiedliche Aktivität der Zellen erklären. Die Ereignisse der Zelle lösen einander ab. Es findet ein steter Wandel der Verhältnisse und der Zusammensetzung des Datenhintergrunds statt. Das eine führt zum anderen und umgekehrt. Es werden Kreisläufe und labile Gleichgewichte darstellbar. Die Funktionen gehen ineinander über. Die Funktionen laufen teilweise parallel zueinander ab, ohne sich zu stören. Die Fassung der Umgebungsdaten in eigene Zirkel macht diese parallele Stabilität möglich. Die geschlossenen Kreisläufe des Gefüges müssen von außen nicht unbedingt als Feldlinien zu erkennen sein. Obwohl es denkbar ist, dass das funktionelle Gefüge, welches die Ereignisse unserer Organe hinterlagert, nach außen hin dieses Gesicht zeigt. Man schriebe den ergänzenden Umgebungskreisläufen eines globalisierten Datenspeichers feldlinienähnliche Gebilde zu. Ja, wo wird das sein! Die zentrale Ordnung ist die Ursache der Feldlinien. Die Begleitarchitekturen wirken stabilisierend auf die Grundfunktionen.

Wie sähe es aus, machten wir den Blutdruck von einer bestehenden Datenlage abhängig? Wäre ein Wissen, das die bestehende Kernarchitektur in eine gemeinsame Hüllenordnung erweiterte dem Normwert am zuträglichsten? Das innere Moment des Stabmagneten zeigte sich uns als ein Zusammenfließen von Feldlinien. Eine andere Sichtweise zeigte die inneren Materieverhältnisse in Feldlinien in die Peripherie hinauslaufen. Wir nehmen hier einmal an, dass die orientierte Auslese zu einem gesunden funktionellen Gewebe geführt hat. Der hinterlegte Datensatz, so wie wir den Materieraum ausgelesen haben, ist brauchbar. Der Blutdruck ist normal. Wir haben den Blutstrom im Kerngebiet mit einem Haupteffekt zu hinterlagern, an welchen sich die organische Substanz anschließt. Wir erreichen das mit der Organisation von Kriterien in Feldern.

Wie kommen erhöhte Werte zustande? Es wäre eine künstliche Datenlage, die sich auf Grund der Aktivitäten der Gesellschaft aber auch unserer Interessen im Laufe eines Lebens einstellt. Wir hätten eine Involvierung durch Konstrukte des Korrelierenden Systems zu verarbeiten. Es käme zu einer Prägung der gewachsenen Software unseres Organismus durch die künstlichen Konstrukte der Gesellschaft. Die Gesellschaftsfelder erzeugten eine Betonung der, ihr eigenen

Komponenten. Die Feldkräfte des Gesellschaftskörpers induzierten auf der Ebene der Körperorganisation neue Zusammenhänge. Es ist eine Art des Magnetisierens. Der Magnet überträgt seine Eigenschaften auf das benachbarte System. Der Gesellschaftskörper verändert die hinterlegte Software unseres Organismus. Die Software passt sich dem Gesellschaftskörper in Teilen an.

Nennen wir den Gesellschaftskörper gravitationslastig. Schreiben wir ihm eine hohe Kernlast zu und ein nur geringes Harmonieren der Einzelnen in der natürlichen Peripherie. Nennen wir die Kernströme eine Ladung und unterwerfen den Einzelnen den Gesetzen der Physik. Die Kernlasten erzeugten eine, ihnen entsprechende Hüllenarchitektur. ICH vermute eine höhere Masse und ein Heranrücken der betonten Peripherie an die Kernregion. Das bedeutet höhere Dichten, mehr Gravitation, Verkürzung der Wege, Beschleunigung, die üblichen Phänomene der Physik eben. Dieses ist ein Datenkonstrukt. Wir schreiben es der Quantenebene zu. Die Eigenschaften dieses Datenphänomens auf der Quantenebene glichen den Symptomen und Zuständen des Makrokosmos. So dass ICH auch hier einen direkten Zusammenhang zwischen der Datenebene und dem Makrokosmos programmieren kann. Wir haben eine Verdichtung der Substanz in der Form einer Gefäßverengung und eine Beschleunigung des Blutstroms. Die Liste lässt sich fortführen. Rückblickend vertiefen wir dann anhand der biologischen Materie unsere Kenntnisse von der Organisation der Datenebene. Wir bedenken natürlich den Weg der Auslese, den die Evolution gegangen ist, und beobachteten die Gesetze und Phänomene der Kriterienverrechnung in den Feldern.

Wenn wir in ein Stadion gehen oder an irgendeiner Spaßveranstaltung teilnehmen, dann bemühen sich alle Strukturen um ihr Wohlbefinden. Die gesamte Organisation dieses Areals ist darauf ausgelegt, sich an den menschlichen Bedürfnissen zu bereichern. Die gesamte Versorgungs- und Entsorgungslogistik, alle beteiligten Gewerbe gleichen sich in ihrem Aufbau und können auch gleichzeitig als organisierter Raum betrachtet werden. Sie verdienen sich mit ihrem Wohlergehen ihre Brötchen. Man beschränkt ihren Geist auf dieses Geschehen. Es entsteht ein Organisationsherd. Man hüllt den Einzelnen in eine spezifische Architektur, die alle Eigenschaften einer Kernexploration aufweist.

Der Gravitationskörper wirkt auf die Software der Körperorganisation ein. Dieser Gesellschaftskörper verändert den externen Materiebezug des Organismus. Man rückt den natürlichen Materiebezug der Normwerte an das organisierte Zentrum heran. Wir haben eine Konzentration des Bewusstseins auf eine unnatürliche Kernnähe. Der Organisationsherd überträgt seine Eigenschaften auch auf die Protokolle der Körperordnung. Indem der Gesellschaftskörper das Bewusstsein in einem organisierten Bereich zusammenzieht, übernehmen auch die natürlichen Körperprotokolle diese Eigenschaften. Wir betrachten hier ein Gefäßregulanz bei der Arbeit. Dieses ist die Darstellung einer Gefäßverengung. Wir haben hier auch weniger Fremdinteressen anderer Arten. Die Biodiversität scheint hier keine wirkliche Rolle zu spielen. Die Mikroorganismen und auch höhere Formen von Leben haben in diesem Areal nichts verloren. Es fehlen also wichtigste Vernetzter der Substanz. Diese Vernetzungsleistung müssen die Budenbesitzer und Gewerbetreibenden dann selbst leisten. Dann können wir uns sicher sein, dass die Gefäße den Belastungen auch standhalten. Dieses ist keine Anklage, dieses ist die Aussicht künstlich in die Körperprotokolle einzugreifen und instabile Bereiche mit vernetzter Komplexität anzufüllen.

Niedrige Blutdruckwerte werden in der Regel nicht behandelt. ICH nehme an, dass es sich dann gerade andersherum verhält. Die natürliche Datenlage niedriger Blutdruckwerte wird sich etwas weiter in den Raum verlagert haben. Die hinterlegte Software beruht auf Kriterien und ihren Feldlinien. Die Feldlinien laufen hier etwas weiter in den Orbit hinaus. An artfremden Vernetzern mangelt es hier draußen nicht. Wir wollen noch einmal unsere Altenheimfreunde unter die Lupe nehmen. Wir setzen das Altern der Evolutionsspitze dem Artensterben gleich. So ist der Umbau des Materieraums so weit fortgeschritten, dass wir dem Erdkörper auf der Spitze der Evolution, heute, den Renteneintritt bescheinigen. Man konnte das Atmen von Nervenendigungen nachweisen. Die Synapsen verlieren während des Schlafens zwanzig Prozent ihres Volumens. ICH erinnere hier an die Rückbildung von gesundem Zellgewebe zu den so genannten Plaques bei der Alzheimererkrankung.

Es wird für viele sicher zu verstehen sein, dass die Feldaktivität, welche sich um die Synapse zeigt, für die Volumenschwankung im Tag- Nacht-Rhythmus verantwortlich ist. Die Informationsdichte, die Feldstärke, der Datendurchfluss, ganz allgemein die Datentransportlast, ist die Ursache dieser Volumenschwankungen. Es wird für viele sicher zu verstehen sein, dass bereits dem Aufbau der Hardware eine gewisse Organisation der Kriterien innewohnt. Wir sprechen hier von einer Hinterlagerung der funktionellen Gewebe mit Programmen. Die Volumenschwankungen der Gewebe sind physiologisch. Immer dann, wenn die Datenlast ansteigt und ihre Vernetzung eine gewisse Komplexität erreicht, scheint das Gewebe gesund und leistungsfähig zu sein. Das Anwachsen des Volumens hat seine Ursache im Anstieg der generierten Datenmenge, die in das genetische des Zellaufbaus selbst hereinreicht.

Wer zu niedrigem Blutdruck neigt, scheint nicht so kerngetrieben zu sein. Diese Menschen haben sich eine periphere Gewichtung gesichert. Sie sind von dem belasteten Geselschaftsgefüge nicht so einfach anzusprechen. Die Datenlast dieser Großereignisse, das Zusammenrücken der Individuen auf engstem Raum, die Rivalitäten der Mannschaften untereinander, scheint sich nicht auf diese Individuen zu übertragen. Vermutlich sind es doch ähnliche Feldwerte oder gleichwertige Kriterien, die Belastung herüberließen. Vermutlich integrieren sie die brauchbaren Inhalte der Bürger in ihre Leistungsprotokolle. Dann zeigte sich das individuelle Sein von dem Datenmantel des Großereignisses bekleidet und darin mitorganisiert. Manche schaffen es draußen zu bleiben, andere begeben sich freiwillig unter die Wölfe.

Meine Blutdruckwerte sind erhöht, wenn sich die Politiker treffen. Immer dann, wenn ICH mit sichtbaren Datenvolumina meines präfrontalen Kortex arbeite, scheint man mich zu hören. Scheinbar sind die erarbeiteten Informationsvolumina auf den politischen Treffen besonders gut wahrnehmbar. Die Ursache dürfte das Wählerpotential sein, welches jeder Politiker aus seinem Wahlkreis mit sich bringt.

Auf diesen Veranstaltungen entsteht eine besonders dichte Masse an Daten. Man könnte das Datenmaterial, welches man unter einem Parteienlabel eint, eine analytische Menge nennen. Die Politiker spannen an diesem Tag einen Datenraum auf, der den Repräsentierten entspricht. Es gibt eine gewisse Verwandtschaft meiner Arbeitsarchitektur mit den Gebilden des politisch involvierten Raums. ICH vertrete natürlich nicht nur die Interessen gewisser Volksgruppen, sondern diene mit meiner Arbeit der Allgemeingültigkeit. ICH bin der Wahrheit verpflichtet und wünsche mir daher den ganzen Menschen und den gesamten Raum für mich zu erfassen. Auf Grund meiner Arbeit an diesen hochvolumigen Architekturen des wissenden Geistes kommt es gerade an den Tagen politischer Treffen zu einem Hervorbrechen von Gedankenmaterial in den Äther der Veranstaltungen. Vermutlich handelt es sich um ähnlich beschaffene Datenkörper, welche die Information in ihrer Reinform zur Anlage bringen.

Zu bemerken ist auch, dass sich die Daten- und Feldwerte verdichten, wenn die Politiker ihre Wahlkreise verlassen und sich an einem Ort versammeln. Das Parteienlabel erstrahlt vor dem so beschaffenen Datenhintergrund besonders klar. So ist es leicht zu verstehen, wenn Gedankenmaterial in den Äther der Veranstaltung einbricht, dass über die anwesenden Gehirne auch ein Impuls auf die Wählerschaft hinausläuft. Die Strategien der anwesenden Menschen zur Verarbeitung der Äthermenge führen zu einer Integration meines Selbst in den verdichteten Datenäther der Veranstaltung. So erkläre ICH mir einen Anstieg des Blutdrucks mit einem Zusammenrücken meiner Datenmengen und einer Verdichtung der Substanz. Scheinbar zieht die Verdichtung meines Datenbezugs eine Tonisierung der Blutgefäße nach sich.

Das Gefüge der höchsten Artenvielfalt könnte auf diese Weise kommunizieren. Identische Datensätze eines gemeinsam genutzten Lebensraums liese Information durch. Konforme Datensätze reduzierten das Weltbild der Arten auf eine gemeinsame Grundlage. Die Information gelangte auf dem Weg identischer Raumanteile von einer Art zu der anderen. Man denke deshalb auch daran, dass man Teil einer Hackordnung sein könnte. Man fühlte vielleicht die Versuche einer fremden Übernahme an der Peripherie des eigenen Seins. Sofern es das eigene System betrifft, müsste man die angegliederten schwächeren Positionen gegenüber dem Aggressor in Schutz nehmen. Die Aggression führt zu einer Aktivierung peripherer Daten. Man darf sogar sagen, dass eine Bedrohung die Komplexität des Systems aktiviert. Innerhalb der gelebten Biodiversität ist man somit immer auch betroffener, wenn sich in der Lebensgemeinschaft Konflikte abspielen. Umgekehrt lassen sich Anfeindungen gegen sich selbst auch in die Biosphäre hinaustragen und dort verarbeiten.

Dem Himmel sei dank! Die Brummerei ist vorüber. Es war nicht das mystische Om der Sonne. Die DHB-Auswahl ist am Sonntag, den 22Januar 2017 gegen Katar ausgeschieden. Heute am Montag ist Ruhe im Himmel eingekehrt. Es ist eine befreiende Stille, eine Wohltat. Danke! Diese Brummerei rührt scheinbar von nicht konformen Datensätzen her und scheint natürlich zu sein. ICH vernehme es auch, wenn in Amerika die Oskars oder die Grammys vergeben werden. Sollte es sich aber um irgendwelche technischen Tricks handeln, um den Raum zu involvieren oder um ihre Siege vorab zu installieren, dann müsste ICH ihnen vorwerfen, ICH bin da etwas sensibel veranlagt, meine Privatsphäre nicht zu verletzen. ICH bin selbst ein Verantwortlicher und stehe dazu. Wenn also jemand glaubt zu erkennen, dass wir verantwortlich sind, wir, die wir diese großen Volumina des Äthers freisetzen, so möchte ICH den Menschen nicht verurteilen, sondern ihm die geistige Entwicklung wünschen, die ICH selbst genommen habe. Denn diese Erkenntnismasse ist richtig. Wenn sie dieses Urbild des Wissens denkend auf den Raum ausdehnen, so dass die zufälligen Bestandteile der Konfiguration eine Adaption an den Status Quo erfahren, so führt sie das Ganze zu einem Verständnis der Hintergründe und sie blicken selbst in die Zentralmatrix der Weltlinien ein.

Die künstlichen Welten und ihre Programme durchdringen die körpereigene Software nur sehr langsam. Die orientiert gewachsene Komplexität widersetzt sich so lange sie kann. Es kommt jedoch zu einem Adaptionsabbau. Große Teile des Datenmaterials adaptieren sich an den künstlichen Datenträger. Wird der eigene Baustein zu einem fremden Baustein, bleibt nur der Weg stets einen Übergang in die natürliche Gewebeposition beschreiben zu können. Selbst wenn das Gesellschaftskonstrukt im Aufbau dem Herzkreislauf gleicht und sich seine Architektur aus dem Auswurf der Lebensmittel in die Haushalte herleiten lässt, bleibt doch die Überzeugung, dass auch die anderen Organsysteme zu berücksichtigen sind. Es steht hier aber nicht die zentral bewegte Materie im Zentrum der Betrachtung, sondern vielmehr das Entstehen der organischen Hardware eines Organs bis hin zu seinem Funktionsfeld, welches natürlich als Haupteffekt die Materieströme der Funktion der Organe abbildet.

Der Körper altert. Die Komplexität des Datenhintergrunds seiner Gewebearchitektur reduziert sich. Mit dem Wandel der Geburtsdaten verliert der Organismus die schützende Vielheit der Daten und ihre Verschränkung. Am Ende bleiben nur noch die zentralen Materieströme der Funktion, die auch vor dem gewandelten Status Quo noch ganz gut laufen. Jedoch setzen sich die Hintergrunddaten zunehmend aus anderen Kriterienstämmen zusammen. Es macht also den Eindruck als übernähmen die aktuellen Materieströme des Status Quo den alten Körper. Die Entwicklung der Babys und jungen Menschen orientiert sich an dem aktuellen Status Quo. So enthält deren funktioneller Hintergrund aktuelle Daten des Status Quo. Das ausgelesene Datenmaterial ist wieder so hochwertig verschränkt, dass man sich jahrelang mit körperfeindlichem Datenmaterial belasten kann. Das Gehirn kann externe Ereignisse einer Endmassebahn des Organismus gleichsetzen. Ohne dass das verschränkte Datenmaterial merklich leidet wird der externe Raum vor den Massebahnen der funktionellen Felder beurteilt. Das Ergebnis des Datenhintergrunds ist ein Overlay. Das aufgesetzte Materieereignis ist das der körpereigenen Funktionen. Mit zunehmendem Alter und Wandel des Materieraums löst sich die Verwurzelung mit dem Raum langsam auf und die aktuellen Verhältnisse des Status Quo brechen in die Software ein. Dann steht das Alte dem Neuen im Wege. Das Alte verliert allmählich seine Wertigkeit. Krankheiten der Gewebe und das Vergehen des Organismus sind die Zukunft.

Wenn sie also einen Materieraum schaffen wollen, den der Mensch dauerhaft aushält oder in welchem sich der Organismus ausnahmslos abbilden lässt, sollten wir unser Denken globalisieren. In ihrem Wortgebrauch klingt das aber immer so, als führten sie am Potsdamer Platz eine Studie zur Biodiversität durch. Man zählt die Fliegenarten, die dort auf einem frischen Hundehaufen anzutreffen sind. Untersucht wird noch, welche Hunderasse bevorzugt angeflogen wird, und welche Fliegenarten Dosenware aus biologischem Anbau vorziehen. Scheinbar wollen sie jetzt spezielle Hunderassen fördern und mit Biofutter versorgen, um damit den Fliegenbestand zu sichern. Aber was ist Globalisierung wirklich? Es reicht nicht aus, die Scheiße einzutüten. Wir benötigen eine Globalisierung unseres geistigen Hintergrunds. Wir wollen das System nicht nur auf die bewegte Materie abklopfen oder ihm diesen Stempel aufdrücken. Wir stehen dafür, den Aufbau der organischen Substanz zu begreifen. Wir wollen wissen, wie sich die Formgebung gestaltet, welche Parameter in die Gewebeart einfließen und auf welche Weise es sich zum Gesamten, dem Organismus verrechnet.

Der zentrale Materiestrom ist nur ein Effekt. Er ist das Ergebnis einer Summenarchitektur. Dem zentralen Blutstrom oder anderen Materieströmen in die kleinsten Windungen zu Folgen fördert selbstverständlich auch ein brauchbares Alltagswissen zu Tage. Wir lernen, dass wir die Nährstoffe zur Zelle transportieren und den Abfall wieder mitnehmen müssen. Ein guter Plan und eine ordentliche Ausführung führen zur maximalen Ökonomie. Wir aber brauchen die Eingangsdaten, die den Aufbau der Organe leiten und führen. Wir brauchen die Hintergrunddaten, wie sie der Reihe nach dem Materieraum entnommen und in Feldern der Gewebe zusammenfließen. Das bringt das Verständnis des Gesamten. Das ist Globalisierung. Das ist der Organismus. Das ist die anzustrebende Geistesarchitektur. Die Unsterblichkeit. Eine Stimme behauptete, dies sei nicht richtig. Auf die Frage, mit wem er spreche, behauptete eine zentrale, etwas räumlicher wirkende Ordnung, sie spreche mit der Zentralmatrix.

Wie wird man diese Position integrieren, diese Menschen behandeln? Auf welche Weise muss man sie im Materieraum positionieren, dass sie der Gesellschaft maximalen Nutzen bringen? Wahrscheinlich dürfen sie beim Ausparken ein Stück rückwärtsfahren. Damit wäre die Geistesregung ausreichend installiert und immer darstellbar. Wir legen den ersten Gang ein und setzen unseren Weg fort. Zentralmatrix! Das System auf die Materieströme darin abzuklopfen, die Gegebenheiten zu isolieren und mit anderen Ereignissen in eigenen Summengebilden zu harmonisieren, dieses Konstrukt zu fördern und zu mehren und auf alle Regionen der Welt übertragen zu wollen ist der falsche Weg. Das Problem ist der schleichende Umbau des Materiesystems. Sehen wir uns die Altenheimfreunde noch einmal an. Die Erdmatrix ist auf Grund des Artenverlustes sehr stark gealtert. Die orientierte Auslese führt dazu, dass die Kinder, obwohl sie gesund erscheinen, bereits von einer Mangelsoftware hinterlagert sind. Ihr Immunsystem arbeitet auf einem reduzierten Niveau. Die Anlage zur Ausprägung der Gesellschaftsvolumina ist ihnen bereits angeboren.

Nachdem wir die Tiefenvernetzung aus Mangel an Arten und Artendaten, wie sie den Geweben und Organen evolutiv eigen ist, nicht mehr erreichen, gewinnen auch die stark vereinfachten Gesellschaftskörper schneller die Oberhand. Der gravitationslastige Gesellschaftskörper magnetisiert die orientiert gewachsene Software. Der Teufelskreislauf zeigt sich. Bereits in jungen Jahren brechen die Eigenschaften des Gesellschaftskörpers hervor. Immer jünger werden die Menschen dem System aus Wirtschaftszwang und Psychopharmaka zugeführt. Wird der Aufbau eines Datenhintergrunds parallel zur organischen Substanz erkannt und gelangten wir an das Wissen seiner Zusammensetzung, so würden die Wirkungen auf die menschliche Entwicklung und seine Gesundheit erkennbar.

Was ist Demokratie? Wenn eine Horde Manipulierter den besseren Weg verhindert. Und die herrschende Elite behauptet: »Das liegt alles an den Verbrauchern. Der Verbraucher soll zuerst einmal seine Manipulierbarkeit ablegen.« Sollte der Einzelne das Verständnis und diese Weisheit hierzu erlangen, dann hörte die Zerstörung der Lebensgrundlagen von alleine auf. Unverbesserliche würde man wahrscheinlich den Wölfen zum Fraß vorwerfen.

Glyphosat in der Muttermilch. Glyphosat in bayerischen Bächen. Glyphosat im Bier. Sie sehen hier, dass es ohne eine Anreicherung der Substanzen in der Nahrungskette nicht geht. Wir müssen davon ausgehen, dass es kein gesundes Gift gibt. Wenn alles stirbt, dann bricht die Pyramide der Evolution zusammen. Nichts besteht aus sich selbst heraus. Das wird ein tiefer Fall für den Menschen. Die Datenlast bestimmt das Gewebevolumen. Ein Anstieg der vernetzten Komplexität verändert die Leistungsbereitschaft der Gewebe. Wir sehen, dass sich die Gewebe und Gewebeeigenschaften von der Beschaffenheit der hinterlegten Felder herleiten.

Vermutlich gelingt es mit der Mathematik, reduziert auf die Zellphänomene oder die Adaptionsleistung in zusammenhängenden Organfeldern, den externen Raum in einer dieser ungeheuer mathematischen Formen zu beschreiben.

Dieses gelingt besser, wenn sie weit reichende Zusammenhänge der Organe und des Organismus, so genannte funktionelle Felder auf sich vereinen. Der menschliche Organismus als Ganzes, eine Evolutionsgröße ist ein Datenspeicher. Er beschreibt den externen Raum ausreichend. Es wären die Materiedaten, die dem Materieraum äquivalent entnommen und als Evolutionsgrößen in den Organismus eingingen, auf welche, das Gehirn bei mathematischen Beschreibungen des Materieraums Bezug nähme. Die Zellorganisation beschreibend, reichten die Evolutionsdaten aus, um abstrakte geistige Positionen zum Beispiel mathematische Beschreibungen zu dulden. Spätere übergeordnete Organfunktionen wären ebenfalls geeignet Analogien, also mathematische Sichten auf den Materieraum zu stützen.

Wir haben hier bereits eine Abstraktion der Materiedaten vorliegen. Die klaren Kriterien sind in Summenfeldern gefasst. Die Modulation der Daten zu übergeordneten Organfunktionen verschleiert den Blick auf das Einzelne. Die Verrechnung von Kriterien in funktionellen Feldern führt ebenfalls zu Größen mit linearem Charakter. Beispiele wären der Blutstrom oder die Bewegung der Knochen und Gelenke. Man begreift sie als übergeordnete Systeme, die jedoch von Grund auf am Ende einer langen Datensammlung und Datenverarbeitung stehen. Das Gehirn könnte jegliche Körperarchitektur bzw. die hinterlagernden Felder und Materiedaten als Grundlage seiner Berechnungen heranziehen.

Die mathematischen Leistungen wären in einer durchgängigen Form wie einem Organismus, der vollkommen an den Materieraum gekoppelt ist am größten. Eine Feldfunktion auf der Grundlage gesammelter Kriterien, in Jahrtausenden der Evolution in der Hardware eines Organismus gebunden, gliche einem Großrechner. ICH sehe in der Mathematik eine geistige Leistung, die von den Strukturen und den Feldern des Gehirns getragen wird. Die Felder erlauben es in Echtzeit weit reichende Summenfunktionen zu überblicken. Ein Feld stellt einen übergeordneten Bezugsraum dar. Umgekehrt, so denke ICH kann das Feld selbst zum Objekt der Mathematik werden. Man könnte zum Beispiel Geraden dem Feldverlauf folgen lassen oder Strecken zur Beschreibung von Feldstärkeschwankungen einlagern. ICH denke, dass die Mathematik jedoch die Zusammensetzung der Kriterien und ihre Beschaffenheit und die Art und Weise der Kriterienanordnung im Feld außer Acht lässt. Die beschreibende Mathematik diktiert den Beziehungsgeflechten der Kriterien in den Feldern ihre Sichten. Die Mathematik untergräbt die gewachsenen Beziehungsfelder. Sie schafft Werte, die sie dann selbst zueinander in Beziehung setzt. So schafft man Konkurrenz für das natürlich gewachsene Gefüge. Die PS-starken Monstermaschinen sind im Grunde keine Konkurrenz. Sie setzen die mathematischen Erkenntnisse unter hohem Energieverbrauch gegen jeden Widerstand durch.

Es kam mir jetzt eine Studie zu Ohren, die eben dieses bestätigt. Wer häufig mit Zahlen umgeht verliert seine Menschlichkeit. Die Gefühle bleiben auf der Strecke. Die Gier und die Habsucht treten in den Vordergrund. Dieses bestätigt meine Annahme, dass sich die Rechenschritte der Mathematik in der Architektur der elektromagnetischen Felder unserer Gehirne verbergen. Zunächst einmal zumindest. Denn mathematische Funktionen und Rechenschritte beginnen mit Einzelgrößen, Gruppen und Mengen. Man lässt sich von den gegebenen Strukturen in Ergebnisfelder überführen. Nicht zuletzt tendiert sie aber dazu, sich vor allem mit den menschlichen Vorlieben zu befassen. In diesem Fall geraten die Systemzusammenhänge und Funktionellen Felder der Biologie und des Lebens in den Hintergrund. Ausschließlich mit den linearen Größen des Korrelierenden Systems zu arbeiten hinterlässt natürlich seine Spuren.

Es ginge also darum, das Ausgangsmaterial in einen Ergebnisraum zu überführen. Man lässt am Besten die Natur der Felder für sich arbeiten. Dann wandelt einem die bewegte Bezugsmaterie das Ausgangsmaterial in den Ergebnisraum.

Der Bezug auf bewegte und linear in Strukturen bewegte Materie überführt die Ausgangsfelder in die Ergebnisfelder. Denken, Rechnen und Ableiten wären wohl geeignete Worte. Die natürliche Feldaktivität ist die Grundlage jeglichen Funktionierens. Die Strukturen des Korrelierenden Systems beruhen auf den täglichen Massebahnen, des vom Menschen geschaffenen Systems. Die Feldaktivität beruht auf den Datenäquivalenten des Materiebezugs. Man könnte die Bereiche der Felder und die Strukturen der Architektur vermessen. Man gelangte an das Datenvolumen, die Datendichte, den Datendurchfluss und seine Geschwindigkeit. Man könnte von Gravitationslasten und Materiehaltigkeit sprechen, vielleicht sogar einen Strom von Elementarteilchen in oder um die Strukturen des Korrelierenden Systems vermuten. Dieses System motiviert uns. Tendenziell mehrt sich der Zentralstrom eher als, dass er verblasst. Die Gefügeströme treiben uns voran. Die Datenströme erhalten und motivieren uns. Das Gefüge ist ein großer Datenspeicher.

Der Gefügestrom stößt Handlungen an. Bei den Zustandsfeldern startend, erweitern uns die Feldströme zu den Ergebnisfeldern.

Das Phänomen der Wissensbildung schreibe ICH der Logik zu. Die Bildung ökonomischer Felder ist eine Feldaktivität der Logik. ICH denke geistige Inhalte, in der Form von Kriteriensummen, so zu verknüpfen, dass sich die Inhalte in ökonomischere Feldordnungen einschwingen. ICH nenne diese Begleiterscheinungen bei der Summenbildung auch Modulation der Felder, oder auch Polungen. Hierbei treten auch Verkehrungen der Sichtweisen auf. Die veränderten Sichtweisen beruhen auf den veränderten Kriterienkonstellationen und den damit verbundenen Materieströmen. Die wissenden Architekturen betonen dann andere Werte. An dieser Stelle ließe sich das Auftreten von Hass und Liebe diskutieren. Hier zeigt sich sehr deutlich, dass die Gefühle Kriterienfelder zum Ausdruck bringen. Es geht darum, wie man mit seinen Alltagsdaten in den Ergebnisfeldern verzeichnet ist. Es geht auch darum, ob die eigenen Ziele erreichbar und die notwendigen Zustände erhalten bleiben. Stehen sie gegen den Strom kann sie das ihre Existenz kosten. Auch Schwächung des Immunsystems und Krankheit können Folgen einer ungünstigen Positionierung sein.

Die Logik leitet aus bestehenden wissenden Ordnungen, Gemeinsamkeiten, des zu beschreibenden Raums her. Die Ergebnisbildung geht nicht selten mit einer Modulation der Felder einher. Der zu bezeichnende Ergebnisraum, der als günstigste Form der Antwort gilt, steht dabei stabil im Mittelpunkt. Verschiedenste Wissensbereiche beteiligen sich an einer Beschreibung des Ergebnisraums. Der bezeichnete Materieraum liegt stabil im Zentrum der beschreibenden Konstrukte. Der Datenkörper unserer Antwort verhält sich äquivalent zu seiner Materie. Das ist das reinste Wissen von der Materie.

EINSCHUB

Wir schreiben der Materieäquivalenz den höchsten Grad an Ökonomie zu. Die Verrechnung der Inhalte ist physikalischer Art. Die Gesetze der Physik zwingen die beschreibenden Fachgebiete in einen gemeinsamen Modus. ICH nenne es Ökonomie, wenn sich die beschreibenden Inhalte so verrechnen, dass sich am Ende ein echtes Materieäquivalent der Frage als Antwort auf den zu beschreibenden Raum auftut. Das Ergebnis ist die Erkenntnis des so bezeichneten Raums. Ein direktes Materieäquivalent. Die Materie hat Masse. Alle Gebilde der Substanz, alle Datengebilde streben dem Realraum zu. Der Realraum verhält sich äquivalent zum Materieraum. Alle Gebilde der Substanz und alle Datenlagen streben dem Realraum zu. Es ist die Reinheit des Raums. Die höchste Ordnung der Substanz ist ihre Materie. Die Masse, die Materie, eine hinterlegte Substanz.

Der Ergebnisraum unserer Antwort ist ein Stück Materieraum. Unsere Antwort ist das Ergebnis des natürlichen Feldverhaltens. Diese Feldaktivität kann in Teilen dem Bewusstsein zugänglich sein, aber auch aktiv in spezifische Richtungen gelenkt sein. Wir tragen als Individuum für die Kapazität und Intaktheit unserer analytischen Datenkörper selbst die Verantwortung.

Die Antwort ist ein stabiler Kern inmitten von wissenden Datenarchitekturen. Der Kern der Antwort gleicht einem Materieäquivalent. ICH gehe davon aus, dass sich die umgebenden Datenlagen, die aus dem beschriebenen Zentrum herausragen, in eigene Ordnungen einfinden. Die umgebenden Datenlagen werden sich zu Strömungs- und Ladungsgebilden zusammentun. Vielleicht auch mit Teilchencharakter. ICH möchte, dass ein jeder weiß, dass wir hier von einem wissenden Gebilde sprechen, welches in seinem Kern ein Materieäquivalent trägt, das von umliegenden Feldern gespeist wird. Wir blicken auf einen Kern, dessen elektromagnetisches Gesicht der Materie entspricht. Das bezeichnende Datenfeld ist von dem bezeichneten Materieraum nicht zu unterscheiden. Wir erhalten also ein Wissen vom Materieraum, das sich mit Umgebungskreisläufen und Ausgleichsmoves sein elektromagnetisches Gesicht im Kern aufrechterhält. Zu erkennen ist auch, dass die Materiemoves nicht einem zusammenhängenden Raum angehören müssen. Hierzu gibt es den Realraum als Hintergrund. Das ist die Materie selbst. Wir hingegen sind Geist, bewusste Phänomene, Datenarchitekturen, die unsere Liebeleien und Spielereien widerspiegeln, die der Aufbau des Organismus zu denken erlaubt.

Verschiedene wissende Architekturen und Datenkörper fließen in dem Versuch einen Ausschnitt des Materieraums zu beschreiben zusammen. Es zeigt sich also der Materieraum in diesem Bereich von Konstrukten unterschiedlichster Materiemoves optimal hinterlagert. Die Sichtbarkeit rührt von ihrer Dichte her. Es handelt sich um einen Summeneffekt der Mengenlehre. Die Summe im Kern der Gebilde ist eine beschreibende. Wir sind der zu bezeichnenden Materie bereits sehr ähnlich.

Negative Gedanken auf Grund ihrer Zusammensetzung erkennen zu wollen oder in den zusammengesetzten Datenarchitekturen negative und positive Effekte auf den Organismus zu studieren, benötigt ein Lebensjahrzehnt. Die höchste Erkenntnis wird einem wohl gelingen, wenn sich die Felder seines Wissens bei dem Versuch einen Materiebereich zu beschreiben, so verrechnen, dass der bezeichnete Raum an sich hervortritt. Dieser Umschlag tritt oft ein, wenn man dem gesuchten so nahekommt, dass der Materiekorpus selbst hervortritt. Das gesuchte Wissen liegt dann in der Form einer Materieäquivalenz vor. Die Materie selbst und die darin gebundenen Formen der Substanz zeigen sich dann in ihrem Verhalten. Der Wahrnehmende ist höheren Dichten verpflichtet. Das wahrnehmende Bewusstsein beruft sich auf wahrnehmbare Abstufungen und Unterschiede in der Substanz.

In diesem besonderen Fall kann dann die Wirkung der wissenden Felder und ihren Kriterien auf ein echtes Materieäquivalent erörtert werden. Wo liegen besondere Gravitationslasten unserer Ausgangsfelder vor? Bestehen vielleicht sogar stabile Kreisläufe oder materieartige Gebilde in unserer Ausgangsarchitektur bevor wir an das Ergebnisfeld geraten. Die Datensammlung beginnt mit individuellen Kriterien. Wie reagiert der Mensch, wenn sich plötzlich diese Gravitationslasten um seine Welt aufspannen. Eventuell verrücken sie das Bewusstsein und schalten fremde Gene an. Es könnte sein, dass sich das Ergebnisfeld der Materie äquivalent verhält, die begleitenden Architekturen auf das materielle Umfeld des Materieäquivalents aber störend einwirken. Sieht mir beinahe so aus, als läge hierin der Schalter zur Entartung menschlichen Gewebes. Das entstandene Datengefüge beschreibt nun einen Teil des Materieraums. Wir haben ein gewisses Wissen von diesem Bereich hervorgebracht. Dieser Teil des Raums floss aber auch in die Architektur des embryonalen Gewebes und in die Entwicklung allgemein mit ein. Es kann sein, dass die Inhalte der Fachbereiche die wirklichen Zusammenhänge des Raums nur mangelhaft wiedergeben. Der Unterschied isolierter Beschreibungen zu den natürlich gewachsenen und globalen Verhältnissen des Materieraums könnte mit unvorhergesehenen Wirkungen auf das gesunde Gewebe einhergehen.

Wir schließen den Sonderfall der Modulation zu einem echten Materieäquivalent für den Großteil der Wissensbildung aus. Es wird daher auch eine Menge an ungeeigneter Information geben, die sich an der Architektur des wissenden Korpus beteiligt. Aber auch die ungeeigneten Teile, nennen wir sie individuell, sind dem Materieraum entnommen. Die individuellen Kriterien gehören dem Materieraum an und erfüllen ihre koordinierende Funktion, um das System an sich am Laufen zu halten. ICH spreche vom Materieraum als Ganzes, dem wir von Natur auf verbunden sind. Er fungiert als Hintergrundmatrix. Alle unsere Entwürfe von der Welt vereint er auf sich. Vor dem Hintergrund aller anderen geistigen Phänomene und Wahrheiten ist der Status Quo als Einheit die sichtbarste aller Wahrheiten und die Basis aller zukünftigen Wahrheiten. Der Materieraum, zieht man sein Sein zu Rate, weiß uns zu positionieren. Unsere Position wird als Impuls auf den Datenkörper weiterlaufen

Bei einem Materieäquivalent handelt es sich um ein klares Abbild der Materieverhältnisse. Der äquivalente Teil des wissenden Korpus ist auch durch eine gewisse Gravitationslast geschützt. Der Aufbau der Materie verfügt über ein sehr großes Maß an Ökonomie. Wir verdanken ihr die Masse und die Stabilität. Der umgebende Datenkorpus umgibt das Materieäquivalent wie eine Hülle. Nicht wenige Wissensbereiche beteiligen sich an der Beschreibung des Kernkörpers. Die Datenlagen, die nicht direkt an dieser Beschreibung mitwirken und in die Umgebung hereinragen, schließen sich zu eigenen Ökonomien zusammen. Die Kriterien und ihre bewegte Materie, wir erinnern uns an das Korrelierende System, fließen in gemeinsamen Strömen dahin und bauen Felder auf. Wir sehen Wirkungen, Ladungen, Ströme, Geschwindigkeit, Kräfte, einen Gehalt an Materie, das heißt Masse. Es ließen sich sogar Teilchen verschiedenen Charakters im Umfeld der Materieäquivalente, im Umfeld der bildhaften Gesichte, im Umfeld der Zentralordnungen denkend darstellen.

Auf diesem Niveau des Denkens generieren wir tatsächlich elektromagnetische Phänomene mit Teilchencharakter, die sich um bildhafte Gesichte einer Zentralordnung tummeln. Man könnte diese elektromagnetischen Gesichte selbst als Gottesteilchen verkaufen. Ihr zwingender Charakter, sich den Materieraum anzueignen, reicht hierfür vollkommen aus. Diese Art der Architektur gilt als sehr stabil und kann von Nachfolgern selbst errechnet werden. Auf diese Weise ankert das Wissen im Materieraum und organisiert den Makrokosmos vom Quantenraum aus. Das Ergebnis der Logik sind wissende Felder. Die Mathematik scheint sich der Struktur der wissenden Felder zu bedienen. Die Mathematik arbeitet mehr mit linearen Größen. Sie gehört damit in den Bereich des Korrelierenden Systems. Sie dient der Organisation unseres Alltags. Die Mathematik gehört nicht in den Bereich der Wissensbildung. Die beschreibende Mathematik bewegt sich zwar innerhalb der wissenden Architekturen, beachtet aber die Struktur des Wissens nicht. Der wissende Korpus wird nicht gepflegt und entwickelt, er wird ausgeschlachtet. Man ringt ihm technische Anwendungen ab. Der wissende Datenkorpus verliert dadurch an Kapazität, Komplexität und Qualität. Es bleiben die technischen Errungenschaften und das Wissen, um sie herzustellen. Die Logik fasst wissende Architekturen in übergeordneten Feldern zusammen. Die Mathematik überführt in Bruchteilen von Sekunden Zustandsfelder in Ergebnisfelder. ICH lege dem Vorgang die in Strukturen gefassten Materiemoves zu Grunde. Man könnte auch an gebahnte und stabile funktionelle Zusammenhänge denken, die den Aufbau zum Ergebnisfeld unterstützen.

Vermutlich ist die Berechnung mancher mathematischen Probleme nicht möglich, weil in der bestehenden wissenden Ordnung der hierfür notwendige Feldgang zu gering ausgebildet ist oder fehlt. Das korrelierende System ist nicht so großartig, wie man denkt. Seine Strukturen enthalten die gängigsten Daten der Gesellschaft. Das ist hauptsächlich die bewegte Materie, der Kategorie ›von hier nach da‹. Die funktionellen Räume zu überblicken, ist nicht vorgesehen. Vorhersagen zu treffen oder sogar mathematisch zu berechnen, schlägt daher immer fehl. Der Produktstatus enthebt uns dem ursprünglichen Sein. Die externen Daten verhindern einen tieferen Blick auf die inneren Zusammenhänge. Man wird heute von den Strukturen der Gesellschaft in Verhaltensmuster gedrängt. Die Fähigkeit einen Bezug zwischen dem Datenphänomen und dem Materieraum herzustellen, wird heute missbraucht. Der Kapitalismus nutzt diese Fähigkeit, um den Verbraucher zu kontrollieren. Die Fähigkeit des Menschen die natürliche Involvierung durch das System zur eigenen Inspiration zu nutzen ist praktisch abgestellt.

Der Körper ist blind. Die geschaffenen menschlichen Entwicklungsgrade, die unterschiedlichen Felder und Bereiche der Industrien greifen nur ungenügend ineinander. Viele stehen in Konkurrenz zueinander. Eine klare durchdringende Dichte eines sichtbaren Raums herzustellen wird daher schwieriger. Es wird uns kaum gelingen, das aufgeblasene Arbeitsplatzsystem wieder zurückzubauen. Wir entfernen uns von den Urdaten der Organismen. Wir entfernen uns von unserem Organismus. Die Daten werden immer mehr zu externen Daten, zu abgekoppelten externen Werten. Die Kongruenz zwischen der Architektur des Organismus und dem externen Raum schwinden. Die Wirtschaft erreicht die Komplexität des lebenden Kosmos nicht. Mir fehlt es mich in lebende Beziehungen einzufügen. Lebende Beziehungen, die tief in den Mikrokosmos hinein reichen. Die Verschränkung der Wirtschaftsbereiche ist mangelhaft. Das sind nur beziehungslose Fertigungsströme. Die Wirtschaftsgebilde sind schlechte Informationsleiter. Sie liegen wie Schatten auf meiner Seele und verhindern, dass das Glück hereinfällt.

Es scheint, als trampelten wir auf der Körperarchitektur herum. Es fehlt uns allen an Zeit und Ausdauer sich die natürlichen Datenvolumina zu erarbeiten. Die vielen Produkte, sollte man kaufen, die Unterhaltungsindustrie mit ihrem Ballast, ganz allgemein unser Alltag lassen kaum Zeit für andere Räume und größere Zusammenhänge. Wir hängen alle in künstlichen Welten fest. Wir drehen uns ohne Entwicklung im Kreis. Was sie für Entwicklung halten ist im Grunde ein Verlustgeschäft. Für die Darstellung technischer Errungenschaften geben wir eine unglaubliche Menge natürlicher Informationsvolumina auf. Wir rennen Dingen hinterher, die von fremden Menschen entwickelt werden, die uns nicht einmal zum Vorteil gereichen. Der Spaßeffekt ist ein kurzweiliger. Es ist der Genuss von Daten, Feldern und Konstrukten. Der kleine und beschränkte Menschengeist darf sich für einen Moment mit teurer Hochtechnologie umgeben. Der Geist darf sich für die Dauer des Konsums großartig fühlen. Er darf in die Räume der Forschung und Produktentwicklung vorstoßen, sich unbelastet, groß und frei fühlen. Das Instrument des Denkens, welches einen vor fremden Geistern und Ideen schützt, kommt viel zu wenig zur Anwendung. Wir werden an einen Punkt gelangen, an welchem das Individuum eine Teilnahme ablehnt, weil es darin keine essentielle Notwendigkeit erkennen kann. Das Überleben scheint wieder in das Interesse der Menschen zu rücken.

Die Mathematik und die Logik lassen sich nur vergleichen, nicht verknüpfen. Sie bedienen unterschiedliche Interessen. Es gibt einige Gemeinsamkeiten, was die Verarbeitung der Daten in den Feldern betrifft. So können wir uns auf die Gesetze der Physik verlassen, wie sich Daten und Datenfelder miteinander verrechnen und zueinander verhalten. Beide Wissenschaften profitieren von dem natürlichen Verhalten der Daten in den Feldern. Diese natürlichen Effekte und Phänomene kommunizierender Datenvolumina fassen wir unter der Feldaktivität zusammen. Es muss erkannt werden, dass das Bewusstsein vom externen Raum erst möglich war, als das Gehirn eine entsprechende Basis an Hintergrunddaten zur Verfügung hatte. Jetzt war es möglich externe Größen zu fassen, analog zu seinen Körperprogrammen zu betrachten und in Abhängigkeit zu seinen Körperprogrammen zu beurteilen.

Wir haben Zusammenhänge erkannt und ein gewisses Wissen errungen. Die Entwicklung dieses Wissens und die technischen Errungenschaften haben jedoch einen eigenen Datenkorpus. Es ist nur die erste Systemerkenntnis, der Aha-Effekt, der sich noch hoch integriert im ursprünglichen System der evolutionsbedingten Zusammenhänge befindet. Der Erkenntnissatz an Daten verändert sich immer auch sehr schnell, weil alles im Fließen ist. Eine Vielzahl von Ereignissen gehen ineinander über. Sie setzen sich aus unterschiedlichen Materieereignissen und Massebahnen zusammen, so dass die Felder unterschiedliche Funktionen erfüllen und Schaltungen vornehmen können. Der Charakter der Funktion variiert dann auch und orientiert sich an der Vielzahl, der am Feldaufbau beteiligten Kriterien. So lassen sich wirklich stabile Zusammenhänge nur schwer festhalten. Erarbeitet man sich stabile Verhältnisse liegen sie wie Fremdkörper in den so variantenreich fließenden, natürlich gewachsenen Systemen.

Die Gefügezusammensetzung und seine Variationen bedingen die so gefürchteten Nebenwirkungen. Es zeigt sich auch im Allgemeinen, dass die Wissensbildung bzw. der Ausbau der Erkenntnis zu einem stabilen Datenkorpus mit starken Einbußen des natürlich gewachsenen Gefüges, wie es die Evolution im Biotop oder im Menschen verwirklichte, einhergeht. Die wissende Architektur benötigt eine Menge Speicherplatz. Die Darstellung derselben benötigt selbst Substanz. Das Datenmaterial zu ihrer Darstellung wird dem Evolutionsgeflecht entzogen. Das geht auf die Kosten des Gefüges und gefährdet die Existenz ganzer Gefügeeinheiten. Es kommt zu einem Verlust von Arten und einem Einfluss auf die Materieströme. Zunächst sehen wir nur die geistige Konfiguration, die wir als Wissen bezeichnen, wirken. Dann kommen aber noch die Produkte hinzu, die wir in den Materieraum einfügen. Sie brauchen Platz und verändern das Verhalten der angreifenden Elemente. Außerdem wissen wir sehr wenig über die beteiligten Kriterien selbst. Wie setzen sich die funktionellen Felder zusammen? Welche Kriterien beteiligen sich an ihrem Aufbau? Wie hinterlagern die Datensätze die Gewebe? Sollten die Materieäquivalente einer Funktion tatsächlich mit der Materie extern verhaftet sein, wie wirkte das Verhalten der externen Größen auf die Gewebeeigenschaften und auf essentielle Funktionen ein.

Wir sehen, dass das entstandene Wissen, der gegenwärtige Status Quo, nun dem Körper zu diktieren beginnt. Je mehr wir den Status Quo Massebahnen und Materieereignisse aufzwingen, umso mehr zwingen wir auch unseren Organismus, Datenvolumina technischen Wissens zur Organisation seines Körpers heranzuziehen. Der Status Quo dient der embryonalen Entwicklung. Sicherlich brauchen sie auch die Genbanken. Der Zugriff auf diese Ursuppe von Daten wird aber mit Datenvolumina geleistet. Die Datenvolumina bestehen jedoch aus Kriterien. Die Kriterien sind Materieäquivalente, den Status Quo bezeichnend. Die Daten der embryonalen Entwicklung werden aus dem Status Quo ausgelesen. Es ist das ungeheure Volumen das die genetische Ausformung bedingt. Das Gen repräsentiert eine Raummenge. Jede Zelle führt den vollständigen Satz an Genen mit sich. Es verhält sich wie eine Schwarmintelligenz. Die unglaubliche Menge an Zellen erzeugt die Raummenge welche als Ursache der Ausprägung gelten darf. Die Summe des Datenmaterials ergibt eine Rauminformation, welche dem Träger zum Beispiel die Haarfarbe andichtet.

Beschäftigt man sich mit der Materie dieses Erdballs, tritt diese Bezugsmasse als Datenäquivalent in das Korrelierende System ein. Im Korrelierenden System findet man auch die Evolutionsdaten. Sie sind in der augenblicklichen Form des Organismus gebunden. Die Basisdaten des Organismus treten im Korrelierenden System mit dem extern erhobenen Datenmaterial in Beziehung. Die wechselseitige Beeinflussung ist unumstritten. Vermutlich ist die Geistesentwicklung an die Körperlogistik gekoppelt. In diesem Fall schüfe der Mensch mit der Organisation des Materieraums ein direktes Abbild seines Organismus. Dieses hätte zur Folge, dass der Mensch irgendwann ein Wissen hervorbrächte, das sich aus der Körperorganisation im Ganzen herleitete. Der menschliche Körper scheidet keine

Gifte aus. Alles, was der Organismus verarbeitet und produziert dient allein dem Erhalt der Lebendarchitektur. Vielleicht schaffen wir es, anstatt der konstruierten Datenhüllen und eines angedichteten Images, wieder etwas mehr Notwendigkeit zu verkaufen. Vermutlich entfaltete dieses Wissen spürbare Wirkungen im Bereich des Alterns und der Gesundheit. Es ist zu erkennen, dass sich ein gesunder Körper auf einen ausgeglichenen Bezugsraum bezieht. Das Schaffen von Wissen reduziert sich nicht nur auf das Beobachten und Beschreiben. Es geht darum die erhobenen Daten korrekt in die Substanz einzuordnen. Das geschaffene Wissen sollte sich aus dem funktionierenden Ganzen herleiten. Dann entstünden geringere Folgeschäden.

Ein Verständnis, bei welchem das Materiegeschehen mit Fremddaten nachgestellt wird, bleibt fern vom Absoluten. Sicherlich wird das Wissen zu einem gewissen Grad verstanden, aber es ist doch nicht ganz Schöpfungskonform. Das natürlich vorkommende Äthermaterial muss im ungünstigsten Fall mit dem Feldstatus des Verstehenden konkurrieren. Oft begreifen sich diese Leute als äußerst seriös, weil sie sich die menschliche Entwicklung aus ihren Wurzeln bis hin zu den technischen Auswüchsen antrainiert haben. Sie präsentieren das Datengeflecht eines Wissens, eines Wissens, das den augenblicklichen Status Quo bedingt. Das Problem, das dabei auftritt, bleibt das Phänomen der korrekten Zusammensetzung der Kriterien. Welche Kriterien sind Tatsächlich an der Körperorganisation beteiligt. Welche Kriterien leiten in die notwendigen Reaktionen über? Das sind notwendige Fragen untersucht man den Evolutionsäther.

Wird die embryonale Entwicklung tatsächlich mit Datenäquivalenten des Materieraums gesteuert, ist der gebildete Organismus dann tatsächlich eine Kopie des aktuellen Materieraums? Ist dieser Materieraum mit all seinen bewegten Massen dann auch die Basis einer spezifischen Intelligenz? Ist der Körper eine Manifestation des aktuellen Materieraums? Ist die gewachsene Datenordnung, dieser Organismus, ein lebender Datenspeicher? Erlaubt erst dieser Datenbackground eine analoge Betrachtung extern, ein Bewusstsein? Wer sich im Datenäther der Evolution bewegt, bzw. in dieser aktuellen, genetisch verwalteten Kopie des Materieraums, und ausschließlich mit vorgefertigten Konstrukten unserer Wirtschaftsordnung arbeitet, fügt der Komplexität Leid zu.

Die Ursachen von Erkrankungen zu erkennen, ist sehr schwer. Er beobachtete zwar bewegte Einheiten, hat zur Analyse aber nur sein antrainiertes System zur Verfügung. Läge die Ursache einer Krebserkrankung im Korrelierenden System, also im aktuellen Gesellschaftsgefüge, er sähe sie nicht. Versuchte er sich an einem Medikament produzierte er einen Stellvertreter zum vorliegenden Gesellschaftsäther. Die Wirkung wäre dann wenig hilfreich, führte nicht zur Heilung. Aktuell versucht das System über stark vergrößerte Geldströme mit der Information ›heilsam‹ zu impfen. Es ist jedoch der Verursacher selbst, so dass es zur Tarnung kommt. Eine krasse Überteuerung der Medikamente, um die Botschaft ´heilend` zu transportieren ist daher wenig sinnvoll. Sicher erkennen sie, dass das aufgeblasene Datenkonstrukt um das Medikament, zu einen ebenso großen wirtschaftlichen Schaden für die Gesellschaft führt. Wenn sie es auf die Spitze treiben wollen, so führt die Bekämpfung System bedingter Schäden mit systemidentischen Werkzeugen zu einem Zusammenbruch des gesamten Systems. In diesem Fall ist das direkte Materiegeschehen im Umfeld des isolierten Geschehens nicht wirklicher Bestandteil der fortführenden Ordnung.

Im Korrelierenden System liegen die Interessen und die Notwendigkeiten unseres Alltags als Daten vor. Selten entfernt sich jemand so weit von seinem erworbenen Ideal des Handlungsablaufs, dass er anhand der Daten nicht hundertprozentig identifiziert werden könnte. Diese Routine führt natürlich über die Jahrzehnte zu einem spezifischem Belastungsbild des Körpers. ICH möchte damit sagen, dass spezifische Handlungsmuster zu einer spezifischen Datenabfolge und damit zu einer spezifischen Prägung des Korrelierenden Systems führen. ICH möchte damit sagen, dass dem Individuum oft nur wenige Datenkonstellationen zur Berechnung offener Fragen zur Verfügung stehen. Jedoch gibt es eine globale Betrachtung des Geschehens, die als aller erstes die Entwicklung des Geistes erforderte. Zunächst einmal ist es üblich sich von den täglichen

Gebrauchsdaten durch Interesse, getragen von Strömungen und wirkenden Kräften den Raum zu erobern.

Der betrachtete Raum wird dabei stark erweitert. Wir gelangen daher zu funktionellen Einheiten. Der Anteil des Unwissenden am Korrelierenden System erschöpft sich meist in den täglichen Bedienerdaten. Jetzt werden wir den betrachteten Raum stark erweitern. Wir nutzen Kräfte und Strömungen, auch Fertigungsabläufe um den Raum aufzuklären. ICH gelange zu funktionellen Einheiten. Die funktionale Einheit klar vor Augen, erscheinen uns die täglichen Bedienerdaten nur noch als der Teil einer Betriebssoftware. Nun wissen wir, dass sich aufgrund der gängigen Daten des Korrelierenden Systems und der Einflüsse, die uns daraus entstehen eine gewisse Strukturintelligenz erwartet. Das bedeutet der menschliche Geist wird einen Teil der Maschine ganz besonders attraktiv finden. Das sind die Elemente, die er besonders gut mit der eigenen geistigen Leistung darstellen kann, die vielleicht sogar einem seiner Körperprotokolle verwandt sind. Altert die Maschine entwickelt sie Macken. Jeder Verbraucher führt zu verschiedenen Belastungsphänomenen. Diese reduziert man heute, so sagt man durch Verschleißteile. Alle Maschinen, ob sie einem geistigen Konstrukt A oder einem Verbraucher des Geistes B ausgesetzt sind gehen heute vorzeitig an einem Verschleißteil zu Grunde. Die Macken lässt man heute nicht mehr vollkommen zur Ausprägung kommen.

Ob das gut oder schlecht ist? Man könnte vielleicht sagen, dass sich das Verbraucherverhalten nicht mehr an einem langlebigen Produkt ablesen lässt! Die speichernde Materie extern fehlt. Die Maschine als Datenspeicher, der die wiederkehrenden Schleifen des Verbraucherverhaltens zeigt, entfällt. Der Verschmutzungsgrad der Maschine, die Wahl der Rohstoffe und ihre Verarbeitungsweisen usw. zeigen den Verbraucher in seinen Bewegungen im Raum. Mit dem Einsatz von Verschleißteilen werden die Geräte heute vorzeitig ersetzt. Die geistigen Eigenschaften des Verbrauchers, die sich in Macken des Gerätes zeigen, finden heute nicht mehr diese Ausprägung. Geistige Bezugsphänomene innerhalb der Technik, die zu Macken des Geräts führen, schafft man durch die Reduktion der Lebensdauer aus der Welt.

Wir verlieren dadurch die Stabilität des Verbrauchers, die Stabilität des Verbrauchers als Individuum im Allgemeinen. Man gewinnt eine höhere Manipulierbarkeit der Massen. Aber was will ICH sagen? Dabei verliert der Baustein unseres Interesses an Bedeutung. Wir sehen, dass sich die betrachtete Materie in Übereinstimmung mit der umgebenden Materie bewegt. Es kommt zu einer Gleichstellung von Materieströmen in den Feldern. Die gesamte Architektur beruht auf dem Aufbau innerer Strukturen. Eine Ausdehnung der Ordnung auf die Peripherie schließt das Datengebilde zu Kreisläufen. Der lebende Organismus ist eine Datenordnung. ICH befinde mich in einem System, bei welchem sich Daten zu Datenmengen und zu Datenfeldern zusammenschließen. Die erforderlichen Ereignisse eines lebenden Organismus können mit den Feldern, Strukturen und Effekten, mit einem dynamischen Datenhaushalt hinterlegt und alle Funktionen dargestellt werden.

ICH behaupte für ein optimales Verständnis der Zusammenhänge ist es notwendig den Materieraum global zu erfassen. Nur auf diese Weise kann das labile Gleichgewicht eines Organismus funktionieren. Nur wer den Materieraum durchdringend erfasst und die Materieverhältnisse als Datenäquivalente in seinen Organismus hereinkopiert, adaptiert seinen Organismus vollkommen an den Materieraum. Nur die maximale Adaption an den Raum erlaubt es einen Organismus wie den Menschen zu betreiben. Für den menschlichen Geist gilt das gleiche. Nur wer das Ganze vor Augen hat wird das Geringste verstehen.

Eine exakte Lösung für den Raum und den Menschen kann sich folglich nicht aus isolierten Fachbereichen herleiten. Dieses würde den Datensatz des Menschen peripher noch stärker belasten und zugleich die zentralen Strukturen noch stärker mit Materieströmen der Wirtschaft besetzen und weiter verdichten. Nein! Eine Lösung für den Menschen muss immer den Materieraum als Ganzes zur Grundlage haben. Wer das nicht hat, und weiterhin ein Verständnis der Dinge einfordert, das allein auf den großen Feldarchitekturen der Wirtschaft beruht, der lichtet die periphere Software des Menschen weiter aus.

Wer sich nicht der Gleichschaltung unterwirft ist rausgefallen oder gilt als abgehängt. Das Verbraucherverhalten ist keine hochwertige Position. Alle sprechen von Manipulation. Allenfalls das Mitfließen im Strome vermittelt ein bisschen Glück. Die Daten des Verbrauchers korrelieren nur noch ungenügend mit Biotopdaten. Die spezifischen Programme der Körperorganisation insbesondere der embryonalen Entwicklung organisieren sich nicht mehr wirklich aus den tiefsten Details heraus. Es gilt tief in den Mikrokosmos vorzudringen, die Datenmengen der dort lebenden als wichtigste Grundlage der Verschränkung aller notwendigen Körperprogramme des Organismus zu begreifen. Wenn ICH mich als Spitze der Evolution begreife, dann sehe ICH mich doch als aller erstes auf eine breite Basis gebettet. Erst eine entsprechende Basis erlaubt die Funktionen zu abstrahieren, seine Bausteine in den Raum einzufügen und seinen Materiebezug im Raum flexibel zu handhaben. Erst auf dieser Datenebene greifen die Programme der notwendigen Körperereignisse ineinander und fließen unbelastet im selben Strom. Die Manipulation der Menschen, ihre Überfettung und der Wandel des Psychozustands sind wohl kaum gewollt. Die Manipulation der Menschen dürfte auch auf diese Kleinsten wirken. Es geht mir aber nicht um die Wirkung auf das Geringste. Denn dieses entspricht den Gesetzen der Gravitation und ist natürlich. Der Geringste wird folglich die Orientierungsmöglichkeiten im besser organisierten Organismus, siehe auch Feldarchitektur, entstehende Effekte und Wirkungen auf leblose Schwebeteilchen, nutzen.

Niederere Arten werden sich von den Lebensgewohnheiten höherer Arten leiten lassen müssen, ob ihre Existenz darin verzeichnet ist oder nicht. Das ist Physik. Die geringeren Werte zeigen sich in ihren Bewegungen abhängig von dem Verhalten der größeren Massen. Die gröberen Massen dominieren das Gefüge. Die Materie bewegt sich auf Bahnen. Aus Daten werden Felder, aus Feldern werden Strukturen. Gebahnt von der Materie verrechnen sich die Daten zu Strukturen höherer Wahrheiten. Die höheren Dichten sind die Wahrheiten der niederen Lebewesen. Oft spielt sich die Bewegung geringeren Lebens vor dem Hintergrund der höheren Wahrheiten ab. Aber auch der Blütenstaub ist auf eine exakte Programmierung der Luftbewegungen angewiesen.

Das Verhältnis der Materiedaten zueinander passt nicht mehr. Wenn Sie die Ferkel aus Dänemark bekommen, in Bayern mästen lassen, um sie dann im Schwarzwald verpacken zu lassen, wie sollen denn die Vögel und Insekten als korrelierende Bausteine des Biotops noch ihre Nahrungsquellen finden? Jetzt mästen Sie hier in Deutschland mit Soja aus Südamerika Schweine für den chinesischen Markt. Deutschland verkommt zu einem Schweinemastbetrieb. Wollen Sie das System tatsächlich mit geistigen Überbauten dieser Art versehen? Es besteht die Möglichkeit, dass diese Größen der genetischen Menge zuzurechnen sind. Damit werden Sie Gene schalten, und die embryonale Entwicklung wird diese Größen zur Grundlage haben. Diese Menge wird in die geistige Entwicklung einfließen und den verrechnenden Felder der Gehirnfunktionen angehören. Das passt doch nicht mehr zusammen. Da müsste ein Vogel das Futter für die Jungen aus hunderten Kilometern Entfernung heranfliegen und die Honigbiene einen Radius von 50 Kilometern abdecken. Wollen sie das System tatsächlich mit geistigen Überbauten dieser Art versehen?

Das Korrelierende System wird von dem menschlichen Overlay beherrscht. Wenn wir uns den Datenmantel um ein Stück Schinken näher ansehen. Der Verbraucher spannt den Raum des Konsumenten auf. Er nimmt den Schinken aus dem Kühlschrank, schneidet sich ein Scheibchen ab und verzehrt es mit einem Stück Brot. Parallel hierzu werden die Rohstoffe aber über weite Distanzen transportiert. Darf das Verbraucherverhalten im Zentrum unserer Betrachtung liegen, so spannten die weit transportierten Rohstoffe eine Sphäre um das Verbraucherverhalten auf. Oder ist die umgekehrte Betrachtung die günstigere? Die Großmassen der industriellen Fertigung lägen im Zentrum der Betrachtung und die Verbraucher tummelten sich wie Motten um das Licht.

Nun ist das ganze auch ein physikalisches Problem. ICH stelle mir das Raumreisen der vorliegenden Ordnungen vor. Ist es nicht einfacher, einen Baustein zu teleportieren, wenn man die geringen Verbraucherwerte von den großen Massen des Transports umhüllt. Sie fügten sich andernorts einfacher in das Gefüge ein. Stellt man jedoch die Masseverschiebungen und Produktionsgüter in den Mittelpunkt und begreift das Verbraucherverhalten als Peripherie, dürfte das Einfügen in andere Welten nicht so einfach sein. Es bedeutet natürlich auch ein Aufatmen für die Gesellschaft, wenn erkannt wird, dass der Verbraucher einem Diktat der Industrie unterliegt. Nicht die Schäflein sind verantwortlich für die Weide auf die man sie treibt, sondern der Schäfer mit dem Hirtenhund ist es. Man könnte folglich von Oben herab den ökologischen Verbraucher formen. Man könnte die Architekturen um den Verbraucher so gestalten, dass er sich angebracht ernährt und verhält. Es schwände der Verlagerungszwang. Solange aber eine fehlerhafte Ordnung das Sagen hat, haben wir einen Verschiebebahnhof und eine Anhäufung der aufgesetzten Probleme in manchen Bereichen. Die Willensstarken und Intelligenten blocken die Schadinformation ab. Die abgeblockte Information sammelt sich aber in anderen Bereichen an und schwächt die Belasteten zusätzlich. ICH schlage ihnen vor einen korrekten Verbraucher zu schaffen, der wieder in das System passt. Es ginge nicht alles den Bach runter, wenn nicht jeder eurer Geistesblitze mit einer Müllhalde einherginge.

Kurz gesagt, ICH sehe die Datenstrukturen der Konzerne nicht in dem natürlich gegebenen Gefüge wurzeln. Das Konzernmuster übernimmt keinerlei Verantwortung für die Stabilität des umgebenden Raums. Sie sind ausschließlich an der eigenen Existenz und ihren Produkten interessiert. Die Energien des Konzernpartikels sind in Kreisläufen organisiert. Wir wissen, wo sie beginnen und wie sie enden. Diese Eigenschaft teilen nicht alle Elementarteilchen. Manchmal ist das Entstehen von energetischen Dichten nicht exakt nachzuvollziehen. Das Kommen und Gehen mancher Teilchen ist Notwendigkeit. Die kurze Existenz mancher energetischen Dichte ist der Gleichzeitigkeit von Datenkomplexen geschuldet. Die Wechselwirkung der Datengebilde erzeugt auf der Quantenebene derlei Aktiva.

Betrachte ICH sie in der Fläche sind sie auf der Grundlage des Materieraums definiert. Wir bereiten uns ein Haferl Milchkaffee zu. Wir brauchen Milch, Zucker. Kaffeepulver, heißes Wasser und ein Haferl. Die Produkte sind alle unter einem Label, wie REWE, geparkt. Ein jedes Produkt für sich ist selbst in einem

Gefäß. Wir können sie also in einem eigenen Wissensfeld ablegen. Wir haben ein verschließbares Gefäß mit Inhalt. Dieses wissende Feld wäre unserem Körper vertraut. Es gehörte zur Programmierung von Bewegung. Wir versuchen uns die Gebrauchsgrößen eines Milchkaffees in einem Korrelat verschränkt vorzustellen. Dieses allein wäre für ein Partikel des Gebrauchs einer gewissen Stabilität ausreichend. Es handelte sich um eine wiederkehrende Stabilität, die auf der Quantenebene und im elektromagnetischen Spektrum wirksam wäre und nachweislich eine organisierende Wirkung auf den Materieraum hätte.

Jetzt stellen wir das leere Haferl vor uns auf den Tisch. Wir holen uns die notwendigen Produkte dazu auf den Tisch. Wir sehen, also dass sich die Materie um das Kaffeehaferl auf dem Tisch anreichert. Geben wir nun das Kaffeepulver den Zucker und die Milch in die Tasse und gießen mit heißem Wasser auf so erhalten wir eine Durchmischung der Zutaten man könnte sogar von einer zeitweiligen Stabilität des Datenkörpers Haferl Milchkaffee sprechen. Auf der Quantenebene oder im Korrelierenden System, wenn die Felder wichtiger werden als die einzelnen Eigenschaften der Kriterien sehen wir Materie zusammenströmen eine zeitweilige Stabilität eingehen und wieder auseinanderfließen. Das Haferl bedient beide Systeme es füllt sich und es leert sich. Es kommt einem Gottesteilchen daher in einer gewissen Weise sehr nahe.

Man darf annehmen, dass die Kriterien eines Konstrukts dem Materieraum verhaftet bleiben. Jedes elektromagnetische Konstrukt führt eine von Existenz geprägte Wahrheit mit sich. Die Kriterien des Konstrukts beschreiben den Gebrauchsraum. Gehört man dem Konstrukt an, dann gehört man seiner Wahrheit an, ist man ein Außenstehender kann man noch als verbindende Information des Raums notwendig sein oder aber dem Gefüge bereits im Wege stehen. Sie sprechen auch von Lebenslügen in welche sich der Einzelne hüllt. Im Vergleich zu unserer natürlichen Umwelt ist alles erfunden und erlogen. Die einzige Wahrheit, die gelten sollte, ist das funktionierende Gefüge. Der Mensch müsste sich erfolgreich integrieren.

Ob sie sich zur Arbeit vorbereiten oder ihr Sportzeug packen ständig ziehen wir Produkte heran und stoßen sie wieder ab. Die Architekturen der Labels aktivieren sich, wenn wir die Spuren unseres Konsums erinnern. ICH denke, dass unser täglicher Umgang mit der Materie ausreicht, um derlei Teilchenphänomene hervorzurufen. Das hieße die Materie und bewegte Materie hätte ein Daten- oder Feldäquivalent. Die bekannten Grundkräfte wirkten auf der Quantenebene. ICH gehe sogar davon aus, dass sich elektromagnetische Stati der Gehirne, als die Folge meiner geistigen Spielereien, direkt auf der Teilchenebene organisieren und auch im Datenäther zu finden sind. Man hört und sieht mich auch.

ICH kann mir auch die zufällige Organisation eines besonders instabilen Teilchencharakters vorstellen. Bekannte Aktiva könnten Materieströme im Raum organisieren, die nichts oder nur wenig gemein hätten und nur zufällig aufeinander zuströmten. Erhöhte Datendichten der Quantenebene könnten von der Gleichzeitigkeit verschiedener Labelarchitekturen ausgelöst sein. Die Kriterien der Konstrukte in einem gleichzeitig aktiven Modus könnten sich ebenfalls zu erhöhten Dichten der Quantenebene verrechnen. Wir sehen hier die Gefahr von Materiekollisionen. Wir sehen aber auch eine Feldaktivität auf der Quantenebene und des Organisierenden Äthers, die im Stande sind derlei Bedingungen zu ordnen. Wir sehen auch ein Zusammenströmen von Materie, die sich in funktionelle Zusammenhänge einfinden und kurzweilige Funktionen ermöglichen.

Den Urknall betrachtend, wären die Faktoren, reduzierte man sie auf die Felder, welchen sie entnommen sind, gleichbedeutend mit den dichteren Datenfeldern der Materie, den Kriterien. Der wichtigste Vorgang ist die Modulation der Felder. Die Möglichkeit der Faktoren, der Kriterien und der Felder sich in ökonomischeren Ordnungen zu addieren scheint eine natürliche Eigenschaft zu sein. Die entstehende Ordnung im Inneren zeigt sich natürlich auch als Wirkung nach Außen. Die ersten Eigenschaften der Materie sind entstanden.

Wir legen den Urknall in ein homogenes Feld. Der entstandene Materieraum ist somit eigenständig zu betrachten. Das Urfeld oder die Ursubstanz umschließt den Materieraum. Der Urknall ist vermutlich im Großen wie im Kleinen auslösbar. Obwohl makrokosmisch schwieriger vorstellbar könnten Feldgeneratoren so gelagert sein, dass es zu zufälligen Stabilitäten kommt. Ist die Materie zerlegbar, so ist sie auch zusammenzusetzen. Können wir die Materie nicht auseinandernehmen, so sollten wir uns mit der Zusammensetzung befassen, und Materie zusammensetzen. Wir sehen die Materie in diese Energie oder dieses Feld überführbar. Es liegt daher nahe die Ursubstanz oder das Urfeld in dichteren Feldern organisiert zu sehen. Während ICH bei Faktoren noch von Vorstufen der Materie spreche, sehe ICH in den Kriterien bereits die Feldformen der Materie, so wie sie organisiert ist. Die Faktoren sind gerichtete Ursubstanz. Zeigt die Grundsubstanz in überschaubaren Bereichen ein gewisses Verhalten, so nennen wir diesen Bereich einen Faktor. Faktoren sind Bereiche der Grundsubstanz gleichen Verhaltens. Den Faktoren ist eine gewisse Wirkung eigen. Sie weisen eine höhere Dichte auf, einem Bewusstseinsfeld ähnlich. Es wirken Kräfte, wir sprechen von einer Richtung. Man könnte von der Gleichzeitigkeit des Raums, von der Gleichzeitigkeit einer Information, einer Wirkung in Echtzeit sprechen. Diesen Eindruck hinterlassen Faktoren bei einem Beobachter.

Die Grundsubstanz kann sich in eigene Ordnungen einfinden. Das Urfeld gliche einer Oberflächenspannung, Die Faktoren zeigten im Kern so etwas wie funktionelle Verbindungen. Günstig gelagerte, ICH darf sie hier Kriterien nennen, obwohl es noch keine Materie gibt, die sie prägte. Günstig gelagert, gingen Raumbestandteile interne Wertigkeiten ein. Es entstünden stabile Architekturen mit Ladungen und Masse. Wir müssen uns immer vor Augen halten, dass es sich um verschränkte Felder handelt. Wir werden es also immer mit Feldern und ihren Architekturen zu tun haben.

ICH spräche von einer multiplen Verschränkung des Urfeldes, so dass sich als Folge die Grundgesetze der Physik einstellten. Wir bekamen mit der Materie dichtere und noch stärkere Felder, die in ihren Summenfunktionen nichts von den eingefangenen Faktoren in ihrem Inneren erkennen lassen. Wir beobachten nur die Summenfunktion und ihre Wechselwirkungen untereinander. Beginnen wir uns jedoch mit den einzelnen Summanden zu befassen, erhalten wir plötzlich

Bewegung. Dann beginnen wir plötzlich bewegte Bereiche von ruhenden zu unterscheiden. Plötzlich sprechen wir von ruhenden und aktiven Feldern.

Natürlich findet ein Schmetterling in einem Garten, der dem täglichen Auge des Gärtners unterliegt einfacher an sein Ziel. Der Garten ist durch das tägliche Interesse des Gärtners aufgeklärt. Innerhalb der menschlichen Ordnung gibt es eine Landkarte. Hier sind die regelmäßigen Stationen des Menschen abgelegt. Wie ein Film oder eine Bilderserie sind die Daten im Gehirn abgelegt. Niemand fragt danach, ob und in welcher Weise unser Geist den entsprechenden Materieraum selbst durchdringt, und wie tief seine Gedanken und Ideen in den Quantenkosmos hineinreichen. Dann könnten die Daten des Gehirns auch extern im Raum verankert sein. Sie könnten der Materie anhaften die wir täglich aufsuchen. Wir sollten mehr über das Gedächtnis und die Form der Datenspeicherung nachdenken. Wie und in welcher Form lassen sich die Daten wieder hervorholen. Haben alle Arten auf die Datenfelder Zugriff? Der Schmetterling griffe auf Objekte unseres Alltags zu und fände dort eine Karte aller menschlichen Aufenthaltsräume und Lebensgewohnheiten. Er könnte sich innerhalb der menschlichen Größen orientieren, sich gegebenenfalls instinktiv auf den Bahnen menschlichen Handelns treiben lassen.

Niemand fragt, wie die Daten des Gehirns auf den Körper wirken. Aber eins ist sicher, dass Daten des elektromagnetischen Spektrums, des menschlichen Gehirns von niedereren Organismen zur Orientierung ausgelesen werden können. Ein Marienkäfer, Schmetterling oder Vogel wird nicht nach dem übergeordneten Datenkonstrukt des Menschen fragen, er wird nach dem Nutzen der Daten fragen. Sicherlich ist es für das Tier entscheidend in welcher Weise seine Nahrungsquellen innerhalb der menschlichen Ordnung verzeichnet sind. Natürlich sind alle Lebewesen potentielle Aufklärer, so dass ein ungeheures Netzwerk aus Daten entsteht, welches wir zu unserer Orientierung nutzen.

Vermutlich gestaltet sich ein geistiges Konstrukt, das die Blume enthält, für unsere Mitbewohner vorteilhafter. Das menschliche Konstrukt kann erfolgreicher von einem Schmetterling angewandt werden, wenn es die entsprechenden

Raumkoordinaten (duftende Blume) enthält. Dazu muss man die Blume natürlich beachten, sie gegebenenfalls vor Schädlingen und Konkurrenz schützen. Vermutlich gehen für das Insekt Glücksimpulse von dem menschlichen Konstrukt aus. Das menschliche Konstrukt um die Blume, sucht sie das Insekt auf, scheint den Datenkosmos des Insekts zu bereichern. Umgekehrt bereichert eine Blume erweitert durch den Datenkosmos eines Insekts, das Ich des menschlichen Betrachters. Das Datenmaterial besuchender Insekten intensiviert den Duft einer Blume um ein Vielfaches. Denn durch die aufgeworfenen Daten wird die Komposition von Molekülen für das menschliche Gehirn als Duft viel tiefer erfahrbar.

ICH spreche von einer Reduktion von Biotopdaten innerhalb des Korrelierenden Systems. Die Konstrukte unserer Wirtschaftsarchitektur reichen tief in den Verbraucher hinein. Die Strukturen des Konsums involvieren das gesamte Gefüge. Die Konzerne nehmen mit ihrem Dreck den gesamten öffentlichen Raum ein. Das Denken und Handeln der Verbraucher ist von eben diesen Produktarchitekturen geprägt. Die Daten von Produkten eroberten das Korrelierende System. Die Strukturen des sinnlosen Konsums einer Spaßgesellschaft geben keine Orientierung für Dritte und andere Arten. Sie verführen uns. Sie gehen in die falsche Richtung. Sie geben keinem Halt. Sie blasen sich immer noch stärker auf, während sie gleichzeitig ausgrenzen und abhängen. Die Daten von Produkten und Konzernen erobern das Korrelierende System. Die Isolation des Individuums ist die Folge. Der Konsumterror zerschlägt die Familien. Die Wirtschaftsarchitektur entwurzelt den Einzelnen.

EMBRYONALE ENTWICKLUNG

Sofern die technischen Daten nicht ausreichend spezifisch sind, könnte die Entwicklung der Babys im Mutterleib vorzeitig enden. Zu bedenken wäre hier der Eintrag von oft unerwünschten Substanzen in die Umwelt, die untereinander nicht bewusst interagierten, wie es den Lebewesen des Makrokosmos und Mikrokosmos eigen ist. Es handelte sich um Substanzen, die einem Konzernsystem angehörten. Natürlich bedenken wir das Gottesteilchen in seinem Aufbau. Wir sehen uns die Schadstoffe an, so wie sie von den Konzernen kommen. ICH sehe sie mir an, wie sie hier so nebeneinander liegen und führe mir ihre Datenspur vor Augen. Die natürlichen Erdsysteme, die die Schadstoffe hierher transportierten, das Verbraucherverhalten, die Produktionsverhältnisse, der Abbau der Rohstoffe. Mit jedem Schadstoffteilchen geht eine Datenmenge dieser Art einher. Letztlich wird das gesamte Datenkonstrukt meines Gottesteilchens von den bewegten großen Materiemassen bestimmt.

So stelle ICH mir das Gottesteilchen in seinem Aufbau vor. Ein Datenfeld mit Gesetzen der Gravitation. Wir sehen Materieströme in das Zentrum einfließen und andere vom Zentrum abwandern. Wir sehen Menschen die regelmäßig angezogen und wieder ausgespuckt werden. Wir umgeben die Konzernstruktur mit einem Schadstoffgürtel. Der Schadstoffgürtel dient der Abstraktion der Größen und der Einbettung der Konzernordnung in das Weltensystem. Er ist das Äquivalent zu den Mikroorganismen, auf welchen die biologischen Systeme fußen.

ICH entnehme dem Gottesteilchen einen Schadstoff aus seinem Abstraktionsfeld. ICH nehme an, dass der Schadstoff nicht nur von den Konzerngrößen verursacht wird, sondern dass sie informativ verbunden bleiben. Eine Datenspur führte uns somit in das Zentrum des Teilchens. Die industrielle Produktion liegt im Kerngebiet. Die industrielle Bewegung im Zentrum erreichte eine übernatürliche Masse. Hier fänden sich die Daten zu den Produktionsgütern und Rohstoffen. In der Peripherie unseres Konstruktes fänden wir den Schadstoffgürtel. Dieses

Datengebilde ähnelte dem Aufbau eines Atoms. Ein Kerngebiet mit Hüllenstruktur. Dieses Datengebilde siedelte auf der Quantenebene. Nur deshalb könnte es vom Gehirn in dieser Weise gefasst und im Materieraum als industrielle Struktur Einzug gehalten haben. Das künstliche Phänomen erzeugte auf der Quantenebene heftigste Konkurrenz zu den natürlich entstandenen Formen. Die groben Warenströme drückten den geringeren Materiewerten ihren Stempel auf. Die Information wechselwirkte auf der Quantenebene mit anderen Systemen. Der abstrahierende Müll- und Schadstoffgürtel führte die Produktionsgütertrassen in einer Art von Übereinstimmung zusammen. Der Informationsaustausch betrifft auch die natürlichen Systeme. Das störte den Datenhaushalt der Beziehungsgeflechte. Die zunehmende Prägung durch industrielle Ordnungen durchbricht jegliche Verhaltensstrukturen. Der aufgesetzte Lebensrhythmus, die Beschleunigung, die Isolation und die Gleichstellung der Menschen durch technische Gebilde, schwächen jeden Freund und Mitbewohner einer natürlichen Umgebung. Viele Arten gehen an den erzwungenen Massebahnen des auferlegten Systems zu Grunde. Der Materieraum veränderte sein Gesicht.

Die Abstraktion der Organfunktion, die regelrechte Adaption der Organfunktion an den Materieraum leisteten nicht mehr die Milliarden an Mikroorganismen, sondern der Schadstoff- und Müllgürtel der Konzerne. Die Mikroorganismen reichten nicht mehr aus, die Organfunktionen abzurunden und in den Organismus zu integrieren. Auch die Schadstoffe mit dem beschriebenen Datenkonvolut wären jetzt Grundlage der Organfunktion. Die Reife des Embryos endete, in Konkurrenz zu den Mikroorganismen (mögliches Allergen definiert), leblos, auf global gestreuten Abfallstoffen basierend, mit dem beschriebenen Datenanhang (Produktionsverhältnisse, Produkteigenschaften, Verbraucherverhalten, Umweltbelastung usw.) im Gepäck. Es ist schwer zu sagen, ob wir mit einem Totraum, in dem ausschließlich die vier Elemente die Abfallpartikel mit den Konzerndaten durchmischen, eine ausreichende Fertigstellung zum Beispiel des Herzens eines Fötus, leisten können. Mir macht auch die Konkurrenzsituation der Versorger etwas Angst. Man fühlt sich nicht in Harmonie mit dem Gesamten. Die

Labels organisieren sich in erster Linie selbst. Keines fühlt sich der Stabilität der umliegenden Strukturen verpflichtet. Ein Schadpartikel im Abstraktionsfeld unterliegt in seiner Bewegung vermutlich dem Geschehen des Konzernkonstrukts, welches sich aus den notwendigen Materiebewegungen seiner Ordnung generiert.

Jedoch dürfte auch eine mechanische Übertragung von Information auf anliegende Partikel anderer Wirtschaftsgrößen vorliegen. Diese führt natürlich zu Verlusten an der Substanz. Der Produktsinn ginge allmählich verloren, der Abstraktionsgrad des Konzerns, seine Verwurzelung im Raum, seine Toleranz erhöht sich durch kleinere und kleinste Partikel. Die Gravitationslast seines Datenkörpers bleibt im Schadpartikel verwirklicht. Gelänge es mit einer multiplen Schadstoffbelastung des Mikrokosmos ein mechanisches Datenbild des Status Quo zu schaffen, bedeutete dies, dass sich der Realraum allein mit den mechanischen Kontakten der Konzern(p)artikel aufspannen lässt. Den Realraum aufzuspannen hieße, geschaltete Gene könnten sich der notwendigen Daten bedienen und fänden in dem Schadstoffgürtel die Möglichkeit den Teilen ihrer Betriebssoftware den notwendigen Hintergrund zu installieren.

So liegt es vermutlich auch in unserer Natur konzentrierte Rohstoffvorkommen aufzufinden, abzubauen und in niedrigeren Konzentrationen über die Erde zu verteilen, wie es auch andere Organismen tun. Der Mikrokosmos bzw. seine Bewohner wären zur Abstraktion der Basis notwendig. Das Miteinander der Mikroorganismen bzw. ihre Beziehungen in ihrer Umwelt rundeten bei der embryonalen Entwicklung die Felder der Organfunktionen ab. Sie fügten die Software des menschlichen Organismus in ihrer Weise in den Materieraum ein und ermöglichten ein optimales Funktionieren des Ganzen. ICH spreche von geringsten Wirkungen, von schleichenden Entwicklungen. ICH spreche von dem Zusammenhang von Quantenkosmos und Makrokosmos und einem langsamen Wandel des Materieraums.

ICH erhebe keinen Anspruch auf Vollkommenheit. Meine geistige Entwicklung schreitet sehr schnell voran. Manches liese sich sehr viel einfacher sagen und morgen schon besser verstehen. So beruht die letzte Ansicht natürlich auf den

Daten des Großkonzerns und die Beschreibung führt zu einem Planeten, bei welchen man die künstlich geschaffenen Lebensräume nicht mehr verlässt. Das Ich des Konsumenten, ein Konzernartikel, enthält das Gefühl der Konstanz und Stabilität. Das Ich des Konsumenten, ein Produkt, ist in ein Datengefüge integriert. Das Produkt ist ein Teil der Konzernstruktur. Die Konstanz der Produktionsverhältnisse garantiert dem Nutzer Sicherheit in allen Lebenslagen. Die Produktionsverhältnisse beruhen auf präzise wiederkehrenden Massebahnen. Sie lenken das Denken. Die bewegte Materie führt zu einer Konstanz der denkenden Felder. Das Gefüge führt zu gleichwertigen Ergebnissen, welches auf Dauer zu funktionieren scheint.

Die Phänomene und Gesetzmäßigkeiten der Welt zwischen Datenkosmos und Makrokosmos gelten auch für den Menschen. Auch der Mensch und seine technischen Spielereien haben ihren Anteil am Gefüge. Das Volumen der gesteuerten Materieströme und der damit verbundene Energieverbrauch steigen weiter an. Manche Fragen bleiben offen, weil es die Zeit nicht erlaubt, die abstrakten Lösungskonstrukte in die anteiligen Kriterien zu zerlegen. Dadurch unterbleibt der Aufbau des Raums in welchem sich die Frage gestellt hat. Somit kann die Antwort nicht in Abhängigkeit zum umliegenden Raum gegeben werden. Sind die Kriterien erst einmal angelegt, dann nimmt die bewegte Materie ihren verbindenden Charakter auf. Dann bleibt auch die Erkenntnis des Realraums nicht aus. Diesem Raum, der sich nun als Ausgangsgröße der Frage unseres Betrachters zeigt, kann die Antwort ohne Belastungen für den Status Quo entnommen werden. Die Frage ist ein Gebilde reduzierter Wertigkeit. Fügen wir die Bausteine der Frage, das geistige Ausgangsmaterial des Fragenden in den Status Quo ein, so dass jedes Kriterium seiner Materie äquivalent zugeordnet ist, so nimmt der Status Quo seine vervollständigende Wirkung auf. Das Ausgangsmaterial unserer Frage vervollständigt sich. Der Status Quo spannt sich als verbindende Größe zwischen dem Ausgangsmaterial auf. Auf diese Weise erreicht der Mensch einen höheren Entwicklungsstand. Er lernt die Zusammenhänge für sich zu entdecken.

Werden Antworten auf der Grundlage des Realraums erbracht, ist es natürlich einfach ein fortführendes Interesse zu bedienen. Das noch Größere erringt man dann entweder mit einer starken Erweiterung des vorliegenden Datenraums, oder durch eine Veränderung des Materiebezugs innerhalb des aufgespannten Raums, seinem Interesse entsprechend. Bezieht man sich nämlich auf Bereiche des Raums, die in einem größeren Zusammenhang mit der zu leistenden Antwort stehen, so zeigt sich auch das darzustellende Materieereignis in Abhängigkeit zu den aufgeworfenen Inhalten klarer. Das Auftreten massiver Schadwirkungen eines etablierten Systems verlangt zunächst einmal nach einem Verständnis der Zusammenhänge.

Das Einfachste ist in diesem Fall, die Gravitationstheorie mit der Quantentheorie vereinigt zu sehen. Es gilt das Gehirn als Feldgenerator zu verstehen. Getragen von einem Materieadepten wie dem menschlichen Körper wären beliebige Datenkapazitäten in Summenfeldern verschränkt denkbar. Die embryonale Entwicklung orientierte sich am Status Quo. Der Status Quo diente als große Übersetzungsmaschine für das genetische Datenmaterial. Am Ende der Entwicklung stünde der adaptiert gewachsene Mensch. Das Gehirn könnte funktionell argumentieren, wie es den Datenlagen in den Organen und Gewebetypen entspräche. Es könnte aber auch auf die Kriterien, die Bestandteile der Felder zugreifen und für das Verständnis wichtige Datensummen, unabhängig von der Gewebearchitektur der Organe erstellen.

Letztlich bewegte man sich damit innerhalb des Status Quo, dem all diese Daten entnommen sind. Man kreierte elektromagnetische Felder, die sich aus der Gestalt des Status Quo herleiteten. Die Datenäquivalente der Materieverhältnisse vor Ort prägten die elektromagnetischen Felder des Gehirns. Sehen wir den Elektromagnetismus des Gehirns auf der Quantenebene angesiedelt, programmierte der Status Quo, wie in dem wissenden Konstrukt gefasst, auf der Quantenebene immer und immer wieder seine spezifische Ausprägung. Geistige Phänomene auf der Quantenebene angesiedelt zu betrachten, schüfe eine Konkurrenz zu dem genetischen Datenmaterial, das als Speicher für Materiedaten auf Ätherebene, also auch für holographische Konstrukte der Körperordnungen steht. Es könnte sich um eine Art des Vergessens handeln, wenn funktionelle Beziehungen und Funktionen Datenmaterial an neue mächtigere Ordnungen verlören. Die Gravitationslast der Konzernarchitektur könnte das Übernatürliche schon erreicht haben und entrisse den Funktionen unseres Organismus irgendwann Datenpakete der notwendigen Datengrundlast. Die Gravitationslast könnte das Einwachsen von Datengruppen in funktionelle Systeme des heranwachsenden Organismus stören oder sogar verhindern. Damit gingen der Gewebeeigenschaft wichtige Kriterien verloren. Eine vollständige Reife des Fötus in der bekannten Form unterbliebe. Das hier nennt man aber nicht Evolution, wofür es manche halten. Hierbei handelt es sich um ein Ausdünnen der Basis und ihrer Beziehungsgeflechte, mit abnehmender Qualität aller Gewebe.

Das Zusammenspiel unterschiedlichster Datenmengen zu einer Wirkung könnte ihre Ursache in einem gemeinsamen Bezugsraum haben. Es käme zu einer Betonung der gemeinsamen Datenmatrix Status Quo durch verschiedene Eiweißkörper. Erhielte man durch eine spezifische Mischung an Eiweißen eine Betonung des Status Quo, welche einem funktionellen Feld entspräche, so schaltete sich das zugehörige Ereignis frei. Vielleicht finden genetische Menge und Wachstumsfaktoren in dieser Weise zusammen. Es scheint sich um ein bewährtes Prinzip zu handeln, dass sich alle Lebewesen und alle Positionen auf den Status Quo beziehen. Die bewegte Materie erweist sich als wichtigstes Instrument zur Koordinierung der Datenkörper und dient damit der Instandsetzung einer übergeordneten Ordnung.

Noch wichtiger aber ist, dass sich die elektromagnetischen Werte des Materiebezugs gegenseitig verstärken. Die Bezugsmasse verschränkt sich zu höheren Dichten. Die bewegte Materie des Status Quo induziert eine entsprechende Ordnung. Es entstehen Feldäquivalente mit Wirkung und Richtung. Innerhalb der Gehirnfunktion münden diese Phänomene in höheren Wahrheiten. So interagiert jedes Lebewesen durch seinen gewachsenen internen aber auch durch seinen bewussten neuronalen Materiebezug mit allen anderen Faktoren, die sich ebenfalls auf den Raum beziehen. In dieser Form werten sie sich gegenseitig zu höheren Wahrheiten auf. Es entsteht ein Hintergrundmatrix mit Strukturen und gerichteten Wirkungen. Sie hinterlagern die Ereignisse unseres Organismus und gelten auch als höhere Wahrheiten der Gehirnphysik.

Sie wollen wissen warum ein Supercomputer ausgerechnet Putin zum besten Präsidenten krönt. Es wird sich um die einfachsten und schnellsten Verrechnungswege innerhalb des Gefüges handeln. Vielleicht sprechen wir auch von den bedeutendsten Volumina, welche der Computer innerhalb eines bestehenden Datengefüges generieren kann. Der Computer blickt vielleicht auch in Weltlinien ein. Da könnten Menschen im Hintergrund die Fäden ziehen und zum Beispiel die innerdeutsche Mauer einreißen. Bedeutende Ereignisse der Weltgeschichte könnten vermehrt Strukturen und Kontakte mit Putin aufweisen. Die Computer lernen sich in den aufgespannten Räumen bevorzugt zu bewegen, weil dort die Berechnungen widerstandslos verlaufen.

ICH werfe hier noch einmal die Frage nach dem Unterschied auf. Eine Antwort, die sich aus einer holographischen Masse herleitet, die aus einer Vielzahl individueller Kriterien besteht, die erst exakt gegeben wird, wenn alle Kriterien des geistigen Phänomens ihrer äquivalenten Materie im Raum zugeordnet sind, hat folglich keine Feinde. Diese Wahrheit erscheint bei einem täglichen Bezug auf die sicht- und fühlbare Datenmasse. Die Datenmasse erlaubt mir eine präzise Antwort. Am Ende zählt für MICH nur die vollkommene Anlage der Geistesmasse innerhalb des Status Quo. Der bewusste Bezug auf die Datenmasse und ihre Betrachtung spricht die Individuen direkt an. Die regelmäßige Fassung individueller Kriterien gleicht einer Involvierung des Einzelnen und geht damit verbunden mit der Darstellung des entsprechenden Raums einher. Daraus resultiert eine maximale Integriertheit der Antwort in die Komplexität des Materieraums. Der Ergebnissatz, eine holographische Datenmasse, spannt getragen von Individuellen Datenstati, den zugehörigen Raum mit der darin befindlichen Antwort auf.

Wer hingegen nur einen Klicker hat, muss damit zufrieden sein was und wie es von oben her durchkommt. Man redet sich selbst in eine entsprechende Lage hinein, dichtet dem System Abwertendes an und verbessert sein Gegenüber viel zu selten zu seinem Optimum und zu höheren Werten. Man lässt viel zu viel mit sich machen. Ohne auf die zugehörige Datenmasse blicken zu dürfen, wird man also von den aktiven Bausteinen durch das Korrelierende System getragen. Anhand der Bausteine des entwickelten Gesellschaftsgefüges bemüht man sich um entsprechende Komponenten mit Beweis- und Führungskraft. Die gewohnten Massebahnen unserer Konsumgesellschaft stellen sich ihnen hierfür sicher sehr gern zur Verfügung. Genannt zu sein erfüllt ein jedes mit mehr Macht. Natürlich gibt es Entsprechungen der bewegten Materie mit den tatsächlichen Verhältnissen unseres Fragengebiets bzw. der Antwort. Ein, bewegter Frachtcontainer kann folglich genauso für eine Eiweißfunktion stehen, die Flugbahn eines Pollens beschreiben, oder zum Verständnis der Membrangängigkeit eines Partikels beitragen. Natürlich läuft so ein Ozeanriese irgendwann in einen Hafen ein. Es setzen sich Kräne in Bewegung, das Eiweiß wird auf die gängige Infrastruktur umgeladen, die Produkte ergießen sich ins Land und umhüllen sich mit einem spezifischen Verbraucherverhalten bevor sie ihren Sinn verlieren.

Das Assoziativ liefert uns viele Antworten. Die Assoziation ist ein großartiges Mittel Fremdes mit Bekanntem herzuleiten. Spannt man jedoch den Realraum auf, es werden alle Individuen aktiviert ihr Jetzt beizusteuern, und ICH beschäftige mich jetzt mit dem Eiweißverhalten, so stellt sich mir der Raum als Ganzes dar. Nun verkommt der Ozeanriese zu einem Aszendenten der Eiweißfunktion, wie es auch die anderen Komponenten des Materieraums täten, betrachtete ICH die Eiweißfunktion innerhalb des aufgespannten Raums im Hinblick auf seine optimale Funktion. Man kann hier sehr gut erkennen, dass der Artenverlust zu Defiziten in der Raumaufklärung führt, und die höchstmögliche Präzision eines funktionellen Eiweißes immer mehr von den aktiven Bausteinen eines rein menschlichen Datengefüges getragen wird. Den Realraum, das Datenäquivalent des gegenwärtigen Materieraums betrachtend, gelangt man von den natürlichen Raumumständen begleitet zur funktionellen Reinheit des Eiweißes. Es ist ein funktionelles Feld, welches sich aus verschiedenen Positionen des Materieraums errechnet. Die Summe induziert die notwendige Funktion. In Anlehnung an die wirklich vorherrschenden Materiebewegungen des bezeichneten Raums, zeigt sich der Effekt des Summenfeldes den Materieströmen der Funktion gleichgerichtet.

Von einander unabhängige Daten, unserer nächsten Umwelt entnommen, in einem Feld verschränkt zu sehen, so dass das Feld von der Architektur eines Eiweißes getragen werden kann, ist das nicht ein großartiger Gedanke? All die Daten bewegter Materie wären in funktionellen Feldern zu Effekten verschränkt. Sie hinterlagerten Funktionen unseres Körpers. Sie agierten die Systeme übergreifend. Die Funktion des Eiweißes gliche dem Aufbau des externen Raums. Dieser externe Raumaufbau rechnete sich über den Datenkörper und seine spezifische Architektur der Kriterien, in körpereigene Ereignisse um. Es wäre schön den Ablauf einer Reaktion im allgemeinen Raum darzustellen und das Ergebnis einer erfolgreich abgelaufenen Reaktion zu betrachten. Nach dem erfolgreichen Ablauf einer Reaktion lägen konzentrierte Informationsvolumina vor. Diese Raumanteile wären mit einer Art von Bewusstseinsfeld aufgeladen. Es ginge mit dem erfolgreichen Körper hervor der jetzt, zufrieden mit den erreichten Werten, noch etwas Zeit bräuchte den Materiebezug auf neue Funktionen umzustellen. Das ist mein schönster Gedanke. Ein wahrlich geniales Systemverständnis. Dieser Zusammenhang hat mich von allem am meisten beeindruckt.

Aber ICH möchte noch einmal zum Klicker zurückkehren, und mit Gesellschaftsstati, mit Produkten und anderen gefertigten Wertigkeiten punkten. Ein Nachteil dieser Methode findet sich letztlich in der fehlenden Verankerung in der Komplexität des Raums. Damit entfällt die Stabilität des Status Quo. Die gelebte Wahrheit beruht auf dem Produkt. Es entsteht letztlich ein menschliches Gesellschaftsgefüge, welches den Status Quo als allumfassende Einheit ignoriert. Der Realraum, das Datenäquivalent des Materieraums, getragen von individuellen Kriterien, spannt man hier nicht auf. Die Produkte liegen wie Fremdkörper beziehungslos im Raum. Sie gleichen Schatten. Auf der Datenebene entsteht keine Feuerwand, die mit dem Realraum einhergeht und die vollkommene Integration der Antwort in den Raum und ihre Reaktionsfreudigkeit erlaubt. ICH denke bei Reaktionsfähigkeit an Flexibilität. ICH denke an Wege des Lichts die Antwort zu stabilisieren. ICH denke an eine hohe Rotationsfähigkeit der Kriterien in der Feuerwand, so dass sich die Antwort funktionell störungsfrei betreiben lässt.

Wenn ICH Recht behalte führt das Erklären beobachtbarer Verhältnisse mit Daten des vorherrschenden Wirtschaftsgefüges zu noch höheren Gravitationslasten der gegenwärtigen holographischen Datenordnung. Die unterschiedlichsten Wissenschaftsbereiche erklärten ihre Beobachtungen allesamt mit Massebahnen, die ihr Verbraucherdasein bestimmten. Die verschiedensten Wissenschafts- und Wirtschaftsbereiche brächten also Erklärungen hervor, die erneut auf den bekannten Datenmomenten fußten. Trotz unterschiedlicher Themenbezüge liefe alles in einem analytischen Summenfeld zusammen. Auch gewichtige Komponenten des Verbraucherverhaltens lägen in dem Overlay vor. Der wissende Materiebezug der Wissenschaftler mündete in Wirtschaftsordnungen, dem augenblicklich gelebten Sein. Der Wissenschaftsbezug fände in der kapitalistischen Ordnung seine Adaption. Das Bestehende und seine Massebahnen wären erneut die Grundlage geistiger Lösungsarchitekturen. Die Kinder werden in den Schulen auch nur mittels ihres gelebten Seins eine gewisse Erkenntnismasse für die exakten Zusammenhänge aufbauen können.

Die wichtige Komplexität und Vernetzung der Themengebiete untereinander, wie sie sich im natürlichen nebeneinander der Arten herausgebildet hat, reduzierte sich, wäre mittels Verbraucherverhalten abstrahiert. Das beobachtete Thema verlöre an Komplexität. Es erläge dem Wirtschaftskonstrukt. Seiner ursprünglichen Ordnung, dem funktionellen Bewusstsein enthoben, reduziert sich sein Wert als Bestandteil einer komplexen Notwendigkeit. So verändern sich die Wertigkeiten auf der Quantenebene. Das Datenmaterial verliert seine Wertigkeiten an entsprechenden Funktionen zur Stabilität des Status Quo mit zu wirken. Ihre Formierung in den Maschinenkonstrukten enthebt sie der ursprünglichen Position in den Gefügen der Selbstorganisation.

Jeder hinzukommende Datensatz vermehrt die Gravitationslast des

Wirtschaftsgefüges. Wir hätten hier also eine Transkription der natürlichen Komplexität in ökonomische Wirtschaftsordnungen vorgenommen. Unser Wissen entpuppt sich wie ein Flusslauf mit seinen Einzugsgebieten, gemessen und gewertet an seinem Mündungsabschnitt. Die Konzentration menschlichen Bewusstseins und die Bindung der beweglichen Formen unseres Geistes in Wirtschaftsgebilden führten zu einer weiteren Reduktion der Schöpfungskomplexität. ICH sehe auf der Datenebene Komplexitätskategorien, die sich aus Datenäquivalenten des Materieraums zusammensetzen. ICH sehe diese interessensgebundenen Komponenten evolutionsspezifisch auch im Körperbau der Organismen gebunden verwirklicht. Das Zusammenwirken dieser elektromagnetischen Phänomene beschreibt, betreibt, bedingt das Verhalten des Status Quo und damit auch das der chaotischen Systeme.

Im Zentrum menschlicher Wirtschaftskonstrukte lägen die großen Materieströme und die kleinen des Mikrokosmos, wie wir sie als Wissenschaftler vorfanden, parallel zu einander vor. Die Datenäquivalente bildeten ein gemeinsames Feld. In diesem Konvolut aus Daten käme es zu einer Wirkung der großen Massen auf die geringeren Massen. In diesem Datenkern adaptierten die großen Materieströme die geringeren. Es handelt sich um ein Bewusstseinskorrelat menschlicher Natur. Wir könnten hier auch Phänomene wie den Willen, den Freien Willen, den gebrochenen Willen oder Willensstärke erörtern. Wir fänden zu bewegten Materieeinheiten, die als Daten in Feldern organisiert, gewisse Verhaltensmodalitäten vorgeben, so dass wir uns von Ozeanriesen und anderen Transportern in den Strukturen der Fastfoodketten und anderer Daylies getrieben sehen dürfen. Beziehungslos, dem wirklichen Sein und den natürlich gewachsenen Beziehungen entrissen, in holographischen Feldern der Wirtschaft formiert, programmiert sich der Raum.

Das Bewusstsein einen Materiebezug vornehmen zu lassen oder selbst vorzunehmen und die anfallenden Daten und vor allem die Summenfunktion als menschlichen Geist zu begreifen, ist hier gegeben. Spanne ICH noch einmal den Realraum auf lägen dort die Beobachtungen aller Wissenschaftsbereiche auf der Grundlage gerichteter Materiebewegungen blind im Raum beginnend vor und konzentrierten sich auf das Zentrum der großen Materieströme hin. Wie ein mächtiger Strom wurzelte unser Wissen in der Natur und mündete in einem Ozean aus Müll.

In einem so gestalteten Datenkern käme es zu einer lenkenden Wirkung der großen Materiemassen auf die kleinen Materiebewegungen. Der anfahrende Lkw induzierte zum Beispiel das geringere Verbraucherverhalten. Derlei Phänomene und Wirkungen gehören in den Bereich der Feldaktivität dieser Datenkonstrukte. Man könnte alle diese Feldeffekte in Worte fassen. Sie gehören auch in den Bereich der Gehirnphysik. Die Aktivität der Felder bildet die Meinung und prägt das Verhalten der Individuen. Das ganze System beruht auf einfachen Gesetzen der Physik. Der menschliche Organismus ist ein lebender Datenspeicher. Die Komplexität der Datenverknüpfung erreicht auf Grund seiner Funktionen und ganz allgemein, in der Archivierung der Daten in dem Lebewesen eine Stabilität, so dass ICH davon ausgehe, dass man sich als Bewusstseinsmasse von diesem

Datengefüge abspalten und im externen Raum bewegen kann, dem diese Daten selbst entnommen sind. Somit ist der geringste Feldwert, den wir als Integrativ der Bewusstseinsmasse erleben, das Kriterium. Der einfache Bezug unseres Bewusstseinsfeldes auf ein Objekt. Dieses Datenäquivalent des Materieraums ist uns wiederum aus der Evolution bekannt und in die Entwicklung zum Menschen vielfach eingeflossen.

Betrachtete ICH die Wirtschaftsordnung innerhalb des Realraums, so sähe ICH alle Beobachtungen bis hinein in den Quantenkosmos linear und streckenhaft begrenzt. ICH möchte behaupten jegliches Interessengebiet unserer Wirtschaftskonstrukte mit einer einfachen Strecke der Art AB erheben zu können. Diese Strecke liese sich im korrelierenden System als bewegte Materie von Punkt A nach Punkt B darstellen. Im Realraum beschrieben eine Vielzahl von Strecken die Materiebewegungen. Die Denker und Vordenker als die Schöpfer der Summenfelder und als wahrlich Verantwortliche zu sehen liegt nahe. Das Summenfeld der Wirtschaftsordnung unterwanderte das Ergebnis der biologischen Evolution.

Notwendige Komplexitäten auf der Quantenebene, zum Beispiel zur Steuerung des Klimas oder der Gewebearchitektur beim Fötus organisierten sich zunehmend in Abhängigkeit zu den mathematischen Wirtschaftskonstrukten. Der Datenkörper mit der darin verzeichneten Masse und die hierfür aufgewendete Energiemenge überschreitet alle natürlichen Konfigurationen an Macht, Masse, Ausdehnung, Gravitation, bewegter Materie und anderem. Der Artenverlust verstärkt die Differenz zwischen den leitenden Oberflächenprogrammen. Das was einst die Selbstorganisation war ist heute ein künstlicher Gesellschaftskörper, ohne eine tiefergehende Verflechtung seiner Inhalte. Das bedeutet, dass der periphere Datensatz fehlt. Seine Aufgabe ist es die Funktionen voneinander zu isolieren. Ein peripherer Datensatz sollte die beschriebene Wegstrecke der Materie von A nach B in den Materieraum überführen. Es ist ein Datensatz der Abstraktion. Es ist ein Datensatz des ungenutzten aber gemeinsamen Raums. Dieser Datensatz harmonisiert, während er die Funktion zum Kreislauf schließt, diese mit dem ungenutzten Umfeld. So integrieren wir die Kriterien der Funktion in den umgebenden Materieraum. Das zentrale Materieereignis der Funktion ist einer unbegrenzten Anzahl von Werten gleicher Richtung aufgesetzt. Gleichzeitig ist die verbindende Peripherie der Ort der Erholung. Der periphere Datensatz ist der Ort des Ausgleichs. Die ablaufende Funktion wird zu ihrer optimalen Darstellbarkeit auf eine hohe Variabilität der Daten seiner Hüllenstruktur angewiesen sein. Die Funktion darf nicht erkannt werden. Wir wollen sie völlig abstrahieren. Wir umgeben die Funktion mit einer Firewall. Die Funktion passt sich peripher mit den Daten der Mikroorganismen in den Raum ein. Soll die Funktion oder die Reaktion besonders leistungsstark sein, so werden wir uns auf eine maximale Anzahl der Kriterien des Kerngebiets beziehen müssen, welche dem Hauptstrom der Funktion hinterlegt sind.

Ein aktuelles Interessengebiet der Wissenschaft wäre innerhalb des Korrelats durch ein bewegtes Objekt des Quantenkosmos genauso gut beschrieben wie durch den Weg eines Ozeanriesen. Diese beherrschende Sicht des Materieraums mittels Summenfunktion menschlicher Interessen hätte Ausgleichsschwankungen des verbindenden Chaos zur Folge. Die natürliche Selbstinduktion biologischer Systeme mittels elektromagnetischer Phänomene muss auf der Datenebene mit dem elektromagnetischen Phänomen der Wirtschaftsordnung konkurrieren. Daher diese Ausbrüche an Gewalt nach Überwindung des künstlichen Overlays zur Instandsetzung der Lebensbedingungen. Als Beispiel gelten klimatische Großlagen und regionale Wetterextreme. In Anbetracht der bestehenden Flora und Fauna, also in Anbetracht stabiler Funktionen, programmierte ein aufgesetztes mathematisches System auch die Feldarchitektur biologischer Systeme, darunter auch weniger stabile Organismen, und auch das Verhalten der Elemente neu. Begleitende Summeneffekte zeigten sich auch im Klimasystem. Die gravitationsreichen Summenwerte beeinflussten den Flug der Insekten und auch den Flug des Blütenpollens. Manche Pflanzen werden durch den Wind befruchtet. Diese Pflanzen sind sehr stark von einer korrekten Programmierung der Luftbewegungen abhängig. ICH meine der Lufthauch organisiert sich anhand der vorhandenen Datenspur. Sie sagen das Wissen verdoppelt sich, nein die Daten verdoppeln sich. Mit dem Niedergang der ökologischen Komplexität verflacht das Wissen. Die Hereinnahme weiterer Daten zur Definition des Konzernzentrums und der Massebahn des Verbrauchers, entzieht den ursprünglichen Feldfunktionen zu Gunsten der Wirtschaftsordnungen Bewusstseinsmaterial, sofern ICH das Wechselwirken von Materie bzw. die Wechselwirkung ersten Lebens mit der Materie in seinem Umfeld bereits Bewusstseinsstoff oder die Grundlage des späteren Geistes nenne.

Es liegt in der Natur eines jeden Datenkorrelats auf der Quantenebene eine Wirkung zu erzielen. Die Bestandteile der elektromagnetischen Phänomene, die Kriterien, werden auf der Quantenebene als notwendig für die eigene Existenz erwähnt und der Status Quo als solcher programmiert. Der menschliche Datenkörper beinhaltet in seiner Feldarchitektur alle Größen der Wirtschafts- und Wissenschaftsarchitektur. Hiermit ist ein Partikel geschaffen, der auch die Zeit in ihrer Ausdehnung fasst. Wir haben alle Daten vom Mikrokosmos bis zum Makrokosmos zusammengetragen und darauf ein Wirtschaftszentrum etabliert.

Das Partikel ist perfekt genug um als Gottesteilchen betrachten zu werden. Ursprünglich stabile Feldfunktionen evolutionsbedingter Biodiversität brechen jedoch zusammen. Auf der Quantenebene forcierte das Partikel sein Sein. Das Miteinander seiner Bestandteile verstehen wir als Feldaktivität. Als Folge entsteht Gravitation und Masse. Bleiben Arten und Materiebereiche unerwähnt, so greift der Wirtschaftspartikel automatisch das nicht verzeichnete an und destabilisiert ihre Existenz. Eine Schwächung unbeachteter Materiebereiche und ihrer Datenkonstellationen durch die Wirtschaftsordnung und das augenblickliche Wissenschaftsgefüge ist die Folge.

Die Abnahme der Artenvielfalt beruht auf ihrer fehlenden Abbildung im System. Schließlich fehlen die Daten der verdrängten Arten auch zur Bindung von Energie in Strukturen des Systems. Die Zunahme der Aktivität der Elemente Feuer, Erde, Wasser, Luft, auch Klimawandel genannt, wäre mit dieser fehlenden Datenvernetzung auf der angesprochenen Ebene erklärbar. Eine Warmzeit auf Grund fehlender Datenkomplexe auf der Datenebene? Eine Kaltzeit, weil die ganze Energie in Beziehungsfeldern von Flora und Fauna gespeichert ist? Asphaltierte Straßen, Dächer, Autos erwärmen sich einfach stärker. Sie wandeln keine Energie in Zucker um, wie Pflanzen dem System Energie entziehen, sie heizen sich auf und strahlen die Wärme bis tief in die Nacht hinein, wieder ab. Vermutlich liegt in der Vernetzung der Daten, ICH spreche in dieser Form auch von Kriterien oder im Sinne der Physik auch von Faktoren, wie sie Vorformen der Materie entsprechen dürften, eine Form von Energiespeicher vor. Kurz gesagt die Beziehungsgeflechte der Arten speichern auf dieser Ebene Energie. Die Umprogrammierung des Systems in reine Wirtschaftsordnungen setzt die bindenden Größen außer Kraft, die gespeicherte Bewegungsenergie wird frei. Sie wird als Klimawandel sichtbar.

Die Vernichtung der Komplexität, die Vernichtung der Artenvielfalt scheint es allein aber nicht zu sein. Entwickelte man ein technisches Gefüge, das aus dezentralen Ordnungen bestünde, sozusagen Biotope nachahmte, das sich in die globalen Bedingungen einfügte, sprich die Stabilität globaler Faktoren bereits bei der technischen Entwicklung verwirklichte, stoppte man den gegenwärtigen

Trend. Ein Beispiel wäre Windparks an windigen Stellen zu errichten. Der Verbraucher stabilisierte das Klimasystem. Er generierte die Notwendigkeit des Faktors Luftbewegung zum Betrieb der Generatoren. Falsch wäre es Windanlagen an windstillen Orten zu errichten. Die Stromsucht führte zu einer Programmierung der Luftbewegungen. Soll die Anlage zunehmend an Fahrt aufnehmen müsste man globale Veränderungen der Luftströmungen einfordern. Dies führte zu einem Wandel des Klimasystems in allen anderen Bereichen.

Warum schaffen die Konzerne nicht ein paar Arbeitsplätze. Der neue Beruf hieße Biotopfleger. Jede Gemeinde bekommt einen Biotoppfleger. Das Geld wäre vorhanden. Man könnte jedes Gewerbegebiet und auch jedes andere Gelände zu einem Zentrum der Biodiversität ausbauen. Wovor haben sie Angst? Haben sie Angst, dass ein Geflecht aus Arten eine Komplexität erreichen könnte, dass ihre Arbeiter den Schraubenschlüssel nicht mehr finden. Sehen sie die Sichtbarkeit ihrer Labelarchitektur gefährdet und mit ihr den Untergang des Konzerns kommen. Nein! Natürlich nicht! Am Besten wäre es die Konzernarchitektur in ein möglichst naturnahes Umfeld zu packen. Dann hätten sie ihrem Betrieb eine korrekte Peripherie angeschlossen. Das morphogenetische Feld spannte die entsprechenden Verhältnisse auch um den Verbraucher auf und allen wäre wohler. Der Verbraucher sähe die Möglichkeit, ein derartiges Umfeld auch für sich zu erzeugen, ohne angegriffen zu werden. Der Lkw geht auf die Straße. Er bringt seine Ladung ans Ziel. Innerhalb der Felder verrechnen sich diese Größen zu Effekten, welche auf geringere Werte, wie die der Verbraucher wirken. Bedrängt zu werden oder zurechtgewiesen zu werden ist folglich immer ein Feldgeschehen. Darum müssen sich die großen korrekt positionieren, dass es auch der Verbraucher tun kann, tun darf, tut. Konzernkulissen in Biotope verwandeln. Ohne Gifte, ohne Kunstdünger, und mit möglichst einfachen Maschinen! Eine hohe Zahl an Arten beherbergen zu wollen, sollte den Biotoppfleger auszeichnen. Ein entsprechender Hintergrund muss gelehrt, geeignete Nahrungspflanzen müssen erzeugt und entsprechend kombiniert werden.

Gegenwärtig entstehen immer noch höhere Gravitationslasten. Die bewegte

Materie nimmt zu. Die Feldstärken erhöhen sich. In Anbetracht eines erneuten Amoklaufs eines Vierzehnjährigen in den USA möchte ICH auch den psychischen Aspekt dieser Feldlasten nicht unerwähnt lassen. Die Auflockerung der Feldlasten gelingt mit Medikamenten. Die Einbringung von chemischen Partikeln in das Gehirn scheint die individuelle Feldstruktur aufzulockern und die Möglichkeit der Darstellung der verursachenden Weltlinie zu erleichtern, bzw. unkenntlich zu machen. Das Eiweiß in seiner Funktion mit Gesellschaftsstati zu beschreiben bleibt ein ungenügendes Unterfangen. Es geht um die Zusammensetzung des wissenden Geistkörpers. Welche Art des Materiebezugs liefert die Kriterien für die Dichten des Gesellschaftskörpers? Welche Materiekonstellationen verkörpert ein Eiweiß, wenn es als Feldäquivalent des Gesellschaftskörpers konzipiert wurde? Betrachtet man die bewegte Materie relativ, so nimmt die einzelne Größe viel zu weite Strecken ohne jeglichen Kontakt für sich in Anspruch. Es bestehen keine Beziehungen zum Umfeld. Ja, Viren und Neophyten reisen gezielt ein. ICH möchte sagen, dass das Datengefüge der Gesellschaft in erster Linie lineare Wirkungen und Feldeffekte hervorbringt.

ICH könnte mir vorstellen, dass ein Korrelierendes System, das Daten zu bewegter Materie, ohne eine Vernetzung im allgemeinen Raum parallel zueinander verwaltet, in Holographischen Feldern sammelt, gewisse Qualitätseinbußen im Hinblick auf die Effizienz der Steuerung des Eiweißes im Bereich notwendige Präzision oder im Bereich gerade noch erreichte Funktion einbüßt. Den gerade noch Eintritt eines funktionellen Zustands, den Mancher gerne als Glück oder Zufall sehen möchte, stellt sich als Folge des Zusammenwirkens von Quantenkosmos und Makrokosmos dar. Das Eiweiß bewegt sich sozusagen in Harmonie mit einem umgebenden Datengefüge und benötigt die steuernden Wirkungen der Wechselwirkung aus Quantenkosmos und Status Quo. Dieses Datengefüge bedient vor allem den Bereich zur einsetzenden Funktion hin. Während der Zeitspanne der Möglichkeit des Andockens zum Beispiel, generierte sich aus dem Wechselspiel von Makrokosmos und Quantenbereich, ICH betrachte ihre Datenäquivalenz, Feldeffekte, die das Eiweiß in die notwendigen Positionen brächten. Scheinbar spontane Bewegungen des Partikels, die beim Beobachter bereits Eindruck hinterlassen, führte man auf Feldeffekte zurück. Dieser Feldeffekt nähme zum Zentrum der Funktion hin zu, um dann wieder abzunehmen. Das Zentrum bezeichnet hier den angedockten Eiweißkörper am Zielort, so dass wir von einer linearen Gravitation sprechen können. In der Regel beginnt im Makrokosmos jetzt der funktionelle Materietransport. Der Materietransport beschriebe den linearen Feldeffekt. Auf der Datenebene finden wir im Bereich des Andockens die Verknüpfung globaler Raumdaten. Hier finden sich zwei Datenkörper so zusammen, dass sie einen gemeinsamen Feldeffekt der Gravitation ähnlich bildeten. Hierauf richtete sich ein linearer Materietransport ein.

Wenn der Mensch seinen Weg so fortsetzt und auf eine natürliche Lösung setzt, wird das zukünftige Weltensystem eine Vielzahl neuer Herausforderungen für unsere Wissenschaftler aufwerfen. Das Großkapital kann den Punkt bis zum Neubeginn überstehen, sofern die Bevölkerung die Entwicklung weiterhin freundlich mitmacht und den Weg selbst beschreitet. Für uns reicht es noch. Spätere Generationen werden es einfach schwerer haben. Dieses ist eine Haltung, die sich unter den Spasspeoplen zunehmend breit macht.

Allgemeingültiges Wissen entsteht aber auch dann, wenn das Gehirn als logische Ableitung des Datenkonstrukts, vermutlich handelt es sich um einen allgemeingültigen Materiepartikel oder um ein beinahe vollständige Datensammlung, den Realraum als seine Wertigkeit erkennt. Der Datensatz des Status Quo lässt die exakte Beobachtung des gesuchten Bereichs zu. Das nachgefragte Materieverhalten zeigt sich unverfälscht in seiner Urform. Innerhalb einer globalen Datenmenge, wie der des Staus Quo, zeigt sich das beobachtete Geschehen hochwertig integriert und unbelastet.

In Versuchen sich mit Ätherbotschaften gegenseitig zu manipulieren zeigte sich, dass die Grundsubstanz des Äthers selbst auf Gedanken und gedachte Befehle reagiert. ICH nehme die Instandsetzung von natürlich notwendigen Bedingungen, und meinen Spielereien, so wie mir die Welt eben gefällt, mit stabilen Positionen der eigenen Figuren und Steinchen, an. In diesem Fall behalte ICH die Möglichkeit, logische Berechnungen vorzunehmen und Ableitungen für die eigene Position zu treffen. Sitzt man selbst am Steuer entfällt eine Belastung mit Materiebereichen, die sich unter fremder Zielführung befinden.

Man blickt in Weltlinien ein.

Die Wirkung meines Geistes beruht sicherlich auf der Art und Weise seiner Verankerung im Materiesystem. ICH habe mir ein Verständnis des Materieaufbaus erarbeitet. ICH sehe mein Sein in der Grundsubstanz, dem Schwarzen Feld, oder der Antimaterie verankert. Geht man nicht gar so tief, befindet man sich im Bereich des Organisierenden Äthers und wir können die Wirkungen der Materie, wie feine Wurzeln in das Dunkle Feld auslaufen sehen.

ICH sehe mein Sein dort verankert. Die Wirkung der bildlichen Qualia meines Seins auf das Materiesystem sehe ICH dort beginnen. ICH erlaube mir die Anlage von größeren Ereignissen, Strömungen und Ordnungen innerhalb des Status Quo. Die Sinneseingänge der Insekten teilen sich zum Beispiel auch in der Form von sichtbaren Ätherfeldern mitteilen. ICH nenne diese Beschreibungen des Raums Kriterien. Im Grunde ist auch das Materieaquivalent ein Kriterium. Die Abspaltung eines Teils unserer Bewusstseinsmasse, ihre gezielte Richtung im Raum zur Suche, Analyse und Beurteilung der vorliegenden Materieverhältnisse, wirft ebenfalls eine Menge an Daten auf. Vor allem die Prägung des Bewusstseinsfeldes durch die gegebenen Materieverhältnisse darf Materieäquivalent genannt werden.

Man spricht auch von Aspekten eines Bewusstseins, wenn der Zustand eines Organismus funktionsbezogene Wirkungen oder geistige Architekturen, die der Notwendigkeit eines Bedarfs gehorchen, hervorbringt. Echte Bausteine der Selbstorganisation. Unsere Spaßgesellschaft hat hingegen ganz andere Probleme. Sicher bleibt ein gewisses Interesse, das jedoch von Medien geweckt wird und von keiner Notwendigkeit und aus keinem wirklichen Bezug zu unserem Organismus hervorgeht. Eine Aktivierung von Datenfeldern unserer Hintergrundarchitektur für die Selbstorganisation von essentiellen Werten bleibt aus.

Ohne einen körperlichen Bedarf entfallen auch die Komponenten und Kriterien des Funktionsbezugs. Das bedeutet keine Daten für die Selbstorganisation von essentiellen Strukturen. Die Aktivierung von archiviertem Datenmaterial innerhalb unseres Organismus unterbleibt. Damit haben wir keine Betonung von Quantenfeldern, die in irgendeiner Weise dem Status Quo entsprechen. Es gibt keinen Zugriff auf den Materieraum. Keine Daten des Organismus und keine Daten der Quantenebene betonen die Bereiche des Materieraums, welche sich zu organisierenden Feldern schließen, um die notwendigen Ereignisse herbeizuführen. Wir sind eine Wegwerfgesellschaft ohne ein Auge für die Zukunft.

Manche bewegen sich nur noch innerhalb einer Konzernstruktur. Bedienen mit ihrem Verhalten die Konzernlogistik und deren Gewinnmaximierungsstrategien. Damit entfällt natürlich eine wirkliche Involvierung des Materiesystems, wie sie von einem hungrigen Magen, einem arbeitenden Darm, einer Lunge unter körperlicher Arbeit oder einem dürstenden Körper erbracht wird. Die Materiedaten, die die Evolution über die Jahrtausende in die Funktionellen Felder des Organismus hereingenommen hat, werden durch die Spaßgesellschaft kaum noch kommuniziert. Die Interessen der Konzerne und die Daten unserer Spaßgesellschaft haben die Evolutionskriterien längst abgelöst. Wir wissen noch nicht, ob und wie sich das äußert. Wir wissen aber, dass die Selbstorganisation gesunder Lebensbedingungen und funktionierender Systeme unter die Vorherrschaft der Konzernstrukturen und Verbraucher gelangt ist. Die tot manipulierte Masse wird allenfalls in Grenzsituationen überwunden, was sich in gewaltigen Wetter- und Klimaphänomenen zeigt.

Die Evolution hat über die Jahrtausende Materiedaten des essentiellen Interesses und des notwendigen Bezugs in die funktionellen Felder des Organismus hereingenommen. Wir wissen heute noch nicht, ob sich ein Abrücken der Gebrauchsdaten von den natürlichen Aspekten der Natur zu einem technischen Milieu bezahlt macht. Man bedenke die Oberflächlichkeit, die sich einschleicht. Nur noch wenige Gebrauchsgegenstände genügen unserem Alltag. Es stellt sich die Frage, ob diese Oberflächlichkeit für die Schaltung der Gene reicht, ob die Funktionellen Felder unter diesen Faktoren ihren Dienst tun und der

Organismus gesund bleibt. Die neue Welt bringt andere Kriterienstämme hervor. Die Menschen werfen andere Gebrauchsdaten auf. Dieses verändert natürlich den täglichen Bedarf und die Beziehungen der Menschen zueinander, von der Beziehung zu der Natur will ICH gar nicht mehr sprechen. Das Weltgefüge verändert sein Gesicht. In einem gesunden Organismus sollte alles im Fließen sein. Das eine soll in das andere übergehen und ein jedes mit allem anderen Leben in irgendeiner Form vernetzt sein. Es ist der Charakter allen Lebens, sich um das Optimum eines labilen Gleichgewichts zu bewegen. Die Sinnesorgane sind feine Instrumente. Sie generieren unglaubliche Datenmengen, um das Gesamte in Form zu halten.

Die Welt der Sinne ist eine andere. Die Informationsvolumina sind Raumbeschreibungen. Sie werden von einem Organismus, der die Evolutionskriterien durchlebte, aufgeworfen. Die Informationsvolumina der verschiedenen Arten regen sich gegenseitig an. Gleiche Interessen, gleiche Ziele und gleiche Wege erlauben eine gemeinsame Wirkung. Das Entstehen einer gemeinsamen Wirkung heilt zum Beispiel Wunden und führt zu einer gewissen Gehirntätigkeit. Eine Betrachtung einer Verschränkung des bewegten Lebens und ihre Fassung in Strömen lässt uns eine Hinterlagerung zum Beispiel des Blutstroms annehmen. Wir sehen den Blutstrom von den zielgerichteten Moves der verschiedenen Arten hinterlagert.

Wir sehen bei einer Verletzung und dem Austritt des Blutes Gerinnungsfaktoren aktiv werden. Begriffe man die Blutgerinnung und die Schorfbildung ebenfalls, an einem hinterlegten Datenschatz orientiert, gliche die Blutgerinnung einer Speicherung, der sich im Blut befindlichen Datenlagen. Man ginge davon aus, dass sich bei der Blutgerinnung ein Arten übergreifender Datenschatz ausbildete. Der Gerinnungsfaktor bewirkte vermutlich die Erweiterung vom Datenschatz der Verletzung in gesunde Bereiche anderer Menschen. Ganz sicher nutzt dieser Vorgang zu Orientierung auch alle anderen Arten, ihre Bereiche und Alltagsdaten, sofern sie in irgendeiner Weise verfügbar sind.

Innerhalb des gemeinsam genutzten Raums bauen sich vermutlich weitere

Vernetzungen auf. Eine Vernetzung der Daten in dieser Form, so dass aus den bekannten Datenbestandteilen der verschiedenen Arten Kriterienketten heranwachsen, sich diese untereinander vernetzen und sich mit der Zeit aus den verschiedenen Artenmustern der gemeinsame Raum aufspannt, gleicht einer Immobilisation. Damit unterbinden wir den Blutstrom in den realen Raum. Die Bildung von Eiweißfäden verläuft entlang der Kriterienketten. Das Verkleben und das Verklumpen der Fäden orientieren sich ebenfalls an dem hinterlegten Datengeflecht.

Jeglicher Zustand eines Organismus geht mit entsprechenden Datensätzen einher. Vor allem wiederkehrende Alltagsdaten sind belastend, wie zum Beispiel monotone Bewegungsabläufe. Aber auch das Ausbleiben von Daten, wenn sie zum Beispiel kein Gemüse und kein Obst kommunizieren, unterstützen sie ihre Körperprogramme nicht in der Form, wie sie sie mit ausreichend Bewegung, Obst und Gemüse unterstützen könnten. Man muss wissen, dass wir noch nicht lange frei sind. Früher waren wir auch im System der Harmonien gefangen. Wenn dem Körper ein Mineral fehlte, dann haben wir es eben aufgenommen. Heute beschäftigen wir uns losgelöst von den Harmonien eigenständig mit dem externen Raum. Dabei entstehen Vorlieben, die sich vielleicht sogar kontraproduktiv zeigen und den Körperprotokollen entgegenwirken. Dann gibt es noch unsere Mitbürger, von welchen manche immer Recht haben wollen, immer siegen und immer noch mehr und weit über ihre Bedürfnisse hinaus Güter ansammeln. Das zehrt natürlich vom gemeinsamen Grundkapital, verzerrt und verbiegt die Körperprotokolle der Mitbewohner.

Die Gesundheit und die erfolgreiche Gehirntätigkeit gehen mit einer spezifischen hierfür geeigneten Aktivität und Architektur der Daten einher. Vieles davon kann natürlich erworben werden. Man bestückt sein Gehirn mit derlei Mustern und beauftragt es, diese anzuwenden. So ließe sich auch manche Erkrankung abstellen, indem man einen anderen Umgang mit seiner Umwelt sucht. Man verlagerte sein Interesse in andere Bereiche und versuchte seine Form der Wahrnehmung zu verändern. Man könnte vielleicht sagen, dass sich der Strom der

Arten und Materiearten, der die Lymphe, die Galle, den Urin, das Blut und andere Moves hinterlagern sich in der Zusammensetzung ein wenig unterscheiden.

So kann man zur Hinterlagerung von Funktionen auf die verschiedenen Arten innerhalb des Materiestroms zurückgreifen. Auch der Umgang mit Pflanzen verändert einen Menschen. Das ist aber nicht die einzige Möglichkeit der Betrachtung. Es sind auch Schaltungen in den internen und den externen Haushalt der Menschen und der Tiere möglich. Man könnte ihre inneren Organe betrachten oder aber in ihre äußere Welt verschalten. Die inneren Organe, wenn man wollte, könnt man weiter in ihre Evolutionskriterien zerlegen. Dann besteht natürlich noch ein Unterschied. Es wirkt sich sicherlich aus, ob so ein Saftsauger an einem Kirschlorbeer saugt oder an einer Brennnessel, ob man sich aus einer gesunden lebenden Umgebung ernährt kann oder aus einer belasteten Umgebung ernährt wird.

Man könnte dann natürlich fragen, welcher Mensch pflanzt sich einen Kirschlorbeer in den Garten und wer eine Brennnessel? Aber im Grund sind alle Funktionen eines Körpers von derlei Daten hinterlagert. In ihrem Korrelieren zeigen sich auch Sattelitenordnungen, die sich aus ökonomischen Gründen herausbilden. Diese Datenvolumina, Konstrukte und Informationsvolumina entpuppen sich zum Beispiel in der Bewegung von Zellen an schwierigen Stellen als vorteilhaft. Es zeigt sich, solange alles gut fließt ist auch alles in Ordnung. Treten jedoch an manchen Stellen Hindernisse in der Form eines Missmanagements auf, reicht es oft schon aus, dass sich ein assoziiertes Insekt um die eigene Achse dreht, um das Transportgut für den optimalen Durchtritt in günstigere Datenlagen zu manövrieren.

Dieses hat auch mit den Eigenschaften der Daten und ihren Feldern zu tun. Sie regen sich zuerst einmal gegenseitig an, bevor sie eine Harmonie eingehen. Stehen sie sich anfangs im Wege, bedeutet es für viele eine Bewusstwerdung der beteiligten Inhalte. Assoziierte Inhalte treten hervor, die sie zu einer Gesprächsführung anregen oder zu eigenem Handeln motivieren. Das Gespräch baut einen Raum auf und das eigene Handeln setz Objekte in Bewegung. So kann man in beiderlei Hinsicht Daten anregen und aufrufen, die helfen das Missmanagement an dieser Stelle geeigneter zu hinterlagern. Vielfältigste Bereiche sind denkbar. Allein ein Blick in die Welt der Berufe wirft einen ungeheuren Datenschatz auf. Überall zählt heute der effizienteste und ökonomischste Arbeitseinsatz.

Das Wechselwirken der verschiedensten Datenarchitekturen erlaubt unserem Gehirn Schaltungen, eröffnet Wege und Möglichkeiten des Datenflusses. Dieses gilt für technische Moves, aber auch für bewegtes Leben, wie Mensch und Tier, die ganze geistige Systeme zur Datenaufnahme an eine andere Stelle transportieren. Der veränderte Systembezug ist oftmals der gewohnte oder benötigte Datensatz. Die Verlagerung des Interesses ergänzt den Datenkörper so, dass sich die notwendige Funktion darstellen lässt. Lasst uns von einem Gesamtdatengefüge sprechen. Es ist davon auszugehen, dass sich zuerst einfache Zellen gebildet haben. Daraus dürften sich unter dem Einfluss externer Materiedaten die verschiedenen Stufen des Lebens entwickelt haben.

Umgekehrt bedeutet das, dass ein maximales Erfassen des Materieraums nur mit den Mikroorganismen möglich ist. ICH möchte den Geist- und Gesellschaftskörper, den Datenkörper eines Gesamtbewusstseins möglichst maximal an den Materieraum adaptieren. ICH möchte mein Wissen maximal integriert und auch auf dem Leben des Mikrokosmos ruhen sehen. Eine maximale Involvierung des Bestehenden kann mir nur recht sein.

ICH sehe in den verschiedenen Sinnespositionen der einzelnen Arten, auch in den Bewusstseinsaspekten der Mikroorganismen unterschiedliche Qualia, was die Ätherdichte betrifft. ICH sehe in konzentrierten Formen der Information, ebenso wie in den weniger dichten Größen wichtige Komponenten zur Darstellung fließender Übergänge. Die koordinierte Bewegung ist heute ebenso darstellbar, wie die Dauer des Ereignisses. Die Betrachtung der Materie mit unseren Sinnen führt zu einem Kriterium. Das Sinnesfeld bekommt ein Gesicht. Der Eindruck, wenn wir mit Interesse auf die Materie unseres Alltags blicken ist nicht immer gleich intensiv. Es liegen Geistfelder unterschiedlicher Beschaffenheit vor. Der zu vermittelnde Materiebereich wird von unterschiedlichen Architekturen getragen, die sich manchmal dichter und präziser zeigen und ein andermal von anderer Qualität sind. Das liegt an der Größe und der Zusammensetzung des wahrnehmenden Organismus. Der analysierende Geist vermittelt vor allem die Positionen seiner Zusammensetzung. Der Wahrnehmende blickt mit vorbelastetem Geist auf die Lebensverhältnisse um ihn herum. Das Existente im Geist erkennt sich selbst und fördert seine Ziele. Es gilt sich vielfältigst einzurichten. Ein großer Freundeskreis und anderes gesellschaftliches Engagement, aber auch eine hohe Artenvielfalt garantieren einen ausgewogenen Blick auf die eigenen Lebensverhältnisse. Je vielfältiger sich die Komponenten des Geistes zeigen, umso großartiger erscheint ihm auch die Welt. Das Gehirn bedient sich dieser mannigfaltigen Größen, nicht zuletzt um seine Lösungsfelder zu erstellen.

Wir bedienen uns der Unterschiede in der Ätherdichte auch, um die Harmonie eines Ereignisses zu gewährleisten. Damit wird ein gleichmäßiges Fließen erreicht. Dabei geht es nicht nur darum, den Tag so einigermaßen erfolgreich zu bestreiten, sondern auch um die Ereignisse in unserem Organismus optimal darzustellen. Denkbar ist natürlich auch, dass wir höheren Geistfeldern dienen und Daten für deren Existenz generieren. Daraus ergibt sich dann für jeden Einzelnen eine eigene Wahrheit von der Welt. Das übergeordnete System erklärt dir, welche Daten du am günstigsten für seine Existenz beisteuerst. ICH glaube, man kann sich aus diesem Mantel herausentwickeln. Mir ist es gelungen mich mit der Natur zu versöhnen. ICH habe einen Garten angelegt und mein Leben darauf ausgerichtet. ICH begreife mich als Teil der natürlichen Beziehungswelten. Die Biodiversität ist ein unglaublich schönes Räderwerk. Jeder profitiert nur, wenn auch der anderer profitiert. Die Leben greifen ineinander. Die Welt des einen ist die Motivation des anderen. So lernte ICH zu leben und zu lieben.

Der Verlust an Arten verändert natürlich das gesamte Datengefuge. Die neuen Daten verändern den Charakter der Felder. Die Raumkarte, in welcher die täglich aufgeworfenen Daten abgelegt sind, ist nicht arttypisch. Das Konstrukt sollte, wenn möglich von allen Arten anwendbar sein. Es sollte Nutzen bringen, den

Raum also auf meine Lebensweise zugeschnitten abbilden und betrachten lassen. Es darf niemanden auch keine andere Art ausschließen. Alle Bereiche des Raums zu berücksichtigen heißt ein vollständiges Gottesteilchen hervorzubringen. Reduzierte Wertigkeiten haben ebenfalls den Charakter eines Gottesteilchens und bringen sich immer wieder selbst zum Ausdruck.

Mit dem Dreck und Müll am Straßenrand in den Wäldern und im Meer bekommen wir weitere Lebensgefährten in das organisierende Prinzip geliefert. Man denke nur daran, dass Honigbienen sich jetzt aus Colabechern und den Plastikkörpern der Eisdielen bedienen, die da überall herumliegen. Nur handelt es sich hierbei nicht um Leben, das aus sich selbst heraus entsteht. Wollen sie tatsächlich überall Futterhäuschen und Tränken aufstellen. Wollen sie diesen Bereichen auch noch Arbeitsplätze abringen?

Der Gesellschaftskörper verändert seinen Charakter. Das gesamte Beziehungsgeflecht der Arten untereinander verliert an Substanz. Die Ordnung wird zerstört. Es ist eine erzwungene Ordnung. Die Evolution hat sie den Urströmen der Erde und den Elementen abgerungen. Allmählich sind die Pflanzen in alle Bereiche vorgedrungen, dann sind die Insekten in alle Bereiche vorgedrungen, dann die Säugetiere und zum Schluss der Mensch. Die Evolution hat die Daten der gesamten Biomasse und ihren Beziehungen untereinander in eine funktionelle Architektur gebracht. Die Bindungsenergien dieses Datengeflechts summierten sich. Heute werden die Materieströme immer weniger in variablen Ätherdichten und ineinanderfließenden Systemen gehalten. Das Miteinander aller Arten bricht auseinander. Das menschliche System ist oberflächlich linear. Das menschliche System zeigt keine Vernetzung mit artfremden Systemen. Die gespeicherte Energie der Beziehungssysteme wandelt sich in andere Energieformen. Die groben Erdströme treten wieder hervor. Das ganze System wird energiereicher.

Der Verlust der ordnenden Basis ist sehr gut an den großen Materieströmen des Klimas und des Wetters zu beobachten. Aber auch die Ströme des Erdinneren dürften der Gravitationsarchitektur des Erdschwerefeldes angehören. Die Evolution hat unterschiedlichste Daten der Erdkruste auf vielfältigste Art und

Weise zum Ausdruck gebracht. Sie brachte unzählige Pflanzenformen und Tierkörper hervor. Es entstand eine Wirkung auf die Elemente und Erdströme. Das Datengeflecht der Pflanzen und ihrer Beziehungen untereinander band die Energie der Elemente. So zeigt sich uns heute ein liebenswerter Planet mit angenehmen Lebensverhältnissen. Die feinen Detektoren, wie sie die Evolution hervorbrachte, übersetzen die Materiewelt in Formen des Elektromagnetismus. Die Sinnesorgane liefern laufend Daten, hinzukommen die Bewusstseinsaspekte, die auch von Zuständen des Organismus unserer Umwelt und dem Weltensystem herrühren werden.

Das sind nur ein paar Möglichkeiten, um den Status Quo in eine Form der Quantenebene zu bringen. Es darf auch gesagt werden, dass die Evolution zum Sinnesorgan ein gewisses Datenmaterial erforderte. Diese, der Umwelt entnommenen Kriterien, werden natürlich bei jeglicher Aktivität der Sinnesorgane erinnert. Die Entwicklung vom Keimstadium zum erwachsenen Tier orientierte sich ebenfalls am externen Raum. Es bedingt das eine das andere. Wir brauchen Nahrung und Wohnung in einer uns vertrauten Umgebung. Ist dieses nicht vorhanden findet keine Fortpflanzung statt und ein erfolgreiches Aufwachsen von Jungtieren unterbleibt. Allein dieser externe Zusammenhang aus dem Nahrungsangebot und den Umweltbedingungen ist aber zu oberflächlich und sagt noch nichts über die Genetik und ihre Daten aus. Die Evolution orientiert sich am materiellen Umfeld. Die Evolution nimmt Daten des Interesses in den Organismus herein und verarbeitet sie funktionell Form gebend.

Nun soll dieser Organismus möglichst ohne Hilfsmittel gesund alt werden. Dafür ist es notwendig möglichst wenig von dem Datenschatz, der den Organismus hinterlagert, abzuweichen. Wenn es mir also gelingt meine Umwelt so zu organisieren, dass ICH meinem Körper in vielen seiner Weisen entspreche und ICH mich mit meinem Denken und Handeln in meiner Körperarchitektur bewege, dürfte sich das hinterlegte Datengefüge durch stetes Auffrischen der funktionellen Felder einer bleibenden Flexibilität und Komplexität erfreuen und einem gesunden Alter nichts mehr im Wege stehen.

Je geringer sich die Abweichung des externen Engagements von den Protokollen des Organismus erweist, desto mehr Licht fällt direkt in ihren Organismus ein. Während fremde Interessen und Konzernpolitik oft rechte Schattenspender sein können, hat eine Verbindung zum eigenen Sein immer auch etwas mit Glück zu tun. Glücklich sein ist schön. Glück bedeutet für mich eine hohe Identität der Daten zwischen Innen und Außen herzustellen. Nicht zuletzt handelt es sich bei Glück auch um eine Summenfunktion. Das Gefühl überträgt sich. So kann man einen hohen Wert erreichen, wenn man Leiden ausschließt und dafür sorgt, dass es allen gut geht.

ICH behaupte, dass diese elektromagnetischen Phänomene Wahrscheinlichkeiten für eben diese Zustände in sich trügen. ICH behaupte, wenn wir dem Materieraum Information entnehmen und diese Information in eine Form des Elektromagnetismus übersetzen, dass wir die Quantenebene und den Organisierenden Äther induzieren, eben diesen Zustand erneut herbeizuführen. ICH behaupte, dass ein Körper-Geist-Gebilde wie ein Insekt oder der menschliche Körper, welche die Evolution in Jahrmillionen hervorbrachte, genügend Ausgangsmaterial an Materiedaten in sich tragen, um eine Umrechnung in ein elektromagnetisches Datenkonvolut, welches auf der Quantenebene eine erhaltende Wirkung auf den Status Quo erlaubt, erzielt. Dazu nehme ICH die Vielzahl an Kriterien, die in Jahrmillionen mit der Evolution in den Körper hereingekommen sind. Da kommt eine Große Zahl von Mehrfachnennungen zusammen. Wichtig ist auch unseren Anfang bei den Einzellern zu sehen. Die Hardware jeglichen Lebens ist also ein Speicher von Materiedaten. Unser Organismus ist ein Speicher vor allem ständig wiederkehrender Daten.

Das formgebende Gefüge beruht hauptsächlich auf Mehrfachnennungen. Diese Gefüge aus Daten erlaubt uns auch die Sinnesorgane zu betreiben. Auf diese Weise entsteht der notwendige Datenbackground, um eine externe Kulisse elektromagnetisch zu fassen und in ein dichteres Feld zu erheben. Die abgelegten Mehrfachnennungen geben also Stabilität und Sicherheit. Sie erheben den externen Raum in eine höhere unserem Körper bekannte Datendichte. Wir erhalten eine elektromagnetische Architektur mit dem Gesicht des betrachteten Raums und einer Hinterlagerung mit ähnlichen Formen, die unserem Körper aus den Jahrmillionen der Evolution bekannt sind. Wir wurzeln mit diesen uralten Raumdaten im Erdkörper selbst. Wollen wir den externen Raum also elektromagnetisch fassen und zu Gebrauchsdaten unserer neuronalen Netzwerke und Feldern aufbereiten, um diese dann auf der Quantenebene wirken zu sehen, dann haben diese gespeicherten Uraltdaten vielleicht auch eine gewisse Funktion innerhalb des Organisierenden Äthers.

Man behauptet, dass diese elektromagnetischen Phänomene eine Wahrscheinlichkeit für eben diese Zustände in sich trügen. Viele Arten sterben aus und der Mensch begnügt sich mit Google. Funktionelle Systeme, die der Quantenebene eine Ordnung aufdrückten geben ihre Bedingungen auf. Eine Störung des Datengefüges auf der Quantenebene, durch das Ausbleiben von Daten der Arten und verschränkten Arten, setzte auch die Möglichkeiten der Blutgerinnungsfaktoren herab. Die Komplexität eines Datenhaushalts, die Verschränkung der Faktoren und Kriterien in Feldern bedingte die Verklebungseigenschaften der Eiweiße. Ohne Mensch gibt es keine Wunde und ohne Wunde gibt es keine Verklebungseigenschaften. Man kann aber auch sagen ohne Verklebungseigenschaften gibt es keine Wunde, ohne Wunde gibt es keinen Menschen. Das eine existiert nur auf der Grundlage des anderen. So ist auch der Bezug zwischen Quantentheorie und Relativitätstheorie darzustellen.

Die Materieströme werden gröber. Die Welt wird brutaler. Bei Antimaterie und Äther scheint es sich um verwandte Größen zu handeln. ICH denke sie lassen sich beide in eine Grundsubstanz überführen. Das Gehirn ist jedoch nur eine Projektionsfläche für Materiedaten. Die beiden müssen, weil sie beide als elektromagnetisches Phänomen des Gehirns gelten können, nicht unbedingt einen hohen Verwandtschaftsgrad aufweisen. ICH meine, dass die zuletzt angebotenen Fälle der Ergebnisbildung des forschenden Gehirns eben dies sehr genau zeigen. Während sich die unverfälschte Massebahn innerhalb eines globalen Datensatzes sehr gut zur Beschreibung der Welt eignet, zeigt sich die

Wissensbildung, als Resultat einer zufälligen Sammlung von Einzeldaten, den Status Quo determinierend und ihn in dieser Weise fortschreibend. Beide Arten der Darstellung führen zu einer fühl- und sichtbaren Größe des präfrontalen Kortex. Die Datenvolumina ließen sich gedanklich verändern.

DAS GEFÜHL AN SICH

Ich erlaube mir in Anbetracht der vielen syrischen Flüchtlinge im Land an Poseidonios zu erinnern, welcher Wirkungen des Weltganzen im Teilaspekt zu fassen versuchte. Nun diese Auffassungsgabe gleicht einer Verknüpfung der Quantentheorie mit der Relativitätstheorie. Es ist mir bereits geglückt die Bereiche in ihrer Einheit zu betrachten. Das Gefühl ist meiner Ansicht nach das Ergebnis einer Summenarchitektur. Das Konstrukt aus einer Vielzahl bekannter Kriterien und Größen lässt eine Ableitung zu. Das Gefühl leitet sich nicht aus einem einzelnen Kriterium her, das hieße nämlich sein Selbst, die Wahrheit zu sehen. Nein, das Gefühl ist ein diffuser Feldwert. Dieser Feldwert unterliegt natürlich gesellschaftlichen Wertungen und auch Ablenkungen durch andere Feldarchitekturen. Das Gefühl ist eine Feldarchitektur aus vielen einzelnen Kriterien. Man kann sagen, dass das, was die Mitmenschen täglich hervorbringen den Charakter des Feldes und seine Wertigkeit bedingt.

Poseidonios sagt: »Der Einzelne trägt seinen Teil zum Feldaufbau des Weltganzen bei.« Man wünscht sich also von den Menschen, sich möglichst so zu verhalten, dass möglichst wenig Böses und Negatives unser Handeln im Alltag verfremdet. Das Denken und Handeln des Einzelnen fließt in unsere Gefühlsarchitekturen ein. Fehlerhaftes und negatives Gerede höre ich mir äußerst ungern an. Man prüfe, mit wem man sich vernetzt, um Fehlleistungen der Gefühls- und Entscheidungsebene zu minimieren. Man darf sich ruhig etwas von den gemachten Gefühlswelten distanzieren. Man braucht die gesellschaftlichen Fehlleistungen nicht mitzutragen. Man darf auch gegen den Strom schwimmen und Besseres einfordern und einbringen.

ICH sehe in diesem Buch auch das Geist-Körper-Problem gelöst. Als nächstes gilt es, den Materieraum vom Bereich der Quantentheorie bis in den Gravitationsraum zu durchschreiten. ICH möchte das Wechselwirken der Materie und ihrer Grundgesetze auf der Quantenebene beobachten. ICH möchte einige Wirkungen und Komponenten der Quantenebene in den Makrokosmos verfolgen und die wirkenden Gesetze fassen. ICH werde die Felder in den Bereich der funktionellen Gehirnphysik rücken und einen aufschlussreichen Zusammenhang herstellen.

Auf der höchsten Erleuchtungsstufe sieht man Dharma-Regen niedergehen. Mein Instrument sind Atman-Zustände. Das bedeutet mein Beschäftigungsfeld ist vor meinem inneren Auge sichtbar. Es handelt sich um Materieäquivalente. Felder und Beziehungsfelder der betrachteten Materie, ihren Funktionen für das Ganze und den Beziehungen zu ihrer Umgebung. Man sieht einen funktionellen Ausschnitt des Raums unverfälscht, so wie er sich in das Gefüge des Hintergrunds einfügt. Erst der Versuch der Niederschrift trübt das Bild. Ein fragendes Interesse lenkt unser Bewusstseinsfeld in gewisse Bereiche und eröffnet uns spezialistische Einblicke. Ein einfaches Zurück in die Startmenge dürfte möglich sein, sofern man sich an die exakte Form erinnert.

Dann wird das entstandene Leben in seine Ursprünge verfolgt. Die Evolution wird als die Hereinnahme von externen Daten verstanden. Die Evolution ist eine Auswahl von Daten des Materieraums, die wir zunächst in Eiweißen gespeichert, dann aber auch Form und Funktion gebend verarbeiteten. Die Funktionen des Organismus, ihre Beschaffenheit und Qualität orientiert sich an den adaptierten Bereichen des Materieraums. Vermutlich stützt sich jede Funktion unseres Organismus auf voneinander verschiedene Bereiche des Materieraums. Folglich lassen sich die körpereigenen Funktionen durch ein spezifisches Engagement in unserem Umfeld bereichern und unterstützen. Das gesamte Werk klärt auch Bereiche der Gehirnfunktion und betrachtet das Geist-Körper-Problem. Die Zusammenhänge beider Bereiche sollen aber noch besser erläutert werden.

In der Physik kann eine neue Energiequelle hervorgebracht werden, wenn es gelingt Kerne aus Feldern heraus zu stabilisieren. Die Stabilität löste sich von seinem Umfeld. Es käme zu einem thermischen Interagieren der neuen mit der alten Ordnung. Es gefiele mir, die Zeit noch einmal auf der Grundlage einer Äthertheorie zu betrachten. Gelänge es mir nach der Formulierung eines physikalischen

Weltbildes aus Quantentheorie und Gravitationsraum grob die Komponenten der Zeit festzuhalten, dann bestünde die Möglichkeiten, eine Verknüpfung der zeitlichen Dimensionen von Elektronen darzustellen. Dadurch entstünde eine relative Gleichzeitigkeit der Ortsvektoren und damit eine, in einer gemeinsamen Echtzeit gefangene Elektronenmenge. Wir erhielten auf der Grundlage der Bindungsvorgänge eine Masse, woraus sich letztlich ein Feststoff oder ein Fluidum aufbaute. Es handelte sich um einen groben Energiespeicher in welchem die Komponenten der Zeit in einer gemeinsamen Echtzeit verbaut wären. Daraus resultierte eine Ortsstabilität der Elektronen.

ICH bin mir sicher, dass es bei entsprechendem Hintergrund auch vielen anderen gelingt, entsprechende und auch sehr viel bessere Lösungen zu denken. ICH verfolgte die Urbilder des Wissens zu ihren Ursprüngen. ICH ordnete ihre Teile dem realen Raum zu. ICH habe mich zu den Gedanken der wissenden Architektur heraufgearbeitet, ihre einzelnen Bausteine dem aktuellen Raum zugeordnet und mich dann mit dem Ziel, das Ganze hervorzubringen, in diesem verbindend und ergänzend bewegt. ICH habe Altes bestätigt und Neues vorgefunden. Auf diesem Weg sind manche der wissenden Felder in andere Architekturen umgefallen. ICH nenne es das Modulieren der Felder. Andere Datenlagen gehen mit anderen Raumansprüchen, gehen mit verändertem Wissen einher. Das ganze Geschehen führte zu eben diesen Erkenntnissen. In diesem Sinne: Brot für die Zeitgenossen, Saatgut für die Nachwelt! ICH hielt, dies niederzuschreiben, für den Sinn meines Lebens!